Technische Schwingungslehre

Karl Klotter

Technische Schwingungslehre

Erster Band: Einfache Schwinger

Dritte, völlig neubearbeitete und erweiterte Auflage
Herausgegeben mit Unterstützung durch G. Benz

Teil B: Nichtlineare Schwingungen

Mit 211 Abbildungen

Springer-Verlag
Berlin Heidelberg New York 1980

Dr.-Ing. KARL KLOTTER
em. o. Professor an der Technischen Hochschule Darmstadt

Dr.-Ing. GÜNTER BENZ
Akadem. Direktor am Institut f. Mechanik der Universität Karlsruhe (TH)

ISBN 978-3-642-95348-4 ISBN 978-3-642-95347-7 (eBook)
DOI 10.1007/978-3-642-95347-7

CIP-Kurztitelaufnahme der Deutschen Bibliothek **Klotter, Karl:** Technische Schwingungslehre. – Berlin, Heidelberg, New York : Springer. Bd. 1. Einfache Schwinger. Teil B. Nichtlineare Schwingungen.– 3., völlig neubearb. u. erw. Aufl. / hrsg. mit Unterstützung durch G. Benz. – 1980.

Softcover reprint of the hardcover 3rdedition 1980

Offsetdruck: fotokop wilhelm weihert KG, Darmstadt · Bindearbeiten: Konrad Triltsch, Würzburg
2060/3020-543210

Vorwort zu Teil B

Über die Vorgeschichte dieser dritten Auflage gibt schon das Vorwort zum Teil A Auskunft. Dort wurde auch die Anordnung des Stoffes dargelegt und begründet, weshalb der erste Band in zwei Teile aufgespalten werden mußte. Daß zwischen dem Erscheinen der beiden Teile entgegen der Absicht aller Beteiligten nun doch zwei Jahre vergehen werden, liegt nicht zuletzt an den Schwierigkeiten und dem zusätzlichen Aufwand, den das Umschreiben des ursprünglich für den Buchdruck bestimmten Manuskripts auf das jetzt benutzte Reproduktionsverfahren mit sich brachte.

Die lange Zeit zwischen dem Abschluß des Manuskripts und der Fertigstellung der Druckvorlagen erklärt auch, daß hier manche Ergebnisse, die in jüngerer Zeit vor allem in der Stabilitätstheorie erzielt worden sind, nicht explizit erscheinen. Daß andererseits in der Zeit der Analog- und Digitalrechner noch Näherungsverfahren der verschiedensten Art aufgeführt werden, scheint mir durchaus seine Berechtigung zu haben. Denn diese Verfahren bieten oft nicht nur die Möglichkeit, den Einfluß einzelner Parameter evident zu machen, sondern sie können auch wertvolle Hinweise und neue Ideen für numerische Verfahren und leistungfähige Algorithmen für eine iterative Behandlung der Probleme liefern.

Bei diesem Teil B war die aufopferungsvolle Arbeit von Herrn Dr.-Ing. Günter Benz in Karlsruhe in noch stärkerem Maße als beim Teil A die entscheidende Voraussetzung für das Zustandekommen des Buches in seiner vorliegenden Fassung. Bei der Herstellung der Druckvorlage wurde Herr Benz wesentlich unterstützt durch zwei Mitarbeiterinnen: Mit Sachverstand, Sorgfalt und Geduld hat Frau Dipl.-Math. Christine Bräuer den Text im Zusammenhang überprüft und einen großen Teil der undankbaren Kleinarbeit übernommen. Frau Claudia Koenzen hat mit viel Geschick, Fleiß und Aufmerksamkeit die schwierige Schreibarbeit geleistet. Allen Beteiligten, auch den ungenannten Helfern, die sich um die Anfertigung des Manuskripts, der Formeln und Zeichnungen und der Druckvorlage verdient gemacht haben, gebührt der Dank der Benutzer.

Darmstadt, im Februar 1980

Inhaltsverzeichnis

Inhalt von Teil A

5 Autonome Schwingungen nicht linearer Gebilde

5.1 Übersicht

5.11 Gegensatz linear - nichtlinear; Benennungen; Klassifikationen der Systeme

Lange Zeit wurde die Schwingungslehre ganz überwiegend von den linearen Theorien beherrscht. Auch heute noch orientiert sich die Denkweise vieler Schwingungstechniker an linearen Differentialgleichungen mit konstanten Koeffizienten. Genau genommen zeigen jedoch nur wenige schwingungsfähige Gebilde ein "lineares Verhalten" in dem Sinn, daß sich ihre Bewegungen durch lineare Differentialgleichungen streng erfassen ließen. Wenn bei Schwingungsuntersuchungen die linearen Systeme an Zahl trotzdem überwiegen, so rührt dies daher, daß man das wirkliche Gebilde (oft recht gewaltsam) so weit beschneidet oder einengt, bis es in das lineare Korsett paßt. Auf diese Weise erzielt man den Vorteil, gut ausgebaute und handliche Theorien für die Lösung der Bewegungsgleichungen benutzen zu können; man riskiert dabei allerdings, daß das berechnete Systemverhalten unter Umständen erheblich von der Wirklichkeit abweicht.

Das Bedürfnis, gewisse physikalisch bemerkenswerte und technisch wichtige Erscheinungen genauer zu beschreiben und zu erklären, zwingt daher zum Aufstellen und Untersuchen nichtlinearer Differentialgleichungen. Von ihnen haben sowohl die Vorgänge wie auch die Gebilde die Namen "nichtlineare Schwingungen" und "nichtlineare Schwinger" erhalten.

Die Nichtlinearitäten bewirken entweder nur quantitative Abweichungen von den Resultaten der linearen Theorie (wie z.B. bei der Schwingdauer eines Pendels mit nicht mehr kleinen Schwingweiten) oder aber qualitativ andere Erscheinungen, wie sie als Ergebnisse linearer Gleichungen überhaupt nicht auftreten können; so läßt sich z.B. eine selbsterregte Schwingung, etwa das Verhalten eines Uhrpendels, mit "linearen Mitteln" nicht erfassen.

Tatsächlich stießen wir beim Aufstellen der Bewegungsgleichungen in Kap.2 fast in jedem Fall auf nichtlineare Differentialgleichungen. Sie hatten dort die allgemeine Gestalt

$$\ddot{q} + h(q,\dot{q}) = 0 \qquad (5.11/1)$$

oder

$$\ddot{q} + H(q,\dot{q},t) = 0, \qquad (5.11/2)$$

je nachdem, ob das Gebilde von zeitabhängigen äußeren Einflüssen frei war oder nicht. Im ersten Fall nannten wir die Differentialgleichung und damit auch die Bewegung ("das System") a u t o n o m , im zweiten Fall n i c h t a u t o n o m oder h e t e r o n o m (vgl. Hauptabschnitt 2.3).

In Kap.3 und Kap.4 wurden lineare bzw. linearisierte Systeme untersucht; die Ausdrücke $h(q,\dot{q})$ und $H(q,\dot{q},t)$ durften nur Terme enthalten, die in q und $\dot{q}$ linear waren. Jetzt lassen wir allgemeinere, nichtlineare Funktionen $h(q,\dot{q})$ und $H(q,\dot{q},t)$ zu. Die Aufgabe, Aussagen über das Lösungsverhalten zu machen, ist nun erheblich schwieriger, denn die Lösungen nichtlinearer Differentialgleichungen unterscheiden sich grundsätzlich von den bisher diskutierten der linearen.

Ein ganz wesentlicher Unterschied liegt darin, daß sich die allgemeine Lösung einer nichtlinearen Differentialgleichung, z.B. der autonomen Dgl.(5.11/1), nicht mehr als Linearkombination von zwei unabhängigen, partikularen Lösungen $q_1(t)$, $q_2(t)$ schreiben läßt; mit anderen Worten: D a s S u p e r p o s i t i o n s g e s e t z g i l t n i c h t m e h r . Die in der Lösung einer Differentialgleichung zweiter Ordnung stets auftretenden zwei Integrationskonstanten A, B können nicht, wie im linearen Fall [z.B. in (3.10/3a)], als Faktoren vor die partikularen Lösungsanteile gezogen werden. Die allgemeine Lösung von (5.11/1) oder (5.11/2) läßt sich vielmehr zunächst nur in der Form

$$q = q(t,A,B) \qquad (5.11/3)$$

schreiben: Bei nichtlinearen Differentialgleichungen hängen die Lösungen in komplizierterer Weise von den Integrationskonstanten und damit von den Anfangsbedingungen ab als bei den linearen.

Zwei Beispiele mögen veranschaulichen, daß das in den vorangehenden Kapiteln angewandte Superpositionsprinzip bei nichtlinearen Differentialgleichungen zu falschen Ergebnissen führt.

Beispiel 1: In Abb.5.11/1a ist die Masse m über die nichtlineare Feder (c) mit der Wand verbunden. Für die Rückstellkraft R(q)

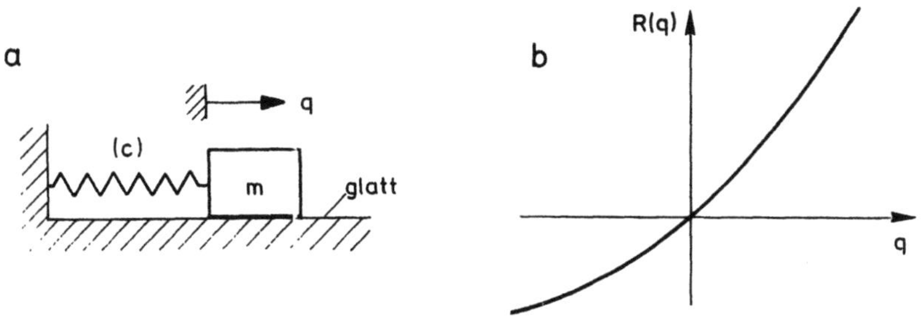

Abb.5.11/1. Schwinger mit nichtlinearer Feder; a) Anordnung, b) Federkennlinie

gelte die im Bild 5.11/1b angegebene Kennlinie; wir beschreiben sie durch die Parabel

$$R(q) = cq(1 + \mu q) \qquad (5.11/4)$$

mit geeignet gewählten Konstanten c und μ. Die Bewegungsgleichung des Gebildes lautet somit

$$m\ddot{q} + cq(1 + \mu q) = 0. \qquad (5.11/5)$$

Nach Division durch m erhält (5.11/5) die Form (5.11/1),

$$\ddot{q} + \varkappa^2 q(1 + \mu q) = 0 \quad \text{mit} \quad \varkappa^2 = c/m, \qquad (5.11/6)$$

hier ist $h(q,\dot{q})$ eine Funktion von q allein.

In Abb.5.11/2 sind zwei auf dem Analogrechner gewonnene Lösungen der Gl.(5.11/6) für $\mu = 0,1$ eingetragen. Bildteil a gibt die Phasenkurven, Bildteil b den Zeitverlauf an.

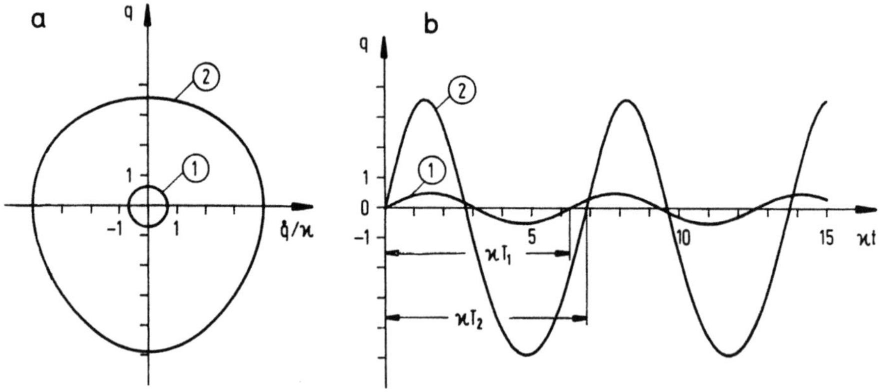

Abb.5.11/2. Lösung der Dgl.(5.11/6); a) Phasenkurven, b) Zeitverläufe

Für Anfangsbedingungen, die auf kleine Schwingweiten führen, ist die Phasenkurve (1) nahezu ein Kreis, die Weg-Zeit-Kurve (1) daher fast sinusförmig. Gehören zu den Anfangsbedingungen große Schwingweiten, so unterscheidet sich die Phasenkurve (2) deutlich von der Kreisform, die Weg-Zeit-Kurve (2) somit deutlich von der Sinusform. Auch die Periodenlängen der beiden Schwingungen (1) und (2) weichen merklich voneinander ab; es ist $\varkappa T_1 = 6,3$, aber $\varkappa T_2 = 6,8$.

Wir sehen: Sowohl Lösungsform wie Periodendauer können von der Schwingweite und damit von den Anfangsbedingungen abhängen.

Beispiel 2: Wir nehmen nun an (Abb.5.11/3), der Körper m hänge an der Feder mit der Kennlinie nach Abb.5.11/1b; dann wirkt die Gewichtskraft mg als statische Vorlast auf die Feder. Die Bewegungsgleichung lautet nun (wenn bei $q = 0$ die Feder entspannt ist)

$$m\ddot{q} + cq(1 + \mu q) = mg$$

oder

$$\ddot{q} + \varkappa^2 q(1 + \mu q) = g. \tag{5.11/7}$$

Die statische Absenkung q_{st} ergibt sich mit $\ddot{q} = 0$ aus

$$\varkappa^2 q_{st}(1 + \mu q_{st}) = g \tag{5.11/8a}$$

zu

$$q_{st} = \frac{1}{2\mu}\left(\sqrt{1 + 4\mu g/\varkappa^2} - 1\right). \tag{5.11/8b}$$

Gl.(5.11/7) unterscheidet sich von (5.11/6) nur durch das konstante Glied g auf der rechten Seite. Im linearen Fall, $\mu = 0$, würden

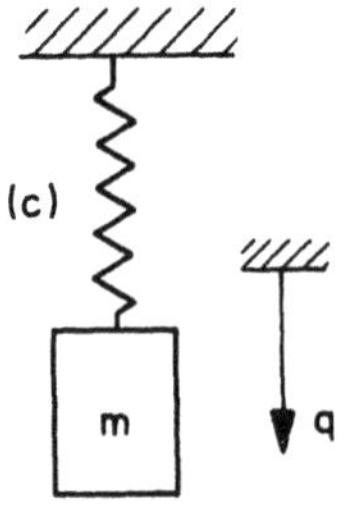

Abb.5.11/3.
Punktmasse hängt an der nichtlinearen Feder (c)

wir eine Lösung q von Gl.(5.11/7) erhalten, wenn wir zur partikularen Lösung $q_{st} = g/\varkappa^2$ eine Lösung q_h der Gl.(5.11/6) addierten. Versuchen wir dasselbe hier für $\mu \neq 0$ zu tun. Wenn wir

$$q_* := q_h + q_{st} \tag{5.11/9}$$

in Gl.(5.11/7) einsetzen, so kommt

$$\underbrace{\ddot{q}_h + \varkappa^2 q_h(1 + \mu q_h)}_{=0} + \underbrace{2\varkappa^2 \mu q_h q_{st}}_{\neq 0} + \underbrace{\varkappa^2 q_{st}(1 + \mu q_{st})}_{=g} = g.$$

Die Gleichung ist nicht befriedigt; (5.11/9) ist keine Lösung von (5.11/7).

In Abb.5.11/4 ist im Bildteil b $q_*(t)$ nach Gl.(5.11/9) der wirklichen Lösung $q(t)$ von (5.11/7) gegenübergestellt; beide Funktionen genügen den gleichen Anfangsbedingungen

$$q(0) = q_*(0)\ ; \quad \dot{q}(0) = \dot{q}_*(0). \tag{5.11/10}$$

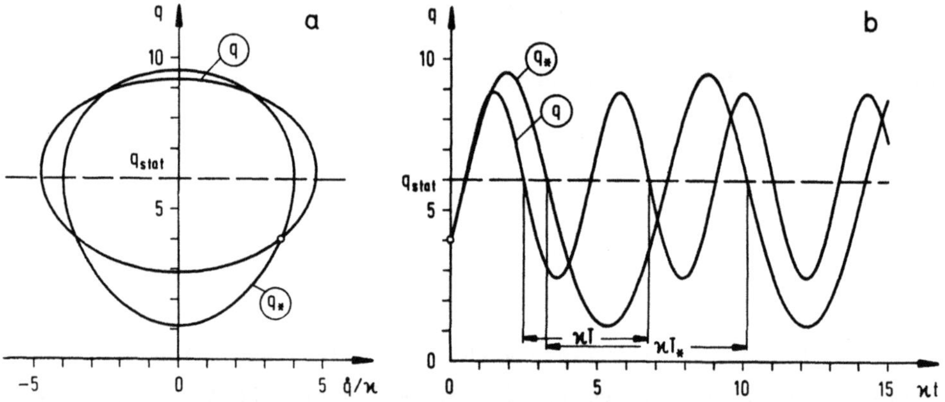

Abb.5.11/4. Vergleich der Lösung $q(t)$ der Dgl.(5.11/7) mit der Funktion $q_*(t)$ nach Gl.(5.11/9); a) Weg-Geschwindigkeitskurve, b) Weg-Zeit-Kurve

$q_*(t)$ nach Gl.(5.11/9) gibt weder die Maximalausschläge noch die Periodendauer $\varkappa T$ der wirklichen Lösung richtig wieder; im Bildteil a sind die zugehörigen Phasenkurven gezeichnet.

Zu Beginn dieses Abschnitts haben wir zwischen *autonomen* und *heteronomen* Systemen unterschieden, je nachdem, ob die Gebilde (Schwinger) von zeitabhängigen äußeren Einflüssen frei sind oder nicht. Man kann aber die Aufmerksamkeit auch auf den Energieaustausch zwischen Gebilde und Umgebung richten. Dann teilt man zunächst die autonomen Systeme in drei Gruppen ein, nämlich in *passive* und *aktive*, die passiven wiederum in *konservative* und *dissipative* Systeme.

Beim konservativen System ist der Schwinger von der Umgebung energetisch getrennt, ihm wird Energie weder zugeführt (etwa über Stöße oder Anregungen) noch entzogen (etwa über Dämpfer). Beim dissipativen System kann dem Schwinger zwar Energie entzogen, nicht aber zugeführt werden, beim aktiven kann dem Schwinger Energie sowohl zugeführt als auch entzogen werden.

In Abb.5.11/5 sind diese drei Schwingertypen schematisch skizziert.

Konservative Systeme (Abb.5.11/5a) kommen in der Wirklichkeit nicht vor, sie stellen Idealgebilde dar, die allerdings oft als Näherungen für reale Systeme benutzt werden, weil sie sich einfach behandeln lassen. Ob die Idealisierung durch ein konservatives Gebilde zulässig ist, hängt von der Problemstellung und vor allem von den Ansprüchen an die Genauigkeit ab.

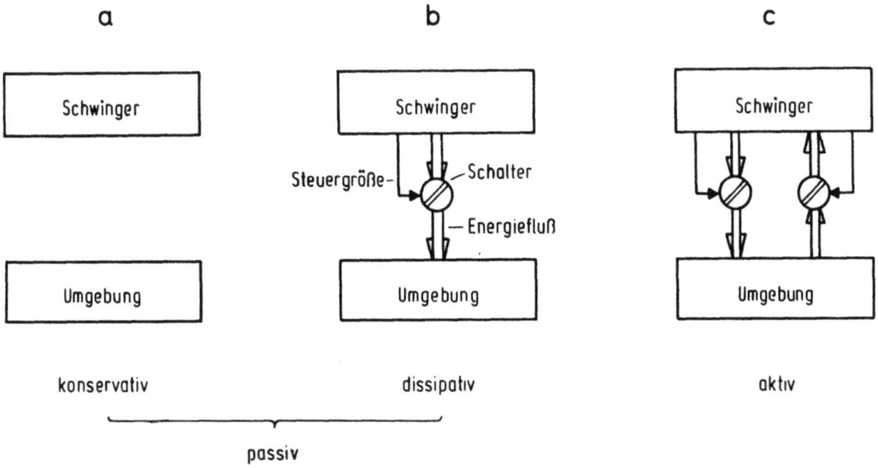

Abb.5.11/5. Schemata für passive (konservative, dissipative) und aktive Systeme

Über die Formen, die die Differentialgleichungen konservativer Schwinger annehmen können, werden wir in Abschn.5.40 sprechen. Im einfachsten Fall hat die Bewegungsgleichung die Fassung (5.40/4c), wir bezeichnen sie als den G r u n d t y p

$$\ddot{q} + \varkappa^2 f(q) = 0. \tag{5.11/11}$$

Bei den autonomen nichtkonservativen Systemen wird der Energiefluß von dem Zustand $(q,\dot{q})$ des Systems gesteuert. In Abb.5.11/5 ist das in den Bildteilen b und c durch die Pfeile und Schalter angedeutet.

Ein konservatives System geht in ein d i s s i p a t i v e s über, wenn ihm Energie, etwa durch Reibung, entzogen wird. Man erhält die Bewegungsgleichung eines dissipativen Gebildes, wenn man z.B. in (5.11/11) links ein Glied $\varkappa g(q,\dot{q})\dot{q}$ hinzufügt,

$$\ddot{q} + \varkappa g(q,\dot{q})\dot{q} + \varkappa^2 f(q) = 0, \qquad (5.11/12)$$

wobei zu allen Zeiten

$$g(q,\dot{q}) > 0 \qquad (5.11/13)$$

ist; der mittlere Term repräsentiert dann eine Kraft, die beständig der Bewegung entgegen gerichtet ist.

Aktive Systeme entstehen formal aus konservativen, wenn beispielsweise das zu Gl.(5.11/11) hinzugefügte Glied $\varkappa g(q,\dot{q})\dot{q}$ nicht dauernd die Bedingung (5.11/13) erfüllt, sondern wenn es für gewisse Bereiche $(q,\dot{q})$ der Phasenebene auch Werte

$$g(q,\dot{q}) < 0 \qquad (5.11/14)$$

gibt, so daß dort eine den Schwinger antreibende Kraft vorhanden ist. Energetisch betrachtet sieht das Gebilde dann so aus, daß neben der - oft ungewollt - stets vorhandenen Dämpfung (Abb.5.11/5c, linkes Pfeilpaar) ein Energievorrat zur Verfügung steht, aus dem sich der Schwinger Energie abzapfen kann (Abb.5.11/5c, rechtes Pfeilpaar). Wir sprechen von dissipativen Bereichen, wenn dort (5.11/13) gilt, und von rezeptiven, wenn dort (5.11/14) gilt. Etwaige Bereiche mit $g = 0$ nennen wir neutral.

Bei aktiven Systemen überwiegt in der Regel für große Ausschläge der Energieentzug, die Bewegungen bleiben beschränkt. In unserem Beispiel, der Gl.(5.11/12), kann das z.B. so aussehen, daß innerhalb eines in der Phasenebene vorgegebenen Bereiches die Ungleichung $g < 0$, außerhalb dieses Bereiches jedoch $g > 0$ gilt (siehe Abb.5.11/6). Im schraffierten (rezeptiven) Bereich der Phasenebene wird dem System Energie zugeführt, im unschraffierten (dissipativen) Bereich wird ihm Energie entzogen. Nach einiger Zeit stellt sich eine periodische Bewegung ein [Phasenkurve (C)]; die Phasenebene wird so durchlaufen, daß während einer Periode der Schwinger im rezeptiven Bereich $(g < 0)$ ebensoviel Energie aufnimmt, wie er im dissipativen $(g > 0)$ abgibt. Die beiden Energieflüsse in Abb.5.11/5c heben sich im Mittel über eine

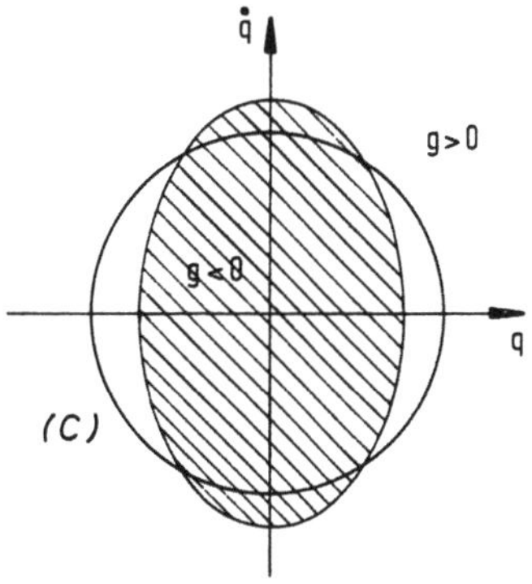

Abb.5.11/6.
Phasenebene mit rezeptivem (schraffiert) und dissipativem Bereich; aktiver Schwinger; Phasenkurve (*C*)

Periode genau auf. Ein einfaches Beispiel für einen solchen "selbsterregten Schwinger" bietet ein Uhrpendel: Die zugeführte Energie stammt aus der potentiellen Energie der Uhrfeder oder des Aufzugsgewichtes, der Zufluß wird vom Pendel über Anker und Steigrad gesteuert, verloren geht Energie durch Lager- und Luftreibung.

Weitere Schwinger, die nach diesem Schema arbeiten, sind zum Beispiel die elektrische (Gleichstrom-)Klingel, der Preßlufthammer, das Musikblasinstrument, die mit dem Geigenbogen gestrichene Saite, die quietschende Kreide. Keines dieser Systeme läßt sich durch lineare Differentialgleichungen beschreiben, denn für ein l i n e a r e s System ist die g a n z e Phasenebene entweder dissipativer, rezeptiver oder neutraler Bereich. Zu einem aktiven Schwinger gehören also stets nichtlineare Bewegungsgleichungen.

Die Begriffe "passiv" und "aktiv" gelten auch für nicht-autonome (heteronome) Systeme, wie sie z.B. gegeben werden durch

$$\ddot{q} + \varkappa g(q,\dot{q})\dot{q} + \varkappa^2 f(q) = p(t) \qquad (5.11/15)$$

(Fremderregung wird durch eine Störfunktion beschrieben) oder durch

$$\ddot{q} + \varkappa g(q,\dot{q})\dot{q} + \varkappa^2 f(q,t) = 0 \qquad (5.11/16)$$

(Fremderregung wirkt über die Parameter). Über passives oder aktives Verhalten entscheidet die Funktion $g(q,\dot{q})$; aktive Schwinger dieser Art sind sowohl selbsterregt wie fremderregt.

5.12 Dimensionslose Veränderliche

In den Kapiteln 3 und 4 haben wir meistens darauf geachtet, daß in den Differentialgleichungen und ihren Lösungen die physikalischen Dimensionen aller Terme deutlich erkennbar blieben. Andererseits kann die Verwendung von dimensionslosen Veränderlichen gewisse Vorteile bringen, insbesondere läßt sich damit die Zahl der benötigten Parameter reduzieren. Darauf wurde schon im Hauptabschnitt 2.5 hingewiesen, als die Grundsätze für das Arbeiten mit den dimensionslosen Grössen besprochen und einige Beispiele vorgeführt wurden.

Da wir in den Kapiteln 5 und 6 fast ausschließlich mit dimensionslosen Größen arbeiten werden, zeigen wir in diesem einleitenden Abschn.5.12 für einige weiterhin häufig auftretende Differentialgleichungen explizit, wie die dimensionsbehafteten Größen und Gleichungen in dimensionslose umgewandelt ("normiert") werden.

Die bezogenen, dimensionslosen Größen werden in einer dem System angepaßten Weise eingeführt. Liegt z.B. die allgemeine autonome Dgl. (5.11/1) vor, die wir hier in der Form

$$\ddot{q} + \varkappa^2 h(q,\dot{q}) = 0 \qquad (5.12/0)$$

schreiben, so führt man eine bezogene Zeit τ ein etwa durch

$$\tau := \varkappa t \qquad (5.12/1a)$$

(die zugehörige Periodendauer bezeichnen wir mit T*); einen bezogenen Ausschlag x erhält man z.B. durch

$$x := q/L\,, \qquad (5.12/1b)$$

wobei L eine geeignet gewählte Bezugsgröße (siehe Abschn.2.5) ist. Die Dgl.(5.11/1) wird dann zu

$$\frac{d^2x}{d\tau^2} + \frac{1}{L}\,h\left(Lx, \varkappa L\frac{dx}{d\tau}\right) = 0\,. \qquad (5.12/2a)$$

Hierfür schreiben wir mit nun etwas abgewandelter Bedeutung des Funktionszeichens h und mit der Abkürzung x' für $dx/d\tau$

$$x'' + h(x,x') = 0. \qquad (5.12/2b)$$

Ganz analog entsteht im nicht-autonomen Fall aus der dimensionsbehafteten Gl.(5.11/2) die dimensionslose

$$x'' + H(x,x',\tau) = 0. \qquad (5.12/2c)$$

Auch für die dimensionslosen Größen werden wir die alten Bezeichnungen weiterverwenden. Wir nennen also

t und τ "Zeit",

q und x "Ausschlag",

$\dot{q}$ und x' "Geschwindigkeit",

$\ddot{q}$ und x'' "Beschleunigung",

T und T^* "Periodendauer" oder "Periode".

Kurzum, in den Formelzeichen werden wir zwischen dimensionsbehafteten und dimensionslosen Größen unterscheiden, in den Wortbezeichnungen dagegen nicht. Wir zeigen nun eine Reihe von Beispielen:

Beispiel 1; Schwinger mit kubischer Rückstellkraft: Die ursprüngliche Differentialgleichung lautet

$$m\ddot{q} + cq(1 + \mu^2 q^2) = 0, \qquad (5.12/3a)$$

sie enthält drei Parameter m, c, μ. Dividieren durch m und die Abkürzung $c/m =: \varkappa^2$ bringt

$$\ddot{q} + \varkappa^2 q(1 + \mu^2 q^2) = 0 \qquad (5.12/3b)$$

mit den beiden Parametern $\varkappa$ und μ. Durch Benutzen der neuen Variablen $x := \mu q$ und $\tau := \varkappa t$ sowie der Schreibweise $' = d/d\tau$ entsteht

$$x'' + x + x^3 = 0, \qquad (5.12/3c)$$

diese Gleichung enthält keinen Parameter mehr.

Beispiel 2: In Kap.2 wurde für einen elektrischen Schaltkreis (Abb.2.12/6) die Gl.(2.12/12),

$$LC\ddot{q} - (aL - 3bLq^2)\dot{q} + q = 0 \qquad (5.12/4a)$$

hergeleitet; sie enthält in dieser Form vier Parameter. Nach Dividieren durch LC und mit der Abkürzung $\varkappa^2 := 1/LC$ kommt

$$\ddot{q} - \varkappa^2 L(a - 3bq^2)\dot{q} + \varkappa^2 q = 0 \tag{5.12/4b}$$

mit noch drei Parametern. Nun setzen wir mit zunächst noch unbestimmten Konstanten α und β

$$\tau := \alpha t \quad , \quad x := \beta q$$

und erhalten

$$\frac{\alpha^2}{\beta} x'' - \varkappa^2 L\left(a - 3b\frac{x^2}{\beta^2}\right)\frac{\alpha}{\beta} x' + \frac{\varkappa^2}{\beta} x = 0. \tag{5.12/4c}$$

Zur Bestimmung von β fordern wir (damit der Ausdruck in der Klammer vereinfacht wird) $\beta^2 = 3b/a$; danach dividieren wir die Gleichung durch α^2/β; so kommt

$$x'' - \varkappa^2 \frac{aL}{\alpha}(1 - x^2)x' + \frac{\varkappa^2}{\alpha^2} x = 0 \tag{5.12/4d}$$

Machen wir mit der Forderung $\alpha := \varkappa$ den Koeffizienten bei x zu Eins und kürzen den Faktor vor der Klammer durch χ ab,

$$\varkappa^2 aL/\alpha = aL\varkappa = aL/c =: \chi,$$

so entsteht

$$x'' - \chi(1 - x^2)x' + x = 0\,. \tag{5.12/4e}$$

(5.12/4e) ist die Standardform der van der Polschen Differentialgleichung. Sie enthält noch den einen Parameter χ; die ursprünglichen vier Parameter reduzierten sich auf einen einzigen wesentlichen.

Wir schließen noch einige weitere Beispiele für Differentialgleichungen selbsterregter Schwingungen an; später (u.a. in Abschn.5.87) werden wir auf sie verweisen.

B e i s p i e l 3 : Eine van der Polsche Differentialgleichung mit drei Parametern

$$\ddot{q} - \chi(1 - \alpha^2 q^2)\varkappa\dot{q} + \varkappa^2 q = 0 \qquad (5.12/5a)$$

wird durch $x := \alpha q$ und $\tau := \varkappa t$ auf die Standardform

$$x'' - \chi(1 - x^2)x' + x = 0 \qquad (5.12/5b)$$

mit einem Parameter gebracht.

B e i s p i e l 4 : Die Rayleighsche Differentialgleichung mit drei Parametern

$$\ddot{q} - \chi(1 - \beta^2\dot{q}^2)\varkappa\dot{q} + \varkappa^2 q = 0 \qquad (5.12/6a)$$

erhält mit $x := \beta\varkappa q$ und $\tau := \varkappa t$ die Standardform

$$x'' - \chi(1 - x'^2)x' + x = 0 \qquad (5.12/6b)$$

mit nur einem Parameter.

B e i s p i e l 5 : In Abschn.5.87 werden zwei "modifizierte van der Polsche" Differentialgleichungen betrachtet. Die erste lautet

$$\ddot{q} + \varkappa^2 q = \chi(\operatorname{sign}\dot{q})\delta\dot{q}(1 - \alpha^2 q^2), \qquad (5.12/7a)$$

die zweite

$$\ddot{q} + \varkappa^2 q = \chi(\operatorname{sign}\dot{q})\varkappa^2\sigma(1 - \beta^2\dot{q}^2). \qquad (5.12/8a)$$

Jede enthält vier Parameter. Wir zeigen hier, wie dimensionslose Fassungen hergestellt werden können.

Im ersten Fall wählt man $\tau := \varkappa t$ und $x := \alpha q$ als neue Veränderliche, ferner die Parameterkombination $\chi_1 := \chi\delta/\alpha$ als neuen Parameter; so findet man

$$x'' + x = \chi_1(\operatorname{sign} x')x'^2(1 - x^2) \qquad (5.12/7b)$$

als dimensionslose Form von (5.12/7a); sie enthält nur noch den einen Parameter χ_1.

Im zweiten Fall kommt mit den Veränderlichen $\tau := \varkappa t$ und $x := \beta\varkappa q$ sowie dem neuen Parameter $\chi_1 = \chi\beta\varkappa\sigma$ die Gleichung

$$x'' + x = \chi_1(\operatorname{sign} x')(1 - x'^2) \qquad (5.12/8b)$$

als dimensionslose Fassung von (5.12/8a) zustande; auch sie enthält nur noch den einen Parameter χ_1.

Auf einen Umstand soll noch hingewiesen werden. Er wird durch das in Abschn.5.42 behandelte Beispiel des "Durchschlagschwingers" illustriert: Wenn in einer Differentialgleichung, wie z.B. in (5.42/28b), eine bestimmte Nichtlinearität auftritt und diese später durch einen Näherungsausdruck, etwa durch eine abgebrochene Reihenentwicklung, ersetzt wird, so daß z.B. (5.42/28f) entsteht, so wird man für die zweite nichtlineare Differentialgleichung eine andere Normierung verwenden als für die erste. Im angeführten Beispiel ist die erste Normierung durch (5.42/28c), die zweite durch (5.42/28g) gegeben. Die Veränderlichen in den dimensionslosen Dgln.(5.42/28d) und (5.42/27) heißen zwar beidemal x und τ; sie haben aber jeweils eine unterschiedliche Bedeutung.

Im genannten Beispiel werden die beiden Normierungen unabhängig voneinander ausgeführt; Ausgangspunkt ist in jedem Fall eine der dimensionsbehafteten Gln.(5.42/28b) und (5.42/28f). Man kann aber auch eine bereits normierte Gleichung vereinfachen und sie dann einer zweiten Normierung unterwerfen; dieser Weg ist allerdings oft unübersichtlich.

5.13 Hinweise

Die wesentliche Literatur über Vorgänge, die durch nichtlineare Differentialgleichungen beschrieben werden, ist seit etwa 1930 entstanden. In der Sowjet-Union veröffentlichten 1935 A.A. Andronow, A.A. Witt und S.E. Chaikin ein erstes grundlegendes Werk, eine englischsprachige Bearbeitung durch S. Lefschetz erschien 1949. Von der zweiten Auflage existiert eine deutsche (Lit.5.13/1a) und eine englische Übersetzung (Lit.5.13/1b). Ein Buch von N. Minorsky machte 1947 die in der Sowjet-Union erarbeiteten Ergebnisse erstmals in der westlichen Welt bekannt; es liegt in zweiter, erweiterter Auflage vor (Lit.5.13/2).

Diese beiden Bücher dürfen als die klassischen Werke über die nichtlinearen Schwingungen angesehen werden. Zur Einführung und für die Verwendung als Lehrbuch können unter anderen die Bücher von J.J. Stoker, K. Magnus und H. Kauderer dienen (Lit.5.13/3 bis 5.13/5).

Die neuere Entwicklung spiegelt sich in einer Fülle von Werken. Stellvertretend seien hier die Bücher von R. Reissig, G. Sansone, R. Conti (Lit.5.13/6) und W. Hahn (Lit.5.13/7) genannt, beide enthalten ausführliche Bibliographien.

5.2 Bewegungsraum und Phasenebene

In diesem Hauptabschnitt werden wir versuchen, Differentialgleichungen von der Form (5.11/1) und (5.11/2) eine geometrische Deutung zu geben. Die dabei benutzten Methoden zur Untersuchung der Lösungen nennt man oft q u a l i t a t i v e oder auch t o p o l o g i s c h e Methoden. Um einen Überblick zu gewinnen, betrachten wir die autonomen und die nichtautonomen Vorgänge zunächst gemeinsam. Im weiteren Verlauf dieses Kapitels werden wir uns dann jedoch auf die Untersuchung autonomer Differentialgleichungen beschränken; die heteronomen Schwinger werden ausführlicher erst in Kap.6 behandelt.

5.20 Zustandsgrößen; Differentialgleichung zweiter Ordnung; System von Differentialgleichungen erster Ordnung

Für die folgenden Überlegungen ist es zweckmäßig, statt von den Gln.(5.11/1) und (5.11/2) von den entsprechenden dimensionslosen Gleichungen auszugehen, nämlich

$$x'' + h(x,x') = 0 \tag{5.20/1}$$

für ein autonomes und

$$x'' + H(x,x',\tau) = 0 \tag{5.20/2}$$

für ein heteronomes System; wir haben sie im Abschn.5.12 als Gln.

(5.12/2b) und (5.12/2c) bereits angegeben.

Neben dem Ausschlag $x(\tau)$ betrachten wir auch seine (dimensionslose) Geschwindigkeit y,

$$y(\tau) := \frac{dx}{d\tau} = x'. \tag{5.20/3}$$

Das Paar von Werten x und y bezeichnen wir als die Zustandsgrößen des Schwingers. Kennt man für einen Zeitpunkt τ beide Werte x und y, so ist der Zustand des Gebildes bekannt, denn aus der Bewegungsgleichung (5.20/1) oder (5.20/2) kann man die Beschleunigung x'' und etwa erforderliche höhere Ableitungen gewinnen. Der Vektor $\underline{r}$ mit den Komponenten x und y heißt Zustandsvektor; siehe Gl.(5.21/2).

Aus (5.20/3) folgt

$$x'' = y'. \tag{5.20/4}$$

Ersetzt man demgemäß in (5.20/1) und (5.20/2) x'' durch y', so erhält man jeweils an Stelle der einen Differentialgleichung zweiter Ordnung für $x(\tau)$ ein System zweier miteinander gekoppelter Differentialgleichungen erster Ordnung für $x(\tau)$ und $y(\tau)$, nämlich

$$\begin{aligned} x' &= y, \\ y' &= -h(x,y) \end{aligned} \tag{5.20/5}$$

bzw.

$$\begin{aligned} x' &= y, \\ y' &= -H(x,y,\tau). \end{aligned} \tag{5.20/6}$$

Die Differentialgleichungssysteme (5.20/5) und (5.20/6) sind den einzelnen Dgln.(5.20/1) und (5.20/2) gleichwertig, d.h. sie haben die gleichen Lösungen. Für manche Untersuchungen sind Systeme von Differentialgleichungen erster Ordnung jedoch besser geeignet als Gleichungen zweiter Ordnung.

Gelegentlich haben die Bewegungsgleichungen schon vom Ansatz her die Form eines Systems von Differentialgleichungen erster Ordnung, man vergleiche hierzu das folgende Beispiel. Im allgemeinen Fall erhält man so Differentialgleichungssysteme von der Form

$$x' = P(x,y), \quad y' = Q(x,y) \tag{5.20/7}$$

bzw.

$$x' = R(x,y,\tau), \quad y' = S(x,y,\tau); \tag{5.20/8}$$

P, Q, R, S sind dabei gegebene Funktionen ihrer Argumente.

Oft ist es dann nicht leicht - mitunter nicht einmal möglich - x oder y aus (5.20/7) bzw. (5.20/8) zu eliminieren und zu einer Differentialgleichung zweiter Ordnung überzugehen.

B e i s p i e l ; Schwingungen eines Lichtbogens: Die Schaltung zeigt Abb.5.20/1a. Nach den Kirchhoffschen Gesetzen gilt für die Spannungen U an den einzelnen Bauelementen

$$U_C = U_L + U_B \quad , \quad U = U_C + U_R .$$

Zwischen den Spannungen und Strömen bestehen die Beziehungen

$$U_L = L\frac{di_L}{dt} \quad , \quad i_C = C\frac{dU_C}{dt} \quad , \quad U_R = R(i_C + i_L) .$$

Für die Spannung U_B am Lichtbogen gilt eine Kennlinie nach Abb.5.20/1b,

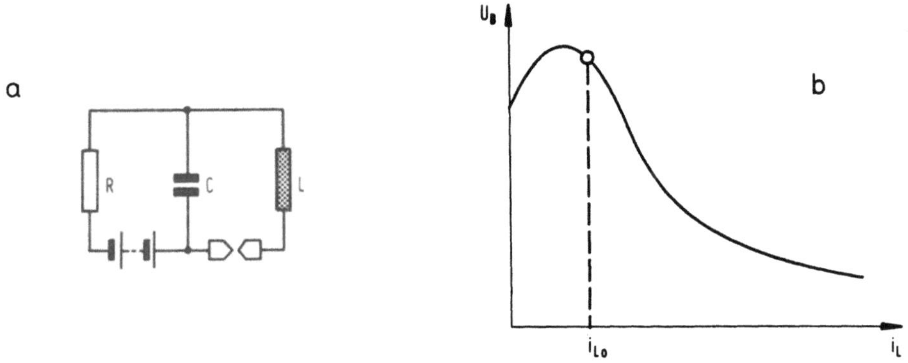

Abb.5.20/1. Lichtbogenschwinger; a) Schaltskizze, b) Kennlinie

die wir im Bereich $i_L > i_{L0}$ durch die Hyperbel

$$U_B = k_1 + k_2/i_L$$

annähern; k_1, k_2 sind dabei geeignete Konstanten. Wir eliminieren U_L, U_B und i_C und erhalten das Differentialgleichungssystem

$$L\frac{di_L}{dt} = U_C - k_1 - k_2/i_L\,,$$
$$RC\frac{dU_C}{dt} = U(t) - U_C - Ri_L. \qquad (5.20/9a)$$

Da wir dieses Beispiel später weiter untersuchen werden, machen wir die Gleichungen noch dimensionslos. Dazu führen wir die neuen Variablen x, y, τ ein:

$$i_L = \alpha x \;;\; U_C = \beta y + \gamma \;;\; \varkappa t = \tau \;;$$

α, β, γ, $\varkappa$ sind dabei zunächst frei wählbare Konstanten.

Aus (5.20/9a) erhalten wir

$$\frac{dx}{d\tau} = \frac{\beta}{L\alpha\varkappa}y + \frac{\gamma - k_1}{L\alpha\varkappa} - \frac{k_2}{L\alpha^2\varkappa}\cdot\frac{1}{x}\,,$$
$$\frac{dy}{d\tau} = \frac{U-\gamma}{RC\beta\varkappa} - \frac{1}{RC\varkappa}y - \frac{\alpha}{C\beta\varkappa}x.$$

Wählt man

$$\gamma = k_1 \;;\; \varkappa^2 = \frac{1}{LC} \;;\; \alpha^2 = k_2\sqrt{\frac{C}{L}} \;;\; \beta = L\varkappa\alpha$$

und benutzt die Abkürzungen

$$\frac{U(\varkappa\tau) - k_1}{\alpha R} = p(\tau),$$
$$\frac{1}{R}\sqrt{\frac{L}{C}} = \delta,$$

so erhält man zur Beschreibung der Lichtbogenschwingungen ein Differentialgleichungssystem der Form (5.20/8), es lautet

$$x' = y - 1/x \qquad \text{für } x > x_0 := i_{L0}/\alpha\,,$$
$$y' = -\delta y - x + p(\tau)\,. \qquad (5.20/9b)$$

Das Differentialgleichungssystem (5.20/8) nimmt für unser Beispiel somit die spezielle Form (5.20/9b) an.

5.21 Bewegungsraum, Phasenebene, Phasenzylinder; reguläre und singuläre Punkte

Den folgenden Untersuchungen legen wir zunächst das nichtautonome Differentialgleichungssystem (5.20/8) zugrunde. Die Lösungen $x(\tau)$, $y(\tau)$ von (5.20/8) werden wir in zweierlei Weise veranschaulichen: im Bewegungsraum (x,y,τ) und in der Phasenebene (x,y).

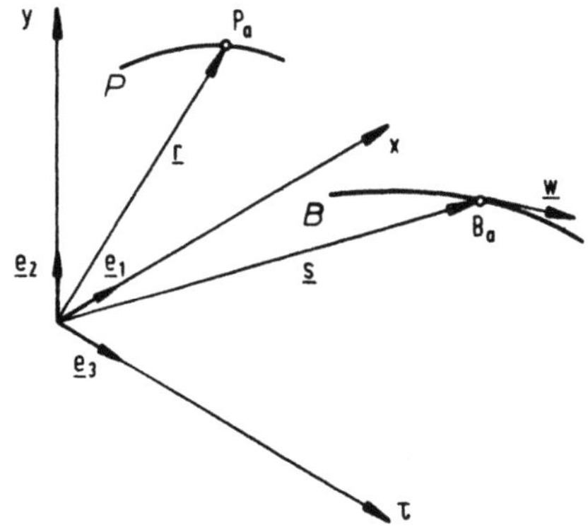

Abb.5.21/1.
Bewegungsraum (x,y,τ) und Bewegungskurve $\underline{s}(\tau)$, Phasenebene (x,y) und Phasenkurve $\underline{r}(\tau)$

Führt man (vgl. Abb.5.21/1) ein Dreibein von Einheitsvektoren $\underline{e}_1$, $\underline{e}_2$, $\underline{e}_3$ in Richtung der x-, y-, τ-Achse ein, so wird die dreidimensionale Lösungskurve $x(\tau)$, $y(\tau)$ im Bewegungsraum, die "Bewegungskurve" *B* durch den Ortsvektor

$$\underline{s}(\tau) := \underline{e}_1 x(\tau) + \underline{e}_2 y(\tau) + \underline{e}_3 \tau \qquad (5.21/1)$$

beschrieben und entsprechend die Phasenkurve *P* durch den zweidimensionalen Zustandsvektor

$$\underline{r}(\tau) := \underline{e}_1 x(\tau) + \underline{e}_2 y(\tau)\,. \qquad (5.21/2)$$

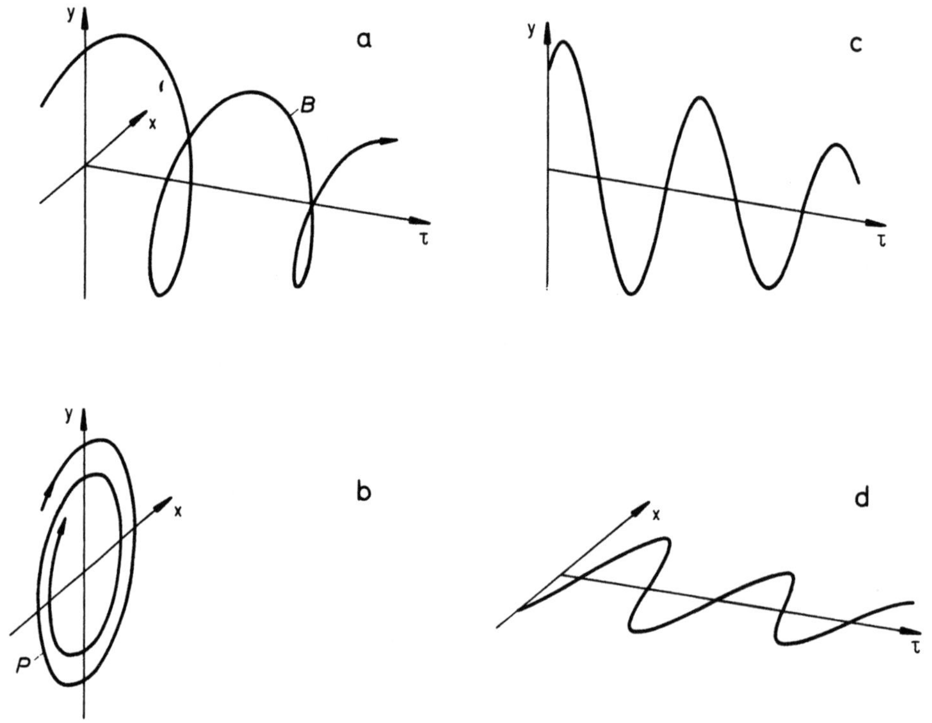

Abb.5.21/2. Bewegungskurve (a) und Projektionen (b), (c), (d)

Die Phasenkurve $\underline{r}(\tau)$ ist die Projektion der dreidimensionalen Bewegungskurve $\underline{s}(\tau)$ auf die Phasenebene. Abb.5.21/2 zeigt in Bildteil a eine Bewegungskurve, in den Bildteilen b, c und d jeweils ihre Projektionen in die drei Ebenen (x,y) (Phasenkurve), (y,τ) und (x,τ).

Differenzieren von $\underline{s}(\tau)$ (5.21/1) nach τ liefert

$$\underline{w}(\tau) := \underline{s}' = \underline{e}_1 x' + \underline{e}_2 y' + \underline{e}_3 . \tag{5.21/3}$$

$\underline{w}(\tau)$ ist die "Geschwindigkeit", mit der die Lösungskurve $\underline{s}(\tau)$ durchlaufen wird; der Vektor $\underline{w}(\tau)$, Abb.5.21/1, liegt in der Tangente der Kurve $\underline{s}(\tau)$ im betrachteten Punkt B_a mit den Koordinaten (x,y,τ). Da x' und y' in Gl.(5.21/3) den Dgln.(5.20/8) genügen, gilt

$$\underline{w} = \underline{e}_1 R(x,y,\tau) + \underline{e}_2 S(x,y,\tau) + \underline{e}_3 . \tag{5.21/4}$$

Durch (5.21/4) werden allen Punkten (x,y,τ) – soweit R und S erklärt sind – Linienelemente zugeordnet.

Ein Punkt (x,y,τ) heißt singulär, wenn für ihn $\underline{w}$ entweder verschwindet oder nicht eindeutig erklärt ist oder unendlich wird. Der erste Fall kann hier nicht eintreten, da aus (5.21/4)

$$|\underline{w}| = \sqrt{R^2 + S^2 + 1} \geqq 1 \qquad (5.21/5)$$

folgt. Dagegen kann (zweiter Fall) $\underline{w}$ unstetig sein, wenn $R(x,y,\tau)$ oder $S(x,y,\tau)$ unstetig ist. Wir wollen stets annehmen, daß R und S beschränkt sind; dann bleibt auch $\underline{w}$ endlich; damit ist der dritte Fall ausgeschlossen. Die nicht-singulären Punkte (x,y,τ) heißen regulär.

Die Gesamtheit der Kurven $\underline{s}(\tau)$, die auf das durch (5.21/4) beschriebene Tangenten- oder Richtungsfeld passen, bildet die Lösungsmannigfaltigkeit des Differentialgleichungssystems (5.20/8). Weitergehende Überlegungen zu den Lösungen nichtautonomer Differentialgleichungen werden im Kapitel 6 folgen; hier beschränken wir uns von nun an auf autonome Differentialgleichungen.

Für das Richtungsfeld der autonomen Differentialgleichung (5.20/7) folgt aus (5.21/3)

$$\underline{w} = \underline{e}_1 P(x,y) + \underline{e}_2 Q(x,y) + \underline{e}_3 . \qquad (5.21/7)$$

Das Richtungsfeld hängt also nicht von der Zeit ab. Jede Lösungskurve bleibt bei einer Verrückung in τ-Richtung Lösungskurve. Dieser geometrischen Aussage entspricht analytisch: Ist $x(\tau)$, $y(\tau)$ eine Lösung einer autonomen Differentialgleichung, so ist auch

$$x(\tau + A) \quad , \quad y(\tau + A) \qquad (5.21/8)$$

eine Lösung. A ist eine beliebige, additiv zur unabhängigen Variablen hinzutretende Integrationskonstante.

Betrachten wir nun die Darstellung in der Phasenebene. Ableiten von $\underline{r}(\tau)$ (5.21/2) nach τ gibt

$$\underline{v}(\tau) := \underline{r}' = \underline{e}_1 x' + \underline{e}_2 y' . \qquad (5.21/9)$$

$\underline{v}$ ist die Phasengeschwindigkeit, das ist die Geschwindigkeit, mit der der Endpunkt P_a des Vektors $\underline{r}$ die Phasenkurve durchläuft.

Auf der rechten Seite von (5.21/9) kann man x' und y', wie bei $\underline{w}$ nach (5.21/3), durch die rechten Seiten der Dgln.(5.20/7) ausdrücken:

$$\underline{v} = \underline{e}_1 P(x,y) + \underline{e}_2 Q(x,y) . \qquad (5.21/10)$$

Diese Gleichung ordnet den Punkten der Phasenebene Linienelemente zu, ähnlich wie (5.21/7) das für den Bewegungsraum tut.

Ein Punkt (x,y) der Phasenebene heißt wieder singulär, wenn entweder $\underline{v}$ verschwindet, nicht eindeutig erklärt ist oder unendlich wird. Anders als bei $|\underline{w}|$ im Bewegungsraum kann

$$v := |\underline{v}| = \sqrt{P^2 + Q^2} \qquad (5.21/11)$$

zu Null werden. Das geschieht für diejenigen Punkte $(\bar{x},\bar{y})$, für die gilt

$$\begin{aligned} P(\bar{x},\bar{y}) &= 0 , \\ Q(\bar{x},\bar{y}) &= 0 . \end{aligned} \qquad (5.21/12)$$

Singuläre Punkte dieser Art entsprechen Gleichgewichtszuständen des Gebildes, denn

$$\begin{aligned} x &= \bar{x} , \\ y &= \bar{y} \end{aligned} \qquad (5.21/13)$$

ist eine (konstante) Lösung von (5.20/7). Weil dabei $v(\bar{x},\bar{y}) = 0$ ist, nennt man diese singulären Punkte $(\bar{x},\bar{y})$ auch stationäre Punkte. Da die stationären Punkte, wie wir sehen werden, wesentliche Eigenschaften der Schwinger wiederspiegeln, nennt man sie oft schlechthin *die* singulären Punkte. Jene andern singulären Punkte, die zu Unstetigkeitsstellen von P oder Q gehören, haben nämlich nur geringe Bedeutung. Den (stationären) singulären Punkten wird der ganze nächste Abschnitt gewidmet sein.

Die nichtsingulären Punkte heißen r e g u l ä r. Allen regulären Punkten ist ein Linienelement eindeutig zugeordnet. Die auf das Richtungsfeld der Phasenebene passenden Kurven sind die P h a s e n k u r v e n. Sie stellen (wie schon erwähnt) die Projektionen der Bewegungskurven im Bewegungsraum auf die Phasenebene dar.

Nehmen wir nun an, wir hätten den "Parameter" τ aus $x(\tau)$, $y(\tau)$ eliminiert und für die Phasenkurve die Form

$$y = y(x) \tag{5.21/14}$$

gefunden. Welcher Differentialgleichung genügt die Funktion $y(x)$?

Differenzieren von (5.21/14) nach τ liefert

$$y' = \frac{dy}{dx} x' \; ; \tag{5.21/15}$$

wird hier x' und y' nach (5.20/7) bzw. (5.20/5) eingesetzt, so folgt für $y(x)$ die nichtlineare Differentialgleichung erster Ordnung

$$\frac{dy}{dx} = \frac{Q(x,y)}{P(x,y)} \tag{5.21/16a}$$

bzw.

$$\frac{dy}{dx} = -\frac{h(x,y)}{y} \; . \tag{5.21/16b}$$

Wenn diese Gleichung gelöst ist,

$$y = \varphi(x) \; , \tag{5.21/17}$$

kann $\varphi(x)$ in die erste Gl.(5.20/7) eingesetzt, $x' = P(x,\varphi(x))$, und diese Gleichung integriert werden:

$$\tau - \tau_0 = \int_{x_0}^{x} \frac{d\xi}{P(\xi,\varphi(\xi))} \equiv \tau(x) \; . \tag{5.21/18}$$

Umkehren dieser Funktion liefert

$$x = x(\tau - \tau_0) \; . \tag{5.21/19}$$

Die Lösung hat die Form, die wir schon in Gl.(5.21/8) kennengelernt haben (hier ist $A = -\tau_0$). Setzt man $x(\tau)$ nach (5.21/19) in $y(x)$ nach

(5.21/17) ein, so erhält man auch noch

$$y = y(\tau - \tau_0). \qquad (5.21/20)$$

Der Umweg über die Phasenkurve y(x) vereinfacht also das Lösen der Dgln.(5.20/1) und (5.20/7): Man braucht nicht eine Differentialgleichung zweiter Ordnung oder zwei gekoppelte Differentialgleichungen erster Ordnung "auf einmal" zu lösen, sondern kann in zwei Schritten vorgehen: Zuerst gewinnt man y(x) durch Lösen der Gleichung erster Ordnung (5.21/16). Eine anschließende Quadratur, entsprechend der Gl.(5.21/18), liefert dann $x(\tau)$ oder wenigstens die Umkehrfunktion $\tau(x)$.

Die eigentlichen Integrationsprobleme liegen vor allem im ersten Schritt; denn das Verhalten des Schwingers, die verschiedenen möglichen Zustände [vgl. die zu (5.20/3) gemachten Bemerkungen] werden ja durch die Phasenkurven schon weitgehend erfaßt. Der zweite Integrationsschritt (5.21/18) liefert darüber hinaus "nur" noch den Zeitpunkt, zu dem sich ein bestimmter Zustand einstellt [so kann man (5.21/18) lesen]. Diese Integration bietet (da sie in einer Quadratur besteht) keine prinzipiellen Schwierigkeiten. Im allgemeinen führt sie jedoch auf nicht tabellierte Funktionen; sie muß dann näherungsweise numerisch ausgeführt werden. Wenn man den zeitlichen Verlauf der Bewegungen nicht unbedingt braucht, wird man auf den zweiten Integrationsschritt, die Quadratur (5.21/18), verzichten und sich mit einer Diskussion der Bewegungen anhand der Zustandsgrößen, d.h. in der Phasenebene, begnügen. Deshalb legen wir in diesem Hauptabschnitt 5.2 Nachdruck auf das Gewinnen und Diskutieren der Phasenkurven.

Die Gesamtheit aller Phasenkurven für einen bestimmten Schwinger nennt man sein Phasenportrait. Einen Überblick über den Verlauf der Phasenkurven gewinnt man anhand der Isoklinenschar

$$\frac{dy}{dx} = C \ (=\text{constant}), \qquad (5.21/21)$$

diese kann man mit Hilfe von Gl.(5.21/16) zeichnen. Die Punkte mit horizontaler Tangente liegen auf der Isokline

$$Q(x,y) = 0, \tag{5.21/21a}$$

die mit vertikaler Tangente auf

$$P(x,y) = 0. \tag{5.21/21b}$$

Falls die beiden Kurven (5.21/21a) und (5.21/21b) sich schneiden, ist der Schnittpunkt $(\bar{x},\bar{y})$ ein singulärer Punkt [vgl. (5.21/12)] mit unbestimmtem Linienelement und mit $v = 0$ nach (5.21/11).

Im wichtigen Sonderfall des Gleichungssystems (5.20/5) liegen alle Punkte mit vertikaler Tangente wegen $P(x,y) \equiv y = 0$ auf der x-Achse. Deshalb müssen auch alle etwa vorhandenen singulären Punkte dort liegen: $(\bar{x},\bar{y}) = (\bar{x},0)$; die $\bar{x}$ werden dabei wegen $Q(\bar{x},\bar{y}) = -h(\bar{x},\bar{y})$ aus

$$h(\bar{x},0) = 0 \tag{5.21/22}$$

bestimmt.

Über die "Isoklinenmethode" als Hilfsmittel zum Zeichnen der Phasenkurven wird im Abschn.5.61 noch ausführlicher gesprochen.

Längs einer Phasenkurve kann der Durchlaufungssinn sich nur dann umkehren, wenn die Kurve singuläre Punkte enthält. Kennt man den Durchlaufungssinn auf einer Phasenkurve, so wird die Nachbarkurve "im gleichen Sinn" durchlaufen, wenn $\underline{v}$ sich stetig ändert, also das betrachtete Gebiet der Phasenebene nur reguläre Punkte enthält.

Für die spezielle Gl.(5.20/5) folgt aus $x' = y$, daß die Phasenkurven in der oberen Hälfte der Phasenebene, $y > 0$, nach rechts, in er unteren, $y < 0$, nach links, insgesamt also im Uhrzeigersinn durchlaufen werden (siehe Abb.5.21/3).

Abb.5.21/3.
Zum Durchlaufungssinn der Phasenkurven

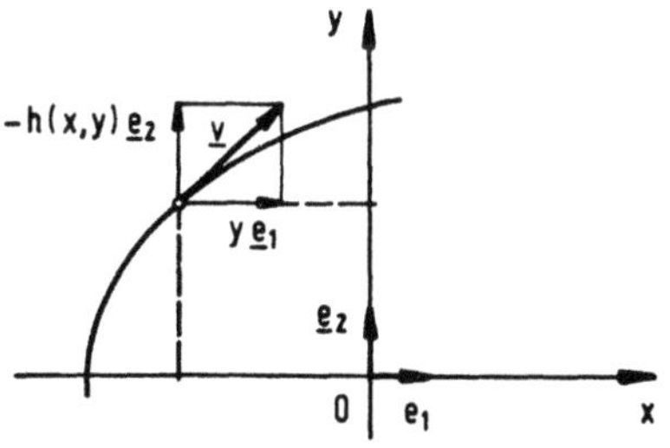

Periodischen Lösungen von (5.20/7),

$$x(\tau + T^*) = x(\tau),$$
$$y(\tau + T^*) = y(\tau) \qquad (5.21/24)$$

(T^* ist die dimensionslose Periode, eine endliche feste Zahl) entsprechen geschlossene Phasenkurven, denn aus (5.21/24) folgt, daß nach Ablauf der Zeit T^* dieselben Zustände wiederkehren. Andererseits gehört zu einer geschlossenen Phasenkurve eine periodische Lösung, falls kein singulärer Punkt auf der Phasenkurve liegt.

Den Beweis kann man auf folgende Weise erbringen (siehe Abb. 5.21/4): Führt man auf einer Phasenkurve P die Bogenlänge s (positiv

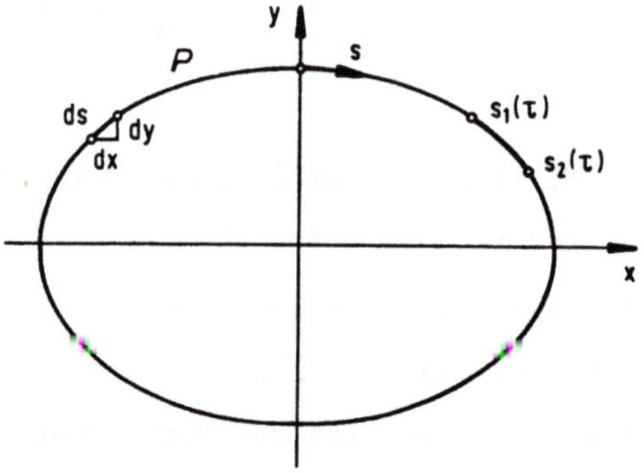

Abb.5.21/4.
Geschlossene Phasenkurve

in Durchlaufungsrichtung) ein, so folgt aus $ds^2 = dx^2 + dy^2$ die Phasengeschwindigkeit

$$v := \frac{ds}{d\tau} = \sqrt{x'^2 + y'^2} = \sqrt{P^2 + Q^2}\,; \qquad (5.21/25)$$

daraus ergibt sich die für das Durchlaufen des Stückes $s_2 - s_1$ der Phasenkurve notwendige Zeit zu

$$\Delta\tau := \tau_2 - \tau_1 = \int_{s_1}^{s_2} \frac{ds}{v}\,. \qquad (5.21/26a)$$

Ist die Phasenkurve geschlossen, so beträgt die zum Durchlaufen notwendige Zeit

$$T^* = \oint \frac{ds}{v}. \tag{5.21/26b}$$

Das einmal über den Umfang der Phasenkurve genommene Integral $\oint$ liefert sicher einen endlichen Wert, falls v nirgends verschwindet, also kein singulärer Punkt auf P liegt [vgl. Gl.(5.21/25)]. Ferner hängt T* nicht davon ab, von welcher Stelle auf der Phasenkurve man s zu zählen beginnt. Also wiederholen sich alle Zustände jeweils nach der Zeit T*, mithin ist T* die Periodendauer.

Mit geschlossenen Phasenkurven, ihrem Auftreten und ihren Eigenschaften beschäftigt sich der ganze Abschn.5.23.

Für gewisse Untersuchungen ist es zweckmäßig, ein anderes als ein Kartesisches Koordinatensystem in die Phasenebene zu legen. Will man z.B. geschlossene Phasenkurven untersuchen, so können Polarkoordinaten vorteilhaft sein,

$$x = r\sin\varphi \ , \ y = r\cos\varphi, \tag{5.21/27}$$

wie in Abb.5.21/5a. (Die Funktion $r(\varphi)$ kann man ihrerseits wieder in ein Kartesisches System eintragen, Abb.5.21/5b.) Die Dgl.(5.21/16)

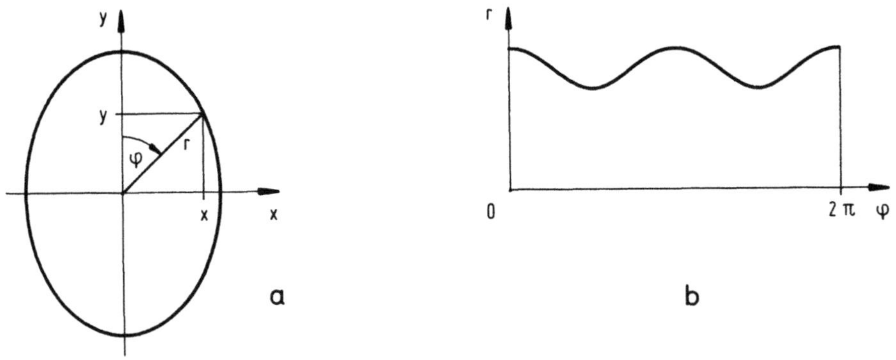

Abb.5.21/5. Geschlossene Phasenkurve; Polarkoordinaten

für y(x) geht mit (5.21/27) über in die Differentialgleichung für $r(\varphi)$

$$\frac{dr}{d\varphi} = r\frac{P\sin\varphi + Q\cos\varphi}{P\cos\varphi - Q\sin\varphi}\ ; \tag{5.21/28}$$

hierin sind

$$P = P(r\sin\varphi, r\cos\varphi) \quad , \quad Q = Q(r\sin\varphi, r\cos\varphi) \; .$$

Der Winkel φ in Abb.5.21/5a wird (zweckmäßig) in Richtung des Durchlaufungssinnes positiv gezählt.

In den Fällen, in denen die rechten Seiten P und Q von (5.20/7) periodische Funktionen bezüglich x sind, wird das Phasenportrait anschaulich einfacher, wenn man statt der Phasenebene einen Phasenzylinder benutzt.

Für das P e n d e l z.B. hat (5.20/1) die Form

$$x'' + \sin x = 0 \; . \qquad (5.21/29)$$

Damit folgt für (5.20/5) oder (5.20/7)

$$\begin{aligned} x' &= P(x,y) = y \, , \\ y' &= Q(x,y) = -\sin x \; . \end{aligned} \qquad (5.21/30)$$

Beide Funktionen P und Q haben bezüglich x die gleiche Periode 2π:

$$\begin{aligned} P(x+2\pi,y) &= P(x,y) = y \, , \\ Q(x+2\pi,y) &= Q(x,y) = -\sin x \; . \end{aligned} \qquad (5.21/31)$$

Das Phasenportrait wiederholt sich in x-Richtung jeweils nach der Periode 2π, siehe Abb.5.21/6. Die ausgezogenen Kurven entsprechen den "schwingenden" Bewegungen, die gestrichelten den umlaufenden. Die Kurve, die die beiden Kurvenscharen trennt, ihre S e p a r a t r i x , ist strichpunktiert, die Isoklinen sind kurz gestrichelt gezeichnet.

Anstatt nun die gleichartigen Streifen des Phasenportraits vielfach nebeneinander zu zeichnen, kann man einen einzigen Streifen von der Breite 2π auf einem Zylinder (vom Umfang 2π) anbringen. Man erhält dann den P h a s e n z y l i n d e r . Auf ihm "schließen" sich auch die gestrichelt gezeichneten Phasenkurven. Auch diese nun geschlossenen Phasenkurven gehören zu periodischen Lösungen, da ja (x,y) und $(x+2\pi,y)$ den gleichen physikalischen Zustand wiedergeben. Die Periode T^* kann aus (5.21/26b) berechnet werden; s wird dabei längs

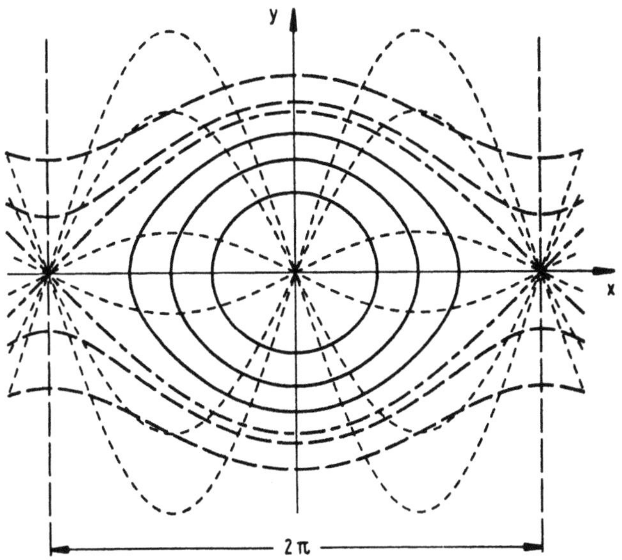

Abb.5.21/6. Phasenkurven eines Pendels in der Phasenebene (kurz gestrichelt: Isoklinen)

der Phasenkurve auf dem Zylinder gezählt. Gleichwertig damit ist

$$T^* = \int_{x=0}^{x=2\pi} \frac{ds}{v}$$

mit ds aus der ebenen (gestrichelten) Phasenkurve in Abb.5.21/6. Mit Hilfe des Phasenzylinders lassen sich auch die im allgemeineren Sinn periodischen Lösungen der Pendeldifferentialgleichung in die zuvor angestellten Überlegungen über geschlossene Phasenkurven einordnen.

5.22 Klassifikation der singulären Punkte

α) Linearisierte Differentialgleichung der Phasenkurven

Die stationären singulären Punkte (im folgenden oft als s.P. abgekürzt) des Phasenportraits waren in (5.21/12) erklärt worden als die Schnittpunkte $(\bar{x},\bar{y})$ der beiden Kurven $P(x,y)=0$ und $Q(x,y)=0$; also gilt

$$P(\bar{x},\bar{y}) = 0, \qquad Q(\bar{x},\bar{y}) = 0. \qquad (5.22/1)$$

(5.22/1) ist ein implizites, nichtlineares Gleichungssystem. Nach einem Satz über implizite Funktionen (siehe etwa Lit.5.22/1) sind die Koordinaten $\bar{x}$ und $\bar{y}$ nur dann eindeutig, wenn die Funktionaldeterminante

$$\Delta(P,Q) := \begin{vmatrix} Q_x(\bar{x},\bar{y}) & Q_y(\bar{x},\bar{y}) \\ P_x(\bar{x},\bar{y}) & P_y(\bar{x},\bar{y}) \end{vmatrix} \qquad (5.22/2)$$

nicht verschwindet,

$$\Delta(P,Q) \neq 0. \qquad (5.22./2a)$$

In diesem Fall ist der s.P. ein i s o l i e r t e r s.P.; er heißt s.P. e r s t e r Ordnung oder e i n f a c h e r s.P. Wenn andererseits

$$\Delta(P,Q) = 0 \qquad (5.22/2b)$$

ist, handelt es sich um kompliziertere Fälle; von ihnen wird im Unterabschnitt γ gesprochen werden.

Das Phasenportrait wird maßgeblich bestimmt durch den Verlauf der Phasenkurven in der Nähe der s.P. Deshalb untersuchen wir diese Bereiche genauer. Man nennt eine solche Untersuchung der N a c h b a r s c h a f t von singulären Punkten auch einfach die Untersuchung d e r singulären Punkte.

In den singulären Punkt $(\bar{x},\bar{y})$, dessen Umgebung wir betrachten wollen, legen wir den Nullpunkt 0* eines neuen ξ-η-Koordinatensystems, siehe Abb.5.22/1,

$$\begin{aligned} x &= \bar{x} + \xi, \\ y &= \bar{y} + \eta. \end{aligned} \qquad (5.22/3)$$

Damit geht das Differentialgleichungssystem (5.20/7) über in

$$\begin{aligned} \xi' &= P(\bar{x} + \xi, \bar{y} + \eta), \\ \eta' &= Q(\bar{x} + \xi, \bar{y} + \eta). \end{aligned} \qquad (5.22/4)$$

Entwickeln der Funktionen P und Q in Potenzreihen nach ξ und η liefert

Abb.5.22/1.
Koordinatensystem x,y
und ξ,η

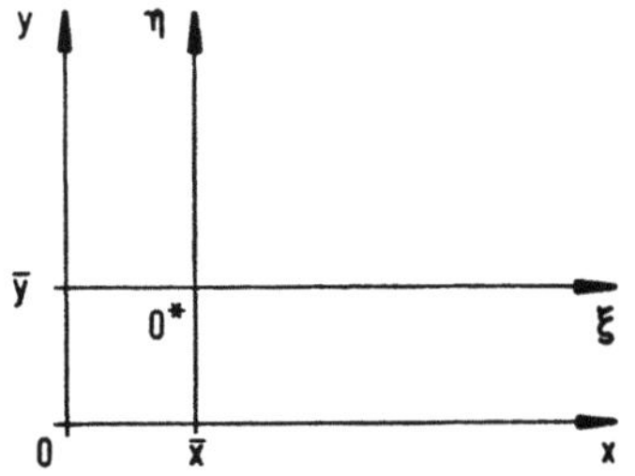

$$\begin{aligned} Q(\bar{x}+\xi,\bar{y}+\eta) &= a\xi + b\eta + Q_2(\xi,\eta)\ , \\ P(\bar{x}+\xi,\bar{y}+\eta) &= c\xi + d\eta + P_2(\xi,\eta) \end{aligned} \qquad (5.22/5)$$

[wegen (5.22/1) ohne konstante Glieder]. Die Glieder $Q_2(\xi,\eta)$ und $P_2(\xi,\eta)$ sollen keine in ξ und η linearen Terme mehr enthalten, also mindestens quadratisch sein.

Die Differentialgleichung des Phasenportraits (5.21/16a) wird damit zu

$$\frac{d\eta}{d\xi} = \frac{a\xi + b\eta + Q_2(\xi,\eta)}{c\xi + d\eta + P_2(\xi,\eta)}\ . \qquad (5.22/6)$$

Nun linearisieren wir, d.h. wir vernachlässigen Q_2 und P_2. Damit geht (5.22/4) über in

$$\begin{aligned} \eta' &= a\xi + b\eta\ , \\ \xi' &= c\xi + d\eta\ , \end{aligned} \qquad (5.22/7)$$

und (5.22/6) wird zu

$$\frac{d\eta}{d\xi} = \frac{a\xi + b\eta}{c\xi + d\eta}\ . \qquad (5.22/8)$$

Gl.(5.22/7) beschreibt die kleinen (linearisierten) Bewegungen des Gebildes um den Gleichgewichtszustand $(\bar{x},\bar{y})$; Gl.(5.22/8) liefert die zugehörigen Phasenkurven.

Von hier an müssen wir die Untersuchungen getrennt fortführen: Im Unterabschnitt β setzen wir voraus, daß (5.22/2a), im Unterabschnitt γ, daß (5.22/2b) gelte.

β) Fall $\Delta \neq 0$: Wir beginnen mit der Untersuchung des linearisierten Falles, also den Gln.(5.22/7) und (5.22/8). Hier wird die Funktionaldeterminante (5.22/2) zu

$$\Delta := \begin{vmatrix} a & b \\ c & d \end{vmatrix} \equiv ad - bc \tag{5.22/9}$$

und (5.22/2a) besagt

$$\begin{vmatrix} a & b \\ c & d \end{vmatrix} \neq 0 \,. \tag{5.22/10}$$

In diesem Fall können die Koeffizienten b und d in (5.22/8) nicht gleichzeitig Null sein.

Das Differentialgleichungssystem (5.22/7) läßt sich mit Hilfe des Ansatzes

$$\xi = A\,e^{\lambda\tau} \,, \qquad \eta = B\,e^{\lambda\tau}$$

lösen. Die zugehörige charakteristische Gleichung lautet

$$\lambda^2 - (b + c)\lambda + (bc - ad) = 0 \,. \tag{5.22/11a}$$

Mit den Abkürzungen Δ nach (5.22/9) und

$$S := (b + c)/2 \,, \qquad D := S^2 + \Delta \tag{5.22/11b}$$

schreiben sich ihre beiden Wurzeln

$$\lambda_{1,2} = S \pm \sqrt{D} \,. \tag{5.22/11c}$$

Für die durch den Anfangspunkt (x_0, y_0) gehenden Lösungen von (5.22/7) erhält man nach einigem Umformen die Ausdrücke

$$\begin{aligned} \xi &= e^{S\tau}\left[\xi_0 \cosh\sqrt{D}\,\tau + \frac{d\eta_0 + \xi_0(c - S)}{\sqrt{D}} \sinh\sqrt{D}\,\tau\right] , \\ \eta &= e^{S\tau}\left[\eta_0 \cosh\sqrt{D}\,\tau + \frac{a\xi_0 + \eta_0(b - S)}{\sqrt{D}} \sinh\sqrt{D}\,\tau\right] . \end{aligned} \tag{5.22/12}$$

Wenn $D=0$ ist, tritt eine Doppelwurzel auf, $\lambda_1 = \lambda_2 = S$; dann werden die Lösungen (5.22/12) zu

$$\xi = e^{S\tau}[\xi_0 + (d\eta_0 + \xi_0(c - S))\tau] \,,$$
$$\eta = e^{S\tau}[\eta_0 + (a\xi_0 + \eta_0(b - S))\tau] \,. \qquad (5.22/13)$$

(5.22/12) und (5.22/13) sind Parameterdarstellungen für die Schar der Phasenkurven in der Nachbarschaft des s.P. $\xi=0$, $\eta=0$. Wenn man die Zeit τ aus diesen Gleichungen eliminiert, erhält man implizite Gleichungen $F(\xi,\eta)=0$. Um die Form der Kurvenschar zu diskutieren, führt man zweckmäßig schiefwinklige Koordinaten in der ξ-η-Ebene ein (vgl. den Sonderfall in Abschn.3.23). Wir übergehen die wegen der notwendigen Fallunterscheidungen etwas mühselige Rechnung und stellen die Ergebnisse in den Tafeln 5.22/I und 5.22/II zusammen.

Tafel 5.22/I. Singuläre Punkte erster Ordnung (Voraussetzung: $\Delta \neq 0$)

Fall	Δ	S	$D=S^2+\Delta$	Singulärer Punkt	Stabilität	Index (5.23/15)
1	>0	—	—	Sattelpunkt	instabil	-1
2.1.1	<0	>0	<0	Strudelpunkt	instabil	$+1$
2.1.2	<0	>0	$=0$	Knotenpunkt	instabil	$+1$
2.1.3	<0	>0	>0	Knotenpunkt	instabil	$+1$
2.2	<0	$=0$	—	Wirbelpunkt+)	schwach stabil	$+1$
2.3.1	<0	<0	<0	Strudelpunkt	stabil	$+1$
2.3.2	<0	<0	$=0$	Knotenpunkt	stabil	$+1$
2.3.3	<0	<0	>0	Knotenpunkt	stabil	$+1$

+) Für $P_2^2+Q_2^2 \neq 0$ können auch stabile oder instabile Strudelpunkte auftreten, vgl. S.35.

Tafel 5.22/II. Phasenportraits in der Umgebung singulärer Punkte (Bezeichnungen wie in Tafel 5.22/I)

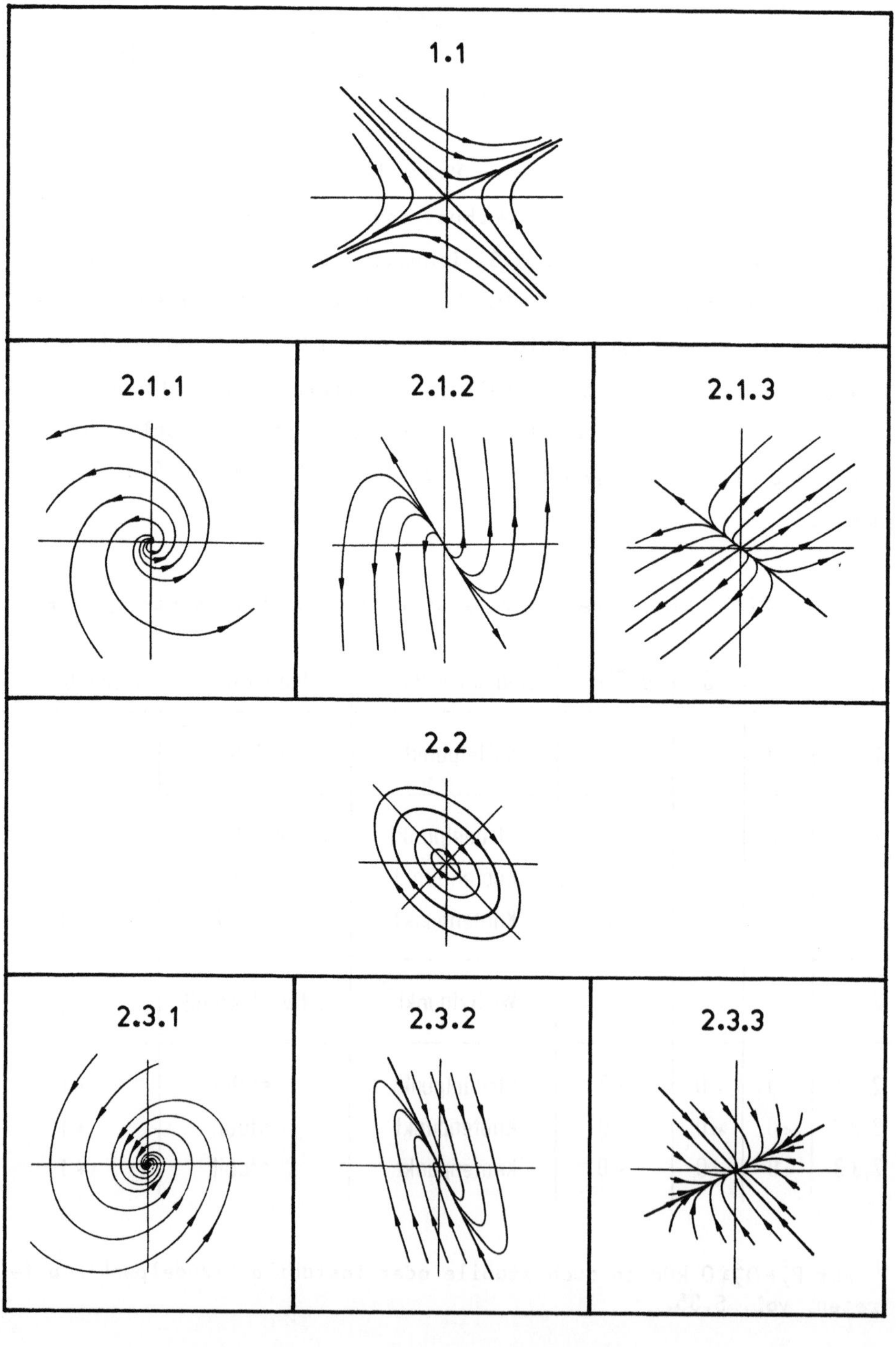

Je nach dem geometrischen Bild des Phasenportraits in der Nachbarschaft des singulären Punktes bezeichnet man diesen als Sattelpunkt, Strudelpunkt, Knotenpunkt oder Wirbelpunkt (englisch: saddle, focus, node, center). Die Art und die Eigenschaften des s.P. werden durch die Vorzeichen von Δ (5.22/9) und durch S und D (5.22/11b) bestimmt. Tafel 5.22/I zeigt die Zuordnungen (die letzte Spalte ist ein Vorgriff auf Abschn.5.23). In Tafel 5.22/II sind die zugehörigen Phasenportraits skizziert.

In der Nachbarschaft eines Sattelpunktes besteht das Phasenportrait (näherungsweise) aus einer Hyperbelschar; ein Wirbelpunkt ist von einer Ellipsenschar umgeben, zu Strudelpunkten gehört ein Feld von Spiralen, in Knotenpunkten laufen parabelähnliche Bögen zusammen.

Aus der charakteristischen Gleichung (5.22/11a) und den zeitlichen Lösungen (5.22/12) und (5.22/13) erkennt man, daß die Phasenkurve auf den singulären Punkt zuläuft, wenn die Realteile von λ und somit S (5.22/11b) negativ sind. In diesem Fall heißt die Gleichgewichtslage und damit der s.P. asymptotisch stabil. Instabil heißen die Gleichgewichtslage und der s.P., wenn der Realteil mindestens eines charakteristischen Wertes λ positiv ist. Beim Wirbelpunkt sind beide Realteile gleich Null: Gleichgewichtslage und s.P. heißen schwach stabil. Weitere Ausführungen zur Stabilität folgen im Hauptabschnitt 5.3.

Bisher haben wir die linearen Näherungen (5.22/7) und (5.22/8) der nichtlinearen Differentialgleichungen (5.20/7) und (5.21/16) erörtert. Hierzu gilt der wichtige Satz: Wenn die lineare Näherung nach (5.22/8) als s.P. einen Sattelpunkt, einen Strudelpunkt oder einen Knotenpunkt liefert, so bleibt die Art dieser s.P. auch dann erhalten, wenn Glieder $P_2(\xi,\eta)$ und $Q_2(\xi,\eta)$ hinzutreten, Gl.(5.22/6). Anders bei Wirbelpunkten: Liegt nach der linearen Näherung ein Wirbelpunkt vor, so kann durch den Einfluß von P_2 und Q_2 aus ihm entweder ein (stabiler oder instabiler) Strudelpunkt werden, oder aber der Wirbelpunkt kann erhalten bleiben (siehe etwa Lit.5.22/3).

Nun erörtern wir drei einfache Beispiele:

$$(1)\quad x'' - x'^3 + x = 0\,,$$

$$(2)\quad x'' + x'^3 + x = 0\,, \qquad (5.22/14a)$$

$$(3)\quad x'' + x + x^3 = 0\,;$$

die gleichwertigen Differentialgleichungssysteme lauten

$$(1)\quad y = x',\quad y' = y^3 - x\,,$$

$$(2)\quad y = x',\quad y' = -y^3 - x\,, \qquad (5.22/14b)$$

$$(3)\quad y = x',\quad y' = -x - x^3.$$

In allen drei Fällen gibt es einen einzigen s.P. $O^*(\bar{x},\bar{y})$; er ist der Nullpunkt (0,0).

Wir beginnen mit der linearen Näherung. Da nun wegen (5.22/3) $\xi = x$ und $\eta = y$ ist, lautet die Dgl.(5.22/8)

$$\frac{dy}{dx} = -\frac{x}{y}\,. \qquad (5.22/15)$$

Sie hat die Lösung

$$x^2 + y^2 = r^2\,, \qquad (5.22/16)$$

die eine Kreisschar um (0,0) beschreibt. (0,0) ist ein Wirbelpunkt ($\Delta = -1$, $S = 0$); siehe Abb.5.22/2.

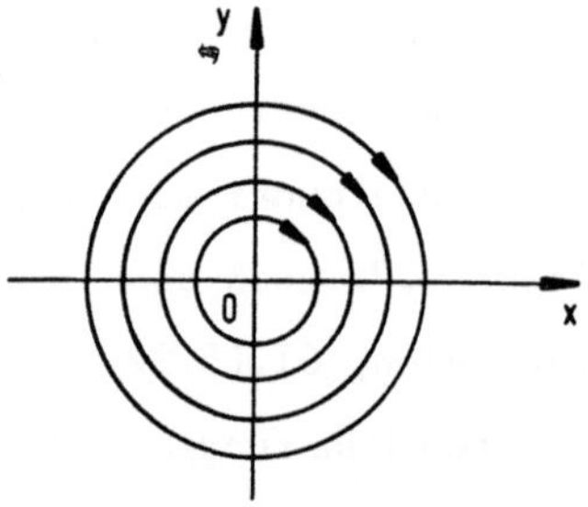

Abb.5.22/2.
Kreisschar gemäß Gl.(5.22/16)

Ergänzt man die Kreise der Schar durch Linienelemente, die den vollständigen, nicht linearisierten Dgln.(5.22/14) in den Fällen (1) bzw. (2) entsprechen (siehe Abb.5.22/3), so erkennt man, daß der

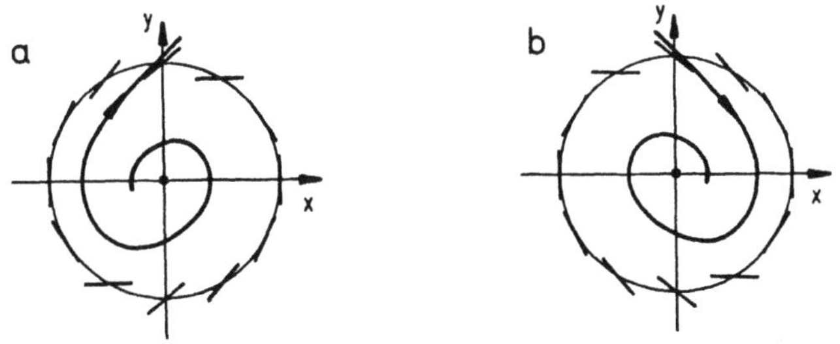

Abb.5.22/3. Spiralen, Strudelpunkte; a) instabil, b) stabil

s.P. der nichtlinearen Differentialgleichung ein Strudelpunkt ist. Im Fall (1), Bildteil a der Abb.5.22/3, führen die Phasenkurven vom s.P. weg, wie man aus dem Durchlaufungssinn der Kreise schließt. Der s.P. ist also ein instabiler Strudelpunkt. Entsprechend entnimmt man für den Fall (2) der Abb.5.22/3b, daß der Strudelpunkt stabil ist.

Man kann die beiden Beispiele auch physikalisch interpretieren: Das linearisierte System stellt einen konservativen Schwinger dar. Der zusätzliche Term $\dot{x}^3$ bewirkt im Fall (1) eine Energieaufnahme, im Fall (2) einen Energieentzug; demgemäß nimmt ein Ausschlag im Fall (1) zu, im Fall (2) ab.

Das Beispiel (3) von (5.22/14) stellt auch mit den nichtlinearen Gliedern noch einen konservativen Schwinger dar. Hier läßt sich die Dgl.(5.22/14) streng integrieren; sie liefert die Lösungsschar

$$y^2 + x^2 + \frac{1}{2}x^4 = C \qquad (5.22/17)$$

(Abb.5.22/4). Hier bleibt der Wirbelpunkt auch im nichtlinearen Fall ein Wirbelpunkt.

Weitere Untersuchungen über die s.P. konservativer Systeme finden sich im Hauptabschnitt 5.4.

γ) Fall $\Delta = 0$: Es gilt (5.22/2b). Die Vorgänge dieses Unterabschnitts waren angekündigt worden als die "komplizierteren" Fälle. Zwei Erscheinungen sollen hier untersucht werden: (a) Das Auftreten von *nicht isolierten* s.P., also von singulären Linien oder

Linienstücken, (b) die Möglichkeit, daß die isolierten s.P., wenn (5.22/2b) gilt, keine "einfachen" s.P. sind.

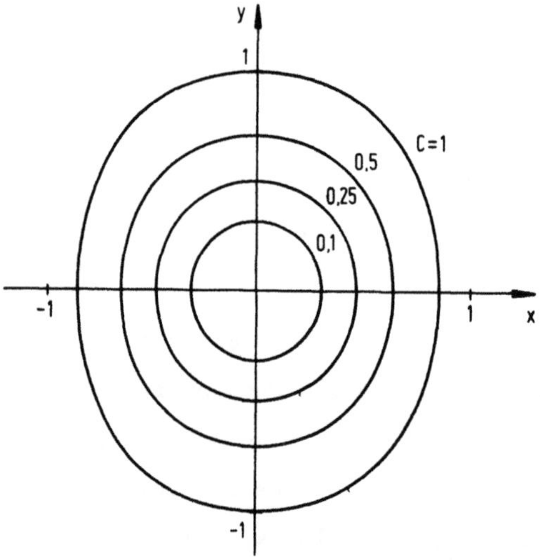

Abb.5.22/4.
Lösungsschar (Phasenportrait) gemäß Gl.(5.22/17)

(a) Wenn die Kurven (5.22/1) längs eines Stückes $a \leqq x \leqq b$ zusammenfallen, so artet der s.P. aus in ein singuläres Kurvenstück, eine singuläre Linie. Wir zeigen zwei Beispiele: Hier dürfen wir (und wollen der Übersichtlichkeit wegen) mit linearen Gln.(5.22/8) arbeiten. Wenigstens einer der Koeffizienten a, b, c, d aus (5.22/8) soll nicht verschwinden. Durch Umbenennen können wir stets erreichen, daß entweder c oder d die nicht verschwindende Größe ist. Aus $\Delta = 0$ (5.22/2b) folgt $a/c = b/d = \text{const} = C$; somit lautet (5.22/8a)

$$\frac{dy}{dx} = C \, . \qquad (5.22/18)$$

Das Phasenportrait besteht aus einer Schar paralleler Geraden mit dem Steigungsmaß C; Abb.5.22/5.

Fragt man nach der Ruhelage $\dot{x} = 0$, $\dot{y} = 0$, so erhält man aus (5.22/7)

$$\begin{aligned} 0 &= cx + dy \, , \\ 0 &= ax + by = C(cx + dy) \, . \end{aligned} \qquad (5.22/19)$$

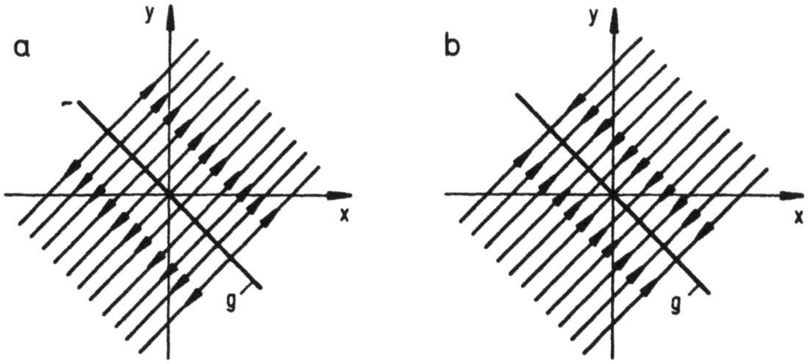

Abb.5.22/5. Phasenkurven gemäß Gl.(5.22/20); alle Punkte der Geraden g sind Gleichgewichtslagen

Die Kurven $P=0$ und $Q=0$ fallen zusammen. Alle Punkte der Geraden g

$$y = -\frac{c}{d}x \ , \quad d \neq 0 \tag{5.22/20}$$

sind Gleichgewichtslagen. Die ganze Gerade g ist singuläre Linie. Der Durchlaufungssinn der Phasenkurven kann nach g hin gerichtet sein (Abb.5.22/5b) oder davon wegweisen (Abb.5.22/5a).

Als physikalisches Beispiel zum soeben betrachteten Fall kann die auf einer horizontalen Ebene rollende Kugel dienen (Abb.5.22/6a).

(I) Ohne Dämpfungskraft lautet ihre Bewegungsgleichung

$$m\ddot{q} = 0 \ ; \tag{5.22/21'}$$

(5.22/8) erhält somit die Form

$$\frac{dy}{dx} = \frac{0}{y} = 0 \ . \tag{5.22/22'}$$

Hier ist g parallel zum Geradenfeld gerichtet (Abb.5.22/6b).

(II) Wirkt auf die Kugel eine geschwindigkeitsproportionale Dämpfung, so lautet die Bewegungsgleichung

$$m\ddot{q} + b\dot{q} = 0 \tag{5.22/21''}$$

und man erhält

$$\frac{dy}{dx} = -D^* \tag{5.22/22''}$$

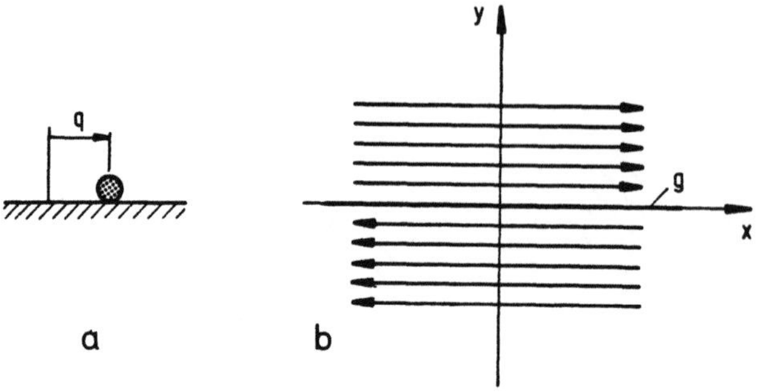

Abb.5.22/6. a) Kugel auf horizontaler Ebene, ohne Dämpfung
b) Phasenkurven, Gleichgewichtslagen auf g

mit $D^* := b/m\varkappa$; $\varkappa$ ist der zum Normieren von y verwendete Parameter.

Das Phasenportrait zeigt Abb.5.22/7. Die Kugel kommt asymptotisch zur Ruhe und legt dabei einen endlichen Weg zurück.

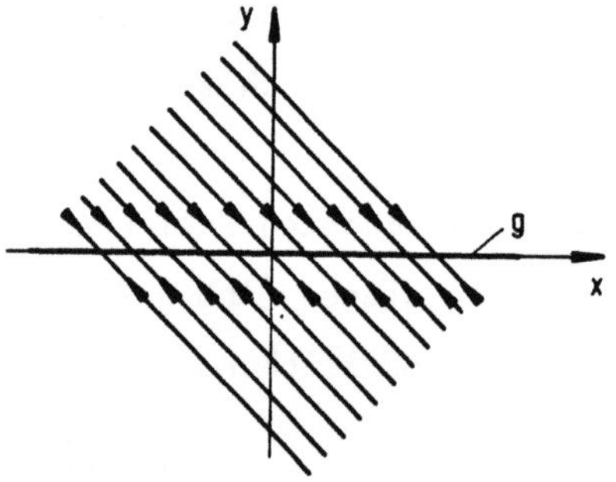

Abb.5.22/7.
Kugel auf horizontaler Ebene mit Dämpfung; Phasenkurven, Gleichgewichtslagen auf g

Ein weiterer Fall, zu dem eine (stückweise) lineare Bewegungsgleichung und ein Phasenportrait mit einer (begrenzten) singulären Linie gehört, ist der Schwinger "mit Lose", Abb.5.22/8a, der in Abschn.5.43 noch ausführlicher behandelt wird. Mit $x = q/a$ lautet die Bewegungsgleichung

$$\begin{aligned} &\text{für} \quad |x| \leqq 1 \qquad \ddot{x} = 0 \ , \\ &\text{für} \quad |x| \geqq 1 \qquad \ddot{x} + x - \operatorname{sign} x = 0 \ . \end{aligned} \qquad (5.22/23)$$

Das Phasenportrait zeigt Abb.5.22/8b. Das Stück $-1 \leqq x \leqq +1$ der Abszissenachse ist eine singuläre Linie.

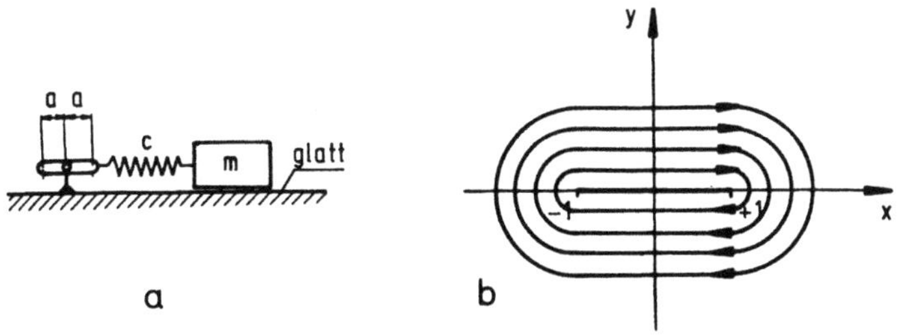

Abb.5.22/8. Schwinger mit Lose; a) Anordnung, b) Phasenkurven)

(b) Hier wählen wir als Beispiel die Bewegungsdifferentialgleichung

$$\ddot{x} - x^3 + x^5 = 0 ; \qquad (5.22/24)$$

zu ihr gehört als Differentialgleichung der Phasenkurven

$$\frac{dy}{dx} = \frac{x^3 - x^5}{y} . \qquad (5.22/25)$$

Der Ursprung (0,0) ist ein s.P.; es ist $\xi = x$, $\eta = y$.

Vernachlässigt man hier die Glieder höherer Ordnung in ξ und η, also $Q_2 = \xi^3 - \xi^5$, so erhält man

$$\frac{dy}{dx} = \frac{0}{y} = 0 . \qquad (5.22/26)$$

In linearer Näherung wäre die ganze x-Achse ein Ort für Ruhelagen, das Phasenportrait hätte die gleiche Form wie Abb.5.22/6b.

Betrachtet man dagegen die vollständige Differentialgleichung

$$\frac{dy}{dx} = \frac{x^3 - x^5}{y} , \qquad (5.22/27)$$

so erhält man als Phasenportrait die Abb.5.22/9. Die Gleichung der Kurvenschar lautet mit dem Scharparameter C

$$y = \pm\sqrt{\tfrac{1}{2}x^4 - \tfrac{1}{3}x^6 + C} . \qquad (5.22/28)$$

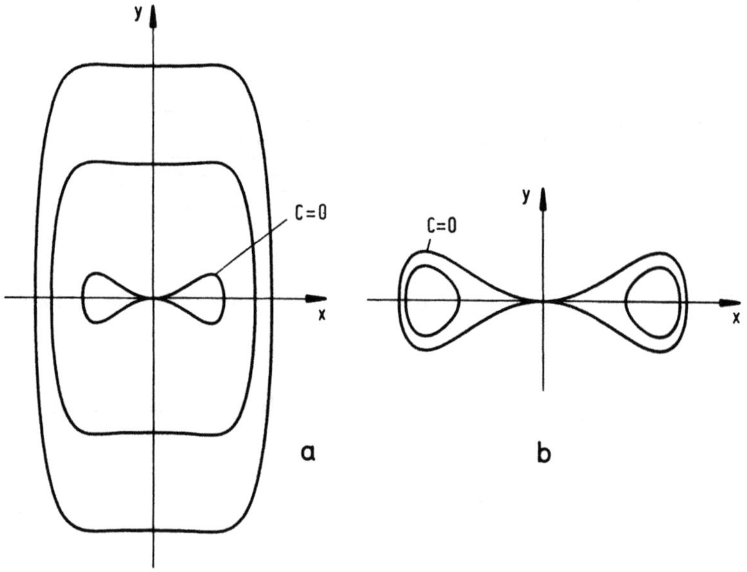

Abb.5.22/9. Phasenportrait gemäß Gl.(5.22/28);
a) $C>0$, b) $C<0$

Man erkennt, daß nur für $C=0$ der Punkt (0,0) ein singulärer Punkt ist; es gibt keine singuläre Linie, wie die Untersuchung anhand der linearisierten Gleichung vermuten lassen könnte. Es handelt sich allerdings nicht um einen einfachen singulären Punkt, die Kurve hat

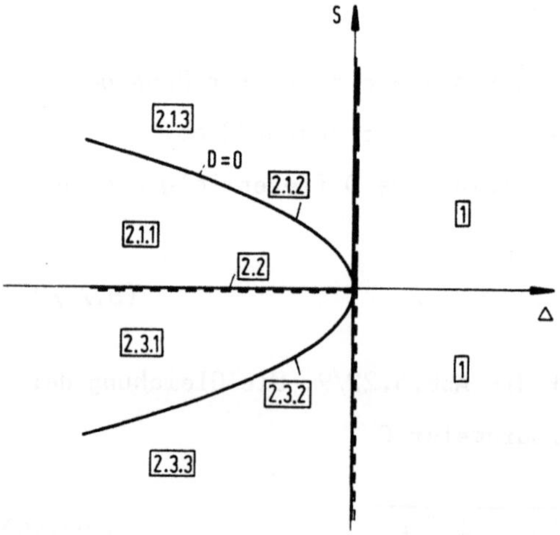

Abb.5.22/10.
Ebene der Parameterwerte S und Δ

eine Berührung höherer Ordnung mit der x-Achse.

Wir fassen die Ergebnisse dieses Abschn. 5.22 schließlich noch in einem Diagramm zusammen: In Abb. 5.22/10 sind auf den Achsen die Parameter Δ (5.22/9) und S (5.22/12) aufgetragen. Die Parabel $\Delta = -S^2$ entspricht $D=0$. In die verschiedenen Felder sind die Bezeichnungen der singulären Punkte nach Tafel 5.22/I eingetragen. Die linearisiert garnicht oder nicht hinreichend erfaßbaren Fälle entsprechen der negativen Δ-Achse und der S-Achse (beide stark gezeichnet). Grenzfälle der Stabilität treten nur auf den negativen Halbachsen $\Delta \leqq 0$ und $S \leqq 0$ auf (═══════); singuläre Punkte mit $\Delta = 0$, $S > 0$ sind stets instabil (═════).

Ausführliche Untersuchungen über singuläre Punkte, auch über "nicht einfache", findet man z.B. in Lit. 5.22/3.

5.23 Geschlossene Phasenkurven; Grenzzykel; Poincaréscher Index

In Abschn. 5.21 war gezeigt worden: Periodischen Vorgängen entsprechen geschlossene Phasenkurven. Hier wollen wir solche geschlossenen Phasenkurven näher erörtern. Wir werden dabei auch Bedingungen angeben, die für ihr Auftreten hinreichend oder notwendig sind.

Die Differentialgleichung des linearen ungedämpften Schwingers,

$$\ddot{x} + x = 0 , \tag{5.23/1}$$

hat die Lösung

$$x = A \sin(\tau + \alpha) , \tag{5.23/2a}$$

somit gilt

$$y := \dot{x} = A \cos(\tau + \alpha) . \tag{5.23/2b}$$

Die Differentialgleichung der Phasenkurven lautet

$$\frac{dy}{dx} = -\frac{x}{y} ; \tag{5.23/3a}$$

ihre Lösung ist

$$x^2 + y^2 = A^2 . \tag{5.23/3b}$$

Das Phasenportrait besteht also aus einer Schar konzentrischer Kreise, wie schon in Abb.5.22/2 gezeigt. Zu allen Lösungen (5.23/2a) und somit zu allen Kreisen (5.23/3b) gehört die gleiche Periodendauer $T^* = 2\pi$.

Die nichtlineare Differentialgleichung

$$\ddot{x} + x + x^3 = 0 \tag{5.23/4}$$

besitzt ein ganz ähnliches Phasenportrait. Die Differentialgleichung der Phasenkurven,

$$\frac{dy}{dx} = -\frac{x + x^3}{y}, \tag{5.23/5}$$

läßt sich nach Trennung der Veränderlichen integrieren und liefert

$$\frac{y^2}{2} + \frac{x^2}{2} + \frac{x^4}{4} = C\,. \tag{5.23/6}$$

Das zugehörige Phasenportrait zeigt Abb.5.22/4. Hier gehört jedoch zu jeder Phasenkurve eine andere Periodendauer; T^* hängt vom Scharparameter C ab. Die explizite Abhängigkeit wird in Hauptabschnitt 5.4 untersucht.

Wir stellen fest: Es ist möglich, daß das Phasenportrait ausschließlich aus geschlossenen Phasenkurven besteht; die zugehörigen Periodendauern sind im allgemeinen voneinander verschieden.

Als weitere Differentialgleichung betrachten wir

$$\ddot{x} + x - x^3 = 0\,. \tag{5.23/7}$$

Die Gleichung ihrer Schar von Phasenkurven lautet

$$y^2 + x^2 - \frac{x^4}{2} = C\,. \tag{5.23/8}$$

Das Phasenportrait, Abb.5.23/1, weist einen Bereich mit geschlossenen Phasenkurven auf und vier weitere Bereiche mit hyperbelartig verlaufenden Phasenkurven. Diese vier Bereiche umschließen den ersten.

Den vorgeführten Beispielen von Phasenportraits mit den Gln. (5.23/3b), (5.23/6) und (5.23/8) ist gemeinsam, daß die Nachbarkurven zu geschlossenen Phasenkurven wieder geschlossene Kurven sind, bis

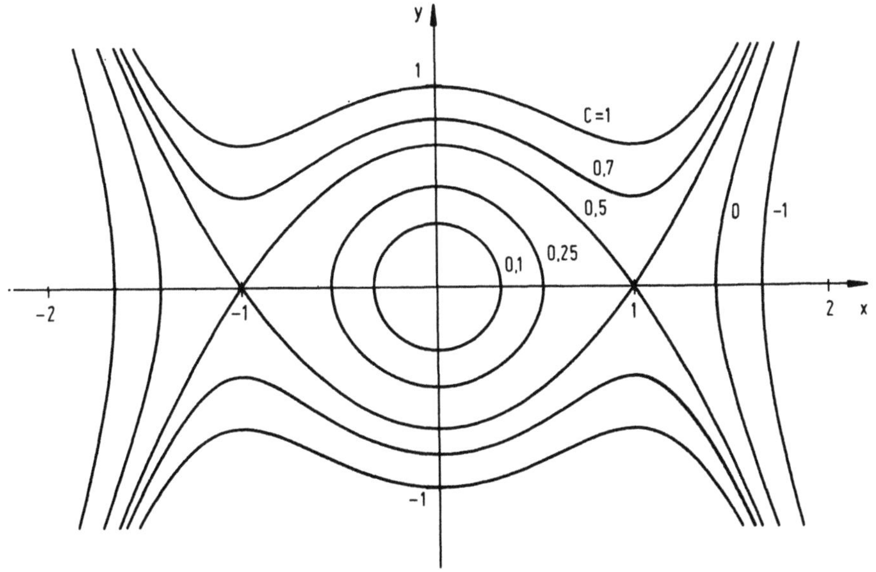

Abb.5.23/1. Phasenportrait zur Dgl.(5.23/7)

ein singulärer Punkt "dazwischentritt". Weitere Beispiele für Schwinger mit dieser Eigenschaft werden im Hauptabschnitt 5.4 behandelt.

Im Gegensatz zu solchen *Scharen* von einander benachbarten geschlossenen Phasenkurven gibt es aber auch *isolierte* geschlossene Phasenkurven.

Dieser Typ von Phasenkurven ist bedeutsam. Wir beginnen die Betrachtung anhand eines Beispiels, das wir ausführlich erörtern. Dafür soll die Differentialgleichung

$$\ddot{x} + \dot{x}\, g\left(\sqrt{x^2 + \dot{x}^2}\right) + x = 0 \qquad (5.23/9)$$

dienen.

Im Abschn.5.11 haben wir festgelegt: Bereiche $(x,\dot{x})$, in denen $g>0$ ist, heißen *dissipativ*, solche, in denen $g<0$ ist, *rezeptiv*. Wenn g sowohl positive wie negative Werte annehmen kann, handelt es sich um einen *aktiven* Schwinger.

Zur Abkürzung setzen wir $\sqrt{x^2 + \dot{x}^2} = r$. Wir betrachten die vier in Abb.5.23/2 skizzierten Funktionen g(r). Im Bildteil a hat g(r) eine (einfache) Nullstelle; im Teil b ist dieselbe Kurve nach oben verschoben, sie hat eine doppelte und eine einfache Nullstelle; in c hat sie drei einfache Nullstellen. In jedem der drei Fälle ist $g(0)<0$ Im Bildteil d tritt eine Kurve $g(r)$ auf, für die $g(0)>0$ ist; sie hat überdies zwei einfache Nullstellen. In der Abb.5.23/3 sind für die vier Fälle a bis d von Abb.5.23/2 die dissipativen Bereiche (blank) und die rezeptiven (schraffiert) angezeigt. Ihre Trennkurven sind die durch die Nullstellen r_i der Funktionen $g(r)$ bestimmten Kreise.

Man erkennt leicht, daß diese Kreise zugleich Trajektorien sind und daß sie zu den speziellen Lösungen

$$x = r_i \sin(\tau + \alpha) \quad , \quad y = r_i \cos(\tau + \alpha) \qquad (5.23/10)$$

der Dgl.(5.23/9) gehören. Die Periodendauer beträgt in jedem Fall $T^* = 2\pi$.

Überdies ist in allen vier Fällen auch der Nullpunkt $r=0$ eine Lösung. Er ist ein singulärer Punkt. Er ist instabil in den Fällen a, b und c, wo $g(0)<0$ ist. Wenn $g(r)$ so beschaffen ist, daß $|g(0)|<2$ ist, so handelt es sich um einen Strudelpunkt (demgemäß sind die Trajektorien in Abb.5.23/3 gezeichnet); falls $|g(0)| \geqq 2$ ist, handelt es sich um einen Knotenpunkt.

Um das gesamte Phasenportrait näher zu untersuchen, empfiehlt es sich nun, Polarkoordinaten gemäß (5.21/27) einzuführen. Dann entsteht aus (5.23/9) gemäß (5.21/28) die Differentialgleichung

$$\frac{dr}{d\varphi} = -\frac{[r\,g(r)]\cos^2\varphi}{1+\frac{1}{2}g(r)\sin 2\varphi} \,. \qquad (5.23/11)$$

Die Nachbarkurven zu den Kreisen (5.23/10) sind Spiralen (sie sind in Abb.5.23/3 mit eingezeichnet), die Nachbarlösungen sind also nicht periodisch: Die periodischen Lösungen (5.23/10) "liegen isoliert". Die Spiralen werden einwärts oder auswärts durchlaufen, je nachdem, ob $g<0$ oder $g>0$ ist. Wählt man Anfangswerte (x_0, y_0) in der Nähe einer Lösung (5.23/10), so strebt der Vorgang gegen die periodische Lösung und die ihn beschreibende Spirale asymptotisch gegen den Kreis,

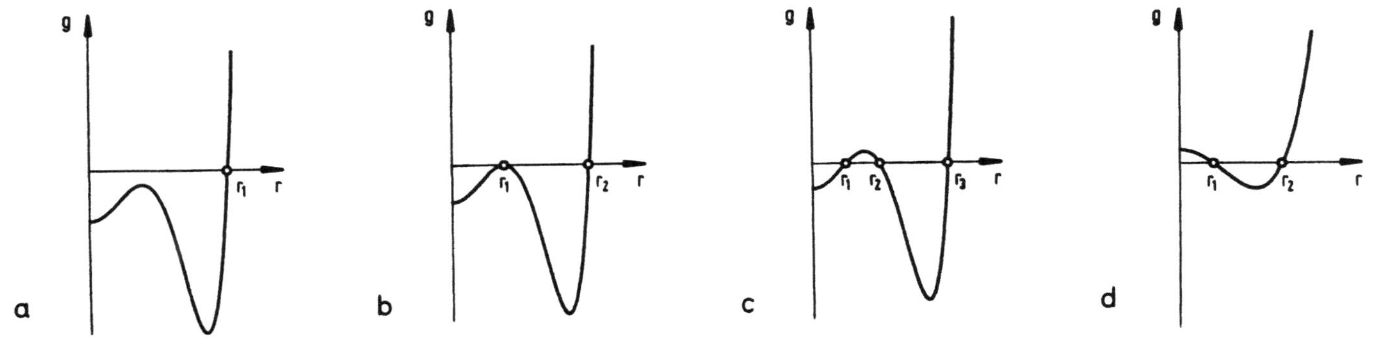

Abb.5.23/2. Vier verschiedene Typen von Funktionen g(r) in der Dgl.(5.23/9)

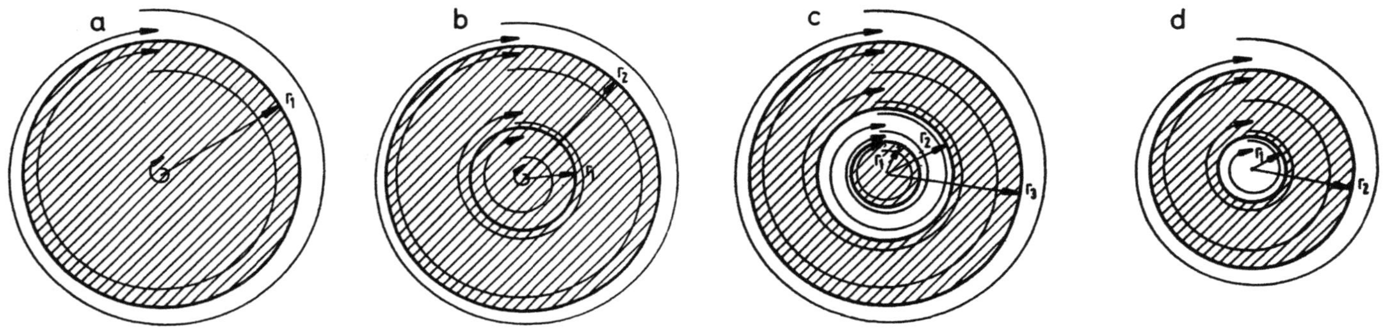

Abb.5.23/3. Rezeptive (schraffiert) und dissipative Bereiche der Phasenebene mit Trennkurven, Grenzzykeln und Beispielen von Trajektorien

falls in der Umgebung $r \neq r_i$ der entsprechenden Nullstelle r_i das Produkt

$$(r - r_i)g(r) > 0 \qquad (5.23/12a)$$

ist, siehe Abb.5.23/3a. Man nennt deshalb die geschlossene (isolierte) Phasenkurve einen G r e n z z y k e l . Nach einer Störung des Schwingers, die eine kleine Abweichung des Vorgangs vom Grenzzykel bewirkt, läuft die Bewegung asymptotisch auf den Grenzzykel zurück. Der beschriebene Grenzzykel heißt deshalb asymptotisch stabil. Falls dagegen in der Umgebung $r \neq r_i$ der Nullstelle r_i das Produkt

$$(r - r_i)g(r) < 0 \qquad (5.23/12b)$$

ist (wie z.B. in der Abb.5.23/3c in der Nähe von $r = r_2$), so streben die Spiralen mit positiv wachsendem t von der zugehörigen geschlossenen Phasenkurve weg; für "negativ wachsendes t" laufen sie auf die geschlossene Kurve zu. Deshalb nennt man auch diese, wie überhaupt jede isolierte geschlossene Phasenkurve (auf der kein singulärer Punkt liegt) einen Grenzzykel. Wenn (5.23/12b) gilt, wächst für zunehmendes t die Abweichung vom Grenzzykel; er heißt deshalb instabil. In Abb. 5.23/3c teilt der instabile Grenzzykel r_2 die Phasenebene in zwei Bereiche; im inneren streben die Phasenkurven gegen den stabilen Grenzzykel r_1, im äußeren Bereich gegen r_3. r_2 grenzt also die E i n z u g s - b e r e i c h e der stabilen Grenzzykel r_1 und r_3 gegeneinander ab.

Die Bildteile b und a der Abb.5.23/2 sind aus Bildteil c durch Verschieben in Richtung der negativen g-Achse entstanden. Dabei wird zunächst die Differenz zwischen den beiden Wurzeln r_1 und r_2 immer kleiner. Dementsprechend nähern sich (vgl. Abb.5.23/3c) der stabile Grenzzykel r_1 und der instabile Grenzzykel r_2. Wenn, wie in der Abb. 5.23/2b, die beiden einfachen Wurzeln zur Doppelwurzel werden, so fallen die beiden entsprechenden Grenzzykel aufeinander. Deshalb hat der Grenzzykel r_1 in Abb.5.21/3b die Eigenschaft, daß er gegen Störungen, die nach innen führen, s t a b i l , gegen Störungen, die nach außen führen, i n s t a b i l ist. Einen solchen Grenzzykel nennt man s e m i -

stabil, vom praktischen Standpunkt aus muß er als instabil betrachtet werden.

Stabile und instabile Grenzzykel wechseln stets miteinander ab; es können nie zwei stabile oder zwei instabile Grenzzykel aufeinander folgen, falls kein singulärer Punkt zwischen ihnen liegt (dies wird unten begründet). Hierbei muß man semistabile Grenzzykel als "doppelte Grenzzykel" (entsprechend der Doppelwurzel r_i) ansehen. Der im innersten Grenzzykel liegende singuläre Punkt (unten wird gezeigt, daß es stets einen solchen gibt) kann hierbei als entarteter Grenzzykel aufgefaßt werden.

Vom physikalischen Standpunkt aus bezeichnet man Schwinger, deren Phasenportraits Grenzzykel aufweisen, als selbsterregte Schwinger: Das Gebilde sorgt selbst für die Aufrechterhaltung der Bewegung, indem es den Energiefluß geeignet steuert. Einen Schwinger, dessen Ruhelage instabil ist, der also beim kleinsten Anstoß zu schwingen beginnt, nennt man einen Schwinger mit weicher Selbsterregung (siehe z.B. Abb.5.23/3a,b,c). Ist die Ruhelage dagegen stabil (Abb.5.23/3d), so ist eine Mindeststörung (über den ersten instabilen Grenzzykel hinaus) erforderlich, um eine selbsterregte Schwingung in Gang zu setzen. Solche Schwinger heißen Schwinger mit harter Selbsterregung.

Der vorgeführte Beispiel-Schwinger mit der Gl.(5.23/9) weist die Besonderheit auf, daß die Grenzzykel mit den Grenzen zwischen den dissipativen und rezeptiven Bereichen zusammenfallen. Das muß keineswegs so sein, vielmehr laufen im allgemeinen die Grenzzykel sowohl durch dissipative als auch durch rezeptive Gebiete. Dabei wird über eine Periode der Energieentzug durch die Energiezufuhr ausgeglichen. Hierzu zwei Beispiele:

(1) Zur Differentialgleichung

$$\ddot{x} - \delta(1 - x^2 - \tfrac{1}{2}\dot{x}^2)\dot{x} + x = 0 \qquad (5.23/13)$$

gehört als rezeptiver Bereich eine Ellipse um den Ursprung, Abb.5.23/4 (stark ausgezogene Kurve). Der Ursprung ist ein instabiler Strudelpunkt. Der Grenzzykel G läßt sich formelmäßig nicht angeben. Für die Abb.5.23/4 wurde er wie die durch dünnere Linien angedeuteten Übergangslösungen auf dem Analogrechner bestimmt. Die Form des Grenzzykels und der Trajektorien hängt auch vom Parameter δ in (5.23/13) ab. Zu Abb.5.23/4 gehört $\delta = 0{,}45$.

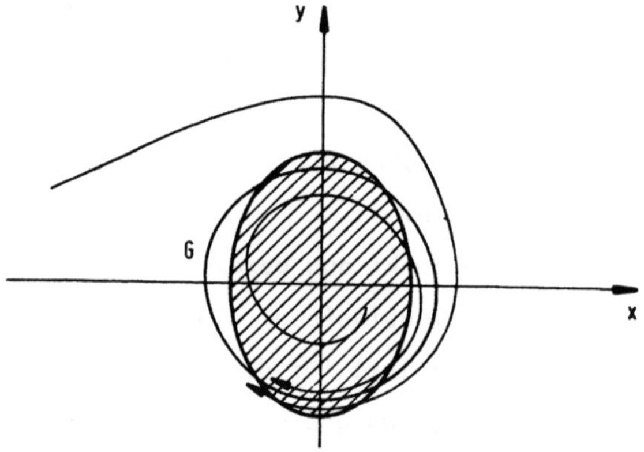

Abb.5.23/4. Rezeptiver Bereich (schraffiert), Grenzzykel G und je eine Trajektorie innerhalb und außerhalb des Grenzzykels zur Dgl.(5.23/13)

(2) Die van der Polsche Differentialgleichung

$$\ddot{x} - \delta(1 - x^2)\dot{x} + x = 0 \qquad (5.23/14)$$

besitzt als rezeptiven Bereich den zur y-Achse parallelen Streifen $-1 < x < +1$. Diesen Bereich und den zu $\delta = 0{,}2$ gehörenden Grenzzykel G (mittelstarke Linie) sowie zwei Trajektorien (dünne Linien) zeigt Abb.5.23/5.

Natürlich gibt es auch solche autonomen Differentialgleichungen, deren Phasenportraits keine geschlossenen Phasenkurven aufweisen. Es sei nur auf die gedämpften Schwinger hingewiesen; wenn die Dämpfung schwach ist, laufen alle Phasenkurven spiralförmig in einen Strudelpunkt.

Wie lauten nun die Kriterien für die Existenz nicht-isolierter oder isolierter geschlossener Phasenkurven? Mit anderen Worten: Wie sieht man einer vorgelegten Differentialgleichung an, ob sie Grenz-

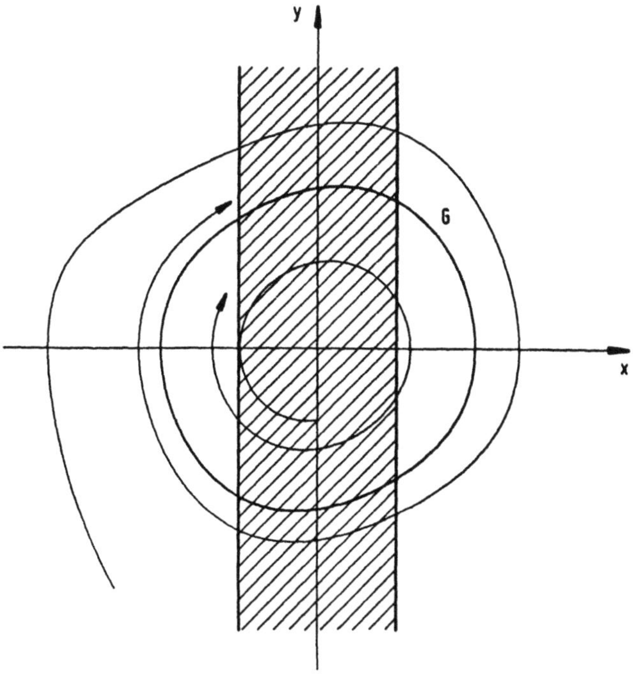

Abb.5.23/5.
Rezeptiver Bereich (schraffiert), Grenzzykel G und je eine Trajektorie innerhalb und außerhalb des Grenzzykels zur Dgl. (5.23/14)

zykel besitzt, und wie kann man die Lage dieser Grenzzykel abschätzen?

Die ersten Überlegungen zu diesem Fragenkreis gehen auf Poincaré (Lit.5.23/1) und Bendixson (Lit.5.23/2) zurück. Zunächst erörtern wir den von Poincaré eingeführten Begriff des I n d e x einer Kurve in einem Vektorfeld. Wir legen (Abb.5.23/6) eine einfach geschlossene (Test-)Kurve C so auf die Phasenebene, daß sie durch keinen singulären Punkt läuft und verfolgen die Richtung der Phasengeschwindigkeitsvektoren $\underline{v}$, wenn C im mathematisch positiven Sinn durchlaufen wird.

Abb.5.23/6.
Testkurve C enthält nur reguläre Punkte; $I = 0$

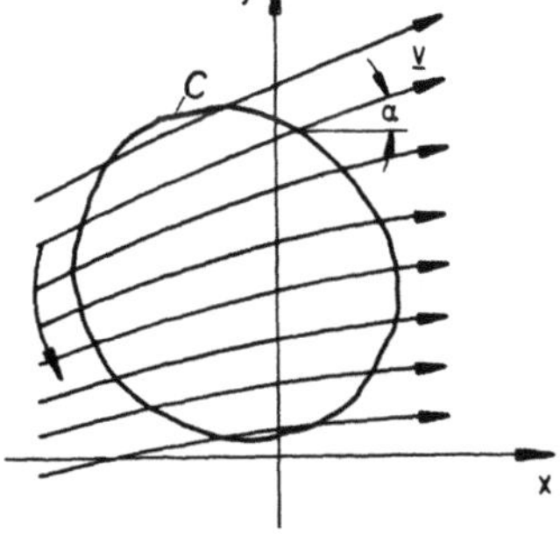

Wir definieren den Index I durch

$$I = \frac{1}{2\pi} \oint_C d\alpha . \qquad (5.23/15)$$

Der Winkel α wird von irgendeiner festen Bezugsrichtung (z.B. der x-Achse) aus zur Richtung von $\underline{v}$ gemessen, das Integral wird über die geschlossene Kurve C erstreckt. Man erkennt unmittelbar:

(1) Liegen im Innern von C nur reguläre Punkte, so ist $I = 0$; wie in Abb.5.23/6.

(2) Weisen auf C alle Vektoren $\underline{v}$ nach innen oder alle nach außen, so ist der Index $I = +1$.

(3) Ist die Testkurve C eine geschlossene Phasenkurve, so ist der Index $I = +1$.

Teilt man den von der Kurve C umschlossenen Bereich durch ein (nicht durch singuläre Punkte laufendes) Kurvenstück in zwei aneinandergrenzende Bereiche, die von C_1 und C_2 umschlossen werden (Abb. 5.23/7), so ist

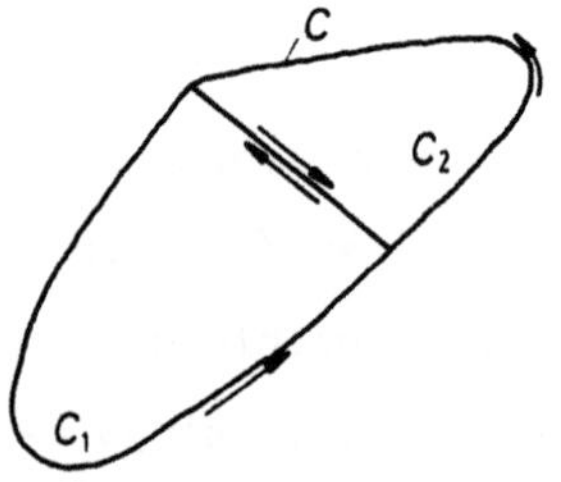

Abb.5.23/7.
Testkurven C, C_1 und C_2

$$I_C = \frac{1}{2\pi} \oint_{C_1} d\alpha + \frac{1}{2\pi} \oint_{C_2} d\alpha = I_{C_1} + I_{C_2} . \qquad (5.23/16)$$

Aus (5.23/16) folgt: Der Index einer Kurve C ändert sich nicht, wenn man den Verlauf von C abändert, vorausgesetzt, daß sich bei der "Bewegung" die Zahl der im Innern von C liegenden singulären Punkte nicht ändert.

Nehmen wir nun an, es liege innerhalb von C genau ein einfacher singulärer Punkt. Wir lassen C sich auf eine enge Umgebung des s.P. zusammenziehen, so daß die Phasenkurven im wesentlichen durch die linearen Glieder in (5.22/6), also durch (5.22/8) bestimmt werden. Den Index von C nennt man dann den Index des singulären Punktes.

Wie man sich anschaulich überlegen kann, gilt

$I = -1$ für Sattelpunkte, vergl. Abb.5.23/8;

$I = +1$ für alle anderen einfachen singulären Punkte.

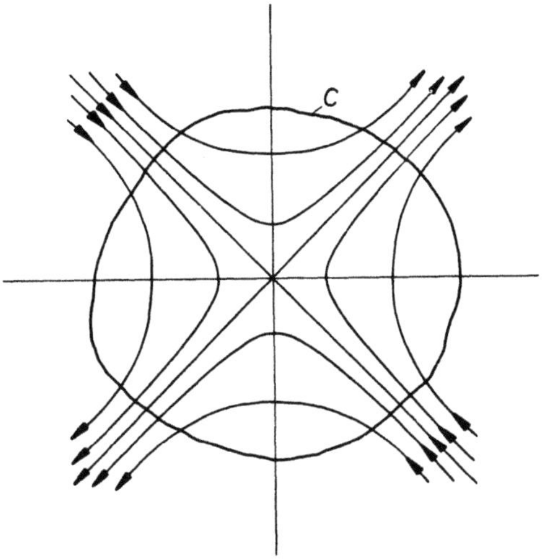

Abb.5.23/8.
Testkurve C um einen Sattelpunkt; $I = -1$

Analytisch kann man wie folgt vorgehen:

$$2\pi I = \oint_C d\alpha = \oint_C d\left(\arctan\frac{\dot{\eta}}{\dot{\xi}}\right) = \oint_C \frac{P\,dQ - Q\,dP}{P^2 + Q^2},$$

wo P und Q nach (5.22/7) eingesetzt werden. Für die einfachen singulären Punkte findet man (Lit.5.23/3)

$$I = -\Delta/|\Delta|,$$

das ist das Ergebnis, das wir soeben durch anschauliche Überlegungen gefunden haben.

Singuläre Punkte höherer Ordnung können Indizes $I = \pm p$ haben, wo p eine natürliche Zahl oder Null ist. Der Nullpunkt in Abb.5.23/9 ist ein s.P. mit I = - 2.

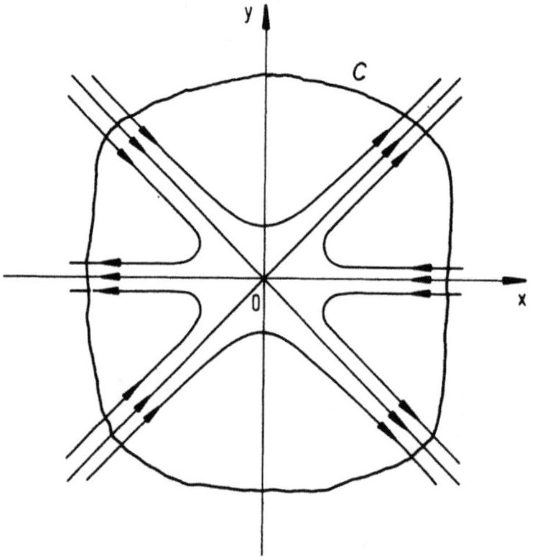

Abb.5.23/9.
Testkurve C um einen Sattelpunkt höherer Ordnung; hier I = - 2

(4) Der Index I_C einer Kurve C ist gleich der Summe der Indizes der innerhalb von C liegenden singulären Punkte. In Abb.5.23/10 gilt z.B.

$$I_C = I_{C_1} + I_{C_2} + I_{C_3} + I_{C_4} .$$

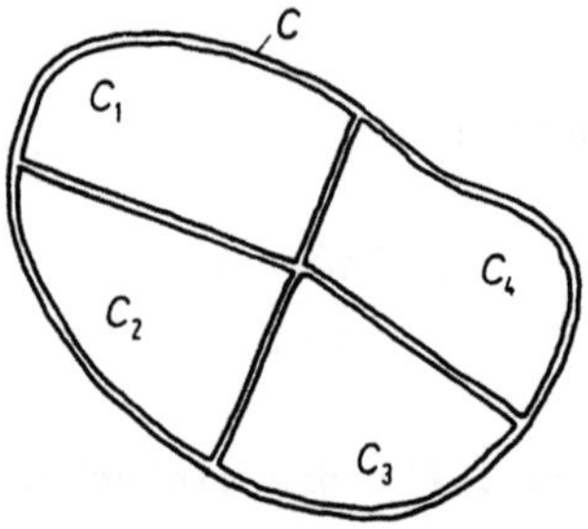

Abb.5.23/10.
Testkurven C sowie C_1 bis C_4

(5) Ist C eine geschlossene Phasenkurve, also I = + 1 und liegen nur einfache singuläre Punkte innerhalb von C, so muß erstens die Zahl dieser Punkte ungerade sein und zweitens die Zahl der Sattelpunkte um eins kleiner sein als die Zahl der übrigen singulären Punkte.

(6) Liegt in einem einfach zusammenhängenden Bereich der Phasenebene entweder kein singulärer Punkt oder ein s.P. mit dem Index -1, so gibt es in diesem Bereich keine geschlossene Phasenkurve.

Zwei weitere Kriterien entscheiden über Existenz oder Nicht-Existenz von Grenzzykeln.

(7) Das (sogenannte "positive") Kriterium von Poincaré-Bendixson: Wenn eine Halbtrajektorie K [d.h. eine von einem Punkt (x_0, y_0) ausgehende Phasenkurve] in einem endlichen Gebiet D verbleibt, ohne auf einen s.P. hinzulaufen, dann ist K entweder eine geschlossene Phasenkurve oder sie läuft auf eine solche zu.

Die Abb.5.23/11 macht diese Tatsache anschaulich. Wenn die Kurve C_1 von allen Trajektorien nur nach innen, die Kurve C_2 nur nach außen überschritten wird, so verbleiben die Trajektorien im Gebiet D. Liegt in D kein s.P., so müssen die Trajektorien sich einem Grenzzykel nähern (Beweis siehe z.B. Lit.5.23/4). Für die van der Polsche Differentialgleichung mit großem Parameter hat J.P. LaSalle mit dem genannten Theorem durch geeignete Konstruktion von Kurven C_1 und C_2 die Existenz eines Grenzzykels gezeigt (Lit.5.23/5).

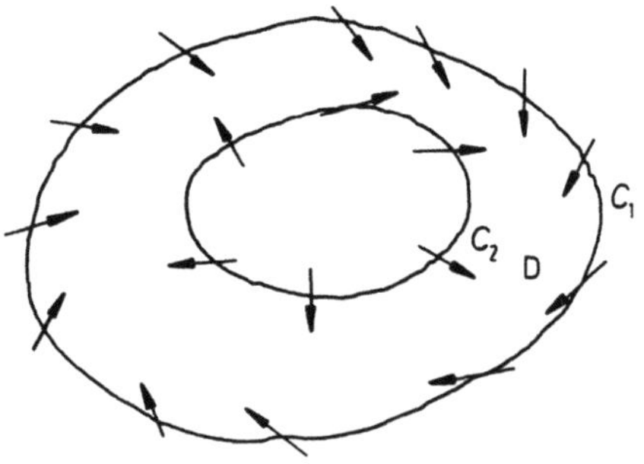

Abb.5.23/11.
Zum Kriterium von Poincaré-Bendixson: Ring, in dem ein Grenzzykel liegen muß

Im Fall der Abb.5.23/3 garantiert das Kriterium in Bildteil a die Existenz eines stabilen Grenzzykels bei r_1, in b die eines Grenzzykels bei r_2, in c die von Grenzzykeln bei r_1 und r_3.

(8) Das (sogenannte "negative") Kriterium von Bendixson: Es liege die Gl.(5.20/7) vor. Wenn der Ausdruck

$$\frac{\partial P}{\partial x} + \frac{\partial Q}{\partial y}$$

in einem Gebiet D der Phasenebene weder sein Vorzeichen ändert noch identisch verschwindet, so kann in D keine geschlossene Phasenkurve K existieren. Der Beweis läßt sich mit Hilfe des Greenschen Satzes

$$\oint_C (P dy - Q dx) = \iint_D \left(\frac{\partial P}{\partial x} + \frac{\partial Q}{\partial y} \right) dx dy$$

führen: Wegen (5.20/7) verschwindet der Integrand,

$$P dy - Q dx = (\dot{x}\dot{y} - \dot{y}\dot{x}) dt = 0 \quad ,$$

und damit das Linienintegral. Das Flächenintegral kann aber wegen der Voraussetzungen nicht verschwinden. Aus dem Widerspruch folgt die Nicht-Existenz einer geschlossenen Phasenkurve.

5.3 Stabilität

5.30 Sprachgebrauch, Benennungen

In der Umgangssprache kann das Wort "stabil" vielerlei bedeuten. Es wird z.B. als gleichbedeutend mit "unveränderlich", "dauerhaft", "standfest" oder "tragfähig" verwendet. Auch in der Technik und in der uns hier beschäftigenden Schwingungslehre werden "stabil" und "Stabilität" in mannigfacher Bedeutung benutzt. Das liegt daran, daß das Urteil über Stabilität ein Werturteil über das betrachtete System darstellt; dieses Werturteil hängt natürlich vom Wertmaßstab ab, und der kann je nach dem Verwendungsgebiet recht verschieden sein.

Was man unter Stabilität verstehen will, muß man also definieren; erst dann kann man die "Stabilität eines Systems" untersuchen. Welche Definition man wählt, hängt vom Verwendungszweck, nicht vom System ab. Auch in diesem Buch wurde das Wort "Stabilität" bisher ziemlich großzügig verwendet; jetzt wollen wir etwas präziser werden.

Über Stabilitätstheorien gibt es eine ausgedehnte Literatur. Wir können hier nur kurze einführende Erörterungen geben.

Zunächst noch eine Vorbemerkung über den häufig auftretenden Begriff "Parameter". Zu den Parametern gehören zunächst jene Größen, die als "Konstanten" in der Differentialgleichung auftreten; wir nennen sie gegebenenfalls Differentialgleichungsparameter. Zu ihnen zählen etwa die Massen, die Federkennwerte, die Erregerkraftamplituden und Erregerfrequenzen, aber auch die "Parameter der vernachlässigten Terme" (das sind solche Faktoren, die vor nicht berücksichtigten Einflüssen stehen, die also vernachlässigte "kleine" Zusatzterme bezeichnen). Von diesen Differentialgleichungsparametern unterscheiden wir solche Parameter, die in den Lösungsgleichungen hinzutreten; wir nennen sie gegebenenfalls Lösungsparameter; in der Regel bedeuten sie die Anfangswerte oder sie werden durch diese bestimmt.

5.31 Definitionen der Stabilität

α) Stabilität einer Gleichgewichtslage

Wir beginnen mit dem wohlbekannten "Kügelchenmodell". In Tafel 5.31/I zeigt Zeile ① die Anordnungen. In den drei Spalten sind die Fälle des stabilen (a), labilen (b) und indifferenten (c) Gleichgewichts $\bar{q}$ angedeutet. Zeile ② zeigt das Weg-Zeit-Schaubild der sich einstellenden Bewegungen, wenn dem Körper zu einer Zeit t_0 aus der Ruhelage $\bar{q}$ heraus eine Anfangsauslenkung, eine Anfangsgeschwindigkeit oder beides erteilt wird. Zeile ③ zeigt die Phasenkurven für diese Bewegungen, Zeile ④ schließlich Skizzen des Bewegungsraumes (q-$\dot{q}$-t-Raum). Wir beschreiben die drei Fälle a, b und c wie folgt:

a) Wenn man eine zulässige Abweichung ε vorgibt (ε-Schlauch in ④), so läßt sich eine größte erlaubte Störung δ (δ-Schlauch in ④) angeben, so daß die "gestörte" Bewegung im ε-Schlauch bleibt, wenn die Störung sich innerhalb des δ-Schlauches hielt.

b) Wenn man eine zulässige Abweichung ε vorgibt, so gibt es keine von Null verschiedene Störung δ, die die gestörte Bewegung im

Tafel 5.31/I. Stabiles, labiles und indifferentes Gleichgewicht

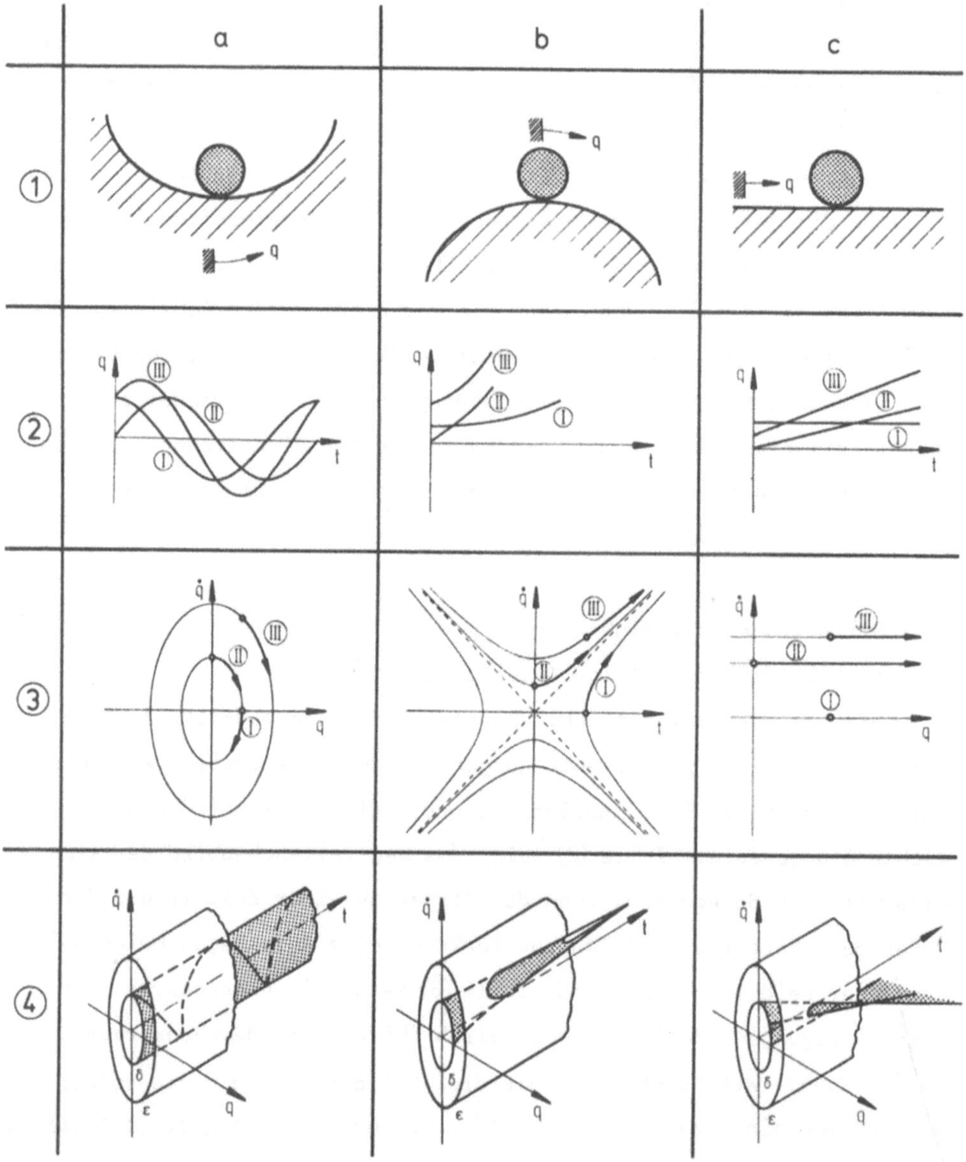

ε-Schlauch beließe.

c) Wenn man eine zulässige Abweichung ε vorgibt, so kann man Störungen δ angeben, die die Bewegung aus dem ε-Schlauch herausführen, aber auch solche, die sie im ε-Schlauch belassen.

Den Fall a) nennt man stabil, die Fälle b) und c) instabil.

β) Ljapunov-Stabilität einer Bewegung

Nach den vorbereitenden anschaulichen Bemerkungen über die Stabilität von Gleichgewichtslagen können wir uns nun den etwas abstrakter gefaßten Ljapunovschen Definitionen über die Stabilität einer Bewegung zuwenden.

Beim Formulieren der Definitionen benutzen wir die dimensionslose Schreibweise gemäß Abschn.5.12, also die Größen $\underline{r}$, x, y, τ ; für die Beispiele dagegen auch die dimensionsbehaftete gemäß Kap.3 und Kap.4, also die Größen q, $\dot{q}$, $\ddot{q}$, t.

Der Zustandsvektor der Bewegungen sei $\underline{r}$ mit den Koordinaten x und y. Der Satz von Parametern (und zwar Lösungs- und Differentialgleichungsparametern) der ungestörten Bewegung bilde einen Spaltenvektor $\underline{a}$, der der gestörten Bewegung einen Vektor $\underline{b}$.

D e f i n i t i o n A

Wir definieren zwei Größen d und d_0,

$$\begin{aligned} d &:= |\underline{r}(\tau,\underline{a}) - \underline{r}(\tau,\underline{b})|, \\ d_0 &:= |\underline{r}(\tau_0,\underline{a}) - \underline{r}(\tau_0,\underline{b})|. \end{aligned} \tag{5.31/A}$$

d bzw. d_0 kann man deuten als Abstand zweier Zustandspunkte im Bewegungsraum zur Zeit τ bzw. τ_0 . (Die hiermit kontrastierende Definition B folgt auf S.62).

Unter Benutzung von d und d_0 definieren wir weiter:

D e f i n i t i o n 1 : Die Bewegung $\underline{r}(\tau,\underline{a})$ heißt s t a b i l ("L j a p u n o v - s t a b i l"), wenn sich zu jedem $\varepsilon > 0$ ein $\delta > 0$ derart angeben läßt, daß die Ungleichung

$$d < \varepsilon \quad \text{für alle} \quad \tau > \tau_0 \tag{5.31/Aa}$$

erfüllt ist, falls die Ungleichung

$$d_0 < \delta \tag{5.31/Ab}$$

erfüllt war. Die Zahl δ darf dabei von ε und auch von τ_0 abhängen.

D e f i n i t i o n 2 : Ist die Bewegung stabil und ist für alle $\underline{b}$ aus einer Umgebung von $\underline{a}$ der Grenzwert

$$\lim_{\tau \to \infty} d = 0 , \qquad (5.31/Ac)$$

so heißt die Bewegung a s y m p t o t i s c h s t a b i l .

D e f i n i t i o n 3 : Eine Bewegung, die zwar stabil, aber nicht asymptotisch stabil ist, heißt s c h w a c h s t a b i l .

D e f i n i t i o n 4 : Ist die Bewegung nicht stabil (weder asymptotisch noch schwach stabil), so heißt sie i n s t a b i l .

Man beachte: In den Definitionen 1 bis 4 werden (mit Hilfe von d_0 und d) Zustände zu verschiedenen Zeiten τ_0 und τ verglichen.

Um den Inhalt der Definitionen über die Ljapunovsche Stabilität zu verdeutlichen, betrachten wir einige Beispiele.

Die Nachweise für die Behauptungen über die Stabilität der Bewegungen in den Beispielen finden sich in Abschn.5.32a.

B e i s p i e l 1 : Die Differentialgleichung des linearen, ungedämpften Schwingers lautet

$$\ddot{q} + \varkappa^2 q = 0 . \qquad (5.31/1)$$

Rechnen wir unter die Parameter $\underline{a}$, $\underline{b}$ nur die Lösungsparameter, nicht aber auch Differentialgleichungsparameter (hier $\varkappa^2$), so erweist sich die Bewegung q(t) gemäß Definition 1 als stabil, gemäß Definition 2 als nicht asymptotisch stabil; sie ist daher gemäß Definition 3 schwach stabil. Nehmen wir dagegen den Differentialgleichungsparameter $\varkappa^2$ mit zum Satz a, so erweist sich die Bewegung $\underline{r}(\tau)$ als nicht stabil.

Die Bewegung q(t) gemäß (5.31/1) ist also schwach stabil im Hinblick auf die Anfangswerte (Lösungsparameter), aber instabil im Hinblick auf den Systemparameter $\varkappa$.

B e i s p i e l e 2 und 3 : Die Differentialgleichung eines ungedämpften Schwingers mit kubischer Rückstellkraft lautet in dimensionsloser Schreibweise für das Beispiel 2

$$\ddot{x} + x + \beta^2 x^3 = 0 , \qquad (5.31/2)$$

für das Beispiel 3

$$\ddot{x} + x - \beta^2 x^3 = 0 . \qquad (5.31/3)$$

Hier erweisen sich beide Bewegungen $x(\tau)$ gemäß Definition 1 auch schon im Hinblick auf die Lösungsparameter als instabil.

Beispiele 4 und 5: Im Abschn.5.30 waren unter die Differentialgleichungsparameter auch "Parameter vernachlässigter Terme" gerechnet worden. Stellen wir neben die Dgl.(5.31/1) die Gleichungen

$$\ddot{q} + 2D\dot{q} + \varkappa^2 q = 0, \quad (5.31/4)$$

$$\ddot{q} + \varkappa^2 q = A\sin\Omega t \quad (5.31/5)$$

mit kleinen Faktoren D und A [die in (5.31/1) "genau Null" sind], so können wir vom Standpunkt der Gl.(5.31/1) aus den Faktor D in (5.31/4) und den Faktor A in (5.31/5) als solche "Parameter vernachlässigter Terme" betrachten.

Die Bewegung $q(t)$ gemäß (5.31/1) ist instabil gegenüber beiden Differentialgleichungsparametern D und A.

Würde man der Dgl.(5.31/1) die Differentialgleichung

$$\alpha\dddot{q} + \ddot{q} + \varkappa^2 q = 0 \quad (5.31/6)$$

mit $\alpha \ll 1$ gegenüberstellen, so hätte man ebenfalls einen "vorher vernachlässigten Term", nämlich $\alpha\dddot{q}$, aufgenommen. Dadurch wird aber die Ordnung der Dgl.(5.31/1) geändert; eine solche Störung $\alpha\dddot{q}$ heißt eine singuläre Störung. Singuläre Störungen werden hier und im folgenden ausgeschlossen.

Die in der Definition 1 ausgedrückte Forderung nach Stabilität (Ljapunov-Stabilität) ist in manchen Fällen recht rigoros. In den Unterabschnitten γ und δ werden wir weitere, und zwar in gewissem Sinn "abgemilderte" Stabilitätsdefinitionen kennen lernen.

γ) Bahnstabilität einer Bewegung

Insbesondere bei der Untersuchung periodischer Vorgänge (zu denen geschlossene Phasenkurven gehören, Beispiele 1 und 2) ist es oft zweckmäßig, die Stabilität anders zu definieren und dabei im wesentlichen die Phasenkurven zu betrachten. Wir bezeichnen die zu einer periodischen, ungestörten Bewegung $\underline{r}(\tau,\underline{a},\tau_0)$ gehörende, geschlossene Phasenkurve mit $T(\underline{a})$; daneben existiert eine gestörte Bewegung mit der Phasenkurve $T(\underline{b})$. Der Definition A stellen wir nun die folgende gegenüber:

Definition B

Die Größe d wird jetzt definiert als der kleinste Abstand der Phasenkurve $T(\underline{b})$ der gestörten Bewegung von der Phasenkurve $T(\underline{a})$ der ungestörten, also

$$d(a,b) := \inf |T(b) - T(a)|. \qquad (5.31/B)$$

Auf dieser Definition B für die Größe d bauen wir nun die vier Definitionen 5 bis 8 auf; sie sind den auf der Definition A aufgebauten Definitionen 1 bis 4 einzeln analog.

Definition 5: Die Bewegung $\underline{r}(\tau,\underline{a},\tau_0)$ heißt **bahnstabil**, wenn zu jedem $\varepsilon > 0$ ein $\delta > 0$ derart angegeben werden kann, daß die Ungleichung

$$d < \varepsilon \qquad (5.31/Ba)$$

erfüllt ist, falls die Ungleichung

$$|a - b| < \delta(\varepsilon,\tau_0) \qquad (5.31/Bb)$$

erfüllt war.

Definition 6: Ist die Bewegung $\underline{r}(\tau,\underline{a},\tau_0)$ bahnstabil und ist für alle $\underline{b}$ aus einer Umgebung von $\underline{a}$ der Grenzwert

$$\lim_{\tau \to \infty} d = 0, \qquad (5.31/Bc)$$

so heißt die Bewegung **asymptotisch bahnstabil**.

Definition 7: Eine Bewegung, die zwar bahnstabil, aber nicht asymptotisch bahnstabil ist, heißt **schwach bahnstabil**.

Definition 8: Ist die ungestörte Bewegung nicht bahnstabil, so heißt sie auch **bahninstabil**.

Man beachte: In der Definition B ist d rein geometrisch (als kleinster Abstand in der Phasenebene) erklärt; der Betrachtungszeitpunkt spielt in den Definitionen 5 bis 8 keine Rolle.

Die Bedeutung der Definitionen 5 bis 8 über die Bahnstabilität kann man sich ohne besondere Untersuchungen rein durch Betrachten der Phasenkurven für die Beispiele 1, 2 und 3, also die Dgln.(5.31/1), (5.31/2) und (5.31/3) klar machen. Während die zugehörigen periodischen Bewegungen alle Ljapunov-instabil sind, sind die der Beispiele 1 und 2 bahnstabil (und zwar schwach bahnstabil), die des Beispiels 3 ist dagegen bahninstabil.

Auf Bahnstabilität kann man die Bewegungen in der Phasenebene mit Hilfe von Polarkoordinaten r, φ untersuchen. Es gilt dabei der Satz (Lit.5.31/1): Eine Bewegung ist bahnstabil, wenn die Funktion $r = r(\varphi)$ gemäß Definition 1 Ljapunov-stabil ist (φ ersetzt dabei τ).

Auch dieser Satz erhellt den Unterschied zwischen Ljapunov-stabil und bahnstabil.

δ) Stabilität und Instabilität im Großen und im Kleinen

Hier handelt es sich um eine andere Abmilderung des Ljapunovschen Stabilitätsbegriffs. Um sie zu erläutern, greifen wir auf das Kügelchen-Modell von Zeile ① in Tafel 5.31/I zurück und betrachten die beiden Fälle a und b in Abb.5.31/1.

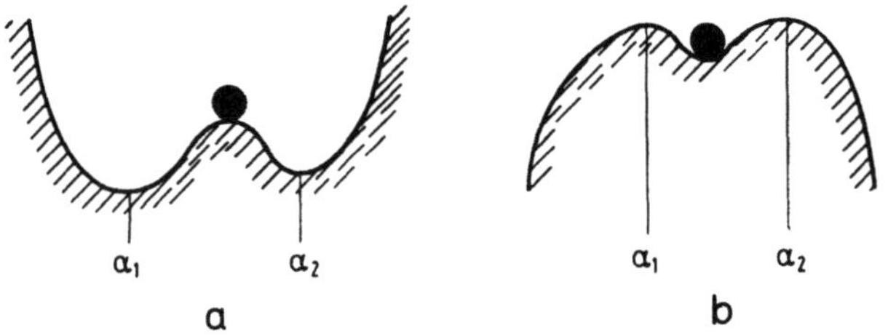

Abb.5.31/1. Stabilität bzw. Instabilität im Großen und im Kleinen

Ob man die Gleichgewichtslagen (gemäß den Definitionen 1 und 4) stabil oder instabil nennt, hängt durchaus von der Weite des ε-Schlauches ab, die man vorgibt. Wenn im Fall a der ε-Schlauch die Lagen (a_1) und (a_2) mit enthält, so läßt sich eine größte erlaubte Störung δ angeben, so daß die gestörte Bewegung im ε-Schlauch bleibt: Die Lage (und die Bewegung) sind stabil. Falls aber der ε-Schlauch die Lagen

(α_1) und (α_2) nicht enthält, so gibt es keine Störung δ, die die gestörte Bewegung im ε-Schlauch beließe: Die Lage (und die Bewegung) sind instabil. Den Fall a nennt man deshalb auch "im Großen" stabil, aber "im Kleinen" instabil. Umgekehrt erweist sich, wie man leicht erkennt, der Fall b als "im Kleinen" stabil, dagegen "im Großen" instabil.

Statt von Stabilität oder Instabilität im Großen spricht man auch von praktischer Stabilität oder Instabilität. Die Ausdrücke erklären sich von selbst.

5.32 Bemerkungen zur Untersuchung auf Stabilität

Im vorangehenden Abschnitt haben wir Definitionen für verschiedene Arten von Stabilität und Instabilität angegeben. Sie sollen jetzt durch einige kurze Hinweise zum Vorgehen bei Stabilitätsuntersuchungen ergänzt werden; eine ausführliche Darstellung des Problemkreises findet man in Lit.5.32/1.

Am nächstliegenden ist es, die Lösungen der Bewegungsdifferentialgleichungen anhand der Definitionen auf ihre Stabilität hin zu überprüfen. Dies setzt aber voraus, daß man die Lösungen explizit angeben kann. Wenn dies nicht möglich ist, wird man versuchen, das Lösungsverhalten abzuschätzen. Systematisch geschieht dies dadurch, daß man für die "gestörte" Bewegung bzw. für deren Abweichung von der ungestörten eine Differentialgleichung aufstellt und die Lösungen dieser sogenannten Variationsdifferentialgleichung untersucht. Im allgemeinen genügt es, die linearisierte Form dieser Differentialgleichung zu betrachten. Ljapunov nennt dieses Vorgehen die "erste Methode", in späteren Abschnitten findet man einige Beispiele dafür.

Dem steht die "zweite Methode", die sogenannte "direkte Methode" von Ljapunov gegenüber. Für eine anschauliche Deutung läßt sie sich vergleichen mit der Untersuchung der zeitlichen Änderung eines für den Systemzustand repräsentativen Energieausdrucks. Beispiele für die Anwendung dieser Methode finden sich u.a. in der oben angegebenen Literatur.

Die Kürze dieser Hinweise soll nicht darüber hinwegtäuschen, daß die insbesondere bei mehrdeutigen Lösungen notwendige Stabilitätsuntersuchung u.U. einen Aufwand erfordern kann, der den zum Gewinnen der Lösungen selbst noch übertrifft.

5.4 Periodische Schwingungen konservativer und aktiver Gebilde; ihr Zeitverlauf

Im Abschn.5.11 hatten wir die schwingenden Gebilde unterschieden als dissipativ, konservativ oder aktiv, je nachdem, ob Energie nur verzehrt, bewahrt oder auch zugeführt wird. Im Hauptabschnitt 5.2 war dann gezeigt worden: Periodische Schwingungen (zu denen geschlossene Phasenkurven gehören) treten sowohl bei konservativen wie bei aktiven Schwingern auf. Hilfsmittel der Untersuchungen war dort vor allem die Phasenebene. Nun untersuchen wir die periodischen Schwingungen hauptsächlich mit dem Ziel, den Zeitverlauf $q(t)$ oder $x(\tau)$ zu bestimmen.

5.40 Die Differentialgleichungen konservativer Schwinger

Zuerst fragen wir: Welche Formen können die Differentialgleichungen der Bewegung (oder des Vorgangs) in konservativen Gebilden von einem Freiheitsgrad annehmen?

Für konservative Schwinger (mechanische wie elektrische) gilt die physikalische Aussage: Der Energieinhalt $\mathbf{E}$ ist eine Konstante; er ist unabhängig von der Zeit,

$$\mathbf{E} = \text{const.} \qquad (5.40/1)$$

Wir wenden uns zunächst den mechanischen Gebilden zu. q sei die kennzeichnende Koordinate, q und $\dot{q}$ also die beiden Zustandsgrößen. Bei mechanischen Gebilden setzt sich die Energie $\mathbf{E}$ zusammen aus der kinetischen Energie $\mathbf{T}$ und der potentiellen Energie $\mathbf{U}$,

$$\mathbf{T}+\mathbf{U} = \mathbf{E} = \text{const.} \tag{5.40/2}$$

Die potentielle Energie **U** ist stets eine Funktion von q allein, $\mathbf{U}=\mathbf{U}(q)$. Die Ableitung $d\mathbf{U}/dq$ bezeichnen wir mit $F(q)$; sie hat die Dimension einer verallgemeinerten Kraft. Die kinetische Energie **T** ist im allgemeinen eine Funktion beider Zustandsgrößen q und $\dot{q}$,

$$\mathbf{T} = \mathbf{T}(q,\dot{q}). \tag{5.40/3}$$

In besonders einfachen Fällen, die aber dennoch recht zahlreich sind, hängt die kinetische Energie **T** nur von $\dot{q}$ ab. Sie schreibt sich dann mit einer Konstanten a in der Form

$$\mathbf{T} = \frac{1}{2}a\dot{q}^2. \tag{5.40/3a}$$

Die Bewegungsgleichung gewinnen wir entweder mit Hilfe der Lagrangeschen Vorschrift (2.24/3) oder aus der Ableitung (2.26/2) des Energiesatzes (5.40/2). Auf beiden Wegen finden wir übereinstimmend

$$a\ddot{q} + F(q) = 0 \tag{5.40/4a}$$

und mit

$$\frac{1}{a}F(q) =: \varkappa^2 f(q) \tag{5.40/4b}$$

die häufig gebrauchte Form

$$\ddot{q} + \varkappa^2 f(q) = 0. \tag{5.40/4c}$$

Nach einer Normierung gemäß Abschn.5.12 lautet sie einfach

$$x'' + f(x) = 0. \tag{5.40/4d}$$

Wir nennen weiterhin sowohl die Dgln.(5.40/4c) und (5.40/4d) wie auch den zugehörigen Schwinger den G r u n d t y p der nichtlinearen Differentialgleichung oder des nichtlinearen Schwingers.

Wenn nicht der einfachste Fall (5.40/3a) vorliegt, wenn vielmehr $\mathbf{T}=\mathbf{T}(q,\dot{q})$ ist, hat **T** stets die Form

$$\mathbf{T} = \frac{1}{2}a(q)\dot{q}^2; \tag{5.40/3b}$$

im Unterschied zu (5.40/3a) hängt a nun von q ab. Als Bewegungsgleichung findet man jetzt auf jedem der beiden genannten Wege

$$a(q)\ddot{q} + \frac{1}{2}\frac{da(q)}{dq}\dot{q}^2 + F(q) = 0. \qquad (5.40/5a)$$

Setzt man $a(q) =: a_0 A(x)$ [dabei sei a_0 konstant, $\dim(A) = 1$] sowie $\varkappa^2 = c/a_0$ und analog zu (5.40/4b) hier $F(q)/a_0 =: \varkappa^2 f(x)$ und gebraucht die sonst übliche Normierung, so geht (5.40/5a) über in

$$A(x)x'' + \frac{1}{2}\frac{dA(x)}{dx}x'^2 + f(x) = 0. \qquad (5.40/5b)$$

Diese Differentialgleichung ist Bewegungsgleichung eines konservativen Gebildes, obgleich in ihr die Geschwindigkeit x' auftritt.

Beispiele für Bewegungsgleichungen vom Typ (5.40/5a) fanden wir schon in den Gln.(2.22/3) und (2.26/5); ein weiteres Beispiel werden wir in Abschn.5.45 als "Erstes Beispiel" ausführlich besprechen.

Konservative elektrische Schwinger von einem Freiheitsgrad enthalten zwei Energiespeicher s_I und s_{II} (beispielsweise Spule und Kondensator); die in ihnen zu einem gegebenen Zeitpunkt enthaltenen Energien seien $\mathbf{E}_I$ und $\mathbf{E}_{II}$,

$$\mathbf{E}_I + \mathbf{E}_{II} = \mathbf{E} = \text{const.} \qquad (5.40/6)$$

Die beiden Zustandsvariablen des Schwingers, q_1 und q_2, werden über die Kennlinien der beiden Energiespeicher durch Differentialbeziehungen erster Ordnung der Form

$$q_1' = \Phi_I(q_2) \quad \text{und} \quad q_2' = \Phi_{II}(q_1) \qquad (5.40/7)$$

verbunden. Aus diesen Differentialgleichungen erster Ordnung für q_1 und q_2 läßt sich durch Elimination einer der Variablen eine Differentialgleichung zweiter Ordnung herstellen. Sie hat nach geeigneter Normierung die Gestalt

$$x'' + g(x')h(x) = 0. \qquad (5.40/8)$$

Ein elektrischer Schwinger, dessen Differentialgleichung auf diese Form führt, wird im Abschn.5.45 als "Zweites Beispiel" behandelt werden.

Auch (5.40/8) ist Differentialgleichung eines konservativen Gebildes, trotz des Auftretens der ersten Ableitung x'. In (5.40/5b) und (5.40/8) haben wir also zwei Typen von Differentialgleichungen vor uns, die verschieden sind vom Grundtyp (5.40/4d); sie enthalten von x' abhängige Terme, obgleich die Schwinger konservativ sind. Der Frage nach der allgemeinsten Form, die die Differentialgleichung eines konservativen Schwingers von einem Freiheitsgrad überhaupt annehmen kann, gehen wir nicht weiter nach; wir verweisen auf die Literatur, insbesondere auf Lit.5.40/1.

Wir halten fest: Nicht alle konservativen Schwinger von einem Freiheitsgrad haben Differentialgleichungen vom Grundtyp (5.40/4d) [Gegenbeispiele sind die Gln.(5.40/5b) und (5.40/8)]. Aber auch umgekehrt beschreiben Differentialgleichungen vom Grundtyp nicht immer konservative Schwinger [Gegenbeispiele sind alle $f(x)$, die zu instabilen Gleichgewichtslagen führen, wie etwa die nicht ungeraden Funktionen $f(x)$; Musterbeispiel: $f(x) = x + x^2$, siehe (5.41/7a)].

Im Abschn.5.41 beschäftigen wir uns zunächst allgemein mit Schwingern vom Grundtyp, in den Abschn.5.42 bis 5.44 dann eingehend mit den konservativen Schwingern des Grundtyps. Im Abschn.5.45 folgen noch explizite Beispiele für konservative Schwinger, deren Differentialgleichungen nicht zum Grundtyp gehören, sondern zu den erwähnten Klassen (5.40/5b) und (5.40/8). Der Abschn.5.46 behandelt schließlich aktive Schwinger mit geschlossenen Phasenkurven.

5.41 Schwinger vom Grundtyp $x'' + f(x) = 0$

Im vorangehenden Abschn.5.40 haben wir untersucht, welche typischen Formen die Differentialgleichungen der Schwinger von einem Freiheitsgrad annehmen können. Den Grundtyp (5.40/4d),

$$x'' + f(x) = 0 , \qquad (5.41/1)$$

den man sowohl für mechanische Gebilde wie auch für elektrische recht häufig antrifft, behandeln wir nun im einzelnen. Die Funktion f(x) nennen wir auch hier die Charakteristik, ihre Darstellung als Kurve die Kennlinie des Schwingers.

Für punktsymmetrische Kennlinien [d.h. ungerade Funktionen f(x)] hat man die Begriffe überlinear und unterlinear geprägt. Eine bei $x=0$ stetige Kennlinie nennt man überlinear bzw. unterlinear, wenn mit wachsendem $|x|$ der Betrag der Ableitung $df(x)/dx$ monoton steigt bzw. monoton fällt. Gelegentlich dehnt man jene Begriffe auf Kennlinien aus, die bei $x=0$ unstetig sind. Dann läßt man an die Stelle des Betrages der Ableitung den Betrag des Quotienten $f(x)/x$ treten. Wenn man diese Definitionen akzeptiert, müssen alle bei $x=0$ unstetigen Kennlinien als unterlinear gelten.

Die Dgl.(5.41/1) geht mit (5.20/4) und (5.21/15) über in die zeitfreie Differentialgleichung erster Ordnung

$$y\frac{dy}{dx} + f(x) = 0. \tag{5.41/2}$$

Eine erste Integration liefert

$$\frac{1}{2}y^2 + \int_0^x f(u)\,du = \frac{1}{2}y_0^2 + \int_0^{x_0} f(u)\,du. \tag{5.41/3a}$$

Die Ausdrücke auf der rechten Seite, die die Anfangswerte x_0 und y_0 enthalten, fassen wir zu der allgemeinen Integrationskonstanten E zusammen,

$$\frac{1}{2}y_0^2 + \int_0^{x_0} f(u)\,du =: E. \tag{5.41/3b}$$

Weiterhin werden wir für das Integral über f die Abkürzung

$$\int_0^x f(u)\,du =: I(x) \tag{5.41/4}$$

verwenden und damit die Gl.(5.41/3) als

$$\frac{1}{2}y^2 + I(x) = E \tag{5.41/5a}$$

schreiben. Nach y aufgelöst wird aus (5.41/5a)

$$y = \pm \sqrt{2}\sqrt{E - I(x)}\,. \tag{5.41/5b}$$

Schreibt man für max(x) =: X, für max(y) =: Y, so folgt aus (5.41/5a):

wenn $y = 0$, wird $E = I(X)$

wenn $x = 0$, wird $E = Y^2/2$.

Je nachdem, ob also der Maximalausschlag X oder die Maximalgeschwindigkeit Y in Evidenz gesetzt werden soll, läßt sich (5.41/5b) schreiben als

$$y = \pm \sqrt{2}\sqrt{I(X) - I(x)} \quad \text{oder} \quad y = \pm \sqrt{2}\sqrt{\frac{1}{2}Y^2 - I(x)}\,. \tag{5.41/5c}$$

Die Gln.(5.41/5) beschreiben die Schar der Kurven in der Phasenebene, das Phasenportrait, mit E als Scharparameter. Für konservative Schwinger drücken sie zugleich den Energiesatz aus: Das erste Glied in (5.41/3a) und (5.41/5a) entspricht der kinetischen Energie, das zweite der potentiellen, die rechte Seite dem Energieinhalt. Meist werden wir diese drei Ausdrücke (trotz der Normierung auf dimensionslose Größen) einfach selbst als kinetische Energie, potentielle Energie und Gesamtenergie bezeichnen.

Aus den vorausgegangenen Gleichungen lesen wir einige wichtige Eigenschaften der Phasenkurven ab:

1) Aus (5.41/5b): Die Phasenkurven sind zur x-Achse symmetrisch.

2) Aus (5.41/4): Falls f(x) eine ungerade und somit I(x) eine gerade Funktion ist, sind die Phasenkurven auch zur y-Achse symmetrisch.

3) Aus (5.41/2): Der geometrische Ort aller Punkte, in denen die Phasenkurven vertikale Tangenten haben, ist die x-Achse mit Ausnahme der singulären Punkte.

4) Aus (5.41/2): Die geometrischen Örter aller Punkte, in denen die Phasenkurven horizontale Tangenten aufweisen, sind die Parallelen zur y-Achse im Abstand x_m, wenn x_m die Wurzeln von $f(x) = 0$ bezeichnen.

Ausnahmen bilden auch hier die singulären Punkte auf der x-Achse.

Obige Gleichungen und die aufgezählten Eigenschaften ermöglichen ein rasches Zeichnen der Phasenkurven; Abb.5.41/1 zeigt das Vorgehen.

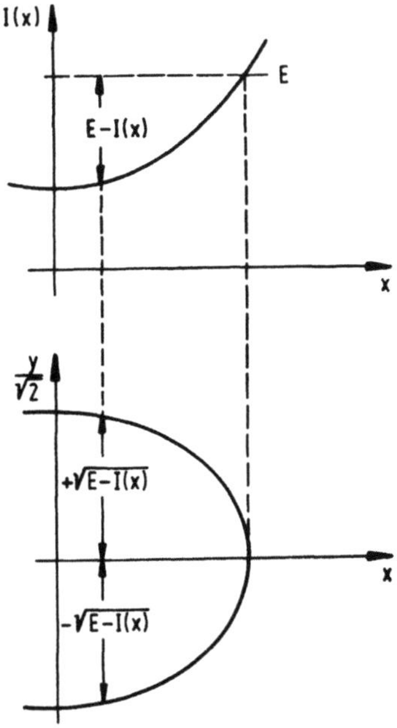

Abb.5.41/1.
Zusammenhang zwischen I(x) und Phasenkurven y(x)

Die Kurve I(x) hat Extremwerte für jene Abszissen, für die $dI(x)/dx \equiv f(x) = 0$ ist, d.h. an den Stellen x_m der singulären Punkte, also bei den Gleichgewichtslagen des Gebildes. In der Nähe dieser singulären Punkte haben die Integralkurven Eigenschaften, die wir allgemein schon in Abschn.5.22 beschrieben haben, die wir aber jetzt noch genauer untersuchen wollen.

Zu diesem Zwecke entwickeln wir I(x) an der Stelle x_m in eine Taylorreihe; dann wird aus (5.41/5a)

$$\frac{1}{2}y^2 + I(x_m) + f(x_m)(x - x_m) + \frac{1}{2}f'(x_m)(x - x_m)^2 + \ldots = E\,.$$

Nach Abbrechen der Reihe, Umordnen und wegen $f(x_m) = 0$ kommt als Näherungsgleichung

$$y^2 + f'(x_m)(x - x_m)^2 = 2[E - I(x_m)] \qquad (5.41/6)$$

zustande. Nun unterscheiden wir drei Fälle.

1. Fall: Es sei $f'(x_m) > 0$ (dann hat $I(x)$ bei x_m ein Minimum). Mit Gl.(5.41/6) erhält man für die Phasenkurven in der Nähe des s.P. eine Ellipsenschar, siehe Abb.5.41/2; der s.P. ist ein Wirbelpunkt.

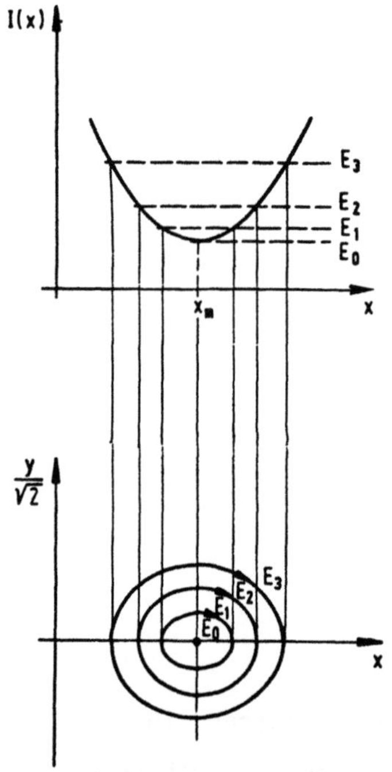

Abb.5.41/2. I(x) hat bei x_m ein Minimum

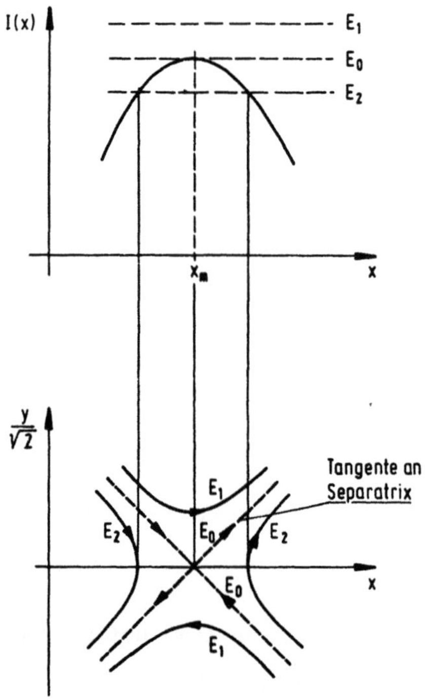

Abb.5.41/3. I(x) hat bei x_m ein Maximum

2. Fall: Es sei $f'(x_m) < 0$ (dann hat $I(x)$ bei x_m ein Maximum). Gl. (5.41/6) liefert jetzt als Phasenkurven eine Schar von Hyperbeln. Für den Parameterwert E_0, der aus $E_0 - I(x_m) = 0$ folgt, entartet die Hyperbel in die beiden Geraden

$$y = \pm \sqrt{-f'(x_m)}\,(x - x_m)\ ;$$

sie sind die Tangenten an die Separatrizen im singulären Punkt; siehe Abb.5.41/3.

3. F a l l : $I(x)$ hat bei x_m einen Wendepunkt mit horizontaler Tangente. In diesem Fall darf man sich nicht mit der Näherung (5.41/6) zufrieden geben, sondern muß weitere Glieder der Taylor-Entwicklung heranziehen. Wir verzichten auf eine explizite Betrachtung, begnügen uns vielmehr mit der Darstellung des qualitativen Verhaltens der Kurven in Abb. 5.41/4. Der s.P. ist hier ein sog. "singulärer Punkt höherer Ordnung". Rechts von x_m verhalten sich die Phasenkurven wie die Ellipsen der Abb.5.41/2, links dagegen wie die Hyperbeln der Abb.5.41/3 (was sich auch aus dem Verlauf von $I(x)$ versteht).

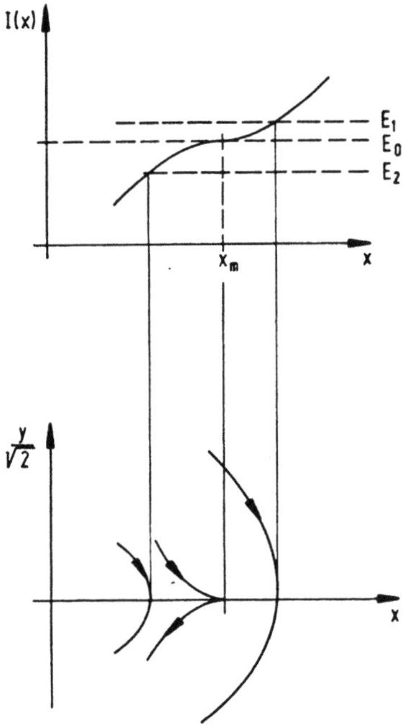

Abb.5.41/4.
$I(x)$ hat bei x_m eine horizontale Wendetangente

Wir kommen noch einmal zurück auf das Beispiel der nicht ungeraden Funktion

$$f(x) = x + x^2, \qquad (5.41/7a)$$

die schon im Abschn.5.40 erwähnt wurde.

Zu (5.41/7a) gehört

$$I(x) = \frac{x^2}{6}(3 + 2x). \qquad (5.41/7b)$$

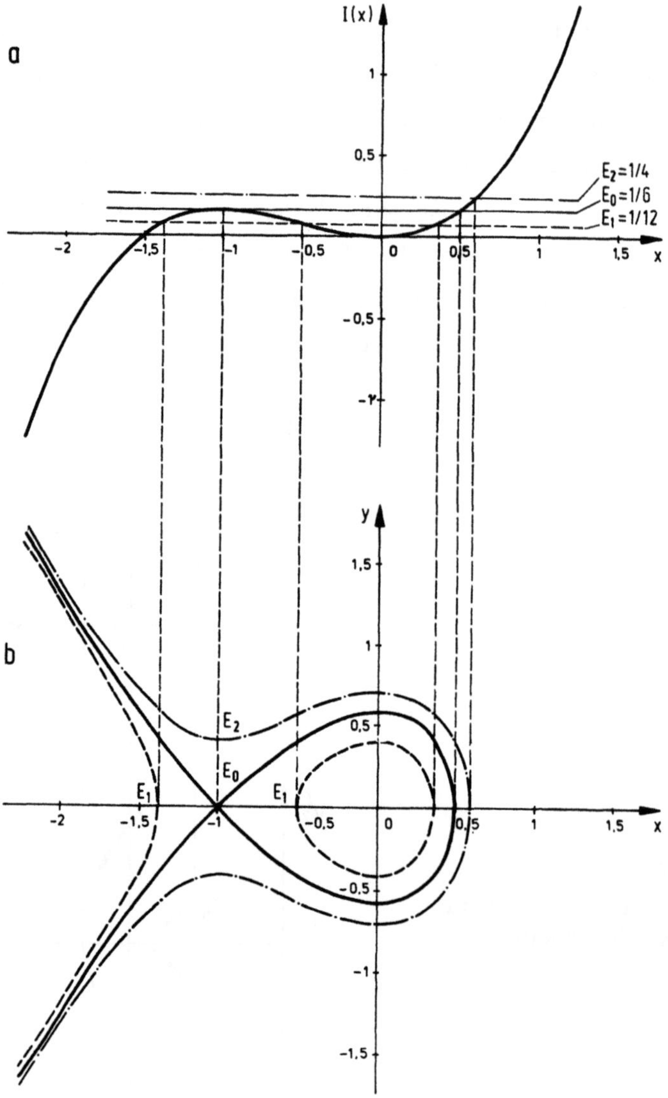

Abb.5.41/5. Beispiel gemäß Gl.(5.41/9a); a) I(x), b) Phasenkurven

Diese Funktion ist in Abb.5.41/5a gezeichnet. Abb.5.41/5b zeigt die aus I(x) gemäß (5.41/5b) gewonnenen Phasenkurven. Dabei haben die Parameter E_i die folgenden Werte:

$$6E_0 = 1 \ ; \ 6E_1 = \frac{1}{2} \ ; \ 6E_2 = \frac{3}{2} \ . \qquad (5.41/8)$$

Die zu E_0 gehörende Phasenkurve läuft durch den Sattelpunkt (-1,0), die zu E_1 gehörende hat zwei Äste, von denen einer geschlossen ist.

Aus Abschn.5.21 wissen wir, daß die Phasenkurven im Uhrzeigersinn durchlaufen werden. Die (dimensionslose) Zeit τ spielt die Rolle eines Kurvenparameters. Will man sie explizit gewinnen, so folgt aus $y = dx/d\tau$ analog zu (5.21/18)

$$\tau - \tau_0 = \int_{x_0}^{x} \frac{d\xi}{y(\xi)} , \qquad (5.41/9a)$$

wegen (5.41/5b) führt dies für $y > 0$ zu

$$\tau - \tau_0 = \frac{1}{\sqrt{2}} \int_{x_0}^{x} \frac{d\xi}{\sqrt{E - I(\xi)}} . \qquad (5.41/9b)$$

Oben haben wir erkannt, daß die Phasenkurven symmetrisch zur x-Achse liegen ("Eigenschaft 1"). Daraus folgt: Zum Durchlaufen der oberen und der unteren Hälfte einer Kurve, d.h. für den Hingang und den Rückgang, wird jeweils dieselbe Zeit benötigt.

Für periodische Bewegungen erhält man die halbe Schwingdauer $T^*/2$ aus

$$\frac{T^*}{2} = \frac{1}{\sqrt{2}} \int_{\check{x}}^{\hat{x}} \frac{dx}{\sqrt{E - I(x)}} , \qquad (5.41/10a)$$

wenn $\check{x}$ und $\hat{x}$ die kleinere und die größere der Wurzeln der Gleichung $E - I(x) = 0$ sind, die zur gleichen geschlossenen Phasenkurve gehören. Ist, wie für ungerade Funktionen $f(x)$, die Phasenkurve überdies symmetrisch zur y-Achse, so gilt (mit X als Größtausschlag)

$$\frac{T^*}{4} = \frac{1}{\sqrt{2}} \int_{0}^{X} \frac{dx}{\sqrt{E - I(x)}} . \qquad (5.41/10b)$$

Mit der expliziten Berechnung der zweiten Integrale (5.41/9) und (5.41/10) befassen wir uns im folgenden Abschnitt.

5.42 Grundtyp; ungerade Funktionen f(x)

Im vorigen Abschnitt haben wir für die konservativen Gebilde vom Grundtyp (5.41/1) nach dem ersten Integrationsschritt zunächst Betrachtungen in der Phasenebene angestellt. Den zeitlichen Verlauf der Schwingungen erhielten wir in einem zweiten Integrationsschritt aus der Quadratur (5.41/9b). Mit diesem Zeitverlauf der Vorgänge (Schwingungen) befassen wir uns nun eingehender. Insbesondere behandeln wir in diesem Abschn.5.42 solche Klassen von Funktionen f(x), für die die Quadraturen (5.41/9b) geschlossen auswertbar sind. In diesen Fällen spricht man auch von "exakten" Lösungen.

Wo solche exakten Lösungen nicht herstellbar sind, muß man zu Näherungslösungen greifen. Zu ihnen zählen wir unter anderen
1. die numerische Auswertung der Quadraturen (5.41/9) und (5.41/10),
2. den Ersatz der Kennlinien f(x) durch Streckenzüge, wie sie in Abschn.5.43 behandelt werden,
3. die Verfahren, die im Hauptabschnitt 5.7 erörtert werden und die mit den Namen Ritz und Galerkin verbunden sind,
4. die Verfahren im Hauptabschnitt 5.8, die verschiedene Varianten der Störungsrechnung darstellen.

Im Hinblick auf die sogenannten exakten Lösungen zeigen wir in den Unterabschnitten α, β, γ und δ vier Klassen von Funktionen f(x), bei denen die Quadraturen (5.41/9) und (5.41/10) auf bekannte und tabellierte Funktionen, meistens auf elliptische Integrale, führen. Im Unterabschnitt δ wird ein Beispiel aus der Klasse β vorgeführt, an dem einige Besonderheiten erörtert werden können.

α) Reine Potenzen

Die allgemeinste ungerade Funktion, die ein reines Potenzgesetz befolgt, ist

$$f(x) = |x|^n \operatorname{sign} x \, , \tag{5.42/1}$$

dabei darf n irgendeine reelle positive, gebrochene oder ganze, gerade oder ungerade Zahl sein. In jedem dieser Fälle ist die Funktion ungerade, $f(-x) = -f(x)$, die Kennlinie also punktsymmetrisch und damit das Phasenportrait doppeltsymmetrisch. Es genügt daher, die Differentialgleichung

$$x'' + |x|^n \operatorname{sign} x = 0 \tag{5.42/2}$$

im ersten Quadranten der Phasenebene und deshalb die Differentialgleichung

$$x'' + x^n = 0 \tag{5.42/2a}$$

zu untersuchen. Die Gl.(5.41/5a) für das Phasenportrait lautet dann

$$\frac{1}{2} y^2 + \frac{1}{n+1} x^{n+1} = E \tag{5.42/3a}$$

mit

$$E = \frac{1}{n+1} X^{n+1} \quad \text{oder} \quad E = \frac{1}{2} y_{max}^2 , \tag{5.42/3b}$$

wenn X den Maximalausschlag, y_{max} die Maximalgeschwindigkeit bezeichnen.

Das Integral (5.41/9b) wird (mit $\tau_0 = 0$ und $x_0 = 0$) hier zu

$$\tau = \sqrt{\frac{n+1}{2}} \int_0^x \frac{d\xi}{\sqrt{X^{n+1} - \xi^{n+1}}} \tag{5.42/4}$$

und nach Einführen der neuen Veränderlichen $\zeta = \xi/X$ und $u = x/X$ zu

$$\tau = \sqrt{\frac{n+1}{2}}\, X^{(1-n)/2} \int_0^u \frac{d\zeta}{\sqrt{1 - \zeta^{n+1}}} . \tag{5.42/5}$$

Die Periodendauer T* ergibt sich [gemäß (5.41/8b)] aus

$$\frac{T^*}{4} = \sqrt{\frac{n+1}{2}}\, X^{(1-n)/2} \int_0^1 \frac{d\zeta}{\sqrt{1 - \zeta^{n+1}}} . \tag{5.42/6}$$

Mit den Hilfsfunktionen

$$j(n,u) = \sqrt{\frac{n+1}{2}} \int_0^u \frac{d\zeta}{\sqrt{1 - \zeta^{n+1}}} , \tag{5.42/7a}$$

$$j(n,1) = \sqrt{\frac{n+1}{2}} \int_0^1 \frac{d\zeta}{\sqrt{1-\zeta^{n+1}}} \qquad (5.42/7b)$$

lassen sich die Gln.(5.42/5) und (5.42/6) auf die Formen

$$\tau = \chi^{(1-n)/2} j(n,u) \; , \qquad (5.42/8a)$$

$$T^*/4 = \chi^{(1-n)/2} j(n,1) \qquad (5.42/8b)$$

bringen.

$j(n,u)$ führt für $n=0$ auf eine algebraische Funktion, für $n=1$ auf eine elementar transzendente Funktion, für $n=2$ und $n=3$ auf elliptische Integrale, für $n>3$ auf hyperelliptische Integrale (lediglich der Sonderfall $f(x)=x^5$ läßt noch eine Reduktion auf elliptische Integrale zu, siehe hierzu Lit.5.42/3). Die Tafel 5.42/I gibt dazu Einzelheiten an. Die elliptischen Integrale sind dabei auf ihre Legendreschen Normalformen $F(k,\varphi)$ und $K(k)$ mit $k=\sin\alpha$ gebracht[1], mit ihnen

Tafel 5.42/I. Funktionen $j(n,u)$ und Werte $j(n,1)$ gemäß den Gln.(5.42/7)

n	$j(n,u)/\sqrt{\frac{n+1}{2}}$	$j(n,1)/\sqrt{\frac{n+1}{2}}$
0	$2(1-\sqrt{1-u})$	2
1	$\arcsin u$	$\pi/2$
2	$\frac{1}{\sqrt[4]{3}}[F(75°,74°30') - F(75°,\varphi_2)] = 0{,}76\,[1{,}848 - F(75°,\varphi_2)]$ mit $\varphi_2 = \arccos\frac{\sqrt{3}-1+u}{\sqrt{3}+1-u}$	1,402
3	$\frac{1}{2}\sqrt{2}\,[K(45°) - F(45°, \arccos u)]$	1,311
5	$\frac{1}{2\sqrt[4]{3}} F(15°,\varphi_5)$ mit $\varphi_5 = \arccos\frac{1-(\sqrt{3}+1)u^2}{1+(\sqrt{3}-1)u^2}$	1,214

---

[1] Für die Reduktion auf die Normalformen benutzt man Tafeln. In einfachen Fällen genügt z.B. Lit.5.42/1 oder 5.42/2, in komplizierteren Fällen wird man zu Lit.5.42/3 greifen.

kennt man $\tau(x)$ oder $T^*(X)$. Will man $x(\tau)$ oder $X(T^*)$ explizit darstellen, so muß man zu den Umkehrfunktionen, den (Jacobischen) elliptischen Funktionen, übergehen. Ihretwegen muß auf die Literatur, z.B. Lit.5.42/4, verwiesen werden.

Für manche Vergleichszwecke empfiehlt es sich, die Schwingdauer T^* auf die Schwingdauer 2π des linearen Schwingers zu beziehen oder gemäß (5.12/12) den Kehrwert

$$\omega_* = \frac{2\pi}{T^*} = \frac{\pi/2}{T^*/4} \qquad (5.42/8c)$$

als (dimensionslose) Frequenz $\omega_* := \omega/\varkappa$ einzuführen. Das Frequenzquadrat ω_*^2 nimmt wegen (5.42/8b) die Gestalt

$$\omega_*^2 = \Theta_E X^{n-1} \qquad (5.42/8d)$$

mit

$$\Theta_E := \frac{\pi^2/4}{j^2(n,1)} \qquad (5.42/8e)$$

an. Auf den Koeffizienten Θ_E, der für die exakten Lösungen gilt, werden wir im Abschn.5.73 zurückkommen, wenn wir ihn mit anderen Koeffizienten Θ vergleichen, die aus Näherungsbetrachtungen stammen.

Der Wert $j(n,1)$, mit dessen Hilfe die Periodendauer bestimmt wird, läßt sich entweder mit Hilfe von Fakultäten, Π-Funktionen oder Γ-Funktionen darstellen, die alle tabelliert sind. Eine der Formen, die Γ-Funktionen benutzt, lautet

$$j(n,1) = \sqrt{\frac{\pi}{2(n+1)}}\,\frac{\Gamma\left(\frac{1}{n+1}\right)}{\Gamma\left(\frac{1}{2}+\frac{1}{n+1}\right)} . \qquad (5.42/9)$$

Abb.5.42/1 zeigt $j(n,1)$ als Funktion von n. Abb.5.42/2 gibt gemäß (5.42/8b) den jeweiligen Zusammenhang zwischen T^* und X an. Wegen der logarithmischen Darstellung sind alle Kurven Geraden. (Entgegen dem Augenschein haben die Geraden keinen gemeinsamen Schnittpunkt.)

Wir beziehen nun τ auf die Viertelperiode $T^*/4$,

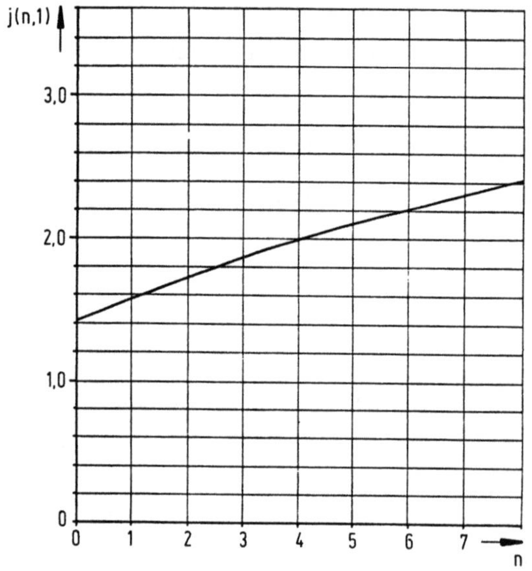

Abb.5.42/1.
Hilfsfunktionen j(n,1)

$$\frac{\tau}{T^*/4} = \frac{j(n,u)}{j(n,1)} \quad . \tag{5.42/10}$$

Diese Beziehung drückt eine bemerkenswerte Eigenschaft der Schwinger mit reinen Potenzkennlinien aus: Für einen gegebenen Exponenten n hängt die relative Zeit τ/T^* nur vom relativen Ausschlag $u = x/X$ ab; sie enthält die Schwingweite X nicht mehr explizit. Die Schwingungen haben also unabhängig von X jeweils den gleichen Oberwellengehalt; sie heißen deshalb auch Schwingungen "gleicher Klangfarbe". Es läßt sich nachweisen, daß Gebilde mit reiner Potenzcharakteristik die einzigen sind, deren freie Schwingungen diese Eigenschaft gleicher Klangfarbe besitzen.

Abb.5.42/3 zeigt den Verlauf der Schwingungen in einer Viertelperiode für die drei Werte $n = 0, 1, 2$.

β) Polynome

Für viele Schwinger wird die punktsymmetrische Kennlinie durch Polynome

$$f(x) = \sum_{n=1}^{N} a_n |x|^n \operatorname{sign} x \tag{5.42/11a}$$

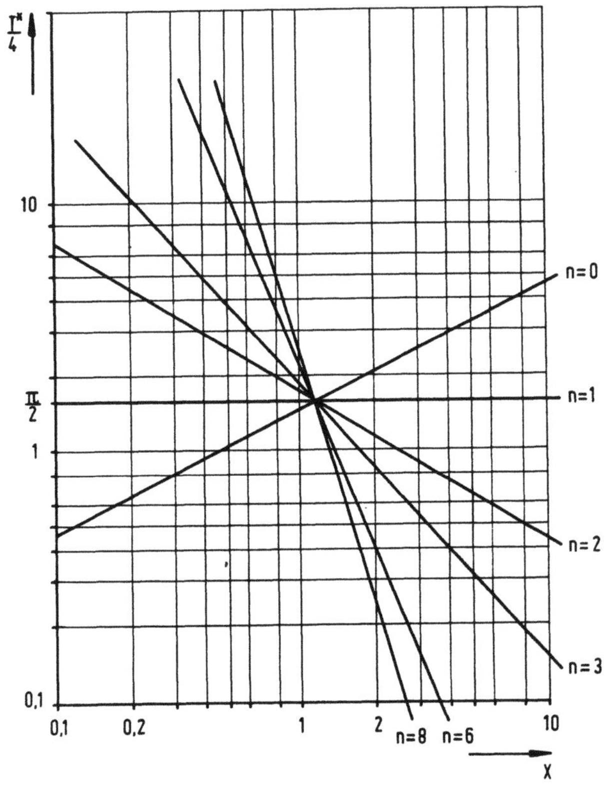

Abb.5.42/2. Schwingdauer T* in Abhängigkeit vom Maximalausschlag X

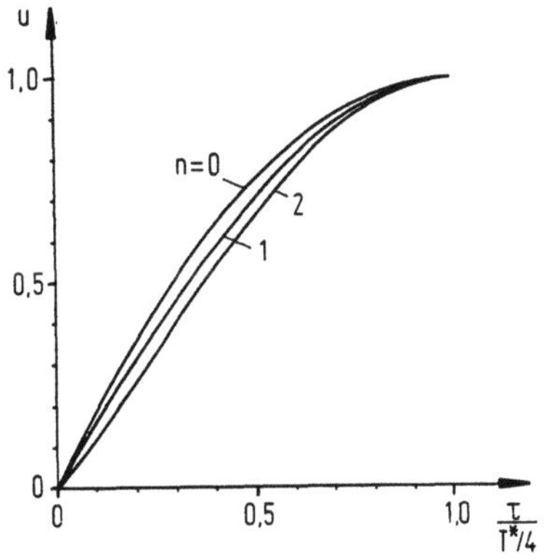

Abb.5.42/3.
Verlauf des relativen Ausschlags u in einer Viertelperiode

beschrieben. Wieder genügt die Behandlung im ersten Quadranten, also die Untersuchung der Differentialgleichung

$$x'' + \sum_{n=1}^{N} a_n x^n = 0 \,. \qquad (5.42/11b)$$

Der erste Integrationsschritt liefert gemäß (5.41/5a)

$$\frac{1}{2} y^2 + \sum_{n=1}^{N} \frac{a_n}{n+1} x^{n+1} = E \,. \qquad (5.42/12)$$

Wenn das Polynom f(x) mehrere reelle Wurzeln x_m hat, so sind mehrere Typen periodischer Lösungen möglich. Einen solchen Fall werden wir im Unterabschnitt δ behandeln.

Den zweiten Integrationsschritt werden wir nicht für die allgemeine Funktion f(x) (5.42/11a) ausführen; wir werden uns der Kürze wegen auf die beiden Beispiele $f(x) = x + x^3$ und $f(x) = x - x^3$ beschränken, die wir mit $a_3 = \pm 1$ in

$$f(x) = x + a_3 x^3 \qquad (5.42/13)$$

zusammenfassen. Aus (5.41/7) kommt mit dem Maximalwert $\hat{x} =: X$ sowie mit $\tau_0 = 0$ und $x_0 = 0$ wegen (5.42/12) die Quadratur

$$\tau = \int_0^x \frac{d\xi}{\sqrt{\left(\frac{a_3}{2} X^4 + X^2\right) - \left(\frac{a_3}{2}\xi^4 - \xi^2\right)}}$$

zustande. Den Radikanden kann man in ein Produkt umformen:

$$\tau = \int_0^x \frac{d\xi}{\sqrt{\left(X^2 - \xi^2\right)\left(1 + \frac{a_3}{2} X^2 + \frac{a_3}{2}\xi^2\right)}} \,.$$

Mit Benutzung von $\gamma := a_3 X^2$ sowie der Quotienten $\xi/X =: \zeta$ und $x/X =: u$ wird daraus

$$\tau = \int_0^u \frac{d\zeta}{\sqrt{\left(1 - \zeta^2\right)\left(\frac{2+\gamma}{\gamma} + \zeta^2\right)\frac{\gamma}{2}}} \,. \qquad (5.42/14)$$

Für das folgende ist es wesentlich, ob $\gamma > 0$ oder $\gamma < 0$ ist; die beiden

Fälle müssen getrennt behandelt werden.

Wir benutzen zwei Spalten; für die linke gilt $\gamma = +X^2$; für die rechte $\gamma = -X^2$ mit $X^2 \leqq 1$.

Statt (5.42/14) schreiben wir

$$\tau = \frac{\sqrt{2}}{X}\int_0^u \frac{d\zeta}{\sqrt{(1-\zeta^2)\left(\frac{2+X^2}{X^2}+\zeta^2\right)}} \qquad \Bigg| \qquad \tau = \frac{\sqrt{2}}{X}\int_0^u \frac{d\zeta}{\sqrt{(1-\zeta^2)\left(\frac{2-X^2}{X^2}-\zeta^2\right)}}\,. \tag{5.42/15}$$

Die Quadraturen stellen elliptische Integrale dar. Sie lassen sich auf Legendresche Normalformen bringen.

Aus Tafeln (z.B. Lit.5.42/1) entnimmt man

$$\tau = \frac{1}{\sqrt{1+X^2}}\,F\left(\sqrt{\frac{X^2}{2(1+X^2)}},\varphi\right) \qquad \Bigg| \qquad \tau = \sqrt{\frac{2}{2-X^2}}\,F\left(\sqrt{\frac{X^2}{2-X^2}},u\right) \tag{5.42/16}$$

$$\text{mit} \quad \sin^2\varphi = \frac{2u^2(1+1/X^2)}{1+u^2+2/X^2} \qquad \Bigg| \qquad \text{mit} \quad \sin\varphi = u$$

und daher mit $u = 1$

$$T^*/4 = \frac{1}{\sqrt{1+X^2}}\,K\left(\sqrt{\frac{X^2}{2(1+X^2)}}\right) \qquad \Bigg| \qquad T^*/4 = \sqrt{\frac{2}{2-X^2}}\,K\left(\sqrt{\frac{X^2}{2-X^2}}\right). \tag{5.42/17}$$

Man beachte die Unterschiede in den Ausdrücken für τ und $T^*/4$ bei überlinearer ($a_3 = +1$; linke Spalte) und unterlinearer Kennlinie ($a_3 = -1$; rechte Spalte).

Vergleichen wir die Schwingdauern T^* bei den nichtgeraden Kennlinien mit $T_0^* = 2\pi$, der Schwingdauer bei gerader Kennlinie, so finden wir

$$\frac{T^*}{T_0^*} = \frac{1}{\sqrt{1+X^2}}\,\frac{2}{\pi}\,K\left(\sqrt{\frac{X^2}{2(1+X^2)}}\right) \qquad \Bigg| \qquad \frac{T^*}{T_0^*} = \sqrt{\frac{2}{2-X^2}}\,\frac{2}{\pi}\,K\left(\sqrt{\frac{X^2}{2-X^2}}\right). \tag{5.42/18}$$

Die Werte (5.42/18) sind in Abb.5.42/4 aufgetragen.

Die Differentialgleichung $x'' - x + x^3 = 0$ erörtern wir anhand eines Beispiel-Schwingers noch gesondert im Unterabschnitt δ.

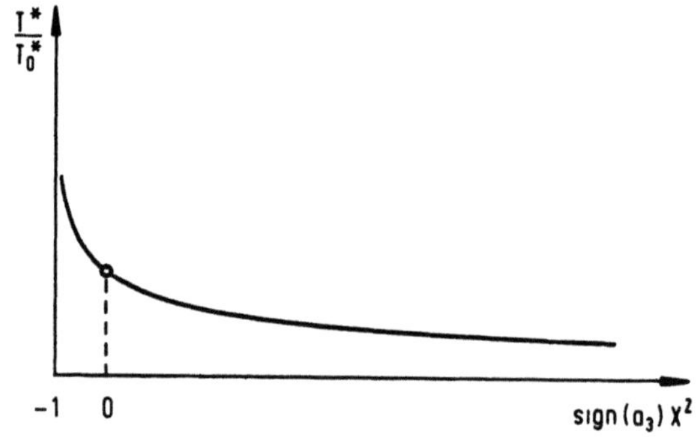

Abb.5.42/4.
T^*/T_0^* gemäß Gl. (5.42/18) in Abhängigkeit von $\mathrm{sign}(a_3)X^2$

Für nicht ungerade Funktionen f(x) bleibt die Tatsache bestehen, daß die Zeit, die für den Weg zwischen irgend zwei Ausschlägen x_1 und x_2 benötigt wird, unabhängig ist von der Bewegungsrichtung. Die Ausschlag-Zeit-Beziehung muß dagegen für positive und negative Ausschläge x gesondert berechnet werden. Die Periodendauer T* setzt sich aus zwei Anteilen zusammen, $T^* = 2t_1 + 2t_2$, wobei t_1 und t_2 die Zeiten sind, die für die Bewegung von $x = 0$ nach $x = X_1 > 0$ bzw. von $x = 0$ nach $x = X_2 < 0$ benötigt werden. Die Beziehung zwischen den Schwingweiten X_1 und X_2 ergibt sich aus dem Gleichsetzen der potentiellen Energien,

$$I(X_1) = I(X_2) \; . \qquad (5.42/19a)$$

Für die Kennlinie $f(x) = x + x^2$ z.B. folgt daraus

$$3X_1^2 + 2X_1^3 = 3X_2^2 - 2|X_2|^3 \; . \qquad (5.42/19b)$$

Solange die nicht ungeraden Funktionen f(x) quadratisch oder kubisch sind, $f(x) = x + x^2$ oder $f(x) = x + x^2 + a_3x^3$, führen die Zeit-Ausschlag-Funktionen und die Ausdrücke für die Schwingdauer wieder auf elliptische Integrale. Auf das Durchrechnen wollen wir hier verzichten.

γ) Sinuslinien

Eine weitere punktsymmetrische Kennlinie, die Sinuslinie $f(x) = \sin x$ und damit die Differentialgleichung

$$x'' + \sin x = 0, \tag{5.42/20}$$

tritt bei vielen Schwingern auf, z.B. bei nahezu allen Arten von Pendeln (siehe Hauptabschnitt 3.1). Gemäß Gl.(5.41/4) gehört zu $f(x) = \sin x$ das Integral $I(x) = 1 - \cos x$ und deshalb als Gleichung (5.41/5b) der Schar von Phasenkurven

$$y = \pm\sqrt{2}\sqrt{(E-1) + \cos x}\ . \tag{5.42/21}$$

In Abb.5.42/5 sind der Reihe nach die Funktionen $f(x)$, $I(x)$ sowie die Kurvenscharen $y(x)$ des Phasenportraits dargestellt. Je nachdem, welchen Wert E annimmt, erhält man geschlossene Kurven (die den eigent-

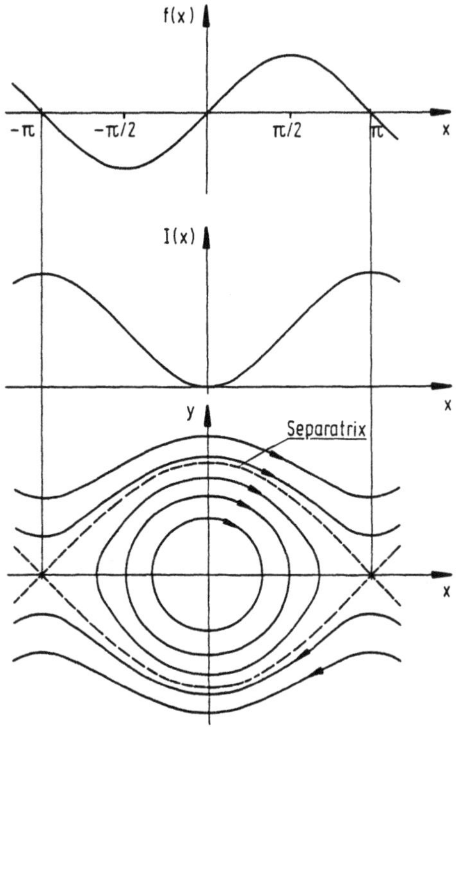

Abb.5.42/5.
$f(x)$, $I(x)$ und $y(x)$ für den Schwinger (5.42/20)

lichen Pendelschwingungen entsprechen) oder wellige, nicht geschlossene Kurven (die den Umläufen des Pendels entsprechen). Auch der zweite Fall bedeutet eine periodische Bewegung, wie wir in Abschn.5.21 gezeigt hatten, als wir (im Anschluß an die jetzt (5.42/20) genannte Differentialgleichung) Phasenebene und Phasenzylinder diskutierten.

Für die beiden erwähnten Typen der periodischen Bewegung wollen wir noch die Zeitabhängigkeit angeben, also den zweiten Integrationsschritt durchführen.

F a l l I ; $E \leqq 2$, das Pendel schwingt: Wegen der doppelten Symmetrie der Phasenkurven genügt die Betrachtung im ersten Quadranten. Gl.(5.41/9b) liefert mit $\tau_0 = 0$ und $x_0 = 0$

$$\tau = \int_0^x \frac{d\xi}{\sqrt{2}\sqrt{\cos\xi - 1 + E}} \quad . \qquad (5.42/22)$$

Auch diese Quadratur stellt ein elliptisches Integral dar, das sich auf ein Normalintegral erster Gattung $F(\alpha,\varphi)$ bringen läßt.

Wegen $\cos x = 1 - 2\sin^2(x/2)$ liefert die Substitution

$$\sin x/2 = \sqrt{E/2}\,\sin\varphi \quad \text{mit} \quad k^2 = E/2$$

das Normalintegral

$$\tau = \int_0^\varphi \frac{d\psi}{\sqrt{1 - E/2\,\sin^2\psi}} \equiv F(\sqrt{E/2},\varphi)\,, \qquad (5.42/23a)$$

somit wird die Viertelperiode

$$T^*/4 = F(\sqrt{E/2},\pi/2) \equiv K(\sqrt{E/2}) \;. \qquad (5.42/23b)$$

Will man τ und T^* nicht als Funktion des Energieinhaltes E, sondern als Funktion der Schwingweite A darstellen, so muß man in (5.42/23a) und (5.42/23b) mit

$$\sin^2 A/2 = E/2 \qquad (5.42/23c)$$

E durch A ersetzen, was $\sin^2\alpha = k^2$ entspricht.

Abb.5.42/6 zeigt die Abhängigkeit der Periodendauer T^* von der

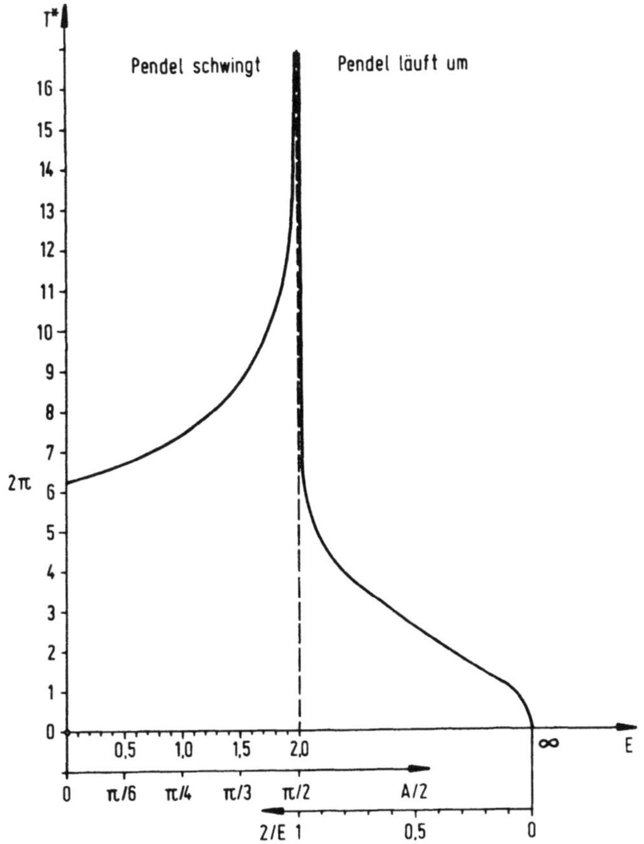

Abb.5.42/6. T* für schwingendes Pendel gemäß Gl.(5.42/23b), für umlaufendes gemäß Gl.(5.42/26b)

Schwingweite A bzw. der Gesamtenergie E. Die Schwingdauer T* nimmt mit A zu, wie dies bei allen Schwingern mit unterlinearer Kennlinie der Fall ist. Zum Grenzfall $A = \pi$ bzw. $E = 2$ gehört als Phasenkurve die Separatrix und damit eine unendlich lange Periode.

Schließlich vergleichen wir noch den genauen Wert von T*, der sich aus der Pendelgleichung (5.42/14) ergibt, mit jenem Wert $T_0^* = 2\pi$, der aus der linearisierten Gleichung $x'' + x = 0$ folgt. Zu diesem Zweck setzen wir

$$\Delta = \frac{T^* - T_0^*}{T^*} \qquad \text{oder gleichwertig} \qquad T^* = T_0^*(1 + \Delta) \; . \tag{5.42/24}$$

Aus der Gl.(5.42/23b) finden wir mit $\alpha := A/2$

$$\Delta = \frac{2}{\pi} K\left(\frac{A}{2}\right) - 1 \; . \tag{5.42/25a}$$

Entwickeln von $K(A/2)$ liefert mit $k = \sin A/2$

$$\Delta = \frac{1}{4}\left(\frac{A}{2}\right)^2 + \frac{9}{64}\left(\frac{A}{2}\right)^4 + \frac{25}{256}\left(\frac{A}{2}\right)^6 + \ldots \tag{5.42/25b}$$

Der Fehler, den man begeht, wenn man T_0^* anstelle von T^* verwendet, bleibt also unter 1‰ für Ausschlagweiten A unter 7°, er bleibt unter 1% für Ausschlagweiten bis zu etwa 22°.

F a l l II ; $E \geqq 2$, das Pendel läuft um: Die Berechnung des Zeitverhaltens des umlaufenden Pendels führt ebenfalls auf das Integral (5.42/22). Um es auf die Normalform zu bringen, benötigt man jetzt aber eine andere Substitution. Mit $x/2 = \varphi$ und $k = \sqrt{2/E}$ erhalten wir

$$\tau = \sqrt{\frac{2}{E}} \int_0^{\varphi} \frac{d\psi}{\sqrt{1 - \frac{2}{E}\sin^2\psi}} \equiv \sqrt{\frac{2}{E}}\, F\left(\sqrt{\frac{2}{E}}, \varphi\right) , \tag{5.42/26a}$$

also wieder ein elliptisches Normalintegral erster Gattung, allerdings mit anderem Modul. Aus dem Phasenportrait erkennen wir, daß für $x = \pi$, also $\varphi \leqq x/2 = \pi/2$ die Zeit τ zur Halbperiode wird,

$$\frac{T^*}{2} = \sqrt{2/E}\; F(\sqrt{2/E}, \pi/2) \equiv \sqrt{2/E}\; K(\sqrt{2/E}) \; . \tag{5.42/26b}$$

δ) Sonderbeispiel zu β: $x'' - x + x^3 = 0$; Durchschlagschwinger

Die Koeffizienten a_n der Polynome (5.42/11) brauchen nicht alle positiv zu sein; ein Beispiel, für das $a_1 = -1$ ist, also die Differentialgleichung

$$x'' - x + x^3 = 0 \; , \tag{5.42/27}$$

behandeln wir in diesem Unterabschnitt. Das Beispiel gibt Gelegenheit zu einer Reihe von Hinweisen.

Wie die Dgl.(5.42/27) etwa als Näherung für eine komplizierter gebaute nichtlineare Differentialgleichung entstehen kann, zeigt der "Durchschlagschwinger", Abb.5.42/7. Das Gebilde besteht aus einem Punktkörper der Masse m und zwei Federn, die jeweils die Federsteifigkeit c und im ungespannten Zustand die Länge $l_1 = l_0 + \Delta l$ aufweisen.

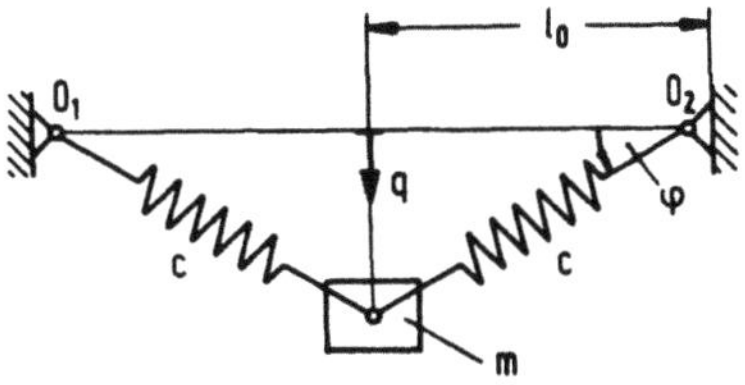

Abb.5.42/7.
Durchschlagschwinger

Der Ausschlag q und der Winkel φ werden von der Verbindungslinie $0_1 0_2$ aus gemessen; zwischen ihnen besteht der Zusammenhang $q = l_0 \tan\varphi$. In der gestreckten Lage, $q = 0$, herrscht in den Federn Druck, falls $l_1 > l_0$, d.h. $\lambda := \Delta l/l_0 > 0$ ist; es herrscht Zug, falls $l_1 < l_0$ und somit $-1 < \lambda < 0$ ist.

Als Bewegungsgleichung des Schwingers findet man

$$m\ddot{q} = -2c(l_0/\cos\varphi - l_1)\sin\varphi \ , \qquad (5.42/28a)$$

also unter Benutzung der obigen Beziehungen die auf eine recht unbequeme Art nichtlineare Differentialgleichung

$$\ddot{q} + \frac{2c}{m} q\left[1 - (l_0 + \Delta l)/\sqrt{l_0^2 + q^2}\right] = 0 \ . \qquad (5.42/28b)$$

Wir normieren nun diese Differentialgleichung, indem wir setzen

$$q/l_0 = x \ ; \quad \Delta l/l_0 = \lambda \ ; \quad \frac{2c}{m} = \varkappa^2 \ ; \quad \varkappa t = \tau \ ; \qquad (5.42/28c)$$

damit erhalten wir

$$x'' + x\left[1 - (1 + \lambda)/\sqrt{1 + x^2}\right] = 0 \ . \qquad (5.42/28d)$$

Der Schwinger hat stets die eine Gleichgewichtslage $x_1 = 0$. Wenn der Parameter $\lambda > 0$ ist, treten zusätzlich die zwei Gleichgewichtslagen

$$x_{2,3} = \pm\sqrt{\lambda(2+\lambda)}$$

auf. Die Integration (5.41/5a) liefert

$$\frac{1}{2}y^2 + \frac{1}{2}x^2 - (1+\lambda)\left[\sqrt{1+x^2} - 1\right] = E \ . \qquad (5.42/28e)$$

Die Abb.5.42/8 zeigt einige der Phasenkurven, im Bildteil a für $\lambda = -0{,}5$, im Bildteil b für $\lambda = +0{,}5$.

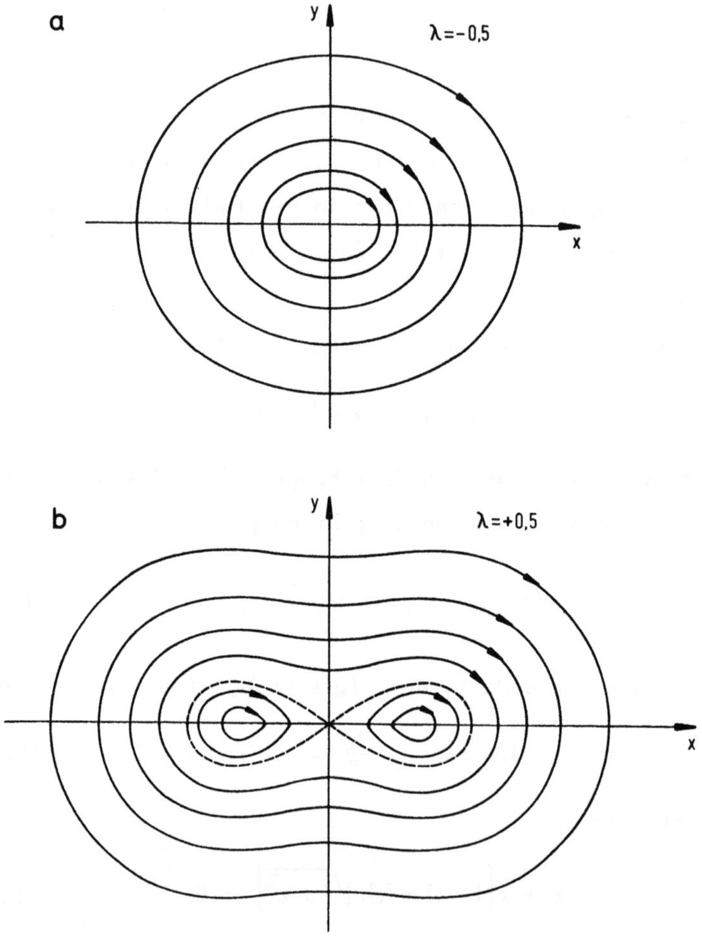

Abb.5.42/8. Phasenkurven gemäß Gl.(5.42/28e)

Das zweite Integral führt nicht auf benannte oder tabellierte Funktionen. Wir berechnen es nicht.

In ähnlicher Weise, wie man eine nichtlineare Differentialgleichung um einen Arbeitspunkt l i n e a r i s i e r e n kann (siehe Abschn. 2.32), läßt sich eine verwickelt gebaute nichtlineare Differentialgleichung durch eine einfacher gebaute (immer noch n i c h t l i n e a r e) Differentialgleichung ersetzen. Um eine solche Vereinfachung durchzuführen, gehen wir zweckmäßig auf die nicht normierte Dgl.(5.42/28b) zurück:

Wenn $q \ll l_0$ ist, kann die Wurzel durch die ersten Glieder ihrer Entwicklung nach q/l_0 ersetzt werden. Angenähert kommt so

$$\ddot{q} + \varkappa^2 q^2 \left[-\frac{\Delta l}{l_0} + \frac{l_0 + \Delta l}{2 l_0} \frac{q^2}{l_0^2} \right] = 0 \; . \qquad (5.42/28f)$$

Jetzt normieren wir von neuem, aber nun nicht mit Hilfe von (5.42/28c), sondern indem wir setzen (mit $\Delta l > 0$)

$$\varkappa \sqrt{\frac{\Delta l}{l_0}}\, t = \tau \; , \quad \frac{l_0 + \Delta l}{2\, \Delta l\, l_0^2}\, q^2 = x^2 . \qquad (5.42/28g)$$

Damit geht die Differentialgleichung schließlich in die Form (5.42/27) über.

Sowohl die Dgl.(5.42/28d) als auch die Dgl.(5.42/27) sind normiert. Die Normierungsgleichungen (5.42/28c) und (5.42/28g) sind jedoch nicht dieselben. Daher haben in den normierten Gleichungen die beiden Veränderlichen x und τ jeweils unterschiedliche Bedeutung.

Die Dgl.(5.42/27) weist drei singuläre Punkte auf; sie liegen bei $x_m = -1, 0, +1$. Der singuläre Punkt bei $x = 0$ ist ein Sattelpunkt, die beiden anderen sind Wirbelpunkte.

Die Kennlinie zu (5.42/27) ist punktsymmetrisch. Das Phasenportrait, dessen Gl.(5.41/5a) hier

$$y^2 - x^2 + x^4/2 = E \qquad (5.42/29)$$

lautet, ist also doppeltsymmetrisch. Die Abb.5.42/9 zeigt einige Kurven der Schar. Sie schneiden die x-Achse bei

$$x = \pm A \qquad \text{und} \qquad x = \pm\sqrt{2 - A^2}\,. \tag{5.42/30}$$

Es gibt also zwei Fälle:

F a l l I; $A<\sqrt{2}$: Die Phasenkurve umschließt nur einen s.P.

F a l l II; $A>\sqrt{2}$: Die Phasenkurve umschließt alle drei s.P.

Zum Grenzfall $A=\sqrt{2}$, d.i. $E=0$, gehört diejenige Phasenkurve, die als S e p a r a t r i x die Schar des Falles I von der des Falles II trennt. Sie läuft durch den instabilen Sattelpunkt.

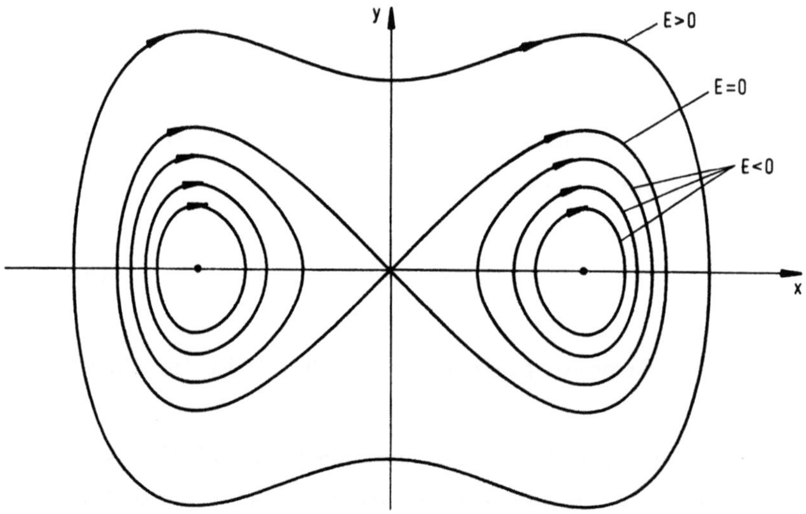

Abb.5.42/9. Phasenkurven gemäß Gl.(5.42/29)

Für beide Fälle I und II berechnen wir nun noch die Periodendauer T* mit Hilfe des zweiten Integrationsschritts.

F a l l I : Aus (5.41/8a) kommt

$$\frac{T^*}{2} = \int_{+\sqrt{2-A^2}}^{A} \frac{dx}{\sqrt{R}} \quad \text{mit} \quad R = \frac{A^4}{2}\left[1 - \left(\frac{x}{A}\right)^4\right] + A^2\left[\left(\frac{x}{A}\right)^2 - 1\right]. \tag{5.42/31}$$

Weil der Radikand im Nenner eine algebraische Funktion vierten Grades ist, gehört das Integral zu den elliptischen Integralen. Durch die Substitutionen

$$\frac{x^2}{2 - A^2} = \frac{1}{1 - k^2 \sin^2\varphi} \quad \text{und} \quad k^2 \equiv \sin^2\alpha_I = 2(A^2 - 1)/A^2$$

bringen wir es auf die Normalform des vollständigen elliptischen Integrals erster Gattung, $K(\alpha)$. So kommt

$$\frac{T^*}{2} = \frac{\sqrt{2}}{A} K(\alpha_I) \ . \tag{5.42/32}$$

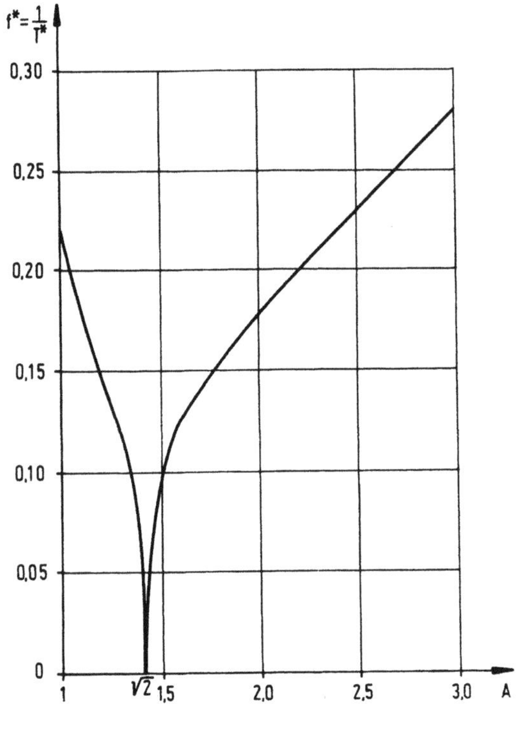

Abb.5.42/10. Abhängigkeit der Frequenz f* vom Maximalausschlag A gemäß Gl. (5.42/32) und Gl.(5.42/35)

F a l l II : Hier wird (5.41/8b) zu

$$\frac{T^*}{4} = \frac{1}{2} \int_0^A \frac{dx}{\sqrt{R}} \tag{5.42/33}$$

mit demselben Radikanden wie in (5.42/31). Das elliptische Normalintegral entsteht hier mit Hilfe der Substitutionen

$$\frac{2(A^2-1)}{A^2-1}\,\frac{x^2}{A^2} = \frac{\sin^2\varphi}{1-k^2\sin\varphi} \quad \text{und} \quad k^2 \equiv \sin^2\alpha_{II} = \frac{A^2}{2(A^2-1)}\,; \qquad (5.42/34)$$

so kommt

$$\frac{T^*}{4} = \frac{\sqrt{2}}{A}\,K(\alpha_{II})\,. \qquad (5.42/35)$$

In der Abb.5.42/10 ist schließlich die Abhängigkeit der Frequenz $f^* = 1/T^*$ vom Maximalausschlag A wiedergegeben. Für $A = \sqrt{2}$ wird $T^* = \infty$; in diesem Fall ist die Separatrix Phasenkurve.

5.43 Grundtyp; stückweise lineare Kennlinien

Es gibt Schwinger, z.B. die der Abb.5.43/4 und 5.43/5, deren Kennlinien sich tatsächlich aus Geradenstücken zusammensetzen. Geradenzüge benutzt man zudem, um gekrümmte Kennlinien anzunähern. Die Differentialgleichungen solcher Schwinger sind, obgleich abschnittsweise linear, insgesamt natürlich doch nichtlinear.

Die Schwinger mit stückweise linearen Kennlinien kann man zu den Schwingern "mit Schaltern" (und zwar mit nicht echten Schaltern) rechnen, wie sie im Hauptabschnitt 5.5 ausführlich behandelt werden. Dennoch erscheint es gerechtfertigt, die konservativen unter ihnen hier schon zu betrachten. Die Untersuchungen in 5.5 beziehen sich nämlich fast ausschließlich auf die Phasenebene; sie beschränken sich damit im wesentlichen auf den ersten Integrationsschritt. Der Zusammenhang mit der Zeit wird dort kaum erörtert. Demgegenüber besteht in diesem Abschnitt das Ziel darin, explizite Ausdrücke für die Zeit zu gewinnen. Selbstverständlich müssen, wo die Voraussetzungen die gleichen sind, die Ergebnisse hier und dort übereinstimmen.

Zunächst behandeln wir den allgemeinen Fall, der durch Abb.5.43/1 dargestellt wird. Hier besteht die Kennlinie aus mehreren Geradenstücken, die in den verschiedenen Bereichen von q entweder steigen,

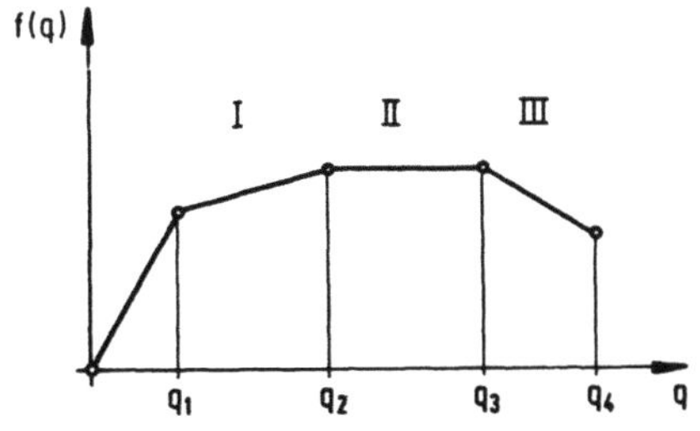

Abb.5.43/1.
Funktion f(q) mit Gebieten I (Kennlinie steigt), Gebieten II (Kennlinie horizontal) und Gebieten III (Kennlinie fällt)

horizontal verlaufen oder fallen. Dementsprechend wird die Funktion $\varkappa^2 f(q)$ in (5.40/4c) im i-ten Abschnitt, d.h. für $\bar{q}_{i-1} \leqq q \leqq \bar{q}_i$, dargestellt durch eine der linearen Funktionen

$$\text{(I)} \qquad \varkappa_i^2(q - \bar{q}_i),$$

$$\text{(II)} \qquad b_i := \text{const},$$

$$\text{(III)} \qquad -\varkappa_i^2(q - \bar{q}_i),$$

je nachdem, ob die Gerade steigt, horizontal verläuft oder fällt.

Durch Einführen einer bezogenen Zeit $\tau = \varkappa_0 t$ (mit Hilfe einer willkürlichen Frequenz $\varkappa_0$) und eines bezogenen Ausschlags $x = q/L$ (mit Hilfe einer willkürlichen Länge L) wird die Differentialgleichung des Schwingers mit der Kennlinie nach Abb.5.43/1 im Abschnitt i (d.h. für $\bar{x}_{i-1} \leqq x \leqq \bar{x}_i$) aus einem der Bereiche I oder III zu

$$x'' \pm \alpha_i^2(x - \bar{x}_i) = 0 \qquad (5.43/1a)$$

oder (mit $y = x'$) zu

$$\frac{1}{2}\frac{dy^2}{dx} \pm \alpha_i^2(x - \bar{x}_i) = 0 \,. \qquad (5.43/1a')$$

Dabei ist $\alpha_i^2 := \varkappa_i^2/\varkappa_0^2$, und in (5.43/1a) gilt das positive bzw. negative Zeichen, falls die Kennlinie steigt (Gebiete I) bzw. fällt (Gebiete III); $\pm\alpha_i^2$ ist das Steigungsmaß der Geraden. Die Bedeutung von $\bar{q}_i$ und $\bar{x}_i$ geht aus den Abb.5.43/2a und 5.43/2c hervor.

Für horizontale Stücke (Gebiete II) der Kennlinie, Abb.5.43/2b, lautet die Differentialgleichung

$$x'' + \beta_i = 0 \qquad (5.43/1b)$$

(mit $\beta_i := b_i / L\varkappa_0^2$) oder

$$\frac{1}{2}\frac{dy^2}{dx} + \beta_i = 0\,. \qquad (5.43/1b')$$

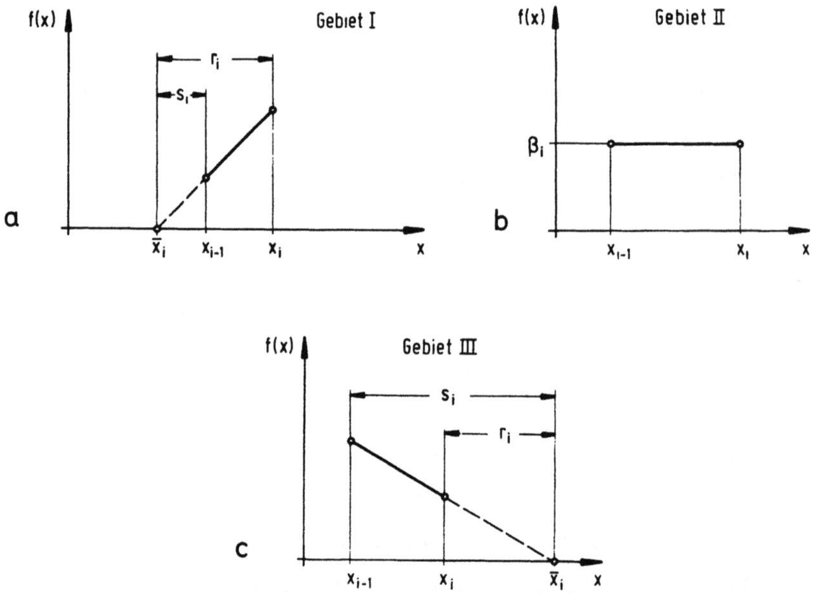

Abb.5.43/2. Kennlinienstücke in den Gebieten I, II und III

Durch die Stellen x_i, die Abszissen der Endpunkte der Geradenstücke, wird die Phasenebene in (vertikale) Streifen eingeteilt. Die Gln.(5.43/1a') und (5.43/1b') stellen die Differentialgleichungen der Phasenkurven in jeweils einem Streifen dar. Die erste Integration liefert (mit den Anfangswerten x_{i0}, y_{i0}) in den Gebieten I (oberes Zeichen) und III (unteres Zeichen)

$$\frac{1}{2}y^2 \pm \frac{\alpha_i^2}{2}(x - \bar{x}_i)^2 = \frac{1}{2}y_{i0}^2 \pm \frac{\alpha_i^2}{2}(x_{i0} - \bar{x}_i)^2 = \text{const}, \qquad (5.43/2_{I,III})$$

in den Gebieten II

$$\frac{1}{2}y^2 + \beta_i x = \frac{1}{2}y_{i0} + \beta_i x_{i0} = \text{const.} \qquad (5.43/2_{II})$$

Die Abschnitte der Phasenkurven sind Bogen aus zur x-Achse symmetrischen Kegelschnitten. In den Gebieten I stammen die Bogen aus Ellipsen, in II aus Parabeln, in III aus Hyperbeln; siehe Abb.5.43/3.

Abb.5.43/3.
Typ der Phasenkurven-Stücke für Gebiete vom Typ I, II und III

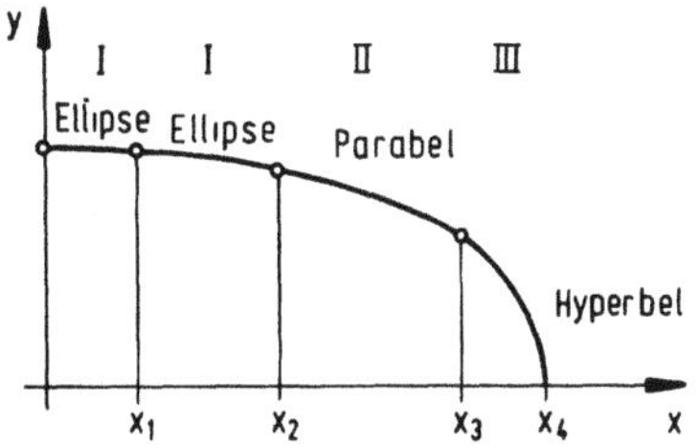

Mit Hilfe des zweiten Integrationsschrittes suchen wir nun die Zeitbeziehungen auf. Falls wir die Periodendauer T* suchen, nutzen wir die Symmetrien des Phasenportraits aus. Ist das Phasenportrait nur zur x-Achse symmetrisch, so benutzen wir für

$$\frac{T^*}{2} = \sum_{i=1}^{n} \tau_i \qquad (5.43/3)$$

die Teilzeiten τ_i eines Halbbogens; ist das Phasenportrait doppeltsymmetrisch, so genügt es, T*/4 aus den Teilzeiten eines Viertelbogens zu bestimmen.

Wir berechnen die Teilzeiten τ_i der Reihe nach für steigende (I), fallende (III) und horizontale (II) Geradenstücke. Dabei beschränken wir uns darauf, einen Rücklauf (von größeren nach kleineren Ausschlägen) zu betrachten, d.h. wir arbeiten mit der unteren Hälfte der Phasenebene ($y < 0$).

Fall I; steigendes Geradenstück, Abb.5.43/2a: Wenn $x_i' = y_i$ die Geschwindigkeit des Schwingers beim Eintritt in das Intervall an der Stelle x_i ist, so bilden wir die Größe

$$\eta_i := -y_i/\alpha_i \qquad (>0)\,, \tag{5.43/4$_I$}$$

ferner möge gelten

$$\begin{aligned} r_i &:= x_i - \bar{x}_i \;, \quad s_i := x_{i-1} - \bar{x}_i \;, \\ z_i^2 &:= r_i^2 + \eta_i^2 \;, \quad \gamma_i := \arctan \eta_i/r_i \;. \end{aligned} \tag{5.43/5$_I$}$$

Die Dgl.(5.43/1a) hat im Fall I die Lösung

$$x = \bar{x}_i + r_i \cos \alpha_i\tau - \eta_i \sin \alpha_i\tau = \bar{x}_i + z_i \cos(\alpha_i\tau + \gamma_i)\,. \tag{5.43/6$_I$}$$

Deshalb finden wir erstens

$$\alpha_i\tau_i = \arccos \frac{s_i}{z_i} - \arctan \frac{\eta_i}{r_i} \tag{5.43/7$_I$}$$

und zweitens als Maß η_{i-1} für die Geschwindigkeit y_{i-1} beim Austritt aus dem i-ten und Eintritt in das (i-1)-te Intervall (an der Stelle x_{i-1})

$$\alpha_{i-1}\eta_{i-1} = \alpha_i\sqrt{\eta_i^2 + r_i^2 - s_i^2}\,. \tag{5.43/8$_I$}$$

F a l l III ; fallendes Geradenstück, Abb.5.43/2c: Die hier geltenden Gleichungen lauten mit einer dem Fall I angepaßten Numerierung

$$\eta_i := -y_i/\alpha_i \qquad (>0) \tag{5.43/4$_{III}$}$$

$$\begin{aligned} r_i &:= \bar{x}_i - x_i \;, \quad s_i := \bar{x}_i - x_{i-1} \;, \\ z_i^2 &:= r_i^2 - \eta_i^2 \;, \quad \gamma_i := \operatorname{Artanh} \eta_i/r_i \;; \end{aligned} \tag{5.43/5$_{III}$}$$

$$x = \bar{x}_i - r_i \cosh \alpha_i\tau - \eta_i \sinh \alpha_i\tau = \bar{x}_i - z_i \cosh(\alpha_i\tau + \gamma_i)\,, \tag{5.43/6$_{III}$}$$

$$\alpha_i\tau_i = \operatorname{Arcosh} \frac{s_i}{z_i} - \operatorname{Artanh} \frac{\eta_i}{r_i}\,, \tag{5.43/7$_{III}$}$$

$$\alpha_{i-1}\eta_{i-1} = \alpha_i\sqrt{s_i^2 + \eta_i^2 - r_i^2}\,. \tag{5.43/8$_{III}$}$$

F a l l II ; horizontales Geradenstück, Abb.5.43/2b: Hier müssen wir zwei Fälle unterscheiden:

a) $\beta_i \neq 0$

Zweimalige Integration der Gl.(5.43/1b) liefert

$$\tau_i = -\frac{y_i}{\beta_i^2}\left[\sqrt{1+\frac{2\beta_i}{y_i^2}(x_i - x_{i-1})} - 1\right] , \qquad (5.43/7_{II}\,a)$$

ferner folgt aus dem ersten Integral $(5.43/2_{II})$

$$y_{i-1} = \sqrt{y_i^2 + 2\beta_i(x_i - x_{i-1})}\ \operatorname{sign} y_i \ . \qquad (5.43/8_{II}\,a)$$

b) $\beta_i = 0$

$$\tau_i = \frac{x_i - x_{i-1}}{-y_i} \qquad (5.43/7_{II}\,b)$$

und

$$y_{i-1} = y_i \ . \qquad (5.43/9_{II}\,b)$$

Wir betrachten nun noch drei besonders einfache Beispiele von Schwingern, deren Kennlinien aus Geradenstücken bestehen.

B e i s p i e l 1 : Abb.5.43/4a zeigt einen S c h w i n g e r m i t S p i e l. Seine Kennlinie verläuft gemäß Abb.5.43/4b; sie ist punktsymmetrisch. Es gilt

im Abschnitt $i = 1$, d.i. für $0 \leqq x \leqq x_1$, die Gleichung $f(x) = 0$,

im Abschnitt $i = 2$, d.i. für $x_1 \leqq x \leqq x_2$, die Gleichung $f(x) = x - x_1$;

denn wegen $\varkappa_2 = c/m$ und für $\varkappa_0 = \varkappa_2$ wird $\alpha_2 = 1$.

Die Durchlaufzeiten τ_i betragen gemäß $(5.43/7_I)$

$$\tau_2 = \pi/2 \qquad (5.43/10a)$$

und gemäß $(5.43/7_{II}\,b)$ sowie $(5.43/8_I)$

$$\tau_1 = \frac{x_1}{-y_1} = \frac{x_1}{x_2 - x_1} \ . \qquad (5.43/10b)$$

Die Viertelperiode $T^*/4 = \tau_2 + \tau_1$ wird also mit der Abkürzung $\sigma = x_2/x_1$ (>1) zu

$$\frac{T^*}{4} = \frac{\pi}{2} + \frac{1}{\sigma - 1} \ . \qquad (5.43/10c)$$

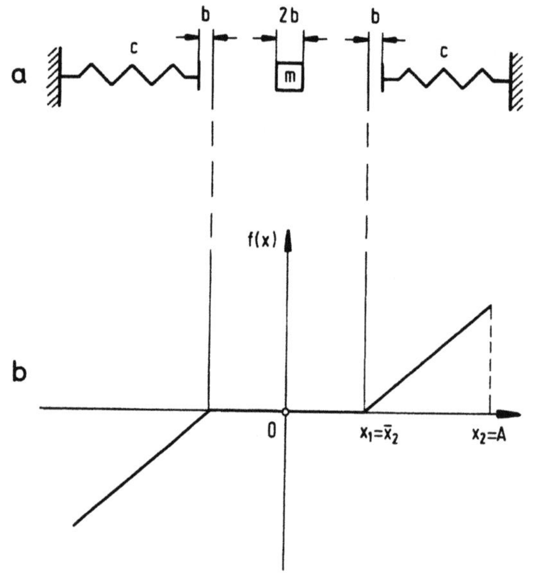

Abb.5.43/4.
Schwinger mit Spiel

Die Schwingdauer T* hängt von der Ausschlagsweite $x_2 := A$ ab, hier jedoch nur vom Verhältnis x_2/x_1. Je kleiner das Spiel x_1 im Verhältnis zur Schwingungsweite x_2 ist, umso mehr verhält sich der Schwinger wie ein linearer.

Beispiel 2: Abb.5.43/5a zeigt einen Schwinger mit vorgespannten Federn; die zugehörige Kennlinie verläuft gemäß Abb.5.43/5b; auch sie ist punktsymmetrisch.

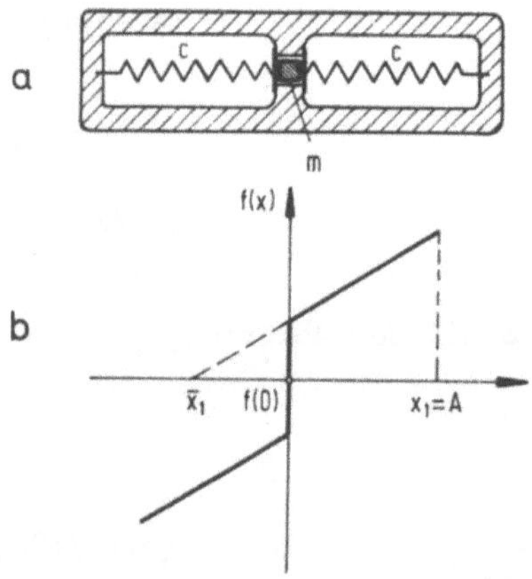

Abb.5.43/5.
Schwinger mit vorgespannten Federn

Setzen wir hier $c/m = \varkappa_1^2$ und $\varkappa_1 = \varkappa_0$, also $\alpha_1 = 1$, so lautet die Gleichung der Kennlinie für $x > 0$

$$f(x) = (x - \bar{x}_1) \quad . \tag{5.43/11}$$

Die Viertelperiode $T^*/4$ ist gleich der Durchlaufzeit τ_1, und diese folgt aus (5.43/7_I) wegen $\eta_1 = 0$ und $s_1 = -\bar{x}_1$ zu

$$\frac{T^*}{4} = \tau_1 = \arccos \frac{-\bar{x}_1}{x_1 - \bar{x}_1} \quad . \tag{5.43/12}$$

Da $\bar{x}_1$ ein fester Wert ist, zeigt (5.43/12) die Abhängigkeit der Schwingdauer von der Ausschlagweite $A = x_1$ explizit.

Die Ordinate $f(0) = -\bar{x}_1$ ist ein Maß für die Vorspannkraft P_0 der Federn c. Es gilt

$$P_0 = c\, f(0)\, \tilde{L} \quad , \tag{5.43/13}$$

hierin ist $\tilde{L}$ jene repräsentative Länge, mit der aus dem Ausschlag q die Veränderliche x hergestellt wird.

B e i s p i e l 3 : Dieses Beispiel betrifft einen sogenannten W a c k e l s c h w i n g e r, z.B. einen hochkant gestellten Quader nach Abb.5.43/6a, der, wenn er aus seiner Ruhelage ausgelenkt wird, sich abwechselnd um die Kanten K_I und K_{II} dreht. Die Bewegungsgleichung eines solchen Wackelschwingers (mit Trägheitsmoment mk^2 um eine Kante)

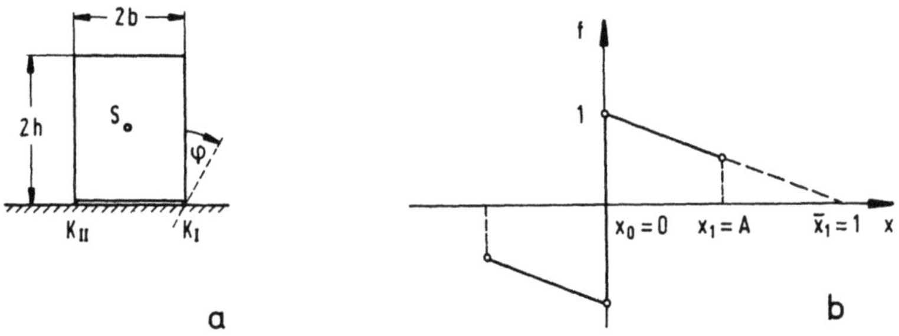

Abb.5.43/6. Wackelschwinger; a) Anordnung, b) Kennlinie

lautet für kleine, positive Ausschläge $\varphi \ll 1$

$$mk^2\ddot{\varphi} + mg(b - h\varphi) = 0 \;;$$

mit $\varkappa^2 = gh/k^2$ und $\tau = \varkappa t$ sowie $x = h\varphi/b$ (und damit $A = h\Phi/b$) wird daraus

$$x'' + (1 - x) = 0 \,, \qquad (5.43/14a)$$

so daß also für $x \geqq 0$

$$f(x) = 1 - x \qquad (5.43/14b)$$

lautet.

Aus ($5.43/7_{III}$) folgt dann, da hier $T^*/4 = \tau_1$ ist, wegen $\eta_1 = 0$ sowie $s_1 = 1$ und $r_1 = 1 - A$ für die Viertelperiode

$$\frac{T^*}{4} = \operatorname{Arcosh}\frac{1}{1 - A} \,. \qquad (5.43/15)$$

Da wegen $\varphi \ll 1$ auch $A \ll 1$ ist, gelten die Näherungen

$$\cosh\frac{T^*}{4} = 1 + A \;, \quad \sinh\frac{T^*}{4} = \sqrt{2A}$$

und daher

$$\frac{T^*}{4} = \operatorname{Arsinh}\sqrt{2A} = \sqrt{2A} \,. \qquad (5.43/16)$$

Das Diagramm 5.43/7 zeigt diese Abhängigkeit; die Abweichung vom Isochronismus (horizontale Gerade) ist hier besonders stark ausgeprägt.

Zum Schluß sei noch angemerkt: Falls eine gekrümmte Kennlinie durch einen Geradenzug ersetzt wird, kann man die Schwingungsdauer T^* nicht nur annähern, sondern einschranken, indem man die Kennlinie durch zwei Streckenzüge (A) und (B) eingrenzt. Im Beispiel der Abb. 5.43/8, wo (A) aus zwei Sekantenstücken, (B) aus drei Tangentenstücken besteht, gilt:

$$\frac{T_A^*}{4} < \frac{T^*}{4} < \frac{T_B^*}{4} \,, \qquad (5.43/17)$$

wenn T_A^* und T_B^* zu den Kennlinien (A) und (B) gehören.

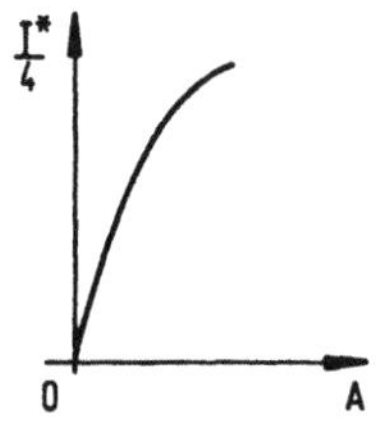

Abb.5.43/7. Wackelschwinger; Schwingdauer T* als Funktion der Schwingweite A; Näherung gemäß Gl.(5.43/16)

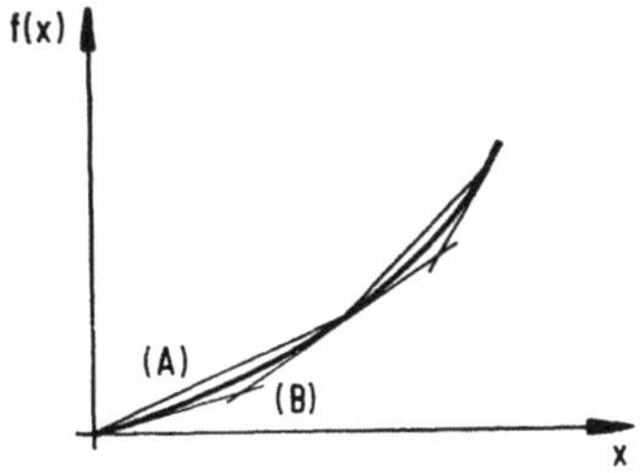

Abb.5.43/8. Einschrankende Geradenzüge zu einer gekrümmten Kennlinie; (A) Sehnen, (B) Tangenten

5.44 Grundtyp; Zusammenhang zwischen Periodendauer und Kennlinie, isochrone Schwingungen nichtlinearer Schwinger

Im allgemeinen ist für Schwinger vom Grundtyp (5.44/1) die Periode T* eine Funktion des Energieinhalts E; sie läßt sich dann entweder durch den Maximalausschlag x_{max}=: A oder durch die Maximalgeschwindigkeit y_{max}=: B ausdrücken. Von A oder B unabhängige Periodenlängen T* stellen sich ein, wenn $f(x) = x$ ist.

Die Frage, ob T* nur für eine lineare Kennlinie von E unabhängig ist, führt auf das allgemeinere "Umkehrproblem": Wie muß f(x) beschaffen sein, wenn T*(E) [oder T*(A) bzw. T*(B)] vorgegeben ist? Um diese Fragen zu beantworten, untersuchen wir zunächst ganz allgemein den Zusammenhang zwischen T* und E [1].

Damit die Differentialgleichung

$$x'' + f(x) = 0 \qquad (5.44/1)$$

eindeutige periodische Lösungen besitzt, muß die Kennlinie f(x) in einem Bereich $-a \leqq x \leqq b$ um den Nullpunkt die folgenden Voraussetzungen erfüllen [2]:

[1] Hierbei folgen wir im wesentlichen den Gedankengängen von M. Urabe (Lit.5.44/1) und beziehen uns auf die Dissertation von H.-J. Bangen (Lit.5.44/2), siehe auch Lit.5.44/3, 5.44/4 und 5.44/5.

[2] Zum Beweis siehe Lit.5.44/1, Kap.13, zu Voraussetzung 2b siehe Lit.5.44/6.

1) $x=0$ ist die einzige Nullstelle im genannten Bereich.

2a) Für stetige Funktionen $f(x)$ muß $f'(0)>0$ sein,

2b) für an der Stelle $x=0$ unstetige Funktionen $f(x)$ muß gelten: $f'(+0)>0$ und $f'(-0)>0$; d.h. $f(0)$ ist in jedem der beiden Fälle 2) eine einfache Nullstelle.

3) Es gilt $x\,f(x)>0$ für alle $x\neq 0$; d.h. es handelt sich um eine echte Rückstellkraft.

Unter diesen Umständen sind die Phasenkurven (5.41/5a) geschlossene Kurven, die eindeutig von der Integrationskonstanten E abhängen,

$$\frac{1}{2}y^2 + I(x) = E \; . \tag{5.44/2}$$

E ist mit der Maximalgeschwindigkeit B über

$$B^2 = 2E \; , \tag{5.44/2a}$$

mit dem Maximalausschlag A über

$$I(A) = E \tag{5.44/2b}$$

verbunden. Die Periode T* wird durch das "zweite Integral" (5.41/10) als Umlaufintegral längs einer geschlossenen Phasenkurve angegeben,

$$T^*(E) = \oint \frac{dx}{\pm\sqrt{2(E - I(x))}} \tag{5.44/3}$$

oder - damit gleichwertig -

$$T^*(E)/2 = \int_{x_0}^{x_1} \frac{dx}{\sqrt{2(E - I(x))}} \; , \tag{5.44/3a}$$

wenn x_0 bzw. x_1 den kleineren bzw. den größeren Extremwert von x bezeichnen.

Ist die Kennlinie linear, $f(x)=x$, so besteht das Phasenportrait aus Kreisen; dann läßt sich das Umlaufintegral (5.44/3) besonders einfach auswerten. Um diesen Vorteil auch im allgemeineren Fall nichtlinearer Kennlinien zu erlangen, verzerren wir die Phasenkurven des allgemeineren Falles in der x-Richtung durch die Substitution

$$\frac{1}{2}z^2 := I(x) \quad \text{mit} \quad \operatorname{sign} z \equiv \operatorname{sign} x \ . \tag{5.44/4}$$

In der modifizierten Phasenebene, der y-z-Ebene, sind die Phasenkurven nun stets konzentrische Kreise um den Ursprung.

Die Bedingungen, die wir oben der Funktion f(x) auferlegt haben, sichern, daß z eine eindeutige Funktion von x und umgekehrt auch x eine eindeutige Funktion von z ist. Wir drücken diese Abhängigkeit aus durch

$$f(x) = h(z(x)) . \tag{5.44/5}$$

Differenzieren wir die Definitionsgleichung (5.44/4) und benutzen (5.44/5), so kommt

$$z\,dz = h(z)\,dx \ . \tag{5.44/6}$$

Das Umlaufintegral T* (5.44/3) läßt sich nun mit z als Integrationsveränderlicher schreiben:

$$T^*(E) = \oint \pm \frac{z\,dz}{h(z)\sqrt{2E - z^2}} \ . \tag{5.44/7}$$

Die Auswertung dieses Integrals wird einfacher, wenn man folgende Eigenschaft der Funktion h(z) beachtet: Da f(x) bei $x = 0$ eine einfache Nullstelle hat und da h(z) und f(x) eindeutig voneinander abhängen, muß auch h(z) bei $z = 0$ eine einfache Nullstelle haben. Deshalb kann man h(z) in der Form

$$h(z) = \frac{z}{1 + G(z) + U(z)} \tag{5.44/8}$$

schreiben (hierin bedeutet G(z) eine gerade, U(z) eine ungerade Funktion), dabei darf jedoch der Nenner an keiner Stelle verschwinden. Damit hat man

$$T^*(E) = \oint \frac{1 + G(z) + U(z)}{\pm\sqrt{2E - z^2}}\,dz \ . \tag{5.44/9a}$$

Da in der y-z-Ebene die Phasenkurven Kreise um den Ursprung sind, läßt sich (5.44/9a) mit Hilfe von Polarkoordinaten leicht auswerten. Ohne die Gleichungen explizit anzuschreiben, erkennen wir, daß bei einer Integration über den vollen Umlauf die ungerade Funktion U(z) keinen Beitrag liefert. Da ohne U(z) der Integrand eine in z gerade Funktion ist, dürfen wir die Integration auf einen Quadranten beschränken. Somit wird aus (5.44/9a)

$$T^*(E) = 2\pi + 4\int_0^{\sqrt{2E}} \frac{G(z)}{\sqrt{2E - z^2}}\,dz \quad . \qquad (5.44/9b)$$

Wir halten fest: Eine beliebige ungerade Funktion U(z) in der "Kennlinie" h(z) (5.44/8) beeinflußt die Funktion T*(E) überhaupt nicht. Daraus folgt umgekehrt: Falls T*(E) vorgegeben ist, liegt die Kennlinie h(z) noch nicht eindeutig fest; die Kennlinien h(z) (5.44/8) können sich um beliebige Funktionen U(z) unterscheiden. Das aber heißt, das Umkehrproblem hat keine eindeutige Lösung. Man kann deshalb außer T*(E) noch mehr vorschreiben (z.B. daß die Kennlinie punktsymmetrisch sein soll).

Ist nun T*(E) vorgeschrieben und f(x) gesucht, so folgt aus (5.44/9b), wenn wir abkürzend $L(E) := T^*(E) - 2\pi$ setzen,

$$L(E) = 4\int_0^{\sqrt{2E}} \frac{G(z)}{\sqrt{2E - z^2}}\,dz \quad .$$

Nun substituieren wir

$$u := 2E \quad , \quad v := z^2 \quad , \quad \varphi(v) := 2G(z)/z$$

und erhalten

$$L(u/2) = \int_0^u \frac{\varphi(v)dv}{\sqrt{u - v}} \quad . \qquad (5.44/10)$$

Wir erkennen, daß (5.44/10) eine Abelsche Integralgleichung (die zu den Volterraschen Differentialgleichungen erster Art gehört) für die Funktion $\varphi(v)$ ist. Die Lösungen Abelscher Integralgleichungen sind bekannt, es ist

$$\varphi(v) = \frac{1}{\pi}\frac{d}{dv}\left[\int_0^v \frac{L(u)du}{\sqrt{v-u}}\right] . \qquad (5.44/11)$$

Durch partielle Integration und anschließende Differentation der Gl. (5.44/11) erhalten wir nach Rückkehr zu den ursprünglich benutzten Veränderlichen für die gesuchte gerade Funktion G(z) den Ausdruck

$$G(z) = \frac{1}{2\pi}\left[T^*(0) - 2\pi + z\int_0^{z^2/2} \frac{dT^*(E)/dE}{\sqrt{z^2-2E}}\,dE\right] . \qquad (5.44/12)$$

Hierin bezeichnet $T^*(0)$ die Schwingdauer für sehr kleine Ausschläge; sie wird manchmal auch T_0^* geschrieben. Aus G(z) läßt sich nun mit (5.44/6) und (5.44/5) die Kennlinie f(x) berechnen. Nochmals sei jedoch betont: Die so gefundene Kennlinie ist (weil $U \equiv 0$ gesetzt wurde) nur eine von vielen möglichen Kennlinien, die alle zur vorgegebenen Abhängigkeit $T^*(E)$ gehören.

Dazu merken wir noch an: Wenn $U \equiv 0$ benutzt wird, so wird

$$h(z) = \frac{z}{1 + G(z)}$$

eine ungerade Funktion, somit wird auch f(x) ungerade. Eine nicht identisch verschwindende Funktion U(z) zerstört dagegen die Punktsymmetrie von h(z) und damit auch die von f(x).

Das Gesagte erläutern wir durch einige Beispiele.

B e i s p i e l 1 : Die Periode eines Schwingers werde zu $T^* = T_0^* = 6\pi$ vorgegeben. Welche Kennlinie besitzt er?

Aus (5.44/12) finden wir die Funktion $G(z) = 2$. Behalten wir $U(z) \equiv 0$ bei, so wird $h(z) = z/3$. Wegen (5.44/5) und (5.44/6) ergibt sich die lineare Kennlinie

$$f(x) = \frac{1}{9}x . \qquad (5.44/13)$$

Hätten wir eine Funktion U(z) in h(z) aufgenommen, so wären wir zu einer anderen, zu einer nichtlinearen Kennlinie gelangt. Im nächsten

Beispiel wird eine solche Funktion $U \not\equiv 0$ benutzt.

B e i s p i e l 2 : Wir setzen $T_0^* = 2\pi$ voraus und fragen nach den Kennlinien, die dem Schwinger diese feste (von E unabhängige) Periode verschaffen.

Eine Lösung kennen wir: $f(x) = x$. Auf systematische Weise könnten wir sie auf demselben Wege erhalten wir im ersten Beispiel: Wir fänden $G(z) \equiv 0$; mit $U(z) \equiv 0$ käme schließlich $f(x) = x$ zustande.

Nun wählen wir jedoch $U(z) = z$. Die Umrechnungen führen jetzt auf

$$f(x) = 1 - \frac{1}{\sqrt{1 + 2x}} \quad . \qquad (5.44/14)$$

Diese Kennlinie ist nichtlinear (Abb.5.44/1); die Periode T^* ist dennoch unabhängig von E und damit vom Gipfelwert A. Abb.5.44/2 zeigt den Zeitverlauf $\tau(x)$ und damit auch $x(\tau)$ der Schwingungen.

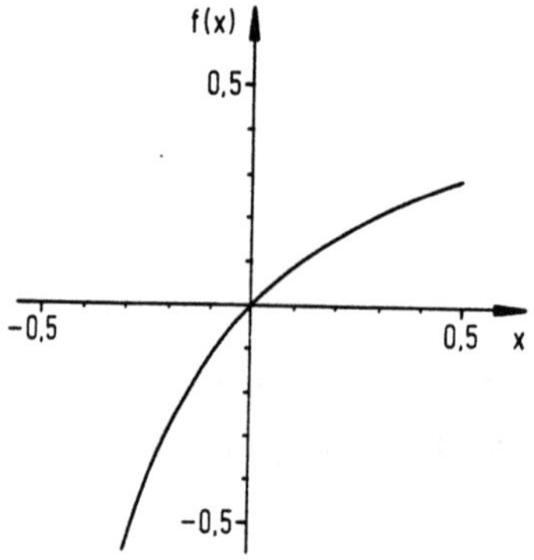

Abb.5.44/1.
Zu Beispiel 2: Kennlinie gemäß Gl.(5.44/14)

B e i s p i e l 3 : Hier geben wir nicht einfach einen festen Wert der Periode vor, sondern fordern, daß die Abweichung der Periode T^* von der Periode T_0^* des linearen Schwingers dem Betrag B der maximalen Geschwindigkeit proportional sei (als Proportionalitätsfaktor wird 4 angenommen),

$$T^* = T_0^* + 4B = 2\pi + 4B = 2\pi + 4\sqrt{2E} \; . \qquad (5.44/15)$$

Wir gewinnen

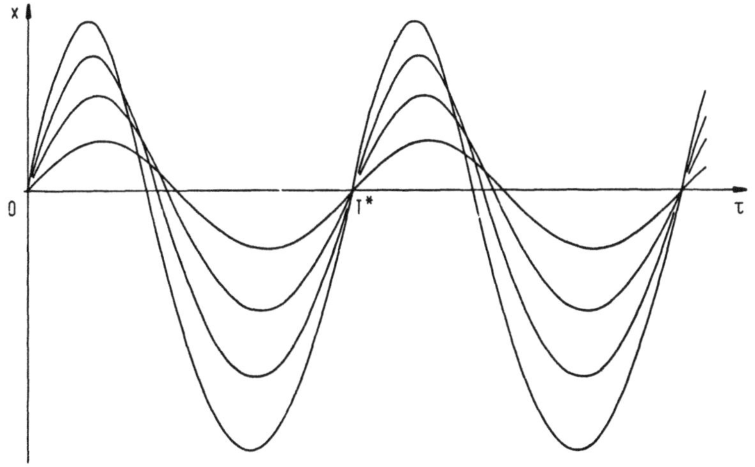

Abb.5.44/2. Zu Beispiel 2: Zeitverlauf $x(\tau)$ der Schwingung

$$G(z) = \frac{2}{\pi} z \int_0^{z^2/2} \frac{dE}{\sqrt{2E}\sqrt{z^2 - 2E}} = \frac{2z}{\pi} \left[\arctan\sqrt{\frac{2E}{z^2 - 2E}}\,\right]_0^{z^2/2} = z \ . \qquad (5.44/16)$$

Da nach Voraussetzung die Funktion $G(z)$ gerade sein muß, nach (5.44/16) aber linear ist, folgt

$$G(z) = |z| \quad \text{und} \quad h(z) = \frac{z}{1 + |z|} \ . \qquad (5.44/17)$$

Aus (5.44/6) findet man zunächst

$$\int_0^z \frac{\tilde{z}}{h(\tilde{z})} d\tilde{z} = \int_0^x d\tilde{x} \ ,$$

also

$$\int_0^z (1 + |\tilde{z}|) d\tilde{z} = \int_0^x d\tilde{x}$$

und nach Integration

$$|z| + \frac{1}{2} z^2 = x \ . \qquad (5.44/18)$$

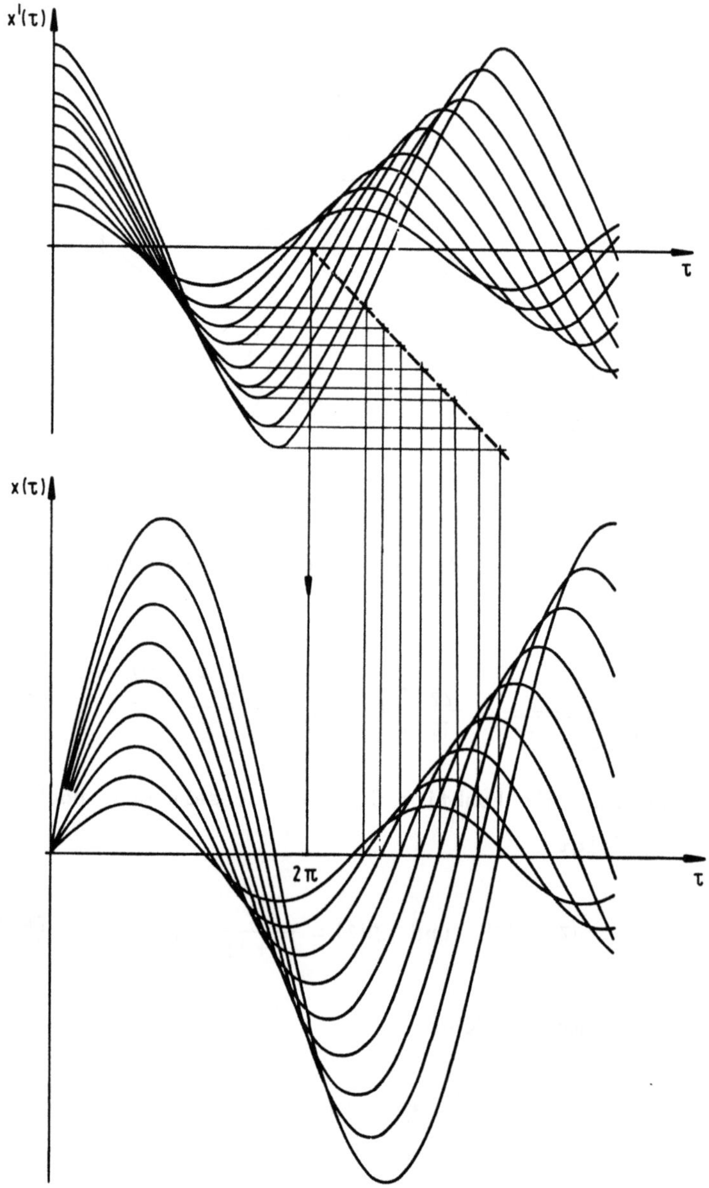

Abb.5.44/4. Zu Beispiel 3: Zeitverlauf $x(\tau)$ der Schwingungen

Aus (5.44/18) folgt

$$z = -1 + \sqrt{1 + 2|x|} \quad , \qquad (5.44/19)$$

wobei gemäß (5.44/4) noch $\operatorname{sign} z = \operatorname{sign} x$ beachtet werden muß. Somit kann man schreiben

$$z = \operatorname{sign} x\,[1 + \sqrt{1 + 2|x|}]\ .$$

Für die Kennlinie f(x) erhält man danach

$$f(x) = h(z(x)) = z\frac{dz}{dx} = \operatorname{sign} x\,[-1 + \sqrt{1 + 2|x|}]\frac{1}{\sqrt{1 + 2|x|}}$$

oder schließlich

$$f(x) = \operatorname{sign} x\left[1 - \frac{1}{\sqrt{1 + 2|x|}}\right]\ . \qquad (5.44/20)$$

Die Abb.5.44/3 zeigt das Bild der Kennlinie (5.44/20), die Abb.5.44/4 den Zeitverlauf der Schwingung. Man bestätigt aus diesem Diagramm, daß die geforderte Eigenschaft (5.44/15), nämlich Proportionalität zwischen $T^* - T_0^*$ und dem Extremwert B von $x'(\tau)$, erfüllt ist.

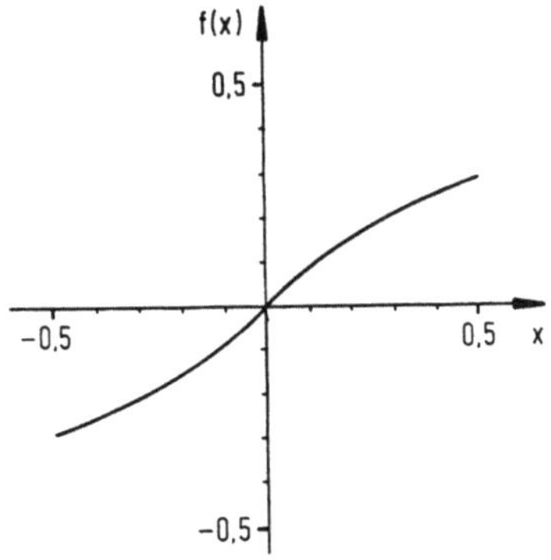

Abb.5.44/3.
Zu Beispiel 3: Kennlinie gemäß Gl.(5.44/20)

5.45 Konservative Schwinger, die nicht zum Grundtyp gehören

Nachdem in den Abschn.5.41 bis 5.44 die konservativen Schwinger vom Grundtyp im einzelnen erörtert worden sind, sollen jetzt noch - wie im letzten Absatz von Abschn.5.40 angekündigt - Beispiele von Schwingern gezeigt werden, die auf Differentialgleichungen abweichender Typen, nämlich auf (5.40/5b) und (5.40/8), führen.

α) Die im U-Rohr schwingende Flüssigkeitssäule

Die Abb.5.45/1 zeigt den Schwinger und gibt die Bezeichnungen an. Es bedeuten q_1 und q_2 die Auslenkungen der Flüssigkeitsspiegel aus der Gleichgewichtslage. Die beiden vertikalen Schenkel des U-Rohres haben unterschiedliche, im Schwankungsbereich des Flüssigkeitsspiegels jeweils konstante Querschnitte F_1 und F_2. Die Änderung des Querschnitts erfolge im Verbindungsstück, und zwar gemäß

$$F(\xi) = F_1 + \frac{F_2 - F_1}{l}\xi \; . \qquad (5.45/1)$$

s sei die Ortskoordinate auf dem Stromfaden, v die Geschwindigkeit dort, l_1, l und l_2 die Länge der Stromfaden-Teilstücke im Gleichgewichtszustand, $L = l_1 - q_1 + l + l_2 + q_2$ die veränderliche Gesamtlänge des Stromfadens.

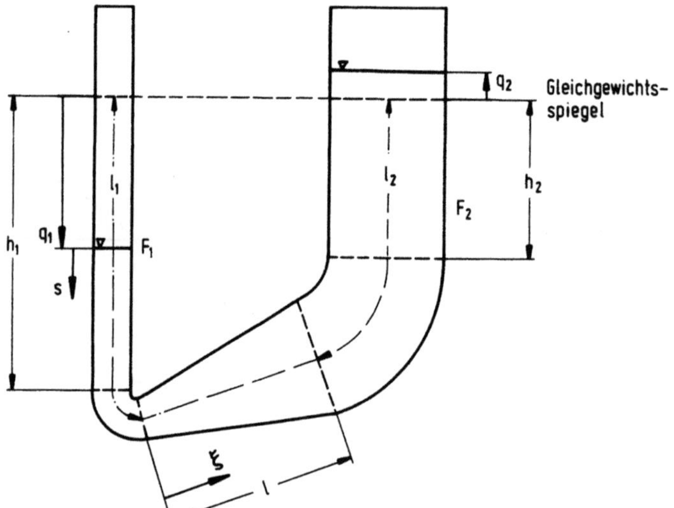

Abb.5.45/1. U-Rohr mit Schenkeln verschiedenen Querschnitts

Wir setzen voraus, daß wir die Stromfadentheorie anwenden dürfen. Zum Aufstellen der Bewegungsgleichung benutzen wir neben der

Kontinuitätsgleichung

$$\dot{q}_1 F_1 = \dot{q}_2 F_2 = vF \tag{5.45/2}$$

die Bernoullische Gleichung. Diese bezieht sich auf ein verlustfreies Medium und somit auf ein konservatives System. Für veränderlichen Querschnitt, also für mit s veränderliche Geschwindigkeit v, lautet sie

$$\frac{\dot{q}_1^2}{2} + \frac{p_1}{\rho} - gq_1 = \frac{\dot{q}_2^2}{2} + \frac{p_2}{\rho} + gq_2 + \int_L \frac{\partial v}{\partial t} ds \tag{5.45/3}$$

Wenn wir $p_1 = p_2$ voraussetzen, so tilgen sich die beiden Druck-Terme.

Einige Überlegungen erfordert jedoch der letzte Term in (5.45/3), der von der veränderlichen Geschwindigkeit herrührt. Wir spalten das Integral auf:

$$\int_L \frac{\partial v}{\partial t} ds = \int_{q_1}^{l_1} \ddot{q}_1 ds + \int_0^l \frac{F_1 \ddot{q}_1}{F(\xi)} d\xi + \int_{-l_2}^{q_2} \ddot{q}_2 ds \; ;$$

Auswerten der Teilintegrale ergibt

$$\int_L \frac{\partial v}{\partial t} ds = (l_1 - q_1)\ddot{q}_1 + \left[\frac{F_1 l}{F_2 - F_1} \ln \frac{F_2}{F_1}\right]\ddot{q}_1 + (l_2 + q_2)\ddot{q}_2 \; . \tag{5.45/4}$$

Durch Einsetzen in (5.45/3) und nach Eliminieren der Veränderlichen q_2 mit Hilfe von (5.45/2) erhalten wir die Bewegungsgleichung in der Form

$$[a + (\alpha^2 - 1)q_1]\ddot{q}_1 + \frac{1}{2}(\alpha^2 - 1)\dot{q}_1^2 + cq_1 = 0 \; ; \tag{5.45/5}$$

darin bedeuten

$$\alpha = \frac{F_1}{F_2} \; ; \quad a = l_1 + \frac{F_1}{F_2} l_2 + \frac{F_1 l}{F_2 - F_1} \ln \frac{F_2}{F_1} \; ; \quad c = (1 + F_1/F_2)g \; .$$

Wenn der Querschnitt des U-Rohres an allen Stellen gleich ist, $F_1 = F_2 = F$, so wird in (5.45/5)

$$\alpha^2 - 1 = 0 \quad , \qquad a = l_1 + l + l_2 = L \quad , \qquad c = 2g \; ;$$

die Differentialgleichung erhält damit die schon in Abschn.3.15 hergeleitete Fassung (3.15/6),

$$\ddot{q}_1 + \frac{2g}{L} q_1 = 0 \ .$$

Die Dgl.(5.45/5) gilt nur, solange die Flüssigkeitsspiegel in den vertikalen Teilen der Schenkel verbleiben, d.h. für

$$-\frac{F_2}{F_1} h_2 < q_1 < h_1 \ . \qquad (5.45/6)$$

Nun normieren wir (5.45/5) mit Hilfe von

$$q_1 := \frac{\alpha}{\alpha^2 - 1} x \ , \quad \varkappa t =: \tau \quad \text{mit} \quad \varkappa^2 = \frac{g}{a}(1 + \alpha) \qquad (5.45/7a)$$

und erhalten

$$(1 + x) x'' + \frac{1}{2} x'^2 + x = 0 \ . \qquad (5.45/7b)$$

Die Dgl.(5.45/7b) hat die Form (5.40/5b), der Schwinger bietet also das versprochene Beispiel; allerdings ist die Bewegungsgleichung hier anders als auf einem der beiden in Abschn.5.40 bevorzugten Wege hergeleitet worden.

Für $x = -1$ weist die Differentialgleichung eine Singularität auf. Diese braucht uns jedoch nicht zu kümmern, da wegen (5.45/6) die Differentialgleichung dort nicht mehr gilt.

Aus der Dgl.(5.45/7b), die eine Differentialgleichung zweiter Ordnung für $x(\tau)$ ist, gewinnen wir die Differentialgleichung erster Ordnung für das Phasenportrait,

$$\frac{1}{2}(1 + x)\frac{dy^2}{dx} + \frac{1}{2} y^2 + x = 0 \ ;$$

mit $y^2 =: z$ wird sie linear,

$$\frac{1}{2}(1 + x)\frac{dz}{dx} + \frac{1}{2} z + x = 0 \ . \qquad (5.45/8)$$

Ihre Lösung lautet

$$z = \frac{A^2 - x^2}{1 + x} \ . \qquad (5.45/9)$$

Die Integrationskonstante A bedeutet den Maximalausschlag x_{max}.

Die Abb.5.45/2 zeigt das vollständige Phasenportrait. Die Dgl. (5.45/7b) hat bei $(-1,+\sqrt{2})$ und $(-1,-\sqrt{2})$ je einen Sattelpunkt. Durch diese Punkte laufen die beiden Separatrizen $x=-1$ und $y_1^2 = 1-x$; sie umgrenzen das Gebiet, in dem geschlossene Phasenkurven auftreten. Für unseren Schwinger ist aus den oben erörterten physikalischen Gründen nur ein Ausschnitt aus der Phasenebene sinnvoll. Die Grenze x_p gewinnen wir aus (5.45/6) und (5.45/7a). Wir finden ferner: Der Betrag der Veränderlichen x muß kleiner als Eins sein,

$$x^2 \leqq x_p^2 < 1 \quad .$$

Die (strich-punktiert gezeichnete) Phasenkurve mit $A = x_p$ ist die Randkurve des physikalisch sinnvollen Teiles der Phasenebene.

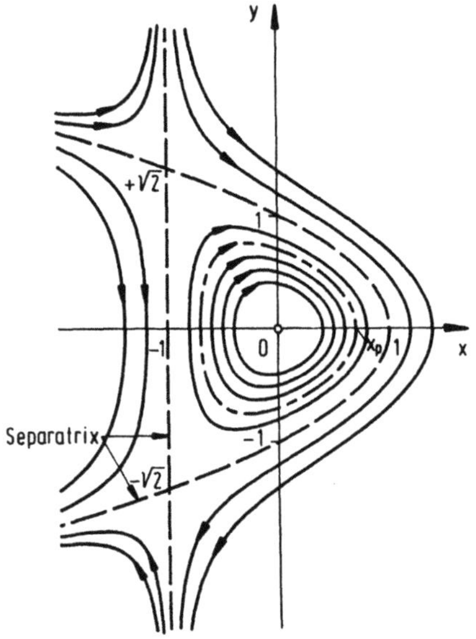

Abb.5.45/2. Phasenportrait zur Dgl.(5.45/7b)

Aus (5.45/8) und (5.45/9) lesen wir außerdem ab: Die Maximalwerte von Ausschlag und Geschwindigkeit liegen zwar (bei $x = \pm A$ und $y = \pm A$) symmetrisch zum Ursprung, die Phasenkurven $y(x)$ sind jedoch nur zur x-Achse, nicht aber zur y-Achse symmetrisch. Deshalb muß man zur Ermittlung der Periodendauer T* mindestens über eine Halbebene integrieren. So kommt

$$\frac{T^*}{2} = \int_{-A}^{A} \sqrt{\frac{1+x}{A^2 - x^2}}\, dx \quad \text{mit} \quad |A| < 1\,, \tag{5.45/10}$$

also ein elliptisches Integral, zustande. Die Substitution $x = A\,(1 - 2\sin^2\varphi)$ führt auf

$$\frac{T^*}{2} = 2\sqrt{1+A} \int_0^{\pi/2} \sqrt{1 - k^2 \sin^2\varphi}\; d\varphi = 2\sqrt{1+A}\; E(k, \pi/2) \tag{5.45/11}$$

mit

$$k^2 = \frac{2A}{1+A} \quad .$$

Den Verlauf von T*(A) zeigt Abb.5.45/3.

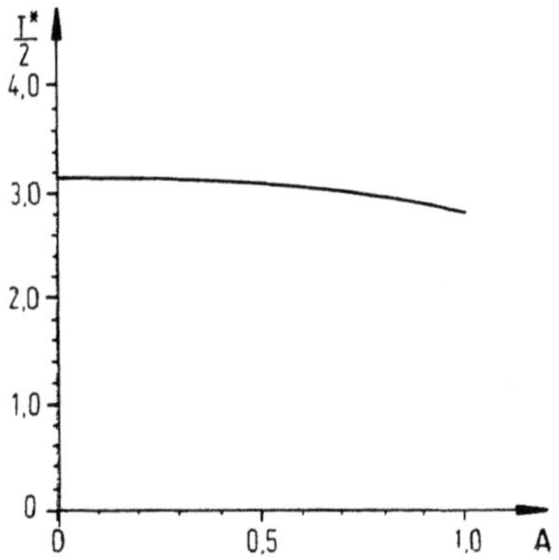

Abb.5.45/3.
Halbe Schwingungsdauer T*/2 in Abhängigkeit von der Ausschlagweite A gemäß Gl.(5.45/11)

β) Elektrischer Schwingkreis

Das folgende Beispiel ist schon in Abschn.2.12 β als Schaltkreis 2 vorgekommen. Es handelt sich um einen Schwingkreis, dessen Anordnung in Abb.2.12/4 gezeigt ist; in ihm liegen zwei verlustfreie Elemente, ein Kondensator C und eine Spule L. Die Kennlinien beider Elemente sind nichtlinear. Abb.2.12/5 zeigt im Teil a die Ladungs-Spannungs-Kennlinie des Kondensators, im Teil b die Fluß-Strom-Kennlinie der Spule.

Im Abschn.2.12 wurden die Differentialgleichungen für den Schwingungsvorgang, die "Bewegungsgleichungen", hergeleitet. Sie bilden den Satz (2.12/6) von zwei Differentialgleichungen erster Ordnung, nämlich

$$\frac{d\psi}{dt} = U_{C0} \sin(Q/Q_0) ,$$
$$\frac{dQ}{dt} = -i_{L0} \tan(\psi/\psi_0) . \quad (2.12/6)$$

Sollen die normierten Gleichungen keinen Parameter mehr enthalten, so sind die Festwerte U_{C0}, i_{L0}, Q_0 und ψ_0 nicht völlig frei wählbar, sondern müssen der Beziehung

$$\frac{i_{L0}}{Q_0} = \frac{U_{C0}}{\psi_0} \quad (5.45/12)$$

genügen. Bezeichnet man den Quotienten (5.45/12) mit α und setzt

$$\tau = \alpha t \ , \quad x_1 = Q/Q_0 \ , \quad x_2 = \psi/\psi_0 \ , \quad (5.45/13)$$

so erhält man anstelle von (2.12/6) die Differentialgleichungen

$$x_1' = -\tan x_2 \ ,$$
$$x_2' = \sinh x_1 \quad (5.45/14)$$

für die beiden Zustandsvariabeln $x_1(\tau)$ und $x_2(\tau)$.

Aus (5.45/14) läßt sich die Differentialgleichung der Phasenkurven bilden,

$$\frac{dx_1}{dx_2} = -\frac{\tan x_2}{\sinh x_1} \ . \quad (5.45/15)$$

Da das System konservativ ist, existiert ein erstes Integral. Man kann es hier durch Trennen der Veränderlichen bestimmen, es ist

$$\cosh x_1 + \ln \cos x_2 = E \ . \quad (5.45/16)$$

Den Zeitverlauf der Variabeln findet man aus (5.45/14), in Form unbestimmter Integrale geschrieben, zu

$$\tau = \int \frac{dx_2}{\sinh x_1(x_2)} \quad \text{oder} \quad \tau = \int \frac{dx_1}{\tan x_2(x_1)} \ . \quad (5.45/17)$$

Die hierin auftretenden Beziehungen $x_1(x_2)$ und $x_2(x_1)$ werden durch (5.45/16) bestimmt. Die Quadraturen (5.45/17) führen nicht auf benannte Funktionen.

Durch Differenzieren und Eliminieren einer Veränderlichen erhält man aus dem System (5.45/14) von Differentialgleichungen erster Ordnung entweder eine Differentialgleichung für x_1,

$$x_1'' + (1 + x_1'^2) \sinh x_1 = 0 \quad , \tag{5.45/18a}$$

oder eine Differentialgleichung für x_2,

$$x_2'' + \sqrt{1 + x_2'^2} \tan x_2 = 0 \,. \tag{5.45/18b}$$

Die beiden Differentialgleichungen zweiter Ordnung (5.45/18) sind gleichwertig und beschreiben denselben Vorgang; sie sind Beispiele zum Gleichungstyp (5.40/8).

5.46 Aktive Schwinger mit Grenzzykeln oder Scharen von Lösungen

Im Abschn.5.23 wurden u.a. aktive Schwinger behandelt, deren Bewegungsgleichungen isolierte periodische Lösungen hatten. Die zugehörigen Trajektorien in der Phasenebene waren isolierte geschlossene Kurven, d.h. Grenzzykel. Beispiele für solche Schwinger treten in diesem Kapitel noch an vielen anderen Stellen auf; es sind insbesondere jene Systeme, die der van der Polschen Differentialgleichung (5.23/14) oder einer ihrer Modifikationen genügen. Auf letztere werden wir im Abschn.5.55 ausführlicher zurückkommen.

Es gibt aber auch aktive Schwinger, deren Bewegungsgleichungen zumindest in Teilbereichen der Phasenebene nicht auf i s o l i e r t e geschlossene Trajektorien, sondern auf dicht liegende S c h a r e n von Trajektorien führen. Ein solches Beispiel wollen wir nun anhand der Differentialgleichung

$$x'' + x'^2 + f(x) = 0 \tag{5.46/1}$$

betrachten.

α) Trajektorien in der Phasenebene

Zunächst zeigen wir, daß die Dgl.(5.46/1) aktive Schwinger beschreibt. Wir beziehen uns dabei auf die Überlegungen, die im Anschluß an die Gl.(5.11/13) angestellt wurden. Mit den dortigen Bezeichnungen hat der zweite Term in (5.46/1) die Form $x' g(x')$ mit $g(x') \equiv x'$. Da in Gebieten, in denen $g > 0$ ist, der Schwinger Energie abgibt und in Gebieten mit $g < 0$ Energie aufgenommen wird, ist hier die obere Halbebene der Phasenebene ein dissipativer, die untere Halbebene ein rezeptiver Bereich.

Im Sonderfall $f(x) = x$, also für den Schwinger

$$x'' + x'^2 + x = 0 \,, \tag{5.46/2}$$

läßt sich die Gleichung der Phasenkurven explizit angeben. Mit $y := x'$ und wegen

$$x'' = y \frac{dy}{dx} = \frac{1}{2} \frac{dy^2}{dx}$$

sowie mit der Abkürzung $V := y^2$ entsteht aus (5.46/2) die lineare Differentialgleichung für $V(x)$,

$$\frac{dV}{dx} + 2V + 2x = 0 \,. \tag{5.46/3}$$

Sie hat das Integral

$$V = Ce^{-2x} - (x - 1/2) \,. \tag{5.46/4a}$$

Wenn für $x' = 0$ der Ausschlag $x = x_0$ sein soll, lautet die Integrationskonstante

$$C = (x_0 - 1/2)e^{2x_0} \tag{5.46/4b}$$

und damit die Lösung

$$y = \pm\sqrt{(x_0 - 1/2)e^{-2(x - x_0)} - (x - 1/2)} \,. \tag{5.46/4c}$$

Die Phasenkurven sind also symmetrisch zur x-Achse. An jeder Stelle x wird dem Schwinger längs eines Wegstückes dx auf dem Hinweg $(y > 0)$ ebensoviel Energie entzogen wie ihm auf dem Rückweg $(y < 0)$ wieder zugeführt wird. Es ist deshalb möglich, daß für gewisse Anfangswerte x_0 eine geschlossene Phasenkurve existiert. Aus Stetigkeitsgründen muß es dann gemäß Gl.(5.46/4c) mit x_0 als Parameter sogar eine dicht liegende S c h a r von geschlossenen Phasenkurven geben. Um sie zu finden, schreiben wir

$$y^2 = (x_0 - 1/2)e^{-2(x - x_0)} - (x - 1/2) \, . \qquad (5.46/4d)$$

Dem durch x_0 festgelegten Anfangszustand entspricht im Phasendiagramm wegen $x' = y = 0$ ein Punkt auf der x-Achse, er ist ein Umkehrpunkt der Schwingung. Zum nächsten Umkehrpunkt gehört der nächste Schnittpunkt der durch $x = x_0$ gehenden Phasenkurve mit der x-Achse; für seine Abszisse x_1 erhält man mit $y_1 = 0$ aus (5.46/4d) die transzendente Gleichung

$$(1 - 2x_0)e^{2x_0} = (1 - 2x_1)e^{2x_1} \, . \qquad (5.46/5a)$$

Mit der Substitution

$$z_i := -2x_i \qquad (5.46/5b)$$

und durch Logarithmieren wird daraus

$$\ln(1 + z_0) - z_0 = \ln(1 + z_1) - z_1 \quad . \qquad (5.46/5c)$$

Das sog. "Mises'sche Diagramm" der Abb.5.46/1 für die Funktion

$$-\eta := \ln(1 + z) - z \qquad (5.46/5d)$$

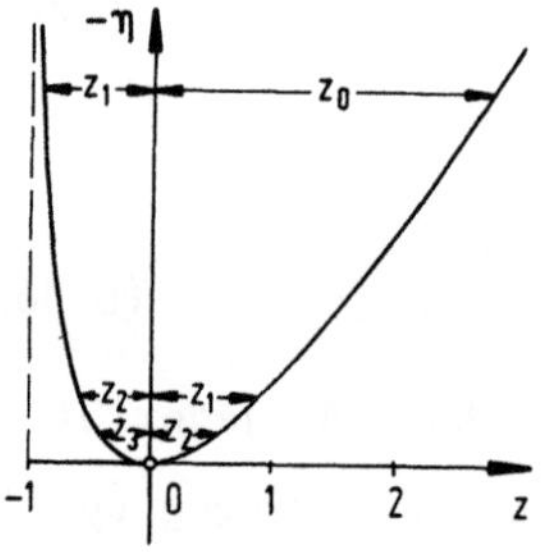

Abb.5.46/1.
Misessches Diagramm
$-\eta = \ln(1 + z) - z$

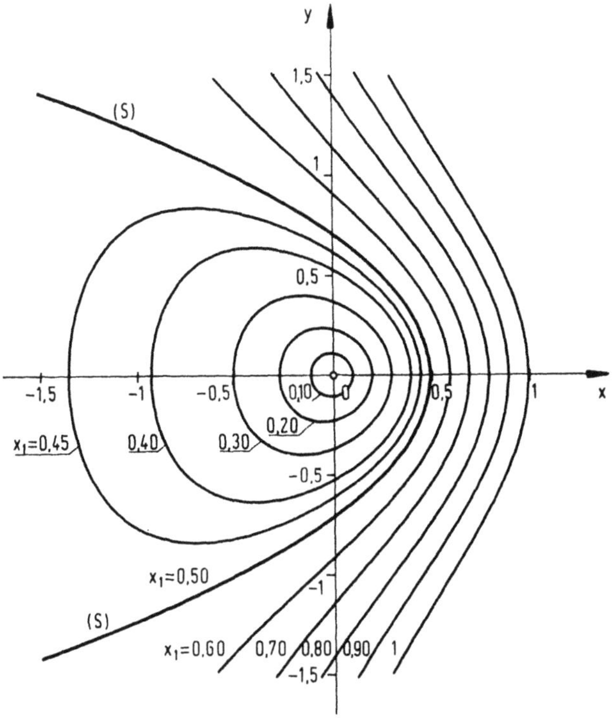

Abb.5.46/2. Phasenportrait des aktiven Schwingers nach Gl.(5.46/2). Als Scharparameter dient der rechte Umkehrpunkt x_1

gibt in dem zum gleichen Ordinatenwert $-\eta$ gehörenden Abszissenpaar z_0 und z_1 die beiden Umkehrpunkte x_0 und x_1 an.

Bemerkenswert ist: Falls $x_0 < 0$, also $z_0 > 0$ ist, wird $z_1 < 0$, also $x_1 > 0$; aber wegen $|z_1| < 1$ bleibt $|x_1| < 1/2$. Der rechte Umkehrpunkt liegt daher zwischen $x_1 = 0$ und $x_1 = 1/2$, gleichgültig wie groß $|x_0|$ und damit $|z_0|$ sind.

Die Schar der geschlossenen Phasenkurven des aktiven Schwingers ist neben anderen in der Abb.5.46/2 gezeigt. Die Zusammenhänge zwischen x_0 und x_1 sind einem Mises'schen Diagramm entnommen, die Phasenkurven wurden aus Gl.(5.46/4c) numerisch bestimmt.

Keine geschlossene Phasenkurve der oberen Halbebene kann also einen Punkt $x_1 > 1/2$ auf der x-Achse erreichen. Wie sehen aber die

Phasenkurven aus, die zu Umkehr- oder Anfangspunkten $x_1 > 1/2$ gehören? In diesem Fall, so sagt das Mises'sche Diagramm, gibt es keinen zugehörigen linken Umkehrpunkt. Die Phasenkurven sind dann nicht mehr geschlossen. Ihre Gleichung lautet mit $x_1 > 1/2$

$$y = \pm\sqrt{(x_1 - 1/2)\,e^{2(x_1 - x)} + (1/2 - x)} \quad . \qquad (5.46/6)$$

Auch einige der soeben erwähnten nicht geschlossenen Kurven des Phasenportraits sind in die Abb.5.46/2 eingezeichnet. Die Separatrix zwischen der Schar der geschlossenen Phasenkurven und der der nicht geschlossenen hat, wie aus (5.46/6) mit $x_1 \to 1/2$ folgt, die Gleichung

$$y = \pm\sqrt{1/2 - x} \quad . \qquad (5.46/7)$$

Auch diese Kurve ist [mit (S) bezeichnet] in der Abb.5.46/2 eingetragen.

Wir untersuchen nun noch das Phasenportrait im Hinblick auf singuläre Punkte. Aus der nichtlinearen Differentialgleichung zweiter Ordnung (5.46/2) für $x(\tau)$ wird mit $x' = y$ und $x'' = y\,dy/dx$ die nichtlineare Differentialgleichung erster Ordnung für das Phasenportrait

$$\frac{dy}{dx} = \frac{-x - y^2}{y} \quad . \qquad (5.46/8a)$$

Vergleichen wir sie mit (5.22/6) und lassen den nichtlinearen Term weg, so kommt

$$\frac{dy}{dx} = -\frac{x}{y} \qquad (5.46/8b)$$

wie für den linearen Schwinger $x'' + x = 0$. Es existiert nur e i n singulärer Punkt, der Ursprung (0,0). Der Tafel 5.22/I entnimmt man, daß er wegen (5.46/8b) ein Wirbelpunkt ist.

Nach dem in Abschn.5.22β zitierten Satz I hätte sich durch die Linearisierung der Gl.(5.46/8a) der Charakter des singulären Punktes nicht geändert, wenn er ein Sattelpunkt, ein Strudelpunkt oder ein Knotenpunkt gewesen wäre. Der Wirbelpunkt, den wir erhalten haben, kann dagegen auch aus einem Knoten- oder einem Strudelpunkt hervorgegangen sein; tatsächlich haben wir in den Abschn. 5.22 und 5.23 auch solche Fälle gefunden. In unserem Beispiel gehört jedoch, wie das Phasenportrait zeigt, auch zum nicht linearisierten Problem ein Wirbelpunkt.

β) Der Zeitverlauf

Aus der Dgl. (5.46/4c) kommt wegen $y = dx/d\tau$ durch Auflösen nach $d\tau$ und Integrieren sowie mit der Koordinatentransformation $\xi = x - 1/2$, wenn für den linken Umkehrpunkt $\xi = \xi_0$ die Zeit $\tau = \tau_0$ sein soll, als Funktion $\tau(\xi)$

$$\tau - \tau_0 = \int_{\xi_0}^{\xi} \frac{d\sigma}{\sqrt{\xi_0 e^{-2(\sigma - \xi_0)} - \sigma}} \qquad (5.46/9a)$$

zustande; wenn für den rechten Umkehrpunkt $\xi = \xi_1$ die Zeit $\tau = \tau_1$ sein soll, folgt

$$\tau - \tau_1 = \int_{\xi}^{\xi_1} \frac{d\sigma}{\sqrt{\xi_1 e^{-2(\sigma - \xi_1)} - \sigma}} \ . \qquad (5.46/9b)$$

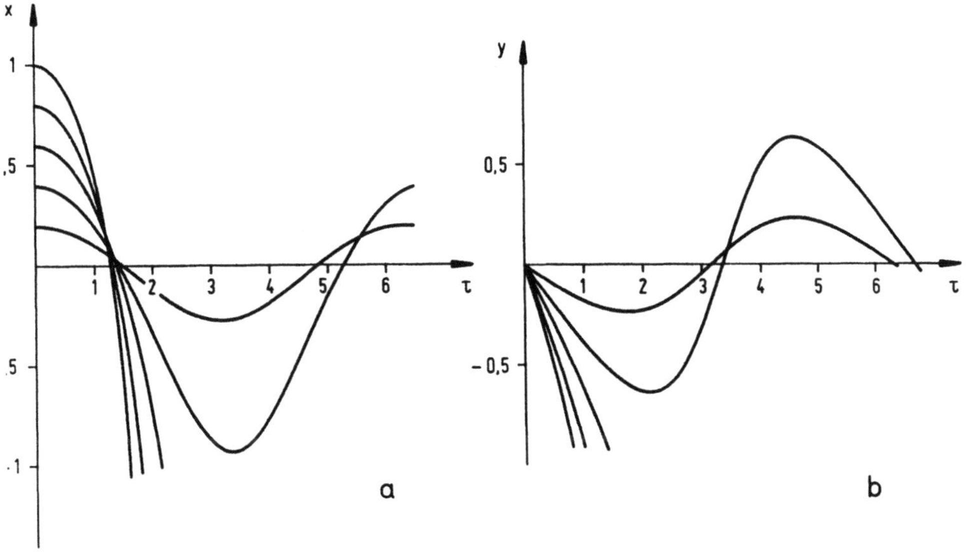

Abb. 5.46/3. Zeitverlauf $x(\tau)$ (Bildteil a) und $y(\tau)$ (Bildteil b); Scharparameter ist die Abszisse x_1 des rechten Umkehrpunktes

Der Zeitverlauf wird also durch $\tau(\xi)$ in der Gestalt einer Quadratur gegeben. Die Quadraturen lassen sich nicht auf bekannte und benannte Funktionen bringen; sie müssen numerisch ausgewertet werden. Das Ergebnis, das ein Digitalrechner lieferte, zeigt Abb.5.46/3, und zwar im Bildteil a die Kurven $x(\tau)$, im Bildteil b die Kurven $x'(\tau)$.

Für den Schwinger (5.46/2) kann der aus der exakten Integration gewonnene Zeitverlauf $x(\tau)$ nur in Form der Quadraturen (5.46/9) angegeben werden. Näherungen für $x(\tau)$ werden wir im Abschn.5.77δ betrachten, dabei werden wir auch Näherungen für die Trajektorien $y(x)$ in der Phasenebene erörtern.

5.5 Schwinger mit „Schaltern"; Differentialgleichungen mit Unstetigkeitsstellen

5.50 Begriffe: Echte und unechte Schalter

Allen Untersuchungen dieses Kapitels liegt die autonome Differentialgleichung zugrunde, die wir in ihrer allgemeinen Form bereits durch die Gln.(5.20/1) bzw. (5.20/5) eingeführt haben, nämlich

$$x'' + h(x,x') = 0 \tag{5.50/1}$$

oder damit gleichwertig

$$x' = y\,, \tag{5.50/2a}$$

$$y' + h(x,y) = 0\,. \tag{5.50/2b}$$

Aus (5.50/2) folgt die Dgl.(5.21/16b) der Schar der Phasenkurven, des "Phasenportraits", nämlich

$$\frac{dy}{dx} = -\frac{h(x,y)}{y}\,. \tag{5.50/3}$$

Bisher haben wir stillschweigend angenommen, daß im gesamten Zeitbereich eine einzige Differentialgleichung der Form (5.50/1) gilt.

Bis auf das Beispiel in Abschn.5.43 traf dies auch tatsächlich zu. Dennoch gibt es technisch interessante Fälle, bei denen in einzelnen Abschnitten des Zeitbereichs und damit in einzelnen Gebieten der Phasenebene verschiedene Differentialgleichungen gelten, weil die Funktion h(x,y) abschnittsweise verschiedene analytische Formen hat. In der Phasenebene gibt es dann zwischen den Geltungsbereichen Trennlinien

$$\Phi(x,y) = 0 \quad , \tag{5.50/4}$$

sie sind geometrischer Ort von Unstetigkeitsstellen der Differentialgleichung. Solche Trennlinien werden wir weiterhin oft "Schaltlinien" (oder Schaltkurven) nennen. Die Bezeichnung stammt aus der Regelungstechnik, wo man häufig Gebilde antrifft, die abwechselnd verschiedenen Differentialgleichungen gehorchen. Diese Gebilde enthalten dann meist "echte" Schalter. Ohne Rücksicht darauf, ob echte Schalter vorhanden sind oder nicht, werden wir in diesem Hauptabschnitt stets von einem "Schwinger mit Schaltern" sprechen, wenn der Schwinger in verschiedenen Bereichen der Phasenebene durch unterschiedliche Differentialgleichungen beschrieben wird.

Schwinger mit nicht echten Schaltern haben wir schon im oben erwähnten Abschn.5.43 kennengelernt, Musterbeispiele zeigen die Abb. 5.43/4, 5.43/5 und 5.43/6. Dort handelte es sich zwar um reale physikalische Gebilde, aber nicht um echte Schalter.

In den Abschn.5.52 bis 5.55 werden wir Beispiele aus einem dritten Problemkreis angeben, die ebenfalls auf Differentialgleichungen mit Unstetigkeitsstellen führen. Da die allermeisten nichtlinearen Differentialgleichungen wirklicher Schwinger keine Lösungen in geschlossener Form zulassen, baut man eine nichtlineare Differentialgleichung stückweise aus einfacher zu behandelnden, z.B. linearen Differentialgleichungen auf. Solche Modelldifferentialgleichungen kann man als Bewegungsgleichung fiktiver Schwinger mit unechten Schaltern interpretieren.

Die Schalter (ob echt oder unecht), von denen bisher die Rede war, wollen wir "Schalter vom Typ A" nennen. Daneben gibt es noch "Schalter vom Typ B". Für sie gilt auf beiden Seiten der Schaltkurve zwar dieselbe Differentialgleichung, aber beim Auftreffen einer Phasenkurve auf die Schaltkurve erfahren die Zustandsgrößen sprunghafte Änderungen: Die Schaltkurve ist hier geometrischer Ort für Unstetigkeiten in den Zustandsgrößen. Zum Typ B gehören z.B. Schwinger, die, wie ein Uhrpendel, zu bestimmten Zeiten Stöße erfahren; diesem Geschwindigkeitssprung entsprechen in der Phasenebene Sprünge der Zustandsgröße y.

5.51 Behandlung in der Phasenebene

α) Abbildung, Punkttransformation

Da in jedem Teil der Phasenebene der Vorgang jeweils durch eine bestimmte Differentialgleichung beschrieben wird, gibt es dort nach dem Existenz- und Eindeutigkeitssatz eine Lösung der Differentialgleichung, die eindeutig und stetig von den Anfangswerten x_a, y_a abhängt. Zu ihr gehört eine durch $P_a(x_a,y_a)$ gehende Phasenkurve (Trajektorie); wir bezeichnen sie hier durch

$$x = X(y,x_a,y_a) \quad \text{oder} \quad y = Y(x,x_a,y_a) \,. \tag{5.51/1}$$

Die Gln.(5.51/1) geben alle jene Punkte $P(x,y)$ an, die erreicht werden, wenn die Bewegung in $P_a(x_a,y_a)$ beginnt. Wir können uns auch so ausdrücken: Die Gln.(5.51/1) vermitteln Abbildungen des Anfangspunktes $P_a(x_a,y_a)$ der Reihe nach auf die Punkte $P(x,y)$.

Die von $P_a(x_a,y_a)$ ausgehende, durch ein Gebiet I laufende Trajektorie möge nun im Punkte $P_1(x_1,y_1)$ auf eine Schaltkurve treffen. Gehört die Schaltkurve $\Phi = 0$ zum Typ A und durchsetzt die Trajektorie die Schaltkurve, so bleiben die Zustandswerte (x_1,y_1) beim Durchsetzen erhalten. Für den Verlauf im Gebiet II gibt es wieder eine Trajektorie, sie repräsentiert die Lösung der im Gebiet II geltenden Differentialgleichung. Durchsetzt die Trajektorie jedoch eine Schaltkurve vom Typ B, so gelten eine oder mehrere *Schaltgleichungen*

$$S_i(x_k^I, y_k^I, x_k^{II}, y_k^{II}) = 0 \quad ; \tag{5.51/2}$$

sie geben die Sprünge in den Zustandsgrößen an.

Wir erläutern die Aufeinanderfolge der Ereignisse an folgendem Vorgang (siehe Abb.5.51/1): Es existiere eine einzige Schaltkurve $\Phi(x,y)=0$; sie sei vom Typ B. Die auf ihr auftretenden Unstetigkeiten in x und y mögen durch Gl.(5.51/2) beschrieben werden. Die Bewegung beginne im Gebiet I im Punkt P_a^I, der nicht auf der Schaltkurve liegen soll. Die Phasenkurve trifft auf die Schaltkurve im Punkt P_1^I, durchsetzt sie, der Zustandswert y springt von y_1^I auf y_1^{II}; die Kurve läuft von P_1^{II} aus durch das Gebiet II, trifft in P_2^{II} wieder auf die Schaltkurve, durchsetzt sie (wieder mit einem Sprung in y), läuft von P_2^I aus wiederum durch Gebiet I, trifft in P_3^I erneut auf die Schaltkurve, usw.

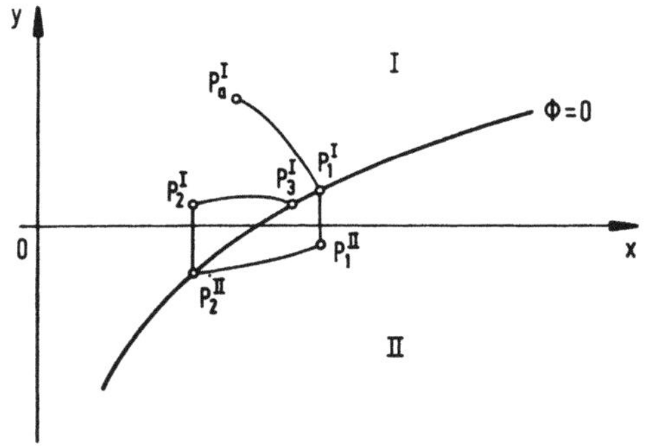

Abb.5.51/1. Verlauf einer Trajektorie für Schwinger mit Schalter vom Typ B

Insgesamt kann man den Punkt P_3^I als eine Abbildung des Anfangspunktes P_a^I auf die Schaltkurve betrachten: $P_3 = N(P_a)$. Eine solche Abbildung heißt P u n k t t r a n s f o r m a t i o n . Die Kurve, auf die jeweils abgebildet wird, heiße A b b i l d u n g s k u r v e . Meist werden wir Schaltkurven als Abbildungskurven verwenden.

Die Abbildungsfunktion N kann rekursiv durch Verwendung der Gln. (5.50/4), (5.51/1) und (5.51/2) explizit bestimmt werden.

Ist die (einzige) Schaltkurve des Schwingers vom Typ A, so sieht die Aufeinanderfolge der Teiltrajektorien ähnlich aus wie in Abb. 5.51/1. Hier treten jedoch keine Sprünge auf; der Punkt P_1^{II} fällt mit P_1^{I} zusammen, ebenso P_2^{I} mit P_2^{II}, usw.: Auch die Anfangspunkte der Teiltrajektorien (gegebenenfalls mit Ausnahme des ersten, P_a) liegen auf der Schaltkurve.

In einer Phasenebene können mehrere Schaltkurven $\Phi_i = 0$ $(i = 1,2,...)$ vorhanden sein. Diese Kurven können entweder alle vom Typ A, alle vom Typ B oder aber teils vom Typ A, teils vom Typ B sein. Die Schaltkurven zerlegen dann die Phasenebene in mehr als zwei Gebiete. Wie man eine von P_a ausgehende Trajektorie in diesen Fällen verfolgt, liegt nach dem Gesagten auf der Hand und braucht nicht eigens aufgeschrieben zu werden.

Ein Beispiel für die Anwendung der Punkttransformation zum Aufsuchen einer periodischen Lösung zu einer stark nichtlinearen Gleichung findet man in Abschn.6.61.

Die Worte "Abbildung" und "Punkttransformation" werden wir in Zukunft in zweierlei Sinn gebrauchen: Erstens in einem weiteren Sinn, er wird durch die Gln.(5.51/1) bezeichnet; zweitens in einem engeren Sinn, hier wird ein Punkt P_i der gewählten Abbildungskurve in einen Punkt P_k derselben Abbildungskurve übergeführt. Für den Rest dieses Abschnitts werden die beiden Worte nur in diesem engeren Sinn (als Abbildung von Punkten einer Kurve auf dieselbe Kurve) verwendet. Im Abschn.5.52 wird wieder der weitere Sinn benötigt.

Wenn vom Gebiet I her eine Trajektorie auf eine Schaltkurve traf, so haben wir bisher vorausgesetzt, daß sie diese Schaltkurve durchdringe und sich ins Gebiet II fortsetze. Eine Trajektorie braucht die Schaltkurve jedoch keineswegs zu durchdringen; sie kann auch auf ihr enden, sie kann der Schaltkurve entlang laufen oder sie kann ins vorige Gebiet zurückkehren ("reflektiert" werden). Wir stellen nun Kriterien dafür auf, wann der eine oder der andere der vier möglichen Fälle eintritt.

β) Verhalten einer Trajektorie auf der Schaltkurve

Vorbereitend stellen wir mit einem Blick auf Abb.5.51/2 eine Reihe von geometrischen Betrachtungen an. Die Schaltkurve $\Phi(x,y)=0$ ist eine ausgezeichnete Kurve der Schar $\Phi(x,y)=\text{const}$. Die Normale n zur Schaltkurve im Punkte (x,y) hat die Richtung des Vektors grad Φ. Die Trajektorie (gestrichelt) hat im Punkte (x,y) die Richtung ihrer Tangente; diese wird durch die Phasengeschwindigkeit $\underline{v}$ angegeben.

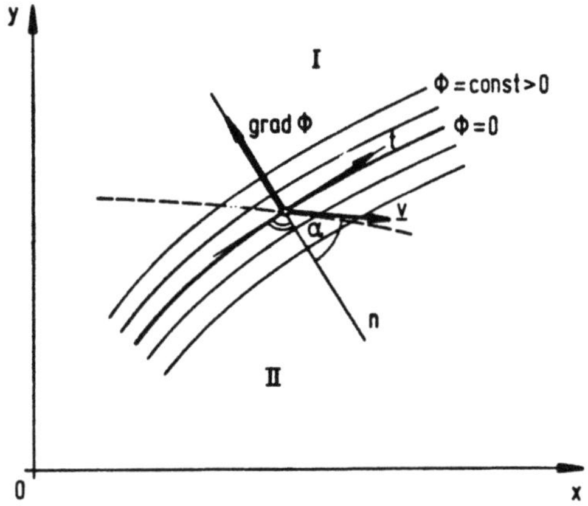

Abb.5.51/2.
Schaltkurve $\Phi=0$, Normalen- und Tangentenrichtung

Die beiden Vektoren lauten explizit angeschrieben:

$$\text{grad}\,\Phi = \underline{i}\frac{\partial\Phi}{\partial x} + \underline{j}\frac{\partial\Phi}{\partial y} ,$$

$$\underline{v} = \underline{i}y - \underline{j}h(x,y)$$

[gemäß Gl.(5.21/9) und Gl.(5.20/5)]. Ihre inneren und äußeren Produkte werden zu

$$W_n = (\text{grad}\,\Phi)\cdot\underline{v} = \frac{\partial\Phi}{\partial x}y - \frac{\partial\Phi}{\partial y}h = \frac{\partial\Phi}{\partial x}x' + \frac{\partial\Phi}{\partial y}y' = \frac{d\Phi}{d\tau} , \quad (5.51/3)$$

$$\underline{k}W_t = (\text{grad}\,\Phi)\times\underline{v} = \underline{k}\left[-\frac{\partial\Phi}{\partial x}h - y\frac{\partial\Phi}{\partial y}\right] . \quad (5.51/4)$$

Aus der geometrischen Bedeutung der Produkte folgt: Das innere Produkt W_n ist proportional der Projektion der Phasengeschwindigkeit $\underline{v}$

auf die Normale n zur Schaltkurve; der Betrag W_t des äußeren Produktes ist proportional der Projektion der Phasengeschwindigkeit auf die Tangente t zur Schaltkurve.

Um die Grenzwerte daraufhin unterscheiden zu können, von welchem Gebiet aus man sich der Schaltkurve genähert hat, verwenden wir die entsprechenden oberen Indizes I und II.

Wir betrachten zuerst eine Schaltkurve vom Typ A, die ein Gebiet I von einem Gebiet II trennt. Wenn wir voraussetzen, daß W_n und W_t von Null verschieden sind, dann gilt:

a) 1. Falls $\operatorname{sign} W_n^I = \operatorname{sign} W_n^{II}$ ist, durchsetzt die Trajektorie die Schaltkurve;

2. falls $\operatorname{sign} W_n^I = -\operatorname{sign} W_n^{II}$ ist, durchsetzt sie sie nicht.

b) Liegt der Fall a2 vor, so untersuchen wir W_t und finden:

1. Falls $\operatorname{sign} W_t^I = \operatorname{sign} W_t^{II}$ ist, verläuft die Trajektorie auf der Schaltgeraden weiter;

2. falls $\operatorname{sign} W_t^I = -\operatorname{sign} W_t^{II}$ ist, endet die Trajektorie im Auftreffpunkt.

Reflexion kommt beim Typ A nicht vor; denn wegen der Eindeutigkeit der Lösung kann die Trajektorie nicht in das Gebiet I zurückkehren.

Wenn die oben gemachte Voraussetzung nicht erfüllt ist, wenn die Größen W_n und W_t also gleich Null sind, so entscheiden höhere Glieder über das Verhalten der Trajektorien auf der Schaltkurve.

Das Verhalten der Trajektorien beim Auftreffen auf Schaltkurven vom Typ B ist einfacher zu überschauen. Da zu beiden Seiten der Schaltkurven dieselbe Differentialgleichung gilt, braucht man nur festzustellen, wo der Punkt P_i^{II} liegt, der dem durch das Schalten geschaffenen neuen Paar von Zustandswerten $(x,y)_i^{II}$ entspricht. P_i^{II} ist Anfangspunkt der neuen Teiltrajektorie.

γ) Gesamtbewegung; Fixpunkte, periodische Schwingungen

Zur Untersuchung der Gesamtbewegung benötigt man eine Abbildungskurve, die alle Trajektorien des Phasenportraits schneidet. Genügt das Phasenportrait der Dgl.(5.50/3), so ist die x-Achse (oder auch schon ein Teil der x-Achse) eine solche Kurve. In manchen Fällen bieten sich andere Kurven an, z.B. Schaltlinien, insbesondere Schaltgeraden. Die Schnittpunkte der Trajektorien mit der Abbildungskurve bilden im allgemeinen eine Punktfolge; diese Punktfolge hat, falls es sich um den Einschwingvorgang in eine periodische Bewegung oder in einen Gleichgewichtszustand handelt, einen Häufungspunkt. Der Häufungspunkt ist ein F i x p u n k t der Abbildung.

Wird im Fixpunkt die Abbildungskurve von der Trajektorie durchstoßen, so gehört zu ihm eine periodische Bewegung. Ist der Fixpunkt zugleich ein singulärer Punkt, und zwar ein Strudel- oder Knotenpunkt, so bezeichnet er eine statische Gleichgewichtslage. Eine statische Gleichgewichtslage ist auch dann gegeben, wenn die Trajektorie auf der Abbildungsgeraden endet.

Zur Feststellung der Stabilität der periodischen Schwingung und damit des zugehörigen Fixpunktes P_F untersucht man das Verhalten eines zum Fixpunkt benachbarten Punktes auf der Abbildungsgeraden. Da wir nur Systeme zweiter Ordnung behandeln, es also mit Sätzen von zwei Zustandsgrößen (x,y) zu tun haben, und da ferner die Gleichung der Abbildungskurve $K(x,y)=0$ eine Beziehung zwischen diesen beiden Zustandsgrößen herstellt, genügt eine von ihnen, etwa x, zur Festlegung eines Punktes auf der Abbildungskurve. Bezeichnet N die Abbildungsfunktion, so gilt für den Fixpunkt $P_F(x_F,y_F)$ die Gleichung

$$x_F = N(x_F) \, , \qquad (5.51/5)$$

für seinen Nachbarpunkt mit der Koordinate $(x_F+\xi_0)$ demgemäß

$$x_F + \xi_1 = N(x_F + \xi_0) \quad . \qquad (5.51/6a)$$

Entwickeln der Abbildungsfunktion N in eine Taylorreihe liefert

$$\xi_1 = \left.\frac{\partial N}{\partial x}\right|_{x_F} \xi_0 + \frac{1}{2} \left.\frac{\partial^2 N}{\partial x^2}\right|_{x_F} \xi_0^2 + \ldots \qquad (5.51/6b)$$

Ist der Betrag der ersten Ableitung $\partial N/\partial x$ nicht gleich Eins, so brauchen wir nur das erste Glied der Entwicklung zu berücksichtigen und es gilt:

falls $|\partial N/\partial x| < 1$, ist der Fixpunkt stabil,
falls $|\partial N/\partial x| > 1$, ist der Fixpunkt instabil.
Wenn dagegen $|\partial N/\partial x| = 1$ ist, so entscheiden höhere Glieder der Entwicklung. Es möge (mit $a_s \neq 0$) gelten

$$\xi_1 = \xi_0 + a_s \xi_0^s + O(\xi_0^{s+1}) \quad . \tag{5.51/7}$$

Bei geradem s ist der Fixpunkt stets instabil; bei ungeradem s ist er instabil, falls $a_s > 0$ und stabil, falls $a_s < 0$ ist.

5.52 Abschnittsweise lineare Differentialgleichungen

In diesem Abschnitt behandeln wir Beispiele von Gebilden, die durch abschnittsweise lineare Differentialgleichungen beschrieben werden und Schalter vom Typ A oder vom Typ B aufweisen.

α) Schalter vom Typ A

Hier werden wir fünf Schwinger (a bis e) untersuchen; sie werden der Reihe nach durch die folgenden (normierten) Differentialgleichungen beschrieben:

Schwinger	Differentialgleichung	
a	$x'' + \operatorname{sign} x = 0$	(5.52/1a)
b	$x'' + B \operatorname{sign} x' + \operatorname{sign} x = 0$	(5.52/1b)
c	$x'' + x + \operatorname{sign} x' = 0$	(5.52/1c)
d	$x'' + \beta x' + \operatorname{sign} x = 0$	(5.52/1d)
e	$x'' + 2Dx' + x - A \operatorname{sign} x' = 0$	(5.52/1e)

In diesen Gleichungen beschreibt ein Term $\operatorname{sign} x$ eine unstetige Rückstellkraft, ein Term $B \operatorname{sign} x'$ mit $B > 0$ eine Reibkraft vom Coulombschen Typ, und ein Term von der Form $-A \operatorname{sign} x'$ mit $A > 0$ beschreibt eine anfachende Kraft.

An den Schaltstellen ändert sich die Differentialgleichung, die Zustandsgrößen x und y bleiben dort jedoch stetig.

Die Teildifferentialgleichungen sind in allen fünf Fällen linear;

sie gehören zur Klasse

$$x'' + 2Dx' + x + s = 0 \,. \qquad (5.52/2)$$

Das Auftreten eines Terms $\operatorname{sign} x$ führt dazu, daß die Gerade $x = 0$, also die y-Achse, Schaltlinie wird. Entsprechend macht ein Term $\operatorname{sign} x'$ die Gerade $x' = y = 0$, also die x-Achse, zur Schaltlinie. Da Schaltlinien die Trennlinien für die Gültigkeitsbereiche der Teildifferentialgleichungen sind, müssen für die Gl.(5.52/1b) vier Fallunterscheidungen getroffen werden; für die übrigen Gln.(5.52/1) genügen zwei:

Zunächst stellen wir die Lösungen bereit, die in je einem Teilgebiet gelten, und zwar sowohl für die Phasenkurven $y(x)$ wie für die Funktionen $x(\tau)$ und $y(\tau)$ im Zeitbereich. Dabei brauchen wir uns nur um vier Fälle zu kümmern, denn die Gleichungen der Schwinger a und b sind von der gleichen Bauart. Die Differentialgleichungen dieser vier Fälle schreiben wir mit der Schaltvariablen s als

$$x'' + s = 0 \,, \qquad (5.52/3a,b)$$

$$x'' + x + s = 0 \,, \qquad (5.52/3c)$$

$$x'' + \beta x' + s = 0 \,, \qquad (5.52/3d)$$

$$x'' + 2Dx' + x + s = 0 \,; \qquad (5.52/3e)$$

(x_a, y_a) sei der jeweilige Anfangspunkt.

Schwinger a und b:

Differentialgleichung:

$$x'' + s = 0 \qquad (5.52/4a,b)$$

Trajektoriengleichung:

$$y^2 + 2sx = y_a^2 + 2sx_a \qquad (5.52/5a,b)$$

Zeitfunktionen:

$$\begin{aligned} y(\tau) &= y_a - s\tau \\ x(\tau) &= x_a + y_a\tau - \tfrac{1}{2}s\tau^2 \end{aligned} \qquad (5.52/6a,b)$$

Schwinger c:

Differentialgleichung:

$$x'' + x + s = 0 \tag{5.52/4c}$$

Trajektoriengleichung:

$$y^2 + (x + s)^2 = y_a^2 + (x_a + s)^2 \tag{5.52/5c}$$

Zeitfunktionen:

$$\begin{aligned} y &= -(x_a + s)\sin\tau + y_a\cos\tau \\ x + s &= (x_a + s)\cos\tau + y_a\sin\tau \end{aligned} \tag{5.52/6c}$$

Schwinger d:

Differentialgleichung:

$$x'' + \beta x' + s = 0 \tag{5.52/4d}$$

Trajektoriengleichung:

$$y - \frac{s}{\beta}\ln(\beta y + s) + \beta x = y_a - \frac{s}{\beta}\ln(\beta y_a + s) + \beta x_a \quad \text{mit} \quad \beta y + s \neq 0 \tag{5.52/5d}$$

Zeitfunktionen:

$$\begin{aligned} y &= (y_a + s/\beta)\, e^{-\beta\tau} - s/\beta \\ x &= \frac{1}{\beta}(y_a + s/\beta)(1 - e^{-\beta\tau}) - \frac{s}{\beta}\tau + x_a \end{aligned} \tag{5.52/6d}$$

Schwinger e:

Differentialgleichung:

$$x'' + 2Dx' + (x + s) = 0 \tag{5.52/4e}$$

oder mit $\xi = x + s$

$$\xi'' + 2D\xi' + \xi = 0 \tag{5.52/5e}$$

Die für sie geltenden Lösungen und Phasenkurven finden sich (im Fall $D < 1$) in den Abschn.3.22 und 3.23. Die Zeitfunktionen werden (mit ξ

anstelle von x) durch die Gln.(3.22/13) und (3.22/14) angegeben. Die Trajektoriengleichung läßt sich nicht explizit als $y(\xi)$ schreiben, sondern nur in der durch die Zeitfunktionen gegebenen Parameterform.

Damit sind die Gleichungen zusammengestellt, die mit geeigneten Werten von s in den Teilbereichen gelten und aus denen die Gesamtbewegungen der Schwinger a bis e zusammengesetzt werden können.

Schwinger a:

Differentialgleichung:

$$x'' + \operatorname{sign} x = 0 \tag{5.52/7a}$$

Schaltgerade $\Phi(x,y) = 0$ ist die y-Achse $x = 0$; sie trennt die Gebiete I und II:

$$\begin{aligned} &\text{Gebiet I}: \quad x > 0 \quad x'' + 1 = 0\,, \\ &\text{Gebiet II}: \quad x < 0 \quad x'' - 1 = 0\,. \end{aligned} \tag{5.52/7a'}$$

Wenn wir als Anfangspunkt den Punkt $(0, y_0)$ benutzen, so lautet die Trajektoriengleichung im Gebiet I gemäß Gl.(5.52/5a,b)

$$y^2 + 2x = y_0^2 \quad . \tag{5.52/8a'}$$

Die Trajektorie ist eine Parabel; siehe Abb.5.52/1. Sie trifft die Schaltgerade wieder im Punkte $y_1 = -y_0$. Danach tritt die Trajektorie in das Gebiet II ein. Sie hat dort die Gleichung

$$y^2 - 2x = y_1^2 \quad . \tag{5.52/8a''}$$

Dies ist wieder eine Parabel, sie trifft die Schaltgerade erneut in

$$y_2 = -y_1 = y_0 \quad . \tag{5.52/8a'''}$$

Benutzen wir den positiven Teil der y-Achse als Abbildungsgerade, so wird der Endpunkt y_2 auf den Anfangspunkt y_0 abgebildet. Dieser Punkt ist also ein Fixpunkt der Abbildung. Da jedoch y_0 nicht spezifiziert ist, ist jeder Anfangspunkt y_0 ein Fixpunkt. Das heißt, die Fixpunkte der Abbildung und damit die Bewegungen sind schwach stabil.

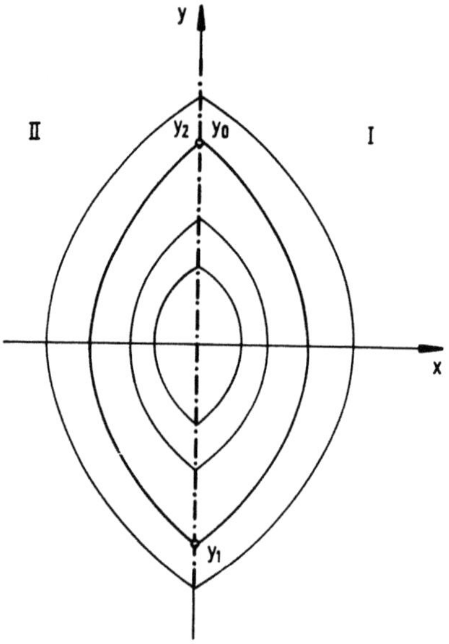

Abb.5.52/1.
Phasenkurven für Schwinger a

Die Periodendauer T* der Bewegung setzt sich zusammen aus den Zeitintervallen τ^I und τ^{II}. Gemäß (5.52/6a) ist

$$\tau^I = y_0 - y_1 \; ; \; \tau^{II} = y_2 - y_1 \qquad (5.52/9a')$$

und daher wegen (5.52/8a''')

$$T^* = \tau^I + \tau^{II} = 4y_0 \; . \qquad (5.52/9a'')$$

Die Periodendauer ist proportional der Anfangsgeschwindigkeit im Punkt $x = 0$ oder, wie aus (5.52/5a) folgt, der Quadratwurzel aus einem Anfangswert x_a, für den $y = 0$ ist.

S c h w i n g e r b:

Differentialgleichung:

$$x'' + B \,\mathrm{sign}\, x' + \mathrm{sign}\, x = 0 \; . \qquad (5.52/7b)$$

Hier liegen in der Phasenebene zwei Schaltkurven, nämlich die Geraden $x = 0$ und $y = 0$. Die Phasenebene wird in vier Teilgebiete zerlegt. Die Bezeichnungen gehen aus Abb.5.52/2 hervor.

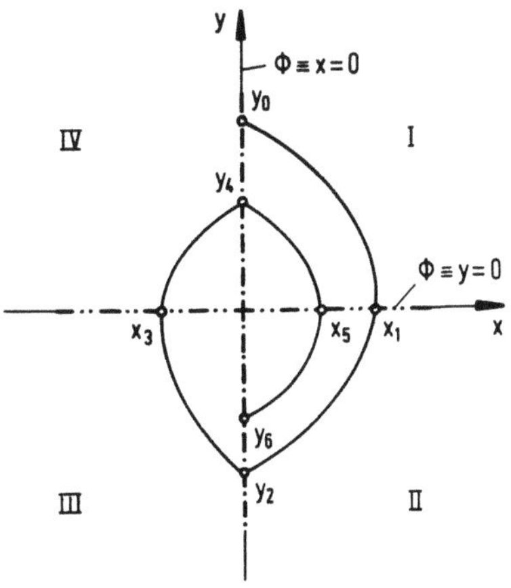

Abb.5.52/2.
Phasenkurven für Schwinger b

Wenn man von einem Phasenpunkt auf der positiven y-Achse ausgeht, so lauten gemäß (5.52/5a) die Gleichungen der Trajektorien in den einzelnen Gebieten:

Gebiet	Trajektoriengleichung	Schnittpunkt auf der nächsten Schaltgeraden
I	$y^2 + 2(1+B)x = y_0^2$	$x_1 = y_0^2/[2(1+B)]$ (5.52/8b$_{I}$)
II	$y^2 + 2(1-B)x = 2(1-B)x_1$	$y_2^2 = 2(1-B)x_1$; mit $y_2 < 0$ (5.52/8b$_{II}$)
III	$y^2 - 2(1+B)x = y_2^2$	$x_3 = -y_2^2/[2(1+B)]$ (5.52/8b$_{III}$)
IV	$y^2 + 2(B-1)x = 2(B-1)x_3$	$y_4^2 = 2(B-1)x_3$; mit $y_4 > 0$ (5.52/8b$_{IV}$)

Daß der Koeffizient B einer echten Reibkraft positiv sein muß, wurde oben schon erwähnt. Aus den Gln.(5.52/8b) für die Gebiete II und IV wird ersichtlich, daß $B < 1$ sein muß, wenn die Bewegung nicht zum Stillstand kommen soll. Falls $B > 1$ ist, kommt eine von $y_0 > 0$ ausgehende Bewegung im Punkt x_1, eine von $y_2 < 0$ ausgehende im Punkt x_3 zur Ruhe.

Die Werte $B=-1$, $B=0$ und $B=+1$ begrenzen Bereiche verschiedener Lösungstypen. Welche Bewegungen sich in Abhängigkeit vom Parameter B einstellen, ist im Schema der Abb.5.52/3 angegeben.

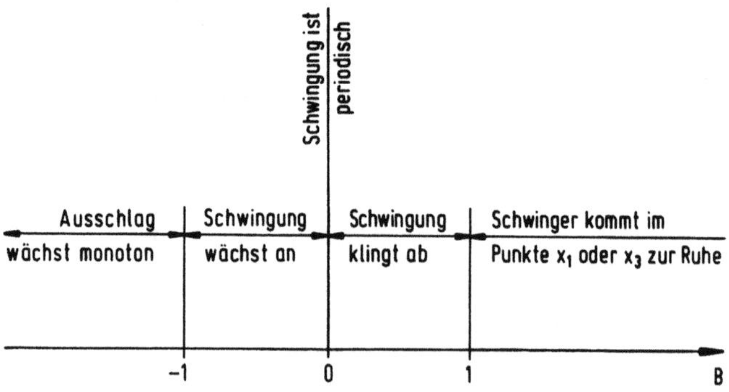

Abb.5.52/3. Stabilitätsverhalten des Schwingers b

Wählt man die x-Achse als Abbildungsgerade, so bilden sich die aufeinanderfolgenden Maximalausschläge x_i ab gemäß

$$x_3 = -\frac{1-B}{1+B}x_1 \; , \quad x_5 = -\frac{1-B}{1+B}x_3 \; , \quad \ldots , \qquad (5.52/9b')$$

d.h. die positiven x_i-Werte gemäß

$$x_5 = \left(\frac{1-B}{1+B}\right)^2 x_1 \; , \quad \ldots \qquad (5.52/9b")$$

Wie man die Folge der Werte x_i zeichnerisch gewinnt, zeigt Abb. 5.52/4. Je nachdem, ob

$$\tan\sigma_1 = \frac{1-B}{1+B} \qquad \text{oder} \qquad \tan\sigma_2 = \left(\frac{1-B}{1+B}\right)^2 \qquad (5.52/10b')$$

gewählt wird, erhält man

$$|x_1|, |x_3|, |x_5|, \ldots \qquad \text{oder} \qquad x_1, x_3, x_5, \ldots \qquad (5.52/10b")$$

Einen Fixpunkt hat die Abbildung nach Gl.(5.52/9b") nur für $B=0$; dann aber ist der Schwinger b identisch mit dem Schwinger a.

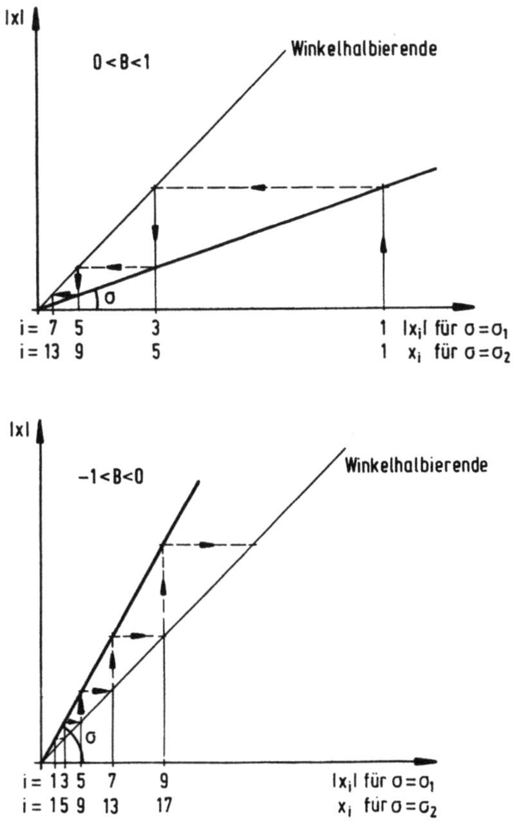

Abb.5.52/4. Schwinger b: Zeichnerische Konstruktion der Folge von Maximalausschlägen |x|

S c h w i n g e r c :

Differentialgleichung:

$$x'' + x + \beta \operatorname{sign} x' = 0 \quad . \tag{5.52/7c}$$

Die Gleichung ist die Bewegungsgleichung eines Schwingers mit (C o u l o m b s c h e r) R e i b k r a f t . Schaltgerade ist die x-Achse; die obere Halbebene sei Gebiet I, die untere Gebiet II. Aus (5.52/5c) finden wir für diese Gebiete die Trajektoriengleichungen

$$\begin{aligned} y^2 + (x+\beta)^2 &= y_0^2 + (x_0+\beta)^2 \,, \\ y^2 + (x-\beta)^2 &= y_0^2 + (x_0-\beta)^2 \,, \end{aligned} \tag{5.52/8c}$$

also Halbkreisbogen um die Punkte $x=-\beta$ und $x=+\beta$. Das Gesetz für die Abnahme der Scheitelwerte $x_0>0$, $x_1<0$, $x_2>0,\ldots$ findet man entweder aus den Gln.(5.52/8c) oder einfacher aus geometrischen Gründen zu

$$|x_1| = |x_0| - 2\beta \ ,$$

$$|x_2| = |x_0| - 4\beta \ ;$$

die Beträge der Scheitelwerte nehmen je Halbschwingungen um 2β, je Vollschwingung um 4β ab.

Die Abb.5.52/5 zeigt (dünn ausgezogen) zwei ausgewählte Kurven (1) und (2) des Phasenportraits; die Radien der Kreisbogen sind durch dünne

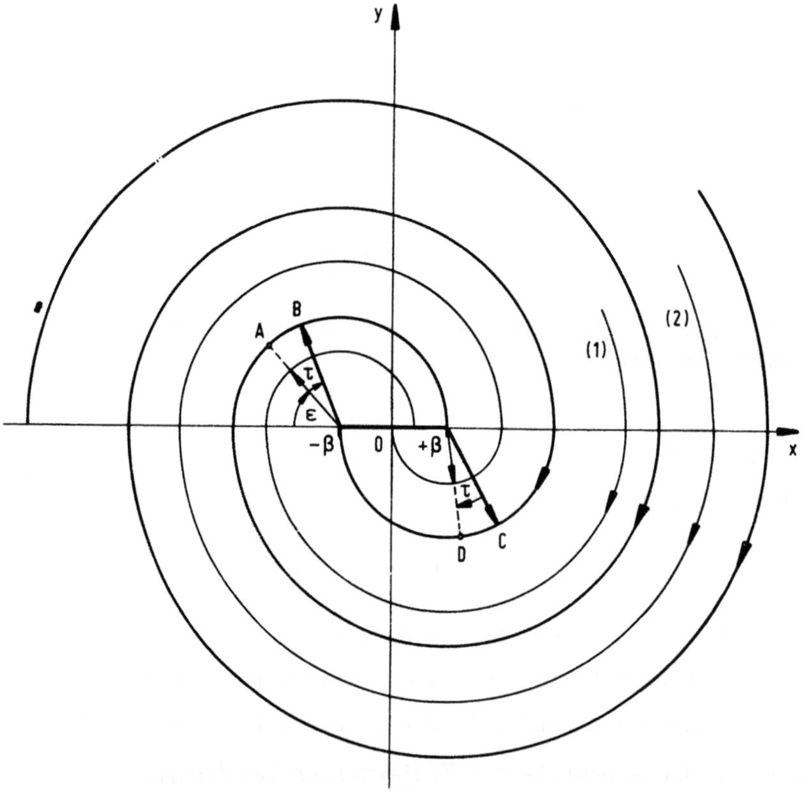

Abb.5.52/5. Schwinger c: Zwei Kurven des Phasenportraits (dünn) und Separatrizen (stark)

Pfeile angedeutet. Beide Kurven enden auf der Strecke $-\beta \leqq x \leqq \beta$; die Schwingungen kommen dort (exakt, nicht asymptotisch) zur Ruhe. Die Abbildung zeigt ferner (stark ausgezogen) jene beiden Kurven, die in den Punkten $x=-\beta$ und $x=+\beta$ enden. In gewissem Sinne stellen sie Separatrizen dar: Sie teilen die Phasenebene in Bereiche ein, deren Trajektorien entweder von unten her oder von oben her auf der "Ruhestrecke" $-\beta < x < +\beta$ enden.

Die Zeit τ, die vergeht, während der Schwinger sich von einem Punkt A nach B oder von C nach D bewegt, wird durch den jeweiligen Zentriwinkel bei $x=-\beta$ oder $x=+\beta$ geliefert (siehe etwa auch Gl. (5.62/3b) sowie Abb.5.62/2b). Für den Weg von einem Scheitelpunkt zum nächsten wird die Zeit $\tau=\pi$ benötigt, für eine volle Schwingung, d.h. von einem Scheitelpunkt bis zum nächsten gleichen Vorzeichens, ist $\tau=2\pi$ wie für den ungedämpften Schwinger.

S c h w i n g e r d:

Differentialgleichung:

$$x'' + \beta x' + \operatorname{sign} x = 0, \quad (\beta > 0). \tag{5.52/7d}$$

Schaltgerade ist hier die y-Achse; wir wählen sie auch zur Abbildungsgeraden. Die Differentialgleichungen lauten:

$$\begin{aligned} x'' + \beta x' - 1 &= 0 \quad \text{für} \quad x < 0, \\ x'' + \beta x' + 1 &= 0 \quad \text{für} \quad x > 0. \end{aligned} \tag{5.52/7d'}$$

Aus der Trajektoriengleichung (5.52/5d) folgen wegen $x_0 = x_1 = 0$ die Abbildungsgleichungen

$$\begin{aligned} \beta y_1 - \ln(\beta y_1 + 1) &= \beta y_0 - \ln(\beta y_0 + 1), \\ \beta y_2 + \ln(\beta y_2 - 1) &= \beta y_1 + \ln(\beta y_1 - 1). \end{aligned} \tag{5.52/8d}$$

Setzt man $\beta > 0$ voraus, dann gilt: In I nimmt y ab, in II zu; die Schaltwerte mit geraden Indizes sind positiv, die mit ungeraden negativ. Abb.5.52/6 zeigt den qualitativen Verlauf der Trajektorien und die Schaltpunkte.

Quantitativ müssen die Schaltwerte y_i aus den transzendenten

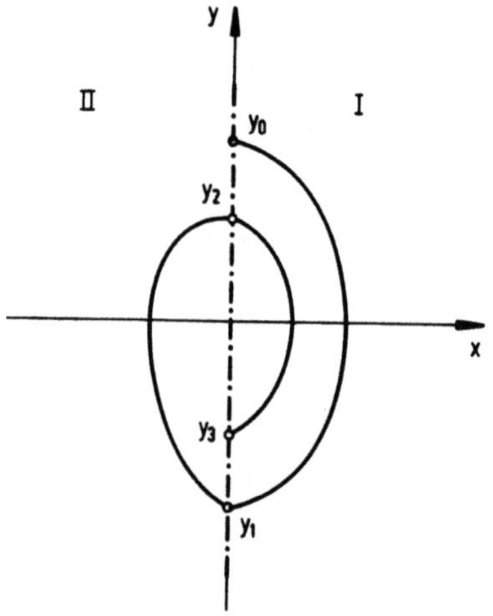

Abb.5.52/6.
Schwinger d: Phasenkurven

Gleichungen (5.52/8d) ermittelt werden. Wo die Genauigkeit ausreicht, geht man am besten graphisch vor.

Wir beginnen mit dem Gebiet I, wo $y_0 > 0$, $y_1 < 0$ ist. Eine Hilfsfunktion

$$F(z) = z - \ln(z+1) \qquad (5.52/8d')$$

ist in Abb.5.52/7a aufgezeichnet; die Kurve besitzt bei $z = -1$ eine vertikale Asymptote. Die eingezeichneten Hilfsgeraden zeigen, wie aus $z_0 := \beta y_0$ der Wert $z_1 := \beta y_1$ gefunden wird.

Um nun gemäß der zweiten Gleichung von (5.52/8d) den Schaltwert $y_2 > 0$ aus $y_1 < 0$ zu finden, stellen wir eine Überlegung an, die uns noch öfter zustatten kommen wird: Schreiben wir $-y_i = Y_i$, so wird aus der zweiten Gleichung von (5.52/8d)

$$-\beta Y_2 + \ln(-\beta Y_2 - 1) = -\beta Y_1 + \ln(-\beta Y_1 - 1) \qquad (5.52/9d')$$

und wegen $\ln(-\zeta) = \ln|\zeta| + i\pi$

$$\beta Y_2 - \ln|\beta Y_2 + 1| = \beta Y_1 - \ln|\beta Y_1 + 1| \;. \qquad (5.52/9d'')$$

Die Gl.(5.52/9d") stimmt formal mit der ersten Gl.(5.52/8d) überein; in ihr treten statt der y_i die Y_i auf: Ändert man also abwechselnd die Richtung der y-Achse, so reicht die erste Gl.(5.52/8d) und damit die Hilfsfunktion F(z) nach Abb.5.52/7a aus, um die Beträge der $z_i := \beta y_i$ der Reihe nach zu bestimmen. Die Treppenkurve der Abb.5.52/7b zeigt, wie man schließlich vorgeht, nachdem der linke Ast der Kurve 5.52/7a nach rechts gespiegelt worden ist.

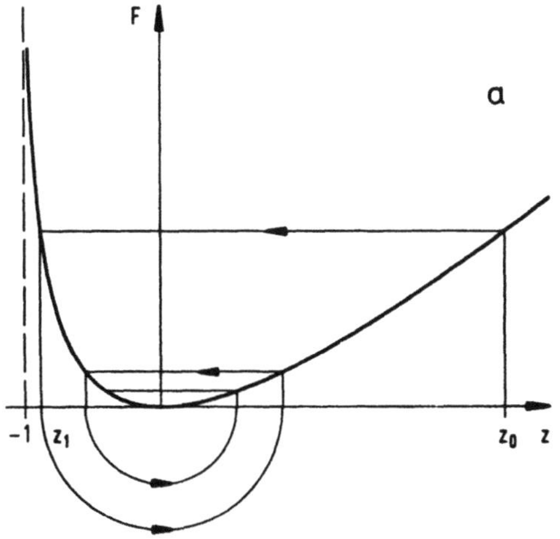

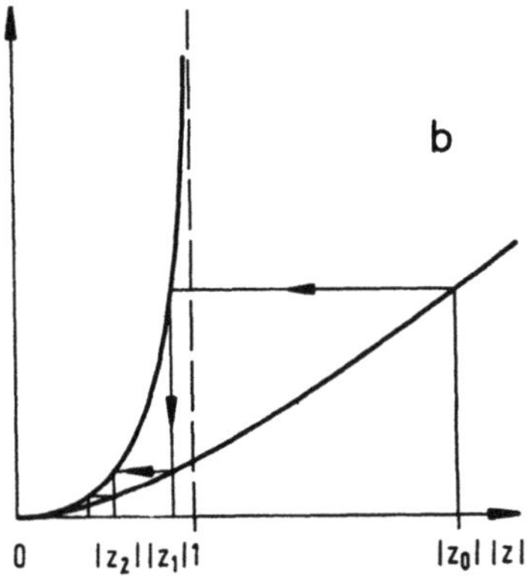

Abb.5.52/7. Schwinger d: Hilfsfunktion F nach Gl.(5.52/8d')

Das Schwingungsverhalten, insbesondere das Abnehmen der Schwingungsweiten für kleine Ausschläge, werden wir in Abschn.5.54 weiter erörtern, wo wir die Hilfsfunktion F(z) (5.52/8d') wiederum antreffen werden.

Schwinger e:

Differentialgleichung:

$$x'' + 2Dx' + x - A \operatorname{sign} x' = 0 . \qquad (5.52/7e)$$

Die Gleichung beschreibt einen Schwinger mit linearer Dämpfungskraft und "anti-Coulombscher" Anfachungskraft; für das Dämpfungsmaß D soll dabei gelten: $0 < D < 1$. Schaltgerade ist die x-Achse, sie wird zur Abbildungsgeraden gewählt.

Mit $\xi = x - A$ und $\eta = x + A$ lauten die Differentialgleichungen

in der oberen Halbebene $\xi'' + 2D\xi' + \xi = 0$,

in der unteren Halbebene $\eta'' + 2D\eta' + \eta = 0$ (5.52/7e')

wie für den linear gedämpften Schwinger von Abschn.3.22 und 3.23. (Von dort übernehmen wir auch einige Bezeichnungen.) Die Phasenkurven sind demgemäß (siehe Abb.3.23/2) spiralige Kurven; nun aber drehen sich die Fahrstrahlen r und r_F um die Punkte $x = +A$ für die obere und $x = -A$ für die untere Halbebene.

Wir fragen nach der Möglichkeit periodischer Schwingungen und somit nach den Grenzzykeln.

Eine Phasenkurve, die im Punkte $x_1 > A$, $y = 0$ beginnt, läuft zunächst durch die untere Halbebene und trifft in x_2 die negative x-Achse. Dabei ist $\eta_1 = x_1 + A$ und

$$\eta_2 = -\eta_1 e^{-\sigma} \qquad (5.52/8e')$$

mit $\sigma = \pi \tan\Theta$ gemäß (3.23/2b). Vom Punkte ② aus läuft die Phasenkurve durch die obere Halbebene, sie trifft in x_3 wieder die positive x-Achse; dabei ist

$$\xi_3 = -\xi_2 e^{-\sigma} . \qquad (5.52/8e'')$$

Mit $\eta_2 = x_2 + A$ und $\xi_2 = x_2 - A$ kommt $\xi_2 = \eta_2 - 2A$ und schließlich

$$x_3 = x_1 e^{-2\sigma} + A(1 + e^{-\sigma})^2 \qquad (5.52/8e''')$$

zustande.

Soll die Bewegung periodisch sein, so muß für den Fixpunkt x_F gelten: $x_F = x_1 = x_3$; das ergibt

$$x_F = \frac{A(1 + e^{-\sigma})^2}{1 - e^{-2\sigma}} \quad . \qquad (5.52/8e^{IV})$$

Daraus ist ersichtlich, daß $x_F > A$ ist. Für jedes $D < 1$ hat also die Differentialgleichung zu jedem vorgegebenen A einen Grenzzykel; die Periode beträgt

$$T^* = 2\tau_s = \frac{2\pi}{\sqrt{1 - D^2}} = \frac{2\pi}{\cos\Theta} \quad .$$

Für $D \to 0$, also $\sigma \to 0$, geht $x_F \to \infty$ und die Periode $T^* \to 2\pi$; für $D \to 1$, also $\sigma \to \infty$, geht $x_F \to A$ und $T^* \to \infty$.

Abb.5.52/8 zeigt einen solchen aus zwei Spiralbogen bestehenden Grenzzykel; jeder der beiden Bogen ist aus zwei logarithmischen Spiralen gemäß Abb.3.23/2 entstanden.

Für das gezeichnete Beispiel gilt $D = 0{,}2$ und $A = 1$. Deshalb wird x_F gemäß $(5.52/8e^{IV})$ zu $x_F = 3{,}225$. Die Fahrstrahlen r_F um $+A$ und $-A$ haben für $\psi = 0$ die Länge 4,225, für $\psi = \pi/2$ die Länge 2,942, für $\psi = \pi$ die Länge 2,225.

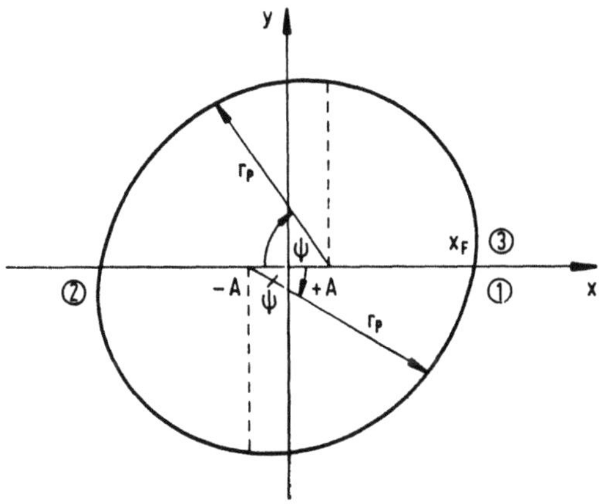

Abb.5.52/8. Schwinger e: Grenzzykel für $D = 0{,}2$ und $A = 1$

β) Schalter vom Typ B

Wir betrachten nun drei Schwinger, f, g und h, die (teils zusätzlich zu einem Schalter vom Typ A) Schalter vom Typ B besitzen. Die Schwinger f und g sollen Reibschwinger des Falles c sein, also der Dgl.(5.52/7c)

$$x'' + x + \operatorname{sign} x' = 0 \qquad (5.52/7f,g)$$

gehorchen. Vom passiven Reibschwinger c sollen sie sich jedoch dadurch unterscheiden, daß sie zu aktiven Schwingern umgestaltet sind: Sie sollen bei jedem Durchgang durch $x = 0$ einen Stoß erfahren. Dabei soll bei jedem Nulldurchgang dem Schwinger f ein fester (dimensionsloser) Energiebetrag $E_1 = E/2$ zugeführt, dem Schwinger g ein (dimensionsloser) Impuls J in der jeweiligen Bewegungsrichtung erteilt werden. Der Schwinger h soll ein linear gedämpfter Schwinger sein, seine Differentialgleichung lautet gemäß (3.22/12)

$$x'' + 2Dx' + x = 0 \; ; \qquad (5.52/7h)$$

wie dem Schwinger g soll auch ihm beim Nulldurchgang ein (dimensionsloser) Impuls vom Betrage J in der jeweiligen Bewegungsrichtung erteilt werden. Da alle drei Schwinger f, g und h demnach sowohl dissipative wie rezeptive Elemente enthalten, können sie im Prinzip periodische Schwingungen ausführen, die dann durch Grenzzykel beschrieben werden.

Für den Schwinger h gibt es in der Phasenebene nur eine Schaltgerade, nämlich $x = 0$. Für die Schwinger f und g existieren je zwei, und zwar $y = 0$ als Schaltgerade für die Dgl.(5.52/7f,g) und $x = 0$ als Schaltgerade für den Zustandswert y. Die Phasenebene wird daher in vier Teilbereiche I bis IV zerlegt mit Schaltstellen 0,1,2,3,4,... Die Numerierung kann etwa so erfolgen, wie Abb.5.52/9 zeigt. Wegen der Übereinstimmung von (5.52/7f,g) mit (5.52/7c) bestehen die Trajektorien wie dort aus Kreisbogenstücken, deren Mittelpunkte auf der x-Achse abwechselnd in den Punkten $x = -\beta$ und $x = +\beta$ liegen, und es gelten die Trajektoriengleichungen (5.52/8c). Der Unterschied zwischen den beiden Schwingern f und g besteht in der Größe des Sprungs, den die Zustandsgröße y auf der Schaltgeraden $x = 0$ erfährt. Für den Schwinger h setzt sich die Phasenkurve statt aus Kreisbogenstücken aus Stükken von Spiralen zusammen wie beim Schwinger e.

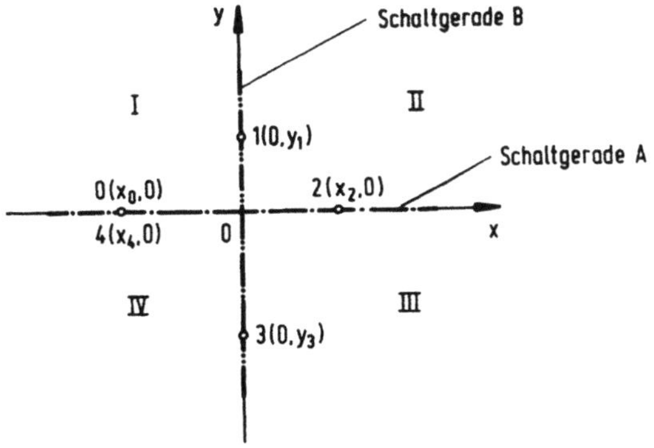

Abb.5.52/9.
Schwinger f: Schaltgeraden und Schaltstellen

S c h w i n g e r f:

Der Sprung in y wird hier bestimmt durch die Energie $E_1 = E/2$, die durch die Stöße zugeführt wird. Im Punkte $x = 0$ ist der (dimensionslose) Energieinhalt des Schwingers gleich $y^2/2$.

Mit den Bezeichnungen der Abb.5.52/9 erhält man aus den Trajektoriengleichungen (5.52/8c) die folgenden Abbildungsgleichungen:

Im Gebiet	zwischen den Zuständen	bzw. auf $x = 0$ für	gilt die Gleichung
I	0 und 1	—	$(y_1^{I})^2 = (x_0 + \beta)^2 - \beta^2$
—	—	$y > 0$	$(y_1^{II})^2 = (y_1^{I})^2 + E$
II	1 und 2	—	$(x_2 + \beta)^2 = (y_1^{II})^2 + \beta^2$
III	2 und 3	—	$(y_3^{III})^2 = (x_2 - \beta)^2 - \beta^2$
—	—	$y < 0$	$(y_3^{IV})^2 = (y_3^{III})^2 + E$
IV	3 und 4	—	$(x_4 - \beta)^2 = (y_3^{IV})^2 + \beta^2$

(5.52/8f)

Nach Eliminieren der y_i bleiben die Gleichungen

$$(x_2+\beta)^2 = (x_0+\beta)^2 + E \ ,$$
$$(x_4-\beta)^2 = (x_2+\beta)^2 + E \qquad (5.52/9f)$$

usf. übrig. Da die $x_0, x_4, x_8, \ldots$ negativ, die $x_2, x_6, \ldots$ positiv sind, liefert die erste und die zweite Gleichung von (5.52/9f) dieselbe Aussage für die jeweiligen Absolutwerte $|x_i|$:

$$(\beta + |x_{i+2}|)^2 = (\beta - |x_i|)^2 + E \ , \qquad (i = 0,2,4,\ldots) \ . \qquad (5.52/9f')$$

Nimmt man die positive x-Achse als Abbildungsgerade, so erhält man für den Fixpunkt

$$x_F := |x_i| = |x_{i+2}| \ , \qquad (i = 0,2,4,\ldots) \qquad (5.52/10f)$$

aus (5.52/9f') den Wert

$$x \ = E/4\beta \ . \qquad (5.52/10f')$$

Um die Stabilität des Fixpunktes zu untersuchen, setzen wir in Verfolgung des Gedankengangs von Abschn.5.51 in der Gl.(5.52/9f')

$$|x_i| = x_F + \xi_i \quad \text{und} \quad |x_{i+2}| = x_F + \xi_{i+2} \ .$$

Mit Benutzen von (5.52/10f') und unter Vernachlässigen aller ξ^2 erhält man

$$\xi_{i+2} = -\xi_i \frac{4\beta^2 - E}{4\beta^2 + E} \ . \qquad (5.52/11f)$$

Der bei ξ_i stehende Faktor ist wegen $E > 0$ dem Betrage nach kleiner als Eins; daher ist der Fixpunkt und damit die periodische Schwingung, der Grenzzykel, stabil.

Das Phasenportrait zeigt Abb.5.52/10. Wir untersuchen es analytisch nicht im Detail, sondern begnügen uns mit einer Beschreibung. Der aus vier Kreisbogen- und zwei Geradenstücken bestehende Kurvenzug ④ stellt den Grenzzykel dar. Er schneidet die positive x-Achse im Fixpunkt x_F (5.52/10f') der durch die Gln.(5.52/9f) bestimmten Abbildung. Die dünn ausgezogenen Trajektorien in den nicht schraffierten Gebieten streben entweder von außen oder von innen dem Grenzzykel zu. Trajektorien, die von Punkten in den schraffierten Gebieten ausgehen, enden auf der "Ruhestrecke" $-\beta \leqq x \leqq +\beta$ des Schwingers c, wie es die Beispiele ① und ② zeigen.

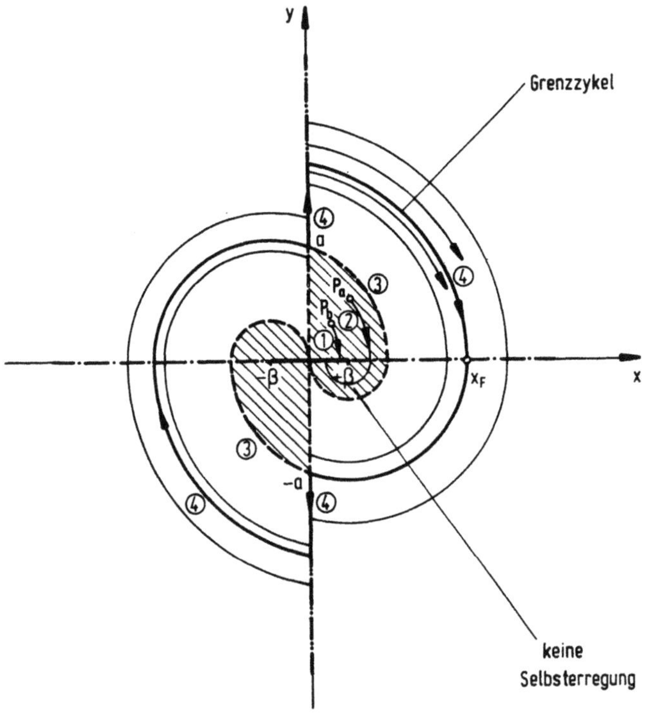

Abb.5.52/10. Schwinger f: Phasenebene; im schraffierten Gebiet gibt es keine Selbsterregung

Die Grenze zwischen den schraffierten und den nicht schraffierten Gebieten wird durch die beiden Kurven ③ gebildet, die je aus zwei Kreisbogenstücken bestehen. Sie schneiden die x-Achse in den Punkten $x = +2\beta$ und $x = -2\beta$, die y-Achse in $\pm a$, wobei stets, d.h. unabhängig vom Parameter E,

$$a^2 = 4\beta \cdot 2\beta \,, \qquad \text{also} \quad a = \sqrt{8}\,\beta \tag{5.52/12f}$$

ist.

Daß die Kurvenstücke ③ und ④ in $y = \pm a$ aneinander anschließen, liegt an der besonderen Wahl des Parameters E für das gezeichnete Beispiel.

Die Diskussion des Phasenportraits führt uns noch zu folgendem Schluß: Da der Fixpunkt der Abbildung im unschraffierten Bereich liegen muß, ergibt sich $x_F > 2\beta$ und damit wegen (5.52/10f')

$$E > 8\beta^2 \quad \text{oder} \quad E_1 > 4\beta^2. \tag{5.52/13f}$$

Periodische Schwingungen treten also nur auf, wenn die Energiezufuhr je Nulldurchgang den Minimalbetrag (5.52/13f) besitzt.

Wir betrachten schließlich noch die Dauer T* der durch den Grenzzykel der Abb.5.52/10 angezeigten periodischen Schwingung. Der Grenzzykel besteht in den Bereichen I bis IV aus je einem Kreisbogenstück. Von diesen Stücken sind je zwei kongruent: die in I und III sowie die in II und IV. Bezeichnen wir die Zeit, die zum Durchlaufen des Kreisbogens im Bereich N benötigt wird, mit τ^N (N = I, II, III, IV), so beträgt die Periode T*

$$T^* = 2(\tau^I + \tau^{II}). \tag{5.52/14f}$$

Die Teilzeiten τ^N (N = 1,2) findet man aus den Zeitfunktionen $y(\tau)$ und $x(\tau)$ der Gln.(5.52/6c); dabei ist in den Gebieten I und II wegen $y > 0$ die Größe $s = +1$.

Man erhält

in I	in II
mit $x_a = -x_F$; $y_a = 0$	mit $x_a = x_1 = 0$; $y_a = y_1^{II}$
$x = x_1 = 0$; $y = y_1^I$	$x = x_2 = x_F$; $y = y_2 = 0$

die Beziehungen

$1 = (-x_F + 1)\cos\tau^I$	$x_F + 1 = \cos\tau^{II} + y_1^{II}\sin\tau^{II}$
$y_1^I = (x_F - 1)\sin\tau^I$	$0 = -\sin\tau^{II} + y_1^{II}\cos\tau^{II}$

und daraus

$$\tau^{I} = \arccos \frac{-1}{x_F - 1} \qquad \Big| \qquad \text{—}$$

oder

$$\tau^{I} = \arcsin \frac{y_1^{I}}{x_F - 1} \qquad \Big| \qquad \tau^{II} = \arctan y_1^{II}$$

Drückt man x_F sowie y_1^I und y_1^{II} durch den einzigen Parameter E aus, so findet man

$$\tau^{I} = \arcsin \frac{\sqrt{E(E - 8\beta^2)}}{E - 4\beta^2} \qquad \Big| \qquad \text{—}$$

oder

$$\tau^{I} = \arccos \frac{-4\beta^2}{E - 4\beta^2} \qquad \Big| \qquad \tau^{II} = \arctan \frac{1}{4}\sqrt{E(E + 8\beta^2)} \tag{5.52/13f}$$

Für das Beispiel von Abb.5.52/10, wo $E = 16\beta^2$ ist, gilt daher

$$\begin{aligned} \tau^{I} &= \arcsin[\sqrt{8}\,\beta^2/3] \\ &= \arccos[(-1/3)\beta^2] \end{aligned} \qquad \Big| \qquad \tau^{II} = \arctan(2\sqrt{6}\,\beta^2) \tag{5.52/14f}$$

S c h w i n g e r g :

Der Sprung Δy in y wird hier bestimmt vom (dimensionslosen) Impuls $J = \Delta y$. Weil der Stoß in der jeweiligen Bewegungsrichtung erfolgen soll, vergrößert er jeweils den Betrag von y. Die Abbildungsgleichungen (5.52/8f) gelten auch hier, allerdings mit Ausnahme der zweiten und fünften Zeile, die nun zu

$$\begin{aligned} y_1^{II} &= y_1^{I} + J \;, \\ y_3^{IV} &= y_3^{III} - J \end{aligned} \tag{5.52/8g}$$

werden. Das Eliminieren der y_i führt nun analog zu (5.52/9f) auf [1]

$$\begin{aligned} (x_2 + 1)^2 &= J^2 + (x_0 + 1)^2 + 2J\sqrt{(x_0 + 1)^2 - 1} \;, \\ (x_4 - 1)^2 &= J^2 + (x_2 - 1)^2 + 2J\sqrt{(x_2 - 1)^2 - 1} \end{aligned} \tag{5.52/9g}$$

[1] Hier wurde der Einfachheit halber $\beta = 1$ gesetzt.

mit positiven Wurzelwerten. Da x_0 und x_4 negativ, x_2 dagegen positiv ist, liefern beide Gleichungen übereinstimmende Aussagen für die Absolutwerte $|x_i|$, nämlich

$$(|x_{i+2}| + 1)^2 = J^2 + (|x_i| - 1)^2 + 2J\sqrt{(|x_i| - 1)^2 - 1} \quad . \qquad (5.52/9g')$$

Nimmt man auch hier die positive x-Achse als Abbildungsgerade, so erhält man für den Fixpunkt x_F,

$$x_F = |x_i| = |x_{i+2}| \quad , \quad (i = 0,2,4,\ldots), \qquad (5.52/10g)$$

aus (5.52/9g') die Wurzelgleichung

$$4x_F - J^2 = 2J\sqrt{x_F^2 - 2x_F} \quad . \qquad (5.52/10g')$$

Daraus folgt durch Quadrieren

$$x_F = \frac{J^2}{2\sqrt{J^2 - 4}} \quad . \qquad (5.52/11g)$$

Damit x_F reell wird, muß

$$J^2 > 4 \text{ , also } J > 2 \qquad (5.52/12g)$$

sein.

Da die Amplitude x_F des Grenzzykels den Bewegungsablauf des Schwingers eindeutig festlegt, muß aus dieser Größe eindeutig der Geschwindigkeitssprung Δy und somit der erforderliche Impuls J ermittelt werden können. Der Geltungsbereich der Funktion $x_F(J^2)$ muß daher so eingeschränkt werden, daß sie eindeutig umkehrbar ist. Als Umkehrung erhält man, da $J > 0$,. aus (5.52/10g')

$$J = \sqrt{x_F}\left(\sqrt{x_F + 2} - \sqrt{x_F - 2}\right) \quad . \qquad (5.52/13g)$$

Damit J reell wird, muß (wie beim Schwinger f)

$$x_F > 2 \qquad (5.52/14g)$$

sein.

Differenzieren von Gl.(5.52/13g) nach x_F ergibt

$$\frac{dJ}{dx_F} = \frac{J[\sqrt{x_F^2 - 4} - x_F]}{2x_F\sqrt{x_F^2 - 4}} \quad ,$$

also ist

$$\frac{dJ}{dx_F} < 0 \quad . \tag{5.52/15g}$$

Daher erhält man J_{max} aus (5.52/13g) für $x_F = x_{Fmin} = 2$ zu

$$J_{max} = \sqrt{8} \quad \text{und somit} \quad J_{max}^2 = 8 \quad . \tag{5.52/16g}$$

Die Gl.(5.52/11g) gilt daher nur im Bereich

$$2 < J \leqq \sqrt{8} \quad \text{oder} \quad 4 < J^2 \leqq 8 \quad . \tag{5.52/17g}$$

Die für die zulässigen Impulsgrößen (5.52/17g) möglichen Grenzzykel sind jedoch wegen (5.52/15g) alle instabil; der Schwinger g kann keine stabilen periodischen Bewegungen ausführen.

S c h w i n g e r h :

Wie der Schwinger g soll auch der Schwinger h beim Nulldurchgang Stöße vom Impulsbetrag J erfahren; die Dissipation von Energie soll jedoch nicht durch eine Coulombsche Reibungskraft, sondern durch eine "schwache" geschwindigkeitsproportionale Dämpfungskraft (mit $D<1$) erfolgen. Wir werden sehen, daß dieses Dissipationsgesetz stabile Grenzzykel möglich macht.

Wir suchen periodische Schwingungen auf. Mit der Bezeichnung $\sigma = \pi \tan\Theta$ aus (3.23/2b) und unter Bezug auf die Abb.5.52/11 finden wir aus (3.22/14):

$$|y_2| = |y_1| e^{-\sigma} \; , \quad |y_3| = |y_2| + J \; ,$$

$$|y_4| = |y_3| e^{-\sigma} \; , \quad |y_5| = |y_4| + J \; .$$

So kommt

$$|y_5| = |y_1| e^{-2\sigma} + J(1 + e^{-\sigma}) \quad . \tag{5.52/8h}$$

Soll die Schwingung periodisch sein, so muß gelten

$$y_5 = y_1 \quad ; \tag{5.52/9h}$$

der Punkt ① stellt dann den Fixpunkt der Abbildung dar. Aus (5.52/8h) und (5.52/9h) folgt

$$y_F = J\frac{1 + e^{-\sigma}}{1 - e^{-2\sigma}} \quad . \qquad (5.52/10h)$$

Der Bruch, der als Faktor bei J steht, ist reell und positiv für den ganzen Wertebereich $0 < D < 1$. Es gibt daher zu jedem J und jedem erlaubten Wert von D einen stabilen Grenzzykel, der Schwinger h kann

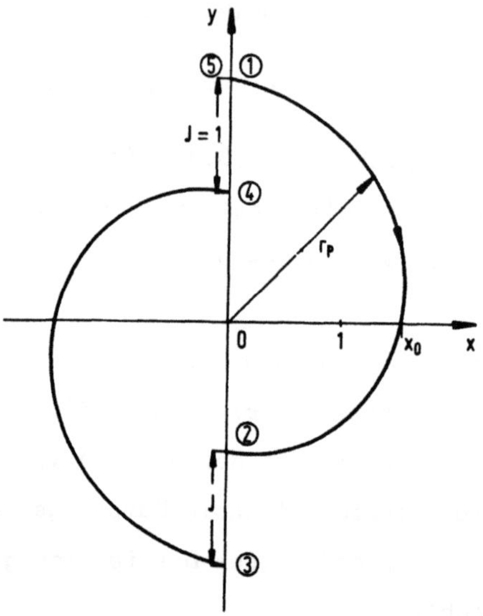

Abb.5.52/11. Schwinger h: Grenzzykel für $D = 0{,}2$ und $J = 1$

stabile periodische Bewegungen ausführen.

Den Stabilitätsbeweis führt man am besten im Anschluß an Gl. (5.52/8h) mit dem in Abschn.5.51 skizzierten Gedankengang. So kommt

$$x_F + \xi_5 = (x_F + \xi_1)e^{-2\sigma} + J[1 - e^{-\sigma}] \qquad (5.52/11h)$$

und daraus wegen (5.52/10h)

$$\xi_5 = \xi_1 e^{-\sigma} < \xi_1 \quad . \qquad (5.52/12h)$$

Im besonderen:

für		gilt		
$D \rightarrow 0$,	$\Theta \rightarrow 0$	$\sigma \rightarrow 0$,	$r_F \rightarrow \infty$;	(5.52/13h)
$D \rightarrow 1$,	$\Theta \rightarrow \pi/2$	$\sigma \rightarrow \infty$,	$r_F \rightarrow J$.	

Der Grenzzykel r_P der Abb.5.52/11 entsteht, wie in Abb.3.23/2 und Abb.3.23/3 gezeigt ist, aus zwei logarithmischen Spiralen A und B. Das Beispiel wurde für den Parameterwert $D = 0{,}2$ bzw. $\sigma = 0{,}6413$ sowie mit $y_1 = y_5 = y_F = 2{,}112\,J$, $|y_2| = y_4 = 1{,}127\,J$ und $x_0 = 1{,}543\,J$ gezeichnet.

5.53 Differentialgleichungen mit Gliedern vom Typ $\mathrm{sign}(\dot{x})\dot{x}^2$

In den bisherigen Abschnitten dieses Kapitels wurden abschnittsweise l i n e a r e Differentialgleichungen behandelt. Nun soll eine weitere Klasse von Differentialgleichungen mit Unstetigkeitsstellen anhand von drei Beispielen untersucht werden; trotz ihrer Nichtlinearität lassen dabei die Differentialgleichungen einen ersten Integrationsschritt zu. Das erste Beispiel wird in Abschn.5.54, die beiden anderen werden in Abschn.5.55 noch ausführlicher diskutiert.

Beispiel 1 ist ein passiver Schwinger ohne Dämpfungskraft. Seine Bewegungsgleichung lautet in einer den Gln.(3.20/4) und (4.12/4) angepaßten Schreibweise

$$\ddot{q} + \frac{\delta}{2}\dot{q}^2\,\mathrm{sign}\,\dot{q} + \varkappa^2 f(q) = 0 \,. \tag{5.53/1}$$

Die klassische Differentialgleichung eines aktiven Schwingers ist die van der Polsche Gleichung

$$\ddot{q} - \beta\dot{q}(1 - \alpha^2 q^2) + \varkappa^2 q = 0 \,. \tag{5.53/2}$$

Ihr zumindest äußerlich recht ähnlich ist die Gleichung unseres zweiten Beispiels,

$$\ddot{q} - \frac{\delta}{2}(1 - \alpha^2 q^2)\dot{q}^2\,\mathrm{sign}\,\dot{q} + \varkappa^2 q = 0 \,, \tag{5.53/3}$$

wir wollen sie die " e r s t e modifizierte van der Polsche Gleichung" nennen. Im Gegensatz zur van der Polschen Gleichung selbst, die weder im Zeitbereich noch in der Phasenebene in geschlossener Form lösbar ist, läßt sie wenigstens einen ersten Integrationsschritt zu. Wenn überdies das Rückstellglied nichtlinear ist,

$$\ddot{q} - \frac{\delta}{2}(1 - \alpha^2 q^2)\dot{q}^2 \operatorname{sign}\dot{q} + \varkappa^2 f(q) = 0, \qquad (5.53/4)$$

heiße die Gleichung " z w e i t e modifizierte van der Polsche Gleichung". Auch sie erlaubt einen ersten Integrationsschritt. Die beiden Modifikationen kann man oft vorteilhaft als Ersatz für Gl.(5.53/2) verwenden. Im Beispiel 3 tritt an die Stelle des Faktors $(1-\alpha^2 q^2)$ im mittleren Term eine allgemeine gerade Funktion:

$$\ddot{q} - \frac{\delta}{2} g(q)\dot{q}^2 \operatorname{sign}\dot{q} + \varkappa^2 f(q) = 0 . \qquad (5.53/5)$$

Diese Gleichung nennen wir " d r i t t e modifizierte van der Polsche Gleichung"; sie schließt mit

$$g(q) \equiv -1 \qquad \text{und} \qquad g(q) \equiv 1 - \alpha^2 q^2$$

die Gln.(5.53/1) und (5.53/4) der beiden anderen Beispiele ein. Wir legen sie daher den weiteren Betrachtungen dieses Abschnitts zugrunde.

Zunächst normieren wir Gl.(5.53/5), wie in Abschn.5.12 gezeigt, auf die dimensionslosen Veränderlichen $x = q/L$ und $\tau = \varkappa t$: Wir schreiben sie mit leicht erkennbarer Bedeutung von $g^*(x)$ und $f^*(x)$ (siehe auch die Abschn.5.54 und 5.55) als

$$x'' - g^*(x)x'^2 \operatorname{sign} x' + f^*(x) = 0 \qquad (5.53/6)$$

Mit Benutzung der Abkürzung $y = x'$ und der neuen abhängigen Veränderlichen $z := y^2$ sowie wegen der Identitäten

$$x'' = y\,\frac{dy}{dx} = \frac{1}{2}\,\frac{dy^2}{dx}$$

wird sie zu

$$\frac{dz}{dx} - 2g^*(x)z \operatorname{sign} y = -2f^*(x) . \qquad (5.53/7)$$

Als Differentialgleichung für die Funktion $z(x)$ ist diese Gleichung abschnittsweise linear und von erster Ordnung; explizit geschrieben gilt

$$\begin{aligned} &\text{im Gebiet I, } y>0, && \frac{dz}{dx} - 2g^*(x)z = -2f^*(x)\,, \\ &\text{im Gebiet II, } y<0, && \frac{dz}{dx} + 2g^*(x)z = -2f^*(x)\,. \end{aligned} \qquad (5.53/7a)$$

Schaltgerade ist $y=0$.

Die allgemeine Lösung von (5.53/7) lautet

$$z - z_a = -e^{G(x)\,\mathrm{sign}\,y} \int_{x_a}^{x} 2f^*(u)\, e^{-G(u)\,\mathrm{sign}\,y}\, du \;, \qquad (5.53/8)$$

dabei ist

$$G(x) = \int_0^x 2g^*(s)\, ds \;, \qquad (5.53/9)$$

z_a und x_a bezeichnen das Paar der Anfangswerte.

Wir benutzen nun wieder den Gedanken der Punkttransformation und wählen die Schaltgerade (x-Achse) als Abbildungsgerade. Für die obere Hälfte der Phasenebene, wo $\mathrm{sign}\,y = +1$ ist, lautet die Funktion, die die Abbildung von $x_0 < 0$ auf $x_1 > 0$ vermittelt,

$$\int_{x_0}^{x_1} f^*(x)\, e^{-G(x)}\, dx = 0\,. \qquad (5.53/10_{I})$$

Für die untere Halbebene ist wegen $\mathrm{sign}\,y = -1$ die Funktion für die Abbildung von $x_1 > 0$ auf $x_2 < 0$ gegeben durch

$$\int_{x_1}^{x_2} f^*(x)\, e^{+G(x)}\, dx = 0\,. \qquad (5.53/10_{II})$$

ie Schaltpunkte x_i bezeichnen (wegen $y_i = 0$) aufeinanderfolgende Scheiwerte der Schwingung.

Wenn man zwei Funktionen, $N_I(x)$ und $N_{II}(x)$, definiert als

$$N_I(x) := \int_0^x f^*(u)\, e^{-G(u)}\, du \;, \qquad (5.53/11_{I})$$

$$N_{II}(x) := \int_0^x f^*(u)\, e^{+G(u)}\, du \;, \qquad (5.53/11_{II})$$

so schreiben sich die Beziehungen (5.53/10$_I$) und (5.53/10$_{II}$)

$$N_I(x_1) = N_I(x_0) \tag{5.53/12$_I$}$$

und

$$N_{II}(x_2) = N_{II}(x_1) \quad . \tag{5.53/12$_{II}$}$$

Als Gedächtnisstütze sei notiert: Wegen (5.53/8) gilt der Index I, wenn $y>0$, und der Index II, wenn $y<0$ ist.

Die Funktionen $N_I(x)$ und $N_{II}(x)$ legen zur Ermittlung aufeinanderfolgender Schaltpunkte x_i ein graphisches Vorgehen nahe, wie es Abb.5.53/1 zeigt: N_I erlaubt, aus den $x_{2k}<0$ die $x_{2k+1}>0$ zu bestimmen, N_{II} aus $x_{2k+1}>0$ die $x_{2k+2}<0$.

Nun betrachten wir einen häufigen Sonderfall der Dgl. (5.53/6): in ihm sei erstens $f^*(x)$ ungerade, zweitens $g^*(x)$ gerade und deshalb $G(x)$ ungerade. Unter diesen Voraussetzungen wird, wie aus den Gln.(5.53/11) hervorgeht,

$$N_I(-x) = N_{II}(x) \quad , \tag{5.53/13a}$$

$$N_{II}(-x) = N_I(x) \quad . \tag{5.53/13b}$$

Die Abbildungsgleichungen (5.53/12) werden damit zu

$$N_{II}(|x_i|) = N_I(|x_{i+1}|) \quad . \tag{5.53/14}$$

Für diesen Sonderfall sind je zwei der vier in Abb.5.53/1 erscheinenden Kurvenäste einander kongruent. Es existieren deshalb nur zwei verschiedene Äste; sie sind in Abb.5.53/2 für positive x aufgezeichnet. In diese Abb.5.53/2 sind auch zwei Treppenzüge ① und ② eingetragen, die zeigen, wie aufeinanderfolgende Absolutwerte $|x_i|$ gemäß (5.53/14) bestimmt werden. Der Treppenzug ① zeigt mit i steigende Werte $|x_i|$, der Treppenzug ② abnehmende. Der Schnittpunkt S der beiden Kurvenäste $N_I(x)$ und $N_{II}(x)$ bezeichnet einen Fixpunkt $|x_F|$ der Abbildung der $|x_i|$ und somit die Schwingweite x_F des Grenzzykels. Im gezeichneten Beispiel ist $|x_F|$ und damit der Grenzzykel stabil.

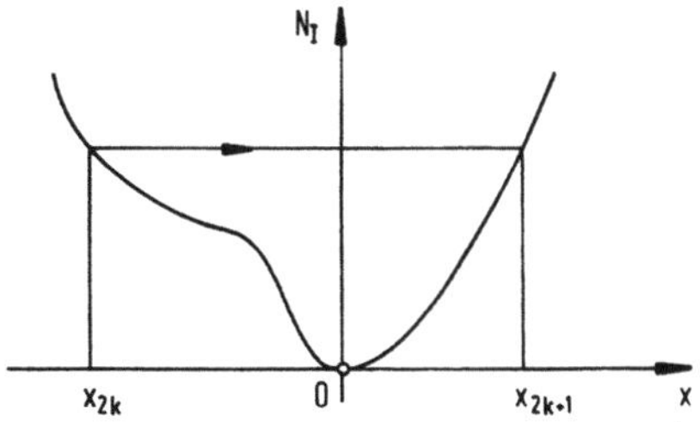

Abb.5.53/1a.
Funktion $N_I(x)$ mit zwei aufeinanderfolgenden Schaltpunkten x_i

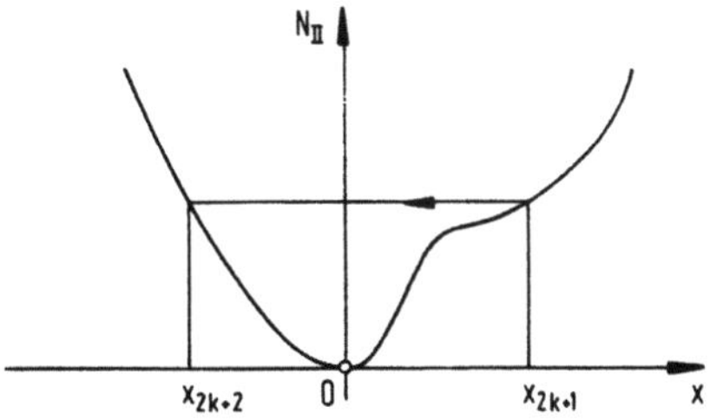

Abb.5.53/1b.
Funktion $N_{II}(x)$ mit zwei aufeinanderfolgenden Schaltpunkten x_i

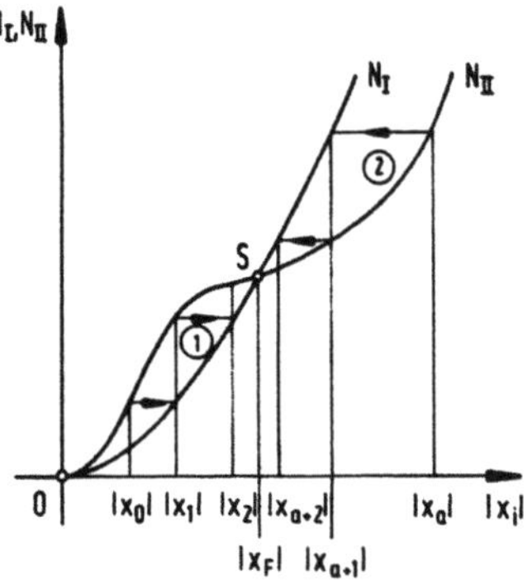

Abb.5.53/2.
Kurvenäste N_I und N_{II} für den Sonderfall (5.53/13)

5.54 Der Schwinger mit quadratischer Dämpfungskraft

Dieser Schwinger wurde in Abschn.5.53 schon erwähnt; seine Bewegungsgleichung ist die Dgl.(5.53/1). Mit der Normierungslänge L (siehe Abschn.5.12) haben die Funktionen $f^*(x)$ und $2g^*(x)$ hier die Bedeutung

$$f^*(x) = \frac{1}{L} f(xL) \quad ,$$
$$2g^*(x) = -\delta L = \text{const.} \;;\quad G(x) = -(\delta L)x \;. \qquad (5.54/1)$$

Wir setzen weiterhin voraus, daß $f(x)$ ungerade sei; dann gehört dieser Schwinger zu dem in Abschn.5.53 hervorgehobenen Sonderfall mit den Eigenschaften (5.53/13) und der Abbildungsgleichung (5.53/14). Die beiden Kurvenäste $N_I(x)$ und $N_{II}(x)$ der Abb.5.53/2 haben jetzt die Gleichungen

$$N_I(x) = \int_0^x f^*(u)\, e^{\delta L u} du \,, \qquad N_{II}(x) = \int_0^x f^*(u)\, e^{-\delta L u} du \,. \tag{5.54/2}$$

Die beiden Äste treffen sich nur für $x = 0$; es existiert kein Fixpunkt und somit kein Grenzzykel; die Schwingung klingt für alle x ab.

Ausführlich behandeln wir weiterhin den Fall der linearen Rückstellkraft $f(x) = x$; für andere Arten von Rückstellkräften werden wir - nachdem der Weg vorgezeichnet ist - die Ergebnisse ohne Herleitung anschreiben.

Mit $f^*(x) = x$ werden die beiden Funktionen $N_I(x)$ und $N_{II}(x)$ gemäß (5.54/2) zu

$$N_I(x) = \frac{1}{(\delta L)^2}[1 - e^{\delta L x}(1 - \delta L x)] \,, \qquad N_{II}(x) = \frac{1}{(\delta L)^2}[1 - e^{-\delta L x}(1 - \delta L x)] \,. \tag{5.54/3}$$

Statt mit den Funktionen N_I und N_{II} selbst arbeitet man hier vorteilhafter mit zwei aus ihnen abgeleiteten Funktionen, nämlich mit

$$\eta_k = -\ln[-(\delta L)^2 N_k(x) + 1] \,, \qquad (k = I, II) \,. \tag{5.54/4}$$

Unter Benutzung von $\xi := \delta L x$ lauten sie

$$\eta_I(\xi) = -\xi - \ln(1 - \xi) \,, \qquad \eta_{II}(\xi) = +\xi - \ln(1 + \xi) \,. \tag{5.54/4a}$$

Aus der Abbildungsgleichung (5.53/14) wird dabei

$$\eta_{II}(|\xi_i|) = \eta_I(|\xi_{i+1}|) \,. \tag{5.54/5}$$

In der Abb.5.54/1 sind die Kurven (5.54/4a) über $|\xi|$ aufgezeichnet und mit dem Treppenzug versehen, der zeigt, wie die aufeinanderfolgenden

Absolutwerte $|\xi_i|$ gemäß Gl.(5.54/5) erhalten werden.

Die Kurve $\eta_I(\xi)$ hat im Punkte $\xi_L = 1$ eine vertikale Asymptote. Das besagt: Wie groß auch immer die anfängliche (dimensionslose) Schwingweite ξ_0 sein mag, die nächste ist dem Betrage nach kleiner als Eins.

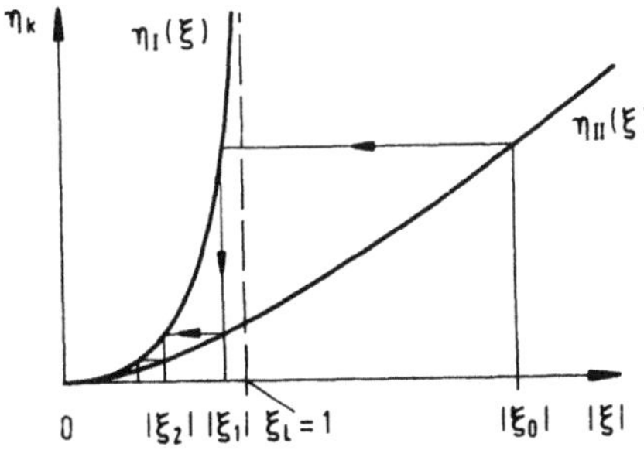

Abb.5.54/1.
Funktionen $\eta_I(\xi)$ und $\eta_{II}(\xi)$ sowie Folge der Schaltwerte $|\xi_i|$ gemäß (5.54/5)

Hier sei noch angemerkt: Die Funktion $\eta_{II}(\xi)$ nach Gl.(5.54/4a) stimmt überein mit F(z) nach (5.52/8d'). Zwischen $\eta_I(\xi)$ und $\eta_{II}(\xi)$ besteht die der Gl.(5.53/13b) entsprechende Beziehung $\eta_I(\xi) = \eta_{II}(-\xi)$. Die Bedeutung der beiden Kurvenäste in Abb.5.52/7b ist im Zusammenhang mit den Gln.(5.52/9) im einzelnen beschrieben worden. Man erkennt daraus, daß der rechte Ast mit $\eta_{II}(\xi)$, der linke mit $\eta_I(\xi)$ identisch ist.

Wird die Rückstellkraft durch eine Potenzfunktion $f^*(x) = x^n$ beschrieben, so wird $N_{II}(x)$ nach (5.54/2) zu

$$N_{II}(\xi) = \frac{1}{(\delta L)^{n+1}}\{n! - e^{-\xi}[\xi^n + n\xi^{n-1} + \ldots + n!]\}\,; \qquad (5.54/6_{II})$$

analog zu (5.54/4a) wird eine Funktion

$$\eta_{II} := \xi - \ln(1 + \xi + \frac{\xi^2}{2!} + \ldots + \frac{\xi^n}{n!}) \qquad (5.54/7_{II})$$

definiert.

Die Funktion $N_I(\xi)$ folgt aus (5.53/13b) zu

$$N_I(\xi) = N_{II}(-\xi)\,, \qquad (5.54/6_I)$$

deshalb wird

$$\eta_I(\xi) = \eta_{II}(-\xi) \ . \qquad (5.54/7_I)$$

Abbildungsgleichung ist nach wie vor die Gl.(5.54/5).

Die Schaltwerte $|\xi_i|$ können wieder einem Diagramm entnommen werden, das qualitativ dem der Abb.5.54/1 entspricht. Die Abszisse der lotrechten Asymptote ist dabei jeweils die kleinste Wurzel des Polynoms, das im Ausdruck für η_I [aus Gl.(5.54/7_{II}) mit (5.54/7_I) gebildet] Argument des Logarithmus ist. Für $n = 3$ wird $\xi_L = 1{,}596$, für $n = 5$ findet man $\xi_L = 2{,}180$.

In ähnlicher Weise können auch Rückstellkräfte behandelt werden, die durch Polynome der Form $f^*(x) = x + \alpha_3 x^3 + \alpha_5 x^5 + \ldots$ statt durch reine Potenzausdrücke beschrieben werden.

Für den Fall sinusförmiger Rückstellkraft, $f^*(x) = \sin x$, geben wir die Resultate an. (Man beachte, daß hier $q \equiv x$, also $L = 1$ und somit $\xi = \delta x$ ist.) Es wird $N_{II}(x)$ nach (5.54/2) zu

$$N_{II}(x) = \frac{1}{1+\delta^2}\left[1 - e^{-\delta x}(\delta \sin x + \cos x)\right] \qquad (5.54/8)$$

Die Funktion $\eta_{II}(x)$ wird hier zweckmäßig zu

$$\eta_{II} := e^{-\delta x}(\delta \sin x + \cos x) \qquad (5.54/9)$$

definiert. $N_I(\xi)$ und $\eta_I(\xi)$ folgen wieder aus (5.54/6_I) und (5.54/7_I). Abbildungsgleichung bleibt (5.54/5).

Es sei noch angemerkt, daß für kleine Werte ξ die Funktionen $\eta(\xi)$ in (5.54/4a), (5.54/7), (5.54/9) usw. zweckmäßig durch die jeweiligen Potenzreihen-Entwicklungen ersetzt werden. Für $n = 1$ erhält man so z.B.

$$\eta_{II} = \frac{\xi^2}{2}\left(1 - \frac{2}{3}\xi\right) \ . \qquad (5.54/10a)$$

Aus der transzendenten Gl.(5.54/5) wird dann eine kubische,

$$\xi_1^2\left(1 + \frac{2}{3}|\xi_1|\right) = \xi_0^2\left(1 - \frac{2}{3}|\xi_0|\right) \ , \qquad (5.54/10b)$$

sie kann für kleine Werte ξ_0, ξ_1 durch

$$|\xi_1| = |\xi_0|(1 - \frac{2}{3}|\xi_0|) \qquad (5.54/10c)$$

ersetzt werden. Für $n = 3$ lauten die den Gln.(5.54/10b) und (5.54/10c) entsprechenden beiden Gleichungen

$$\xi_1^4(1 + \frac{4}{5}|\xi_1|) = \xi_0^4(1 - \frac{4}{5}|\xi_0|) \qquad (5.54/11b)$$

und

$$|\xi_1| = |\xi_0|(1 - \frac{2}{5}|\xi_0|) \; . \qquad (5.54/11c)$$

Die Gln.(5.54/10c) und (5.54/11c) besagen: Je kleiner die Schwingungsweite ξ_i, umso näher liegt der Quotient $|\xi_{i+1}| / |\xi_i|$ bei Eins. Dieses Verhalten des quadratisch gedämpften Schwingers unterscheidet sich grundsätzlich von dem des linear gedämpften, wo dieser Quotient von der Ausschlagweite unabhängig ist.

Zum Schluß sei noch betont: Wenn die Dämpfungskraft des einfachen Schwingers linear ist, so läßt sich nur der Fall, in dem auch die Rückstellkraft linear ist, geschlossen behandeln. Ist die Dämpfungskraft dagegen quadratisch, läßt sich auch für nichtlineare Rückstellkräfte wenigstens die Folge der Schwingweiten explizit angeben. Es mag sich deshalb gelegentlich empfehlen, in der Bewegungsgleichung eines Schwingers anstelle der vorhandenen Dämpfungskraft eine "ersetzende quadratische" zu benutzen.

5.55 Die "modifizierten van der Polschen" Differentialgleichungen

In diesem Abschnitt behandeln wir ausführlicher die Beispiele 2 und 3 des Abschn.5.53, also aktive Schwinger, deren Bewegungsgleichungen durch die Dgln.(5.53/4) oder (5.53/5) gegeben sind.

Gl.(5.53/4) geht in die dimensionslose Form (5.53/7) über, wenn, analog zu (5.54/1),

$$f^*(x) = \frac{1}{L} f(Lx) \qquad (5.55/1a)$$

und

$$2g^*(x) = \delta L(1 - \alpha^2 L^2 x^2) \qquad (5.55/1b)$$

gesetzt werden. Die Funktion G(x) aus (5.53/9) wird hier zu

$$G(x) = \delta L(x - \alpha^2 L^2 x^3/3) \quad . \qquad (5.55/1c)$$

Die weitere Untersuchung führen wir nur für ungerade Funktionen $f^*(x)$ durch. Wenn wir definieren

$$N_I(x) = N_{II}(-x) \quad \text{und} \quad N_{II}(x) := \int_0^x f^*(\sigma)\, e^{\delta L(\sigma - \alpha^2 L^2 \sigma^3/3)} d\sigma \; , \qquad (5.55/2)$$

so wird auch hier die Abbildungsgleichung durch die Beziehung (5.53/14)

$$N_{II}(|x_i|) = N_I(|x_{i+1}|) \qquad (5.55/3)$$

geliefert. Das qualitative Aussehen der Funktionen $N_k(x)$ entspricht der Abb.5.53/2. Der Vorgang nähert sich von außen oder von innen einem Grenzzykel; er wird bezeichnet durch den (hier stabilen) Fixpunkt x_F der Abbildung nach Gl.(5.55/3). x_F ist die Abszisse des Schnittpunktes S der Kurven $N_I(x)$ und $N_{II}(x)$.

An diesen Feststellungen ändert sich nichts, wenn man zur dritten modifizierten van der Polschen Gleichung (5.53/5) übergeht. Solange g(q) den in Abb.5.55/1 skizzierten Verlauf hat, der nur quantitative Unterschiede zum zweiten Beispiel bringt, solange bleibt auch der Verlauf von $N_I(x)$ und $N_{II}(x)$ qualitativ erhalten; die Schwingung besitzt einen stabilen Grenzzykel.

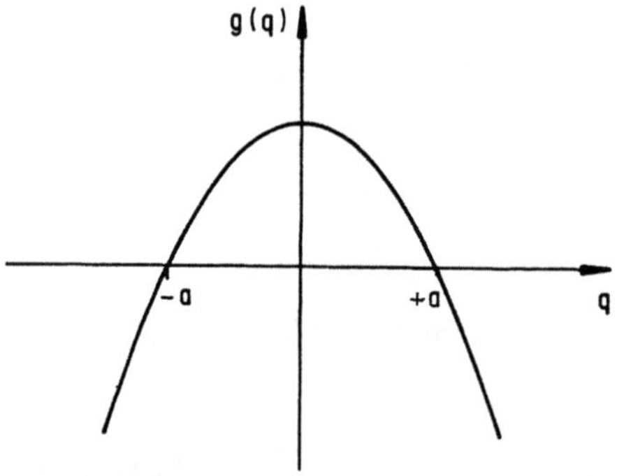

Abb.5.55/1.
Qualitativer Verlauf von g(q)

5.56 Reibschwinger

In Abhängigkeit von der Gleitgeschwindigkeit zeigt der Verlauf einer sogenannten Coulombschen Reibungskraft typische Unstetigkeiten.

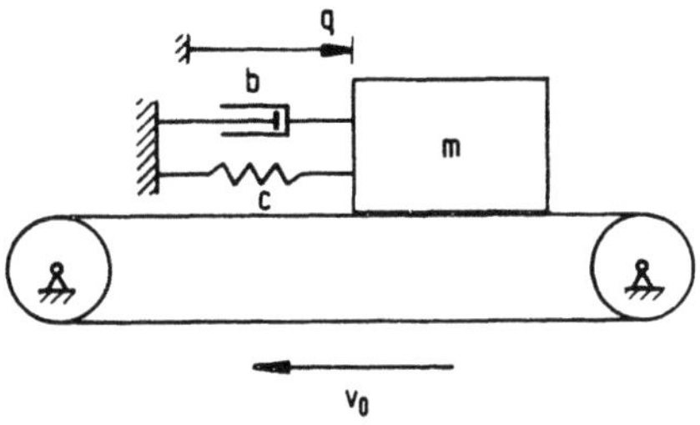

Abb.5.56/1.
Reibschwinger; Anordnung

Ein Modell, an dem sich die genannten Erscheinungen untersuchen lassen, zeigt Abb.5.56/1: Ein "endloses" Band läuft mit der Geschwindigkeit v_0 über zwei Rollen. Auf dem Band liegt ein Klotz (Punktkörper) m, der über eine Feder c und einen Dämpfer b (Schwinger S_b) an die Umgebung gefesselt ist. Ist $b = 0$, fehlt also die Dämpferkraft, so sprechen wir auch vom Schwinger S. Zwischen Klotz und Band wirkt eine Reibkraft R. Sie hängt ab vom Betrag und von der Richtung der Gleitgeschwindigkeit; diese ist hier die Relativgeschwindigkeit

$$v_{rel} := v_0 - \dot{q} \,. \qquad (5.56/1)$$

Mißt man den Ausschlag q von der entspannten Lage der Feder aus, so lautet die Bewegungsgleichung des Klotzes

$$m\ddot{q} + b\dot{q} + cq = R \,. \qquad (5.56/2)$$

Wir betrachten zwei Schwinger (S_0 und S_b) mit verschiedenen Reibungsgesetzen $R(v_{rel})$.

a) Für einen Schwinger S_0 soll das Reibungsgesetz lauten:

$$\text{für} \quad v_{rel} \neq 0 \; : \quad R = R_g \,\text{sign}\, v_{rel} \,, \qquad (5.56/3a)$$

$$\text{für} \quad v_{rel} = 0 \; : \quad -R_h < R < R_h \,. \qquad (5.56/3b)$$

R_g ist der Betrag der Gleitreibkraft; R_h ist der Maximalbetrag der Haftkraft. Die beiden Größen R_g und R_h dürfen verschiedene Werte haben. Abb.5.56/2 zeigt das zugehörige Diagramm.

Die Gleichungen sollen nun normiert werden. Dazu setzen wir

$$\tau := \varkappa t \;;\quad \varkappa = \sqrt{c/m} \;;\quad x := \frac{c}{R_g} q \;;\quad v_0^* := \frac{c}{\varkappa R_g} v_0 \qquad (5.56/4)$$

und erhalten für (5.56/2) mit (5.56/3a) die Fassung

$$x'' + x = \mathrm{sign}(v_0^* - x') \,. \qquad (5.56/5)$$

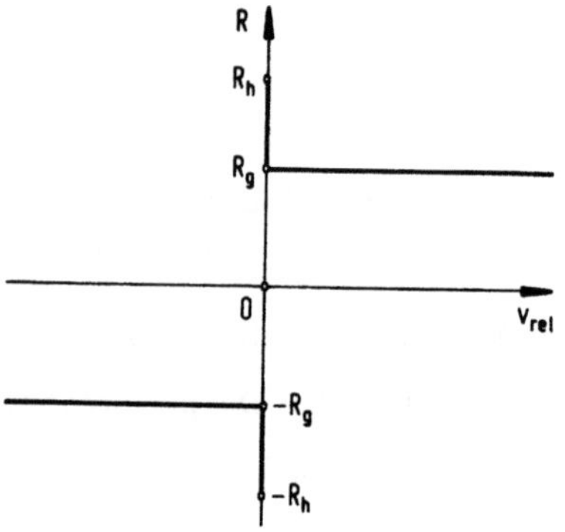

Abb.5.56/2.
Diagramm zum Reibungsgesetz (5.56/3)

Sie ist gleichbedeutend mit

$$x'' + x = \begin{cases} +1 & \text{für} \quad x' < v_0^* \,, \\ -1 & \text{für} \quad x' > v_0^* \,. \end{cases} \qquad (5.56/5')$$

Die Lösung lautet mit den Integrationskonstanten A und γ

$$x = \pm 1 + A\cos(\tau + \gamma) \qquad (5.56/6)$$

oder

$$(x \mp 1) = A\cos(\tau + \gamma) \,.$$

Differenzieren liefert

$$x' = -A\sin(\tau + \gamma) \,,$$

es gilt also

$$x'^2 + (x \mp 1)^2 = A^2 \,. \qquad (5.56/7)$$

Ist die Relativgeschwindigkeit $v_{rel} = 0$ und somit $v_0^* - x' = 0$, so gilt für R anstelle der Gl.(5.56/3a) die Ungleichung (5.56/3b). Falls

$$c|q| < R_h \tag{5.56/8}$$

ist, stehen Federkraft und Haftkraft im Gleichgewicht, $\ddot{q}$ (und somit x'') ist Null, daher behalten $\dot{q}$ und x' die konstanten Werte v_0 bzw. v_0^*, die Relativgeschwindigkeiten v_{rel} und $v^* - x'$ werden Null. Der Körper haftet auf dem Band, oder anders ausgedrückt: Er bewegt sich mit der Geschwindigkeit v_0 (bzw. v_0^*) nach rechts und zwar so lange, bis die Federkraft $c|q|$ den Maximalwert R_h der Haftkraft überschreitet. Die Stelle, an der das geschieht, heiße q_h; es ist wegen (5.56/8)

$$q_h = R_h/c\,. \tag{5.56/8'}$$

In x geschrieben kommt wegen (5.56/4) und (5.56/8')

$$x_h := \frac{c}{R_g} q_h = \frac{c}{R_g}\frac{R_h}{c} = \frac{R_h}{R_g}\,. \tag{5.56/9}$$

Über das Phasenportrait können wir nun aussagen:
E r s t e n s, die der Gl.(5.56/7) entsprechenden Trajektorien sind Kreise um die Punkte (+1,0) und (-1,0). Ihr Radius A hängt von den Anfangswerten (x,y) ab. Eine Phasenkurve setzt sich aus endlich vielen solcher Kreisbogenstücke zusammen, die abwechselnd die Punkte $x = +1$ und $x = -1$ zum Mittelpunkt haben.
Z w e i t e n s, die soeben ausgesprochene Konstruktionsregel für die Phasenkurven verliert ihre Gültigkeit, wenn $v_{rel} = 0$ wird, während die Ungleichung (5.56/8) erfüllt ist. Das heißt aber, sie verliert ihre Gültigkeit, wenn eine Phasenkurve im Bereich $-x_h \leqq x \leqq x_h$ [mit x_h gemäß (5.56/9)] auf die Horizontale $y = v_0^*$ trifft. Tut sie das, so läuft der Phasenpunkt auf der Horizontalen $y = v_0^*$ bis zur Stelle $x = +x_h$. Hier reißt die Haftung ab, es gilt wieder die Bewegungsgleichung (5.56/5), und somit tritt wieder die Konstruktionsregel für die Kreise in Kraft: Das nächste Stück der Phasenkurve ist ein Kreisbogen mit dem Mittelpunkt $x = +1$.

In der Abb.5.56/3 ist ein Phasenportrait gezeichnet. Es enthält Beispiele für verschiedene Phasenkurven. Kurven vom Typ (1) bestehen so lange aus Kreisbogenstücken um $x = \pm 1$, bis sie die Horizontale $y = v_0^*$ auf der "Ruhestrecke" $-x_h \leqq x \leqq +x_h$ treffen. Sie laufen auf dieser Geraden bis zum Punkt $x = +x_h$ und münden damit in den Grenzzykel G ein. Für genügend kleine Anfangsauslenkungen und -geschwindigkeiten erhält man Phasenkurven vom Typ (2); es sind Kreise um $x = +1$, die nie die Gerade $y = v_0^*$ treffen. Grenzfall ist der strichpunktierte Kreis (3) mit dem Radius $A = v_0^*$.

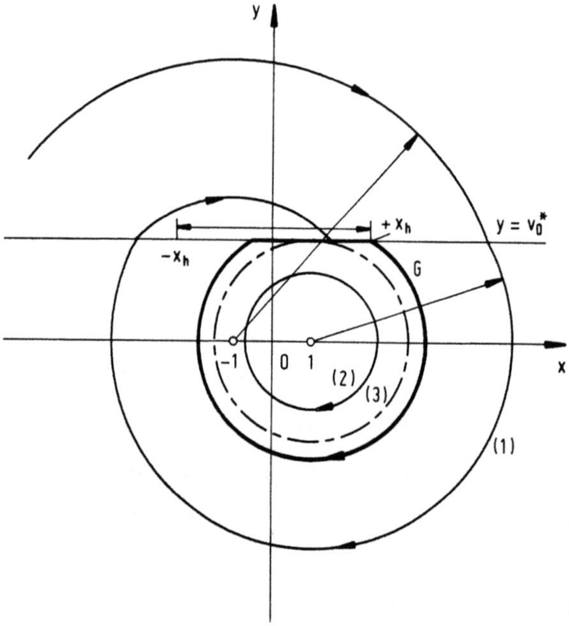

Abb.5.56/3. Phasenportrait eines Schwingers S_0 $(b = 0)$ mit Reibungsgesetz (5.56/3)

Trajektorien, die innerhalb des Grenzzykels, aber außerhalb des Kreises (3) beginnen, bestehen aus einem einzigen Kreisbogenstück und stoßen von innen her auf das Geradenstück des Grenzzykels.

Die "Ruhestrecke" ist in der Abb.5.56/3 durch eine Maßlinie markiert. Der Grenzzykel G ist stark ausgezogen, er besteht aus einem Teilstück der Ruhestrecke und einem Abschnitt des Kreises um (+1,0), der durch den Punkt (x_h, v_0^*) geht.

Sonderfälle der Anordnung lassen sich ebenfalls unschwer überblicken:

(I) Falls im Reibungsgesetz (5.56/3) die beiden Größen R_g und R_h einander gleich sind (wie man bei manchen Anwendungen voraussetzt), so wird x_h nach (5.56/9) zu Eins. Im übrigen behält das Phasenportrait alle wesentlichen der beschriebenen Eigenschaften.

(II) Steht das Band still (schwingt der Klotz also auf ruhender Unterlage), so ist mit $v_0 = 0$ auch $v_0^* = 0$; die Ruhestrecke liegt auf der x-Achse zwischen $x = -x_h$ und $x = +x_h$. Jede Phasenkurve endet dann auf dieser Ruhestrecke; der Grenzzykel ist verschwunden.

Für den Sonderfall $R_h = R_g$, also $x_h = 1$, ist das so entstehende Phasenportrait identisch mit dem der Abb.5.52/5, die zum Schwinger mit der Bewegungsgleichung (5.52/1c) gehört. Diese Gleichung geht ja aus der Bewegungsgleichung (5.56/5) für $v_0^* = 0$ hervor.

Die Tatsache, daß die aus Kreisbogenstücken bestehenden Trajektorien beim Auftreffen auf die "Ruhestrecke" die Gerade nicht durchsetzen, sondern ihr entlang laufen, haben wir hier physikalisch begründet. Sie läßt sich aber mit den Hilfsmitteln des Abschn.5.51 auch formal beweisen.

b) Wir betrachten einen Schwinger S_b mit einer Dämpfungskraft $b\dot{q}$. Als Reibkraftgesetz werde anstelle von (5.56/3) nun verwendet

$$\text{für} \quad v_{rel} \neq 0: \quad R = \left[\frac{R_0 - R_1}{1 + \lambda|v_{rel}|} + R_1\right] \operatorname{sign} v_{rel} , \qquad (5.56/11a)$$

$$\text{für} \quad v_{rel} = 0: \quad -R_0 < R < R_0 . \qquad (5.56/11b)$$

Das zugehörige Diagramm zeigt Abb.5.56/4. Die hier vorgeschlagene Reibkennlinie läßt sich mit Hilfe ihrer drei Parameter R_0, R_1 und λ gemessenen Werten weitgehend anpassen. Wenn $\lambda \to \infty$ geht, entsteht der Ansatz (5.56/3); $R_0 \to R_1$ ergibt den oben beschriebenen Sonderfall mit $x_h = 1$.

Bewegungsgleichung ist (5.56/2) mit (5.56/11). Mit den Normierungsgleichungen

$$\tau = \varkappa t \; ; \; x := \lambda \varkappa q \; ; \; v_0^* := v_0 \frac{c}{\varkappa R_1} \qquad (5.56/12)$$

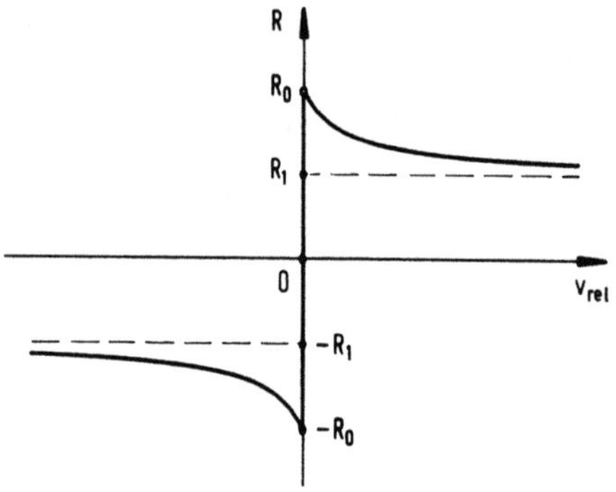

Abb.5.56/4.
Diagramm zum Reibungsgesetz (5.56/11)

entsteht daraus

$$x'' + \frac{b\varkappa}{c}x' + x = \frac{\lambda\varkappa}{c}\left[\frac{R_0 - R_1}{1 + |\lambda v_0^* - x'|} + R_1\right]\text{sign}(\lambda v_0^* - x') \, . \quad (5.56/13a)$$

Die Diskussion dieser Bewegungsgleichung ist beträchtlich aufwendiger als die von (5.56/5). Auch die Ergebnisse unterscheiden sich wesentlich von denen des ersten Falles. Die Phasenebene enthält z.B. große rezeptive Bereiche; die Mannigfaltigkeit der Bewegungen ist erhöht. Wir begnügen uns mit diesen Hinweisen.

5.6 Näherungen für Phasenkurven

5.60 Vorbemerkungen

In den vorangehenden Hauptabschnitten wurden Schwinger behandelt, deren nichtlineare Bewegungsgleichungen im Zeitbereich oder doch wenigstens in der Phasenebene explizit integriert werden konnten. Sehr häufig stößt man jedoch bei praktischen Problemen auf Differentialgleichungen, für die dies nicht zutrifft, so daß man zu ihrer Lösung auf Näherungsverfahren angewiesen ist. In den beiden Hauptabschnitten 5.7 und 5.8 werden wir Näherungsverfahren für die Lösung der Differentialgleichungen im Zeitbereich kennenlernen. Mit einer solchen Näherung $\tilde{x}(\tau)$ kennt man auch eine Näherung $\tilde{y} := \tilde{x}'$ ihrer Ableitung.

Damit hat man aber auch die Parameterdarstellung einer Näherung zur Gleichung y(x) der Phasenkurve. Trotzdem wollen wir in diesem Hauptabschnitt versuchen, ohne den Umweg über den Zeitbereich unmittelbare Näherungen für die Phasenkurven herzustellen.

Näherungsverfahren, die g r a p h i s c h e oder n u m e r i s c h e Hilfsmittel benutzen, lassen sich im allgemeinen einfach handhaben. Sie liefern aber jeweils nur eine einzige Phasenkurve und haben daher den Nachteil, daß der Einfluß etwa vorhandener Parameter nicht ohne weiteres erkennbar ist. Vorteilhafter sind in dieser Hinsicht die a n a l y t i s c h e n Verfahren; in ihnen können Parameter in der Regel mitgenommen werden. Im Gegensatz zu den graphischen und numerischen erlauben sie oft auch die Behandlung und die Diskussion von Grenz- und Sonderfällen. Solche analytischen Verfahren werden zwar in diesem Hauptabschnitt schon verwendet, wegen ausführlichen Darlegungen und Begründungen muß jedoch auf die Hauptabschnitte 5.7 und 5.8 verwiesen werden.

Bei den Differentialgleichungen der Phasenkurve, die wir hier im Hauptabschnitt 5.6 mit Näherungsverfahren behandeln, legen wir jedoch nicht die allgemeine Fassung (5.21/16),

$$\frac{dy}{dx} = \frac{Q(x,y)}{P(x,y)} \quad , \tag{5.60/1}$$

zugrunde; wir beschränken uns vielmehr auf den wichtigen Sonderfall

$$\frac{dy}{dx} = -\frac{h(x,y)}{y} \tag{5.60/2a}$$

oder anders geschrieben

$$y\,\frac{dy}{dx} + h(x,y) = 0 \quad , \tag{5.60/2b}$$

der aus (5.20/1) und somit aus (5.20/5) entsteht.

Wenn in Gl.(5.60/2) die Funktion h nur von x, nicht aber von y abhängt, läßt sich ein erstes Integral durch Quadratur finden. Die

Gl.(5.60/2) ist dann im wesentlichen identisch mit Gl.(5.41/2); das erste Integral wird durch (5.41/3) angegeben. Benötigt werden Näherungsverfahren für Phasenkurven daher vor allem dann, wenn h auch von y abhängt.

Wo wir die Verfahren durch Beispiele erläutern, werden wir in diesem Hauptabschnitt vorzugsweise zwei Modelle heranziehen:

"Schwinger A" ist ein Pendel mit quadratischer Dämpfung; er hat im Zeitbereich die Differentialgleichung

$$x'' + \frac{\delta}{2} x'^2 \operatorname{sign} x' + \sin x = 0 . \qquad (5.60/3)$$

"Schwinger B" sei ein System, das einer verallgemeinerten van der Polschen Differentialgleichung mit linearer und kubischer Rückstellkraft,

$$x'' - \delta(1 - x^2) x' + \gamma x + \beta^2 x^3 = 0 , \qquad (5.60/4)$$

oder Sonderfällen dieser Gleichung genügt.

Für den Schwinger A lautet die Differentialgleichung der Phasenkurven

$$\frac{dy}{dx} = - \frac{\frac{\delta}{2} y|y| + \sin x}{y} . \qquad (5.60/3a)$$

Sie läßt sich streng integrieren und hat die Lösung

$$y = \pm \left[\frac{2\cos x \mp 2\delta \sin x}{1 + \delta^2} + C e^{\mp \delta x} \right]^{1/2} , \qquad (5.60/3b)$$

diese kann als Kontrolle für die Näherung dienen.

Für den Schwinger B lautet die Differentialgleichung der Phasenkurven

$$\frac{dy}{dx} = \delta(1 - x^2) - \frac{\gamma x + \beta^2 x^3}{y} , \qquad (5.60/4a)$$

hier ist eine geschlossene Lösung nicht bekannt.

5.61 Die Methode der Isoklinen

Das von der Differentialgleichung des Phasenportraits (5.60/2) bestimmte Richtungsfeld kann dazu benutzt werden, Näherungskurven zu zeichnen. Als Hilfsmittel können die Isoklinen dienen, das sind die geometrischen Örter gleicher Neigung der Integralkurven. Man erhält ihre Gleichung, indem man der linken Seite von (5.60/2a) feste Parameterwerte $\tan\alpha$ zuordnet [siehe auch (5.21/21)]:

$$\tan\alpha = -\frac{h(x,y)}{y} . \qquad (5.61/1)$$

(5.61/1) ist die Gleichung der Isoklinenschar; der Parameter $\tan\alpha$ bezeichnet die Neigung der Kurvenelemente der Integralkurven von (5.60/2).

Näherungskurven zu den Integralkurven findet man, indem man Kurvenelemente graphisch aneinanderreiht.

Als Beispiel benutzen wir die obengenannte Dgl.(5.60/4) des Schwingers B mit $\delta=\beta=1$, $\gamma=0$,

$$x'' - (1-x^2)x' + x^3 = 0 . \qquad (5.61/2)$$

Aus ihrem Aufbau können wir nach dem in den Hauptabschnitten 5.2 und 5.3 Gesagten erwarten, daß ein Grenzzykel auftritt. Die aus (5.61/2) folgende Differentialgleichung der Phasenkurven lautet:

$$\frac{dy}{dx} = \frac{(1-x^2)y - x^3}{y} . \qquad (5.61/3)$$

Einziger singulärer Punkt der Phasenebene ist der Ursprung (0,0); alle anderen Punkte sind regulär.

Die Abb.5.61/1 zeigt (gestrichelt) die Schar der Isoklinen mit verschiedenen Parameterwerten $\tan\alpha$; die Gleichung der Schar lautet gemäß (5.61/3)

$$y = \frac{x^3}{1-x^2-\tan\alpha} .$$

Eingezeichnet sind ferner zwei Näherungskurven zu den Phasenkurven

(Integralkurven). Man sieht, wie beide Integralkurven einem Grenzzykel G zustreben, die eine von außen, die andere von innen.

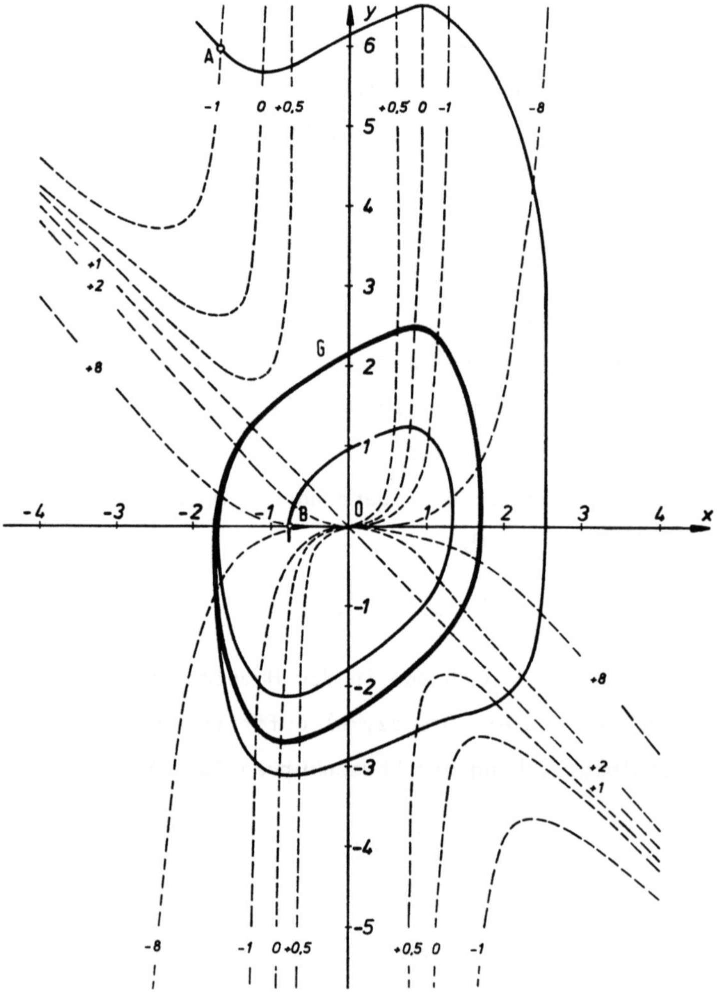

Abb.5.61/1. Schar von Isoklinen zur Dgl.(5.61/3, Parameter ist tan α (gestrichelt), zwei Näherungen zu den Phasenkurven (ausgezogen) und Grenzzykel G (stark ausgezogen)

Aus Abschn.5.21 wissen wir: Benutzt man in der Phasenebene Polarkoordinaten (r,φ) gemäß (5.21/27), so erhält die Dgl.(5.21/16) die Form (5.21/28). Im Sonderfall (5.60/2a) entsteht daher die Form

$$\frac{r\,d\varphi}{dr} = \frac{r\cos^2\varphi + h\sin\varphi}{r\sin\varphi\cos\varphi - h\cos\varphi}\;; \qquad (5.61/4a)$$

dabei bedeutet die linke Seite

$$\frac{r\,d\varphi}{dr} = \tan\Theta \qquad (5.61/4b)$$

und Θ den Winkel, den die Integralkurve mit dem Fahrstrahl OP einschließt; Abb.5.61/2. Auch hier gelangt man mit festen Werten $\tan\Theta$ auf der linken Seite von (5.61/4a) zur Gleichung einer Schar von "Isoklinen". Diese Isoklinen sind nun die geometrischen Örter solcher Punkte, in denen die Richtungselemente der Integralkurven feste Winkel Θ mit den Fahrstrahlen einschließen.

Abb.5.61/2.
Zu Gl.(5.61/4b)

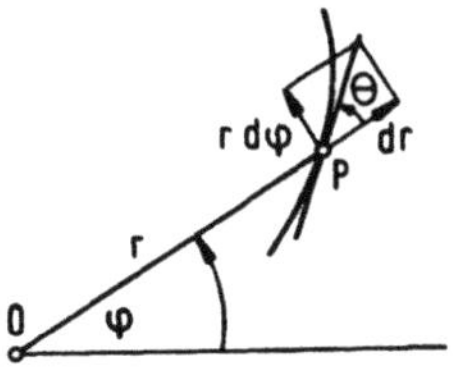

Beispiel: Für den Schwinger B mit den Dgln.(5.61/2) und (5.61/3) lautet die Gl.(5.61/4) der Isoklinenschar in Polarkoordinaten

$$\tan\Theta = \frac{\cos\varphi(\cos\varphi - \sin\varphi) + r^2\sin^3\varphi(\cos\varphi + \sin\varphi)}{\cos\varphi(\cos\varphi + \sin\varphi) - r^2\sin^2\varphi\cos\varphi(\cos\varphi + \sin\varphi)}\;. \qquad (5.61/5)$$

Hier verzichten wir auf das Aufzeichnen.

5.62 Eigentlich graphische Verfahren; δ-Methode, Liénardsche Verfahren

α) Allgemeines

Häufig sucht man nur eine geringe Anzahl von Phasenkurven. Dann ist der Aufwand bei der Isoklinenmethode recht groß, da man sich ja die Steigungsmaße in der ganzen Phasenebene verschaffen muß, ehe man eine einzelne Phasenkurve zeichnen kann. Es taucht daher der Wunsch nach Verfahren auf, die in gezielter Weise zu einer bestimmten Phasenkurve hinleiten. Solche Verfahren gehen alle aus von der Differentialgleichung erster Ordnung für das Phasenportrait. Für jeden Punkt (x,y) gibt (5.60/2) und damit (5.61/1) die Richtung des Linienelementes der Phasenkurve an. Man kann also durch Aneinanderreihen der Linienelemente eine herausgegriffene Phasenkurve gewinnen. Bevor wir auf die Systematik des Anstückelns eingehen, zeigen wir, wie das Linienelement zeichnerisch aufgefunden werden kann (Abb.5.62/1). Die Richtung der Tangente an die Phasenkurve in einem Punkt $P(x_1, y_1)$ läßt sich aus einem Dreieck bestimmen, dessen eine Kathete PB die Länge y_1, dessen zweite Kathete BD die Länge $h(x_1, y_1)$ hat. Die Richtung der Tangente wird gefunden als Senkrechte zur Hypotenuse DP. Denn wegen

$$\tan\alpha = \frac{dy}{dx} \qquad \text{sowie} \qquad \tan\beta = \frac{y_1}{h}$$

folgt aus der Orthogonalitätsbedingung $\tan\alpha = -1/\tan\beta$ die Beziehung (5.61/1).

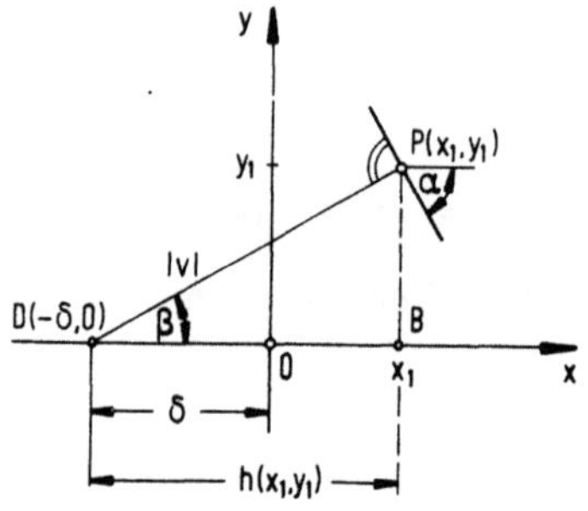

Abb.5.62/1.
Konstruktion des Steigungsdreiecks und des Linienelementes in $P(x_1, y_1)$

Die Hypotenuse DP im Dreieck PBD stellt übrigens wegen (5.21/11) den Betrag der Phasengeschwindigkeit $\underline{v}$ dar.

Bevor wir auf die graphischen Methoden im einzelnen eingehen, geben wir noch an, wie man den Zeitzuwachs Δt oder $\Delta\tau$ berechnet, der zum Durchlaufen eines kleinen Abschnittes $P_1 P_2$ der Phasenkurve benötigt wird. Aus (5.20/3) folgt $d\tau = dx/y$ und somit

$$\Delta\tau = \int_{x_1}^{x_2} \frac{dx}{y} . \qquad (5.62/1)$$

Wenn das Kurvenstück ein Geradenstück ist, Abb.5.62/2a, so daß seine Gleichung lautet

$$y = y_1 + a(x - x_1) = ax + b \quad , \qquad (5.62/2a)$$

so liefert (5.62/1)

$$\Delta\tau = \int_{x_1}^{x_2} \frac{dx}{y} = \frac{1}{a} \int_{x_1}^{x_2} \frac{d\,ax}{ax+b} = \frac{1}{a} \ln \frac{y_2}{y_1} \; . \qquad (5.62/3a)$$

Ist das Kurvenstück ein Kreisbogenstück mit dem Mittelpunkt D auf der x-Achse, Abb.5.62/2b, so gilt

$$y = \rho \cos\vartheta \quad , \quad x = \rho \sin\vartheta - c \quad , \quad dx = \rho\cos\vartheta \, d\vartheta \qquad (5.62/2b)$$

und (5.62/1) liefert

$$d\tau = \frac{dx}{y} = d\vartheta \; . \qquad (5.62/3b)$$

Der Zeitzuwachs wird hier unmittelbar durch den Zuwachs $d\vartheta$ des Zentriwinkels bei D angegeben.

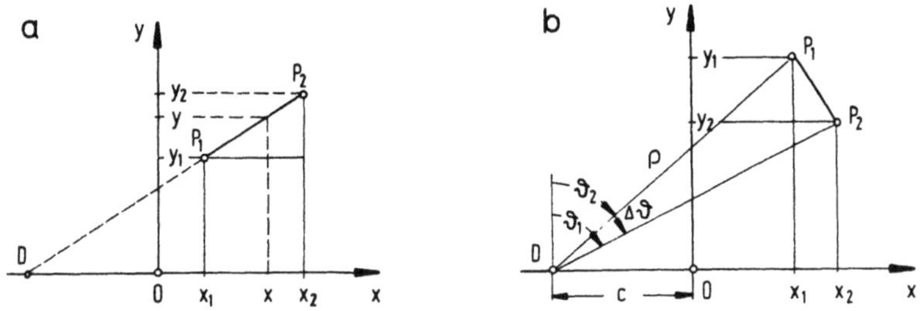

Abb.5.62/2. Zeitzuwachs $\Delta\tau$: a) aus Geradenstück, b) aus Kreisbogenstück

Die Kreisbogenstücke in Abb.5.62/3 erlauben eine anschauliche Interpretation des Lösungsverhaltens einer nichtlinearen Differentialgleichung, wenn man sie mit den Phasenkurven zur linearen Differentialgleichung $\ddot{x} + x = 0$ vergleicht. Deren Lösungen haben konstante Amplituden, ihr Phasenportrait besteht aus konzentrischen Kreisen um

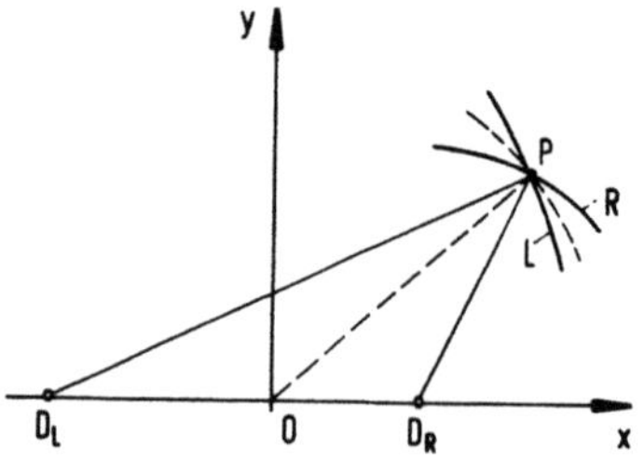

Abb.5.62/3.
Bezugskreis (gestrichelt) wird nach außen (R) oder nach innen (L) durchsetzt

den Koordinatenursprung 0 ("Bezugskreise"; Bezugskreis durch P gestrichelt). Liegt nun der Mittelpunkt D eines zur nichtlinearen Differentialgleichung gehörenden Näherungskreises in der gleichen (im Beispiel rechten) Hälfte der Phasenebene wie der Phasenpunkt P, so durchsetzt der Kreis R mit dem Mittelpunkt D_R den Bezugskreis nach außen, die Lösung klingt auf; im anderen Fall (Kreis L, Mittelpunkt D_L) durchsetzt der Kreis den Bezugskreis nach innen, die Lösung klingt ab.

Jetzt wollen wir das graphische Auffinden der Linienelemente der Phasenkurven systematisch durch katalogartiges Aufzählen der Konstruktionsschritte beschreiben.

β) Die δ-Methode

Bei der sogenannten δ-Methode[1] ersetzt man die Phasenkurve durch Kreisbogenstücke; Abb.5.62/4 zeigt die Bezeichnungen. Die Kreise um D haben jeweils die Gleichung

$$y^2 + (x + \delta)^2 = v^2 \qquad (5.62/4a)$$

$$\text{mit} \quad \delta := h(x,y) - x \quad \text{und} \quad v^2 := y^2 + h^2(x,y)\,. \qquad (5.62/4b)$$

Die Näherung zur Phasenkurve gewinnt man durch wiederholtes Anwenden der folgenden Schritte; siehe Abb.5.62/5a:

1. Für einen Anfangspunkt $P_1(x_1, y_1)$ berechnet man nach (5.62/4) ein δ_1 und erhält den Kreismittelpunkt $D_1(-\delta_1, 0)$.
2. Um D_1 schlägt man im Uhrzeigersinn einen Kreis durch P_1 bis

---

[1] Die Benennung stammt von L.S. Jacobsen.

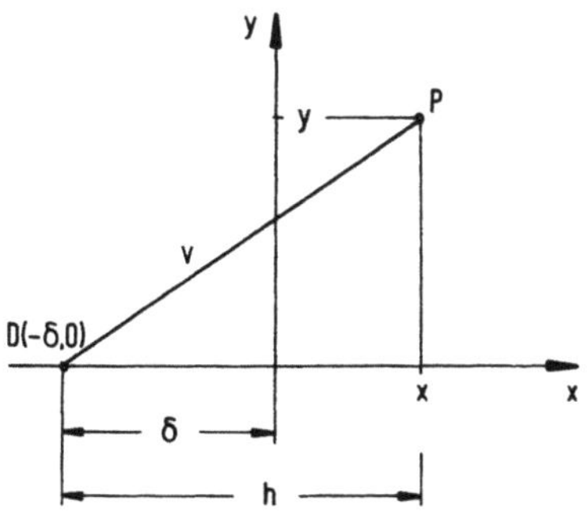

Abb.5.62/4.
Bezeichnungen zum δ-Verfahren

zu einem Punkt P_2. Die Länge des Kreisbogens muß so klein sein, daß sich das δ für den nächsten Schritt nur wenig ändert.

3. Für P_2 wiederholt man das Verfahren und erhält P_3; so fährt man fort.

Aus den Teilen b und c der Abb.5.62/5 erkennt man, wie wegen Gl. (5.62/3b) auch der zeitliche Verlauf der Lösung, $x = x(\tau)$ und $y = y(\tau)$, bestimmt werden kann.

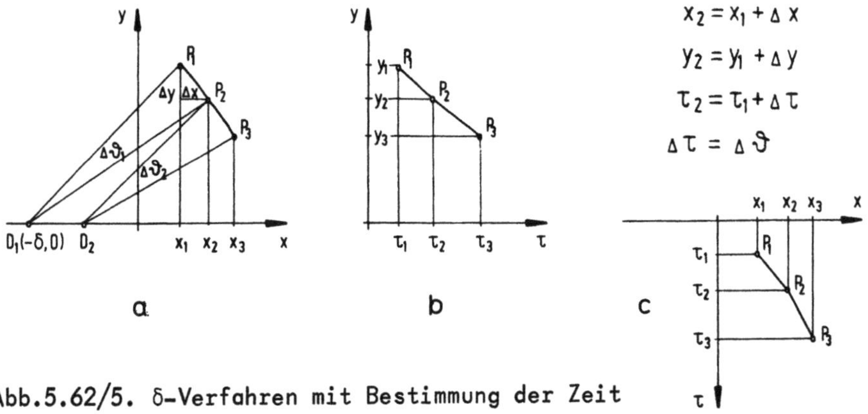

Abb.5.62/5. δ-Verfahren mit Bestimmung der Zeit

Obwohl man bei der δ-Methode sowohl rechnen als auch zeichnen muß, ist das Verfahren gut brauchbar. Es kann überdies auch auf die heteronome Differentialgleichung

$$\frac{dy}{dx} = - \frac{H(x,y,\tau)}{y} \qquad (5.62/5)$$

angewendet werden. Man definiert dann δ statt wie in (5.62/4b) durch

$$\delta = H(x,y,\tau) - x \tag{5.62/5a}$$

und verfährt wie oben, indem man $h(x,y)$ durch $H(x,y,\tau)$ ersetzt; beim Fortschreiten von P_1 zu P_2 muß man auch den Zeitzuwachs $\Delta\tau$ bestimmen.

Liegen jedoch autonome Differentialgleichungen vor, so können Zwischen r e c h n u n g e n vermieden werden, das Steigungsdreieck und damit das Linienelement kann rein graphisch ermittelt werden. Das Vorgehen hängt dabei von der Bauart der jeweiligen nichtlinearen Gleichung ab. Für den allgemeinen Fall ist es kompliziert (siehe Lit. 5.62/1). Wichtige Sonderfälle erörtern wir katalogartig unter γa bis γd. Das Verfahren γa wurde 1928 von Liénard angegeben (Lit.5.62/2). In der Literatur gehen oft auch die Erweiterungen γb bis γd unter seinem Namen.

γ) Die sog. Liénardschen Verfahren für spezielle Differentialgleichungen

γa) Das eigentliche Liénardsche Verfahren für die Differentialgleichung

$$x'' + f(x) = 0 \,. \tag{5.62/6}$$

Die Konstruktion zeigt Abb.5.62/6:

1. Man trägt die Hilfsfunktion $\eta = f(x)$ in die Phasenebene ein.
2. Das vom Anfangspunkt P_1 auf die x-Achse gefällte Lot hat den Fußpunkt B_1 und den Schnittpunkt C_1 mit der Kurve $\eta(x)$.

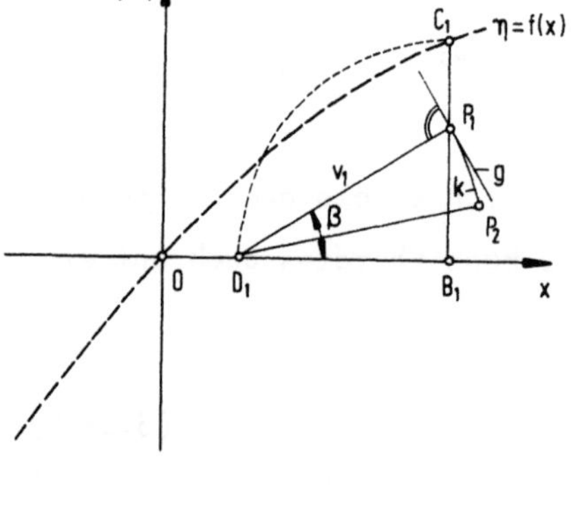

Abb.5.62/6.
Liénardsches Verfahren für die Dgl.(5.62/6)

3. Man schlägt um B_1 einen Viertelkreis durch C_1 entgegen dem Uhrzeigersinn; sein Schnittpunkt mit der x-Achse ist D_1. Das Dreieck $P_1 B_1 D_1$ ist das gesuchte Steigungsdreieck.
4. Als Näherung an die Phasenkurve betrachtet man entweder ein Stück der auf $D_1 P_1$ senkrechten Geraden g oder des Kreises k. Von einem neuen Phasenpunkt P_2 aus wiederholt man das Verfahren von Schritt 2 an.

γb) Verfahren für die Differentialgleichung

$$x'' + g(x') + x = 0 \,. \tag{5.62/7a}$$

Die Differentialgleichung des Phasenportraits lautet hier

$$\frac{dy}{dx} = -\frac{g(y) + x}{y} \,. \tag{5.62/7b}$$

Die Konstruktionen zeigt Abb.5.62/7:

1. Man trägt die Hilfsfunktion $\xi = -g(y)$ in die Phasenebene ein.
2. Das Lot von P_1 auf die y-Achse schneidet die Hilfskurve ξ im Punkt B_1.
3. Das Lot von B_1 auf die x-Achse liefert den Punkt D_1. Die Strecke $P_1 D_1$ ist die Hypotenuse des Steigungsdreiecks und ein Maß für die Phasengeschwindigkeit v_1.
4. Ein Stück des Kreisbogens um D_1 durch P_1 (oder der Normalen auf $D_1 P_1$ im Punkte P_1) liefert den neuen Punkt P_2.

Nun wiederholt man das Verfahren von Schritt 2 an.

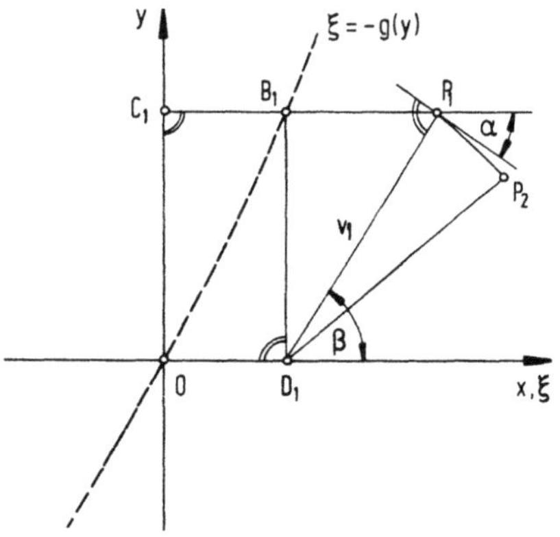

Abb.5.62/7.
Verfahren für die Dgl.(5.62/7)

γc) Verfahren für die Differentialgleichung

$$x'' + \varphi(x)x' + x = 0\,. \qquad (5.62/8)$$

Hier führen wir statt y eine neue Koordinate z ein,

$$z = y + G(x) \quad \text{mit} \quad G(x) = \int_0^x \varphi(u)\,du\,. \qquad (5.62/9)$$

Die Dgl.(5.62/8) nimmt dann die Form

$$\frac{dz}{dx} = -\frac{x}{z - G(x)} \qquad (5.62/10)$$

an. Ein Vergleich mit (5.62/7b) zeigt, daß beide Differentialgleichungen die gleiche Gestalt haben, wenn man den reziproken Differentialquotienten dx/dz bildet. Abb.5.62/8 zeigt das Konstruktionsschema:

1. Man trägt die Hilfsfunktion $\zeta = G(x)$ in die x-z-Ebene ein.
2. Das Lot vom Punkt P_1 auf die x-Achse schneidet die Hilfskurve im Punkt B_1.
3. Das Lot von B_1 auf die z-Achse hat den Fußpunkt D_1.
4. Die Strecke D_1P_1 ist die Hypotenuse im Steigungsdreieck und damit Normale zur Phasenkurve im Punkt P_1.
5. Der Kreisbogen um D_1 durch P_1 (oder die Normale) liefert den neuen Punkt P_2.

Nun wiederholt man das Verfahren von Schritt 2 an.

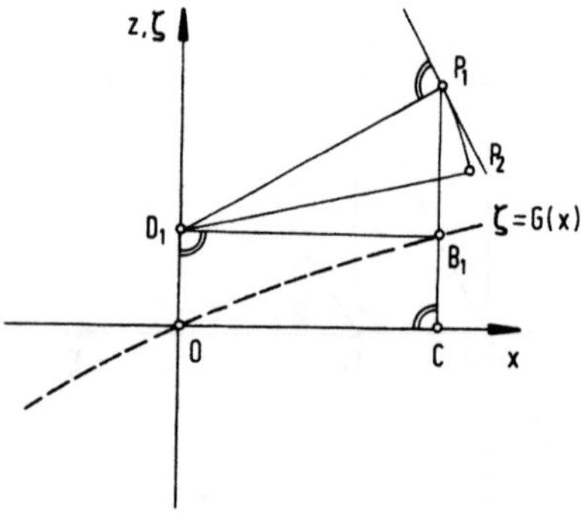

Abb.5.62/8.
Verfahren für die Dgl.(5.62/8)

γd) Verfahren für die Differentialgleichung

$$x'' + g(x') + f(x) = 0 \, . \qquad (5.62/11)$$

Die Abb.5.62/9 zeigt das Konstruktionsschema:

1. Man trägt die Hilfsfunktionen $\xi = -g(y)$ und $\eta = -f(x)$ in die Phasenebene ein.
2. Das Lot von P_1 auf die x-Achse liefert den Fußpunkt B und den Schnittpunkt C mit der Kurve $\eta(x)$.
3. Ein Viertelkreisbogen um B durch C liefert den Schnittpunkt D auf der x-Achse.
4. Das Lot von P_1 auf die y-Achse liefert den Fußpunkt E und den Schnittpunkt F mit der Kurve $\xi(y)$.
5. Die Parallele zu ED durch F schneidet die x-Achse in G.
6. Ein Kreisbogenstück um G durch P_1 (oder ein Normalenstück) liefert den neuen Phasenpunkt P_2.

Nun wiederholt man das Verfahren von Schritt 2 an.

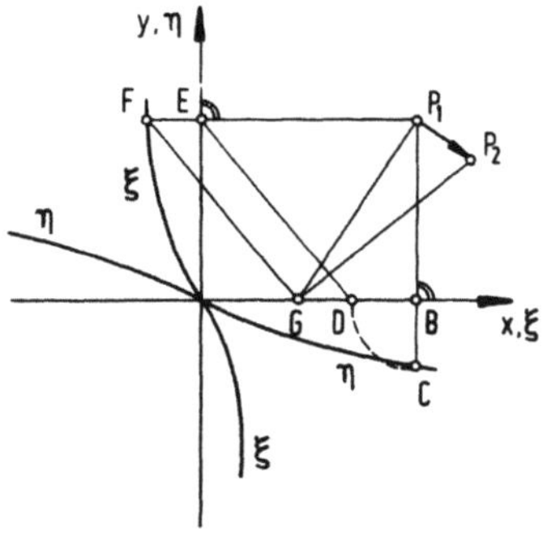

Abb.5.62/9.
Verfahren für die Dgl.(5.62/11)

δ) Ein Beispiel: Die Rayleighsche Differentialgleichung

Die Rayleighsche Differentialgleichung hat in dimensionslosen Variablen x und τ die Standardform (5.12/6b); hier schreiben wir

$$x'' - D(1 - x'^2)x' + x = 0 \, . \qquad (5.62/12)$$

Die Dgl.(5.62/12) gehört in die durch die Gl.(5.62/7a) angegebene Klasse mit

$$g(x') = -D(1-x'^2)x' . \qquad (5.62/12a)$$

Die zugehörige Differentialgleichung der Phasenkurven (5.62/7b) lautet demgemäß

$$\frac{dy}{dx} = -\frac{x + D(1-y^2)y}{y} . \qquad (5.62/13)$$

Wir versuchen nun, mit Hilfe des auf die Klasse (5.62/7a) und damit (5.62/7b) zugeschnittenen graphischen Verfahrens γb den jeweiligen Grenzzykel für verschiedene Parameterwerte D zu konstruieren.

Zunächst wählen wir für D die "nicht extremen" Werte $D = 0,2$ und $D = 1$.

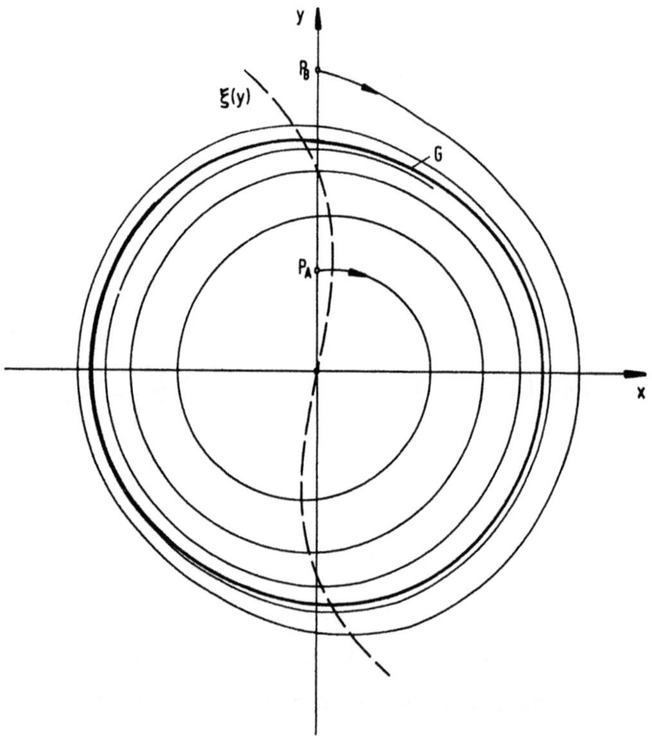

Abb.5.62/10. Graphische Integration der Dgl.(5.62/13) für $D = 0,2$ mit den Anfangswerten $x_A = 0$, $y_A = 0,5$ und $x_B = 0$, $y_B = 1,5$; Grenzzykel G

Abb.5.62/10 zeigt für $D = 0,2$ das Ergebnis der Konstruktion. Die Hilfsfunktion $\xi = -g(y)$ wird hier zu $\xi = 0,2\,(1 - y^2)\,y$, ihr Bild ist die gestrichelte Kurve. Die vom Punkt P_A ausgehende Trajektorie mündet von innen, die von P_B ausgehende mündet von außen in den stark gezeichneten Grenzzykel G.

Abb.5.62/11 zeigt das entsprechende Ergebnis für $D = 1$. Für den Punkt P_A ist die Konstruktion nach Abb.5.62/7 mit den dort verwendeten Bezeichnungen angedeutet. Dabei erkennt man wieder deutlich das in der Abb.5.62/3 skizzierte grundsätzliche Lösungsverhalten: Wenn die Kurve $\xi(y)$ und damit der Fußpunkt D in der rechten (bzw. linken) Halbebene liegt, klingt die Schwingung auf (bzw. ab).

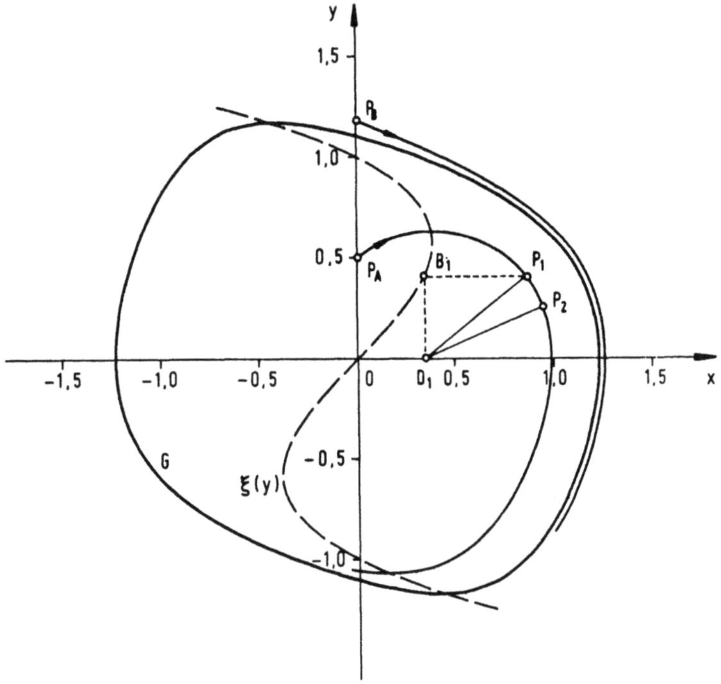

Abb.5.62/11. Graphische Integration der Dgl.(5.62/13) für $D = 1,0$ mit den Anfangswerten $x_A = 0$, $y_A = 0,5$ und $x_B = 0$, $y_B = 1,2$; Grenzzykel G

Schließlich überlegen wir noch, wie die Grenzzykel für die extremen Fälle $D \ll 1$ und $D \gg 1$ aussehen.

Für $D \ll 1$ würde die kubische Parabel $\xi(y)$ sich nur wenig von der y-Achse entfernen. Die konstruierten Trajektorien würden sich daher nur wenig von Kreisen unterscheiden, sie würden den Nullpunkt oft umfahren, und man gelangte nur mühselig und ungenau zum Grenzzykel. In diesem Fall liefern analytische Verfahren den Grenzzykel schneller und genauer. In Abschn.5.8 ist der für $D \ll 1$ sich einstellende Grenzzykel-Kreis errechnet und in (5.87/16) sein Radius zu $r_G = 2\sqrt{3}/3$ angegeben. Man erkennt aus der Abb.5.62/10, daß schon für $D = 0{,}2$ der Grenzzykel nahezu ein Kreis ist, dessen Radius etwa 1,15 beträgt.

Im Falle $D \gg 1$ versagt die Konstruktion in der angegebenen Form ebenfalls, denn die Hilfskurve $\xi(y) = -g(y)$ würde sehr weit nach rechts und links über die Zeichenfläche hinausragen. Hier greifen wir deshalb zu einer Koordinatentransformation: Wir ersetzen die Abszisse x durch

$$\bar{x} := \frac{x}{D} \,. \tag{5.62/14}$$

Die Ableitung $dy/d\bar{x}$ wird dadurch zu

$$\frac{dy}{d\bar{x}} = D^2 \, \frac{\bar{x} - \bar{\xi}}{y} \tag{5.62/15}$$

mit

$$\bar{\xi}(y) = (1 - y^2)\,y \,. \tag{5.62/15a}$$

Man zeichnet nun die (von D befreite) Hilfsfunktion $\bar{\xi}(y)$ auf. Aus (5.62/15) erkennt man, daß in einigem Abstand $|\bar{x} - \bar{\xi}|$ von dieser Hilfskurve die Trajektorien überaus steil verlaufen und daß sie auf der Kurve selbst horizontal gerichtet sind. Sie besitzen deshalb nur in der unmittelbaren Nachbarschaft von $\bar{\xi}(y)$ endliche Neigungen. Als Ergebnis der Konstruktion ergeben sich eine Trajektorie und ein Grenzzykel, wie sie in Abb.5.62/12a qualitativ gezeigt sind.

Im Extremfall gilt Abb.5.62/12b, d.h. der Grenzzykel besteht (praktisch) aus den beiden (kongruenten) Stücken (a) und (c) der Kurve $\bar{\xi}(y)$ (5.62/15a) und aus zwei vertikalen Strecken (b) und (d).

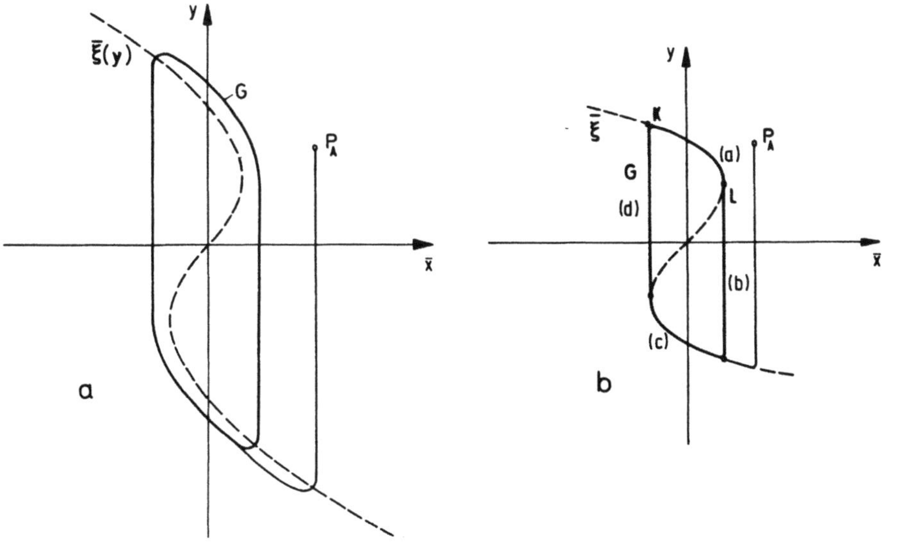

Abb.5.62/12. Graphische Integration der Dgl.(5.62/15) mit $D \gg 1$:
a) qualitativ, b) Extremfall $D \gg 1$

Für den Gebrauch in der nachfolgenden Rechnung geben wir noch die Koordinaten der beiden Punkte K und L an, die das Kurvenstück (a) begrenzen. Aus der Gl.(5.62/15a) findet man (nach Differenzieren und durch Lösen einer kubischen Gleichung):

$$\bar{x}_L = \bar{\xi}_L = 2\sqrt{3}/9 \ , \qquad y_L = \sqrt{3}/3 \ ,$$
$$\bar{x}_L = \bar{\xi}_K = -\,2\sqrt{3}/9 \ , \qquad y_K = 2\sqrt{3}/3. \tag{5.62/16}$$

Für den Extremfall $D \gg 1$ der Abb.5.62/12b kann man die Periodendauer T^* der Grenzschwingung ohne Mühe berechnen. Zu diesem Zweck wendet man die Beziehung (5.62/3b) auf den Grenzzykel an. Die beiden vertikalen Strecken tragen zum Zeitaufwand nichts bei, die beiden kongruenten Kurvenstücke (a) und (c) liefern jeweils denselben Beitrag τ_{KL} . Umformen von (5.62/3b) auf die hier verwendeten Koordinaten $\bar{\xi}$ und y liefert

$$d\tau = \frac{dx}{y} = D\,\frac{d\bar{x}}{y} = D\,\frac{d\xi}{y} = D\,\frac{1-3y^2}{y}\,dy\;,$$

und Integrieren zwischen y_K und y_L bringt

$$\tau_{KL} = D\int_{2\sqrt{3}/3}^{\sqrt{3}/3}(1/y - 3y)\,dy = D\left[\ln y - 3y^2/2\right]_{2\sqrt{3}/3}^{\sqrt{3}/3} =$$

$$= D\,[3/2 - \ln 2] = 0{,}807\,D$$

und somit die Periodendauer

$$T^* = 2\,\tau_{KL} = 1{,}614\,D\;.$$

Das zum Grenzzykel G gehörige $\bar{x}$-τ-Diagramm erscheint (qualitativ) in Abb.5.62/13. Die Schwingung weist Sprünge in der Geschwindigkeit auf, zeigt also Ecken im Weg-Zeit-Diagramm.

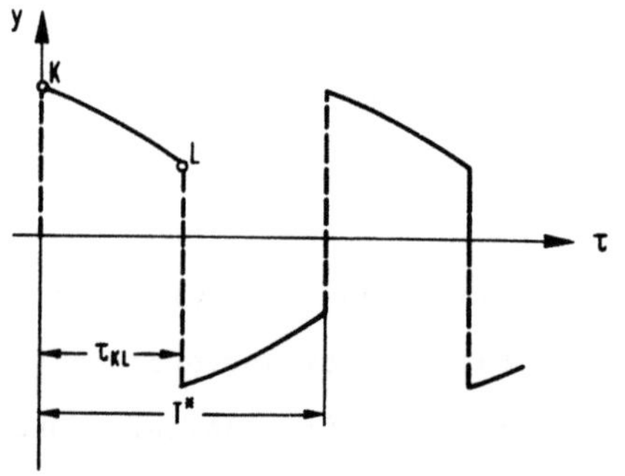

Abb.5.62/13a.
y-τ-Diagramm zum Grenzzykel G aus Abb.5.62/12b

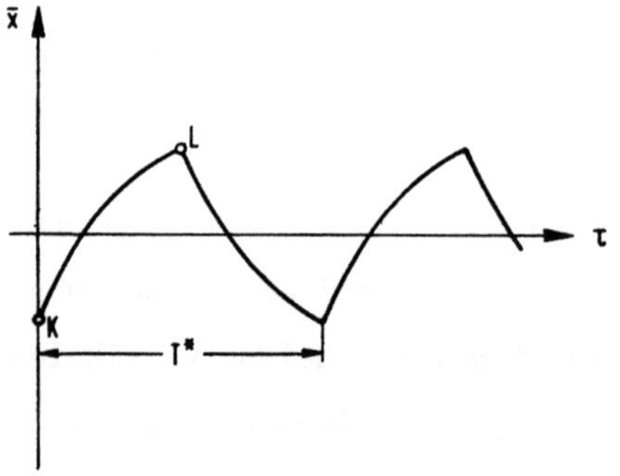

Abb.5.62/13b.
$\bar{x}$-τ-Diagramm zum Grenzzykel G aus Abb.5.62/12b

5.63 Entwickeln in Potenzreihen

Will man das zur Dgl.(5.60/2) gehörende Phasenportrait in der Umgebung eines Punktes P(a,b) der Phasenebene näher untersuchen, so kann man für die Lösung y(x) von (5.60/2) etwa den Potenzreihenansatz

$$y - b = \alpha_1(x - a) + \alpha_2(x - a)^2 + \ldots \qquad (5.63/1)$$

machen. Setzt man (5.63/1) in (5.60/2) ein, so findet man die α_i durch einen Koeffizientenvergleich.

Liegt der Punkt P(a,b) auf der x-Achse, so führt der Ansatz (5.63/1) nicht zum Ziel, wenn P(a,0) ein regulärer Punkt ist (α_1 müßte Unendlich werden). In diesem Fall wird man vom Kehrwert von (5.60/2) ausgehen,

$$\frac{dx}{dy} = -\frac{y}{h(x,y)}, \qquad (5.63/2)$$

und die Lösung x(y) nach Potenzen von y entwickeln:

$$x - a = \beta_1(y - b) + \beta_2(y - b)^2 + \ldots \qquad (5.63/3)$$

Der Ansatz (5.63/3) kann auch dann vorteilhaft sein, wenn man die Umgebung solcher Punkte P(a,b) untersuchen will, in denen die Phasenkurve zwar nicht senkrecht, aber sehr steil verläuft.

Wir geben ein Beispiel: Die durch den Punkt $(\pi,0)$ gehende Separatrix des quadratisch gedämpften Pendels (5.60/3a) (Schwinger A) soll in der Nähe des Punktes $x = \pi$ durch einen Reihenansatz der Form (5.63/1) erfaßt werden.

Die Abb.5.63/1 zeigt Ausschnitte aus den Phasenportraits, und zwar gilt der Bildteil a für ein ungedämpftes, der Bildteil b für ein gedämpftes Pendel. Die Kurven wurden digital errechnet und durch einen Plotter aufgezeichnet; dabei wurde jeweils auch jener spezielle Anfangswert eingesetzt, der zur Separatrix gehört. Solange man nur am Verlauf einer einzelnen Phasenkurve (hier der Separatrix als Grenzlinie zwischen verschiedenartigen Lösungen) interessiert ist, kann ein Reihenansatz mit geringerem Aufwand die gewünschte Auskunft geben.

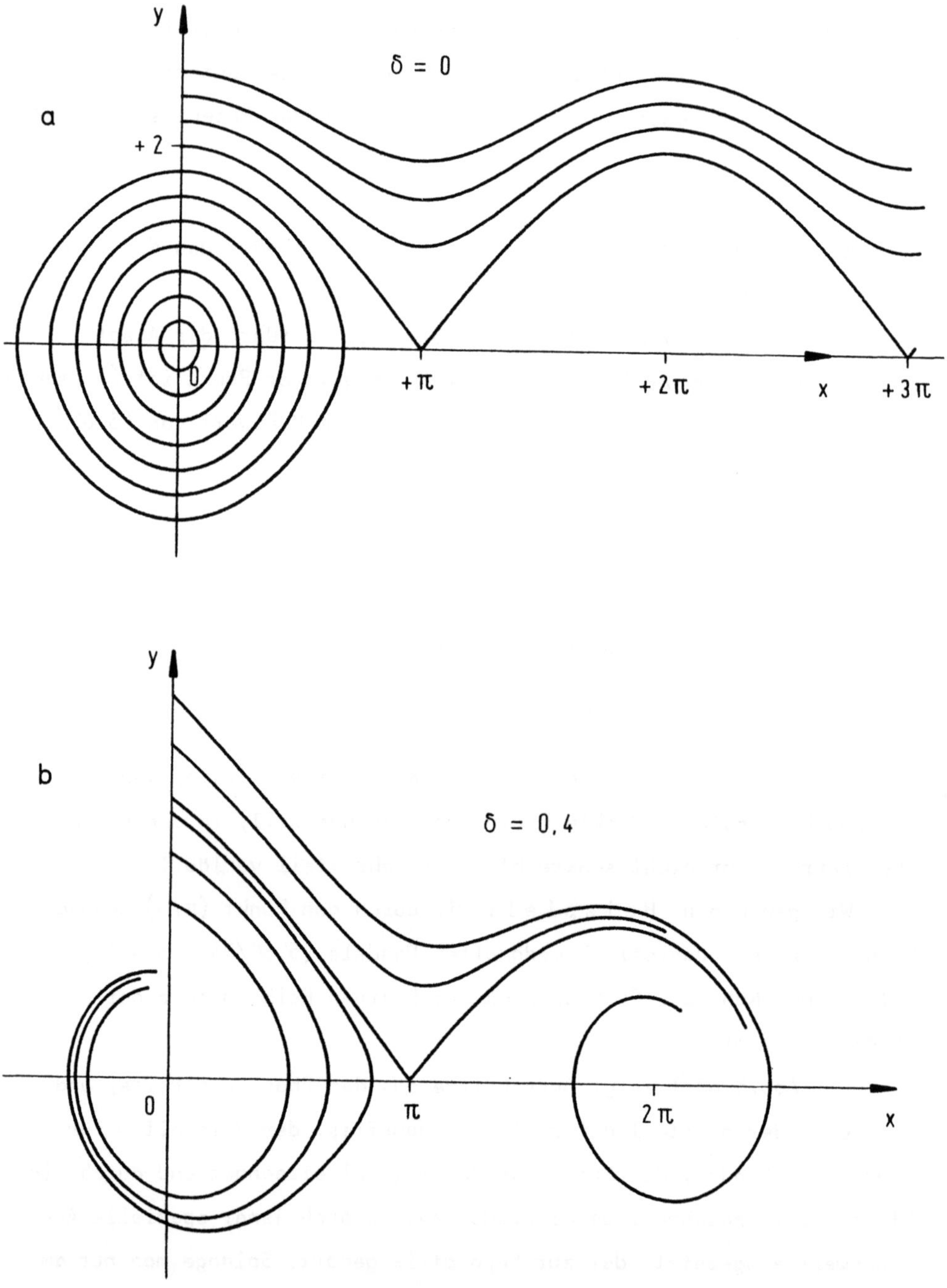

Abb.5.63/1. Ausschnitte aus zwei Phasenportraits zur Dgl.(5.60/3a); a) $\delta = 0$, b) $\delta = 0{,}4$

Mit $x-\pi=\xi$ erhält die Dgl.(5.60/3a) die Gestalt

$$y\frac{dy}{d\xi} = -\frac{\delta}{2}\,y|y| - \sin(\pi+\xi)\,. \qquad (5.63/4)$$

Der Ansatz

$$y = \alpha_1\xi + \alpha_2\xi^2 + \ldots \qquad (5.63/5)$$

liefert für $y \geqq 0$

$$(\alpha_1\xi + \alpha_2\xi^2 + \alpha_3\xi^3 + \ldots)(\alpha_1 + 2\alpha_2\xi + 3\alpha_3\xi^2 + \ldots)$$

$$= -\frac{\delta}{2}(\alpha_1\xi + \alpha_2\xi^2 + \alpha_3\xi^3 + \ldots)^2 + \xi - \frac{1}{3!}\xi^3 + \frac{1}{5!}\xi^5 + \ldots$$

Der Koeffizientenvergleich bringt für die ersten fünf Werte

$$\begin{aligned} \alpha_1^2 &= 1\,,\\ \alpha_2 &= -\frac{1}{6}\delta\alpha_1\,,\\ \alpha_3 &= (\frac{1}{36}\delta^2 - \frac{1}{4!})\alpha_1\,, \qquad (5.63/6)\\ \alpha_4 &= (-\frac{1}{270}\delta^2 + \frac{1}{6!})\delta\alpha_1\,,\\ \alpha_5 &= (\frac{1}{2}(\frac{\delta}{6})^4 + \frac{3}{8}\frac{1}{6!})\alpha_1\,. \end{aligned}$$

Beim ungedämpften Pendel, $\delta=0$, findet man als Gleichungen der beiden sich in $x=\pi$ schneidenden Separatrizen beim benutzten Grad der Näherung

mit $\alpha_1 = 1$: $\quad y = \xi - \frac{1}{4!}\xi^3 + \frac{3}{8}\frac{1}{6!}\xi^5\,,$

mit $\alpha_1 = -1$: $\quad y = -\xi + \frac{1}{4!}\xi^3 - \frac{3}{8}\frac{1}{6!}\xi^5\,.$

Die zwischen $x=0$ und $x=\pi$, also $\xi=-\pi$ und $\xi=0$ in der oberen Halbebene verlaufende Separatrix schneidet die y-Achse nach dieser Rechnung bei $y=2,009$. Die Abweichung vom hier bekannten genauen Wert $y=2$ ist unbedeutend.

Beim gedämpften Pendel mit $\delta=0,4$ findet man (mit $\alpha_1=-1$), daß die entsprechende Separatrix die y-Achse bei $y=2,777$ schneidet. Dem

Pendel muß diese Anfangsgeschwindigkeit erteilt werden, damit es aus der unteren Gleichgewichtslage gerade die obere erreicht.

5.64 Lösungsansätze mit noch freien Parametern

Zur Approximation der Phasenkurven können außer Potenzreihen, wie sie in Abschn.5.63 betrachtet wurden, auch allgemeinere Arten von Reihen dienen:

$$\tilde{y} = \sum_{i=1}^{n} \alpha_i \, \psi_i(x) \,. \tag{5.64/1}$$

[Näherungsansätze werden wir hier und auch später meist durch die Tilde ("Schlange") $\tilde{y}$ andeuten.] Die $\psi_i(x)$ sind dabei ein Satz von geeignet gewählten Koordinatenfunktionen, die Koeffizienten α_i sind noch freie Parameter. "Geeignet gewählt" heißt hier, da die Ansätze (5.64/1) in eine vorgegebene Differentialgleichung eingesetzt werden sollen: Die Funktionen $\psi_i(x)$ und ihre Ableitungen sollen einer und derselben Funktionenklasse angehören; sie können etwa Potenzfunktionen x^k (oder aus ihnen gebildete Polynome, z.B. Legendresche Polynome) sein oder auch die trigonometrischen Funktionen $\sin kx$ und $\cos kx$. Unter (5.64/1) fallen also auch Fourier-Reihen.

Die Aufgabe besteht nun darin, die freien Parameter α_i zu bestimmen. Hier werden wir einige Verfahrensweisen aufzählen. Für ihre Begründung und Erörterung muß auf die Abschn.5.71 und 5.72 verwiesen werden.

E r s t e s   V e r f a h r e n: Liegt ein Ansatz nach (5.64/1) vor, so wird die Reihe in die Dgl.(5.60/2) eingesetzt und - so wie bei den Potenzreihen in Abschn.5.63 - ein Koeffizientenvergleich durchgeführt. Hier können wir auf ein Beispiel verzichten.

Z w e i t e s   V e r f a h r e n (siehe auch Abschn.5.71): Man kann versuchen, die Parameter so zu wählen, daß die Differentialgleichung (in einem gewissen Sinn) "möglichst gut" erfüllt wird. Schreibt man die linke Seite der Dgl.(5.60/2b) abkürzend als $D[y]$,

$$D[y] := y\frac{dy}{dx} + h(x,y) \tag{5.64/2}$$

und die Näherungsfunktion (5.64/1) als $\tilde{y}(x,\alpha_1)$, so wird $\tilde{y}$ den Ausdruck $D[\tilde{y}]$ nicht identisch zu Null machen (wie es die genaue Lösung y tun würde), sondern eine Restfunktion

$$R(x) := D[\tilde{y}(x,\alpha_i)] \tag{5.64/3}$$

lassen. Diese soll optimal klein werden. Für das Optimieren kann man unterschiedliche Kriterien heranziehen. Eines kann z.B. lauten: Der quadratische Mittelwert I von R(x) über ein vorgegebenes Intervall $x_0 \leqq x \leqq x_1$ soll zu einem absoluten Minimum werden,

$$I(\alpha_1, \ldots, \alpha_n) := \int_{x_0}^{x_1} [R(x)]^2 dx = \text{Min}\,. \tag{5.64/4}$$

Die Aufgabe ist damit zu einem Variationsproblem geworden.

Noch in anderer Weise kann das Bestimmen der freien Parameter α_i auf ein Variationsproblem zurückgeführt werden: Im Abschn.2.25 war schon darauf hingewiesen worden, daß die Bewegungsgleichung eines konservativen Gebildes aus dem Hamiltonschen Prinzip, einem Variationsprinzip, als dessen Eulersche Gleichung gewonnen werden kann: Statt die Differentialgleichung zu integrieren, kann man das zu ihr gehörige Variationsproblem (2.25/1),

$$I := \int_{t_1}^{t_2} (\mathbf{T} - \mathbf{U})\, dt = \text{Min}\,, \tag{5.64/5}$$

behandeln.

Variationsprobleme lassen sich nicht nur über die zugehörige Eulersche Gleichung lösen (was auf die ursprüngliche Differentialgleichung führen würde), sondern auch mit Hilfe von sogenannten "direkten Methoden". Die wichtigste dieser direkten Methoden ist das Verfahren von W. Ritz (siehe Abschn.5.71). Dabei wird im Integranden des Variationsausdruckes, etwa (5.64/4) oder (5.64/5), für die abhängige Veränderliche y ein Näherungsansatz nach (5.64/1) eingeführt und die Variationsaufgabe ersetzt durch die Forderungen

$$\frac{\partial I}{\partial \alpha_i} = 0 \quad , \quad (i = 1,2,\ldots,n) . \tag{5.64/6}$$

Diese Forderungen schaffen ein System von n (nicht notwendig linearen) Gleichungen zur Bestimmung der n unbekannten Parameter α_i.

Der beschriebene Weg führt grundsätzlich zum Ziel: Der Variationsausdruck (5.64/4) kann [im Gegensatz zu (5.64/5)] stets hergestellt werden. Aber für ihn wird wegen des Quadrates im Integranden die erforderliche Rechenarbeit meist recht aufwendig, selbst wenn man bereit ist, sich mit groben Näherungen zufrieden zu geben. Wir verzichten an dieser Stelle auf Beispiele.

Drittes Verfahren: Das Galerkinsche Verfahren (siehe Abschn.5.72). Hier wird der Ausdruck $D[\tilde{y}]$ mit der Koordinatenfunktion $\psi_i(x)$ multipliziert, über ein geeignetes Intervall $x_0 \leqq x \leqq x_1$ integriert und das Integral zu Null gemacht:

$$\int_{x_0}^{x_1} D[\tilde{y}]\, \psi_i(x)\, dx = 0 \quad , \quad (i = 1,2,\ldots,n) . \tag{5.64/7}$$

Wir deuten ein Beispiel an. Wir legen einen Fall des Schwingers B zugrunde, und zwar die Dgl.(5.60/4a) mit $\beta = 0$ und $\gamma = 1$ (also die gewöhnliche van der Polsche Gleichung) und fragen nach dem Grenzzykel. Schreiben wir die Differentialgleichung mit

$$x = r\cos\varphi \quad , \quad y = r\sin\varphi \tag{5.64/8}$$

[hier willkürlich anders als (5.21/27)] auf Polarkoordinaten um, so lautet sie

$$\begin{aligned} D[r(\varphi)] := [1 + \delta \sin\varphi \cos\varphi\, (r^2\cos^2\varphi - 1)]\, r' \\ - \delta r \sin^2\varphi\, (r^2\cos^2\varphi - 1) = 0 . \end{aligned} \tag{5.64/9}$$

Als Approximationsansatz $\tilde{r}(\varphi)$ wählen wir eine endliche Fourier-Reihe. Weil die in $y(x)$ geschriebene Differentialgleichung punktsymmetrisch ist, ist die in $r(\varphi)$ geschriebene schon mit π periodisch; deshalb sind alle ungeraden Harmonischen entbehrlich. Verwendet man nur Glieder bis zum Argument 2φ, so wird

$$\tilde{r}(\varphi) = \alpha_0 + \alpha_2 \cos 2\varphi + \beta_2 \sin 2\varphi \ . \qquad (5.64/10)$$

Zur Bestimmung der Parameter α_0, α_2 und β_2 hat man die drei gemäß (5.64/7) aufgebauten Gleichungen

$$\begin{aligned} &\int_{x_0}^{x_1} D[\tilde{r}(\varphi)]\, d\varphi = 0 \ , \\ &\int_{x_0}^{x_1} D[\tilde{r}(\varphi)] \cos 2\varphi \, d\varphi = 0 \ , \qquad (5.64/11) \\ &\int_{x_0}^{x_1} D[\tilde{r}(\varphi)] \sin 2\varphi \, d\varphi = 0 \ . \end{aligned}$$

Sie werden in allen drei Unbekannten hochgradig nichtlinear und sind algebraisch kaum auszuwerten. Wir brechen deshalb die Diskussion hier ab.

5.65 Entwickeln nach einem kleinen Parameter

Dieses Verfahren benutzt, ebenso wie das in Abschn.5.63 behandelte, Potenzreihen. Hier wird jedoch nicht nach Potenzen einer der Veränderlichen x oder y entwickelt, sondern nach einem in der Differentialgleichung vorhandenen kleinen Parameter; er heiße ε. Die zugrunde liegende Dgl.(5.60/2) schreiben wir, um den Parameter hervorzuheben, als

$$y \frac{dy}{dx} = - h(x,y,\varepsilon) \ . \qquad (5.65/1)$$

Wir nehmen an, die Dgl.(5.65/1) lasse sich für $\varepsilon = 0$ integrieren. Die allgemeine Lösung von

$$y \frac{dy}{dx} = - h(x,y,0) \qquad (5.65/1a)$$

heiße $y_0(x)$.

Nun fragen wir nach Lösungen $y(x,\varepsilon)$ für Parameter $\varepsilon \ll 1$. Hier können wir als Hilfsmittel die "Störungsrechnung" heranziehen (siehe Hauptabschnitt 5.8). Die gesuchte Lösung $y(x,\varepsilon)$ wird in eine Reihe nach Potenzen des Störparameters ε entwickelt,

$$y(x,\varepsilon) = y_0(x) + \varepsilon y_1(x) + \varepsilon^2 y_2(x) + \ldots \qquad (5.65/2)$$

Man setzt (5.65/2) in die Dgl.(5.65/1) ein, entwickelt auch $h(x,y,\varepsilon)$ in eine Potenzreihe nach ε und gleicht die Potenzen von ε ab. Aus den ersten drei Potenzen erhält man, falls die Ableitung dy/dx abkürzend durch y* bezeichnet wird (der Strich als Ableitungszeichen ist für d/dτ vergeben):

$$y_0 y_0^* = -h(x,y_0,0)\,,$$

$$y_0 y_1^* + [y_0^* + h_y(x,y_0,0)]\,y_1 = -h_\varepsilon(x,y_0,0)\,, \qquad (5.65/3)$$

$$y_0 y_2^* + [y_0^* + h_y(x,y_0,0)]\,y_2 = y_1 y_1^* - \frac{1}{2}\,[y_1^2 h_{yy}(x,y_0,0) + 2\,y_1 h_{y\varepsilon}(x,y_0,0) + h_{\varepsilon\varepsilon}(x,y_0,0)]\,.$$

Für die weiteren Gleichungen behalten die linken Seiten die Gestalt $y_0 y_i^* + [y_0^* + h_y(x,y,0)]\,y_i$, die rechten Seiten ändern sich jedoch und nehmen an Zahl der Terme zu.

Die Gleichungen des Satzes (5.65/3) stellen lineare, inhomogene Differentialgleichungen erster Ordnung dar für die Funktionen $y_i(x)$ in der Entwicklung (5.65/2). Die rechten Seiten der Gleichungen sind jeweils bekannt, denn sie entstehen aus den Lösungen y_i der vorangegangenen Differentialgleichungen. Der Satz (5.65/3) läßt sich somit rekursiv lösen.

Da die Differentialgleichungen von erster Ordnung sind, könnte man ihre formalen Lösungen mit Hilfe von Quadraturen anschreiben, wir verzichten jedoch darauf. Wohl aber schließen wir noch eine Bemerkung an darüber, wie die Integrationskonstanten ermittelt werden, von denen ja jede Differentialgleichung eine hinzubringt. Je nach Aufgabenstellung benutzt man einen von zwei Wegen: (1) Untersucht man z.B. eine Trajektorie, die durch den Punkt (a,b) in der Phasenebene geht, so setzt man am besten

$$y_0(a) = b \qquad \text{und} \qquad y_i(a) = 0 \quad \text{für alle } i \neq 0\,. \qquad (5.65/4)$$

(2) Fragt man dagegen nach geschlossenen Phasenkurven, also z.B. nach dem Grenzzykel einer selbsterregten Schwingung, so müssen die Integrationskonstanten aus den Periodizitäts-(oder "Schließ"-)Bedingungen bestimmt werden.

Wir führen nun noch zwei Beispiele vor.

Im e r s t e n B e i s p i e l behandeln wir den Schwinger A (5.60/3a), setzen

$$\varepsilon = \delta/2 \qquad (5.65/5)$$

und untersuchen die obere Halbebene $y>0$. Die Dgl.(5.65/1) lautet somit

$$y\frac{dy}{dx} = -\sin x - \varepsilon y^2 . \qquad (5.65/6)$$

Die ersten beiden Gleichungen des Satzes (5.65/3) werden hier zu

$$\begin{aligned} y_0 y_0^* &= -\sin x , \\ y_0 y_1^* + y_1 y_0^* &= -y_0^2 . \end{aligned} \qquad (5.65/7)$$

Wenn die Kurve durch den Punkt (a,b) gehen soll, so lauten gemäß (5.65/4) die beiden Funktionen y_0 und y_1

$$\begin{aligned} y_0(x) &= \sqrt{b^2 - 2(\cos a - \cos x)} , \\ y_1(x) &= -\frac{(b^2 - 2\cos a)(x-a) + 2(\sin x - \sin a)}{\sqrt{b^2 - 2(\cos a - \cos x)}} . \end{aligned} \qquad (5.65/8)$$

Mit ihnen ist die "erste Näherung" in der Form

$$\tilde{y} = y_0 + \varepsilon y_1 \qquad (5.65/9)$$

bekannt.

Wir stellen nun noch einen zahlenmäßigen Vergleich dieses Ergebnisses mit dem in Abschn.5.63 gewonnenen an. Wie dort fragen wir: In welcher Höhe $\tilde{y}(0)$ schneidet die für $\delta = 0{,}4$ geltende Separatrix die Ordinatenachse $x = 0$? Antwort: Wegen $a = \pi$, $b = 0$ und $x = 0$ sowie $\varepsilon = \delta/2 = 0{,}2$ folgt aus (5.65/9)

$$\tilde{y}(0) = 2 + \pi/5 \approx 2{,}63\,. \tag{5.65/9a}$$

Der in Abschn.5.63 gefundene Wert lautete $y \approx 2{,}78$. Da (abgesehen von der in Abb.5.63/1b gezeichneten numerischen Lösung) der genaue Wert nicht bekannt ist, läßt sich die Güte der Näherungswerte nicht klar beurteilen; der Vergleich mit der gezeichneten Kurve deutet jedoch an, daß $y = 2{,}78$ näher beim genauen Wert liegt.

Einen weiteren Näherungswert für den gesuchten Schnittpunkt werden wir aus Gl.(5.66/7) finden; er beträgt $\tilde{y}_0 = 2{,}80$.

Als zweites Beispiel betrachten wir den Schwinger B (5.60/4a) mit $\gamma = 1$ und $\beta = 0$ (also die übliche van der Polsche Differentialgleichung) und fragen nach dem Grenzzykel. In der Gestalt (5.65/1) lautet die Differentialgleichung (wenn δ zum Parameter ε gemacht wird)

$$y\frac{dy}{dx} = \varepsilon(1 - x^2)y - x\,. \tag{5.65/10}$$

Für $\varepsilon = 0$ ist die Lösung bekannt:

$$y_0(x) = \pm\sqrt{b^2 + a^2 - x^2}\,. \tag{5.65/11}$$

Diese im folgenden oft auftretende Wurzel schreiben wir kürzer als $\sqrt{A^2 - x^2}$ oder schlicht als $\sqrt{}$.

Die zweite und dritte Gleichung des Satzes (5.65/3) lauten hier:

$$y_0 y_1^* + y_0^* y_1 = (1 - x^2)y_0\,, \tag{5.65/12b}$$

$$y_0 y_2^* + y_0^* y_2 = -y_1 y_1^* + y_1(1 - x^2)\,. \tag{5.65/12c}$$

Die Lösung zu (5.65/12b) lautet mit der Integrationskonstanten C_1

$$\begin{aligned} y_1(x) &= \frac{1}{\pm\sqrt{}}\left\{C_1 \pm \int (1 - x^2)\sqrt{A^2 - x^2}\,dx\right\} = \\ &= \frac{1}{\sqrt{}}\left\{\pm C_1 + \frac{1}{2}x\left(1 - \frac{A^2}{4}\right)\sqrt{} + \frac{x}{4}\sqrt{(A^2 - x^2)^3}\right. \\ &\quad \left. + \frac{1}{2}A^2\left(1 - \frac{A^2}{4}\right)\arcsin\frac{x}{A}\right\}\,. \end{aligned} \tag{5.65/13}$$

Fordert man wegen der Wurzel im Nenner, daß $y_1(x)$ auch für $x = A$ und für $x = -A$ endlich bleibe, so folgen aus (5.65/13) die beiden Bedingungen

$$C_1 + \frac{\pi}{4} A^2 (1 - \frac{A^2}{4}) = 0 ,$$
$$C_1 - \frac{\pi}{4} A^2 (1 - \frac{A^2}{4}) = 0 . \qquad (5.65/14)$$

Sie führen zu

$$A = 2 \quad \text{und} \quad C_1 = 0 , \qquad (5.65/15)$$

somit zu

$$y_1(x) = \frac{x}{4}(4 - x^2) \qquad (5.65/15a)$$

und schließlich zur Näherung

$$\tilde{y}(x) = y_0 + \delta y_1 = \pm \sqrt{4 - x^2} + \delta \frac{x}{4}(4 - x^2) . \qquad (5.65/16)$$

Die Gleichung (5.65/12c) führt auf

$$(y_0 y_2)^* = - \frac{x^3}{16}(4 - x^2)$$

und somit auf

$$y_0 y_2 = C_2 - \frac{x^4}{16} + \frac{x^6}{96} . \qquad (5.65/17)$$

Aus der Bedingung, daß die rechte Seite für $x^2 = 4$ verschwinde, findet man $C_2 = 1/3$, also

$$y_2(x) = \pm \frac{1}{\sqrt{4 - x^2}} \left[\frac{1}{3} - \frac{x^4}{16} + \frac{x^6}{96} \right] \qquad (5.65/18)$$

Eine Kontrolle mittels der de l'Hospitalschen Regel bestätigt, daß für $x^2 \to 4$ nicht nur $y_0 y_2$, sondern auch y_2 selbst gegen Null geht.

Somit lautet die aus den drei Teilfunktionen y_0, y_1 und y_2 zusammengesetzte ("zweite") Näherung

$$\tilde{\tilde{y}} = \pm \sqrt{4 - x^2} + \delta \frac{x}{4}(4 - x^2) \pm \frac{\delta^2}{\sqrt{4 - x^2}} \left[\frac{1}{3} - \frac{x^4}{16} + \frac{x^6}{96} \right] . \qquad (5.65/19)$$

In den hier entstandenen Näherungsgleichungen $\tilde{y}$ (5.65/16) und $\tilde{\tilde{y}}$ (5.65/19) für den Grenzzykel der gewöhnlichen van der Polschen Differentialgleichung treten nun auch Glieder auf, die den Einfluß des Parameters δ angeben. Demgegenüber sind die meisten der an anderen Stellen gewonnenen Näherungen gröber und liefern nur die "nullte Näherung", den Kreis $y_0 = \sqrt{4 - x^2}$.

Die Abb.5.65/1 zeigt die aus drei Gliedern bestehende Näherung $\tilde{\tilde{y}}$ (5.65/19) für die Parameterwerte $\delta = 0$; 0,11 ; 0,55. Die für $\delta = 0$ geltende Kurve ist der (strichpunktierte) Kreis mit dem Radius 2.

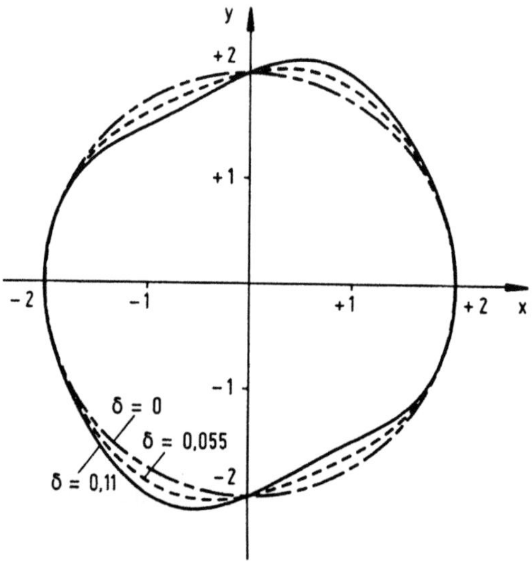

Abb.5.65/1. Näherung y gemäß (5.65/19) für den Grenzzykel der van der Polschen Differentialgleichung

Werden die nur aus den ersten beiden Termen bestehenden Näherungen $\tilde{y}$ (5.65/16) aufgezeichnet, so unterscheiden sich die Kurven für das Auge fast nicht von denen der Abb.5.65/1: Der Einfluß des dritten Gliedes in (5.65/19) ist (für die benutzten Parameter) unbedeutend.

5.66 Iterationsverfahren

Bei den Iterationsverfahren geht man von Näherungsfunktionen aus, die man geeignet gewählt oder geschätzt hat und verbessert sie schrittweise.

Iterationsverfahren lassen sich auf vielerlei Wegen herleiten, eine Möglichkeit bieten z.B. die Integralgleichungen. Aus der Dgl. (5.60/2a) kann man unmittelbar zwei verschiedene Integralgleichungen gewinnen. E r s t e n s : Integriert man die Gleichung, so kommt (wenn $y = b$ für $x = a$ sein soll)

$$y(x) = b - \int_a^x \frac{h(\xi, y(\xi))}{y(\xi)}\, d\xi \ . \qquad (5.66/1)$$

Geht man statt von (5.60/2a) von (5.63/2) aus, so erhält man analog eine Integralgleichung für $x(y)$,

$$x(y) = a - \int_b^y \frac{\eta}{h(x(\eta), \eta)}\, d\eta \ . \qquad (5.66/2)$$

Z w e i t e n s : Multipliziert man (5.60/2a) zunächst mit y und integriert dann über x, so folgt

$$y(x) = \pm \left[b^2 - 2 \int_a^x h(\xi, y(\xi))\, d\xi \right]^{1/2} \ . \qquad (5.66/3)$$

Mannigfache weitere Integralgleichungen lassen sich gewinnen, wenn spezielle Formen von $h(x,y)$ entweder vorliegen oder durch Kunstgriffe hergestellt werden, wie z.B. durch Hinzufügen sich aufhebender Glieder, die man verschieden behandelt.

Die Integralgleichungen stellen Operatorgleichungen dar. Symbolisch werden sie mit dem Operator Q als

$$y = Q[y] \qquad (5.66/4a)$$

oder einfach als

$$y = Q\,y \qquad (5.66/4b)$$

geschrieben.

Die Iterationsverfahren lassen sich mit Hilfe der Operatorgleichung (5.66/4b) in die Vorschrift fassen

$$y_{n+1} = Q\,y_n \ , \qquad n = 0, 1, \ldots ; \qquad (5.66/5)$$

d.h. man erhält die $(n+1)$-te Näherung y_{n+1} durch Anwenden des Operators Q auf die n-te Näherung y_n. Ist die Operatorgleichung eine der Integralgleichungen, so muß also die n-te Näherung jeweils in den Integranden auf der rechten Seite von (5.66/1), (5.66/2) oder (5.66/3) eingesetzt und die Quadratur ausgeführt werden.

Auf Fragen der Konvergenz und der Fehlerabschätzungen derartiger Iterationsverfahren gehen wir nicht ein. Hinweise hierfür findet man u.a. in Lit.5.66/1.

Für die kommenden Beispiele bedienen wir uns in diesem Abschnitt der beiden Iterationsverfahren, die auf den oben angeschriebenen Integralgleichungen (5.66/1) und (5.66/3) beruhen. Abkürzend sollen sie "Iterationsverfahren I" und "Iterationsverfahren II" heißen.

Beispiel 1: Für den Schwinger A (5.60/3), das quadratisch gedämpfte Pendel, wurde im Abschn.5.63 eine Näherung hergestellt zu jener Separatrix, die die x-Achse bei $x=\pi$ trifft. Dabei wurde die Näherungsfunktion durch den Ansatz (5.63/5) beschrieben; für die Koeffizienten ergaben sich die Werte (5.63/6). Die so ermittelte Näherungskurve schneidet die positive y-Achse im Punkte $y\approx 2{,}78$.

Hier soll nun eine Näherung zur genannten Separatrix mit dem oben definierten Iterationsverfahren I hergestellt und wieder der Schnittpunkt der Kurve mit der y-Achse bestimmt werden. Die zu lösende Differentialgleichung ist (5.60/3a); die Funktion $h(x,y)$ heißt

$$h(x,y) = \frac{\delta}{2}\, y\,|y| + \sin x \quad . \qquad (5.66/6a)$$

Vor dem Ausführen der Quadratur lautet die Operatorgleichung (5.66/5)

$$-\frac{dy_1}{dx} = +\frac{\delta}{2}\,|y_0| + \frac{\sin x}{y_0} \quad . \qquad (5.66/6b)$$

Als Ausgangsfunktion $y_0(x)$ wählen wir jene Lösung der Dgl.(5.60/3a), die für den Parameterwert $\delta=0$ gilt und die durch den Punkt (a,b) geht; sie lautet

$$y_0(x) = \pm\sqrt{b^2 + 2(\cos x - \cos a)} \quad . \qquad (5.66/6c)$$

Deshalb wird (5.66/6b) zu

$$-\frac{dy_1}{dx} = \frac{\delta}{2}\sqrt{b^2 + 2(\cos x - \cos a)} \pm \frac{\sin x}{\sqrt{b^2 + 2(\cos x - \cos a)}} \quad . \qquad (5.66/6d)$$

Ausführen der Quadratur liefert

$$y_1 = \pm\sqrt{b^2 + 2(\cos x - \cos a)} - \frac{\delta}{2}\int_a^x \sqrt{b^2 + 2(\cos\xi - \cos a)}\, d\xi \quad . \qquad (5.66/6e)$$

Setzt man $a = \pi$, $b = 0$, so kommt

$$y_1 = \pm\sqrt{2(\cos x + 1)} - \frac{\delta}{2}\int_\pi^x \sqrt{2 + 2\cos\xi}\; d\xi \quad .$$

Der gesuchte positive Wert y_1 an der Stelle $x = 0$ wird zu

$$y_1(0) = 2 + \frac{\delta}{2}\,4 = 2 + 2\delta\,,$$

für den Parameterwert $\delta = 0{,}4$ (wie er in 5.63 verwendet wurde) also zu

$$y_1(0) = 2{,}80 \quad . \qquad (5.66/7)$$

Dieser Wert stimmt mit dem in 5.63 gefundenen Wert $y(0) = 2{,}777$ gut überein, besser als der in Abschn.5.65 ermittelte und in Gl.(5.65/9a) angegebene Wert $\tilde{y}(0) = 2{,}63$.

B e i s p i e l 2 : Für den Schwinger B mit dem Phasenportrait (5.60/4a),

$$\frac{dy}{dx} = \delta(1 - x^2) - \frac{\gamma x + \beta^2 x^3}{y}\,, \qquad (5.66/8)$$

suchen wir nach Näherungen für den Grenzzykel.

Zur Iteration benutzen wir der Reihe nach die beiden Verfahren I und II. Als Ausgangsfunktion y_0 wählen wir in beiden Fällen die Lösung der Dgl.(5.65/8) für $\delta = 0$, also

$$y_0(x) = \pm\left[b^2 - \gamma(x^2 - a^2) - \frac{\beta^2}{2}(x^4 - a^4)\right]^{1/2}. \qquad (5.66/9)$$

V e r f a h r e n I : Die erste Näherung erhält man aus (5.66/1) mit y_0 nach (5.66/9) zu

$$y_1^I(x) = b + \int_a^x \left\{ \delta(1-\xi^2) - \frac{\gamma\xi + \beta^2\xi^3}{[b^2 - \gamma(\xi^2 - a^2) - \beta^2(\xi^4 - a^4)/2]^{1/2}} \right\} d\xi \,, \tag{5.66/10a}$$

also zu

$$y_1^I(x) = +\,\delta\,[(x-a) - (x^3 - a^3)/3] \pm [b^2 - \gamma(x^2 - a^2) - \beta^2(x^4 - a^4)/2]^{1/2}. \tag{5.66/10b}$$

Da das Phasenportrait bezüglich (0,0) punktsymmetrisch ist [die Gl.(5.65/8) ändert sich nicht, wenn man x und y durch $-x$ und $-y$ ersetzt], setzt sich der Grenzzykel aus zwei zu (0,0) punktsymmetrischen Bögen zusammen. Die Nahtstellen mögen auf (-A,0) und (+A,0) liegen. Der zunächst noch unbekannte Maximalausschlag A folgt aus einer der Bedingungen

$$y(-A) = 0 \quad ; \quad y(+A) = 0 \,. \tag{5.66/11}$$

Für $a = -A$, $b = 0$ lautet (5.66/10b)

$$y_1^I(x) = \delta\,[(x+A) - \frac{x^3 + A^3}{3}] + [(A^2 - x^2) + \beta^2(A^4 - x^4)/2]^{1/2}. \tag{5.66/12}$$

Wegen (5.66/11) und (5.66/12) besteht für A die Bedingung

$$2A - 2A^3/3 = 0 \,, \tag{5.66/13a}$$

also ist

$$A = 0 \quad \text{oder} \quad A = \sqrt{3}\,. \tag{5.66/13b}$$

Der Wert $A = 0$ ist trivial, der andere Wert hängt in dieser Näherung weder von δ noch von β oder γ ab. Setzt man diesen Wert in (5.66/12) ein, so findet man als Gleichung für den Grenzzykel

$$y_1^I(x) = \delta\,\frac{x}{3}(3 - x^2) \pm \sqrt{\gamma(3 - x^2) + \beta^2(9 - x^4)/2} \,. \tag{5.66/14}$$

Wir notieren noch die Ergebnisse für zwei Sonderfälle:

1. Wenn $\beta = 0$ und $\gamma = 1$ ist, d.h. für die gewöhnliche van der Polsche Differentialgleichung, gilt

$$y_1^I(x) = \delta\, x(3 - x^2)/3 \pm \sqrt{(3 - x^2)} \quad . \tag{5.66/14a}$$

2. Wenn $\gamma = 0$ ist, gilt

$$y_1^I(x) = \delta\, x(3 - x^2)/3 \pm \sqrt{\beta^2(9 - x^4)/2} \quad . \tag{5.66/14b}$$

Verfahren II: In noch nicht integrierter Form lautet die Iterationsgleichung (5.66/3)

$$y_1 \frac{d y_1}{d x} = \delta(1 - x^2)\, y_0 - (\gamma x + \beta^2 x^3) \quad . \tag{5.66/15}$$

Ausgangsfunktion sei wieder $y_0(x)$ gemäß (5.66/9). Wird (5.66/15) integriert, so kommt

$$y_1(x) = \pm \left[b^2 - \gamma(x^2 - a^2) - \frac{1}{2}\beta^2(x^4 - a^4) \pm 2\delta \int_a^x f(\xi)\, d\xi \right]^{1/2} \tag{5.66/16}$$

$$\text{mit} \qquad f(\xi) = (1 - \xi^2)\sqrt{b^2 - \gamma(\xi^2 - a^2) - \beta^2(\xi^4 - a^4)/2} \quad .$$

Die Quadratur läßt sich hier für allgemeine Werte der Parameter nicht in geschlossener Form ausführen. Wir beschränken uns deshalb auf Sonderfälle.

Fall 1; $\beta = 0$:

Wir setzen $b = 0$ und $a = -A$; somit wird aus (5.66/16)

$$y_1(x) = \pm \sqrt{\gamma(A^2 - x^2) \pm 2\delta \int_{-A}^{x} (1 - \xi^2)\sqrt{\gamma(A^2 - \xi^2)}\, d\xi} \quad . \tag{5.66/17}$$

$x = A$ ist der Maximalausschlag; für ihn ist $y_1 = 0$; daher muß gelten

$$\int_{-A}^{+A} (1 - \xi^2)\sqrt{A^2 - \xi^2}\, d\xi = 0 \quad . \tag{5.66/18}$$

Diese Beziehung bedeutet eine Bedingung für A. Nach Ausführen der Quadratur findet man

$$A^2 = 4 \quad \text{und} \quad A = 2 \quad . \tag{5.66/18a}$$

Mit diesem Wert für A findet man aus (5.66/17) die Gleichung des Grenzzykels zu

$$y_1^{II}(x) = \pm \sqrt{\gamma(4 - x^2) \pm 2\delta\sqrt{\gamma}\int_{-2}^{x}(1 - \xi^2)\sqrt{4 - \xi^2}\,d\xi}$$
$$= \pm \sqrt{\gamma(4 - x^2) \pm \sqrt{\gamma}\,\frac{\delta}{2}\sqrt{(4 - x^2)^3}} \quad . \tag{5.66/19}$$

Dieses Ergebnis werde mit $\gamma = 1$ für $\delta \ll 1$ noch in eine Potenzreihe nach δ entwickelt; man erhält

$$y_1^{II}(x) = \pm\sqrt{4 - x^2} + \frac{\delta x}{4}(4 - x^2) \pm \frac{\delta^2}{32}x^2\sqrt{(4 - x^2)^3} + \ldots \tag{5.66/20}$$

Fall 2; $\gamma = 0$:

Wieder setzen wir $b = 0$ und $a = -A$; nun wird (5.66/16) zu

$$y_1^{II}(x) = \pm\left[+\frac{1}{2}\beta^2(A^4 - x^4) \mp 2\delta\int_{-A}^{x}(1 - \xi^2)\sqrt{\beta^2(A^4 - \xi^4)/2}\,d\xi\right]^{1/2}. \tag{5.66/21}$$

Aus der Forderung $y_1 = 0$ für $x = A$ erhält man hier als Bestimmungsgleichung für A

$$\int_{-A}^{A}(1 - \xi^2)\sqrt{A^4 - \xi^4}\,d\xi = 0$$

und daraus

$$A^2 = \frac{\int_0^1 \sqrt{1 - \eta^4}\,d\eta}{\int_0^1 \eta^2\sqrt{1 - \eta^4}\,d\eta} =: \frac{Z}{N} \quad . \tag{5.66/22}$$

Der Zähler Z in (5.66/22) läßt sich analytisch (über elliptische Integrale) auswerten und liefert $Z = 0{,}875$. Der Wert des Nenners läßt sich nur numerisch finden; es ist $N = 0{,}238$, deshalb wird

$$A^2 = 3{,}68 \quad \text{und} \quad A = 1{,}91 \quad . \tag{5.66/22a}$$

Damit ist der Maximalwert A des Grenzzykels in der ersten Näherung bekannt. Er erweist sich (wie beim Verfahren I) als unabhängig von δ und γ. Die Gleichung des Grenzzykels (5.66/21) läßt sich jedoch nicht anders als mit Hilfe der Quadratur angeben.

Schließlich vergleichen wir noch die Ergebnisse, die nach den verschiedenen Methoden der Abschn.5.61, 5.65 und 5.66 für den Grenzzykel der van der Polschen Gl.(5.60/4), also für (5.66/8) gewonnen worden sind.

Für den allgemeinen Fall, d.h. unter Beibehalten aller drei Parameter δ, γ und β, erhielten wir in diesem Abschn.5.66 nach dem Iterationsverfahren I als erste Näherung die Gl.(5.66/14),

$$y_1^{I}(x) = \delta x(3 - x^2)/3 \pm \sqrt{\gamma(3 - x^2) + \beta^2(9 - x^4)/2}\ , \qquad (5.66/23)$$

nach dem Iterationsverfahren II die Gl.(5.66/16) mit einer analytisch nicht auswertbaren Quadratur.

Für den Sonderfall $\beta = 0$, $\gamma = 1$, d.h. für die gewöhnliche van der Polsche Differentialgleichung, lieferten die Iterationsverfahren dieses Abschnitts: Das erste gemäß (5.66/14) bzw. (5.66/23)

$$y_1^{I}(x) = \delta x(3 - x^2)/3 \pm \sqrt{3 - x^2}\ , \qquad (5.66/24)$$

das zweite gemäß (5.66/16) die Gl.(5.66/19)

$$y_1^{II}(x) = \sqrt{(4 - x^2) \pm \frac{\delta}{2}\sqrt{(4 - x^2)^3}} \qquad (5.66/25a)$$

oder nach Entwicklung in Potenzen von $\delta \ll 1$ die Gl.(5.66/20),

$$y_1^{II} = \pm\sqrt{(4 - x^2)} + \delta\frac{x}{4}(4 - x^2) \mp \frac{\delta^2}{32}x^2\sqrt{(4 - x^2)^3} + \ldots \qquad (5.66/25b)$$

Die Störungsrechnung in Abschn.5.65 lieferte

$$\tilde{\tilde{y}} = \pm\sqrt{(4 - x^2)} + \delta\frac{x}{4}(4 - x^2) \mp \frac{\delta^2}{\sqrt{(4 - x^2)}}\left[\frac{1}{3} - \frac{x^4}{16} + \frac{x^6}{96}\right]. \qquad (5.66/26)$$

Der Vergleich von (5.66/25b) und (5.66/26) zeigt: Sieht man von den in δ quadratischen Gliedern ab, so stimmen die Näherungen, die nach der Störungsrechnung in 5.65 und mit dem Iterationsverfahren II in 5.66 bestimmt worden sind, völlig überein. Der Grenzzykel ist für die Parameterwerte $\delta = 0$, $\delta = 0{,}11$ und $\delta = 0{,}55$ in Abb.5.65/1 gemäß Gleichung (5.66/25b) aufgezeichnet. Läßt man den quadratischen Term entweder weg oder ersetzt ihn durch den in der Gl.(5.66/26) stehenden, so sind die entstehenden Kurven für das Auge ununterscheidbar von den in Abb. 5.65/1 gezeichneten. Der Maximalwert der Grenzschwingung ist dabei $A = 2$. Die Näherung $y_1^I(x)$ gemäß (5.66/24) ist vergleichsweise schlecht; sie würde $A = \sqrt{3}$ liefern.

Für den Sonderfall $\delta = 0$ lieferten die Iterationsverfahren des Abschn.5.66: Das erste gemäß (5.66/14b)

$$y_1^I(x) = \delta x(3 - x^2)/3 \pm \sqrt{\beta^2(9 - x^4)/2}\,, \qquad (5.66/27)$$

das zweite gemäß (5.66/21) den Ausdruck

$$y_1^{II}(x) = \pm\sqrt{\frac{1}{2}\beta^2(A^4 - x^4) \mp 2\delta\int_{-A}^{x}(1 - \xi^2)\sqrt{\beta^2(A^4 - \xi^4)/2}\,d\xi} \qquad (5.66/28)$$

mit

$$A^2 = 3{,}68\,.$$

Die Quadratur läßt sich in geschlossener Form nicht ausführen.

Die Störungsrechnung des Abschn.5.65 ist auf diesen Fall nicht angewendet worden. Dagegen ist im Abschn.5.61, siehe Abb.5.61/1, mit der Isoklinenmethode ein Grenzzykel G für die Parameterwerte $\beta = 1$ und $\delta = 1$ hergestellt worden.

Die Abb.5.66/1 zeigt (auf die obere Halbebene beschränkt) für $\beta = 1$ zwei Kurven der Schar (5.66/27) für die Parameterwerte $\delta = 1{,}0$ und $\delta = 0{,}4$. Außerdem ist auch die obere Hälfte des Grenzzykels G aus Abb.5.61/1 (dort ist $\delta = \beta = 1$) eingetragen.

Der Maximalausschlag A aller Kurven y_1^I gemäß (5.66/27) ist $A = \sqrt{3} \approx 1{,}732$. Dieser Wert liegt sehr nahe bei dem der graphisch konstruierten Kurve G aus Abb.5.61/1. Der Maximalausschlag A der ersten Näherung aus dem Iterationsverfahren II lautet gemäß (5.66/28):

$A = \sqrt{3,68} \approx 1,92$; er steht in nicht so guter Übereinstimmung mit den beiden anderen Ergebnissen.

Abb.5.66/1.
Grenzzykel, obere Halbebene:
G aus Abb.5.61/1; $\beta = 1$, $\delta = 1$
(a) $y_1^I(x)$ aus (5.66/14b); $\beta = 1$, $\delta = 1$; (b) $y_1^I(x)$ aus (5.66/14b); $\beta = 1$, $\delta = 0,4$

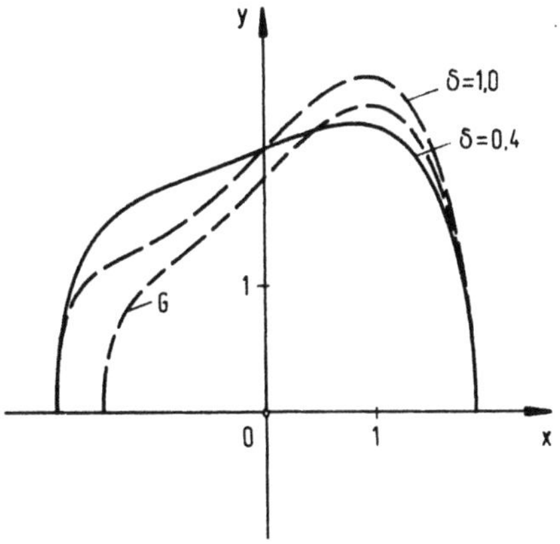

5.7 Näherungen für die Zeitfunktionen bei Differentialgleichungen mit nicht kleinen Parametern

5.70 Vorbemerkungen

In diesem und dem folgenden Hauptabschnitt wenden wir uns den Näherungen für die Zeitfunktionen $x(\tau)$ zu. Statt von der Dgl.(5.60/2) gehen wir aus von der gleichwertigen Differentialgleichung zweiter Ordnung

$$x'' + h(x, x') = 0 \ . \qquad (5.70/1)$$

Dabei ist x wie früher die dimensionslose abhängige Variable, Striche bedeuten Ableitungen nach der mit einer gegebenen Frequenz $\varkappa$ dimensionslos gemachten Zeit τ. Gelegentlich, vor allem in Beispielen, werden wir auch wieder zu den dimensionsbehafteten Größen q, $\dot{q}$ und t zurückkehren.

Bei den in diesem Hauptabschnitt erörterten Verfahren werden keine Voraussetzungen über die Größe der in der Dgl.(5.70/1) enthaltenen, wenn auch nicht explizit angegebenen Parameter gemacht; sie eignen sich allerdings auch nur für periodische Vorgänge. Nichtperiodische Bewegungen, z.B. Einschwingvorgänge, werden dann im Hauptabschnitt 5.8 mit Verfahren behandelt, die die Kleinheit gewisser Parameter voraussetzen.

Eine periodische Funktion ist vollständig bekannt, wenn sie im Periodenintervall τ_1 bis $\tau_2 = \tau_1 + T^*$ bekannt ist. An den Rändern müssen die Periodizitätsbedingungen eingehalten werden,

$$x(\tau_1) = x(\tau_1 + T^*) \;\; ; \;\; x'(\tau_1) = x'(\tau_1 + T^*)\,. \tag{5.70/2}$$

Da es sich hier um Lösungen autonomer Differentialgleichungen handelt, kann der Zeitpunkt τ_1 beliebig gewählt werden; er wird oft so gewählt, daß einer der Randwerte verschwindet, daß also z.B. $x'(\tau_1) = 0$ ist. In diesen Zeitpunkt legt man dann zweckmäßig den Nullpunkt der Zeitzählung.

Da für autonome Differentialgleichungen die Periodendauer T (und damit T*) nicht von vornherein bekannt ist, empfiehlt es sich oft, die Zeit zu normieren. Für die restlichen Abschnitte dieses Kapitels werden wir zwei Normierungen benutzen, und zwar

(I) eine auf die Periode 2π normierte Zeit $\sigma = 2\pi t/T$ und

(II) eine auf die Periode 4 (bzw. auf die Viertelperiode 1) normierte Zeit $\rho = 4t/T$.

Hierzu gehören die Beziehungen [1)]

I	II	mit
$\frac{2\pi}{T} = \omega$	$\frac{4}{T} = \bar{\omega}$	$\bar{\omega} = \frac{\omega}{\pi/2}$
$\frac{2\pi}{T^*} = \frac{2\pi}{\varkappa T} = \frac{\omega}{\varkappa} =: \eta$	$\frac{4}{T^*} = \frac{4}{\varkappa T} = \frac{\bar{\omega}}{\varkappa} =: \bar{\eta}$	$\bar{\eta} = \frac{\eta}{\pi/2}$
$\sigma = \omega t = \eta\tau$	$\rho = \bar{\omega} t = \bar{\eta}\tau$	(5.70/3)
$\frac{dx}{d\tau} = \eta \frac{dx}{d\sigma}$	$\frac{dx}{d\tau} = \eta \frac{dx}{d\rho} = \frac{\eta}{\pi/2}\frac{dx}{d\rho}$	
$\frac{d^2x}{d\tau^2} = \eta^2 \frac{d^2x}{d\sigma^2}$	$\frac{d^2x}{d\tau^2} = \bar{\eta}^2 \frac{d^2x}{d\rho^2} = \frac{\eta^2}{(\pi/2)^2}\frac{d^2x}{d\rho^2}$	

Die Dgl.(5.70/1) wird dann zu

$$\begin{aligned} \text{I:}\quad & \eta^2 \frac{d^2x}{d\sigma^2} + h(x, \eta\frac{dx}{d\sigma}) = 0 \ , \\ \text{II:}\quad & \frac{\eta^2}{(\pi/2)^2}\frac{d^2x}{d\rho^2} + h(x, \frac{\eta}{\pi/2}\frac{dx}{d\rho}) = 0 \ . \end{aligned} \qquad (5.70/4a)$$

Die Randbedingungen (5.70/2) gehen über in

$$\begin{aligned} \text{I:}\quad & x(0) = x(2\pi) \ , \qquad \frac{dx}{d\sigma}(0) = \frac{dx}{d\sigma}(2\pi) \ , \\ \text{II:}\quad & x(0) = x(4) \ , \qquad \frac{dx}{d\rho}(0) = \frac{dx}{d\rho}(4) \ . \end{aligned} \qquad (5.70/4b)$$

Kennt man weitere Eigenschaften einer periodischen Funktion $x(\sigma)$ oder $x(\rho)$, weiß man etwa, daß sie in Bezug auf $\sigma = 0$ gerade oder ungerade ist, so lassen sich die Randbedingungen auch anders formulieren. Für eine ungerade stetige Funktion $x(\sigma)$ gilt z.B. $x(0) = 0$ und $x(\pi) = 0$, für eine gerade mit stetiger Ableitung gilt

$$\frac{dx}{d\sigma}(0) = 0 \qquad \text{und} \qquad \frac{dx}{d\sigma}(\pi) = 0 \ .$$

Wenn der Zeitverlauf $x(\sigma)$ oder $x(\rho)$ Symmetrien aufweist, genügt es, eine Halbperiode $(0 \leqq \rho \leqq 2)$ oder eine Viertelperiode $(0 \leqq \rho \leqq 1)$ durch einen Näherungsausdruck zu beschreiben. Auf diese Weise wird die Mannigfaltigkeit der benutzbaren Näherungsfunktionen beträchtlich erhöht. Beispiele finden sich vor allem in den Abschn.5.73, 5.74 und 5.75 (Näherungen durch Parabeln).

Soweit Näherungsverfahren in Ansätzen mit noch freien Parametern oder in Entwicklungen nach Parametern der Differentialgleichungen bestehen, werden wir sie im wesentlichen in den Hauptabschnitten 5.7 und 5.8 darstellen und begründen. Die Ausführungen in Hauptabschnitt 5.6 können dann als Vorwegnahme mancher hier im Hauptabschnitt 5.7 eingehender dargelegten Methoden betrachtet werden, jene in Kap.6

---

[1] Was die Bezeichnungen angeht, vor allem die Zeit σ und die Frequenz η, so beachte man den abweichenden Gebrauch im Kap.6, siehe Tafel 6.11/I.

als ihre Erweiterungen auf nicht-autonome Differentialgleichungen.

5.71 Differentialgleichungen und Variationsprobleme; das Verfahren von W. Ritz

Variationsprobleme werden häufig in der Weise gelöst, daß man die zugehörige Eulersche Differentialgleichung aufstellt und integriert. Es gibt jedoch auch Methoden zur "direkten" Lösung eines Variationsproblems, die wichtigste ist wohl die von W. Ritz angegebene. Wenn man leistungsfähige Methoden dieser Art zur Verfügung hat, kann es sinnvoll sein, statt einer vorgelegten Differentialgleichung

$$D[x(\tau)] = 0 \qquad (5.71/1)$$

das zugehörige Variationsproblem zu lösen, sofern man ein solches angeben kann. Oft bietet sich das Hamiltonsche Prinzip (2.25/2) dafür an; es existiert jedoch keineswegs zu allen Bewegungsgleichungen ein Hamiltonscher Variationsausdruck [1]. Man muß dann auf andere Weise ein Variationsproblem formulieren. Wir geben ein Beispiel: Die genaue Lösung $x(\tau)$ erfüllt die Dgl.(5.71/1) an jeder Stelle τ. Von einer Näherungslösung $\tilde{x}(\tau)$ kann man fordern, daß sie (5.71/1) möglichst gut erfülle. Wählt man als Kriterium für "möglichst gut" ein möglichst kleines Fehlerquadrat in einem gewissen Intervall $\tau_0 \leqq \tau \leqq \tau_1$, so kommt man zur Forderung

$$I := \int_{\tau_0}^{\tau_1} D^2[\tilde{x}(\tau)]\, d\tau = \min . \qquad (5.71/2)$$

Dies ist ebenfalls ein Variationsproblem; man kann es mit direkten Methoden lösen. Da in (5.71/2) der Differentialausdruck D quadriert werden muß, führt dieses Problem auf kompliziertere Rechnungen als ein zu (5.71/1) gehörendes Hamiltonsches Integral (2.25/1),

$$I := \int_{\tau_0}^{\tau_1} [T(\tilde{x}, \tilde{x}') - U(\tilde{x})]\, d\tau = \min . \qquad (5.71/3)$$

---

[1] Zum Hamiltonschen Prinzip siehe z.B. Lit.5.71/1.

Wir wenden uns nun dem wichtigsten der direkten Verfahren zu, dem von W. Ritz angegebenen.

Das Variationsproblem werde durch

$$I := \int_{\tau_0}^{\tau_1} F(x, x') \, d\tau = \text{extr} \qquad (5.71/4)$$

gegeben. Für die gesuchte Lösungsfunktion $x(\tau)$ wird der Ansatz

$$x(\tau) = X(\tau, \alpha_1, \ldots, \alpha_N) \qquad (5.71/5)$$

gemacht, der N freie Lösungsparameter α_i enthält. Durch den Ansatz (5.71/5) wird man im allgemeinen nicht die gesamte Lösungsmannigfaltigkeit erfassen, sondern nur eine Näherungslösung $\tilde{x}(\tau)$ erhalten. Setzt man (5.71/5) in (5.71/4) ein, so wird das Integral I zu einer Funktion dieser N Parameter α_i, und das Variationsproblem geht über in

$$I = I(\alpha_1, \ldots, \alpha_N) = \text{extr} . \qquad (5.71/6)$$

Das Integral I ist nun kein Funktional (Funktion einer Funktion) mehr, sondern eine Funktion der endlich vielen Größen α_i: Das Variationsproblem ist zu einer "gewöhnlichen" Extremalaufgabe geworden. Man findet daher die α_i aus den N Bestimmungsgleichungen

$$\frac{\partial I}{\partial \alpha_i} = 0 \; , \quad (i = 1, \ldots, N) . \qquad (5.71/7)$$

Die aus (5.71/7) gefundenen Parameterwerte α_i liefern, in (5.71/5) eingesetzt, die (Näherungs-)Lösung

$$\tilde{x}(\tau) = X(\tau, \alpha_1, \ldots, \alpha_N) . \qquad (5.71/8)$$

Fehlerabschätzungen für $\tilde{x}$ lassen sich nur schwer gewinnen. Vielfach vergleicht man die aus einem Ansatz mit N freien Parametern gefundene Näherung $\tilde{x}_N(\tau)$ mit einer Näherung $\tilde{x}_M(\tau)$, die mit Hilfe von M Parametern $(M > N)$ gefunden wurde. Ist $|\tilde{x}_M(\tau) - \tilde{x}_N(\tau)|$ klein, so betrachtet man $\tilde{x}_M(\tau)$ als eine gute Näherung. Dieses Kriterium ist aber keineswegs hinreichend; es lassen sich Fälle angeben, in denen zwar

$|\tilde{x}_M(\tau) - \tilde{x}_N(\tau)|$ klein, die Näherung $\tilde{x}_M(\tau)$ aber trotzdem schlecht ist.

Wenn im besonderen als Variationsaufgabe (5.71/4) das Hamiltonsche Prinzip (5.71/3) dient, so können die Bestimmungsgleichungen (5.71/7) auf die Form

$$\frac{\partial I}{\partial \alpha_k} = \left[\frac{\partial X}{\partial \alpha_k}\frac{\partial F}{\partial \tilde{x}'}\right]_{\tau_0}^{\tau_1} + \int_{\tau_0}^{\tau_1} \frac{\partial X}{\partial \alpha_k}\left\{\frac{\partial F}{\partial \tilde{x}} - \frac{d}{d\tau}\left(\frac{\partial F}{\partial \tilde{x}'}\right)\right\} d\tau =$$

$$= \left[\qquad \qquad \right]_{\tau_0}^{\tau_1} + \int_{\tau_0}^{\tau_1} \frac{\partial X}{\partial \alpha_k} E[\tilde{x}]d\tau \ , \qquad (k = 1,2,\dots,N) \ , \qquad (5.71/9)$$

gebracht werden. Dabei bezeichnet

$$E[x] = 0 \qquad (5.71/10)$$

die Eulersche Differentialgleichung des Variationsproblems, hier also die Bewegungsdifferentialgleichung des beschriebenen Gebildes. Meist kann man die Ansatzfunktionen in dem Näherungsansatz $\tilde{x}(\tau)$ und die Integrationsgrenzen τ_0 und τ_1 so wählen, daß die Randterme in (5.71/9) zu Null werden.

Falls im besonderen die Näherungsfunktion $\tilde{x}$ in Form einer Summe angesetzt wird,

$$\tilde{x}(\tau) = \alpha_1\psi_1(\tau) + \dots + \alpha_N\psi_N(\tau) \ , \qquad (5.71/11)$$

in der die $\psi_k(\tau)$ geeignet gewählte, linear unabhängige "Koordinatenfunktionen" sind und die freien Lösungsparameter α_k als Koeffizienten auftreten, so geht (5.71/9) über in

$$\frac{\partial I}{\partial \alpha_k} = \left[\psi_k \frac{\partial F}{\partial \tilde{x}'}\right]_{\tau_0}^{\tau_1} + \int_{\tau_0}^{\tau_1} E[\tilde{x}(\tau)]\psi_k(\tau)\,d\tau \qquad (5.71/12)$$

oder - bei Verschwinden der ausintegrierten Terme - in

$$\int_{\tau_0}^{\tau_1} E[\tilde{x}(\tau)]\psi_k(\tau)\,d\tau = 0 \ , \qquad (k = 1,2,\dots,N) \ . \qquad (5.71/13)$$

W. Ritz und andere Autoren haben ferner gezeigt, daß unter den beiden genannten Voraussetzungen (Hamiltonsches Prinzip, Summenansatz) eine Näherungslösung $\tilde{x}(\tau)$ nach (5.71/11) für $N\to\infty$ in die exakte Lösung $x(\tau)$ des Problems übergeht, falls die ψ_k ein vollständiges Funktionensystem bilden.

Die Ansatzfunktion $\tilde{x}(\tau)$ muß nicht unbedingt die spezielle Bauart (5.71/11) haben, in der die Parameter α_i Koeffizienten von Koordinatenfunktionen sind. Im Abschn.5.73 werden wir z.B. die Funktion

$$\tilde{x}(\tau) = X(\tau,\alpha_1,\alpha_2) = \alpha_1 \frac{\alpha_2\tau - \tau^{\alpha_2}}{\alpha_2 - 1} \qquad (5.71/14)$$

verwenden; statt (5.71/13) erhält man dann aus (5.71/9) Bestimmungsgleichungen von der Form

$$\int_{\tau_0}^{\tau_1} E[\tilde{x}(\tau)] \frac{\partial X}{\partial \alpha_k} d\tau = 0 \quad , \quad (k = 1,2,\dots,N) . \qquad (5.71/15)$$

5.72 Das Galerkinsche Verfahren

α) Die Verfahrensvorschrift

Wir gehen aus von der Differentialgleichung des Gebildes, $D[x(\tau)] = 0$, die im besonderen etwa die Gestalt (5.70/1)

$$D := x'' + h(x,x') = 0 \qquad (5.72/1a)$$

oder für die in Kap.6 betrachteten Phänomene die Gestalt

$$D := x'' + H(\tau,x,x') = 0 \qquad (5.72/1b)$$

haben möge. Auch hier machen wir, wie in Abschn.5.71, für die gesuchte Funktion $x(\tau)$ einen Ansatz der Form (5.71/5)

$$\tilde{x}(\tau) = X(\tau,\alpha_1,\dots,\alpha_N) \qquad (5.72/2)$$

mit N freien Parametern α_i. Setzt man (5.72/2) in (5.72/1a) oder in (5.72/1b) ein, so erhält man

$$\Delta := D[X(\tau,\alpha_1,\dots,\alpha_N)] \quad , \qquad (5.72/3)$$

eine Funktion von τ und den N Parametern α_i; sie sollte für alle Zeiten τ verschwinden. Da aber im allgemeinen die richtige Lösung $x(\tau)$ in der Mannigfaltigkeit (5.72/2) der Näherungslösungen nicht enthalten ist, gibt es dann auch keinen Satz von Parametern $\alpha_i = \alpha_i^*$, der der Forderung

$$\Delta = \Delta(\tau, \alpha_1^*, \dots, \alpha_N^*) \equiv 0 \qquad (5.72/4)$$

genügt. Zur Bestimmung der α_i muß man also eine andere Bedingung finden.

Dazu wählen wir auf dem Zeitintervall $\tau_0 \leqq \tau \leqq \tau_1$, für das die Näherungslösung gesucht wird, N linear unabhängige Funktionen $\psi_n(\tau)$ und erfüllen anstelle von (5.72/4) nach dem Vorschlag von Galerkin

$$\delta_n(\alpha_1, \dots, \alpha_N) := \int_{\tau_0}^{\tau_1} \Delta(\tau, \alpha_1, \dots, \alpha_N) \psi_n(\tau)\, d\tau \overset{!}{=} 0 \;, \quad (n = 1, 2, \dots, N) \,. \qquad (5.72/5)$$

Die N Bedingungen

$$\delta_n(\alpha_1, \dots, \alpha_N) = 0 \;, \quad (n = 1, 2, \dots, N) \qquad (5.72/5a)$$

stellen einen Satz von N (nichtlinearen) Bestimmungsgleichungen für die N Parameter α_i dar; die Funktionen $\psi_n(\tau)$ heißen Koordinatenfunktionen oder Basisfunktionen.

Die Gln.(5.72/5) lassen sich so interpretieren: Anstatt gemäß (5.72/4) zu fordern, daß die Funktion $\Delta(\tau)$ identisch verschwinde, verlangt man nur, daß sie in einem vorgegebenen Intervall $\tau_0 \leqq \tau \leqq \tau_1$ im gewichteten (oder gewogenen) Mittel verschwinde. In der Sprache der Funktionalanalysis läßt sich die Galerkinsche Vorschrift (5.72/5) so fassen: Nach Wahl eines Systems von (endlich vielen) Basisfunktionen $\psi_k(\tau)$ fordert man, daß die N Projektionen des Überschusses $\Delta(\tau)$ auf die N Basisfunktionen $\psi_k(\tau)$ verschwinden.

Die Wahl der Funktionen $\psi_k(\tau)$ als Gewichtsfunktionen in (5.72/5) entspricht dem Ansatz (5.71/11), wo die Parameter α_k als Koeffizienten bei den Funktionen ψ_k auftreten. Liegt dagegen eine allgemeiner gebaute Funktion $\tilde{x}(\tau)$ nach (5.71/8) vor, so wird man analog zu (5.71/15) in (5.72/5) als Gewichtsfunktionen die Ableitungen $\partial X/\partial \alpha_k$ verwenden; die

Bedingungen (5.72/5) werden dann zu

$$\int_{\tau_0}^{\tau_1} \Delta(\tau,\alpha_1,\dots,\alpha_N)\frac{\partial X}{\partial \alpha_k}\,d\tau = 0\ , \quad (k = 1,2,\dots,N)\ . \qquad (5.72/6)$$

β) Der Zusammenhang mit dem Ritzschen Verfahren

Die Galerkinschen Gleichungen (5.72/5) bzw. (5.72/6) und die Ritzschen Gleichungen (5.71/13) bzw. (5.71/15) zeigen eine auffallende Ähnlichkeit.

Während die Funktion $\Delta(\tau,\alpha_1,\dots,\alpha_N)$ aus (5.72/4) den Überschuß (oder Defekt) bedeutet, der entsteht, weil die Näherung (5.72/2) die Dgl.(5.72/1) nicht exakt erfüllt, bedeutet die Funktion $E[\tilde{x}(\tau)]$ in (5.71/13) und (5.71/15) den Überschuß der durch die Näherung (5.71/11) nicht exakt erfüllten Dgl.(5.71/10).

Die Problemstellungen in Abschn.5.72 und in Abschn.5.71 unterscheiden sich dadurch, daß in 5.71 die Differentialgleichung als Eulersche Differentialgleichung des Hamiltonschen Variationsproblems auftrat; in 5.72 wurden darüber keine Voraussetzungen gemacht. Falls aber zu Dgl.(5.72/1a) bzw. (5.72/1b) ein Hamiltonscher Variationsausdruck existiert, sind D und E identisch; dann sind auch die Gleichungssätze (5.72/5) bzw. (5.72/6) und (5.71/13) bzw. (5.71/15) identisch. Anders ausgedrückt: Die Ritzschen Gleichungen (5.71/13) und (5.71/15) lassen sich als Spezialfall der Galerkinschen Gleichungen (5.72/5) und (5.72/6) auffassen. Die Galerkinschen Gleichungen sind die allgemeineren, denn ihnen liegen die schwächeren Voraussetzungen zugrunde.

γ) Der Fourier-Abgleich

Wählt man für eine T*-periodische Lösung $x(\tau)$ als Näherungsansatz $\tilde{x}(\tau)$ nach (5.72/2) speziell eine Linearkombination aus den harmonischen Funktionen $\cos n\eta\tau$ und $\sin n\eta\tau$ $(n=0,1,\dots,N)$, also ein trigonometrisches Polynom, so wird auch Δ aus (5.72/3) zu einer T*-periodischen Funktion. Sie läßt sich in eine Fourier-Reihe entwickeln, deren Koeffizienten für $n=1,\dots,2N+1$ mit den δ_n aus (5.72/5) übereinstimmen, sofern dieselben harmonischen Funktionen auch als Basisfunktionen ψ_n gewählt werden. Für diesen Fall bezeichnet man die Bedingungsgleichungen (5.72/5a) als Abgleich der Fourier-Koeffizienten oder Fourier-Abgleich, er wird in Abschn.5.77 ausführlicher behandelt.

5.73 Schwinger vom Grundtyp $x'' + \operatorname{sign}(x)|x|^n = 0$, strenge Lösung und Näherungslösungen

Ein konservativer Schwinger, dessen punktsymmetrische Kennlinie durch eine reine Potenz des Ausschlags angegeben wird, besitzt in den dimensionsbehafteten Koordinaten q und t die Differentialgleichung

$$\ddot{q} + \varkappa^2 \mu^{n-1} |q|^n \operatorname{sign} q = 0 \,, \tag{5.73/1a}$$

wobei $\dim(\mu) = \dim(q^{-1})$ und $\dim(\varkappa) = \dim(t^{-1})$ ist.

In den dimensionslosen Koordinaten $x = \mu q$ und $\tau = \varkappa t$ erhält man

$$x'' + |x|^n \operatorname{sign} x = 0 \,. \tag{5.73/1b}$$

Bei ganzzahligem und ungeradem n kann man einfach

$$x'' + x^n = 0 \tag{5.73/1b'}$$

schreiben.

Da die Rückstellfunktion f(x) ungerade, die Kennlinie also punktsymmetrisch ist, darf man die Untersuchung auf die Viertelperiode $0 \leqq \tau \leqq T^*/4$ beschränken; insofern ist die Schreibweise (5.73/1b') der Differentialgleichung für jedes n erlaubt.

α) Die strenge Lösung

Die Dgl.(5.73/1b) ist in Abschn.5.42α integriert worden. Die (strenge) Lösung lautet gemäß (5.42/5), wenn $\hat{X}$ den maximalen Ausschlag und $u = x/\hat{X}$ den relativen bezeichnet, mit der Hilfsfunktion (5.42/7),

$$j(n,u) = \sqrt{\frac{n+1}{2}} \int\limits_0^u \frac{d\zeta}{\sqrt{1-\zeta^{n+1}}} \,, \tag{5.73/2}$$

in der inversen Form $\tau(x)$

$$\tau(x) = \hat{X}^{(1-n)/2} j(n,u) \,; \tag{5.73/3a}$$

die Schwingungsdauer T* folgt aus

$$\frac{T^*}{4} = \hat{X}^{(1-n)/2} j(n,1). \qquad (5.73/3b)$$

Die Quadratur j(n,u) führt für $n = 0$ auf eine algebraische Funktion, für $n = 1$ auf die elementar transzendenten Arcusfunktionen, für $n = 2$ und $n = 3$ auf elliptische Integrale, für $n > 3$ auf hyperelliptische. Die Umkehrfunktionen $x(\tau)$ sind deshalb für $n > 1$ elliptische oder hyperelliptische Funktionen.

Abb.5.42/3 zeigt für $n = 0,1,2$ den Verlauf der Schwingungen in einer Viertelperiode; näheres über die Darstellung von j(n,1) siehe Abschn.5.42, insbesondere die Gln.(5.42/7b) und (5.42/9) sowie Abb. 5.42/1.

Führt man anstelle der (dimensionslosen) Schwingdauer T* die (dimensionslose) Frequenz $\eta = \omega/\varkappa$ ein, so wird wegen $\eta = 2\pi/T^*$

$$\eta^2 = \left[\frac{\pi^2}{4} \frac{1}{j^2(n,1)}\right] \hat{X}^{n-1}. \qquad (5.73/4a)$$

Wir kürzen den in der eckigen Klammer stehenden Faktor mit $\Theta_E(n)$ ab,

$$\Theta_E(n) = \frac{\pi^2/4}{j^2(n,1)} , \qquad (5.73/4b)$$

und erhalten für die Beziehung zwischen der Schwingweite $\hat{X}$ und der Frequenz η

$$\eta^2 = \Theta_E(n) \hat{X}^{n-1}. \qquad (5.73/4c)$$

Zahlenwerte von $\Theta_E(n)$ für ganzzahlige Argumente $n = 1$ bis $n = 7$ sind (neben anderen) in Tafel 5.73/III angegeben. Der Index E soll auf die exakte Lösung hinweisen.

Wenn wir anschließend in den Unterabschnitten β, γ und δ die Differentialgleichung des gleichen Schwingers mit Näherungsverfahren behandeln, so geschieht dies aus drei Gründen:

E r s t e n s: Es lassen sich die in der strengen Lösung auftretenden elliptischen oder hyperelliptischen Funktionen vermeiden.

Z w e i t e n s : Anhand der einfachen autonomen Dgl.(5.73/1) kann übersichtlich vorgeführt werden, wie man die jeweiligen Näherungsverfahren handhabt.

D r i t t e n s : Die Genauigkeit der Ergebnisse aus den verschiedenen Näherungsansätzen läßt sich hier beurteilen, weil genaue Ergebnisse zum Vergleich vorliegen.

β) Harmonische Näherung; eingliedriger Ansatz

Wir verwenden das Galerkinsche Verfahren. Der Differentialausdruck D in Gl.(5.72/1a) lautet hier wegen (5.73/1b)

$$D := x'' + |x|^n \operatorname{sign} x \,. \qquad (5.73/5)$$

In diesem Unterabschnitt machen wir für die gesuchte Funktion $x(\tau)$ mit $a_1 = \hat{X}$ den Näherungsansatz (5.72/2)

$$\tilde{x} = \hat{X} \sin \omega t \,, \qquad (5.73/6a)$$

dabei ist ω eine noch unbekannte Frequenz. Mit

$$\omega / \varkappa = \eta \qquad (5.73/7)$$

schreibt sich (5.73/6a)

$$\tilde{x} = \hat{X} \sin \eta\tau \,. \qquad (5.73/6b)$$

Die Funktion Δ aus (5.72/3) wird damit zu

$$\Delta = -\eta^2 \hat{X} \sin \eta\tau + \hat{X}^n \sin^n \eta\tau \operatorname{sign}(\sin \eta\tau) \,; \qquad (5.73/8)$$

mit

$$\eta\tau = \sigma \qquad (5.73/9)$$

lautet die Galerkinsche Forderung (5.72/5)

$$\int_0^{2\pi} \{-\eta^2 \hat{X} \sin \sigma + \hat{X}^n |\sin^n \sigma| \operatorname{sign}(\sin \sigma)\} \sin \sigma \, d\sigma = 0 \,. \qquad (5.73/10)$$

Diese Bedingung stellt eine Beziehung zwischen der Amplitude $\hat{X}$ und der "Frequenz" η dar. Durch Ausintegrieren findet man

$$\eta^2 = \hat{x}^{n-1}\left[\frac{4}{\pi}\int_0^{\pi/2}\sin^{n+1}\sigma\, d\sigma\right] . \qquad (5.73/11a)$$

Den Faktor in der eckigen Klammer kürzen wir mit $\Theta_h(n)$ ab,

$$\Theta_h(n) := \frac{4}{\pi}\int_0^{\pi/2}\sin^{n+1}\sigma\, d\sigma \ , \qquad (5.73/11b)$$

so daß (5.73/11a) zu

$$\eta^2 = \Theta_h(n)\,\hat{x}^{n-1} \qquad (5.73/11c)$$

wird. Die Beziehung (5.73/11c) zwischen η^2 und $\hat{x}$ ist genau so aufgebaut wie (5.73/4c); es unterscheiden sich nur die Faktoren Θ. Der Index E in (5.73/4c) sollte auf die exakte Lösung hinweisen, der Index h in (5.73/11c) steht für die harmonische Näherung.

$\Theta_h(n)$ hat die Werte

$$\begin{aligned}
&n = 0: && \Theta_h(0) = 4/\pi \ ,\\
&n = 1: && \Theta_h(1) = 1 \ ,\\
&n \text{ gerade ganze Zahl} \geqq 2: && \Theta_h(n) = \frac{n}{n+1}\,\frac{n-2}{n-1}\cdots\frac{2}{3}\,\frac{4}{\pi} \ ,\\
&n \text{ ungerade ganze Zahl} \geqq 3: && \Theta_h(n) = \frac{n}{n+1}\,\frac{n-2}{n-1}\cdots\frac{3}{4} \ .
\end{aligned} \qquad (5.73/11d)$$

Zahlenwerte für ganzzahlige Argumente $n = 0$ bis $n = 7$ stehen neben anderen in Tafel 5.73/III.

Um die Näherung $\tilde{x}(\tau)$ zu verbessern, kann man statt des eingliedrigen harmonischen Ansatzes (5.73/6) einen mehrgliedrigen, etwa

$$\tilde{x} = A\sin\eta\tau + C\sin 3\eta\tau \qquad (5.73/12)$$

benutzen. Diesen mehrgliedrigen Ansatz wollen wir aber nicht sogleich betrachten, sondern zuvor in Unterabschnitt γ ganz andersartige eingliedrige Ansätze erörtern. Mit (5.73/12) beschäftigen wir uns danach im Unterabschnitt δ.

γ) Eine parabolische Näherung

Da es wegen der Bauart der Differentialgleichung genügt, den ersten Quadranten zu untersuchen, ist es möglich, Näherungsansätze zu benutzen, die keinerlei periodischen Charakter aufweisen. So kann man die Funktion $x(\tau)$ im ersten Quadranten z.B. durch eine Parabel (beliebiger Ordnung) annähern.

Als Beispiel benutzen wir

$$x = \hat{X}\psi^*(\rho) \quad \text{mit} \quad \psi^* = \frac{\alpha\rho - \rho^\alpha}{\alpha - 1} . \qquad (5.73/13)$$

Darin bedeutet ρ die in Gl.(5.70/3a) eingeführte dimensionslose Zeit,

$$\rho = \frac{t}{\tau/4} = \frac{\omega t}{\pi/2} = \frac{\eta\tau}{\pi/2} = \frac{\sigma}{\pi/2} . \qquad (5.73/14)$$

Der Ansatz (5.73/13) enthält zwei Parameter; der eine, $\hat{X}$, ist Koeffizient einer Koordinatenfunktion $\psi^*(\rho)$, die ihrerseits noch einen "unkonventionellen" Parameter α enthält. ψ^* entsteht aus $\psi = a\rho + b\rho^\alpha$ durch Anpassung an die "Rand"-Bedingungen

$$\psi^*(0) = 0 \; , \quad \psi^*(1) = 1 \; , \quad \frac{d\psi^*}{d\rho}(1) = 0 . \qquad (5.73/15)$$

Wegen dieser Bedingungen bedeutet $\hat{X}$ die Schwingungsweite.

Durch Wahl des Parameters α kann man, wie Abb.5.73/1 zeigt, die Form der Funktion $\psi^*(\rho)$ innerhalb des Dreiecks (0,0), (0,1), (1,1) stark verändern.

Sucht man etwa jene Parabel, die einer (Viertel-)Sinuslinie "am nächsten kommt", und nimmt man als Kriterium für das Nahekommen die

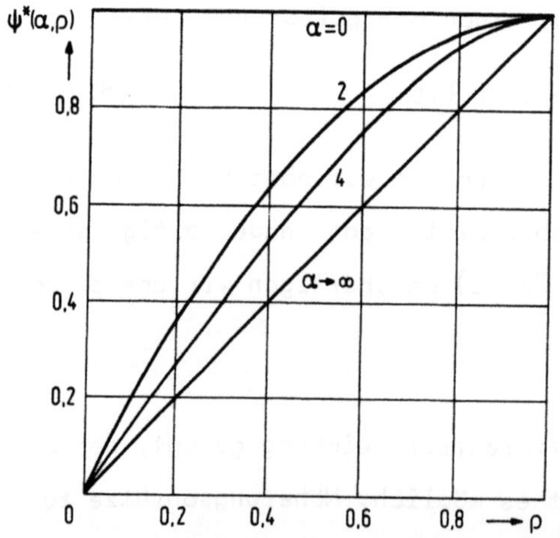

Abb.5.73/1.
Die Funktion $\psi^*(\alpha,\rho)$ gemäß Gl.(5.73/13)

Gleichheit der Flächen unter den Kurven,

$$\int_0^1 \sin\frac{\pi\rho}{2}\,d\rho = \int_0^1 \frac{\alpha\rho - \rho^\alpha}{\alpha - 1}\,d\rho \;, \qquad (5.73/16)$$

so findet man für den Parameter α den ungefähren Wert 2,7. Von einem andern Weg, diesen Wert zu ermitteln, werden wir weiter unten noch sprechen.

Bevor wir nun das Galerkinsche Verfahren mit dem Ansatz (5.73/13) durchführen, schreiben wir die Dgl.(5.73/1b) um auf die Zeit ρ,

$$\frac{d^2x}{d\rho^2} + \frac{\pi^2/4}{\eta^2}|x|^n \operatorname{sign} x = 0 \qquad (5.73/17a)$$

oder, da der erste Quadrant genügt, einfach

$$D := \frac{d^2x}{d\rho^2} + \frac{\pi^2/4}{\eta^2}x^n = 0 \,. \qquad (5.73/17b)$$

Weil in (5.73/13) der Parameter α nicht Koeffizient einer Koordinatenfunktion ist, müssen wir die allgemeinen Galerkinschen Forderungen (5.72/6) verwenden. Hier lauten sie wegen $\alpha_1 = \hat{X}$ und $\alpha_2 = \alpha$ mit den Integrationsgrenzen $\rho = 0$ und $\rho = 1$

$$\int_0^1 \left(\frac{d^2\tilde{x}}{d\rho^2} + \frac{\pi^2/4}{\eta^2}\tilde{x}^n\right)\psi^*(\rho)\,d\rho = 0 \;,$$
$$\int_0^1 \left(\frac{d^2\tilde{x}}{d\rho^2} + \frac{\pi^2/4}{\eta^2}\tilde{x}^n\right)\frac{\partial\psi^*(\rho,\alpha)}{\partial\alpha}\,d\rho = 0 \,. \qquad (5.73/18)$$

Aus diesen Beziehungen erhält man nach langwieriger, aber elementarer Rechnung Ausdrücke von der Form

$$\eta^2 = \hat{X}^{n-1}\frac{\pi^2}{4}\frac{u_n(\alpha)}{r(\alpha)} \;,$$
$$\eta^2 = \hat{X}^{n-1}\frac{\pi^2}{4}\frac{v_n(\alpha)}{s(\alpha)} \qquad (5.73/19)$$

für das "Frequenzquadrat" (siehe Lit.5.73/1). In Tafel 5.73/I sind

Tafel 5.73/I. Hilfsfunktionen $r(\alpha)$, $s(\alpha)$ und $u_n(\alpha)$, $v_n(\alpha)$

$$r(\alpha)=\alpha\left[1-\frac{1}{2\alpha-1}\right]$$

$$s(\alpha)=\alpha\left[\frac{(\alpha-1)}{(2\alpha-1)^2}-\frac{1}{\alpha}+\frac{1}{2\alpha-1}\right]$$

$$u_0(\alpha)=\frac{\alpha}{2}-\frac{1}{\alpha+1}$$

$$v_0(\alpha)=\alpha\left[\frac{2\alpha}{(\alpha+1)^2}-\frac{1}{2}\right]$$

$$u_1(\alpha)=\frac{1}{(\alpha-1)}\left[\frac{\alpha^2}{3}-\frac{2\alpha}{\alpha+2}+\frac{1}{2\alpha+1}\right]$$

$$v_1(\alpha)=\frac{1}{(\alpha-1)}\left[\frac{\alpha}{\alpha+2}-\frac{1}{2\alpha+1}-\frac{\alpha}{3}+\frac{1}{\alpha+2}+\frac{\alpha(\alpha-1)}{(\alpha+2)^2}-\frac{(\alpha-1)}{(2\alpha+1)^2}\right]$$

$$u_2(\alpha)=\frac{1}{(\alpha-1)^2}\left[\frac{\alpha^3}{4}-\frac{3\alpha^2}{(\alpha+3)}+\frac{3\alpha}{2(\alpha+1)}-\frac{1}{(3\alpha+1)}\right]$$

$$v_2(\alpha)=\frac{1}{(\alpha-1)^2}\left[\frac{\alpha^2}{(\alpha+3)}-\frac{\alpha}{(\alpha+1)}+\frac{1}{(3\alpha+1)}-\frac{\alpha^2}{4}+\frac{2\alpha}{(\alpha+3)}-\frac{1}{2(\alpha+1)}+\frac{\alpha^2(\alpha-1)}{(\alpha+3)^2}-\frac{\alpha(\alpha-1)}{2(\alpha+1)^2}+\frac{(\alpha-1)}{(3\alpha+1)^2}\right]$$

$$u_3(\alpha)=\frac{1}{(\alpha-1)^3}\left[\frac{\alpha^4}{5}-\frac{4\alpha^3}{(\alpha+4)}+\frac{6\alpha^2}{(2\alpha+3)}-\frac{4\alpha}{(3\alpha+2)}+\frac{1}{(4\alpha+1)}\right]$$

$$v_3(\alpha)=\frac{1}{(\alpha-1)^3}\left[\frac{\alpha^3}{(\alpha+4)}-\frac{3\alpha^2}{(2\alpha+3)}+\frac{3\alpha}{(3\alpha+2)}-\frac{1}{(4\alpha+1)}-\frac{\alpha^3}{5}+\frac{3\alpha^2}{(\alpha+4)}-\frac{3\alpha}{(2\alpha+3)}+\frac{1}{(3\alpha+2)}+\frac{\alpha^3(\alpha-1)}{(\alpha+4)^2}\right.$$
$$\left.-\frac{3\alpha^2(\alpha-1)}{(2\alpha+3)^2}+\frac{3\alpha(\alpha-1)}{(3\alpha+2)^2}-\frac{(\alpha-1)}{(4\alpha+1)^2}\right]$$

die Hilfsfunktionen $r(\alpha)$ und $s(\alpha)$ sowie für $n=0,1,2,3$ die Funktionen $u_n(\alpha)$ und $v_n(\alpha)$ zusammengestellt. Für einen gegebenen Wert von n müssen die beiden Gln.(5.73/19) identisch sein. Gleichsetzen der Brüche liefert jeweils die Bestimmungsgleichung für α:

$$r(\alpha)v_n(\alpha) - s(\alpha)u_n(\alpha) = 0 \,. \tag{5.73/20}$$

Der so ermittelte Wert α, in (5.73/19) eingesetzt, liefert die Beziehung

$$\eta^2 = \hat{\chi}^{n-1}\Theta_*(n) \tag{5.73/21}$$

Die Werte $\Theta_*(n)$ und die zugehörigen Parameterwerte α findet man für ganzzahlige Argumente $n=0$ bis $n=7$ in der Tafel 5.73/II.

Tafel 5.73/II.
Werte für $\Theta_*(n)$ und zugehörige Parameter α

n	α	$\Theta_*(n)$
0	2	1,234
1	2,70	1,000
2	3,41	0,834
3	4,11	0,713
4	4,82	0,622
5	5,52	0,551
6	6,23	0,494
7	6,94	0,448

In der Tafel 5.73/III sind schließlich alle drei Faktoren $\Theta_E(n)$, $\Theta_h(n)$ und $\Theta_*(n)$ mit den prozentualen Fehlern e_h und e_*,

$$e_h = 100[\Theta_h(n)/\Theta_E(n) - 1] \quad , \quad e_* = 100[\Theta_*(n)/\Theta_E(n) - 1] \, , \qquad (5.73/22)$$

zusammengestellt.

Tafel 5.73/III.
Werte für $\Theta_E(n)$, $\Theta_h(n)$ und $\Theta_*(n)$ und prozentuale Fehler e_h und e_*

n	$\Theta_E(n)$	$\Theta_h(n)$	$\Theta_*(n)$	e_h	e_*
0	1,234	1,273	1,234	3,2	0
1	1,000	1,000	1,000	0	0,0
2	0,834	0,849	0,834	1,8	−0,1
3	0,718	0,750	0,713	4,5	−0,7
4	0,628	0,679	0,622	8,1	−1,0
5	0,558	0,625	0,551	12,1	−1,3
6	0,501	0,582	0,494	16,1	−1,4
7	0,455	0,547	0,448	20,1	−1,5

Zu Beginn dieses Unterabschnittes haben wir für die Anpassung einer Parabel vom Typ (5.73/13) an die Sinuslinie eine heuristische und in ihrer physikalischen Bedeutung kaum interpretierbare Forderung gestellt, nämlich die Gleichheit der Flächen unter den Kurven [siehe

Gl.(5.73/16)]. Eine wesentlich besser fundierte Ermittlung des Parameters α in (5.73/13) ist jetzt über die aus dem Galerkin-Verfahren gewonnene Bestimmungsgleichung (5.73/20) möglich: Da die Sinuslinie exakte Lösung der Dgl.(5.71/1b') für $n=1$ ist, hat man dazu (5.73/20) mit $n=1$ anzuschreiben und nach α aufzulösen. Das Ergebnis ist wiederum $\alpha \approx 2{,}70$.

δ) Harmonische Näherung; zweigliedriger Ansatz; $n=3$

In den Unterabschnitten β und γ haben wir "eingliedrige" Ansätze benutzt, einen harmonischen und einen parabolischen. Der parabolische enthielt allerdings trotz der Eingliedrigkeit zwei Parameter. Nun wollen wir noch einen zweigliedrigen (und damit zweiparametrigen) harmonischen Ansatz erörtern, allerdings werden wir uns dabei auf den Fall $n=3$ beschränken.

Die Differentialgleichung ist nach wie vor (5.73/5); als Ansatz werde (5.73/12) benutzt. Damit wird Δ aus (5.72/3) zu

$$\Delta = -A\eta^2 \sin\sigma - 9\eta^2 C \sin 3\sigma + A^3 \sin^3\sigma + 3A^2 C \sin^2\sigma \sin 3\sigma + 3AC^2 \sin\sigma \sin^2 3\sigma + C^3 \sin^3 3\sigma \tag{5.73/23}$$

Die Galerkinschen Bedingungen lauten

$$\int_0^{2\pi} \Delta \sin\sigma \, d\sigma = 0 \, , \tag{5.73/24a}$$

$$\int_0^{2\pi} \Delta \sin 3\sigma \, d\sigma = 0 \, . \tag{5.73/24b}$$

Unter Benutzung der Hilfsformeln

$$\begin{aligned} \sin^2\alpha &= \frac{1}{2}[1 - \cos 2\alpha] \, , \\ \sin^3\alpha &= \frac{1}{4}[-\sin 3\alpha + 3\sin\alpha] \end{aligned} \tag{5.73/25}$$

und durch Ausintegrieren kommt aus (5.73/24a)

$$\eta^2 = \frac{3}{4}[A^2 - AC + 2C^2] \, , \tag{5.73/26a}$$

aus (5.73/24b)

$$\eta^2 = \frac{1}{36C}[-A^3 + 6A^2 C + 3C^3] \tag{5.73/26b}$$

zustande. Dies sind zwei Gleichungen zwischen den Amplituden A und C und dem Frequenzquadrat η^2. Durch Eliminieren von η^2 und mit Benutzung der Abkürzung

$$\gamma := C/A \tag{5.73/27}$$

erhält man für γ die kubische Gleichung

$$51\gamma^3 - 27\gamma^2 + 21\gamma + 1 = 0 \,. \tag{5.73/28}$$

Als Näherung für die kleinste Wurzel findet man aus der quadratischen Gleichung $27\gamma^2 - 21\gamma - 1 = 0$ den Wert

$$\gamma_1 = -0{,}045 \,. \tag{5.73/28a}$$

Bezeichnet man den Maximalwert, den die Näherungsfunktion $\tilde{x}(\sigma)$ (bei $\sigma = \pi/2$) annimmt, mit $\hat{X}$, so wird

$$\hat{X} := A + |C| = A(1 + |\gamma|) \tag{5.73/29a}$$

und

$$\hat{X}^2 = A^2(1 + 2|\gamma| + \gamma^2) \,. \tag{5.73/29b}$$

Zusammen mit (5.73/26a),

$$\eta^2 = \frac{3}{4} A^2(1 - \gamma + 2\gamma^2) \,, \tag{5.73/30}$$

findet man wegen $\gamma = -0{,}045$ und $\gamma^2 = 0{,}0020$ als Zusammenhang zwischen η^2 und $\hat{X}$

$$\eta^2 = \hat{X}^2 \cdot 0{,}721 \,. \tag{5.73/31}$$

ε) Vergleich der Näherungen

In den Unterabschnitten α, β, γ haben wir der Reihe nach die exakte Lösung, eine harmonische Näherung und eine parabolische Näherung der Dgl.(5.73/1b) untersucht und dabei vor allem die Beziehung zwischen Frequenz und Schwingweite hergestellt. In allen drei Fällen erhielten wir dieselbe Abhängigkeit

$$\eta^2 = \Theta(n)\hat{X}^{n-1} \tag{5.73/32}$$

mit unterschiedlichen Faktoren $\Theta(n)$. Es bedeutet

$$\begin{aligned} &\text{in } \alpha: && \Theta = \Theta_E(n) && \text{gemäß (5.73/4b)} \\ &\text{in } \beta: && \Theta = \Theta_h(n) && \text{gemäß (5.73/11b)} \\ &\text{in } \gamma: && \Theta = \Theta_*(n) && \text{gemäß (5.73/21)} \end{aligned} \qquad (5.73/33)$$

Die Werte der drei Faktoren für $n=0$ bis $n=7$ sind in Tafel 5.73/III verzeichnet, zusammen mit den prozentualen Abweichungen ("Fehlern") e_h und e_* gemäß (5.73/22). Man sieht: Für kleine Werte n sind die Abweichungen e bei den Näherungswerten unbedeutend; für $n=7$ erreicht der Fehler der harmonischen Näherung 20%, während er bei der parabolischen Näherung 1,5% nicht überschreitet.

Allerdings enthält der parabolische Ansatz zwei Parameter, während der harmonische Ansatz nur einen enthält. Insofern ist der Vergleich der beiden Näherungen bezüglich ihrer Genauigkeit nicht gerechtfertigt. Daher wurde in Unterabschnitt δ wenigstens für den Fall $n=3$ eine harmonische Näherung mit zwei Parametern errechnet. Für sie erhält man in Gl.(5.73/32)

$$\Theta := \Theta_{hh}(3) = 0{,}721\,.$$

Der Wert $\Theta_{hh}(3) = 0{,}721$ liegt dem exakten Wert $\Theta_E(3) = 0{,}719$ näher als der aus dem parabolischen Ansatz errechnete, nämlich $\Theta_*(3) = 0{,}713$. Dies kann jedoch ein Zufall für $n=3$ sein; man kann nicht daraus schließen, daß der harmonische Ansatz mit zwei Parametern die Lösung besser approximiert als der parabolische.

5.74 Weitere parabolische Näherungen

Im Abschn.5.73γ war als eine besondere parabolische Näherungsfunktion die Funktion (5.73/13)

$$\tilde{x} = \hat{X}\psi^*(\rho,\alpha) \quad \text{mit} \quad \psi^*(\rho,\alpha) := \frac{\alpha\rho - \rho^\alpha}{\alpha - 1} \qquad (5.74/1a)$$

benutzt worden; sie enthält die beiden Parameter $\hat{X}$ und α. $\psi^*(\rho)$ weist die Randwerte

$$\psi^*(0) = 0\ ,\quad \psi^*(1) = 1\ ,\quad \frac{d\psi^*}{d\rho}(1) = 0 \qquad (5.74/1b)$$

auf.

Der Ansatz (5.73/13) führte zwar zu recht brauchbaren Ergebnissen, allerdings über streckenweise mühsame Rechnungen. Es liegt deshalb die Frage nahe, ob nicht andere parabolische Funktionen benutzt werden können, die sich einfacher handhaben lassen. Als solche Funktionen bieten sich die (einparametrigen) Ansätze

$$\tilde{x} = A_j \xi_j(\rho) \quad \text{mit} \quad \xi_j(\rho) := \rho - \frac{1}{j}\rho^j \qquad (j = 2,3,\ldots) \qquad (5.74/2a)$$

an. Die $\xi_j(\rho)$ haben die Randwerte

$$\xi_j(0) = 0\ ,\quad \xi_j(1) = \frac{j-1}{j}\ ,\quad \frac{d\xi_j}{d\rho}(1) = 0\ . \qquad (5.74/2b)$$

Ihre ersten und zweiten Ableitungen lauten

$$\begin{aligned} \frac{d\xi_j(\rho)}{d\rho} &= 1 - \rho^{j-1}\ ,\\ \frac{d^2\xi_j(\rho)}{d\rho^2} &= -(j-1)\rho^{j-2}\ . \end{aligned} \qquad (5.74/2c)$$

Wie in Abschn.5.73 darf statt (5.73/1b) die Dgl.(5.73/1b'), und zwar im ersten Quadranten der Phasenebene, also im Zeitintervall $0 \leqq \rho \leqq 1$ untersucht werden. Die zu behandelnde Differentialgleichung lautet demnach

$$D := x'' + x^n = 0\ . \qquad (5.74/3)$$

Einsetzen des Näherungsansatzes $\tilde{x}$ nach (5.74/2a) liefert

$$\Delta(\rho, A_j) := \frac{\eta^2}{\pi^2/4} A_j \frac{d^2\xi_j(\rho)}{d\rho^2} + A_j^n \xi_j^n(\rho)\ . \qquad (5.74/4)$$

Die Galerkinschen Bedingungen (5.72/5) ergeben, da $\tilde{x}$ nur einen Parameter enthält, hier auch nur eine Gleichung

$$\delta := \int_0^1 \Delta(\rho, A_j)\xi_j(\rho)\,d\rho \quad . \tag{5.74/5}$$

Umgeformt lautet sie

$$\eta^2 = \frac{\pi^2}{4}\frac{A_j^{n-1}\int_0^1 \xi_j^{n+1}(\rho)\,d\rho}{-\int_0^1 \frac{d^2\xi_j(\rho)}{d\rho^2}\,\xi_j^1(\rho)\,d\rho}$$

oder wegen (5.74/2c)

$$\eta^2 = \frac{\pi^2}{4}\frac{A_j^{n-1}\int_0^1 \xi_j^{n+1}(\rho)\,d\rho}{\int_0^1 (j-1)\rho^{j-2}\xi_j^1(\rho)\,d\rho} \quad . \tag{5.74/6}$$

Mit den Abkürzungen

$$g_j(n) := \int_0^1 \xi_j^n(\rho)\,d\rho \quad \text{und} \quad h_j := \int_0^1 (j-1)\rho^{j-2}\xi_j^1(\rho)\,d\rho \tag{5.74/7}$$

wird daraus

$$\eta^2 = A^{n-1}\left[\frac{\pi^2}{4}\frac{g_j(n+1)}{h_j}\right] \quad . \tag{5.74/8}$$

In den Tafeln 5.74/I bis 5.74/IV sind für $j = 2, 3$ und zum Teil für $j = 4$ die Funktionen $\psi_j(\rho)$, ihre Integrale und die daraus hergeleiteten Zahlenwerte $g_j(n)$ und h_j explizit angegeben.

Zum Vergleich mit anderen Ergebnissen (etwa mit den genauen Resultaten oder mit auf sonstige Weise berechneten Näherungen) müssen die Koeffizienten A_j vor den Funktionen $\xi_j(\rho)$ noch auf die Schwingweite $\hat{X}$ umgerechnet werden. Wegen

$$\frac{d\xi_j}{d\rho}(1) = 0$$

tritt der Scheitelwert $\hat{X}$ an der Stelle $\rho = 1$ auf. Es ist

$$\hat{X} = A_j\xi_j(1) \text{ , also } A_j = \frac{1}{\xi_j(1)}\hat{X} \quad . \tag{5.74/9}$$

Somit wird aus (5.74/8) schließlich

$$\eta^2 = \hat{X}^{n-1}\left[\frac{\pi^2}{4}\frac{1}{\xi_j^{n-1}(1)}\frac{g_j(n+1)}{h_j}\right] . \qquad (5.74/10)$$

In Analogie zu früheren Ergebnissen bezeichnen wir den in der eckigen Klammer stehenden (von j und n abhängigen) Zahlenwert mit $\Theta_j(n)$,

$$\Theta_j(n) := \frac{\pi^2}{4}\frac{1}{\xi_j^{n-1}(1)}\frac{g_j(n+1)}{h_j} . \qquad (5.74/11)$$

Mit dieser Abkürzung lautet das Ergebnis (5.74/10)

$$\eta^2 = \Theta_j(n)\hat{X}^{n-1} . \qquad (5.74/12)$$

Auch diese Beziehung zwischen η^2 und $\hat{X}$ paßt also in das allgemeine Schema (5.73/32),

$$\eta^2 = \Theta(n)\hat{X}^{n-1} . \qquad (5.74/13)$$

Die Tafel 5.74/V enthält in ihrem ersten Teil alle untersuchten Faktoren $\Theta(n)$, nämlich in den ersten drei Spalten die aus Tafel 5.73/III zum Vergleich übernommenen $\Theta_E(n)$, $\Theta_h(n)$ und $\Theta_*(n)$, in der

Tafel 5.74/I. Ableitungen und Randwerte der Funktionen $\xi_j(\rho)$

	j=2	j=3	j=4
$\xi_j = \rho - \frac{1}{j}\rho^j$	$\rho - \frac{1}{2}\rho^2$	$\rho - \frac{1}{3}\rho^3$	$\rho - \frac{1}{4}\rho^4$
$\frac{d}{d\rho}\xi_j = 1-\rho^{j-1}$	$1-\rho$	$1-\rho^2$	$1-\rho^3$
$\frac{d^2}{d\rho^2}\xi_j = -(j-1)\rho^{j-2}$	-1	-2ρ	$-3\rho^2$
$\xi_j(0)=0$; $\xi_j(1)=\frac{j-1}{j}$; $\frac{d}{d\rho}\xi_j(1)=0$	$0 ; \frac{1}{2} ; 0$	$0 ; \frac{2}{3} ; 0$	$0 ; \frac{3}{4} ; 0$

Anmerkung: $d^2/d\tau^2 = (2\eta/\pi)^2 d^2/d\rho^2$ [siehe z.B. (5.70/3)].

Tafel 5.74/II. Polynome, Randwerte und Integrale für $\xi_2^n(\rho)$

	Polynome	Randwerte	$\int \xi_2^n d\rho$	$\int_0^1 \xi_2^n d\rho =: g_2(n)$
n=1	$\xi_2^1 = \rho - \frac{1}{2}\rho^2$	$\xi_2^1(1) = \frac{1}{2}$	$\frac{1}{2}\rho^2 - \frac{1}{6}\rho^3$	$\frac{1}{3} = 0{,}3333\bar{3}$
n=2	$\xi_2^2 = \rho^2 - \rho^3 + \frac{1}{4}\rho^4$	$\xi_2^2(1) = \frac{1}{4}$	$\frac{1}{3}\rho^3 - \frac{1}{4}\rho^4 + \frac{1}{20}\rho^5$	$\frac{2}{15} = 0{,}1333\bar{3}$
n=3	$\xi_2^3 = \rho^3 - \frac{3}{2}\rho^4 + \frac{3}{4}\rho^5 - \frac{1}{8}\rho^6$	$\xi_2^3(1) = \frac{1}{8}$	$\frac{1}{4}\rho^4 - \frac{3}{10}\rho^5 + \frac{1}{8}\rho^6 - \frac{1}{56}\rho^7$	$\frac{2}{35} = 0{,}05714$
n=4	$\xi_2^4 = \rho^4 - 2\rho^5 + \frac{3}{2}\rho^6 - \frac{1}{2}\rho^7 + \frac{1}{16}\rho^8$	$\xi_2^4(1) = \frac{1}{16}$	$\frac{1}{5}\rho^5 - \frac{1}{3}\rho^6 + \frac{3}{14}\rho^7 - \frac{1}{16}\rho^8 + \frac{1}{144}\rho^9$	$\frac{8}{315} = 0{,}02540$

Tafel 5.74/III. Polynome, Randwerte und Integrale für $\xi_3^n(\rho)$

	Polynome	Randwerte	$\int \xi_3^n d\rho$	$\int_0^1 \xi_3^n d\rho =: g_3(n)$
n=1	$\xi_3^1 = \rho - \frac{1}{3}\rho^3$	$\xi_3^1(1) = \frac{2}{3} = 0{,}6666\bar{6}$	$\frac{1}{2}\rho^2 - \frac{1}{12}\rho^4$	$\frac{5}{12} = 0{,}41667$
n=2	$\xi_3^2 = \rho^2 - \frac{2}{3}\rho^4 + \frac{1}{9}\rho^6$	$\xi_3^2(1) = \frac{4}{9} = 0{,}4444\bar{4}$	$\frac{1}{3}\rho^3 - \frac{2}{15}\rho^5 + \frac{1}{63}\rho^7$	$\frac{68}{315} = 0{,}21587$
n=3	$\xi_3^3 = \rho^3 - \rho^5 + \frac{1}{3}\rho^7 - \frac{1}{27}\rho^9$	$\xi_3^3(1) = \frac{8}{27} = 0{,}\overline{296}$	$\frac{1}{4}\rho^4 - \frac{1}{6}\rho^6 + \frac{1}{24}\rho^8 - \frac{1}{270}\rho^{10}$	$\frac{131}{1080} = 0{,}12130$
n=4	$\xi_3^4 = \rho^4 - \frac{4}{3}\rho^6 + \frac{2}{3}\rho^8 - \frac{4}{27}\rho^{10} + \frac{1}{81}\rho^{12}$	$\xi_3^4(1) = \frac{16}{81} = 0{,}19753$	$\frac{1}{5}\rho^5 - \frac{4}{21}\rho^7 + \frac{2}{27}\rho^9 - \frac{4}{297}\rho^{11} + \frac{1}{1053}\rho^{13}$	$\frac{28816}{405405} = 0{,}07108$

Tafel 5.74/IV. Polynome, Randwerte und Integrale für $\xi_4^n(\rho)$

	Polynome	Randwerte	$\int \xi_4^n d\rho$	$\int_0^1 \xi_4^n d\rho =: g_4(n)$
n=1	$\xi_4^1 = \rho - \frac{1}{4}\rho^4$	$\xi_4^1(1) = \frac{3}{4} = 0{,}75$	$\frac{1}{2}\rho^2 - \frac{1}{20}\rho^5$	$\frac{9}{20} = 0{,}45$
n=2	$\xi_4^2 = \rho^2 - \frac{1}{2}\rho^5 + \frac{1}{16}\rho^8$	$\xi_4^2(1) = \frac{9}{16} = 0{,}5625$	$\frac{1}{3}\rho^3 - \frac{1}{12}\rho^6 + \frac{1}{144}\rho^9$	$\frac{37}{144} = 0{,}257$

Tafel 5.74/V. Faktoren $\Theta(n)$ (oberer Teil) und zugehörige prozentuale Fehler e (unterer Teil)

	$\Theta_E(n)$	$\Theta_h(n)$	$\Theta_*(n)$	$\Theta_2(n)$	$\Theta_3(n)$	$\Theta_4(n)$
n=0	1,2337	1,2732	1,2337	1,2337	1,2851	1,2954
n=1	1,0000	1,0000	1,0000	0,9870	0,9987	0,9862
n=2	0,8342	0,8488	0,8337	0,8460	0,8418	0,8209
n=3	0,7178	0,7500	0,7127	0,7520	0,7399	0,7155
n=0		3,2	-0,0	-0,0	4,2	5,0
n=1		0	0	-1,3	-0,1	1,4
n=2		1,8	-0,1	1,4	0,9	1,6
n=3		4,5	-0,7	4,8	3,1	0,3

vierten bis sechsten Spalte die Faktoren $\Theta_j(n)$ aus (5.74/11) für $j = 2, 3, 4$.

Der zweite Teil der Tafel zeigt die zugehörigen prozentualen Fehler

$$e_N := \left(\frac{\Theta_N(n)}{\Theta_E(n)} - 1\right)100 , \qquad N = h, *, 2, 3, \ldots , \qquad (5.74/14)$$

die gemäß oder analog zu (5.73/22) gebildet sind.

Die Güte der einzelnen Näherungen soll anhand des Falles $n = 1$ erörtert werden. Die Dgl.(5.74/3) geht dann in die lineare Differentialgleichung $x'' + x = 0$ über, deren exakte Lösung wohlbekannt ist. Sie liefert den Faktor $\Theta_E(1) = 1$. Der harmonische Lösungsansatz $\tilde{x} = \hat{X} \sin\tau$ stimmt hier mit der exakten Lösung überein, es wird also auch $\Theta_h(1) = 1$. Der Ansatz $x = X\psi^*(\rho)$ führt zum Faktor $\Theta_*(1) = 1{,}0000$; der Fehler ist also kleiner als 10^{-4}. Aus den Polynomansätzen mit $j = 2$ bzw. $j = 3$ errechnet man die Faktoren Θ_2 und Θ_3, die vom exakten Wert um $-1{,}3\,\%$ bzw. $-0{,}13\,\%$ abweichen. Bemerkenswert gute Ergebnisse $\Theta_*(n)$ liefert der zweiparametrige parabolische Ansatz, aber auch die Ergebnisse der einfacher zu handhabenden parabolischen Näherungen $\xi_2(\rho)$ und $\xi_3(\rho)$ liefern brauchbare Ergebnisse.

5.75 Bewegungsgleichungen vom Typ $x'' + \mathrm{sign}(x)\sum a_k|x^k| = 0$; Sonderfälle

Mit den in Abschn. 5.73 und 5.74 gefundenen Näherungslösungen für die Differentialgleichung $x'' + \mathrm{sign}(x)x^n = 0$ lassen sich auch Näherungen für die Lösung der Differentialgleichung

$$x'' + \mathrm{sign}\,x \sum_k a_k|x|^k = 0 \tag{5.75/1}$$

aufbauen, wenn die Ansätze einparametrig sind. Auch die Dgl. (5.75/1) darf im ersten Quadranten der Phasenebene durch

$$D := x'' + \sum_k a_k x^k = 0 \tag{5.75/1'}$$

ersetzt werden.

Sämtliche Näherungslösungen für die Dgl. (5.73/1b) lieferten die gesuchte η^2-$\hat{X}$-Beziehung in der Fassung (5.74/13)

$$\eta^2 = \Theta(n)\hat{X}^{n-1} \tag{5.75/2}$$

mit den aus der Tafel 5.74/V ersichtlichen besonderen Formen für $\Theta(n)$.

Das Einsetzen der einparametrigen Ansätze $\tilde{x} = \hat{X}\sin\tau$ sowie $\tilde{x} = A_j\,\xi_j(\rho)$ in die Dgl. (5.75/1') führt nach dem Muster von (5.74/4) zu einer Funktion Δ, aus der wie in (5.74/5) die eine Galerkinsche Bedingung gebildet wird. Wegen (5.75/2) kommt so

$$\eta^2 = \sum_k a_k\,\Theta(k)\,\hat{X}^{k-1} \tag{5.75/3}$$

zustande. $\Theta(k)$ nimmt dabei je nach dem verwendeten Näherungsansatz eine der Fassungen $\Theta_h(k)$ oder $\Theta_j(k)$ mit $j = 2,3,\ldots$ an.

Zwei- oder mehrparametrige Ansätze, die zu mehreren Galerkinschen

Bedingungsgleichungen führen, untersuchen wir hier nicht.

Als Sonderfälle von (5.75/1) betrachten wir (stellvertretend für viele andere) die Beispiele

$$x'' + x + x^3 = 0 \,, \tag{5.75/4}$$

$$x'' + x - x^3 = 0 \,, \tag{5.75/5}$$

$$x'' + x + x^2 \operatorname{sign} x = 0 \,, \tag{5.75/6}$$

$$x'' - x + x^3 = 0 \,. \tag{5.75/7}$$

In allen vier Fällen ist das Phasenportrait doppelt-symmetrisch, daher genügt es, jeweils nur den ersten Quadranten zu betrachten. Dort darf man auch (5.75/6) durch

$$x'' + x + x^2 = 0 \tag{5.75/6'}$$

ersetzen. In allen vier Fällen ist der Nullpunkt ein singulärer Punkt. In den ersten drei Fällen ist er ein Wirbelpunkt, im vierten ein Sattelpunkt.

Für die Dgln.(5.74/4) bis (5.74/6) lassen sich daher ebenso wie für (5.74/3) als Näherungsfunktionen $\tilde{x}(\tau)$ oder $\tilde{x}(\rho)$ für den Zeitverlauf $x(\tau)$ grundsätzlich alle der bisher in den Abschn.5.73 und 5.74 schon verwendeten einparametrigen Ansätze heranziehen. Man erhält deshalb z.B.

	zur Differentialgleichung		
mit	(5.75/4)	(5.75/5)	(5.75/6)
	als η^2-$\hat{X}$-Beziehung		
$x = \hat{X}\sin\tau$	$\eta^2 = 1 + \Theta_h(3)\hat{X}^2$	$\eta^2 = 1 - \Theta_h(3)\hat{X}^2$	$\eta^2 = 1 + \Theta_h(2)\hat{X}$
$x = A_j\,\xi_j(\rho)$	$\eta^2 = 1 + \Theta_j(3)\hat{X}^2$	$\eta = 1 - \Theta_j(3)\hat{X}^2$	$\eta = 1 + \Theta_j(2)\hat{X}$

Die Abb.5.75/1 zeigt einige η^2-$\hat{X}$-Beziehungen. Dabei sind die Kurven

(a) $\quad \eta^2 = 1 + \Theta(3)\hat{X}^2$,

(b) $\quad \eta^2 = 1 + \Theta(2)\hat{X}$

typisch für überlineare Kennlinien, für unterlineare erhält man Kurven der Art

$$\text{(c)} \qquad \eta^2 = 1 - \Theta(3)\hat{x}^2 \ ,$$

$$\text{(d)} \qquad \eta^2 = 1 - \Theta(2)\hat{x} \ .$$

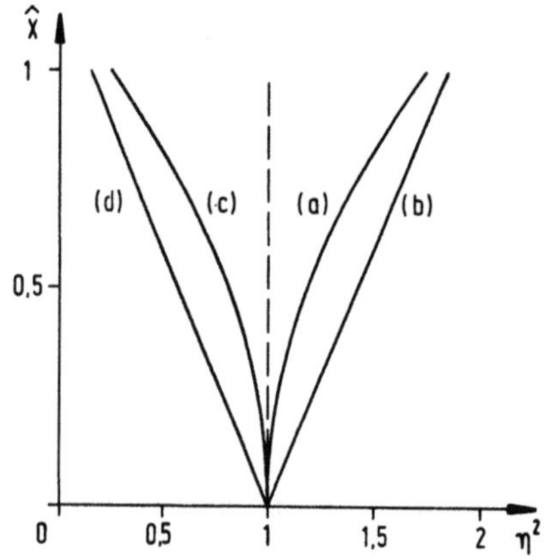

Abb.5.75/1. Responsekurven

Auch für die Dgl.(5.75/7) gibt es Phasenkurven, für die sowohl die x-Achse wie die y-Achse Symmetrielinien sind (vgl. dazu das Phasenportrait in Abb.5.42/9). Es sind dies jene Kurven, die alle drei singulären Punkte umschließen. Die ihnen zugehörigen Zeitfunktionen $x(\tau)$ lassen sich mit Hilfe der obengenannten Ansätze $\tilde{x}$ annähern. Allerdings wird eine solche Näherung nicht besonders gut sein, wenn die zugehörige Phasenkurve dem Ursprung der Phasenebene nahe kommt, denn dann stellen die Funktionen $\sin\tau$ oder $\psi_j(\rho)$ den wahren Zeitverlauf nur schlecht dar. Je weiter "draußen" die Phasenkurve jedoch verläuft, um so besser eignen sich $\sin\tau$ oder $\psi_j(\rho)$ als Näherungsfunktionen.

Auch die Zeitverläufe $x(\tau)$ zu jenen Phasenkurven, die nur einen der singulären Punkte umschließen, lassen sich durch die erwähnten Näherungsfunktionen $\tilde{x}(\tau)$ beschreiben. Man muß jedoch beachten, daß die Schwingungen nun nicht um die Mittellage $x = 0$, sondern um $x_a = -1$ oder $x_b = +1$ erfolgen. Man nimmt deshalb zweckmäßig zunächst die Koordinatentransformation

$$x^{(i)} = x - x_i \qquad (i = a,b) \ ,$$

also

$$x^{(a)} = x + 1 \quad \text{und} \quad x^{(b)} = x - 1 \tag{5.75/9}$$

vor und benutzt dann die Ansätze $\tilde{x}(\tau)$ für die transformierten Veränderlichen $x^{(a)}(\tau)$ und $x^{(b)}(\tau)$. Die Rechnung selbst verläuft danach wie zuvor.

5.76 Schwinger vom Grundtyp mit nicht ungerader Rückstellfunktion

Nachdem in Abschn.5.73 bis Abschn.5.75 Schwinger vom Grundtyp (5.41/1) untersucht worden sind, in deren Differentialgleichung die Funktion f(x) ungerade war, behandeln wir nun Schwinger mit nicht ungeradem f(x). [Gerade Funktionen f(x) führen nicht zu Schwingungen.] Stellvertretend für viele Fälle untersuchen wir nur die besondere Differentialgleichung

$$x'' + x + x^2 = 0 \ . \tag{5.76/1}$$

Abb.5.76/1 erinnert an den Verlauf der Funktion f(x). Das Phasenportrait der Schwingung ist nun nicht mehr symmetrisch zur y-Achse (wohl

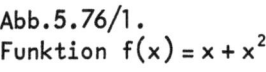

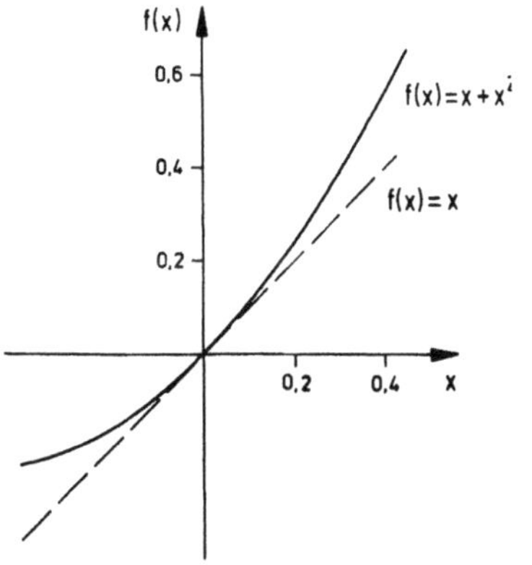

Abb.5.76/1.
Funktion $f(x) = x + x^2$

aber noch zur x-Achse). Der Zeitverlauf $x(\tau)$ ist deshalb nicht mehr symmetrisch zu $x = 0$. Damit erweisen sich die in Abschn.5.73 bis 5.75 benutzten Näherungsfunktionen als ungenügend. Zweckmäßig wird man hier vielmehr ansetzen

$$x = M + A\psi(\tau) \, , \tag{5.76/2}$$

wobei $\psi(\tau)$ eine Koordinatenfunktion im Sinne von Abschn.5.72 ist und z.B. für eine der früher benutzten Funktionen $\sin\tau$ oder $\xi_j(\rho)$ aus (5.74/2a) steht. Die beiden Parameter dieses Ansatzes sind Mittelwert M und Amplitude A.

Wir begnügen uns damit, die Rechnung für die harmonische Funktion $\psi = A\sin\tau$ in (5.76/2) durchzuführen. Dabei folgen wir der Übersichtlichkeit wegen dem in Abschn.5.72 niedergelegten Schema der Bezeichnungen. Die Dgl.(5.72/1a) lautet hier

$$D := x'' + x + x^2 = 0 \, . \tag{5.76/3}$$

Mit dem Ansatz

$$\tilde{x} = M + A\sin\tau \tag{5.76/4}$$

liefert (5.72/3)

$$\Delta := -\eta^2 A\sin\tau + (M + A\sin\tau) + (M + A\sin\tau)^2 \, ,$$

also

$$\Delta := (M + M^2) + (-\eta^2 A + A + 2AM)\sin\tau + A^2\sin^2\tau \, . \tag{5.76/5}$$

Koordinatenfunktionen $\psi_n(\tau)$ im Sinne von Abschn.5.72 sind hier

$$\psi_1 = 1 \quad \text{und} \quad \psi_2 = \sin\tau \, .$$

Daher lauten die beiden Galerkinschen Bedingungen (5.72/5a) hier

$$\begin{aligned} \int_0^{2\pi} \Delta \, d\tau &= 0 \, , \\ \int_0^{2\pi} \Delta \sin\tau \, d\tau &= 0 \, , \end{aligned} \tag{5.76/6a}$$

dies führt auf

$$2M + 2M^2 + A^2 = 0 \,, \qquad \eta^2 = 1 + 2M \,. \tag{5.76/6b}$$

Hieraus ergeben sich die η^2-M-Beziehung und die η^2-A-Beziehung zu

$$\eta^2 = 1 + 2M \,, \qquad \eta^2 = \sqrt{1 - 2A^2} \,. \tag{5.76/6c}$$

Aus den Gln.(5.76/6c) zusammen mit der ersten Gleichung aus (5.76/6b) folgt, daß $|M| < 1/2$ und $A^2 < 1/2$ sein muß, damit η reell wird. Somit schreiben wir die Gln.(5.76/6c) abschließend in der Form

$$\eta^2 = 1 - 2|M| \,, \qquad \eta^2 = \sqrt{1 - 2A^2} \,. \tag{5.76/6d}$$

Den Verlauf der Kurven $|M|(\eta^2)$ und $A(\eta^2)$ überblickt man leicht: $|M|(\eta^2)$ ist eine Gerade, $A(\eta^2)$ ist wegen $(\eta^2)^2 + 2A^2 = 1$ eine Ellipse. Abb.5.76/2 zeigt den typischen Verlauf. Das Gebilde verhält sich wie eines, dessen punktsymmetrische Kennlinie unterlinear ist.

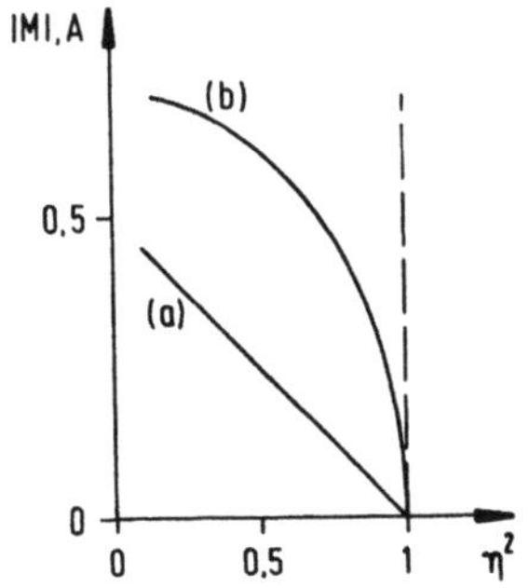

Abb.5.76/2.
Responsekurven

Wir suchen nun noch die Scheitelwerte; der obere werde mit $\hat{x}$, der untere mit $\check{x}$ bezeichnet. Es ist

$$\hat{x} = -|M| + A \,, \quad \check{x} = -|M| - A \,. \tag{5.76/7a}$$

Drückt man mit Hilfe von (5.76/6d) sowohl $|M|$ wie A als Funktion von η^2 aus, so findet man

$$|M| = \frac{1}{2}(1 - \eta^2) \quad \text{und} \quad A = \sqrt{\frac{1}{2}(1 - \eta^4)} \tag{5.76/7b}$$

und deshalb

$$\begin{aligned} \hat{x} &= \sqrt{\frac{1}{2}(1 - \eta^4)} - \frac{1}{2}(1 - \eta^2) , \\ \check{x} &= -\sqrt{\frac{1}{2}(1 - \eta^4)} - \frac{1}{2}(1 - \eta^2) . \end{aligned} \tag{5.76/7c}$$

Diese Gleichungen entsprechen (allerdings nach $\hat{x}$ oder $\check{x}$ aufgelöst) den Beziehungen

$$\eta^2 = F(\hat{x}) ,$$

die in den Abschn.5.73 bis 5.75 in vielfacher Form aufgetreten waren.

Für die Dgl.(5.76/1) läßt sich auch die strenge Lösung angeben, und zwar mit Hilfe von elliptischen Integralen oder elliptischen Funktionen. In Abschn.5.42 wurden Anmerkungen dazu gemacht, durchgeführte Rechnungen findet man z.B. in Lit.5.76/1.

5.77 Beispiele zum Fourier-Abgleich

Im Abschn.5.72γ war der sogenannte Fourier-Abgleich als ein Beispiel für das Galerkinsche Verfahren schon erwähnt worden. Hier wird er seiner Wichtigkeit wegen noch ausführlicher behandelt.

Wir legen zunächst die Differentialgleichung zweiter Ordnung (5.20/1) oder (5.72/1a), also

$$x'' + h(x,x') = 0 , \tag{5.77/1}$$

zugrunde und nehmen an, $x(\tau+T^*) = x(\tau)$ sei eine periodische Lösung, die sich in eine Fourier-Reihe entwickeln läßt:

$$x(\tau) = \sum_{n=1}^{\infty}(A_n \cos n\eta\tau + B_n \sin n\eta\tau) + A_0 = \sum_{n=1}^{\infty} a_n \cos(n\eta\tau + \alpha_n) + a_0 \tag{5.77/2}$$

$$\text{mit} \qquad \eta = 2\pi/T^* , \qquad T^* = \varkappa T . \tag{5.77/2'}$$

Da die Dgl.(5.77/1) autonom ist, kann man den Nullpunkt der Zeitzählung immer so legen, daß $B_1 = 0$ (oder damit gleichwertig $\alpha_1 = 0$) ist.

Wir stellen uns nun die Aufgabe, die Koeffizienten A_n, B_n (oder die Parameter Q_n, α_n) und die (dimensionslose) Frequenz η aus der Differentialgleichung zu bestimmen. Wie in früheren Fällen ist es auch hier zweckmäßig, die (meist zunächst unbekannte) Periode auf 2π zu normieren. Dazu benutzen wir gemäß (5.70/3b) die Variable $\sigma = \eta\tau$. Wenn wir Ableitungen nach σ durch übergesetzte Kreise bezeichnen, geht die Dgl.(5.77/1) gemäß (5.70/4a) über in

$$D := \eta^2 \overset{\circ\circ}{x} + h(x, \eta \overset{\circ}{x}) = 0 \; ; \tag{5.77/3}$$

der Ansatz (5.77/2) wird zu

$$\begin{aligned} x(\sigma) &= A_0 + \sum_{n=1}^{\infty}(A_n \cos n\sigma + B_n \sin n\sigma) \\ &= a_0 + \sum_{n=1}^{\infty} a_n \cos(n\sigma + \alpha_n) \end{aligned} \tag{5.77/4}$$

$$\text{mit} \quad B_1 = 0 \quad \text{oder} \quad \alpha_1 = 0 \; .$$

Führen wir den Ansatz (5.77/4) in die Dgl.(5.77/3) ein, so erhalten wir eine periodische Funktion

$$\Delta(\sigma) := \eta^2 \overset{\circ\circ}{x} + h(x, \eta \overset{\circ}{x}) \; , \tag{5.77/5}$$

für die gilt

$$\Delta(\sigma + 2\pi) = \Delta(\sigma) \; . \tag{5.77/5'}$$

Die Funktion $\Delta(\sigma)$ aus (5.77/5) läßt sich ebenfalls in eine Fourier-Reihe entwickeln:

$$\Delta(\sigma) = a_0 + \sum_{k=1}^{\infty}(a_k \cos k\sigma + b_k \sin k\sigma) \tag{5.77/6a}$$

mit

$$a_0 = \frac{1}{2\pi}\int_0^{2\pi} \Delta(\sigma)\, d\sigma \; , \qquad a_k = \frac{1}{\pi}\int_0^{\pi} \Delta(\sigma) \cos \sigma \, d\sigma \; ,$$

$$b_k = \frac{1}{\pi}\int_0^{\pi} \Delta(\sigma) \sin \sigma \, d\sigma \; . \tag{5.77/6b}$$

Es sind also die a_0, a_k, b_k Funktionen von A_n, B_n und η:

$$a_0 = a_0(A_n,B_n,\eta) \;,\quad a_k = a_k(A_n,B_n,\eta) \;,\quad b_k = b_k(A_n,B_n,\eta) \;. \qquad (5.77/7)$$

Wenn die "richtigen" A_n, B_n und das "richtige" η eingesetzt werden, so muß $\Delta(\sigma) \equiv 0$, d.h. die Differentialgleichung erfüllt sein. Die Forderung $\Delta(\sigma) \equiv 0$ verlangt

$$a_0 = 0 \;,\quad a_k = 0 \;,\quad b_k = 0 \qquad (5.77/8)$$

für $1 \leqq k \leqq \infty$.

Der Gleichungssatz (5.77/8) liefert unendlich viele Gleichungen für unendlich viele Unbekannte. Da solche Gleichungssätze aber im allgemeinen nicht lösbar sind, benutzt man statt der Fourier-Reihen mit unendlich vielen Gliedern N ä h e r u n g s a n s ä t z e mit endlich vielen Gliedern.

Statt (5.77/2) setzt man also an

$$\tilde{x}(\sigma) = A_0 + A_1\cos\sigma + A_2\cos 2\sigma + \dots + A_N\cos N\sigma$$
$$+ B_2\sin 2\sigma + \dots + B_N\sin N\sigma \;. \qquad (5.77/9)$$

Und auch $\Delta(\sigma)$ wird dann nur bis zu den Gliedern $\cos N\sigma$ und $\sin N\sigma$ entwickelt. Auf diese Weise ergeben sich $2N+1$ Gleichungen für die $2N+1$ Unbekannten A_0 bis A_N, B_2 bis B_N sowie η.

Auch dann, wenn das Verhalten des Schwingers nicht durch eine Differentialgleichung zweiter Ordnung, sondern durch einen Satz von Differentialgleichungen erster Ordnung beschrieben wird, kann man ebenso wie oben vorgehen. Zugrunde gelegt sei der Satz (5.20/7), also

$$x' = P(x,y) \;,$$
$$y' = Q(x,y) \;,$$

der mit $\sigma = \eta\tau$ übergeht in

$$\eta\mathring{x} = P(x,y) = 0 \;,$$
$$\eta\mathring{y} = Q(x,y) = 0 \;. \qquad (5.77/10)$$

In Analogie zu (5.77/9) setzt man an:

$$\tilde{x} = A_0 + A_1\cos\sigma + A_2\cos 2\sigma + \ldots + A_N\cos N\sigma$$
$$+ B_2\sin 2\sigma + \ldots + B_N\sin N\sigma \;,$$
$$\tilde{y} = C_0 + C_1\cos\sigma + C_2\cos 2\sigma + \ldots + C_N\cos N\sigma \qquad (5.77/11)$$
$$+ D_1\sin\sigma + D_2\sin 2\sigma + \ldots + D_N\sin N\sigma \;.$$

Durch geeignete Wahl des Zeitnullpunktes läßt sich immer erreichen, daß $B_1 = 0$ ist.

Die Ansätze (5.77/11) werden in die Gln.(5.77/10) eingetragen und führen zu den beiden mit 2π periodischen Funktionen

$$\Delta_x(\sigma) := \eta\mathring{x} - P(x,y) \;,$$
$$\Delta_y(\sigma) := \eta\mathring{y} - Q(x,y) \;. \qquad (5.77/12)$$

Diese beiden Funktionen werden - wie oben - in Fourier-Reihen entwickelt. Die Fourier-Koeffizienten müssen verschwinden. Diese Forderung liefert wieder die Bestimmungsgleichungen für die A_n, B_n, C_n, D_n und η.

B e i s p i e l 1 : $x'' + x + x^2 = 0$

Der Schwinger ist konservativ, sofern die Phasenkurven geschlossene Kurven sind. Das Phasenportrait läßt sich explizit angeben, der Zeitverlauf $x(\tau)$ durch Quadraturen oder elliptische Integrale; siehe Abschn.5.42β. Näherungen für die Lösung der genannten Differentialgleichung sind in Abschn.5.76 schon behandelt worden; dort legten wir die Erörterungen in Abschn.5.73 und Abschn.5.75 zugrunde. Hier wollen wir den Gedankengang des Fourier-Abgleichs entwickeln; dabei wird einiges von dem Gesagten nochmals erscheinen.

Mit $\sigma = \eta\tau$ wird die vorgelegte Differentialgleichung zu

$$\eta^2\overset{\circ\circ}{x} + x + x^2 = 0 \;. \qquad (5.77/13)$$

Wir begnügen uns mit dem zweigliedrigen Ansatz

$$\tilde{x} = A_0 + A_1\cos\sigma \;; \qquad (5.77/14)$$

die Zeitzählung ist dabei so gewählt, daß $B_1 = 0$ ist. Aus (5.77/14) folgt

$$\tilde{x}^2 = A_0^2 + 2A_0A_1\cos\sigma + A_1^2\cos^2\sigma$$
$$= A_0^2 + 2A_0A_1\cos\sigma + \frac{1}{2}A_1^2 + \frac{1}{2}A_1^2\cos 2\sigma$$

und

$$\overset{\circ\circ}{x} = -A_1\cos\sigma \quad .$$

Einsetzen in die Dgl.(5.77/13) liefert

$$\Delta(\sigma) = -\eta^2A_1\cos\sigma + A_0 + A_1\cos\sigma + A_0^2 + 2A_0A_1\cos\sigma + \frac{1}{2}A_1^2 + \frac{1}{2}A_1^2\cos 2\sigma . \quad (5.77/15)$$

Es muß gelten:

$$\begin{aligned} a_0 &:= A_0^2 + A_0 + \frac{1}{2}A_1^2 = 0 \ , \\ a_1 &:= -\eta^2A_1 + A_1 + 2A_0A_1 = 0 \ , \\ b_1 &:= 0 \ . \end{aligned} \quad (5.77/16)$$

Die dritte Gleichung ist identisch erfüllt. Die beiden ersten sind erfüllt für

$$\begin{aligned} A_1 &= 0 \quad \text{und} \quad A_0 = 0 \ , \\ A_1 &= 0 \quad \text{und} \quad A_0 = -1 \ , \end{aligned} \quad (5.77/17a)$$

dabei kann η beliebig sein. Sie sind aber auch erfüllt für

$$A_1 = \sqrt{-2(A_0 + A_0^2)} \quad \text{und} \quad \eta = \sqrt{1 + 2A_0} \ . \quad (5.77/17b)$$

Im ersten Fall bezeichnen die Lösungen die beiden Gleichgewichtslagen des Schwingers. Im zweiten Fall ergibt die Lösung eine Näherung $\tilde{x}(\tau)$ für die Schwingung; A_0 ist dabei Parameter.

Wir überlegen, in welchem Bereich diese Näherung sinnvoll ist. Den Zusammenhang (5.77/17b) zwischen A_0 und A_1 kann man auch folgendermaßen ausdrücken:

$$\frac{(A_0 + 1/2)^2}{(1/2)^2} + \frac{A_1^2}{(1/\sqrt{2})^2} = 1 \quad (5.77/18)$$

Diese Gleichung beschreibt eine Ellipse in der A_1-A_0-Ebene; siehe Abb. 5.77/1. Die Näherungen $\tilde{x}(\sigma)$ nach (5.77/14) führen zu Kreisen in der Phasenebene $x := \tilde{x}$, $y := \mathring{\tilde{x}}$. Man erkennt dies aus

$$\left.\begin{aligned} y &= -A_1 \sin\sigma \\ (x - A_0) &= A_1 \cos\sigma \end{aligned}\right\}, \quad \text{also} \quad y^2 + (x - A_0)^2 = A_1^2. \qquad (5.77/19)$$

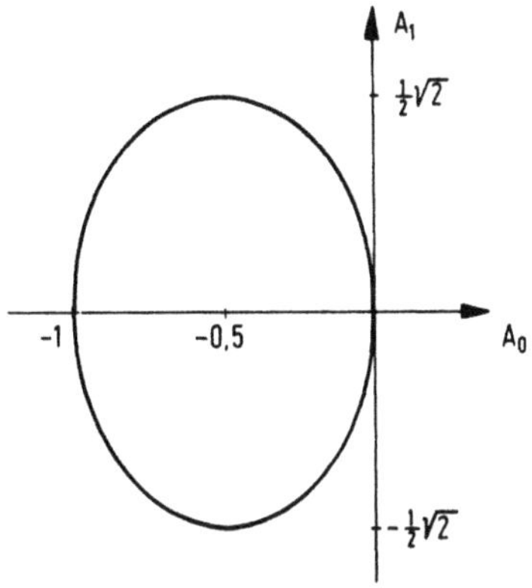

Abb.5.77/1.
Zusammenhang zwischen A_0 und A_1

In der Abb.5.77/2 sind die Kreise für einige Werte des Parameters A_0 eingetragen.

Die Gleichungen für die Phasenkurven des hier untersuchten Schwingers lassen sich exakt angeben; sie lauten (siehe 5.42β)

$$y = \pm\sqrt{E_0 - 2(x^2/2 + x^3/3)} \; . \qquad (5.77/20)$$

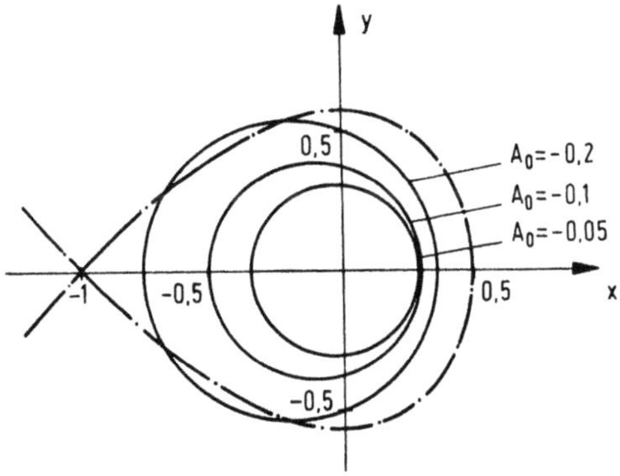

Abb.5.77/2.
Phasenkurven gemäß (5.77/19) für die Näherungslösungen (5.77/14) sowie die Separatrix (5.77/21)

Die Separatrix, die durch den Punkt (-1,0) verläuft, hat die Gleichung

$$y = \pm\sqrt{1/3 - 2(x^2/2 + x^3/3)} \; . \qquad (5.77/21)$$

In der Abb.5.77/2 ist die Separatrix strichpunktiert eingetragen.

Man erkennt, daß der zu $A_0 = -0{,}2$ gehörige Kreis (für die Näherung zur Phasenkurve) die Separatrix bereits schneidet, die zugehörige Näherung $\tilde{x}(\sigma)$ ist also schon nicht mehr sinnvoll. Der durch die Abb.5.77/2 gewonnene Überblick zeigt, daß die Näherungslösung $\tilde{x}(\sigma)$ nur im Bereich $-0{,}1 < A < 0$ brauchbar ist.

Bessere Näherungen $\tilde{x}(\sigma)$ lassen sich durch Hinzunahme von mehr Harmonischen gewinnen; das Ermitteln der Koeffizienten A_n und B_n wird dann allerdings aufwendiger; oft wird es sogar nur numerisch geleistet werden können.

B e i s p i e l 2: $x'' - \delta(1 - x^2)x' + x = k$ (mit $0 < k < 1$)

Die genannte Gleichung ist eine abgewandelte van der Polsche Differentialgleichung [siehe etwa (5.23/14)], abgewandelt dadurch, daß auf der rechten Seite eine Konstante k zugefügt wurde. Wie für die van der Polsche Gleichung selbst kennt man auch für diese Gleichung keine geschlossene Lösung. Und wie jene Gleichung besitzt auch diese eine isolierte periodische Lösung. Wir ermitteln hier eine Näherung für sie. Der (instabile) singuläre Punkt in der Phasenebene liegt bei (k,0).

Mit $\sigma = \eta\tau$ und der Schreibweise $\mathring{x} := dx/d\sigma$ geht die Differentialgleichung der Überschrift über in

$$\eta^2 \mathring{\mathring{x}} - \delta\eta(1 - x^2)\mathring{x} + x = k \; . \qquad (5.77/22)$$

Für die Näherung setzen wir an

$$\tilde{x} = A_0 + A_1 \cos\sigma \qquad (5.77/23a)$$

und erhalten demgemäß

$$\begin{aligned} \mathring{\tilde{x}} &= -A_1 \sin\sigma \; , \\ \mathring{\mathring{\tilde{x}}} &= -A_1 \cos\sigma \; , \end{aligned} \qquad (5.77/23b)$$

$$\tilde{x}^2 = A_0^2 + 2A_0A_1\cos\sigma + \frac{1}{2}A_1^2\cos 2\sigma + \frac{1}{2}A_1^2 ,$$
$$\tilde{x}^2\mathring{\tilde{x}} = -A_1[A_0^2 + \frac{1}{2}A_1^2 - \frac{1}{4}A_1^2]\sin\sigma - A_0A_1^2\sin 2\sigma - \frac{1}{4}A_1^3\sin 3\sigma . \quad (5.77/23b)$$

Einsetzen in die Dgl.(5.77/22) liefert

$$-\eta^2A_1\cos\sigma + \delta\eta A_1\sin\sigma - \delta\eta A_1(A_0^2 + \frac{1}{4}A_1^2)\sin\sigma$$
$$- \delta\eta A_0A_1^2\sin 2\sigma - \delta\eta\frac{1}{4}A_1^3\sin 3\sigma + A_0 + A_1\cos\sigma = k . \quad (5.77/23c)$$

Wir benötigen drei Gleichungen für die drei Unbekannten A_0, A_1 und η. Ein Koeffizientenvergleich liefert

$$A_0 = k , \quad (5.77/24a)$$

$$(1 - \eta^2)A_1 = 0 , \quad (5.77/24b)$$

$$\delta\eta A_1[1 - A_0 - \frac{1}{4}A_1^2] = 0 . \quad (5.77/24c)$$

Aus den Gln.(5.77/24) erhalten wir als erste Lösung

$$A_0 = k , \quad A_1 = 0 \quad \text{und } \eta \text{ beliebig} . \quad (5.77/25a)$$

Diese Lösung bestimmt den singulären Punkt (k,0) in der Phasenebene. Als zweite Lösung ergibt sich

$$A_0 = k , \quad A_1 = 2\sqrt{1 - A_0} , \quad \eta = 1 , \quad (5.77/25b)$$

somit

$$\tilde{x} = k + 2\sqrt{1-k}\cos\sigma ,$$
$$\mathring{\tilde{x}} = -2\sqrt{1-k}\sin\sigma \quad (5.77/25c)$$

und deshalb (mit $x := \tilde{x}$; $y := \mathring{\tilde{x}}$) als Näherung für die geschlossene Phasenkurve

$$y^2 + (x - k)^2 = 4(1 - k) . \quad (5.77/25d)$$

Die Phasenkurve ist ein Kreis um den Punkt (k,0) mit dem Radius $r = 2\sqrt{1-k}$. Man erkennt: Die Näherungslösung (5.77/25b) und die Näherungstrajektorie (5.77/25d) sind unabhängig vom Parameter δ; für die (dimensionslose) Frequenz gilt $\eta = 1$ wie für den Schwinger mit der

Differentialgleichung $x'' + x = k$. Mit $k = 0$ gehen $x(\sigma)$ und die Trajektorie über in die auf anderen Wegen schon mehrfach berechneten Ergebnisse für die homogene van der Polsche Differentialgleichung. Für $k > 1$ existiert keine Lösung vom Typ (5.77/23a).

Beispiel 3: $x'' + x'^2 + x = 0$

Dieser aktive Schwinger wurde in Abschn. 5.46β schon behandelt; dort konnte der Zeitverlauf $x(\tau)$ jedoch nur mit Hilfe von Quadraturen angegeben werden. Hier versuchen wir nun, eine Näherungslösung für $x(\tau)$ herzustellen.

Auf σ transformiert lautet die vorgelegte Differentialgleichung

$$\eta^2 \overset{\circ\circ}{x} + \eta^2 \overset{\circ}{x}^2 + x = 0 \; . \tag{5.77/26}$$

Wir versuchen zunächst, mit dem zweigliedrigen Ansatz

$$\tilde{x} = A_0 + A_1 \cos\sigma \tag{5.77/27}$$

auszukommen; dabei dürfen wir zudem $B_1 = 0$ voraussetzen.

Aus (5.77/27) folgt (der Einfachheit halber schreiben wir von jetzt ab statt $\tilde{x}$ wieder x)

$$\overset{\circ}{x} = -A_1 \sin\sigma \; , \quad \overset{\circ\circ}{x} = -A_1 \cos\sigma \; ,$$
$$\overset{\circ}{x}^2 = A_1^2 \sin^2\sigma = \frac{1}{2} A_1^2 (1 - \cos 2\sigma) \; .$$

Einsetzen in (5.77/26) bringt

$$\Delta(\sigma) := A_0 + \frac{1}{2}\eta^2 A_1 + A_1(1 - \eta^2)\cos\sigma + \frac{1}{2} A_1 \eta^2 \cos 2\sigma = 0 \; .$$

Durch Nullsetzen der Fourier-Koeffizienten a_0 bzw. a_1 erhält man

$$\begin{aligned} A_0 + \frac{1}{2}\eta^2 A_1 &= 0 \; , \\ A_1(1 - \eta^2) &= 0 \; , \end{aligned} \tag{5.77/28}$$

die Forderung $b_1 = 0$ ist identisch erfüllt.

Für $A_1 = 0$ führt (5.77/28) zu $A_0 = 0$, η^2 darf beliebig sein; dieses Ergebnis bezeichnet die Gleichgewichtslage und den singulären Punkt (0,0) der Phasenebene.

Für $A_1 \neq 0$ ergibt (5.77/28)

$$\eta^2 = 1 \ , \qquad A_0 = -\frac{1}{2}A_1 \ . \tag{5.77/29a}$$

Dieses Ergebnis liefert die Näherung

$$x = A_1(-1/2 + \cos\sigma) \ , \qquad y = -A_1 \sin\sigma \tag{5.77/29b}$$

und damit den Kreis

$$(x + A_1/2)^2 + y^2 = A_1^2 \tag{5.77/29c}$$

als Trajektorie in der Phasenebene. Der Mittelpunkt des Kreises hat die Abszisse

$$x_M = -A_1/2 \ , \tag{5.77/29d}$$

seine Schnittpunkte x_0^+ bzw. x_0^- mit dem positiven bzw. negativen Strahl der x-Achse sind

$$x_0^+ = \frac{1}{2}A_1 \quad \text{und} \quad x_0^- = -\frac{3}{2}A_1 \ . \tag{5.77/29e}$$

Ähnlich wie im Beispiel 1 fragen wir auch hier, in welchem Bereich diese Näherungslösung sinnvoll ist. Eine solche Nachprüfung ist möglich, weil die genaue Lösung aus Abschn.5.46β bekannt ist. Nachrechnen zeigt, daß z.B. der Kreis mit dem Parameter $A_1 \approx 0{,}8$ und somit $x_M \approx -0{,}4$ schon die Separatrix der Abb.5.46/2 berührt oder sie gar schneidet. Aber auch für Werte $A_1 < 0{,}8$ ist die Güte der Näherung schlecht, wie ein Vergleich der Kreise (5.77/29c) mit den Kurven in Abb.5.46/2 zeigt. Das liegt vor allem daran, daß die Werte $|x_M|$ schon für kleine Parameterwerte A_1 zu groß sind. Der Zusammenhang zwischen A_0 und A_1 müßte für kleine Werte von A_1, statt wie in (5.77/29a) linear zu sein, eher quadratisch vom Typ $A_0 = mA_1^2$ sein.

Wir versuchen jetzt, durch den dreigliedrigen Ansatz

$$\tilde{x} = A_0 + A_1 \cos\sigma + A_2 \cos 2\sigma \tag{5.77/30}$$

(wobei wieder $B_1 = 0$ vorausgesetzt werden darf) eine bessere Näherung zu erzielen. Hier haben wir es mit den vier Unbekannten A_0, A_1, A_2 und η zu tun. Einsetzen in die Dgl.(5.77/26) liefert nun

$$\begin{aligned}\Delta(\sigma) := \eta^2[&-A_1\cos\sigma - 4A_2\cos 2\sigma + A_1^2\tfrac{1}{2}(1 - \cos 2\sigma)\\ &+ A_1A_2(\cos\sigma - \cos 3\sigma) + 2A_2^2(1 - \cos 4\sigma)]\\ &+ A_0 + A_1\cos\sigma + A_2\cos 2\sigma = 0\ .\end{aligned}$$

Nach dem Ordnen setzen wir die vier Fourier-Koeffizienten a_0, a_1, a_2 und b_1 gleich Null und erhalten

$$\begin{aligned}a_0 &\equiv \eta^2\left[\tfrac{1}{2}A_1^2 + 2A_2^2\right] + A_0 = 0\ ,\\ a_1 &\equiv A_1\{\eta^2[-1 + A_2] + 1\} = 0\ ,\\ a_2 &\equiv \eta^2\left[-4A_2 - \tfrac{1}{2}A_1^2\right] + A_2 = 0,\\ b_1 &= 0 \quad \text{ist identisch erfüllt}\ .\end{aligned} \tag{5.77/31}$$

Die Diskussion dieser Gleichungen liefert unter der Voraussetzung $A_1 \neq 0$:

$$\begin{aligned}\eta^2 &= \frac{1}{1 - A_2}\ ,\\ A_0 &= \eta^2\left(\tfrac{1}{2}A_1^2 + 2A_2^2\right) = -\frac{1}{2}\,\frac{A_1^2 + 4A_2^2}{1 - A_2}\ ,\\ A_1^2 &= -2A_2(3 + A_2)\ .\end{aligned} \tag{5.77/32}$$

Da für vier Unbekannte nur drei Gleichungen bestehen, bleibt eine der Unbekannten frei. Betrachtet man A_2 als freien Parameter, so erhält man die Gleichungen

$$\begin{aligned}\eta^2 &= \frac{1}{1 - A_2}\ ,\\ A_1^2 &= -2A_2(3 + A_2)\ ,\\ A_0 &= A_2\frac{3 - A_2}{1 - A_2}\ .\end{aligned}$$

Für $|A_2| \ll 1$ wird $\eta^2 \approx 1$ und

$$A_1^2 \approx -2A_0\ ; \tag{5.77/33}$$

es kommt also tatsächlich jene quadratische Beziehung zustande, die wir oben für eine bessere Übereinstimmung zwischen den Trajektorien der Näherung und der genauen Lösung gefordert haben.

Wir wollen auch hier kurz die Brauchbarkeit der Näherungstrajektorien durch Vergleich mit den "exakten" Kurven der Abb.5.46/2 prüfen. Aus den Parameterwerten $A_2 = -0,05$ und $A_2 = -0,1$ folgen:

A_2	A_0	A_1	x_0^+	x_0^-
−0,05	−0,145	0,543	0,348	−0,738
−0,1	−0,282	0,762	0,380	−1,144

Dabei ist $x_0^+ = A_0 + A_1 + A_2$ der Schnittpunkt der Näherungstrajektorie mit der positiven x-Achse, $x_0^- = A_0 - A_1 + A_2$ der Schnittpunkt mit der negativen x-Achse. A_1 ist zugleich (wegen $\sigma = \pi/2$) die Ordinate der Näherungskurve, die zur Abszisse $(A_0 - A_2)$ gehört. Für die beiden genannten Parameterwerte A_2 entstehen Kurven, die als Näherungen noch brauchbar sein können, für kleinere Parameter A_2 ist die Übereinstimmung zwischen Trajektorie und Näherung gut, für größere A_2 sind die Näherungen nicht mehr brauchbar.

Enthält die Differentialgleichung dritte Potenzen, so nimmt der Rechenaufwand für einen dreigliedrigen Ansatz erheblich zu; wir verzichten deswegen darauf, ein solches Beispiel vorzurechnen.

5.78 Hinweise auf weitere Beispiele

Die Galerkinsche Methode wird in Kap.6 auch zur Untersuchung erzwungener Schwingungen verwendet. In den Ergebnissen sind die freien Schwingungen als Sonderfall (nämlich für verschwindende Erregerkraft) enthalten, so daß sich die Betrachtung der dort behandelten Gebilde hier erübrigt.

Auch im Hauptabschnitt 5.8 findet man Ergebnisse, die die des Hauptabschnitts 5.7 ergänzen. Die dortigen Untersuchungen befassen sich zwar primär mit Systemen, deren Differentialgleichungen einen kleinen Parameter enthalten; einige der verwendeten Methoden sind jedoch nicht unbedingt an diese Voraussetzung gebunden. Dies gilt vor allem für die $\mathfrak{K}$-Transformation in Abschn.5.85; es wird deshalb auch hier auf die großenteils in Tafeln zusammengestellten Beispiele jenes Abschnitts verwiesen.

5.8 Näherungen für die Zeitfunktionen bei Differentialgleichungen mit einem kleinen Parameter

5.80 Übersicht

Wie im Hauptabschnitt 5.7 wird auch im Hauptabschnitt 5.8 eine Differentialgleichung vom Typ (5.70/1b),

$$x'' + h(x, x') = 0 , \qquad (5.80/1a)$$

zugrundegelegt. Hier nehmen wir grundsätzlich an, die Funktion $h(x,x')$ lasse sich so aufspalten, daß (5.80/1a) auf die Form

$$x'' + g(x, x') = \varepsilon f(x, x') \qquad (5.80/1b)$$

gebracht werden kann. ε sei dabei ein kleiner Parameter, und die Aufspaltung sei so vorgenommen, daß die Dgl.(5.80/1b) für $\varepsilon = 0$ streng lösbar ist. Wir nehmen zudem an, daß für $\varepsilon = 0$ eine periodische Lösung von (5.80/1b) bekannt sei. Beispiele solcher "Differentialgleichungen in der Nähe einer streng lösbaren Differentialgleichung" mit für $\varepsilon = 0$ periodischen Lösungen sind etwa

$$x'' + x = \varepsilon f(x, x') \qquad (5.80/2a)$$

oder

$$x'' + x + \alpha x^3 = \varepsilon f(x, x') \qquad (5.80/2b)$$

oder

$$x'' + \sin x = \varepsilon f(x, x') . \qquad (5.80/2c)$$

Viele der in diesem Hauptabschnitt 5.8 besprochenen Verfahren liefern die Lösung $x(\tau)$ der Dgl.(5.80/1b) in Form von Reihen entweder der Gestalt

$$x(\tau) = \sum_{(n)} \varepsilon^n x^{(n)}(\tau) \tag{5.80/3}$$

oder der Gestalt

$$x(\tau) = x^{(0)}(\tau) + \varepsilon x^{(1)}(x^{(0)},\varepsilon) + \varepsilon^2 x^{(2)}(x^{(0)},x^{(1)},\varepsilon) + \ldots \tag{5.80/4}$$

Die verschiedenen Verfahren zur Ermittlung der Funktionen $x^{(k)}$ in den Reihen (5.80/3) oder (5.80/4) werden unter der Bezeichnung S t ö - r u n g s r e c h n u n g zusammengefaßt.

Die auf den rechten Seiten der Gln.(5.80/1b) und (5.80/2) stehenden Funktionen heißen dabei S t ö r f u n k t i o n e n [1].

In Übereinstimmung mit dem überwiegenden Teil der Literatur zur Störungsrechnung werden wir im Hauptabschnitt 5.8 die Störfunktionen mit εf bezeichnen, obgleich im Hauptabschnitt 5.4 das Funktionszeichen $f(x)$ der Rückstellfunktion in der Differentialgleichung vom Grundtyp, nämlich (5.41/1), vorbehalten war. Wenn einmal, wie etwa in Abschn.5.87, ein Zeichen für eine Rückstellfunktion benötigt wird, benutzen wir $f_R(x)$.

Für große n wird die Berechnung der Teillösungen $x^{(n)}$ meist mühsam, ja praktisch unmöglich. Man verzichtet deshalb darauf, eine exakte Lösung mittels einer u n e n d l i c h e n Reihe herzustellen, man begnügt sich vielmehr mit Näherungslösungen mittels einer Summe von e n d l i c h vielen, ja meist von wenigen Gliedern. Stellen die Näherungslösungen die genaue Lösung bis auf einen Fehler der Ordnung $O(\varepsilon^{m+1})$ dar, so heißen sie Näherungen m-ter Ordnung.

Falls das Restglied

$$R := \sum_{n=m+1}^{\infty} \varepsilon^n x^{(n)} \qquad (5.80/5$$

[1] Wegen der doppelten Bedeutung der (in der Literatur nun einmal so eingeführten) Benennung S t ö r f u n k t i o n vergleiche die Bemerkung in der Einleitung zu Kap.4.

für $t \to \infty$ verschwindet, heißt die Lösung eine *asymptotische Näherung*, gleichgültig, ob die Reihe (5.80/3) oder (5.80/4) selbst konvergiert oder nicht. Im folgenden werden wir weder die Konvergenz der Reihen untersuchen noch das Restglied R abschätzen, sondern einfach voraussetzen, die Reihen (5.80/3) oder (5.80/4) seien asymptotische Näherungen. Ausführliche Untersuchungen zum Problem der asymptotischen Näherungen findet man in Lit.5.80/1 und Lit.5.80/2.

Im nachfolgenden Abschn.5.81 besprechen wir zwei Varianten der Störungsrechnung; in 5.81α zunächst ihre *klassische* Fassung. Diese liefert periodische Lösungen der Dgl.(5.80/1b) allerdings nicht in einer brauchbaren Form, da die Reihe (5.80/3) säkulare, das sind mit τ anwachsende Glieder enthält. Damit man die Periode der Lösung aus der Reihendarstellung erkennen kann, muß die Methode abgewandelt werden: Die in 5.81β besprochene Idee von Lindstedt und das daraus folgende Verfahren von Lindstedt erlauben, säkulare Glieder zu vermeiden und Lösungen mit erkennbarer Periode herzustellen.

Will man neben periodischen Vorgängen auch nicht-periodische erfassen, etwa ab- oder aufklingende Schwingungen (zu denen auch Einschwingvorgänge gehören), so muß der Lindstedtsche Gedankengang wiederum abgeändert werden. Es existieren hierfür eine Reihe von Verfahren, wie z.B. die "gewöhnliche" und die "modifizierte" Mittelwertmethode (siehe Lit.5.80/1 und Lit.5.80/3), das Verfahren von Krylov-Bogoliubov, kurz "K-B"-Verfahren (siehe Lit.5.80/1), oder das von Cole und Kevorkian, kurz "C-K"-Verfahren genannt (siehe Lit.5.80/4), das von einer schnell und einer langsam laufenden Zeit Gebrauch macht. Da alle die erwähnten Verfahren nahe verwandt sind (sie können alle als Sonderfälle der modifizierten Mittelwertmethode aufgefaßt werden, siehe Lit.5.80/3), werden wir nur ein einziges davon ausführlicher betrachten, das "K-B"-Verfahren. Zur Unterscheidung von einer späteren Variante nennen wir es auch "K-B I"-Verfahren. Mit ihm werden wir in Abschn.5.83 zunächst eine einfache, aber wichtige und überaus brauchbare Näherung herstellen; wir nennen sie die *primäre Näherung*. Diskussionen über mehrerlei Aspekte dieser primären Näherung schließen sich in den beiden folgenden Abschn.5.84 und 5.85 an; darunter befindet sich auch das Verfahren der sogenannten "äquivalenten Linearisierung", das wir auch "K-B II"-Verfahren nennen werden. Dann folgen Anwendungen der primären Näherungen auf zwei umfangreiche Beispielgruppen in Abschn.5.86 und Abschn.5.87.

Mit Verbesserungen der primären Näherung zu echten Näherungen erster Ordnung (und zu höheren Näherungen) befaßt sich danach der Abschn.5.88. Schließlich werden im Abschn.5.89 mit den in 5.85β besprochenen Hilfsmitteln noch Schwinger mit Totzeiten behandelt; sie gehorchen Differenzen-Differentialgleichungen.

5.81 Die Störungsrechnung, das Verfahren von Lindstedt

α) Die klassische Methode (mit säkularen Gliedern)

Die Störungsrechnung wurde von H. Poincaré für Probleme der Himmelsmechanik entwickelt; in ihren Grundgedanken geht sie auf Poisson und Laplace zurück.

Ausführliche Darstellungen der Störungsrechnung findet man in Lit.5.81/1 und Lit.5.81/2 sowie, ausgehend von der Dgl.(5.80/1b), in Lit.5.81/3; dort werden auch Existenzbeweise für die Näherungslösungen und Verfahren zur Untersuchung ihrer Stabilität angegeben.

Unsere Darstellung schließen wir nicht an die Dgl.(5.80/1b), sondern der besseren Übersicht wegen an die speziellere Differentialgleichung

$$x'' + x = \varepsilon f(x,x') \tag{5.81/1}$$

an. Für die Lösung von (5.81/1) machen wir den Ansatz

$$x(\varepsilon,\tau) = x^{(0)}(\tau) + k(\varepsilon,\tau) \tag{5.81/2}$$

mit

$$k(\varepsilon,\tau) = \sum_{n=1}^{\infty} \varepsilon^n x^{(n)}(\tau) .$$

Die Lösung setzt sich somit aus einem von ε unabhängigen Anteil $x^{(0)}(\tau)$, der *erzeugenden Lösung*, und einer Korrektur $k(\varepsilon,\tau)$ zusammen.

Die erzeugende Lösung $x^{(0)}(\tau)$ befriedigt wegen $\varepsilon = 0$ die linearisierte Dgl.(5.81/1). Setzt man (5.81/2) in (5.81/1) ein, so kommt

$$x''^{(0)} + x^{(0)} + \sum_{n=1}^{\infty} \varepsilon^n [x''^{(n)} + x^{(n)}] = \varepsilon f(x^{(0)} + k\,,\ x'^{(0)} + k') \tag{5.81/3}$$

Nun müssen wir voraussetzen, die rechte Seite von (5.81/3) lasse sich in eine Taylor-Reihe entwickeln,

$$f(x^{(0)} + k, x^{(0)\prime} + k') = f(x^{(0)}, x^{(0)\prime}) + \sum \frac{1}{n!} [k \frac{\partial}{\partial x} + k' \frac{\partial}{\partial x'}]^n f(x^{(0)}, x^{(0)\prime}) \tag{5.81/4}$$

Wie man verfahren kann, wenn diese Voraussetzung nicht zutrifft, wird in Abschn.5.82 besprochen.

Aus (5.81/4) wird, wenn wir die ersten Glieder der Reihe anschreiben (und dabei die partiellen Ableitungen einer Funktion nach der ersten bzw. zweiten Veränderlichen mit dem Index 1 bzw. 2 bezeichnen),

$$\begin{aligned} f(x^{(0)} + k, x'^{(0)} + k') = {} & f(x^{(0)}, x'^{(0)}) \\ & + f_1(x^{(0)}, x'^{(0)}) \sum_{n=1}^{\infty} \varepsilon^n x^{(n)} + f_2(x^{(0)}, x'^{(0)}) \sum_{n=1}^{\infty} \varepsilon^n x'^{(n)} \\ & + \frac{1}{2!} f_{11}(\ )[\sum_{n=1}^{\infty} \varepsilon^n x^{(n)}]^2 \\ & + f_{12}(\ )[\sum_{n=1}^{\infty} \varepsilon^n x^{(n)}][\sum_{n=1}^{\infty} \varepsilon^n x'^{(n)}] \\ & + \frac{1}{2!} f_{22}(\ )[\sum_{n=1}^{\infty} \varepsilon^n x'^{(n)}]^2 + \ldots ; \end{aligned}$$

nach Potenzen von ε geordnet, entsteht

$$\begin{aligned} f(x^{(0)} + k, x'^{(0)} + k') = {} & f(x^{(0)}, x'^{(0)}) + \varepsilon [f_1 x^{(1)} + f_2 x'^{(1)}] \\ & + \varepsilon^2 [f_1 x^{(2)} + f_2 x'^{(2)} + \frac{1}{2} f_{11} x^{(1)2} + f_{12} x^{(1)} x'^{(1)} \\ & + \frac{1}{2} f_{22} x'^{(1)2}] + \ldots \end{aligned} \tag{5.81/5}$$

Wir setzen (5.81/5) in (5.81/3) ein und vergleichen die Koeffizienten gleicher Potenzen von ε:

$$x''^{(0)} + x^{(0)} = 0\,, \tag{5.81/6a}$$

$$x''^{(1)} + x^{(1)} = f(x^{(0)}, x'^{(0)})\,, \tag{5.81/6b}$$

$$x''^{(2)} + x^{(2)} = f_1 x^{(1)} + f_2 x'^{(1)}, \qquad (5.81/6c)$$

$$\vdots$$

$$x''^{(n)} + x^{(n)} = F(x^{(0)}, x^{(1)}, \ldots, x^{(n-1)}) \; . \qquad (5.81/6d)$$

(5.81/6) ist ein System von l i n e a r e n Differentialgleichungen zur Bestimmung der $x^{(n)}$. Es ist so gebaut, daß die rechte Seite der n-ten Differentialgleichung bekannt ist, wenn die vorhergehenden (n-1) Differentialgleichungen gelöst sind. Die Dgl.(5.81/6a) des Systems ist die linearisierte Dgl.(5.81/1); ihre Lösung ist die erzeugende Lösung $x^{(0)}$. Die weiteren Differentialgleichungen liefern die Korrekturglieder $x^{(i)}$, die von der Nichtlinearität herrühren.

Wir untersuchen die Lösungen des Systems (5.81/6) nun näher. Für die erzeugende Lösung erhalten wir aus (5.81/6a)

$$x^{(0)}(\tau) = r\cos(\tau + \vartheta) \qquad (5.81/7)$$

mit den Integrationskonstanten r und ϑ; sie werden durch die Anfangsbedingungen für die Dgl.(5.81/1) festgelegt. Es ist nämlich zweckmäßig, die Anfangsbedingungen für x dadurch zu erfüllen, daß man diese Bedingungen für $x^{(0)}$ vorschreibt; alle weiteren $x^{(k)}$ müssen dann $x^{(k)}(0) = 0$ und $x'^{(k)}(0) = 0$ erfüllen. Für die rechte Seite der Dgl.(5.81/6b) gilt

$$f(x^{(0)}, x'^{(0)}) = f(r\cos(\tau + \vartheta), -r\sin(\tau + \vartheta)) =: F(\tau) \; , \qquad (5.81/8)$$

wo

$$F(\tau + 2\pi) = F(\tau) \; .$$

Als periodische Funktion läßt sich $F(\tau)$ in eine Fourier-Reihe entwickeln:

$$F(\tau) = \sum_{n=1}^{\infty} C^{(n)} \sin(n\tau + \varphi^{(n)}) \; . \qquad (5.81/9)$$

Falls $C^{(1)} \neq 0$ ist, tritt in der Lösung der Dgl.(5.81/6b) ein Glied der Form

$$\tau\sin\tau \quad \text{oder} \quad \tau\cos\tau \; ,$$

ein sogenanntes s ä k u l a r e s Glied auf; es wächst für $\tau \to \infty$ über alle Grenzen. Solche Glieder finden sich auch in den Lösungen $x^{(n)}$ der übrigen Differentialgleichungen des Systems (5.81/6).

Wir zeigen explizit das Auftreten solcher säkularen Glieder am B e i s p i e l der Duffingschen Differentialgleichung

$$x'' + x = -\varepsilon x^3 . \tag{5.81/10}$$

Zur Lösung von (5.81/10) setzen wir an:

$$x(\tau) = x^{(0)}(\tau) + \varepsilon x^{(1)}(\tau) + \dots , \tag{5.81/11}$$

setzen (5.81/11) in (5.81/10) ein,

$$x''^{(0)} + x^{(0)} + \varepsilon [x''^{(1)} + x^{(1)}] + \dots = -\varepsilon (x^{(0)3} + 3\varepsilon x^{(0)2} x^{(1)} + \dots) ,$$

und gleichen nach Potenzen von ε ab:

$$x''^{(0)} + x^{(0)} = 0 , \tag{5.81/12a}$$

$$x''^{(1)} + x^{(1)} = -x^{(0)3} , \tag{5.81/12b}$$

. . . .

Aus (5.81/12a) erhalten wir für die erzeugende Lösung

$$x^{(0)}(\tau) = r\cos(\tau + \vartheta) . \tag{5.81/13}$$

Damit wird (5.81/12b) zu

$$x''^{(1)} + x^{(1)} = -\frac{3}{4} r^3 \cos(\tau + \vartheta) - \frac{1}{4} r^3 \cos 3(\tau + \vartheta)$$

mit der Lösung

$$x^{(1)}(\tau) = -\frac{3}{8} \tau r^3 \sin(\tau + \vartheta) + \frac{r^3}{32} \cos 3(\tau + \vartheta) + r_1 \cos(\tau + \vartheta_1) ,$$

also folgt

$$x(\tau) = r\cos(\tau + \vartheta) - \frac{3}{8} \varepsilon \tau r^3 \sin(\tau + \vartheta) + \varepsilon \frac{r^3}{32} \cos 3(\tau + \vartheta) + \\ + \varepsilon r_1 \cos(\tau + \vartheta_1) + O(\varepsilon^2) , \tag{5.81/14}$$

wobei $O(\varepsilon^2)$ symbolisch für Terme steht, die mindestens von der Ordnung ε^2 klein sind.

Das zweite Glied in der Näherungslösung (5.81/14) ist ein säkulares Glied; für $\tau \to \infty$ wächst es über alle Grenzen. Aus Hauptabschnitt 5.4 wissen wir aber, daß die Lösungen der Dgl.(5.81/10) beschränkt und periodisch sind. Um diesen Widerspruch zu klären, zeigen wir an einem Beispiel, daß die Reihenentwicklung einer beschränkten, periodischen Funktion säkulare Glieder enthalten kann. Wir entwickeln die Funktion

$$s(t) := \sin(\varkappa + \mu)t \qquad (5.81/15a)$$

($\mu \ll 1$) in eine Taylor-Reihe nach Potenzen von μ

$$s(t) = \sin\varkappa t + \mu t\cos\varkappa t - \frac{(\mu t)^2}{2!}\sin\varkappa t - \frac{(\mu t)^3}{3!}\cos\varkappa t + \cdots \qquad (5.81/15b)$$

Trotz der säkularen Glieder in der Reihe (5.81/15b) ist die durch die Reihe dargestellte Funktion, wie (5.81/15a) zeigt, beschränkt und periodisch. Die Periodizität und Beschränktheit von s(t) kann man allerdings in der Reihendarstellung (5.81/15b) wegen der säkularen Glieder nicht erkennen. Die Darstellung von s(t) durch die obige Reihe ist zwar nicht falsch, sie ist aber unzweckmäßig, wenn man etwa die Periode von s(t) finden will. Ebenso ist die durch unseren Ansatz gewonnene Näherungslösung (5.81/14) der Dgl.(5.81/10) unzweckmäßig, wenn wir die Periode der Lösung suchen.

Für die Darstellung von x in nicht zu großen Zeitabschnitten sind Näherungslösungen mit säkularen Gliedern jedoch durchaus brauchbar.

β) Berechnung periodischer Lösungen; die Idee und das Verfahren von Lindstedt

Wenn die Näherungslösung nicht nur für einen kurzen Zeitabschnitt gesucht, sondern wenn vor allem nach der Periodendauer gefragt wird, so müssen bei der Reihenentwicklung säkulare Glieder vermieden werden.

Zunächst machen wir uns den tieferen Grund für das Auftreten der säkularen Glieder klar: Die Lösung der Dgl.(5.81/1) hat für $\varepsilon = 0$ die "Frequenz" $\eta = 1$. Wir können aber nicht erwarten, daß sie diese Frequenz auch für $\varepsilon \neq 0$ behält. Der Ansatz (5.81/2) legt jedoch für die nullte Näherung $x^{(0)}$ wiederum die Frequenz $\eta = 1$ fest. Die weiteren Näherungen $x^{(i)}$ müssen dann die in $x^{(0)}$ falsch vorgegebene Frequenz korrigieren. Dies äußert sich, wie (5.81/14) zeigt, im Auftreten der säkularen Glieder. Wenn säkulare Terme vermieden werden sollen, so darf also die Frequenz nicht schon in der erzeugenden Lösung vorgegeben werden.

Diese Überlegungen führen zum Lindstedtschen Verfahren (Lit. 5.81/4): Man setzt nicht nur die Funktion $x(\tau)$, sondern auch die noch unbekannte Frequenz als Potenzreihe in ε an,

$$x(\tau,\eta) = x^{(0)}(\tau,\eta) + \sum_{n=1}^{\infty} \varepsilon^n x^{(n)}(\tau,\eta) \,, \qquad (5.81/16a)$$

$$\eta = \eta^{(0)} + \sum_{n=1}^{\infty} \varepsilon^n \eta^{(n)} \,. \qquad (5.81/16b)$$

Die Grundidee von Lindstedt, nämlich nicht nur für $x(\tau)$ einen geeigneten Ansatz zu wählen, sondern sich durch zeitabhängige Parameter weitere Variationsmöglichkeiten offenzuhalten, finden wir auch in anderen Verfahren wieder, insbesondere im "K-B"-Verfahren in Abschn. 5.83.

Der Ansatz (5.81/16) ist in dieser Form für die Rechnung ungünstig. Es ist vorteilhaft, die Periode mit Hilfe der neuen dimensionslosen Zeit σ,

$$\sigma = \eta\tau = \omega t \,, \qquad (5.81/17a)$$

auf 2π zu normieren, wobei gilt

$$\eta = \omega/\varkappa \qquad \text{und} \qquad \eta^{(n)} = \omega^{(n)}/\varkappa \,. \qquad (5.81/17b)$$

Bezeichnet man die Ableitung $dx/d\sigma$ durch $\mathring{x}$, so schreibt sich mit (5.81/17), also wegen $x' = \eta\mathring{x}$, die Dgl.(5.81/1) nun als

$$\eta^2 \overset{\circ\circ}{x} + x = \varepsilon f(x, \eta\mathring{x}) \,. \qquad (5.81/18)$$

Zu ihrer Lösung setzen wir an:

$$x(\sigma,\eta) = x^{(0)}(\sigma,\eta) + \sum_{n=1}^{\infty} \varepsilon^n x^{(n)}(\sigma,\eta) \qquad (5.81/19a)$$

und

$$\eta(\varepsilon) = \eta^{(0)} + \sum_{n=1}^{\infty} \varepsilon^n \eta^{(n)}. \qquad (5.81/19b)$$

Wir führen nun (5.81/19) in die Dgl.(5.81/18) ein und entwickeln ihre rechte Seite in eine Taylorreihe. Abgleichen nach Potenzen von ε liefert:

$$\begin{aligned}
&\eta^{(0)2}\ddot{x}^{(0)} + x^{(0)} = 0 \,, \\
&\eta^{(0)2}\ddot{x}^{(1)} + x^{(1)} = -2\,\eta^{(0)}\eta^{(1)}\ddot{x}^{(0)} + f(x^{(0)}, \eta^{(0)}\dot{x}^{(0)}) \,, \\
&\cdot \\
&\cdot \\
&\cdot \\
&\eta^{(0)2}\ddot{x}^{(n)} + x^{(n)} = F(\eta^{(0)}, \ldots, \eta^{(n)}, x^{(0)}, \ldots, x^{(n-1)}) \,.
\end{aligned} \qquad (5.81/20)$$

Weil die Lösung $x(\sigma)$ periodisch sein soll, muß für jede Teillösung $x^{(n)}(\sigma)$ gelten

$$x^{(n)}(\sigma) = x^{(n)}(\sigma + 2\pi)\,. \qquad (5.81/21)$$

Man erhält in (5.81/20) wieder eine Folge linearer Differentialgleichungen; wieder ist die rechte Seite der n-ten Differentialgleichung bekannt, wenn die vorhergehenden (n-1) Differentialgleichungen gelöst sind. Im Gegensatz zum System (5.81/6) enthält jetzt aber jede der Differentialgleichungen einen freien Parameter ($\eta^{(n)}$ in der n-ten Gleichung). Diese Parameter, die aus dem Ansatz (5.81/16b) kommen, kann man dazu verwenden, die Bedingung (5.81/21) zu erfüllen, d.h. säkulare Glieder zu vermeiden.

Was die außer der Periodizitätsbedingung (5.81/21) zu erfüllenden Anfangsbedingungen angeht, so muß man unterscheiden, ob die Dgl. (5.81/1) (wie etwa die Duffingsche Gleichung) eine *Schar* von Lösungen oder (wie etwa die van der Polsche Gleichung) eine *isolierte* Lösung besitzt (siehe z.B. Abschn.5.23). Im ersten Fall existiert eine "Amplituden"-Frequenz-Beziehung $A = A(\eta)$ vom Typ der Kurven in Abb.5.81/1; im zweiten Fall sind sowohl die "Amplitude" A wie die Frequenz η festgelegt: In der A-η-Ebene gibt es nur einen einzigen Punkt (A, η), wie etwa den Punkt P in Abb.5.81/1.

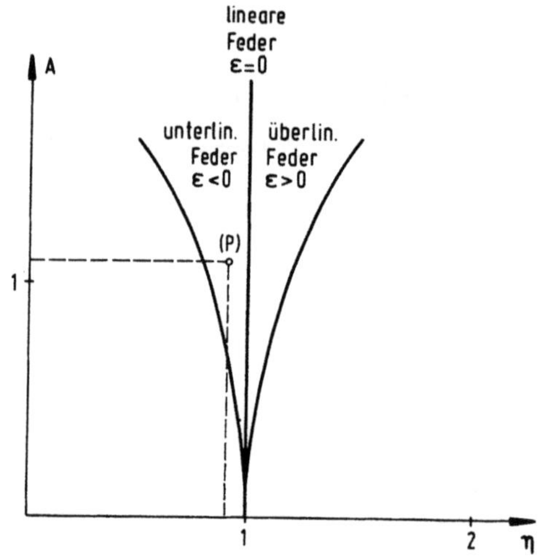

Abb.5.81/1.
Zusammenhang zwischen Schwingweite A und Frequenz η für Schwinger mit der Dgl. (5.81/23)

Im Hinblick auf die Anfangsbedingungen heißt das: Im ersten Fall fordert man etwa

$$x^{(0)}(0) = A\,, \qquad \overset{\circ}{x}{}^{(0)}(0) = 0\,,$$
$$x^{(n)}(0) = 0\,, \qquad \overset{\circ}{x}{}^{(n)}(0) = 0\,, \qquad n = 1,2,\ldots \qquad (5.81/22a)$$

und berechnet $\eta(A)$.

Im zweiten Fall kann man nur fordern

$$\overset{\circ}{x}{}^{(n)}(0) = 0\,, \qquad n = 0,1,2,\ldots; \qquad (5.81/22b)$$

den Ausschlag A kann man nicht vorschreiben; man muß A und η berechnen.

Eine ausführliche Klassifikation aller bei der Störungsrechnung möglichen Fälle findet man in Lit.5.81/3.

Wie die beiden Arten von Anfangsbedingungen (5.81/22a) und (5.81/22b) im Laufe der Integration der Dgln.(5.81/20) verwertet werden, wird im Unterabschnitt γ anhand von Beispielen gezeigt.

Zuvor bemerken wir noch:

(1) Für die klassische Variante (Unterabschnitt α) wie für die Lindstedtsche (Unterabschnitt β) der Störungsrechnung gilt gleichermaßen: Sie führen im konkreten Fall oft zu recht umständlichen Rechnungen,

vor allem dann, wenn man mehr als zwei Glieder in den Reihenentwicklungen berücksichtigen will. Andererseits hat die Störungsrechnung den unschätzbaren Vorteil, daß über den Charakter der Lösung keine oder doch nur geringe Vorkenntnisse nötig sind. Neuartige Probleme packt man deshalb oft vorteilhaft zunächst mit der Störungsrechnung an, um erste Einblicke in die Eigenschaften der Lösungen zu gewinnen.

(2) Hier haben wir die Störungsrechnung am Beispiel der Dgl.(5.81/1) erläutert und fanden den Satz (5.81/6) linearer Differentialgleichungen zur Berechnung der Teillösungen $x^{(n)}$. Geht man von der allgemeinen Dgl.(5.80/1b) aus, so hat der dem Satz (5.81/6) entsprechende Satz von Differentialgleichungen eine etwas andere Gestalt: Die erzeugende Lösung $x^{(0)}$ genügt nun der nichtlinearen Dgl.(5.80/1b) für $\varepsilon = 0$. Auf der linken Seite der restlichen Differentialgleichungen des (5.81/6) entsprechenden Satzes steht nun die lineare Variationsdifferentialgleichung (vgl. Abschn.5.71) der Dgl. (5.80/1b) für $\varepsilon = 0$. Ausführliche Untersuchungen der Dgl.(5.80/1b) kann man in Lit.5.81/2 und in Lit.5.81/3 finden; außerdem wird dort auch gezeigt, wie man die Konvergenzeigenschaften der Lösungen überprüft, d.h. wie man die Existenz der Lösung nachweist und wie man deren Stabilität ermittelt. Diese Untersuchungen verlaufen mehr oder weniger einfach je nach den Eigenschaften der Lösungen der Variationsgleichung, genauer: je nach der Größe der charakteristischen Multiplikatoren dieser Differentialgleichung. Loud gibt in Lit.5.81/3 eine Einteilung aller bei der Dgl.(5.80/1b) möglichen Fälle an, und er beweist allgemeine Sätze, die sicherstellen, ob und für welche Parameter die Dgl.(5.80/1b) stabile periodische Lösungen besitzt. Andere Formen des Existenzbeweises findet man in Lit.5.81/1 und in Lit.5.81/5.

γ) Drei Beispiele zum Verfahren von Lindstedt

Beispiel 1; Duffingsche Differentialgleichung: Die Differentialgleichung

$$x'' + x = -\varepsilon x^3 \qquad (5.81/23a)$$

wird, wenn man $\sigma = \eta\tau$ als unabhängige Veränderliche wählt, zu

$$\eta^2 \overset{\circ\circ}{x} + x = -\varepsilon x^3 \,. \tag{5.81/23b}$$

Die Differentialgleichungen des Satzes (5.81/20) müssen hier den Bedingungen (5.81/21) und (5.81/22a) genügen.

Aus der ersten Gleichung des Satzes (5.81/20) folgt

$$x^{(0)}(\sigma) = C_0 \cos\left(\frac{\sigma}{\eta^{(0)}}\right) + D_0 \sin\left(\frac{\sigma}{\eta^{(0)}}\right) \,. \tag{5.81/24}$$

Wegen (5.81/21) muß $\eta^{(0)} = 1$ sein, wegen (5.81/22a) folgt $C_0 = A$ und $D_0 = 0$; daher lautet die erzeugende Lösung

$$x^{(0)}(\sigma) = A \cos\sigma \,. \tag{5.81/25}$$

Mit diesem Ergebnis wird die zweite Differentialgleichung des Satzes (5.81/20) zu

$$\overset{\circ\circ}{x}{}^{(1)} + x^{(1)} = \left[\, 2\eta^{(1)} - \tfrac{3}{4} A^2 \right] A \cos\sigma - \frac{A^3}{4} \cos 3\sigma \,. \tag{5.81/26}$$

Wegen der Periodizitätsbedingung (5.81/21) muß der Faktor vor σ verschwinden, wegen $A \neq 0$ muß deshalb gelten

$$\eta^{(1)} = 3A^2/8 \,. \tag{5.81/27}$$

Mit Rücksicht auf die Bedingungen (5.81/22a) wird

$$x^{(1)}(\sigma) = \frac{1}{32} A^3 [-\cos\sigma + \cos 3\sigma] \,. \tag{5.81/28}$$

Somit haben wir für die Dgl.(5.81/23b) die folgende periodische Näherungslösung erster Ordnung gefunden:

$$x = A\left[1 - \frac{1}{32}\varepsilon A^2\right] \cos\sigma + \varepsilon \frac{A^3}{32} \cos 3\sigma + O(\varepsilon^2) \,, \tag{5.81/29a}$$

wobei

$$\eta = 1 + \tfrac{3}{8}\varepsilon A^2 + O(\varepsilon^2) \,. \tag{5.81/29b}$$

Die Frequenz η hängt von der Schwingweite A ab. Die Abb.5.81/1 zeigt ein qualitatives Bild dieser Abhängigkeit für den unterlinearen ($\varepsilon < 0$) und den überlinearen Fall ($\varepsilon > 0$).

B e i s p i e l 2; van der Polsche Differentialgleichung: Schreibt man die van der Polsche Differentialgleichung

$$x'' - \varepsilon(1 - x^2)x' + x = 0 \qquad (5.81/30a)$$

auf die unabhängige Variable σ um, so lautet sie

$$\eta^2 \overset{\circ\circ}{x} + x = \varepsilon\eta(1 - x^2)\overset{\circ}{x} \quad . \qquad (5.81/30b)$$

Mit den Ansätzen (5.81/19) findet man zur Bestimmung der ersten drei Teillösungen gemäß (5.81/20) den Satz von Differentialgleichungen

$$\begin{aligned} &\eta^{(0)2}\overset{\circ\circ}{x}{}^{(0)} + x^{(0)} = 0 \, , \\ &\eta^{(0)2}\overset{\circ\circ}{x}{}^{(1)} + x^{(1)} = -2\eta^{(0)}\eta^{(1)}\overset{\circ\circ}{x}{}^{(0)} + \eta^{(0)}(1 - x^{(0)2})\overset{\circ}{x}{}^{(0)} \, , \\ &\eta^{(0)2}\overset{\circ\circ}{x}{}^{(2)} + x^{(2)} = -2(\eta^{(0)}\eta^{(2)} + \tfrac{1}{2}\eta^{(1)2})\overset{\circ\circ}{x}{}^{(0)} - 2\eta^{(0)}\eta^{(1)}\overset{\circ\circ}{x}{}^{(1)} \\ &\qquad + \eta^{(1)}(1 - x^{(0)2})\overset{\circ}{x}{}^{(0)} - 2\eta^{(0)}x^{(0)}x^{(1)}\overset{\circ}{x}{}^{(0)} \\ &\qquad + \eta^{(0)}(1 - x^{(0)2})\overset{\circ}{x}{}^{(1)} \, . \end{aligned} \qquad (5.81/31)$$

Die Lösungen dieser Differentialgleichungen müssen den Bedingungen (5.81/21) und (5.81/22b) genügen. Deshalb folgt aus dem Integral (5.81/24) der ersten Gleichung des obigen Satzes

$$\eta^{(0)} = 1 \qquad (5.81/32a)$$

und

$$x^{(0)}(\sigma) = C_0 \cos\sigma \quad . \qquad (5.81/32b)$$

Mit den Gln.(5.81/32) wird die zweite Differentialgleichung des Satzes (5.81/31) zu

$$\overset{\circ\circ}{x}{}^{(1)} + x^{(1)} = 2\eta^{(1)}C_0\cos\sigma + C_0(C_0^2/4 - 1)\sin\sigma + (C_0^3/4)\sin 3\sigma \, . \qquad (5.81/33)$$

Wegen (5.81/21) muß gelten

$$C_0 = 0 \qquad \text{oder} \qquad C_0 = 2 \quad \text{und} \quad \eta^{(1)} = 0 \quad . \qquad (5.81/34a)$$

Die Gl.(5.81/32b) hat also zwei Lösungen. Die eine hat die Schwingweite $C_0 = 0$ und eine beliebige Frequenz; sie entspricht dem (im Ursprung liegenden) singulären Punkt im Phasenportrait des van der Polschen Schwingers (vgl. Abb.5.23/5). Die zweite Lösung lautet

$$x^{(0)} = 2\cos\sigma \ , \qquad (5.81/34b)$$

sie hat die Schwingweite $C_0 = 2$ und die Frequenz $\eta = 1$. Ihr entspricht im Phasenportrait ein Kreis.

Wir untersuchen nun $x^{(1)}$ weiter. Wegen (5.81/34a) und (5.81/34b) wird (5.81/33) zu

$$\overset{\circ\circ}{x}{}^{(1)} + x^{(1)} = 2\sin 3\sigma \qquad (5.81/35a)$$

mit der allgemeinen Lösung

$$x^{(1)} = C_1\cos\sigma + D_1\sin\sigma - (\sin 3\sigma)/4 \ ; \qquad (5.81/35b)$$

C_1 und D_1 sind Integrationskonstanten. Wegen der Anfangsbedingung $\overset{\circ}{x}{}^{(1)}(0) = 0$ gilt $D_1 = 3/4$, die Konstante C_1 wird weiter mitgenommen.

Mit den bereits gefundenen Lösungen für $x^{(0)}$ und $x^{(1)}$ erhalten wir als dritte Gleichung des Satzes (5.81/31)

$$\overset{\circ\circ}{x}{}^{(2)} + x^{(2)} = (4\eta^{(2)} + \tfrac{1}{4})\cos\sigma + 2C_1\sin\sigma - \tfrac{3}{2}\cos 3\sigma + 3C_1\sin 3\sigma + \tfrac{5}{4}\cos 5\sigma \qquad (5.81/36a)$$

Die Periodizitätsbedingung (5.81/21) verlangt nun

$$\eta^{(2)} = -1/16 \quad \text{und} \quad C_1 = 0 \ . \qquad (5.81/37)$$

Damit wird (5.81/35b) schließlich zu

$$x^{(1)}(\sigma) = \tfrac{3}{4}\sin\sigma - \tfrac{1}{4}\sin 3\sigma \ , \qquad (5.81/38)$$

und die Dgl.(5.81/36a) lautet

$$\overset{\circ\circ}{x}{}^{(2)} + x^{(2)} = -\tfrac{3}{2}\cos 3\sigma + \tfrac{5}{4}\cos 5\sigma \ . \qquad (5.81/36b)$$

Für die allgemeine Lösung von (5.81/36b) finden wir

$$x^{(2)}(\sigma) = C_2\cos\sigma + D_2\sin\sigma + \tfrac{3}{16}\cos 3\sigma - \tfrac{5}{96}\cos 5\sigma \qquad (5.81/39)$$

mit den Integrationskonstanten C_2 und D_2. Wegen $\overset{\circ}{x}^{(2)}(0) = 0$ gilt

$$D_2 = 0 \, , \tag{5.81/40a}$$

die Konstante C_2 wird weiter mitgenommen und analog zum obigen Vorgehen aus der Periodizitätsbedingung (5.81/21) der vierten Gleichung des Satzes (5.81/31) bestimmt. Ohne die Rechnung explizit vorzuführen, geben wir das Resultat an:

$$C_2 = -1/8 \, . \tag{5.81/40b}$$

Deshalb wird die Gl.(5.81/39) zu

$$x^{(2)}(\sigma) = -\tfrac{1}{8}\cos\sigma + \tfrac{3}{16}\cos 3\sigma - \tfrac{5}{96}\cos 5\sigma \, . \tag{5.81/41}$$

Jetzt kennen wir die Näherungslösung zweiter Ordnung der van der Polschen Dgl.(5.81/30); sie lautet

$$\begin{aligned} x(\tau) = {} & (2 - \tfrac{1}{8}\varepsilon^2)\cos\eta\tau + \tfrac{3}{4}\varepsilon\sin\eta\tau + \tfrac{3}{16}\varepsilon^2\cos 3\eta\tau \\ & - \tfrac{1}{4}\varepsilon\sin 3\eta\tau - \tfrac{5}{96}\varepsilon^2\cos 5\eta\tau + O(\varepsilon^3) \end{aligned} \tag{5.81/42a}$$

mit

$$\eta = 1 - \varepsilon^2/16 \, . \tag{5.81/42b}$$

H i n w e i s zum Beispiel 2: Hätte man in Unkenntnis des Lösungstyps statt der Anfangsbedingungen (5.81/22b) die "falschen" Bedingungen (5.81/22a) verwendet, so hätte man für $x^{(3)}$ eine Differentialgleichung des Typs

$$\begin{aligned} \overset{\circ\circ}{x}^{(3)} + x^{(3)} = {} & (4\eta^{(3)} + K_1)\cos\sigma + K_2\sin\sigma \\ & + \text{Glieder mit } \sin 2\sigma, \cos 2\sigma, \sin 2\sigma \quad \text{usw.} \end{aligned} \tag{5.81/43a}$$

mit gewissen festen Werten K_1 und K_2 erhalten. Um säkulare Glieder zu vermeiden, kann man zwar fordern

$$\eta^{(3)} = -K_1/4 \, , \tag{5.81/43b}$$

die durch den Term $K_2\sin\sigma$ verursachten säkularen Glieder lassen sich aber nicht mehr beseitigen, d.h. bei falsch gewählten Anfangsbedingungen kann für $x^{(3)}$ die Periodizitätsbedingung nicht mehr erfüllt werden. Damit gibt die Störungsrechnung einen Hinweis darauf, daß die Annahme über den Lösungstyp falsch ist, allerdings erfährt man dies erst beim Berechnen der dritten Näherung.

B e i s p i e l 3 ; Mathieusche Differentialgleichung, Berechnung der Grenzkurven der Ince-Struttschen Karte für $\gamma \ll 1$: Diesem Beispiel galt die Bemerkung im Unterabschnitt 4.33β. Die Mathieusche Dgl.(4.33/3a) lautet

$$x'' + (\lambda + \gamma \cos\tau)\,x = 0\ . \tag{5.81/44}$$

Hier setzen wir $\gamma \ll 1$ voraus und suchen die Gleichungen der Stabilitätsgrenzen. Auf den Grenzkurven sind die Lösungen von (5.81/44) 2π-periodisch oder 4π-periodisch. Da 2π-periodische Lösungen auch 4π-periodisch sind, suchen wir solche Wertepaare (λ,γ), zu denen 4π-periodische Lösungen gehören.

Wir betrachten γ als Störparameter und machen die beiden Lindstedtschen" Ansätze:

$$\begin{aligned} x(\tau) &= x_0(\tau) + \gamma x_1(\tau) + \gamma^2 x_2(\tau) + \dots, \\ \lambda &= \lambda_0 + \gamma\lambda_1 + \gamma^2\lambda_2 + \dots \end{aligned} \tag{5.81/45}$$

Einsetzen von (5.81/45) in (5.81/44), Ordnen nach Potenzen von γ und Nullsetzen der jeweiligen Koeffizienten liefert

$$x_0'' + \lambda_0 x_0 = 0\ , \tag{5.81/46a}$$

$$x_1'' + \lambda_0 x_1 = -(\lambda_1 + \cos\tau)\,x_0\ , \tag{5.81/46b}$$

$$x_2'' + \lambda_0 x_2 = -(\lambda_1 + \cos\tau)\,x_1 - \lambda_2 x_0\ . \tag{5.81/46c}$$

Der Gleichungssatz (5.81/46) läßt sich sukzessive lösen. Gl.(5.81/46a) besitzt die allgemeine Lösung

$$x_0(\tau) = A_0 \cos\sqrt{\lambda_0}\,\tau + B_0 \sin\sqrt{\lambda_0}\,\tau\ ,$$

sie kann nur dann 4π-periodisch sein, wenn

$$\lambda_0 = n^2/4 \quad \text{mit} \quad n = 0,1,2,\ldots$$

ist. Daraus folgt

$$x_0(\tau) = A_0 \cos(n\tau/2) + B_0 \sin(n\tau/2)$$

mit zunächst noch unbestimmten Koeffizienten A_0 und B_0. Wir betrachten nun der Reihe nach die Fälle $n=0$, $n=1$ und $n=2$.

F a l l 1 ; $n=0$: Hier ist $\lambda_0=0$ und deshalb $x_0 = A_0$. Gl.(5.81/46b) lautet daher

$$x_1'' = -(\lambda_1 + \cos\tau) A_0 \ .$$

Daraus folgt

$$x_1(\tau) = c_2 + c_1\tau - A_0\lambda_1(\tau^2/2) + A_0 \cos\tau \ ;$$

c_1 und c_2 sind Integrationskonstanten. Nur mit $c_1 = 0$ und $\lambda_1 = 0$ kann $x_1(\tau)$ die Periode 4π haben; so bleibt

$$x_1(\tau) = c_2 + A_0 \cos\tau \ .$$

Nun setzen wir $x_0(\tau)$ und $x_1(\tau)$ in Gl.(5.81/46c) ein und erhalten

$$x_2'' = -(\lambda_2 + \frac{1}{2}) A_0 - c_2 \cos\tau - \frac{A_0}{2} \cos 2\tau$$

mit der Lösung

$$x_2(\tau) = c_3\tau + c_4 - A_0(\lambda_2 + \frac{1}{2}) \frac{\tau^2}{2} + c_2 \cos\tau + \frac{A_0}{8} \cos 2\tau \ .$$

Wenn $x_2(\tau)$ 4π-periodisch sein soll, muß $c_3 = 0$ und $\lambda_2 = -1/2$ sein. Für die Stabilitätsgrenze aus Gl.(5.81/45) mit $\lambda_0 = \lambda_1 = 0$ und $\lambda_2 = -1/2$ erhalten wir die Näherungsgleichung

$$\lambda = -\gamma^2/2 \ .$$

F a l l 2 ; $n=1$: Gl.(5.81/46b) lautet für $n=1$ und damit für $\lambda_0 = 1/4$:

$$x_1'' + \frac{1}{4} x_1 = -(\lambda_1 + \cos\tau)(A_0 \cos\frac{\tau}{2} + B_0 \sin\frac{\tau}{2})$$

oder auch

$$x_1'' + \frac{1}{4}x_1 = -\lambda_1 A_0 \cos\frac{\tau}{2} - \lambda_1 B_0 \sin\frac{\tau}{2}$$
$$- \frac{A_0}{2}\left(\cos\frac{\tau}{2} + \cos\frac{3\tau}{2}\right) - \frac{B_0}{2}\left(-\sin\frac{\tau}{2} + \sin\frac{3\tau}{2}\right) .$$

Die Lösung dieser Differentialgleichung enthält nur dann keine säkularen Terme, wenn auf der rechten Seite der Differentialgleichung die Glieder mit $\cos\tau/2$ und $\sin\tau/2$ verschwinden. Aus dieser Bedingung folgt

$$-\left(\lambda_1 + \frac{1}{2}\right)A_0 = 0 ,$$
$$\left(-\lambda_1 + \frac{1}{2}\right)B_0 = 0 . \qquad (5.81/47)$$

Dieser Gleichungssatz besitzt mehrere Lösungen:

$A_0 \neq 0 , \quad \lambda_{1a} = -1/2 , \quad B_0 = 0 ;$

$A_0 = 0 , \quad \lambda_{1b} = +1/2 , \quad B_0 \neq 0 ;$

$A_0 = B_0 = 0 , \quad \lambda_{1c}$ noch unbestimmt .

Die beiden ersten liefern zwei lineare Näherungsgleichungen für die Stabilitätsgrenzen, nämlich

$$\lambda_a = \frac{1}{4} - \frac{1}{2}\gamma \qquad \text{und} \qquad \lambda_b = \frac{1}{4} + \frac{1}{2}\gamma .$$

Im dritten Fall erhält man nach Hinzunahme der Dgln.(5.81/46b) und (5.81/46c) entweder die triviale Lösung $x(\tau) \equiv 0$ oder eine der bereits berechneten Grenzkurven.

F a l l 3 ; $n = 2$: Für $n = 2$ wird $\lambda_0 = 1$. Gl.(5.81/46b) lautet dann

$$x_1'' + x_1 = -(\lambda_1 + \cos\tau)(A_0\cos\tau + B_0\sin\tau)$$
$$= -\lambda_1 A_0 \cos\tau - \lambda_1 B_0 \sin\tau - A_0(1 + \cos 2\tau)/2$$
$$-(B_0 \sin 2\tau)/2 . \qquad (5.81/48)$$

Damit in der Lösung keine säkularen Glieder auftreten, müssen auf der rechten Seite die Glieder mit $\sin\tau$ und $\cos\tau$ verschwinden. Aus dieser Bedingung folgen die Gleichungen

$$\lambda_1 A_0 = 0 \qquad \text{und} \qquad \lambda_1 B_0 = 0 . \qquad (5.81/49)$$

Falls (5.81/49) erfüllt ist, lautet die Dgl.(5.81/48) einfach

$$x_1'' + x_1 = -A_0(1 + \cos 2\tau)/2 - (B_0 \sin 2\tau)/2$$

und hat die Lösung

$$x_1(\tau) = A_1 \cos\tau + B_1 \sin\tau - (A_0/2) + (A_0 \cos 2\tau + B_0 \sin 2\tau)/6 .$$

Der Satz (5.81/49) ist für $\lambda_1 = 0$ erfüllt. Setzen wir $\lambda_1 = 0$ und das soeben errechnete $x_1(\tau)$ in die Gl.(5.81/46c) ein, so wird diese Differentialgleichung nach einigem Umformen zu

$$x_2'' + x_2 = -\frac{A_1}{2} + A_0(-\lambda_2 + \frac{5}{12})\cos\tau - B_0(\lambda_2 + \frac{1}{12})\sin\tau$$
$$-\frac{A_1}{2}\cos 2\tau - \frac{B_1}{2}\sin 2\tau - \frac{1}{12}(A_0 \cos 3\tau + B_0 \sin 3\tau) .$$

Damit keine säkularen Glieder in der Lösung auftreten, müssen die Glieder mit $\sin\tau$ und $\cos\tau$ verschwinden. Das führt zu

$$A_0 [\tfrac{5}{12} - \lambda_2] = 0 , \quad B_0 [\tfrac{1}{12} + \lambda_2] = 0 . \qquad (5.81/50)$$

Dieser Satz besitzt die Lösungen

$$A_0 \neq 0 , \qquad \lambda_{2a} = 5/12 , \qquad B_0 = 0 ;$$

$$A_0 = 0 , \qquad \lambda_{2b} = -1/12 , \qquad B_0 \neq 0 ;$$

$A_0 = B_0 = 0$, λ_{2c} noch unbestimmt .

Die beiden ersten Fälle liefern als Gleichungen für die Grenzkurven

$$\lambda_a = 1 + 5\gamma^2/12 \quad \text{und} \quad \lambda_b = 1 - \gamma^2/12 .$$

Der dritte Fall führt wie oben entweder auf dieselben Grenzkurven oder aber auf die triviale Lösung $x \equiv 0$.

Eine Zusammenstellung der Ergebnisse findet man in Abschn.4.33β.

5.82 Die Lindstedtsche Idee im Zusammenhang mit einem Iterationsverfahren

Als wir in Abschn.5.81β bei der Erörterung des Lindstedtschen Verfahrens den fundamentalen Gleichungssatz (5.81/20) herleiteten, mußten wir voraussetzen, daß die rechte Seite von (5.81/18), also die Störfunktion $f(x, \eta \mathring{x})$, sich in eine Taylor-Reihe entwickeln läßt. Jenes Vorgehen versagt, wenn f eine nicht differenzierbare Funktion ihrer Argumente ist. Für einen solchen Fall kann man aber ein Iterationsverfahren angeben, das ebenfalls auf der Lindstedtschen Idee beruht; der zusätzliche freie Parameter wird wieder als Modifikation der Frequenz eingeführt.

Um den Formelaufwand zu verringern, behandeln wir nicht die Dgl. (5.81/18), sondern die einfachere Gleichung

$$\eta^2 \mathring{\mathring{x}} + x = \varepsilon f(x) ; \tag{5.82/1}$$

um weiter zu vereinfachen, setzen wir f(x) als ungerade Funktion voraus. Die Anfangsbedingungen mögen lauten

$$x(0) = X , \qquad \mathring{x}(0) = 0 . \tag{5.82/1a}$$

Für $\varepsilon = 0$ hat die Frequenz η den Wert Eins. Im Sinne der Lindstedtschen Idee setzen wir nun mit einem noch freien Parameter α an:

$$\eta^2 = 1 + \varepsilon \alpha . \tag{5.82/2}$$

Eintragen von (5.82/2) in (5.82/1) liefert

$$\mathring{\mathring{x}} + x = \varepsilon [f(x) - \alpha \mathring{\mathring{x}}] . \tag{5.82/3}$$

Die Dgl.(5.82/3) wird nun einer Iteration unterworfen.

Als Ausgangsfunktion $x = x_0(\sigma)$ des Verfahrens benutzen wir die Lösung der Dgl.(5.82/3) für $\varepsilon = 0$. Die den Anfangsbedingungen (5.82/1a) genügende Lösungsfunktion lautet

$$x_0 = A \cos \sigma . \tag{5.82/4}$$

Diese Ausgangsfunktion erfüllt aber die Dgl.(5.82/3) nicht mehr, wenn

$\varepsilon \neq 0$ ist. Wir suchen deshalb eine bessere Funktion $x_1(\sigma)$ mit Hilfe der aus (5.82/3) hervorgehenden (ersten) Iterationsdifferentialgleichung

$$\overset{\circ\circ}{x}_1 + x_1 = \varepsilon [f(x_0) - \alpha_1 \overset{\circ\circ}{x}] . \qquad (5.82/5)$$

Die rechte Seite dieser Differentialgleichung kann in eine Fourier-Reihe entwickelt werden, die wegen der speziellen Wahl von $f(x_0)$ und der Anfangsbedingungen nur Glieder $\cos m\sigma$ mit $m = 1,3,5,\ldots$ enthält. Damit die Lösung x_1 kein säkulares Glied aufweist, muß der Term $\cos\sigma$ verschwinden:

$$\int_0^{2\pi} [f(X\cos\sigma) + \alpha_1 X \cos\sigma] \cos\sigma \, d\sigma = 0 . \qquad (5.82/6)$$

Hieraus kann α_1 als Funktion von X bestimmt werden,

$$\alpha_1 = -\frac{1}{\pi X} \int_0^{2\pi} f(X\cos\sigma) \cos\sigma \, d\sigma . \qquad (5.82/7a)$$

Nun läßt sich (5.82/5) integrieren. Die Funktion $x_1(\sigma)$ ist vom Typ

$$x_1 = A_1 \cos\sigma + \varepsilon S_1(\cos m\sigma) . \qquad (5.82/8)$$

Dabei ist $S_1(\cos m\sigma)$ ein Polynom aus Funktionen $\cos m\sigma$ $(m = 3,5,7,\ldots)$ mit bekannten Koeffizienten. Die Integrationskonstante A_1 wird aus der Anfangsbedingung $x_1(0) = X$ ermittelt. Für das Frequenzquadrat gilt

$$\eta_1^2 = 1 + \varepsilon \alpha_1 . \qquad (5.82/7b)$$

So fährt man fort. Aus der n-ten Iterationsdifferentialgleichung

$$\overset{\circ\circ}{x}_n + x_n = \varepsilon [f(x_{n-1}) - \alpha_n \overset{\circ\circ}{x}_{n-1}] \qquad (5.82/9)$$

mit der Bedingung

$$\alpha_n A_{n-1} + \frac{1}{\pi} \int_0^{2\pi} f(x_{n-1}(\sigma)) \cos\sigma \, d\sigma = 0 \qquad (5.82/10a)$$

erhält man die n-te Iterationsfunktion

$$x_n = A_n \cos\sigma + \varepsilon S_n(\cos m\sigma) ; \qquad (5.82/11)$$

wieder bezeichnet S_n eine Summe aus Funktionen $\cos m\sigma$ mit $m = 3,5,7,\ldots$; sie hat bekannte Koeffizienten. Die Integrationskonstante A_n bestimmt sich wieder aus $x_n(0) = X$.

Das Frequenzquadrat lautet auf der n-ten Iterationsstufe

$$\eta_n^2 = 1 + \varepsilon\, \alpha_n\,, \qquad (5.82/10b)$$

dabei folgt α_n aus (5.82/10a).

Folgender Hinweis mag noch nützlich sein: Weil die rechten Seiten der Iterationsdifferentialgleichungen (5.82/9) jeweils den Faktor ε enthalten, wird auf jeder Iterationsstufe über die Lösungsanteile εS_n gemäß (5.82/11) ein weiterer Faktor ε eingebracht. Die Funktion x_j enthält daher Potenzen von ε bis zu ε^j. Beschränkt man die Ordnung der ε-Glieder, etwa auf ε^k, so bricht das Iterationsverfahren nach dem k-ten Schritt ab, weil dann die Funktion x_{k+1} mit x_k übereinstimmt (vgl. das nachfolgende Beispiel).

Wir fügen ein Beispiel an: Vorgelegt sei die Differentialgleichung

$$\overset{\circ\circ}{x} + x = -\,\varepsilon\, \operatorname{sign} x\,; \qquad (5.82/12)$$

die Funktion f(x) in (5.82/1) ist hier

$$f(x) = -\operatorname{sign} x\,. \qquad (5.82/12a)$$

Die Anfangsbedingungen seien wieder durch (5.82/1a) beschrieben.

Die n-te Iterationsgleichung lautet wegen (5.82/12a)

$$\overset{\circ\circ}{x}_n + x_n = -\,\varepsilon\,[\operatorname{sign} x_{n-1} + \alpha_n \overset{\circ\circ}{x}_{n-1}]\,. \qquad (5.82/13)$$

Dabei muß die Bedingung (5.82/10a) erfüllt sein, hier

$$\alpha_n A_{n-1} - \frac{1}{\pi}\int_0^{2\pi} (\operatorname{sign} x_{n-1}(\sigma)) \cos\sigma\, d\sigma = 0\,. \qquad (5.82/14a)$$

Aus ihr wird α_n bestimmt, und daraus folgt

$$\eta_n^2 = 1 + \varepsilon\, \alpha_n\,. \qquad (5.82/14b)$$

E r s t e r   I t e r a t i o n s s c h r i t t : Die Dgl.(5.82/13) wird mit $n=1$ zu

$$\overset{\circ\circ}{x}_1 + x_1 = -\varepsilon\,[\operatorname{sign} x_0(\sigma) + \alpha_1 \overset{\circ\circ}{x}_0]\,. \qquad (5.82/15a)$$

Als Ausgangsfunktion $x_0(\sigma)$ wählen wir wie im allgemeinen Fall die Funktion $x_0 = X\cos\sigma$. Die Dgl.(5.82/15a) wird damit zu

$$\overset{\circ\circ}{x}_1 + x_1 = -\varepsilon\,[\operatorname{sign}\cos\sigma - \alpha_1 X\cos\sigma]\,. \qquad (5.82/15b)$$

Die Funktion $y = \operatorname{sign}(\cos\sigma)$ ist in Abb.5.82/1 als Kurve (b) skizziert; ihre Fourier-Entwicklung lautet

$$y = \frac{4}{\pi}[\cos\sigma - \frac{1}{3}\cos 3\sigma + \frac{1}{5}\cos 5\sigma - + \ldots]\,. \qquad (5.82/16)$$

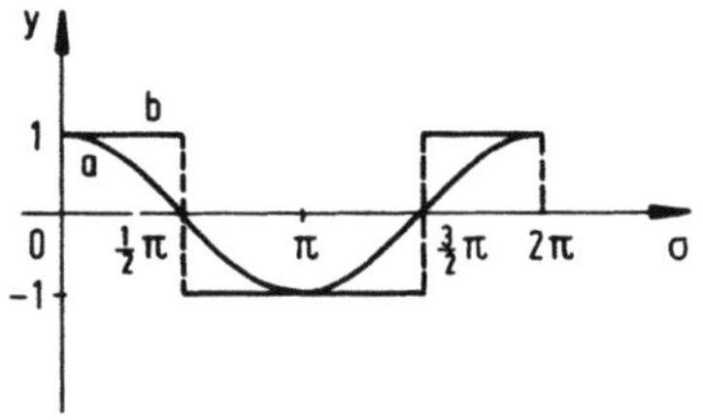

Abb.5.82/1. Zur Störfunktion in der Dgl.(5.82/15b)

Setzt man (5.82/16) in (5.82/15b) ein, dann führt die Bedingung (5.82/6) zu

$$\alpha_1 = 4/\pi X \qquad (5.82/17)$$

und die Dgl.(5.82/15b) hat die Gestalt

$$\overset{\circ\circ}{x}_1 + x_1 = -\varepsilon\frac{4}{\pi}[-\frac{1}{3}\cos 3\sigma + \frac{1}{5}\cos 5\sigma - + \ldots]\,. \qquad (5.82/15c)$$

Ihre Lösung lautet mit der Integrationskonstanten A_1

$$x_1 = A_1\cos\sigma - \varepsilon\frac{4}{\pi}[\frac{1}{3\cdot 8}\cos 3\sigma - \frac{1}{5\;24}\cos 5\sigma + - \ldots]\,. \qquad (5.82/18)$$

Die Integrationskonstante A_1 unterscheidet sich nur durch einen Betrag der Ordnung ε^1 vom Anfangswert X; explizit:

$$X = A_1 + \varepsilon \frac{4}{\pi} \sum_{\nu=1,2,3,\dots} \frac{(-1)^\nu}{(2\nu+1)} \frac{1}{(2\nu+1)^2 - 1} \cdot \qquad (5.82/19)$$

Der erste Iterationswert der Frequenz lautet wegen (5.82/17):

$$\eta_1^2 = 1 + \varepsilon\,\alpha_1 = 1 + (4/\pi X)\ . \qquad (5.82/20)$$

Zweiter Iterationsschritt: Mit $n = 2$ kommt gemäß Gl.(5.82/13) die zweite Iterationsdifferentialgleichung

$$\overset{\circ\circ}{x}_2 + x_2 = -\varepsilon[\operatorname{sign} x_1(\sigma) + \alpha_2 \overset{\circ\circ}{x}_1] \qquad (5.82/21)$$

zustande. Da die Funktion $x_1(\sigma)$ Anteile der Ordnung ε enthält, treten auf der rechten Seite von (5.82/21) Glieder der Ordnung ε^2 auf. Wir wollen die rechte Seite durch Streichen dieser Glieder vereinfachen und lassen deshalb in der eckigen Klammer alle ε-Terme weg. Aus Gl. (5.82/21) wird dann

$$\overset{\circ\circ}{x}_2 + x_2 = -\varepsilon[\operatorname{sign}\cos\sigma - \alpha_2 X \cos\sigma]\ . \qquad (5.82/22)$$

Man sieht: (5.82/22) ist (abgesehen vom erhöhten Index) mit (5.82/15b) identisch. Verzichtet man also auf Glieder mit ε^2, so ist das Iterationsverfahren nach dem ersten Schritt zu Ende - in Übereinstimmung mit dem oben gegebenen Hinweis.

5.83 Das Verfahren von Krylov-Bogoliubov (das Verfahren "K-B I"); die primäre Näherung

α) Grundlage: Variation der Parameter

Wie schon im Abschn.5.80 erwähnt, läßt sich die Lindstedtsche Idee der Schaffung freier Parameter auch dann verwenden, wenn neben periodischen Vorgängen noch nicht-periodische, etwa Einschwingvorgänge, erfaßt werden sollen. Als eine der möglichen Vorgehensweisen soll hier ein Verfahren vorgestellt werden, das auf Krylov und Bogoliubov zurückgeht und das von uns abkürzend "K-B I"-Verfahren genannt wird.

Wie in Abschn.5.81 legen wir auch hier die Dgl.(5.81/1)

$$x'' + x = \varepsilon f(x, x') \tag{5.83/1}$$

zugrunde. Für $\varepsilon = 0$ hat sie eine periodische Lösung, die harmonische Schwingung

$$x = r\cos(\tau + \vartheta) =: r\cos\psi \tag{5.83/2}$$

mit konstanten Werten r und ϑ. Für $\varepsilon \neq 0$ werden die Lösungen zwar keine harmonischen Schwingungen mehr sein, aber, solange ε klein ist, doch in deren Nachbarschaft verlaufen. Es liegt deshalb nicht fern, einen Ansatz von der Art der "Variation der Parameter" zu machen, und zwar nicht nur für einen der Parameter, r *oder* ϑ, sondern – gemäß der Lindstedtschen Idee – für die beiden Parameter r *und* ϑ. Der Ansatz, den zuerst Krylov und Bogoliubov vorgeschlagen haben, lautet demgemäß

$$x(\tau) = r(\tau)\cos\psi(\tau) \quad \text{mit} \quad \psi(\tau) = \tau + \vartheta(\tau)\ . \tag{5.83/3}$$

Ableiten von (5.83/3) liefert

$$x' = r'\cos\psi - r(1 + \vartheta')\sin\psi\ . \tag{5.83/4a}$$

Fordert man (was wegen der verfügbaren Freiheiten erlaubt ist)

$$r'\cos\psi - r\vartheta'\sin\psi = 0\ , \tag{5.83/4b}$$

so bleibt

$$x' = -r\sin\psi\ . \tag{5.83/4c}$$

Nochmaliges Ableiten bringt

$$x'' = -r'\sin\psi - r(1 + \vartheta')\cos\psi\ . \tag{5.83/4d}$$

Einsetzen in (5.83/1) liefert

$$-r'\sin\psi - r\vartheta'\cos\psi = \varepsilon f(x, x')\ . \tag{5.83/4e}$$

Löst man die beiden Gln.(5.83/4b) und (5.83/4e) nach r' und $r\vartheta'$ auf, so findet man den wichtigen Gleichungssatz

$$r' = -\varepsilon f(r\cos\psi, -r\sin\psi)\sin\psi\,,$$
$$r\vartheta' = -\varepsilon f(r\cos\psi, -r\sin\psi)\cos\psi\,. \qquad (5.83/5)$$

Wie man das bei der Methode der Variation der Parameter gewohnt ist, erhält man statt der Differentialgleichung zweiter Ordnung (5.83/1) für die Funktion $x(\tau)$ nun zwei Differentialgleichungen erster Ordnung für die beiden variablen Parameter $r(\tau)$ und $\vartheta(\tau)$ des Ansatzes (5.83/3).

Bis hierher wurden noch keinerlei Vernachlässigungen begangen; die Dgln.(5.83/5) sind noch exakt. Um sie zu lösen, muß man nun zu Näherungen greifen. Dies kann auf mehrere Arten geschehen. Wir zeigen zwei Wege: Weg A macht Gebrauch von Mittelungsmethoden, Weg B zusammen mit einer Abänderung des Ansatzes (5.83/3) von der Störungsrechnung.

Beide Wege bezeichnen wir als Krylov-Bogoliubov-Verfahren ("K-B"-Verfahren), und zwar zur Unterscheidung von einer späteren Variante als "K-B I". Die Variante "K-B II" ist die in Abschn.5.85β dargelegte "äquivalente Linearisierung".

β) Weg A; Mittelung

Die rechten Seiten der Gln.(5.83/5) sind dem kleinen Parameter ε proportional, die Funktionen $r(\tau)$ und $\vartheta(\tau)$ ändern sich also nur langsam. Die Möglichkeit, die rechten Seiten in trigonometrische Reihen zu entwickeln, legt den Gedanken nahe, diese Reihen durch ihr jeweils erstes Glied, ihren Mittelwert, zu ersetzen. Dadurch gehen die exakten Dgln.(5.83/5) in leichter lösbare Gleichungen für Näherungsfunktionen $\tilde{r}(\tau)$ und $\tilde{\vartheta}(\tau)$ über,

$$\tilde{r}' = -\frac{\varepsilon}{2\pi}\int_0^{2\pi} f(r\cos\psi, -r\sin\psi)\sin\psi\, d\psi\,,$$
$$\tilde{\vartheta}' = -\frac{\varepsilon}{2\pi r}\int_0^{2\pi} f(r\cos\psi, -r\sin\psi)\cos\psi\, d\psi\,. \qquad (5.83/6)$$

Die Frage, von welcher Ordnung (im Hinblick auf ε) die durch (5.83/6) bestimmten Näherungen $\tilde{r}(\tau)$ und $\tilde{\vartheta}(\tau)$ sind, läßt sich bei dem angewandten Mittelungsverfahren nicht ohne weiteres entscheiden. Am zweckmäßigsten werden dazu Verfahren herangezogen, welche Reihen in ε explizit verwenden, wie dies beim Weg B geschieht. Wir nehmen hier das Ergebnis solcher Untersuchungen vorweg und stellen fest: Die durch (5.83/6) bestimmten Näherungen sind nicht einmal - wie der Augenschein glauben machen könnte - Näherungen erster Ordnung in ε, denn nicht alle Einflüsse der Größenordnung ε^1 werden dabei berücksichtigt. Die Näherungen sind von mehr als nullter, aber weniger als erster Ordnung; sie sind von einer hybriden Art. Trotzdem sind sie überaus nützlich und werden deshalb sehr oft benutzt. Um sie bei einem Namen nennen zu können, werden wir sie in diesem Buche als primäre Näherungen bezeichnen.

γ) Weg B; Störungsrechnung, $m>1$

Hier wird der Ansatz (5.83/3), der für sich allein zu den Dgln. (5.83/5) führt, gekoppelt mit einer Störungsrechnung. Man setzt an: Erstens

$$x(\tau) = r(\tau)\cos\psi(\tau) + \sum_{n=1}^{\infty} \varepsilon^n x^{(n)}(r,\psi) \qquad \text{mit} \qquad \psi(\tau) = \tau + \vartheta(\tau) \tag{5.83/7a}$$

und fordert von den $x^{(n)}$ eine 2π-Periodizität in ψ:

$$x^{(n)}(r,\psi + 2\pi) = x^{(n)}(r,\psi)\ , \tag{5.83/7b}$$

zweitens

$$\frac{dr}{d\tau} = \sum_{n=1}^{\infty} \varepsilon^n A^{(n)}(r) \qquad \text{und} \qquad \frac{d\vartheta}{d\tau} = \sum_{n=1}^{\infty} \varepsilon^n B^{(n)}(r)\,. \tag{5.83/7c}$$

Die in diesen Ansätzen steckende Freiheit wird für die Forderung verwendet, daß die erste Harmonische der Lösung schon ganz in dem vor der Summe stehenden Glied von (5.83/7a) enthalten sein soll, d.h. die periodischen $x^{(n)}$ sollen von der Grundharmonischen frei sein:

$$\left.\begin{aligned} \int_0^{2\pi} x^{(n)}(r,\psi)\cos\psi\, d\psi &= 0 \\ \int_0^{2\pi} x^{(n)}(r,\psi)\sin\psi\, d\psi &= 0 \end{aligned}\right\}\quad n = 1,2,3,\ldots \tag{5.83/8}$$

Die Gln.(5.83/7) bis (5.83/8) umfassen alle Vorschriften des Verfahrens. Die Ermittlung der $x^{(n)}$, $A^{(n)}$, $B^{(n)}$ bereitet zwar keinerlei grundsätzliche Schwierigkeiten; die Rechnungen sind aber, wie bei allen Varianten der Störungsrechnung, mühsam. Man beschränkt sich deshalb - wie in 5.80 erwähnt - stets auf Summen mit meist wenigen Summanden und auf asymptotische Näherungen.

Wir deuten das Vorgehen zur Berechnung der $x^{(n)}$, $A^{(n)}$, $B^{(n)}$ noch an:

Differenziert man (5.83/7a) und berücksichtigt (5.83/7c), so findet man

$$\frac{dx}{d\tau} = -r\sin\psi + \varepsilon\left[A^{(1)}\cos\psi - rB^{(1)}\sin\psi + \frac{\partial x^{(1)}}{\partial\psi}\right]$$
$$+ \varepsilon^2\left[A^{(2)}\cos\psi - rB^{(2)}\sin\psi + A^{(1)}\frac{\partial x^{(1)}}{\partial r} + B^{(1)}\frac{\partial x^{(1)}}{\partial\psi} + \frac{\partial x^{(2)}}{\partial\psi}\right] + O(\varepsilon^3) \tag{5.83/9a}$$

und

$$\frac{d^2x}{d\tau^2} = -r\cos\psi + \varepsilon\left[-2A^{(1)}\sin\psi - 2rB^{(1)}\cos\psi + \frac{\partial^2 x^{(1)}}{\partial\psi^2}\right]$$
$$+ \varepsilon^2\left[\left(A^{(1)}\frac{dA^{(1)}}{dr} - rB^{(1)2} - 2rB^{(2)}\right)\cos\psi\right.$$
$$- \left(2A^{(2)} + 2A^{(1)}B^{(1)} + A^{(1)}r\frac{dB^{(1)}}{dr}\right)\sin\psi$$
$$\left. + 2A^{(1)}\frac{\partial^2 x^{(1)}}{\partial r\,\partial\psi} + 2B^{(1)}\frac{\partial^2 x^{(1)}}{\partial\psi^2} + \frac{\partial^2 x^{(2)}}{\partial\psi^2}\right] + O(\varepsilon^3)\,. \tag{5.83/9b}$$

Damit schreibt sich die linke Seite der Dgl.(5.83/1)

$$\frac{d^2x}{d\tau^2} + x = \varepsilon[\quad] + \varepsilon^2[\quad] + \varepsilon x^{(1)} + \varepsilon^2 x^{(2)} + O(\varepsilon^3) \tag{5.83/9c}$$

mit den eckigen Klammern aus (5.83/9b). Für die rechte Seite von (5.83/1) findet man durch Reihenentwicklung und mit (5.83/7a) sowie (5.83/9a) und (5.83/9b)

$$\varepsilon f(x,x') = \varepsilon f(r\cos\psi, -r\sin\psi) \tag{5.83/9d}$$
$$+ \varepsilon^2\left\{x^{(1)}\frac{\partial}{\partial x}f(r\cos\psi, -r\sin\psi)\right.$$
$$\left. + \left(A^{(1)}\cos\psi - rB^{(1)}\sin\psi + \frac{\partial x^{(1)}}{\partial\psi}\right)\frac{\partial}{\partial x'}f(r\cos\psi, -r\sin\psi)\right\} + O(\varepsilon^3)$$

Wir deuten an, wie die Rechnung weiter angelegt werden muß: Koeffizientenvergleich ergibt

$$\begin{aligned}
&\frac{\partial^2 x^{(1)}}{\partial \psi^2} + x^{(1)} = f_0(r,\psi) + 2A^{(1)}\sin\psi + 2rB^{(1)}\cos\psi\,,\\
&\frac{\partial^2 x^{(2)}}{\partial \psi^2} + x^{(2)} = f_1(r,\psi) + 2A^{(2)}\sin\psi + 2rB^{(2)}\cos\psi\,,\\
&\vdots\\
&\frac{\partial^2 x^{(m)}}{\partial \psi^2} + x^{(m)} = f_{m-1}(r,\psi) + 2A^{(m)}\sin\psi + 2rB^{(m)}\cos\psi
\end{aligned} \tag{5.83/10a}$$

mit den Abkürzungen $f_k(r,\psi)$, von denen wir die ersten beiden anschreiben [( ) steht für $(r\cos\psi, -r\sin\psi)$],

$$f_0(r,\psi) = f(r\cos\psi, -r\sin\psi)\,,$$

$$\begin{aligned}
f_1(r,\psi) = {} & x^{(1)}\frac{\partial}{\partial x} f(\quad)\\
& + \left(A^{(1)}\cos\psi - rB^{(1)}\sin\psi + \frac{\partial x^{(1)}}{\partial \psi}\right)\frac{\partial}{\partial x'} f(\quad)\\
& + \left(rB^{(1)2} - A^{(1)}\frac{dA^{(1)}}{dr}\right)\cos\psi + \left(2A^{(1)}B^{(1)} + A^{(1)}r\frac{dB^{(1)}}{dr}\right)\sin\psi\\
& - 2A^{(1)}\frac{\partial^2 x^{(1)}}{\partial r\,\partial\psi} - 2B^{(1)}\frac{\partial^2 x^{(1)}}{\partial \psi^2}\\
& \ldots
\end{aligned} \tag{5.83/10b}$$

Man sieht, $f_k(r,\psi)$ hängt von r ab und ist in ψ mit 2π periodisch. Die Funktion ist bekannt, sobald man für $j = 1,\ldots,k$ die $A^{(j)}(r)$, $B^{(j)}(r)$, $x^{(j)}(r,\psi)$ gefunden hat. Um $A^{(1)}(r)$, $B^{(1)}(r)$ und $x^{(1)}(r,\psi)$ zu bestimmen, entwickelt man $f_0(r,\psi)$ und $x^{(1)}(r,\psi)$ in Fourier-Reihen, setzt diese in die erste Gleichung von (5.83/10a) ein und gleicht die Koeffizienten ab. Dabei muß man (um säkulare Glieder zu vermeiden) die Grundharmonischen auf der rechten Seite für sich abgleichen; bei den übrigen Harmonischen berücksichtigt man jeweils alle Terme in der Gleichung. Auf diese Weise erhält man die Größen $A^{(1)}$ und $B^{(1)}$ sowie die Koeffizienten der höheren Harmonischen in der Entwicklung von $x^{(1)}$. Die Koeffizienten der Grundharmonischen von $x^{(1)}$ verschwinden wegen (5.83/8).

Nachdem $A^{(1)}(r)$, $B^{(1)}(r)$ und $x^{(1)}(r,\psi)$ bestimmt sind, kann man jetzt aus der zweiten Gleichung von (5.83/10b) auch $f_1(r,\psi)$ ermitteln. Indem man so fortfährt, lassen sich der Reihe nach alle $A^{(n)}(r)$, $B^{(n)}(r)$, $x^{(n)}(r,\psi)$ auffinden.

δ) Sonderfall: $m=1$

Nun betrachten wir jene Näherung, die entsteht, wenn in (5.83/7) die Glieder $O(\varepsilon^2)$ weggelassen werden, also

$$x = r(\tau)\cos\psi(\tau) + \varepsilon x^{(1)}(r,\psi)\;; \qquad (5.83/11)$$

für sie gilt gemäß (5.83/7c)

$$\frac{dr}{d\tau} = \varepsilon A^{(1)}(r)\,, \qquad \frac{d\vartheta}{d\tau} = \varepsilon B^{(1)}(r)\,. \qquad (5.83/12)$$

Zunächst eine Zwischenüberlegung zur Genauigkeit:

Aus (5.83/12) schließen wir

$$\Delta r := r(\tau) - r(0) \approx \varepsilon\tau\tilde{A}^{(1)}\,, \qquad \Delta\vartheta := \vartheta(\tau) - \vartheta(0) \approx \varepsilon\tau\tilde{B}^{(1)}\;; \qquad (5.83/13)$$

darin sind die $\tilde{A}^{(1)}(r)$ und $\tilde{B}^{(1)}(r)$ Mittelwerte von $A^{(1)}(r)$ und $B^{(1)}(r)$ im Intervall $[0,\tau]$.

Aus (5.83/13) folgt, daß die Zeit τ, in der sich die Größen r und ϑ um einen endlichen Betrag ändern, von der Größenordnung $1/\varepsilon$ ist. Andererseits erhält man die Näherung (5.83/12) aus (5.83/7c) durch Vernachlässigung von Gliedern $O(\varepsilon^2)$. Das führt in der Zeit τ zu einem Fehler der Ordnung $\varepsilon^2\tau$ bei den Funktionen r und ϑ. Daraus folgt, daß in dem Intervall $0 \leqq \tau \leqq 1/\varepsilon$, in dem sich r und ϑ um endliche Beträge ändern, der Fehler in r und ϑ von der Ordnung $O(\varepsilon)$ ist. Man macht deshalb stets einen Fehler $O(\varepsilon)$, gleichgültig, ob man die Gl.(5.83/11) oder die Gleichung

$$x = r(\tau)\cos\psi(\tau) \qquad (5.83/14)$$

verwendet; wir benutzen daher den einfacheren Ansatz (5.83/14).

Die Funktionen r und ϑ ergeben sich dann aus

$$\begin{aligned}\frac{dr}{d\tau} &= \varepsilon A^{(1)}(r) = -\frac{\varepsilon}{2\pi}\int_0^{2\pi} f[r\cos\psi, -r\sin\psi]\sin\psi\, d\psi ,\\ \frac{d\vartheta}{d\tau} &= \varepsilon B^{(1)}(r) = -\frac{\varepsilon}{2\pi r}\int_0^{2\pi} f[r\cos\psi, -r\sin\psi]\cos\psi\, d\psi .\end{aligned} \qquad (5.83/15)$$

Vergleichen wir (5.83/15) mit (5.83/6), so stellen wir fest, daß die Ergebnisse übereinstimmen: Man erhält auch hier die Differentialgleichungen der primären Näherung. Die Überlegungen im Anschluß an Gl.(5.83/13) präzisieren die oben gemachten Behauptungen über den hybriden Charakter dieser Näherung.

Wir machen uns noch klar, was die als (5.83/6) oder als (5.83/15) angeschriebenen Differentialgleichungen der primären Näherung (5.83/3) besagen und leisten. Die rechten Seiten beider Differentialgleichungen sind Funktionen von r; nennen wir sie der Reihe nach $R_1(r)$ und $R_2(r)$. Die erste Gleichung des Satzes führt somit auf eine Differentialgleichung erster Ordnung für die Funktion $r(\tau)$,

$$\frac{dr}{R_1(r)} = d\tau , \qquad (5.83/16a)$$

bei der die Veränderlichen getrennt sind; die zweite gibt wegen $\eta = 1 + \vartheta$ die Frequenz η als Funktion von r an,

$$\eta = 1 + R_2(r) . \qquad (5.83/16b)$$

Illustrationen hierzu bilden die später folgenden Beispiele, insbesondere die der Abschn.5.86 und 5.87. Einiges über Verbesserungen der primären Näherung, zu denen auch schon die echte Näherung erster Ordnung gehört, wird in Abschn.5.88 gesagt werden.

5.84 Die primäre Näherung: Harmonische und energetische Balance; Stabilität

a) Vereinfachte Herleitung der Differentialgleichung für die primäre Näherung; Argumentation von van der Pol (erste Variante)

Die übereinstimmenden Dgln.(5.83/6) und (5.83/15) sind mit dem teilweise aufwendigen "K-B"-Verfahren hergestellt worden. Die einfache äußere Form des Ergebnisses legt die Frage nahe, ob es nicht auf einfacherem Wege gewonnen werden kann. Das ist tatsächlich der Fall. Im historischen Werdegang der Theorie finden sich anfangs Überlegungen, die ohne besonderen Aufwand, nur aufgrund von plausiblen Annahmen, diese Näherung liefern (siehe Lit.5.84/1 und Lit.5.84/2).

Wieder legen wir die Dgl.(5.83/1) zugrunde, und wir folgen der Argumentation von van der Pol. Auch er geht aus vom Ansatz (5.83/3)

$$x(\tau) = r(\tau)\cos(\tau + \vartheta(\tau)) \tag{5.84/1}$$

und setzt dann einfach voraus, daß sowohl $r(\tau)$ wie $\vartheta(\tau)$ langsam veränderlich sein sollen, genauer: daß r' und ϑ' so wie ε klein von erster Ordnung und daß r'' und ϑ'' klein von zweiter Ordnung seien.

Differenzieren von (5.84/1) liefert mit $\psi := \tau + \vartheta$

$$x' = -r(1+\vartheta')\sin\psi + r'\cos\psi \tag{5.84/1a}$$

und (unter Weglassen der von zweiter Ordnung kleinen Größen)

$$x'' = -r(1+2\vartheta')\cos\psi - 2r'\sin\psi \ . \tag{5.84/1b}$$

Einsetzen in die Dgl.(5.83/1) gibt

$$-2r'\sin\psi - 2r\vartheta'\cos\psi = \varepsilon f(x,x') \ . \tag{5.84/2}$$

Entwickeln der rechten Seite in eine Fourier-Reihe und Abgleichen der Koeffizienten der beiden ersten harmonischen Komponenten liefert

$$\begin{aligned} r' &= -\frac{\varepsilon}{2\pi}\int_0^{2\pi} f(r\cos\psi, -r\sin\psi)\sin\psi \, d\psi \ , \\ \vartheta' &= -\frac{\varepsilon}{2\pi r}\int_0^{2\pi} f(r\cos\psi, -r\sin\psi)\cos\psi \, d\psi \ . \end{aligned} \tag{5.84/3}$$

Das Ergebnis stimmt mit (5.83/6) und (5.83/15) überein.

Wir ergänzen die auf dem Ansatz (5.84/1) beruhenden Ergebnisse noch durch die Bemerkung: Benutzt man statt des cos-Ansatzes (5.84/1) den sin-Ansatz

$$x(\tau) = r(\tau)\sin\varphi(\tau) \quad \text{mit} \quad \varphi(\tau) = \tau + \Phi(\tau)\,, \tag{5.84/4}$$

so findet man analog zu (5.84/3)

$$\begin{aligned} r' &= +\frac{\varepsilon}{2\pi}\int_0^{2\pi} f(r\sin\varphi,\, r\cos\varphi)\cos\varphi\, d\varphi\,, \\ \Phi' &= -\frac{\varepsilon}{2\pi r}\int_0^{2\pi} f(r\sin\varphi,\, r\cos\varphi)\sin\varphi\, d\varphi\,. \end{aligned} \tag{5.84/5}$$

Es ist offenkundig, daß die gerade gegebenen Herleitungen rascher zum Ziel führen als die im Abschn.5.83. Andererseits ist es aber unmöglich, die Tragweite der hier in 5.84 gemachten Vernachlässigungen zu erkennen. Die Methoden in 5.83 stehen demgegenüber auf festerem Boden, sie wurden geschichtlich ja auch später geschaffen. Uns dienen sie einmal zur Bestätigung der Resultate der hier gegebenen heuristischen Herleitungen der primären Näherung und überdies zum Herstellen von verbesserten Näherungen, nämlich von echten Näherungen erster Ordnung und von solchen höherer Ordnungen (siehe Abschn.5.88).

Wir geben noch an, wie die Gln.(5.84/3) und (5.84/5) aussehen, wenn die Funktion $f(x,x')$ speziell die Form

$$f(x,x') = f_1(x) + f_2(x') \tag{5.84/6}$$

hat. Aus Gl.(5.84/3) folgt dann

$$\begin{aligned} r' &= -\frac{\varepsilon}{2\pi}\left[\int_0^{2\pi} f_1(r\cos\psi)\sin\psi\, d\psi + \int_0^{2\pi} f_2(-r\sin\psi)\sin\psi\, d\psi\right], \\ \vartheta' &= -\frac{\varepsilon}{2\pi r}\left[\int_0^{2\pi} f_1(r\cos\psi)\cos\psi\, d\psi + \int_0^{2\pi} f_2(-r\sin\psi)\cos\psi\, d\psi\right]; \end{aligned} \tag{5.84/7a}$$

aus (5.84/5) folgt

$$\begin{aligned} r' &= +\frac{\varepsilon}{2\pi}\left[\int_0^{2\pi} f_1(r\sin\varphi)\cos\varphi\, d\varphi + \int_0^{2\pi} f_2(r\cos\varphi)\cos\varphi\, d\varphi\right], \\ \Phi' &= -\frac{\varepsilon}{2\pi r}\left[\int_0^{2\pi} f_1(r\sin\varphi)\sin\varphi\, d\varphi + \int_0^{2\pi} f_2(r\cos\varphi)\sin\varphi\, d\varphi\right]. \end{aligned} \tag{5.84/7b}$$

Falls es sich bei den Funktionen f_i um eindeutige Funktionen handelt, verschwinden einige der Integrale aus den Gln.(5.84/7). Denn wegen

$$I := \int_0^{2\pi} f(r\cos\alpha)\sin\alpha\, d\alpha = -\int_0^{2\pi} f(r\cos\alpha)\, d\cos\alpha$$

erhält man mit $z = \cos\alpha$

$$I = -\int_1^1 f(rz)\, dz = 0 .$$

Entsprechendes gilt für den Integranden $f(r\sin\alpha)\cos\alpha$.

Daraus folgt (im Rahmen der hier geltenden Genauigkeit):
e r s t e n s : die Ableitung r' wird von der Funktion f_1 (d.h. von kleinen Änderungen der Rückstellkraft) nicht beeinflußt; sie wird allein von den geschwindigkeitsabhängigen Termen f_2 bestimmt;
z w e i t e n s : die Ableitungen ϑ' und Φ' werden von f_2 (d.h. von den geschwindigkeitsabhängigen Termen) nicht beeinflußt; sie werden alleine bestimmt von f_1, den Zusätzen zur Rückstellkraft.

Man überzeugt sich auch leicht davon, daß die Ableitungen die erwarteten Vorzeichen aufweisen: Dämpfungskräfte machen r' negativ, Vergrößerung der Rückstellkraft erhöht die Frequenz.

Diese Schlüsse lassen sich mit der gleichen Beweisführung auf Funktionen $f(x,x')$ der Bauart

$$f_1(x)\, g_2(x'^2) \qquad \text{bzw.} \qquad g_1(x^2)\, f_2(x') \tag{5.84/8}$$

verallgemeinern.

β) Harmonische Balance; energetische Balance

Sowohl die vereinfachten Herleitungen hier in 5.84 wie auch die sorgfältigeren im Abschn.5.83 beruhen entscheidend auf der Forderung, daß die von ε freien Glieder in den Ansätzen schon die erste Harmonische der resultierenden Schwingung enthalten, daß also die übrigen Glieder von der Grundharmonischen frei seien, mit anderen Worten, daß über diese Glieder "harmonisch gemittelt" werden soll. Man kann also die primäre Näherung als auf dem Gedanken einer harmonischen Mittelung oder "harmonischen Balance" beruhend ansehen.

Wenn man die Glieder der Differentialgleichungen als Kräfte deutet und demgemäß die mittelnden Integrale als Energien oder Leistungen, so lassen sich die Überlegungen, die als harmonische Balance bezeichnet werden, auch als energetische Balance betrachten.

Zu den hier nur andeutungsweise erläuterten Ausdrücken "harmonische Balance" und "energetische Balance" findet man etwas ausführlichere Betrachtungen in Lit.5.84/3.

Mit einer weiteren Interpretation der primären Näherung, nämlich als Ergebnis einer "äquivalenten Linearisierung", werden wir uns in Abschn.5.85β noch ausführlich befassen.

γ) Argumentation von van der Pol (zweite Variante)

Statt mit einem der Ansätze (5.84/1) bzw. (5.84/4) zu arbeiten, die die Gesamtamplitude r und den Phasenverschiebungswinkel ϑ bzw. Φ in Evidenz setzen, kann man auch (wie van der Pol dies ursprünglich vorschlug) mit dem gleichwertigen Ansatz

$$x(\tau) = a(\tau)\cos\tau + b(\tau)\sin\tau \qquad (5.84/9)$$

arbeiten, der die Amplituden a und b der Teilschwingungen benutzt. Hier nimmt man (ganz analog zu oben) an, daß die Amplituden $a(\tau)$ und $b(\tau)$ langsam veränderliche Größen sind, und zwar daß $a'(\tau)$ und $b'(\tau)$ ebenso wie ε klein von erster Ordnung, $a''(\tau)$ und $b''(\tau)$ klein von zweiter Ordnung sind. Setzt man (5.84/9) in (5.83/1) ein, so folgt

$$(a'' + 2b')\cos\tau + (b'' - 2a')\sin\tau =$$
$$= \varepsilon f(a\cos\tau + b\sin\tau,\ b\cos\tau - a\sin\tau + a'\cos\tau + b'\sin\tau). \qquad (5.84/10)$$

Vernachlässigt man von zweiter Ordnung kleine Glieder, so erhält man statt (5.84/10)

$$2b'\cos\tau - 2a'\sin\tau = \varepsilon f(a\cos\tau + b\sin\tau,\ b\cos\tau - a\sin\tau). \qquad (5.84/11)$$

Die rechte Seite ist 2π-periodisch in τ. Ihre Fourier-Entwicklung lautet, wenn das Koordinatensystem so gelegt wird, daß das konstante Glied in der Entwicklung verschwindet,

$$f = \sum_{n=1}^{\infty} A_n \cos n\tau + B_n \sin n\tau \ . \qquad (5.84/12a)$$

Die beiden ersten Fourier-Koeffizienten heißen

$$A_1 = \frac{1}{\pi}\int_0^{2\pi} f(a\cos\tau + b\sin\tau, -a\sin\tau + b\cos\tau)\cos\tau\, d\tau\,,$$
$$B_1 = \frac{1}{\pi}\int_0^{2\pi} f(a\cos\tau + b\sin\tau, -a\sin\tau + b\cos\tau)\sin\tau\, d\tau\,. \tag{5.84/12b}$$

So kommen aus (5.84/11) bei Vernachlässigen höherer Harmonischer und durch Gleichsetzen der (von erster Ordnung kleinen) Koeffizienten von $\sin\tau$ und $\cos\tau$ die Differentialgleichungen

$$a' = -\frac{\varepsilon}{2\pi}\int_0^{2\pi} f(a\cos\tau + b\sin\tau, -a\sin\tau + b\cos\tau)\sin\tau\, d\tau\,,$$
$$b' = +\frac{\varepsilon}{2\pi}\int_0^{2\pi} f(a\cos\tau + b\sin\tau, -a\sin\tau + b\cos\tau)\cos\tau\, d\tau \tag{5.84/13}$$

für die Funktionen $a(\tau)$ und $b(\tau)$ zustande. Sie sind den Gln.(5.84/3) und den Gln.(5.84/5) äquivalent.

δ) Amplitudenebene; Stabilität der primären Näherung (Verfahren von Andronov-Witt, Lit.5.84/4)

Die aus dem Ansatz (5.84/9) hervorgehenden Differentialgleichungen (5.84/13) der primären Näherung haben die allgemeine Gestalt

$$a' = P(a,b)\,,$$
$$b' = Q(a,b)\,. \tag{5.84/14}$$

Trägt man die Amplituden a und b als Kartesische Koordinaten in einer Ebene, der "Amplituden-Ebene" auf, so beschreiben die Funktionen $a(\tau)$ und $b(\tau)$ in dieser Ebene eine Kurve, die A m p l i t u d e n k u r v e; ihre Differentialgleichungen sind (5.84/14).

Amplitudenebene, Amplitudenkurve und die Dgln.(5.84/14) sind analog zur Phasenebene, zur Phasenkurve und zu den Dgln.(5.20/7),

$$x' = P(x,y)\,,$$
$$y' = Q(x,y)\,. \tag{5.84/15}$$

Ebenso wie die singulären Punkte in der Phasenebene wegen

(5.84/15) durch

$$P(x,y) = 0 , \quad Q(x,y) = 0 \tag{5.84/16}$$

bestimmt werden, folgen die singulären Punkte in der Amplitudenebene wegen (5.84/14) aus

$$P(a,b) = 0 , \quad Q(a,b) = 0 . \tag{5.84/17}$$

Die singulären Punkte der Phasenebene bedeuten die Ruhe- oder Gleichgewichtslagen des Schwingers, die singulären Punkte in der Amplitudenebene bedeuten dagegen stationäre Schwingungen (mit nicht veränderlichen Amplituden a und b). Und genau so wie die Untersuchung der singulären Punkte in der Phasenebene auf die Stabilität der Gleichgewichtslagen schließen ließ, läßt die der singulären Punkte in der Amplitudenebene auf die Stabilität der stationären Schwingungen schliessen. Der gesamte Apparat, der zur Untersuchung der Kurven und der singulären Punkte in der Phasenebene diente (Hauptabschnitt 5.2), kann deshalb auch zur Untersuchung der Kurven und der singulären Punkte in der Amplitudenebene verwendet werden.

Eine geschlossene Kurve in der Amplitudenebene, z.B. ein Grenzzykel, bedeutet eine periodische Änderung von $a(\tau)$ und $b(\tau)$. Die Lösung (5.84/9) beschreibt dann eine amplitudenmodulierte Schwingung.

5.85 Die primäre Näherung: $\mathfrak{K}$-Transformationen; äquivalente Linearisierung (das Verfahren "K-B II")

a) Die $\mathfrak{K}$-Transformationen; die Transformierten K und L

In den Abschn. 5.83 und 5.84 fanden wir zur Lösung der grundlegenden Dgl. (5.83/1),

$$x'' + x = \varepsilon f(x,x') , \tag{5.85/1}$$

als sogenannte primäre Näherung entweder den Ausdruck

$$x(\tau) = r(\tau)\cos\psi(\tau) \quad \text{mit} \quad \psi(\tau) = \tau + \vartheta(\tau) , \tag{5.85/2}$$

in dem die Funktionen $r(\tau)$ und $\vartheta(\tau)$ durch die Differentialgleichungen

$$\frac{dr}{d\tau} = -\frac{\varepsilon}{2\pi}\int_0^{2\pi} f(r\cos\psi, -r\sin\psi)\sin\psi\, d\psi ,$$
$$\frac{d\vartheta}{d\tau} = -\frac{\varepsilon}{2\pi}\frac{1}{r}\int_0^{2\pi} f(r\cos\psi, -r\sin\psi)\cos\psi\, d\psi \tag{5.85/3}$$

bestimmt werden [siehe z.B. die Gln.(5.83/6)] oder den Ausdruck

$$x(\tau) = r(\tau)\sin\varphi(\tau) \quad \text{mit} \quad \varphi(\tau) = \tau + \Phi(\tau) , \tag{5.85/4}$$

wobei an die Stelle der Dgln.(5.85/3) die folgenden treten:

$$\frac{dr}{d\tau} = +\frac{\varepsilon}{2\pi}\int_0^{2\pi} f(r\sin\varphi, r\cos\varphi)\cos\varphi\, d\varphi ,$$
$$\frac{d\Phi}{d\tau} = -\frac{\varepsilon}{2\pi}\frac{1}{r}\int_0^{2\pi} f(r\sin\varphi, r\cos\varphi)\sin\varphi\, d\varphi \tag{5.85/5}$$

[siehe z.B. die Gln.(5.84/5)].

Im einzelnen Fall, d.h. bei gegebener Funktion $f(x,x')$, lassen sich die Dgln.(5.85/3) oder (5.85/5) durch Ausführen der angeschriebenen Quadraturen gewinnen. Im folgenden wollen wir uns einen gewissen systematischen Überblick über einige Eigenschaften dieser Integrale verschaffen.

Zu diesem Zweck definieren wir zwei Integraltransformationen $\mathcal{K}_I\{f\}$ und $\mathcal{K}_{II}\{f\}$ und die daraus hervorgehenden Transformierten $K_I(r)$ und $K_{II}(r)$ unter Bezug auf (5.85/2) und (5.85/4) durch

$$K_I(r) := \mathcal{K}_I\{f(x,x')\} := \frac{1}{r\pi}\int_0^{2\pi} f(r\cos\psi, -r\sin\psi)\sin\psi\, d\psi =$$
$$= -\frac{1}{r\pi}\int_0^{2\pi} f(r\sin\varphi, r\cos\varphi)\cos\varphi\, d\varphi \tag{5.85/6}$$

und

$$K_{II}(r) := \mathcal{K}_{II}\{f(x,x')\} := \frac{1}{r\pi}\int_0^{2\pi} f(r\cos\psi, -r\sin\psi)\cos\psi\, d\psi =$$
$$= \frac{1}{r\pi}\int_0^{2\pi} f(r\sin\varphi, r\cos\varphi)\sin\varphi\, d\varphi . \tag{5.85/7}$$

Dadurch schreiben sich sowohl die Dgln.(5.85/3) wie auch (5.85/5) als

$$\frac{dr}{d\tau} = -\frac{\varepsilon}{2} r K_I(r) ,$$
$$\frac{d\vartheta}{d\tau} = \frac{d\Phi}{d\tau} = -\frac{\varepsilon}{2} K_{II}(r) . \qquad (5.85/8)$$

Falls die Funktion f(x,x') in (5.85/1) sich aufspaltet in

$$f(x,x') = f_1(x) + f_2(x') , \qquad (5.85/9)$$

werden die Gln.(5.85/6) und (5.85/7) sowohl mit $x = r\cos\psi$ wie auch mit $x = r\sin\varphi$ zu

$$K_I = k_{I1} + k_{I2} , \qquad (5.85/10\ )$$

$$K_{II} = k_{II1} + k_{II2} , \qquad (5.85/10\ )$$

wobei

$$k_{I1} := \frac{1}{r\pi}\int_0^{2\pi} f_1(r\cos\psi)\sin\psi\, d\psi = -\frac{1}{r\pi}\int_0^{2\pi} f_1(r\sin\varphi)\cos\varphi\, d\varphi . ,$$
$$k_{I2} := \frac{1}{r\pi}\int_0^{2\pi} f_2(-r\sin\psi)\sin\psi\, d\psi = -\frac{1}{r\pi}\int_0^{2\pi} f_2(r\cos\varphi)\cos\varphi\, d\varphi ,$$
$$k_{II1} := \frac{1}{r\pi}\int_0^{2\pi} f_1(r\cos\psi)\cos\psi\, d\psi = \frac{1}{r\pi}\int_0^{2\pi} f_1(r\sin\varphi)\sin\varphi\, d\varphi ,$$
$$k_{II2} := \frac{1}{r\pi}\int_0^{2\pi} f_2(-r\sin\psi)\cos\psi\, d\psi = \frac{1}{r\pi}\int_0^{2\pi} f_2(r\cos\varphi)\sin\varphi\, d\varphi . \qquad (5.85/11)$$

Die vier Funktionen k_{I1} bis k_{II2} lassen sich auf zwei zurückführen. Definieren wir

$$K_i(r) = \frac{1}{r\pi}\int_0^{2\pi} f_i(r\cos\alpha)\cos\alpha\, d\alpha ,$$
$$L_i(r) = \frac{1}{r\pi}\int_0^{2\pi} f_i(r\cos\alpha)\sin\alpha\, d\alpha , \qquad (5.85/12)$$

so wird

$$k_{I1} = L_1 , \qquad k_{II1} = K_1 ,$$
$$k_{I2} = -K_2 , \qquad k_{II2} = L_2 \qquad (5.85/13)$$

und demgemäß wegen (5.85/10)

$$K_I = L_1 - K_2\,,\qquad K_{II} = K_1 + L_2\,, \tag{5.85/14a}$$

so daß die Dgln.(5.85/8) für die primäre Näherung geschrieben werden können als

$$\frac{dr}{d\tau} = -\frac{\varepsilon}{2}\,r\,[L_1 - K_2]\,,\qquad \frac{d\vartheta}{d\tau} = \frac{d\Phi}{d\tau} = -\frac{\varepsilon}{2}\,[K_1 + L_2]\,. \tag{5.85/14b}$$

Nach dem Vorgehen von K. Magnus (Lit.5.85/1), aber mit etwas abgeänderten Bedeutungen und Bezeichnungen, sprechen wir von Krylov-Transformationen $\mathcal{K}\{f\}$ und Krylov-Transformierten K(r) und L(r).

Wir notieren nun in einer Liste einige Eigenschaften der Transformierten K(r) und L(r), die man anhand der Integrale leicht bestätigt:

1. Bauen sich die Funktionen f_i aus Summanden auf,

$$f_i = \sum_j f_i^{(j)}\,,$$

so gilt für die Transformierten K_i und L_i entsprechend

$$K_i = \sum_j K_i^{(j)}\,,\qquad L_i = \sum_j L_i^{(j)}.$$

2. Steht cf_i ($c = \text{const}$) anstelle von f_i, so wird die Transformierte zu cK_i oder cL_i.
3. Für alle eindeutigen Funktionen f_i verschwindet L_i identisch.
4. Für mehrdeutiges f_i gilt

$$L_i = \frac{F_i^*}{\pi r^2}\,;$$

dabei ist F_i^* die Fläche, die bei der Integration umlaufen wird (positiv bei Umlauf im Uhrzeigersinn).

5. Für alle geraden Funktionen f_i verschwindet auch K_i identisch.

Die beiden Transformierten K(r) und L(r) stimmen für den sin-Ansatz (5.85/4) überein mit den von Magnus in Lit.5.85/1 benutzten $K_s(r)$ und $-\omega K_c(r)$:

$$K(r) = K_s(r) , \qquad L(r) = -\omega K_c(r) . \tag{5.85/15}$$

Daher lassen sich die von Magnus angegebenen Tafeln und Tabellen hier unmittelbar verwenden.

Die Transformierten K(r) und L(r) zu 23 Funktionen f sind in Tafel 5.85/I zusammengestellt. Wenn die Funktionen f(x) mit Koeffizienten versehen sind, müssen diese Koeffizienten auch in den Transformierten eingefügt werden. In der Tafel 5.85/I ist zur Abkürzung häufig die Hilfsfunktion

$$k(\rho) = \frac{2}{\pi}\left[\arcsin\frac{1}{\rho} + \frac{1}{\rho}\sqrt{1-(1/\rho)^2}\,\right] \tag{5.85/16}$$

benutzt. In Lit.5.85/1 sind Wertetabellen dafür und Diagramme angegeben, die das Auswerten erleichtern.

β) Die sogenannte "äquivalente Linearisierung" einer nichtlinearen Differentialgleichung (Verfahren "K-B II")

Es hat nicht an Bestrebungen gefehlt, die Idee der harmonischen Balance zu benutzen, um als primäre Näherung eine lineare Differentialgleichung für die Funktion x(τ) zu finden, deren Lösung dann keine prinzipiellen Schwierigkeiten bereitet. Grundsätzlich ist dazu zu bemerken, daß ein nicht-lineares Problem nie durch irgendwelche Manipulationen zu einem linearen gemacht werden kann. Was man als sogenannte "äquivalente lineare Differentialgleichung" (ä.l.Dgl.) erhält, ist bei genauer Betrachtung weder linear, noch ist es eine Differentialgleichung für das gesuchte x(τ). Die Koeffizienten sind nämlich, wie z.B. in Gl.(5.85/36), Funktionen der augenblicklichen und

---

Anmerkungen zur Tafel 5.85/I

[1] c und c_1 sind jeweils Steigungsmaße von Geradenstücken in den Kennlinien f(x);

[2] $\rho := r/x_0$; $\xi_i := x_i/x_0$;

[3] Hilfsfunktion k(ρ) siehe Gl.(5.85/16);

[4] $\Theta_h(n)$ siehe Gl.(5.73/11b) und Gl.(5.73/11d);

[5] $I_1(r)$ ist die Bessel-Funktion erster Art, erster Ordnung.

Tafel 5.85/I. Transformierte K(r) und L(r) zu häufig vorkommenden Funktionen f(x)

Nr.	Funktion f(x) [1]	Transformierte K(r) [1] [2] [3]	gültig für [2] [3]	Transformierte L(r)
1	$C = \text{const}$	0		0
2	x	1		0
3	$x^n \quad (n = 1, 3, 5, \ldots)$	$\Theta_h(n) r^{n-1}$ [4]		0
4	$x^n \operatorname{sign} x \quad (n = 0, 2, 4, \ldots)$	$\Theta_h(n) r^{n-1}$ [4]		0
5	$x^n \quad (n = 2, 4, 6, \ldots)$	0		0
6	$\sin x$	[5] $\frac{2}{r} I_1(r) = 1 - \frac{1}{8} r^2 + \frac{1}{192} r^4 - \frac{1}{9216} r^6 + \ldots$		0
7	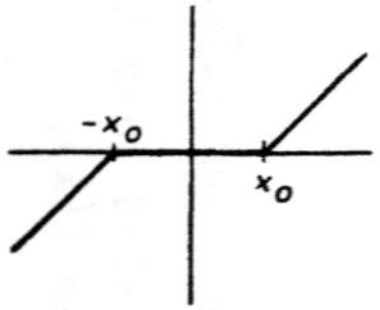	0 $c[1 - k(\rho)]$	$\rho \leqq 1$ $\rho \geqq 1$	0
8	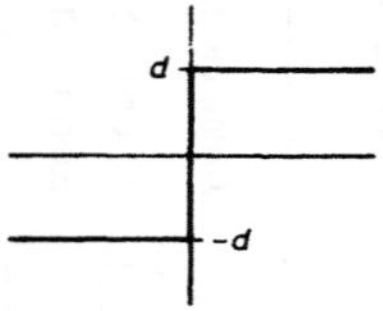	$\frac{4d}{\pi r}$		0

9	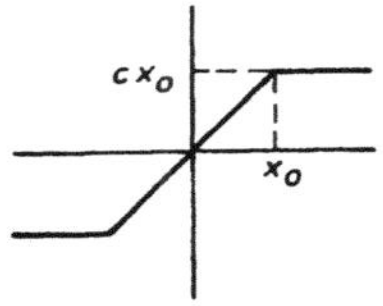	c $c\,k(\rho)$	$\rho \leqq 1$ $\rho \geqq 1$	0
10	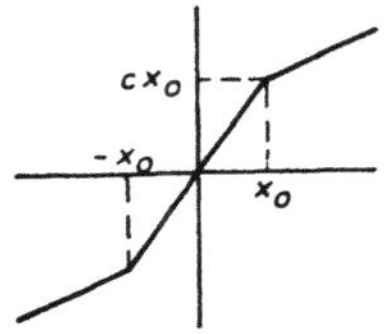	c $c_1+(c-c_1)\,k(\rho)$	$\rho \leqq 1$ $\rho \geqq 1$	0
11	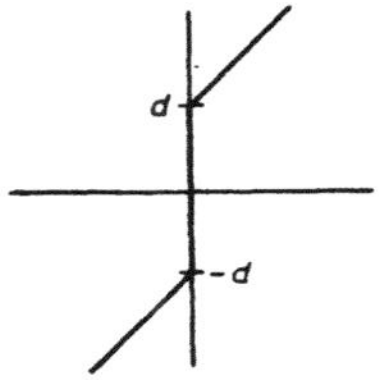	$c+\frac{4d}{\pi r}$		0
	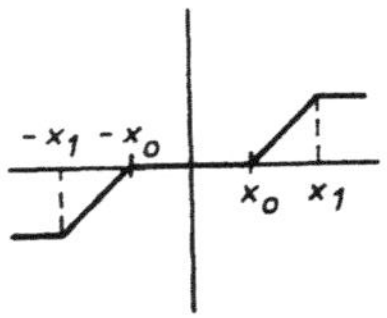	0 $c[1-k(\rho)]$ $c\left[k\left(\frac{\rho}{\xi_1}\right)-k(\rho)\right]$	$\rho \leqq 1$ $1 \leqq \rho \leqq \xi_1$ $\rho \geqq \xi_1$	0
13	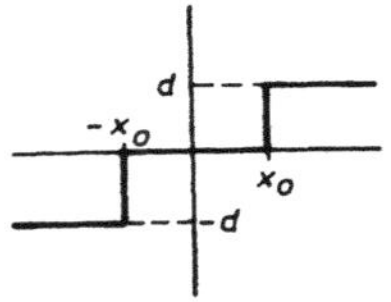	0 $\frac{4d}{\pi r}\sqrt{1-\frac{1}{\rho^2}}$	$\rho \leqq 1$ $\rho \geqq 1$	0

Tafel 5.85/I (Fortsetzung). Transformierte K(r) und L(r) zu häufig vorkommenden Funktionen f(x)

Nr.	Funktion f(x) [1]	Transformierte K(r) [1] [2] [3]	gültig für [2] [3]	Transformierte L(r)
14	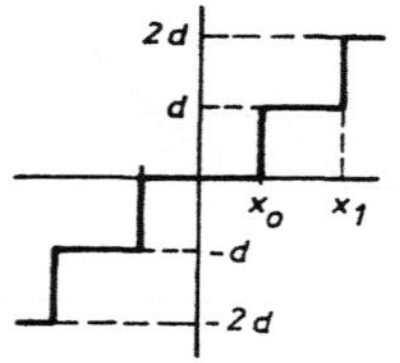 	0 $\frac{4d}{\pi r}\sqrt{1-\frac{1}{\rho^2}}$ $\frac{4d}{\pi r}\left[\sqrt{1-\frac{1}{\rho^2}}+\sqrt{1-\left(\frac{\xi_1}{\rho}\right)^2}\right]$	$\rho \leqq 1$ $1 \leqq \rho \leqq \xi_1$ $\rho \geqq \xi_1$	0
15	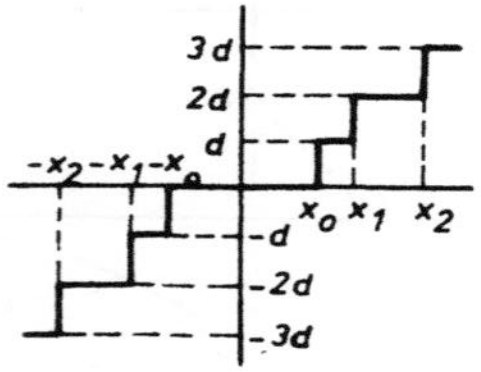 	$\frac{4d}{\pi r}\sum_{\nu=0}^{n}\sqrt{1-\left(\frac{x_\nu}{r}\right)^2}$	$r \geqq x_n$	0
16	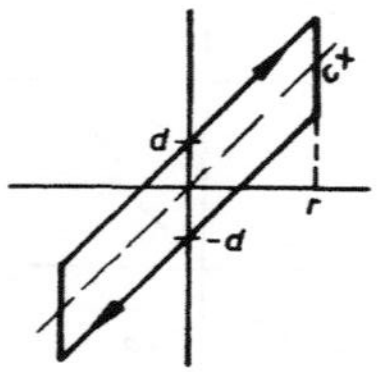 	c		$\frac{4d}{\pi r}$

17	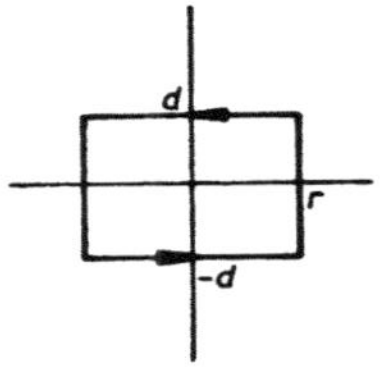	0		$-\frac{4d}{\pi r}$
18	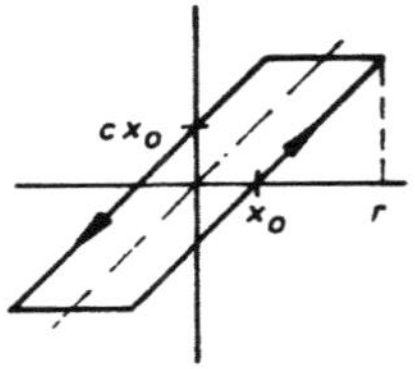	0 $\frac{c}{2}[1-k(\frac{\rho}{2-\rho})]$	$\rho \leqq 1$ $\rho \geqq 1$	0 $\frac{4c(1-\rho)}{\pi \rho^2}$
19	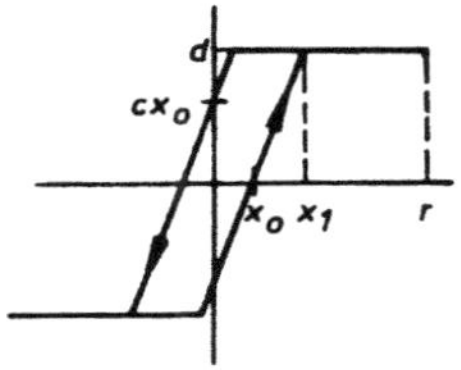	0 $\frac{c}{2}[1-k(\frac{\rho}{2-\rho})]$ $\frac{c}{2}[k(\frac{\rho}{\xi_1})-k(\frac{\rho}{2-\xi_1})]$	$\rho \leqq 1$ $1 \leqq \rho \leqq \xi_1$ $\rho \geqq \xi_1$	0 $\frac{4c(1-\rho)}{\pi \rho^2}$ $\frac{4c(1-\xi_1)}{\pi \rho^2}$
20	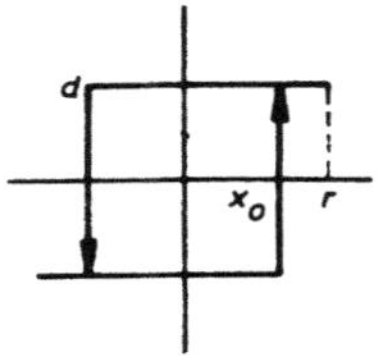	0 $\frac{4d}{\pi r}\sqrt{1-\frac{1}{\rho^2}}$	$\rho \leqq 1$ $\rho \geqq 1$	0 $-\frac{4d/x_0}{\pi \rho^2}$

Tafel 5.85/I (Fortsetzung). Transformierte K(r) und L(r) zu häufig vorkommenden Funktionen f(x)

Nr.	Funktion f(x) [1]	Transformierte K(r) [1] [2] [3]	gültig für [2] [3]	Transformierte L(r)
21	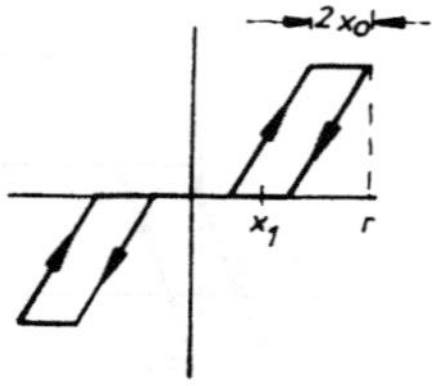	0 $\frac{c}{2}\left[1-k\left(\frac{\rho}{1+\xi_1}\right)+k\left(\frac{\rho}{\rho-2}\right)-k\left(\frac{\rho}{\xi_1-1}\right)\right]$	$\rho\leqq 1+\xi_1$ $\rho\geqq 1+\xi_1$	0 $\frac{4c(1+\xi_1-\rho)}{\pi\rho^2}$
22	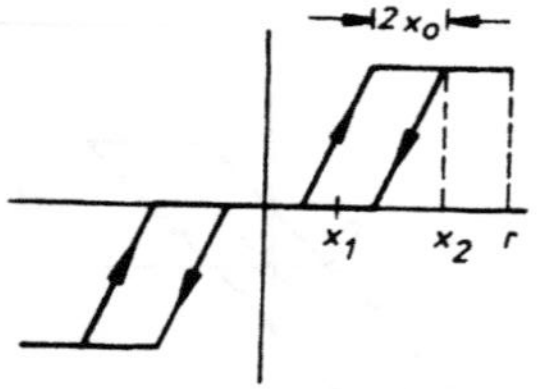	0 $\frac{c}{2}\left[1-k\left(\frac{\rho}{1+\xi_1}\right)\cdot k\left(\frac{\rho}{\rho-2}\right)-k\left(\frac{\rho}{\xi_1-1}\right)\right]$ $\frac{c}{2}\left[k\left(\frac{\alpha}{\xi_2}\right)-k\left(\frac{\rho}{1+\xi_1}\right)+k\left(\frac{\rho}{\xi_2-2}\right)-\left(\frac{\rho}{\xi_1-1}\right)\right]$	$\rho\leqq 1+\xi_1$ $(1+\xi_1)\leqq\rho\leqq\xi_2$ $\rho\geqq\xi_2$	0 $\frac{4c(1+\xi_1-\rho)}{\pi\rho^2}$ $\frac{4c(1+\xi_1-\xi_2)}{\pi\rho^2}$
23	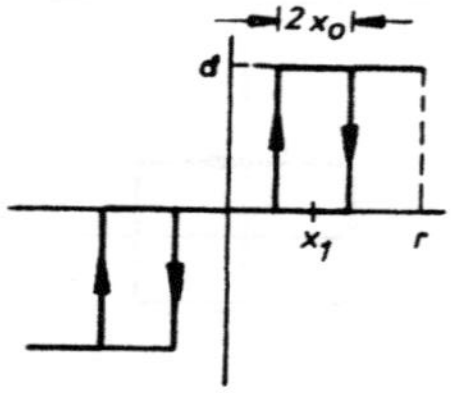	0 $\frac{2d}{\pi r}\left[\sqrt{1-\left(\frac{\xi_1-1}{\rho}\right)^2}+\sqrt{1-\left(\frac{1+\xi_1}{\rho}\right)^2}\right]$	$\rho\leqq 1+\xi_1$ $\rho\geqq 1+\xi_1$	0 $-\frac{4d/x_0}{\pi\rho^2}$

im allgemeinen veränderlichen Amplitude r einer Lösung von der Art $x = r\cos(\tau + \vartheta)$.

Diese Tatsache muß man sich bei allen Anwendungen des Verfahrens stets vor Augen halten, da sonst aus der angebotenen Form der Differentialgleichung falsche Schlüsse gezogen werden können. Wenn man sich aber bei seiner Fragestellung z.B. auf stationäre Schwingungen beschränkt, wird der Parameter r konstant. Damit sind auch die Koeffizienten Konstante, die Gleichung wird linear und kann, wenn r als "fremder Parameter" aufgefaßt wird, schließlich als Differentialgleichung für das gesucht $x(\tau)$ gelten. Die Beschränkung beeinträchtigt nicht die Verwendbarkeit der ä.l.Dgln. für die Untersuchung der Stabilität von stationären Zuständen, das Verfahren wird dazu vor allem in der Regelungstechnik häufig eingesetzt.

Da die äquivalente Linearisierung ebenfalls auf dem Gedanken der harmonischen Balance beruht, hat sie mit dem "K-B I"-Verfahren die wesentliche Grundlage gemeinsam; wir bezeichnen sie deshalb auch als "K-B II"-Verfahren. Ein Vorteil dieses Verfahrens sei hier ausdrücklich betont: Während das "K-B I"-Verfahren nicht nur in diesem Buch fast ausschließlich für Differentialgleichungen zweiter Ordnung verwendet wird, läßt sich das "K-B II"-Verfahren ohne weiteres auf Differentialgleichungen beliebiger Ordnung anwenden.

Eine Differentialgleichung n-ter Ordnung

$$x^{(n)} - F(x^{(n-1)}, x^{(n-2)}, \ldots, x', x) = 0 \qquad (5.85/17a)$$

kann als Satz von n Differentialgleichungen erster Ordnung geschrieben werden. Zu diesem Zweck führt man gemäß

$$\begin{aligned}
x_1 &:= x \,, & & \\
x_2 &:= x_1' \,, & x_1' &= x' \,, \\
x_3 &:= x_2' \,, & x_2' &= x'' \,, \\
&\vdots & & \\
x_{n-1} &:= x_{n-2}' \,, & x_{n-2}' &= x^{(n-2)} \,, \\
x_n &:= x_{n-1}' \,, & x_{n-1}' &= x^{(n-1)}
\end{aligned} \qquad (5.85/17b)$$

die n Variabeln x_1 bis x_n ein; sie bedeuten zugleich die in der zweiten Spalte verzeichneten Ableitungen von x. Differenzieren der (n - 1)-ten Gleichung liefert

$$x_n' = x^{(n)} \qquad (5.85/17c)$$

und deshalb wegen (5.85/17a)

$$x_n' = F(x_n, x_{n-1}, \ldots, x_2, x_1) \; . \qquad (5.85/17d)$$

Die Gln.(5.85/17b) sind zusammen mit Gl.(5.85/17d) ein Satz von n Differentialgleichungen erster Ordnung, der die Differentialgleichung n-ter Ordnung (5.85/17a) ersetzt.

Man erkennt, daß der Satz (5.85/17b) einen recht speziellen Aufbau besitzt. Gleichungssätze mit allgemeiner gebauten rechten Seiten drücken zwar ebenfalls Beziehungen $B(x^{(n)}, x^{(n-1)}, \ldots, x', x) = 0$ zwischen den Ableitungen aus, wie dies Gleichungen n-ter Ordnung tun; die Beziehungen lassen sich im allgemeinen jedoch nicht mehr in eine nach $x^{(n)}$ aufgelöste Gleichung fassen. Kurz: Eine Differentialgleichung n-ter Ordnung kann in einen Satz von Differentialgleichungen erster Ordnung umgeschrieben werden, aber nicht jeder solche Satz in eine einzige Differentialgleichung höherer Ordnung.

In diesem Abschn.5.85 untersuchen wir nun S ä t z e von nichtlinearen Differentialgleichungen erster Ordnung. Um die Darlegungen übersichtlich zu halten, benutzen wir allerdings nicht Sätze der allgemeinsten Bauart; wir beschränken uns vielmehr auf den folgenden Satz von n i c h t l i n e a r e n Differentialgleichungen erster Ordnung

$$x_i' = \sum_{\nu=1}^{n} \alpha_{i\nu} x_\nu + \sum_{\nu=1}^{n} \beta_{i\nu} f_{i\nu}(x_\nu) \, , \qquad (i = 1,2, \ldots, n) \, , \qquad (5.85/18a)$$

der nur besonders gebaute, nämlich "getrennte" Nichtlinearitäten enthält. Der zugehörige Satz von ä q u i v a l e n t e n l i n e a r e n Differentialgleichungen soll geschrieben werden als

$$x_i' = \sum_{\nu=1}^{n} \gamma_{i\nu} x_\nu + \sum_{\nu=1}^{n} \delta_{i\nu} x_\nu' \, , \qquad (i = 1,2, \ldots, n) \qquad (5.85/18b)$$

mit den äquivalenten Koeffizienten $\gamma_{i\nu}$ und $\delta_{i\nu}$.

Macht man für x_ν die Ansätze (mit konstanten r_ν und ϑ_ν bzw. φ_ν)

$$x_\nu = r_\nu \cos\psi_\nu(\tau) \qquad \text{mit} \qquad \psi_\nu(\tau) = \tau + \vartheta_\nu \tag{5.85/19a}$$

oder

$$x_\nu = r_\nu \sin\Phi_\nu(\tau) \qquad \text{mit} \qquad \Phi_\nu(\tau) = \tau + \varphi_\nu , \tag{5.85/19b}$$

setzt in (5.85/18a) ein, entwickelt die periodischen Funktionen $f_{i\nu}(x_\nu)$ in Fourier-Reihen, fordert im Sinn der harmonischen Balance, daß die Grundharmonische einer periodischen Lösung von (5.85/18a) für jede Amplitude r_ν mit der Lösung von (5.85/18b) übereinstimme, so erhält man nach Koeffizientenabgleich die Koeffizienten im Satz (5.85/18b) zu

$$\begin{aligned} \gamma_{i\nu} &= \alpha_{i\nu} + \beta_{i\nu} K_{i\nu}(r_\nu) , \\ \delta_{i\nu} &= \beta_{i\nu} L_{i\nu}(r_\nu) . \end{aligned} \tag{5.85/20}$$

Wir wenden diese Ergebnisse zunächst an auf eine nicht-lineare Differentialgleichung zweiter Ordnung der Form

$$x'' + x = \varepsilon [f_1(x) + f_2(x')] . \tag{5.85/21}$$

Sie ist mit

$$x_1 = x , \qquad x_2 = x_1' \tag{5.85/22}$$

gleichwertig dem Satz von Differentialgleichungen erster Ordnung

$$\begin{aligned} x_1' &= x_2 , \\ x_2' &= -x_1 + \varepsilon f_1(x_1) + \varepsilon f_2(x_2) . \end{aligned} \tag{5.85/23}$$

Die in (5.85/18a) benutzten Koeffizienten $\alpha_{i\nu}$ und $\beta_{i\nu}$ sowie die Funktionen $f_{i\nu}$ lauten hier also

$$\begin{aligned} &\alpha_{11} = 0 , \quad \alpha_{12} = 1 , \quad \beta_{11} = 0 , \quad \beta_{12} = 0 , \\ &\alpha_{21} = -1 , \quad \alpha_{22} = 0 , \quad \beta_{21} f_{21} = \varepsilon f_1(x_1) , \quad \beta_{22} f_{22} = \varepsilon f_2(x_2) . \end{aligned} \tag{5.85/24}$$

Die äquivalenten Koeffizienten $\gamma_{i\nu}$ und $\delta_{i\nu}$ werden gemäß (5.85/20) zu

$$\begin{aligned} &\gamma_{11} = 0\,, \quad \gamma_{12} = 1\,, \quad \delta_{11} = 0\,, \quad \delta_{12} = 0\,, \\ &\gamma_{21} = -1 + \varepsilon K_1\,, \quad \gamma_{22} = \varepsilon K_2\,, \quad \delta_{21} = -\varepsilon L_1\,, \quad \delta_{22} = -\varepsilon L_2 \end{aligned} \qquad (5.85/25a)$$

mit den Krylov-Transformierten

$$K_\nu := K(f_\nu(r_\nu)) \quad \text{und} \quad L_\nu := L(f_\nu(r_\nu))\,. \qquad (5.85/25b)$$

Der Satz der äquivalenten Differentialgleichungen erster Ordnung lautet daher

$$\begin{aligned} &x_1' = x_2\,, \\ &x_2' = x_1(-1 + \varepsilon K_1) + x_2\varepsilon K_2 - x_1'\varepsilon L_1 - x_2'\varepsilon L_2\,, \end{aligned} \qquad (5.85/26)$$

und deshalb erhält man als äquivalente Differentialgleichung zweiter Ordnung

$$x''(1 + \varepsilon L_2) - x'\varepsilon(-L_1 + K_2) + x(1 - \varepsilon K_1) = 0\,. \qquad (5.85/27)$$

Die Koeffizienten dieser äquivalenten Differentialgleichung sind keine Konstanten; sie hängen vielmehr, wie ein Blick auf (5.85/12) und (5.85/25b) lehrt, ab von den Amplituden r_ν im Ansatz (5.85/19) für die Lösungsfunktionen.

Anmerkung: Aus den Gln.(5.85/20) kann man sofort erkennen: Die linearen Glieder in der ursprünglichen Differentialgleichung bleiben in der ä.l.Dgl. erhalten. Daraus folgt: Zwei nicht-lineare Differentialgleichungen, die sich ursprünglich nur in gewissen linearen Termen unterscheiden, unterscheiden sich auch in den äquivalenten linearen Fassungen nur durch diese selben Terme.

Beispiel: Wenn (5.85/21) auf (5.85/27) führt, so führt

$$x'' + x' + x = \varepsilon[f_1(x) + f_2(x')] \qquad (5.85/21a)$$

auf

$$x''[1 + \varepsilon L_2] + x'[1 + \varepsilon(L_1 - K_2)] + x[1 - \varepsilon K_1] = 0\,. \qquad (5.85/27a)$$

Beim Herleiten der ä.l.Dgl.(5.85/27) aus der Ausgangsdifferentialgleichung (5.85/21) haben wir die Störfunktion auf der rechten

Seite von (5.85/21) mit dem Faktor ε versehen; damit soll angedeutet werden, daß (5.85/27) die Gl.(5.85/21) umso besser ersetzt, je kleiner ε ist.

Fehlerabschätzungen verbieten sich bei diesen Fassungen jedoch. Man steht also vor der Wahl: Entweder man rechnet mittels der Störungsrechnung "beliebig genau" - allerdings mit großem Aufwand - oder man benutzt die primäre Näherung (wozu auch die äquivalente Linearisierung gehört), dann ist eine Fehlerabschätzung nicht möglich.

Als einfaches Beispiel für eine Anwendungsmöglichkeit der ä.l. Dgln. wählen wir einen Schwinger, der sowohl gedämpft als auch angefacht werden kann. Seine der Dgl.(5.85/21) entsprechende Bewegungsgleichung laute

$$x'' + x = -\varepsilon(\operatorname{sign} x')(x'^2 - b) . \qquad (5.85/28)$$

Hier ist also

$$\varepsilon f_1 = 0 , \qquad \varepsilon f_2 = -\varepsilon(\operatorname{sign} x')(x'^2 - b) . \qquad (5.85/29)$$

Wegen $L_1 = L_2 = 0$ und $K_1 = 0$ wird die äquivalente lineare Dgl.(5.85/27) zu

$$x'' - \varepsilon x' K_2 + x = 0 \qquad (5.85/30a)$$

mit

$$-K_2 = (r/\pi)(8/3) - (4b/\pi r) . \qquad (5.85/30b)$$

Für eine periodische Bewegung muß der zweite Term in (5.85/30a) verschwinden. Daraus erhält man die Amplitude

$$r = \sqrt{6b}/2 \qquad (5.85/30c)$$

der sich dann einstellenden harmonischen Schwingung mit der Frequenz $\eta = 1$.

Nach dieser Differentialgleichung zweiter Ordnung betrachten wir nun eine erster Ordnung. Die nichtlineare Ausgangsdifferentialgleichung sei

$$x' = \alpha x + \beta f(x) ; \qquad (5.85/31a)$$

ihr soll die ä.l.Dgl.

$$x' = \gamma x + \delta x' \qquad (5.85/31b)$$

zugeordnet werden. Die Koeffizienten γ und δ erhält man aus (5.85/18a), (5.85/8b) und (5.85/20), wenn man dort $i = \nu = 1$ setzt. Läßt man die Indizes weg, so kommt

$$\gamma = \alpha + \beta K \quad \text{und} \quad \delta = -\beta L \qquad (5.85/32)$$

und deshalb

$$x' = (\alpha + \beta K)x - \beta L x' \qquad (5.85/33a)$$

oder gleichwertig

$$x'(1 + \beta L) - x(\alpha + \beta K) = 0 \qquad (5.85/33b)$$

zustande.

Nun kurz zu einem Problem vierter Ordnung. (Es entstammt einer Arbeit von N.N. Bautin und wird auch anderswo in der deutschsprachigen Literatur erwähnt.) Statt von einer einzigen nicht-linearen Differentialgleichung vierter Ordnung gehen wir dabei aus von dem entsprechenden Satz von vier Differentialgleichungen erster Ordnung. Er laute (mit fünf dimensionslosen Koeffizienten a bis e)

$$\begin{aligned} x_1' &= x_3 , \\ x_2' &= x_4 , \\ x_3' &= x_1 + x_4 + a(1 - b x_3^2) x_3 , \\ x_4' &= c x_2 - d x_3 - e x_4 . \end{aligned} \qquad (5.85/34)$$

Der Satz enthält nur an einer Stelle ein nicht-lineares Glied. Ein Vergleich mit (5.85/18a) liefert

$$\beta_{33} f_{33}(x_3) = -a b x_3^3 . \qquad (5.85/35a)$$

Die zugehörige Transformierte K heißt

$$\beta_{33} K_{33} = -a b (3/4) r_3^2 . \qquad (5.85/35b)$$

Die Transformierte L_{33} verschwindet, weil f_{33} eine eindeutige Funktion ist. Somit verschwinden in (5.85/20) alle $\delta_{i\nu}$, während mit Ausnahme von γ_{33} alle $\gamma_{i\nu} = \alpha_{i\nu}$ sind und nur

$$\gamma_{33} = a[1 - (3/4)b\,r_3^2] \qquad (5.85/35c)$$

wird. Der aus dem Satz (5.85/34) entstehende Satz von ä.l.Dgln. lautet deshalb

$$\begin{aligned} x_1' &= x_3 , \\ x_2' &= x_4 , \\ x_3' &= x_1 + x_4 + a[1 - b(3/4)r_3^2] , \\ x_4' &= c\,x_2 - d\,x_3 - e\,x_4 . \end{aligned} \qquad (5.85/36)$$

Man erkennt deutlich, daß der Satz nur dann als linear gelten kann, wenn r_3 als konstanter Parameter betrachtet werden darf.

5.86 Beispiele zur primären Näherung: Das Abklingverhalten von Schwingungen bei verschiedenen Dämpfungsgesetzen

α) Die Bewegungsgleichungen und die Differentialgleichungen der primären Näherung

Der Bewegungsablauf von Schwingern, die neben linearen Rückstellkräften auch Dämpfungskräfte erfahren, läßt sich exakt nur für zwei Dämpfungsgesetze angeben: für linear von der Geschwindigkeit abhängige Dämpfungskräfte und für solche konstanten Betrages (sog. Coulombsche Dämpfung, siehe Abschn.3.24). Für Dämpfungskräfte, die quadratisch von der Geschwindigkeit abhängen, läßt sich wenigstens das Gesetz, nach dem die Scheitelwerte abnehmen, noch explizit angeben, der Zeitverlauf der Schwingung aber nur in Form einer Quadratur (siehe Abschn.5.53).

Falls die Dämpfungskräfte jedoch schwach sind, die Bewegungsgleichungen also auf die Form der Dgl.(5.83/1) gebracht werden können, lassen sich primäre Näherungen für die abklingenden Schwingungen unter der Wirkung vieler Arten von Dämpfungskräften gewinnen. Hier werden wir uns mit drei Beispielen solcher Dämpfungskräfte befassen. Alle drei sind von der Art, wie sie zur Beschreibung von Werkstoffdämpfungen häufig herangezogen werden: (A) Dämpfungskräfte, die der n-ten Potenz der Geschwindigkeit proportional sind, (B) Dämpfungskräfte, die der n-ten Potenz der Auslenkung proportional sind, (C) Dämpfungskräfte, die der n-ten Potenz der (augenblicklichen) "Amplitude" proportional sind. In allen drei Fällen sind die Dämpfungskräfte selbstverständlich der Richtung der Geschwindigkeit entgegen gerichtet. Demgemäß lauten die Differentialgleichungen:

$$x'' + x = -\varepsilon_A |x'|^n (\operatorname{sign} x') , \qquad (5.86/1A)$$

$$x'' + x = -\varepsilon_B |x|^n (\operatorname{sign} x') , \qquad (5.86/1B)$$

$$x'' + x = -\varepsilon_C r^n (\operatorname{sign} x') . \qquad (5.86/1C)$$

r hat in der Dgl.(5.86/1C) dieselbe Bedeutung wie in den Gln.(5.84/1) und (5.84/4).

Wir arbeiten hier weiterhin mit dem Ansatz (5.84/4) für die primäre Näherung und daher mit den Dgln.(5.84/5) für die Funktionen $r(\tau)$ und $\Phi(\tau)$. Aus der ersten Zeile von (5.84/5) erhält man mit (5.86/1) der Reihe nach die folgenden expliziten Ausdrücke:

Fall A: Es wird

$$r' = -\frac{\varepsilon_A r^n}{2\pi} \int_0^{2\pi} (\operatorname{sign} \cos\varphi) \cos\varphi \, |\cos\varphi|^n \, d\varphi = -\frac{\varepsilon_A}{2} r^n A(n) \qquad (5.86/2A)$$

mit

$$A(n) := \frac{4}{\pi} \int_0^{\pi/2} \cos^{n+1}\varphi \, d\varphi . \qquad (5.86/3A)$$

Aus (5.86/2A) wird

$$\frac{dr}{r^n} = -\frac{1}{2} (\varepsilon_A A(n)) \, d\tau . \qquad (5.86/4A)$$

Der Ausdruck

$$\frac{4}{\pi} \int_0^{\pi/2} \sin^{n+1}\alpha \, d\alpha = \frac{4}{\pi} \int_0^{\pi/2} \cos^{n+1}\beta \, d\beta$$

war in Abschn.5.73 schon aufgetreten und dort in Gl.(5.73/11b) mit $\Theta_h(n)$ bezeichnet worden; es gilt also

$$A(n) \equiv \Theta_h(n) \,. \qquad (5.86/3A')$$

Zahlenwerte stehen in Tafel 5.73/III.

F a l l B : Dieselben Schritte wie oben ergeben hier

$$r' = -\frac{\varepsilon_B}{2\pi} r^n \int_0^{2\pi} (\operatorname{sign} \cos\varphi) \, |\sin\varphi|^n \cos\varphi \, d\varphi = -\frac{\varepsilon_B}{2} r^n B(n) \qquad (5.86/2B)$$

mit

$$B(n) := \frac{4}{\pi} \int_0^{\pi/2} \sin^n\varphi \cos\varphi \, d\varphi = \frac{4}{\pi} \frac{1}{n+1} \,. \qquad (5.86/3B)$$

Daraus wird

$$\frac{dr}{r^n} = -\frac{1}{2} (\varepsilon_B B(n)) \, d\tau \,. \qquad (5.86/4B)$$

F a l l C : Man erhält entsprechend

$$r' = -\frac{\varepsilon_C}{2\pi} r^n \int_0^{2\pi} (\operatorname{sign} \cos\varphi) \cos\varphi \, d\varphi = -\frac{\varepsilon_C}{2} r^n C \qquad (5.86/2C)$$

mit

$$C := \frac{4}{\pi} \int_0^{\pi/2} \cos\varphi \, d\varphi = \frac{4}{\pi} \,. \qquad (5.86/3C)$$

So kommt

$$\frac{dr}{r^n} = -\frac{1}{2} (\varepsilon_C C) \, d\tau \,. \qquad (5.86/4C)$$

Die drei Dgln.(5.86/4) können mit den Abkürzungen

$$\rho_n := \varepsilon_A A(n)/2 \,, \qquad (5.86/5A)$$

$$\rho_n := \varepsilon_B B(n)/2 \,, \qquad (5.86/5B)$$

$$\rho_n := \varepsilon_C C/2 \qquad (5.86/5C)$$

auf die gemeinsame Form

$$\frac{dr}{r^n} = -\rho_n \, d\tau \qquad (5.86/6)$$

gebracht werden.

Allein aus der Tatsache, daß die Differentialgleichungen für alle drei Arten von Dämpfungskräften auf eine gemeinsame Form, die Gl.(5.86/6), gebracht werden können, folgt schon: Das Abklingverhalten $r(\tau)$ erlaubt nicht zu entscheiden, welches der individuellen Dämpfungsgesetze A, B oder C zugrunde liegt. Man kann - wie wir nachher zeigen werden - aus $r(\tau)$ zwar den Wert des Koeffizienten ρ_n bestimmen; es bleibt aber völlig offen, welcher der drei Fälle (5.86/5) zu diesem Wert gehört. Mit anderen Worten: Innerhalb der Genauigkeit der primären Näherung sind die Dämpfungskräfte der Fälle A, B und C gleichwertig und führen zum selben Abklingverhalten. Damit wird auch klar, daß viele der insbesondere auf dem Gebiet der Werkstoffdämpfung oft geführten Diskussionen darüber, welches Dämpfungsgesetz das "richtige" sei, ohne Bedeutung sind. Diese Frage ist aus dem Abklingverhalten $r(\tau)$ nicht entscheidbar.

Eine feinere Analyse, die den Bewegungsablauf $x(\tau)$ im Detail, also auch zwischen den Extremwerten, berücksichtigen müßte, wird sich im praktischen Fall stets verbieten.

Ehe wir uns der Integration der Dgl.(5.86/6), also der expliziten Darstellung des Abklingverhaltens, zuwenden, wollen wir noch die zweite der Gln.(5.84/5) betrachten. In allen drei Fällen lautet das Ergebnis

$$\Phi' = 0 . \tag{5.86/7}$$

Man erkennt dies z.B. durch Ausrechnen nach dem Muster des Vorgehens bei r'. $\Phi' = 0$ besagt, daß im Rahmen der primären Näherung die Frequenz der abklingenden Schwingungen sich nicht von der Frequenz des ungedämpften linearen Schwingers unterscheidet.

β) Die Gleichungen $r(\tau)$ für das Abklingverhalten

Bei der Integration der für alle Exponenten n gemeinsamen Dgl. (5.86/6) des Ablaufs $r(\tau)$ muß man die Fälle $n = 1$ und $n \neq 1$ gesondert behandeln.

Für $n = 1$ folgt, wenn für $\tau = 0$ die Amplitude $r = r_0$ sein soll,

$$\ln r = \ln r_0 - \rho_1 \tau \tag{5.86/8a}$$

oder, falls wir mit $\tau = 2\pi N$ anstelle der Zeit τ die Anzahl N der Schwingungen im Intervall $[0,\tau]$ einführen,

$$\ln r = \ln r_0 - 2\pi \rho_1 N . \tag{5.86/8b}$$

Für $n \neq 1$ lautet (mit den gleichen Festsetzungen über r_0 und N) das Ergebnis

$$\frac{1}{r^{n-1}} = \frac{1}{r_0^{n-1}} + (n-1)\rho_n \tau \tag{5.86/9a}$$

oder

$$\frac{1}{r^{n-1}} = \frac{1}{r_0^{n-1}} + 2\pi(n-1)\rho_n N , \tag{5.86/9b}$$

eine andere Form dieses Ausdrucks ist

$$r^{n-1} = \frac{1}{(1/r_0^{n-1}) + 2\pi(n-1)\rho_n N} . \tag{5.86/9b'}$$

Darin erkennt man die für große N, d.h. für

$$r_0^{n-1}\, 2\pi(n-1)\rho_n N \gg 1$$

geltenden "asymptotischen" Fassungen,

$$r^{n-1} = 1/[2\pi(n-1)\rho_n N] \tag{5.86/9c}$$

oder

$$\log r = \left[\frac{1}{n-1} \log \frac{1}{2\pi(n-1)\rho_n}\right] - \frac{1}{n-1} \log N . \tag{5.86/9c'}$$

Den Formeln (5.86/8) und (5.86/9) entnimmt man: Trägt man $1/r^{n-1}$ (für $n \neq 1$) bzw. $\log r$ (für $n = 1$) über der Anzahl N der ausgeführten Schwingungen auf, so erhält man für jeden Exponenten n eine Gerade. Ihre Steigung ist proportional zum Koeffizienten ρ_n, aus ihrem Ordinatenabschnitt läßt sich die Anfangsamplitude r_0 bestimmen.

γ) Das Umkehrproblem

Mehr Bedeutung als diesen Aufzeichnungen der Funktionen $r(\tau)$ bei bekanntem Exponenten n kommt dem Umkehrproblem zu, also der Aufgabe, aus dem Schrieb einer abklingenden Schwingung den Exponenten n und den Koeffizienten ρ_n in der Dgl.(5.86/6) zu ermitteln.

Auf den ersten Blick hin sieht es so aus, als erfordere diese Umkehraufgabe eine ganze Reihe von Probeaufzeichnungen, um herauszufinden, welcher Wert des Exponenten n auf eine Gerade im Diagramm führt.

Glücklicherweise kann dieses Probierverfahren durch ein rationelleres Vorgehen ersetzt werden: Wir betrachten die (für $n > 1$ geltende) "asymptotische Formel" (5.86/9c'). Sie sagt: In jedem der Fälle A, B, C und für alle Werte $n > 1$ des Exponenten führt eine Aufzeichnung von $\log r$ über $\log N$ asymptotisch, d.h. für große Werte N, zu einem geradlinigen Diagramm. Diese Gerade, oder dieses Geradenstück, schneidet (gegebenenfalls in der Verlängerung) - siehe Abb.5.86/1 - die Ordinatenachse ($N = 1$, $\log N = 0$) im Punkte

$$\log r^* = \frac{1}{n-1} \log \frac{1}{2\pi(n-1)\rho_n} \tag{5.86/10}$$

und die Abszissenachse ($\log r = 0$) beim Wert

$$N^* = 1/[2\pi(n-1)\rho_n] \tag{5.86/11a}$$

oder eine in der Höhe $\log r = \log \eta$ gelegte Parallele zur Abszissenachse beim Wert

$$N^*_\eta = 1/[2\pi(n-1)\rho_n \eta^{n-1}]. \tag{5.86/11b}$$

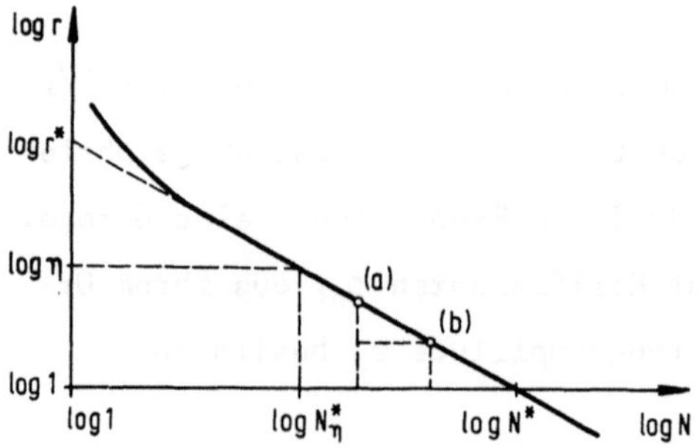

Abb.5.86/1.
Zur Ermittlung von n und nach dem "Ersten Verfahren"

N^* ist gleichbedeutend mit N_1^*. Aus dem Vergleich von (5.86/11b) mit (5.86/11a) und mit (5.86/10) folgt

$$N_\eta^* = N_1^*/\eta^{n-1} \quad \text{und} \quad \log r^* = [1/(n-1)] \log N_1^* . \qquad (5.86/12)$$

Mit den eingeführten Abkürzungen läßt sich der asymptotischen Formel (5.86/9c') jede der folgenden drei Fassungen geben:

$$\log r = [1/(n-1)] \log (N^*/N) , \qquad (5.86/13a)$$

$$\log r = \log r^* - [1/(n-1)] \log N , \qquad (5.86/13b)$$

$$\log r = [1/(n-1)] \log (N_\eta^* \eta^{n-1}/N) . \qquad (5.86/13c)$$

Zum Auffinden des Exponenten n und des Koeffizienten ρ_n geht man folgendermaßen vor: Man trägt $\log r$ über $\log N$ auf (siehe Abb.5.86/1) und betrachtet für das weitere Vorgehen nur das gerade Stück dieser Kurve. Den Betrag der Steigung dieser Geraden bestimmt man etwa durch

$$|\sigma| := |(\log r_a - \log r_b)/(\log N_a - \log N_b)| . \qquad (5.86/14)$$

Dann sucht man entweder den Schnittwert $\log N^*$ auf der Abszissenachse oder den Schnittwert $\log N_\eta^*$ auf einer in der Höhe $\log\eta$ zu ihr gelegten Parallelen.

Nun folgt wegen $|\sigma| = 1/(n-1)$, siehe Gl.(5.86/9c), der Exponent n zu

$$n = (1/|\sigma|) + 1 \qquad (5.86/15)$$

und aus (5.86/11a) bzw. aus (5.86/11b) der Koeffizient ρ_n zu

$$\rho_n = 1/[2\pi(n-1)N_1^*]$$

bzw.

$$\rho_n = 1/[2\pi(n-1)N_\eta^* \eta^{n-1}] . \qquad (5.86/16)$$

Mit dem beschriebenen Vorgehen und den Gln.(5.86/15) und (5.86/16) ist das Umkehrproblem für alle Fälle gelöst, in denen $n > 1$ ist.

Neben dem oben geschilderten Verfahren, bei dem man wegen der Gestalt der Formel (5.86/9c) zweckmäßig von einer Darstellung in einem doppelt-logarithmischen Netz ausgeht, gibt es noch ein zweites Verfahren, bei dem man einen Schrieb $r(\tau)$ unmittelbar benutzen kann. Die Differentialgleichung dieses Schriebes ist in primärer Näherung Gl. (5.86/6); sie nimmt mit $\tau = 2\pi N$ die Form

$$\frac{dr}{r^n} = -2\pi \rho_n \, dN \qquad (5.86/17a)$$

an. Bezeichnen wir die negative Steigung mit σ,

$$\sigma := -\frac{dr}{dN}, \qquad (5.86/18)$$

so wird (5.86/17a) zu

$$\sigma = 2\pi \rho_n r^n . \qquad (5.86/17b)$$

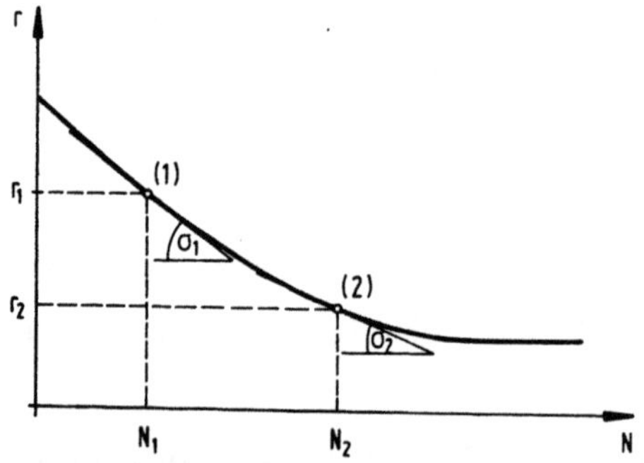

Abb.5.86/2.
Zur Ermittlung von n und nach dem "Zweiten Verfahren"

Diese Beziehung kann dazu dienen, sowohl n wie ρ_n aufzufinden: Wir ermitteln (siehe Abb.5.86/2) an zwei beliebigen Stellen die negativen Steigungen σ_1 und σ_2. Für sie gelten gemäß (5.86/17b) die Gleichungen

$$\begin{aligned} \log 2\pi \rho_n + n \log r_1 &= \log \sigma_1 , \\ \log 2\pi \rho_n + n \log r_2 &= \log \sigma_2 . \end{aligned} \qquad (5.86/18)$$

Diese liefern durch Subtraktion

$$n = \frac{\log(\sigma_1/\sigma_2)}{\log(r_1/r_2)}, \qquad (5.86/19)$$

durch Einsetzen in (5.86/17b) kommt

$$2\pi \rho_n = \sigma_i / r_i^n \ , \qquad i = 1,2 \ . \qquad (5.86/20)$$

Die beiden Stellen, an denen σ_i und r_i entnommen werden, sollten möglichst weit voneinander entfernt liegen, damit die Zähler und Nenner in (5.86/19) Werte haben, die sich hinreichend von Null unterscheiden.

Das zweite Verfahren ist, da es nur auf der Differentialgleichung aufbaut, für alle Werte von n gültig. Im Hinblick auf die Genauigkeit verdient jedoch meist das zuerst beschriebene Verfahren den Vorzug.

Bis hierher haben wir gemäß den Dgln.(5.86/1) vorausgesetzt, daß die die Dämpfungskraft beschreibenden Terme nur eine einzige Potenz von $|x'|$, $|x|$ oder r enthielten. Aber auch dann, wenn die rechten Seiten in (5.86/1) Polynome solcher Größen sind, läßt sich eine primäre Näherung und damit eine Differentialgleichung vom Typ (5.86/6) finden. Man sieht sogar sofort, daß diese Gleichung

$$dr / \sum_{(k)} r^k \rho_k = - d\tau \qquad (5.86/21)$$

lautet; dabei kann jedes der ρ_k aus irgendeiner der drei Gleichungen (5.86/5) entstanden sein.

Die Umkehraufgabe, das Ermitteln der Exponenten k und der Koeffizienten ρ_k, wird jedoch mit zunehmender Zahl der Glieder rasch unübersichtlich und schwierig. Einige Ausführungen zu dieser Umkehraufgabe findet man in Lit.5.86/1.

5.87 Beispiele zur primären Näherung: Selbsterregte Schwinger, ihr periodisches und ihr transientes Verhalten

α) Die van der Polsche und die Rayleighsche Differentialgleichung

Die Erörterungen in diesem Abschnitt schließen wir an zwei Differentialgleichungen an, die gleichsam zu Musterformen von Differentialgleichungen für selbsterregte Schwingungen geworden sind: Die van der Polsche Differentialgleichung

$$\ddot{q} - \varepsilon(1 - \alpha^2 q^2)\varkappa\dot{q} + \varkappa^2 q = 0 \qquad (5.87/1a)$$

und die Rayleighsche Differentialgleichung

$$\ddot{q} - \varepsilon(1 - \beta^2 \dot{q}^2)\varkappa \dot{q} + \varkappa^2 q = 0 . \qquad (5.87/2a)$$

Zunächst zeigen wir: Die beiden Formen sind äquivalent; sie können aufgefaßt werden als Differentialgleichungen desselben Gebildes, die sich nur durch die gewählten abhängigen Veränderlichen unterscheiden. Zum Nachweis bringen wir (5.87/2a) auf die Form (5.87/1a): Durch Ableiten nach der Zeit wird aus (5.87/2a)

$$\dddot{q} - \varepsilon(1 - 3\beta^2 \dot{q}^2)\varkappa \ddot{q} + \varkappa^2 \dot{q} = 0 ,$$

mit $\bar{q} := \dot{q}/\varkappa$ folgt

$$\ddot{\bar{q}} - \varepsilon\varkappa(1 - 3\beta^2 \varkappa^2 \bar{q}^2)\dot{\bar{q}} + \varkappa^2 \bar{q} = 0 .$$

Diese Gleichung stellt eine van der Polsche Differentialgleichung vom Typ (5.87/1a) für die Koordinate $\bar{q}$ dar, wenn man $3\beta^2\varkappa^2 = \alpha^2$ setzt.

Weiterhin verwenden wir sowohl die van der Polsche wie die Rayleighsche Differentialgleichung in ihren dimensionslosen Formen. Diese lauten (wie in Abschn.5.12 explizit gezeigt wurde) anstelle von (5.87/1a)

$$x'' + x = \varepsilon(1 - x^2)x' , \qquad (5.87/1b)$$

anstelle von (5.87/2a)

$$x'' + x = \varepsilon(1 - x'^2)x' . \qquad (5.87/2b)$$

Zum Aufsuchen der primären Näherungen benutzen wir von den beiden gleichwertigen Möglichkeiten (5.84/1) und (5.84/4) hier die zweite, den sin-Ansatz (5.84/4), und somit die Dgln.(5.84/5). Für die van der Polsche Gleichung (5.87/1b) lautet das Störglied in (5.83/1)

$$\varepsilon f(x, x') = \varepsilon(1 - x^2)x' . \qquad (5.87/3)$$

Daher folgen aus (5.84/5) die beiden Differentialgleichungen

$$r' = \frac{\varepsilon}{2\pi} \int_0^{2\pi} r(1 - r^2 \sin^2\varphi) \cos^2\varphi \, d\varphi \qquad (5.87/4a)$$

und

$$\Phi' = -\frac{\varepsilon}{2\pi r} \int_0^{2\pi} r(1 - r^2 \sin^2\varphi) \cos\varphi \sin\varphi \, d\varphi \, . \qquad (5.87/4b)$$

Leicht erledigen läßt sich die zweite dieser Gleichungen; man sieht sofort, daß

$$\Phi' = 0 \qquad (5.87/5)$$

wird. Die Frequenz der Schwingungen bleibt also konstant und ist gleich der des harmonischen Schwingers, also gleich 1.

Die erste Gleichung, (5.87/4a), führt auf

$$r' = (\varepsilon r/2)[1 - (r^2/4)] \, . \qquad (5.87/6)$$

Man sieht qualitativ: Für kleine Werte von r ist r' positiv, die Schwingungen wachsen an; für große Werte von r ist r' negativ, die Schwingungen nehmen ab. Derjenige Wert von r, der r' zum Verschwinden bringt, heiße r_G. Er bedeutet den Radius des Kreises, der Grenzzykel ist. Mit r_G schreibt sich (5.87/6) als

$$r' = (\varepsilon r/2)[1 - (r/r_G)^2] \, . \qquad (5.87/7)$$

Im vorliegenden Fall gilt $r_G = 2$. Die stationäre Schwingung ist also eine harmonische Schwingung mit der Frequenz 1 und der Amplitude $r_G = 2$.

Das transiente Verhalten, d.h. das Einschwingen in den Grenzzykel, können wir aus (5.87/7) noch genauer kennenlernen. Durch Trennen der Veränderlichen finden wir mit $\xi := r/r_G$

$$\frac{d\xi}{\xi(1 - \xi^2)} = \frac{\varepsilon}{2} \, d\tau \, . \qquad (5.87/8)$$

Einer Integraltafel entnehmen wir

$$\int \frac{dx}{x(a^2 - x^2)} = \frac{1}{2a^2} \ln \left| \frac{x^2}{a^2 - x^2} \right| \, . \qquad (5.87/9)$$

Integrieren der Dgl.(5.87/8) von ξ_0 bis ξ auf der linken Seite, von 0 bis τ auf der rechten liefert also

$$\frac{1}{2}\ln\left|\frac{\xi^2}{\xi_0^2}\,\frac{1-\xi_0^2}{1-\xi^2}\right| = \frac{\varepsilon}{2}\tau \,. \tag{5.87/10}$$

Übergehen zur Umkehrfunktion bringt

$$(\xi/\xi_0)^2\,[(1-\xi_0^2)/(1-\xi^2)] = e^{\varepsilon\tau} \tag{5.87/11}$$

und (nach kurzer Rechnung)

$$\xi = \xi_0\Big/\sqrt{\xi_0^2 + [1-\xi_0^2]\,e^{-\varepsilon\tau}}\,. \tag{5.87/12}$$

Die Gln.(5.87/10) bis (5.87/12) beschreiben den transienten Zustand, das Einschwingen in die periodische Grenzschwingung von $r = r_0$ bei $\tau = 0$ bis zu $r = r_G$ bei $\tau \to \infty$. Dabei kann $\xi_0 > 1$, d.h. $r_0 > r_G$ oder aber $\xi_0 < 1$, d.h. $r_0 < r_G$ sein; der Grenzzykel kann von außen oder von innen erreicht werden.

Die Gl.(5.87/10) kann überdies dazu dienen, die Zeitspannen für das Anwachsen oder Abnehmen zu ermitteln, also etwa die Frage zu beantworten: Wie lange (τ_{01}) dauert das Anwachsen oder Abnehmen der Amplitude vom Wert $r_0 = \xi_0 r_G$ auf den Wert $r_1 = \xi_1 r_G$? Die Antwort lautet:

$$\tau_{01} = \frac{1}{\varepsilon}\ln\left|\frac{\xi_1^2}{\xi_0^2}\,\frac{1-\xi_0^2}{1-\xi_1^2}\right| \,. \tag{5.87/13}$$

In dieser Zeit τ_{01} laufen (weil die Frequenz gleich Eins ist)

$$N_{01} = \tau_{01}/2\pi$$

Schwingungen ab.

Für die R a y l e i g h s c h e G l e i c h u n g (5.87/2b) lautet das Störglied in (5.83/1)

$$\varepsilon f(x,x') = \varepsilon(1-x'^2)\,x' \,, \tag{5.87/14}$$

deshalb werden die Dgln.(5.84/5) zu

$$r' = \frac{\varepsilon}{2\pi}\int_0^{2\pi} r(1 - r^2\cos^2\varphi)\cos^2\varphi \, d\varphi \, , \tag{5.87/15a}$$

$$\Phi' = -\frac{\varepsilon}{2\pi r}\int_0^{2\pi} r(1 - r^2\cos^2\varphi)\cos\varphi\,\sin\varphi \, d\varphi \, . \tag{5.87/15b}$$

Die erste dieser Gleichungen führt auf

$$r' = (\varepsilon r/2)[1 - 3r^2/4] \tag{5.87/16}$$

und somit auf $r_G = 2/\sqrt{3}$. Das transiente Verhalten wird (mit dem neuen Wert für r_G) wieder durch die Gln.(5.87/8) bis (5.87/13) beschrieben.

Die Gl.(5.87/15b) führt auch hier wieder auf $\Phi' = 0$ mit den oben beschriebenen Folgen für die Frequenz η.

β) Zwei "modifizierte van der Polsche" Differentialgleichungen

Neben den beiden Musterformen (5.87/1) von Differentialgleichungen für selbsterregte Schwingungen, der van der Polschen und der Rayleighschen, gibt es viele andere. Der Verfasser hat den Vorschlag gemacht, jenen Musterformen anders gebaute, aber "ähnlich wirkende" Differentialgleichungen zur Seite zu stellen, z.B. die Differentialgleichungen

$$\ddot{q} - (\operatorname{sign}\dot{q})\,\delta\,\dot{q}^2(1 - \alpha^2 q^2) + \varkappa^2 f_R(q) = 0 \tag{5.87/17}$$

oder

$$\ddot{q} - (\operatorname{sign}\dot{q})\,\varkappa^2\tilde{\sigma}(1 - \beta^2\dot{q}^2) + \varkappa^2 f_R(q) = 0 \tag{5.87/18}$$

und solche Differentialgleichungen als "m o d i f i z i e r t e van der Polsche" Differentialgleichungen zu bezeichnen (Lit.5.87/1). In vier Untersuchungen haben E. Kreyszig und der Verfasser die beiden genannten und einige weitere, daraus verallgemeinerte Differentialgleichungen behandelt, Lit.5.87/2.

Die beiden Dgln.(5.87/17) und (5.87/18) enthalten jede einen Term mit dem Faktor $\operatorname{sign}\dot{q}$. Sie gehören also zu Gebilden "mit Schaltern", wie sie in diesem Buche im Hauptabschnitt 5.5 untersucht werden. Auch einige "modifizierte van der Polsche" Differentialgleichungen waren dabei vor allem in den Abschn.5.53 und 5.55 in die Betrachtungen eingeschlossen worden.

An dieser Stelle wollen wir die Gln.(5.87/17) und (5.87/18) für kleine Faktoren δ und $\tilde{\sigma}$ in den Energieaustauschtermen und für den Sonderfall linearer Rückstellkräfte mit den Mitteln der Störungsrechnung behandeln und die primären Näherungen ihrer Lösungen herstellen.

Wir beginnen mit (5.87/17). Unter den gemachten Voraussetzungen schreibt sich diese Gleichung

$$\ddot{q} + \varkappa^2 q = +(\operatorname{sign}\dot{q})\,\delta\,\dot{q}^2(1-\alpha^2 q^2)\;. \qquad (5.87/19a)$$

Mit $\tau := \varkappa t$ und $x := \alpha q$ sowie $\varepsilon := \delta/\alpha$ entsteht die dimensionslose Form

$$x'' + x = +(\operatorname{sign} x')\,\varepsilon\, x'^2(1-x^2)\;. \qquad (5.87/19b)$$

Das Störglied $\varepsilon f(x,x')$ aus Gl.(5.83/1) lautet demgemäß

$$\varepsilon f(x,x') = \varepsilon(\operatorname{sign} x')\,x'^2(1-x^2)\;. \qquad (5.87/19c)$$

Benutzt man den Ansatz (5.84/4), so erhält man als Dgln.(5.84/5) der primären Näherung

$$r' = \frac{\varepsilon r^2}{2\pi}\int_0^{2\pi}(\operatorname{sign}\cos\varphi)\cos^3\varphi\,(1-r^2\sin^2\varphi)\,d\varphi\;, \qquad (5.87/20a)$$

$$\Phi' = -\frac{\varepsilon r}{2\pi}\int_0^{2\pi}(\operatorname{sign}\cos\varphi)\sin\varphi\cos^2\varphi\,(1-r^2\sin^2\varphi)\,d\varphi\,. \qquad (5.87/20b)$$

Aus der ersten dieser Gleichungen folgt

$$r' = \frac{\varepsilon}{\pi}\,\frac{4}{3}\,r^2\Big[1-\frac{r^2}{5}\Big]\;, \qquad (5.87/21)$$

der Radius des Grenzzykels beträgt demnach

$$r_G = \sqrt{5}\,. \qquad (5.87/21')$$

Durch Integration von (5.87/21) läßt sich auch das transiente Verhalten $r(\tau)$ bestimmen. Gl.(5.87/20b) liefert wieder

$$\Phi' = 0\,. \qquad (5.87/22)$$

Ganz analog behandelt man die Gl.(5.87/18). Unter den oben gemachten Voraussetzungen lautet sie zunächst

$$\ddot{q} + \varkappa^2 q = (\operatorname{sign}\dot{q})\,\varkappa^2\,\tilde{\sigma}(1 - \beta^2\dot{q}^2)\,. \qquad (5.87/23a)$$

Mit $\tau := \varkappa t$ sowie $\alpha^2 := \beta^2\varkappa^2$ und $x := \alpha q$ sowie $\varepsilon := \alpha\tilde{\sigma}$ erhält sie die dimensionslose Fassung

$$x'' + x = \varepsilon(\operatorname{sign} x')(1 - x'^2)\,. \qquad (5.87/23b)$$

Unter Benutzung von (5.84/4) erhält man als Dgln.(5.84/5) der primären Näherung nun

$$r' = \frac{\varepsilon}{2\pi}\int_0^{2\pi}(\operatorname{sign}\cos\varphi)(1 - r^2\cos^2\varphi)\cos\varphi\,d\varphi \qquad (5.87/24a)$$

und

$$\Phi' = -\frac{\varepsilon}{2\pi r}\int_0^{2\pi}(\operatorname{sign}\cos\varphi)(1 - r^2\cos^2\varphi)\sin\varphi\,d\varphi\,. \qquad (5.87/24b)$$

Aus (5.87/24a) folgt

$$r' = \frac{\varepsilon}{\pi}\,2\,[1 - \tfrac{2}{3}r^2]\,, \qquad (5.87/25)$$

der Radius des Grenzzykels beträgt deshalb

$$r_G = \sqrt{3/2}\,. \qquad (5.87/25')$$

Aus (5.87/24b) folgt wieder

$$\Phi' = 0\,. \qquad (5.87/26)$$

Falls die Ausdrücke $\varkappa^2 f_R(q)$ für die Rückstellkräfte in den Gln. (5.87/17) und (5.87/18) nicht linear sind, so muß man unterscheiden, ob die Zusätze zum linearen Term $\varkappa^2 q$ ebenfalls einem kleinen Faktor, etwa ε_R, proportional sind oder nicht. Im ersten Fall kann der Einfluß von $\varepsilon_R f_R(q)$ auf r' und auf Φ' gesondert ermittelt und auf den rechten Seiten der resultierenden Gleichungen für r' und Φ' hinzugefügt werden. In diesem Falle gelten auch die Bemerkungen, die in Abschn.5.84 im Zusammenhang mit den Gln.(5.84/7) gemacht wurden; eine von ihnen lautet: (kleine) Zusätze zur Rückstellkraft haben keinen

Einfluß auf r', wohl aber auf Φ'. Im zweiten Fall wird meist die primäre Näherung überhaupt nicht ausreichen, man muß dann höhere Näherungen heranziehen.

γ) Pendel mit Stoßerregung

Hier gehen wir nicht unmittelbar von einer Differentialgleichung aus, sondern betrachten einen vorgegebenen Schwinger. Dieser sei ein Pendel, auf das geschwindigkeitsproportionale Dämpfungskräfte wirken und dem bei jedem Durchgang durch die Mittellage Stöße in seiner jeweiligen Bewegungsrichtung erteilt werden. Eine solche Anordnung ist ein selbsterregter Schwinger. Wir setzen noch voraus, daß die je Schwingung zugeführte und verzehrte Energie klein sei. Die erwähnten Stöße mögen einen Impuls vom Betrage $J = \varepsilon\hat{K}$ aufweisen.

Zur Aufstellung der Bewegungsgleichung ziehen wir den Impulssatz in differentieller Form heran. So kommt (linearisiert)

$$m\, d\dot{q} = -cq\, dt - \varepsilon b \dot{q}\, dt + dJ\,, \qquad (5.87/27a)$$

dabei ist

$$dJ = \varepsilon \hat{K}\, \delta(q=0)\, dq\,,$$

und hierin bedeutet $\delta(q=0)$ die Diracsche "δ-Funktion" mit den Eigenschaften

$$\delta(q) = 0 \quad \text{für} \quad q \neq 0 \quad \text{und} \quad \int_{-0}^{+0} \delta(q=0)\, dq = 1\,.$$

Setzt man (mit willkürlicher Bezugslänge L) $q := Lx$, also $dq = L\dot{x}\, dt$, sowie in üblicher Weise

$$\varkappa^2 = c/m\,, \qquad 2D = b/\sqrt{mc}\,, \qquad ' = \frac{d}{d\tau}\,, \qquad \tau = \varkappa t\,,$$

so wird aus (5.87/27a)

$$x'' + x + \varepsilon 2D x' = \varepsilon [\hat{K}/L\sqrt{mc}\,]\, x' \delta(x=0)\,. \qquad (5.87/27b)$$

Die dimensionslose Größe $\hat{K}/L\sqrt{mc}$ ist ein Maß für die Stärke der beim Nulldurchgang erteilten Stöße; kürzt man sie durch λ ab,

$$\lambda = \hat{K}/L\sqrt{mc}\,, \qquad (5.87/27c)$$

so lautet die Differentialgleichung der Bewegung schließlich

$$x'' + x = \varepsilon[-2Dx' + \lambda x'\delta(x=0)]. \qquad (5.87/27d)$$

Die rechte Seite der Gl.(5.87/27d) bedeutet die Störfunktion $\varepsilon f(x,x')$ aus Gl.(5.83/1). Mit dem Ansatz (5.84/4) für die primäre Näherung entstehen die Gln.(5.84/5)

$$r' = \frac{\varepsilon}{2\pi}\int_0^{2\pi}[-2Dr\cos\varphi + \lambda\delta(r\sin\varphi = 0)r\cos\varphi]\cos\varphi\, d\varphi \qquad (5.87/28a)$$

und

$$\Phi' = -\frac{\varepsilon}{2\pi r}\int_0^{2\pi}[-2Dr\cos\varphi + \lambda\delta(r\sin\varphi = 0)r\cos\varphi]\sin\varphi\, d\varphi. \qquad (5.87/28b)$$

Aus der ersten Gleichung folgt

$$r' = \varepsilon[-Dr + (\lambda/\pi)]. \qquad (5.87/29a)$$

Der Radius r_G des Grenzzykels wird deshalb zu

$$r_G = \lambda/\pi D. \qquad (5.87/29b)$$

Die transienten Schwingungen werden durch die Differentialgleichung

$$\frac{dr}{d\tau} = -\varepsilon D[r - r_G] \qquad (5.87/29c)$$

beschrieben; sie wird mit $\xi := r/r_G$ nach Trennung der Veränderlichen zu

$$\frac{d\xi}{\xi - 1} = -\varepsilon D\, d\tau.$$

Ihre Integration zwischen ξ_0 und ξ sowie 0 und τ liefert

$$r/r_G = 1 + [(r_0/r_G) - 1]e^{-\varepsilon D\tau}. \qquad (5.87/29d)$$

Die zweite der Gln.(5.87/28) bringt wieder $\Phi' = 0$.

δ) Schlußbemerkung

In allen fünf Beispielen, die in diesem Abschnitt betrachtet wurden, führt die Differentialgleichung für Φ zu $\Phi' = 0$. Diese Ergebnisse lassen sich aus den fünf angeschriebenen Differentialgleichungen, nämlich (5.87/4b), (5.87/15b), (5.87/20b), (5.87/24b), (5.87/28b), jeweils ohne große Mühe gewinnen, wie wir oben andeuteten.

Hätte man jedoch beachtet, daß in allen fünf Fällen die Störfunktion $f(x,x')$ die Gestalt $f = g_1(x^2)\ f_2(x')$ der Gl.(5.84/8) besitzt (gegebenenfalls mit $g_1 \equiv 1$), so hätte man in keinem der fünf Fälle die Gleichung für Φ' überhaupt anzuschreiben brauchen. Denn von dem Ausdruck (5.84/8) war oben allgemein gezeigt worden, daß er zu $\Phi' = 0$ (5.84/8b) führt. In jedem der fünf Fälle hätte dann von vornherein festgestanden: Die Frequenz η der primären Näherung behält sowohl im stationären wie im transienten Bereich unverändert den Wert Eins.

5.88 Verbesserungen der primären Näherung: Echte Näherungen erster Ordnung, Hinweise für Näherungen zweiter Ordnung; Beispiele

In Abschn.5.83 und Abschn.5.84 wurden zur Dgl.(5.83/1) mit Hilfe des Verfahrens "K-B I" Näherungslösungen hergestellt, die wir als primäre Näherungen bezeichnet haben. Ausgangspunkt war dabei stets einer der gleichwertigen Ansätze (5.84/1) oder (5.84/4); das Ergebnis waren die Differentialgleichungen erster Ordnung (5.84/3) bzw. (5.84/5) für die Parameter $r(\tau)$ und $\vartheta(\tau)$ bzw. $\Phi(\tau)$ der Ansätze. Man kann diese Differentialgleichungen auf zwei Wegen erhalten, nämlich durch ein Mittelungsverfahren (sog. Weg A, Unterabschnitt 5.83β) oder mit Hilfe der Störungsrechnung (sog. Weg B, Unterabschnitt 5.83γ).

Im Abschn.5.83 wurde schon deutlich darauf hingewiesen, daß eine primäre Näherung hybriden Charakter hat: Sie enthält einige, aber nicht alle Terme der Ordnung ε^1. Will man sie zu einer echten Näherung erster Ordnung verbessern, so muß man sie vervollständigen und alle Glieder der Ordnung ε^1 berücksichtigen. Eine solche Verbesserung läßt sich auf jedem der genannten Wege erreichen. Den besseren Überblick über die Potenzen von ε hat man bei der Störungsrechnung, rechnerisch einfacher ist das Mittelungsverfahren. Wir werden die Rechnung auf beiden Wegen durchführen und dabei (willkürlich) den cos-Ansatz benützen.

α) Störungsrechnung

Will man alle Glieder vom Einfluß ε^1 mitnehmen, so lautet der

Lösungsansatz wie in (5.83/11)

$$x = r(\tau)\cos\psi(\tau) + \varepsilon x^{(1)}(r,\psi) \quad \text{mit} \quad \psi(\tau) = \tau + \vartheta(\tau), \qquad (5.88/4a)$$

wobei die Funktionen $r(\tau)$ und $\vartheta(\tau)$ jedoch statt aus den Dgln.(5.83/12) nun aus den Differentialgleichungen

$$\frac{dr}{d\tau} = \varepsilon A^{(1)}(r) + \varepsilon^2 A^{(2)}(\tau),$$
$$\frac{d\vartheta}{d\tau} = \varepsilon B^{(1)}(r) + \varepsilon^2 B^{(2)}(\tau) \qquad (5.88/4b)$$

bestimmt werden müssen.

Die Bedeutung von $A^{(i)}(r)$, $B^{(i)}(r)$ und $x^{(i)}(r,\psi)$ für $i = 1,2$ sei ohne Herleitung angegeben:

Die Terme $A^{(1)}(r)$ und $B^{(1)}(r)$ erhält man wie zuvor aus (5.83/15); unter Beachtung von (5.88/5b) ist damit gleichwertig

$$A^{(1)}(r) = -h_1(r)/2 \quad , \qquad B^{(1)}(r) = -g_1(r)/2r .$$

Die Funktion $x^{(1)}(r,\psi)$ lautet

$$x^{(1)}(r,\psi) = [g_0(r)/2] - \sum_{n=2}^{\infty} [g_n(r)\cos n\psi + h_n(r)\sin n\psi]/(n^2-1), \qquad (5.88/5a)$$

hierbei ist

$$g_n(r) = \frac{1}{\pi}\int_0^{2\pi} f(r\cos\psi, -r\sin\psi)\cos n\psi \, d\psi,$$
$$h_n(r) = \frac{1}{\pi}\int_0^{2\pi} f(r\cos\psi, -r\sin\psi)\sin n\psi \, d\psi . \qquad (5.88/5b)$$

Die Größen $A^{(2)}(r)$ und $B^{(2)}(r)$ erhält man aus

$$A^{(2)}(r) = -\frac{1}{2}[2A^{(1)}B^{(1)} + A^{(1)}\frac{dB^{(1)}}{dr}r] - \frac{1}{2\pi}\int_0^{2\pi} R\sin\psi \, d\psi,$$
$$B^{(2)}(r) = -\frac{1}{2r}[rB^{(1)} - A^{(1)}\frac{dA^{(1)}}{dr}] - \frac{1}{2\pi r}\int_0^{2\pi} R\cos\psi \, d\psi . \qquad (5.88/6a)$$

Wenn man statt des Arguments $(r\cos\psi, -r\sin\psi)$ eine leere Klammer schreibt, so ist der Faktor R im Integranden gegeben durch

$$R = x^{(1)}(r,\psi)\frac{\partial f}{\partial x}(\ ) + (A^{(1)}\cos\psi - rB^{(1)}\sin\psi + \frac{\partial x^{(1)}}{\partial \psi})\frac{\partial f}{\partial x'}(\ )$$

$$- 2A^{(1)}\frac{\partial^2 x^{(1)}}{\partial r\,\partial\psi} - 2B^{(1)}\frac{\partial^2 x^{(1)}}{\partial\psi^2} . \quad (5.88/6b)$$

Die Formeln (5.88/5) und (5.88/6) nehmen ein sehr viel einfacheres Aussehen an, sobald die Funktion $f(x,x')$ festliegt und deshalb für $f(x,x')$ und die Ableitungen $\partial f/\partial x$ und $\partial f/\partial x'$ explizite Ausdrücke eingesetzt werden können.

Die zum Aufstellen höherer Näherungen notwendigen Beziehungen wurden zwar schon in Abschn.5.83γ bereitgestellt, wir wollen die Formeln jedoch nicht für die allgemeine Funktion $f(x,x')$ anschreiben, da sie viel zu unübersichtlich würden.

Wir zeigen vielmehr an einem Beispiel, wie die Gln.(5.88/4) bis (5.88/6) zur Herstellung einer echten Näherung erster Ordnung angewendet werden. Als Beispiel wählen wir die van der Polsche Differentialgleichung

$$x'' + x = \varepsilon(1 - x^2)x' , \quad (5.88/7)$$

es ist also

$$f(x,x') = (1 - x^2)x' .$$

Der Satz der Differentialgleichungen für die primäre Näherung lautet gemäß (5.87/6) und (5.87/5)

$$r' = \varepsilon\frac{r}{2}[1 - \frac{r^2}{4}] ,$$
$$\vartheta' = 0 . \quad (5.88/8)$$

Die in (5.88/4) bis (5.88/6) benötigten Größen verschaffen wir uns in drei Schritten:

Erstens: Die Ausdrücke $A^{(1)}(r)$ und $B^{(1)}(r)$ folgen aus (5.83/12) und (5.83/15) und deshalb für unser Beispiel aus (5.88/8) zu

$$A^{(1)}(r) = \frac{r}{2}(1 - \frac{r^2}{4}) \quad \text{und} \quad B^{(1)}(r) = 0 . \quad (5.88/9)$$

Z w e i t e n s : Wir berechnen die Funktion $x^{(1)}(r,\psi)$ nach (5.88/5a) mit den Bestandteilen $g_n(r)$ und $h_n(r)$ nach (5.88/5b) für

$$f(x,x') = (1 - x^2)\,x' \quad \text{und} \quad x = r\cos\psi\,, \quad x' = -r\sin\psi\,.$$

So kommt zunächst

$$g_n(r) = -\frac{r}{\pi}\int_0^{2\pi}\sin\psi\,(1 - r^2\cos^2\psi)\cos n\psi\;d\psi\,. \tag{5.88/10}$$

Dieser Ausdruck wird, wie man leicht nachrechnet, zu Null für alle ganzzahligen n, einschließlich $n = 0$. Weiterhin wird

$$h_n(r) = -\frac{r}{\pi}\int_0^{2\pi}\sin\psi\,(1 - r^2\cos^2\psi)\sin n\psi\;d\psi\,. \tag{5.88/11}$$

Dieser Ausdruck verschwindet für $n \neq 1$ und $n \neq 3$. Für $n = 1$ benötigt man ihn nicht, da die primäre Näherung bekannt ist; für $n = 3$ wird $h_3(r) = r^3/4$.

Die Funktion $x^{(1)}(r,\psi)$ aus (5.88/5a) reduziert sich deshalb auf

$$x^{(1)}(r,\psi) = -(r^3\sin 3\psi)/32\,, \tag{5.88/12a}$$

ihre Ableitungen sind

$$\begin{aligned}\frac{\partial x^{(1)}}{\partial\psi} &= -\frac{3}{32}\,r^3\cos 3\psi\,,\\ \frac{\partial^2 x^{(1)}}{\partial r\,\partial\psi} &= -\frac{9}{32}\,r^2\cos 3\psi\,,\\ \frac{\partial^2 x^{(1)}}{\partial\psi^2} &= +\frac{9}{32}\,r^3\sin 3\psi\,.\end{aligned} \tag{5.88/12b}$$

D r i t t e n s : Um die Größen $A^{(2)}(r)$ und $B^{(2)}(r)$ zu berechnen, benötigen wir einige Hilfsgrößen. Es ist

$$\begin{aligned}A^{(1)}(r) &= \frac{r}{2}\left(1 - \frac{r^2}{4}\right),\\ \frac{dA^{(1)}}{dr} &= \frac{1}{2} - \frac{3r^2}{8} = \frac{1}{2}\left(1 - \frac{3}{4}r^2\right);\end{aligned} \tag{5.88/13a}$$

$$B^{(1)}(r) = 0 \,, \qquad \frac{dB^{(1)}}{dr} = 0 \,; \tag{5.88/13b}$$

$$f = (1 - x^2)\, x' \,,$$

$$\frac{\partial f}{\partial x} = -2 x x' \,, \qquad \frac{\partial f}{\partial x'} = 1 - x^2 \,, \tag{5.88/13c}$$

$$\frac{\partial f}{\partial x}(\ \ ) = +2 r^2 \cos\psi \sin\psi \,, \qquad \frac{\partial f}{\partial x'}(\ \ ) = 1 - r^2 \cos^2\psi \,.$$

Mit den Ausdrücken (5.88/12) und (5.88/13) folgt aus der ersten Gleichung von (5.88/6) für $A^{(2)}(r)$

$$A^{(2)}(r) = -[J_1 + J_2 + J_3 + J_4 + J_5 + J_6]/2\pi \,; \tag{5.88/14a}$$

$$J_1 := -\frac{r^5}{16} \int_0^{2\pi} \sin 3\psi \sin^2\psi \cos\psi \, d\psi \,,$$

$$J_2 := \frac{r}{2}\left(1 - \frac{r^2}{4}\right) \int_0^{2\pi} \cos\psi \sin\psi \, d\psi \,,$$

$$J_3 := -\frac{3r^3}{32} \int_0^{2\pi} \cos 3\psi \sin\psi \, d\psi \,,$$

$$J_4 := -\frac{r^3}{2}\left(1 - \frac{r^2}{4}\right) \int_0^{2\pi} \cos^3\psi \sin\psi \, d\psi \,, \tag{5.88/14b}$$

$$J_5 := +\frac{3r^5}{32} \int_0^{2\pi} \cos 3\psi \cos^2\psi \sin\psi \, d\psi \,,$$

$$J_6 := \frac{9}{32} r^3 \left(1 - \frac{r^2}{4}\right) \int_0^{2\pi} \cos 3\psi \sin\psi \, d\psi \,.$$

Man bestätigt leicht, daß alle sechs Integrale J_1 bis J_6 verschwinden; daher wird

$$A^{(2)}(r) = 0 \,. \tag{5.88/15}$$

Aus der zweiten Gleichung von (5.88/6) folgt in entsprechender Weise $B^{(2)}(r)$ zu

$$B^{(2)}(r) = \frac{1}{8}\left(1 - \frac{3r^2}{4}\right)\left(1 - \frac{r^2}{4}\right) - \frac{1}{2\pi r}[K_1 + K_2 + K_3 + K_4 + K_5 + K_6] \,. \tag{5.88/16a}$$

Die sechs Integrale K_1 bis K_6 und ihre Ergebnisse lauten:

$$K_1 := -\frac{r^5}{16}\int_0^{2\pi} \sin 3\psi \cos^2\psi \sin\psi \, d\psi = -\frac{\pi}{64} r^5 ,$$

$$K_2 := \frac{r}{2}\left(1-\frac{r^2}{4}\right)\int_0^{2\pi} \cos^2\psi \, d\psi = \frac{r\pi}{2}\left(1-\frac{r^2}{4}\right) ,$$

$$K_3 := -\frac{3r^2}{32}\int_0^{2\pi} \cos 3\psi \cos\psi \, d\psi = 0 ,$$

$$K_4 := -\frac{r^3}{2}\left(1-\frac{r^2}{4}\right)\int_0^{2\pi} \cos^4\psi \, d\psi = -\frac{3\pi}{8} r^3\left(1-\frac{r^2}{4}\right) , \tag{5.88/16b}$$

$$K_5 := \frac{3r^5}{32}\int_0^{2\pi} \cos 3\psi \cos^3\psi \, d\psi = \frac{3\pi}{128} r^5 ,$$

$$K_6 := \frac{9}{32} r^3\left(1-\frac{r^2}{4}\right)\int_0^{2\pi} \cos 3\psi \cos\psi \, d\psi = 0 .$$

Daher wird

$$B^{(2)}(r) = -\left[\frac{1}{8} - \frac{1}{8}r^2 + \frac{7}{256}r^4\right] . \tag{5.88/16c}$$

Die verbesserte Näherung lautet somit wegen (5.88/4a) und (5.88/12a)

$$x = r\cos\psi - (\varepsilon r^3 \sin 3\psi)/32 . \tag{5.88/17}$$

Dabei folgen r und ψ aus (5.88/4), also wegen (5.88/13), (5.88/15) und (5.88/16c) aus den Differentialgleichungen

$$r' = \varepsilon \frac{r}{2}\left(1-\frac{r^2}{4}\right) , \tag{5.88/18a}$$

$$\vartheta' = -\varepsilon^2\left(\frac{1}{8} - \frac{1}{8}r^2 + \frac{7}{256}r^4\right). \tag{5.88/18b}$$

Die aus $r' = 0$ folgende stationäre Lösung, der Grenzzykel, ist hier keine rein harmonische Schwingung mehr; die primäre Lösung mit der Amplitude $r = 2$ bleibt zwar Grundschwingung, es tritt aber eine Oberschwingung hinzu:

$$x(\tau) = 2\cos\psi - (\varepsilon \sin 3\psi)/4 . \tag{5.88/19a}$$

Die Frequenz $\eta = 1 + \vartheta'$ wird zu

$$\eta = 1 - (\varepsilon^2/16)\,, \tag{5.88/19b}$$

in erster Ordnung bleibt sie ungeändert. Aus dem Zahlenfaktor bei ε^2 darf man keine Schlüsse ziehen, denn dazu hätten wir außer den ε-Termen auch die ε^2-Terme vollständig berücksichtigen müssen.

β) Mittelungsverfahren

Als Ausgangspunkt dienen die Dgln.(5.83/5):

$$\begin{aligned} r' &= -\varepsilon f(r\cos\psi, -r\sin\psi)\sin\psi\,, \\ \vartheta' &= -(\varepsilon/r)\, f(r\cos\psi, -r\sin\psi)\cos\psi\,. \end{aligned} \tag{5.88/20}$$

Ihre rechten Seiten entwickeln wir in Fourier-Reihen nach ψ; das ergibt formal

$$\begin{aligned} r' &= \varepsilon \sum_\nu [\, C_\nu^{(1)}(r)\cos\nu\psi + S_\nu^{(1)}(r)\sin\nu\psi\,]\,, \\ \vartheta' &= \varepsilon \sum_\nu [\, C_\nu^{(2)}(r)\cos\nu\psi + S_\nu^{(2)}(r)\sin\nu\psi\,]\,. \end{aligned} \tag{5.88/21}$$

Zu einer "nullten Näherung", r_0 und ϑ_0, gelangt man, wenn man auf der rechten Seite von (5.88/21) nur die aus $\nu = 0$ stammenden konstanten Terme beibehält, dagegen die oszillierenden Terme (d.s. die mit $\nu \neq 0$) unbeachtet läßt. Der Satz der Differentialgleichungen für diese nullte Näherung lautet also

$$\begin{aligned} r_0' &= \varepsilon\, C_0^{(1)}(r_0)\,, \\ \vartheta_0' &= \varepsilon\, C_0^{(2)}(r_0)\,, \end{aligned} \tag{5.88/22a}$$

dabei gilt

$$\begin{aligned} C_0^{(1)}(r_0) &= -\frac{1}{2\pi}\int_0^{2\pi} f(r_0\cos\psi, -r_0\sin\psi)\sin\psi\, d\psi\,, \\ C_0^{(2)}(r_0) &= -\frac{1}{2\pi r_0}\int_0^{2\pi} f(r_0\cos\psi, -r_0\sin\psi)\cos\psi\, d\psi\,. \end{aligned} \tag{5.88/22b}$$

Diese Differentialgleichungen stimmen mit den Gln.(5.83/6) überein; die hier aufgestellte nullte Näherung ist nichts anderes als die primäre Näherung aus Abschn.5.83 und Abschn.5.84.

Soll diese Näherung $r_0(\tau)$, $\vartheta_0(\tau)$ verbessert werden, so müssen in (5.88/21) auch die aus $\nu \neq 0$ stammenden Terme berücksichtigt werden. Wir bauen eine verbesserte Näherung r_1, ϑ_1 auf in der Form

$$\begin{aligned} r_1 &= r_0 + r^* , \\ \vartheta_1 &= \vartheta_0 + \vartheta^* . \end{aligned} \tag{5.88/23}$$

bei sollen die Zusatzglieder r^* und ϑ^* entstehen durch Mittelungen, urch Integrationen nach ψ der Terme mit $\nu \neq 0$, nachdem dort die ungen r_0 und ϑ_0 eingesetzt worden sind. Jene Terme

$$C_\nu^{(i)}(r_0)\cos\nu\psi_0 \quad \text{und} \quad S_\nu^{(i)}(r_0)\sin\nu\psi_0 \qquad (i = 1,2) \tag{5.88/24a}$$

liefern beim Integrieren

$$C_\nu^{(i)}(r_0)[(\sin\nu\psi_0)/\nu] \quad \text{und} \quad -S_\nu^{(i)}(r_0)[(\cos\nu\psi_0)/\nu] . \tag{5.88/24b}$$

Demgemäß entsteht aus (5.88/23) die verbesserte "erste" Näherung

$$\begin{aligned} r_1 &= r_0 + \varepsilon \sum_{\nu \neq 0} [C_\nu^{(1)}(r_0 \sin\nu\psi_0 - S_\nu^{(1)}(r_0)\cos\nu\psi_0]/\nu , \\ \vartheta_1 &= \vartheta_0 + \varepsilon \sum_{\nu \neq 0} [C_\nu^{(2)}(r_0)\sin\nu\psi_0 - S_\nu^{(2)}(r_0)\cos\nu\psi_0]/\nu . \end{aligned} \tag{5.88/25}$$

Ob diese "erste" Näherung eine echte Näherung erster Ordnung ist, bleibt ungewiß, da die Mittelungsverfahren den Überblick über die ε-Potenzen erschweren. Will man über diesen Punkt Gewißheit haben, so empfiehlt sich der (allerdings aufwendigere) Weg über die Störungsrechnung.

Will man weiter verbessern, so muß man nach Art eines Iterationsverfahrens die Funktionen r_1 und ϑ_1 aus (5.88/25) in die rechten Seiten der Dgln.(5.88/20) einsetzen und anschließend wieder mitteln, d.h. integrieren, u.s.f.

Man findet die zu Beginn dieses Abschnittes gemachte Aussage bestätigt: Das Muster der Vorschriften zur sukzessiven Verbesserung der Näherungen und demgemäß auch die explizite Durchführung ist für den

Weg der Mittelungsverfahren beträchtlich einfacher als für den Weg der Störungsrechnung.

Das hier benutzte Vorgehen ist ähnlich dem in Lit.5.88/1 gezeigten. In jenem Buch werden überdies auch die mathematischen Grundlagen des Verfahrens sehr eingehend untersucht.

Wir betrachten nun zwei Beispiele.

Beispiel 1; die van der Polsche Differentialgleichung: Diese schon mehrfach behandelte Differentialgleichung weist in der Fassung (5.83/1)

$$x'' + x = \varepsilon f(x, x') \qquad (5.88/26a)$$

die Funktion

$$f(x, x') = (1 - x^2)x' \qquad (5.88/26b)$$

auf. Mit dem Ansatz (5.83/2) werden die Dgln.(5.88/20) deshalb zu

$$\begin{aligned} r' &= +\varepsilon r(1 - r^2\cos^2\psi)\sin^2\psi , \\ \vartheta' &= +\varepsilon(1 - r^2\cos^2\psi)\sin\psi\cos\psi . \end{aligned} \qquad (5.88/26c)$$

Das Entwickeln in Fourier-Reihen liefert für die Koeffizienten $C_\nu^{(i)}(r)$ und $S_\nu^{(i)}(r)$ in den Gln.(5.88/21) die folgenden Ausdrücke

$$\begin{aligned} &C_0^{(1)}(r) = \frac{r}{2}(1 - \frac{r^2}{4}) , \\ &C_2^{(1)}(r) = -r/2 , \qquad S_2^{(2)}(r) = (\frac{1}{2} - \frac{1}{4}r^2) , \\ &C_4^{(1)}(r) = +r^3/8 , \qquad S_4^{(2)}(r) = -r^2/8 ; \end{aligned} \qquad (5.88/27)$$

alle nicht genannten Koeffizienten sind gleich Null.

Für die nullte Näherung kommen daher aus (5.88/22) die beiden Differentialgleichungen

$$\begin{aligned} r_0' &= \varepsilon r_0(1 - (r_0^2/4))/2 , \\ \vartheta_0' &= 0 \end{aligned} \qquad (5.88/28)$$

zustande. Sie stimmen mit den als (5.87/6) und (5.87/5) angegebenen

Differentialgleichungen der primären Näherung überein. Betrachten wir nur den Grenzzykel mit $r_0 = 2$ und setzen die Integrationskonstante der zweiten Dgl.(5.88/28) gleich Null, $\vartheta_0 = 0$, so erhalten wir als nullte Näherung

$$x_0 = 2\cos\tau \; . \qquad (5.88/29)$$

Für die **e r s t e N ä h e r u n g**, d.h. die verbesserte primäre Näherung, finden wir gemäß (5.88/23)

$$\begin{aligned} r_1 &= r_0 + r^* \quad \text{mit} \quad r^* = \varepsilon\left[-\tfrac{1}{2}\sin 2\tau + \tfrac{1}{4}\sin 4\tau\right] \, , \\ \vartheta_1 &= \vartheta_0 + \vartheta^* \quad \text{mit} \quad \vartheta^* = \varepsilon\left[\tfrac{1}{4}\cos 2\tau + \tfrac{1}{9}\cos 4\tau\right] \end{aligned} \qquad (5.88/30)$$

und somit die Lösung $x_1(\tau)$

$$\begin{aligned} x_1(\tau) &= r_1(\tau)\cos\psi_1(\tau) = \qquad (5.88/31) \\ &= \left[2 + \varepsilon\left(-\tfrac{1}{2}\sin 2\tau + \tfrac{1}{4}\sin 4\tau\right)\right]\cos\left[\tau + \varepsilon\left(\tfrac{1}{4}\cos 2\tau + \tfrac{1}{8}\cos 4\tau\right)\right] \, . \end{aligned}$$

Um alle Terme von höherer als erster Ordnung in ε zu entfernen, entwickeln wir zunächst den zweiten Faktor $\cos(\tau + \varepsilon^*)$ gemäß

$$\cos(\tau + \varepsilon^*) = \cos\tau - \varepsilon^* \sin\tau \; ;$$

über das Zwischenergebnis

$$\begin{aligned} x_1(\tau) = &\left[2 + \varepsilon\left(-\tfrac{1}{2}\sin 2\tau + \tfrac{1}{4}\sin 4\tau\right)\right] \\ &\cdot\left[\cos\tau - \varepsilon\left(\tfrac{1}{4}\cos 2\tau + \tfrac{1}{8}\cos 4\tau\right)\sin\tau\right] \end{aligned} \qquad (5.88/32a)$$

finden wir schließlich

$$x_1(\tau) = 2\cos\tau - (\varepsilon\sin 3\tau)/4 \; . \qquad (5.88/32b)$$

Dieser Ausdruck stimmt mit dem weiter oben über die Störungsrechnung als Gl.(5.88/19a) gefundenen überein. Er stellt also tatsächlich eine echte Näherung erster Ordnung dar.

B e i s p i e l 2; der Duffingsche Schwinger: In der Dgl.(5.88/26a) ist nun

$$f(x, x') = -\varepsilon x^3 . \tag{5.88/33a}$$

Mit dem Ansatz (5.83/2) werden die Dgln.(5.88/20) deshalb zu

$$\begin{aligned} r' &= \varepsilon r^3 \cos^3\psi \sin\psi , \\ \vartheta' &= \varepsilon r^2 \cos^4\psi . \end{aligned} \tag{5.88/33b}$$

Entwickeln in Fourier-Reihen liefert als Koeffizienten in (5.88/21):

$$\begin{aligned} &C_0^{(2)}(r) = 3r^2/8 , \\ &C_2^{(2)}(r) = r^2/2 , \qquad S_2^{(1)}(r) = r^3/4 , \\ &C_4^{(2)}(r) = r^2/8 , \qquad S_4^{(1)}(r) = r^3/8 ; \end{aligned} \tag{5.88/34}$$

alle nicht genannten Koeffizienten sind auch hier gleich Null.

Die nullte Näherung folgt aus den Differentialgleichungen

$$\begin{aligned} r_0' &= 0 , \\ \vartheta_0' &= \varepsilon\, 3r_0^2/8 ; \end{aligned} \tag{5.88/35a}$$

sie führen zu

$$\begin{aligned} r_0 &= \text{const} = A , \\ \vartheta_0 &= \varepsilon\, 3A^2\tau/8 , \\ \psi_0 &= \tau(1 + \varepsilon(3/8)A^2) \end{aligned} \tag{5.88/35b}$$

und deshalb zur Lösung

$$x_0 = A \cos\tau[1 + \varepsilon(3/8)A^2] . \tag{5.88/35c}$$

Die nullte Näherung ist somit eine harmonische Schwingung mit der (beliebigen) Amplitude A und der Frequenz

$$\eta_0 = 1 + \varepsilon(3/8)A^2 . \tag{5.88/35d}$$

Die Frequenzquadrat-Amplituden-Beziehung lautet deshalb

$$\eta_0^2 = 1 + \varepsilon(3/4)A^2 ; \tag{5.88/35e}$$

sie stimmt überein mit jener für die harmonische Näherung, die in (5.75/8) als $\eta^2 = 1 + \Theta_h(3)X^2$ mit dem Wert $\Theta_h(3) = 3/4$ gemäß Tafel 5.74/V bestimmt wurde.

Die "erste" (die verbesserte primäre) Näherung $r_1 = r_0 + r^*$ und $\vartheta_1 = \vartheta_0 + \vartheta^*$ entsteht aus (5.88/25) mit den Koeffizienten (5.88/33); sie lautet

$$r_1 = A - (\varepsilon A^3/8)[\cos 2\psi_0 + (\cos 4\psi_0)/4] ,$$
$$\vartheta_1 = \varepsilon \tfrac{3}{8} A^2\tau + \varepsilon A^2 [\tfrac{1}{4} \sin 2\psi_0 + \tfrac{1}{32} \sin 4\psi_0] ; \qquad (5.88/36a)$$

deshalb wird

$$\psi_1 = \tau + \vartheta_1 = \psi_0 + \varepsilon A^2 [\tfrac{1}{4} \sin 2\psi_0 + \tfrac{1}{32} \sin 4\psi_0] . \qquad (5.88/36b)$$

Daraus baut sich die gesamte Lösung $x_1(\tau)$ auf als

$$x_1(\tau) = r_1(\tau) \cos \psi_1(\tau) . \qquad (5.88/36c)$$

Wie im Beispiel 1 entfernen wir auch hier die Glieder höherer Ordnung in ε, indem wir zunächst $\cos(\psi_0 + \varepsilon^*)$ gemäß (5.88/31) entwickeln und dann ausmultiplizieren. So entsteht aus (5.88/36c)

$$x_1 = A \{\cos[\tau(1 + \varepsilon \tfrac{3}{8} A^2)] - \tfrac{\varepsilon A^2}{32}(6 \cos\tau - \cos 3\tau)\} . \qquad (5.88/37a)$$

Die Frequenz η_1 wird wegen $\eta_1 = \psi_1'$ zu

$$\eta_1 = 1 + \frac{\varepsilon A^2}{8}[3 + 4\cos 2\tau + \cos 4\tau] \qquad (5.88/37b)$$

und die Beziehung zwischen Frequenzquadrat η_1^2 und A zu

$$\eta_1^2 = 1 + \frac{\varepsilon A^2}{4}[3 + 4\cos 2\tau + \cos 4\tau] . \qquad (5.88/37c)$$

Die verbesserte Näherung $x_1(\tau)$ zeigt nicht mehr eine harmonische Schwingung mit konstanter Amplitude, sondern [gemäß dem ursprünglichen Ansatz (5.83/3)] eine Schwingung, die sowohl in der Schwingweite als auch in der Frequenz moduliert ist.

5.89 Schwinger mit Totzeiten; Differenzen-Differentialgleichungen

Manche Gebilde, insbesondere Regelkreise, enthalten gelegentlich Elemente, in denen eine Wirkung mit einer zeitlichen Verzögerung, nach einer sogenannten Laufzeit oder Totzeit, eintritt. Eine Totzeit bezeichnen wir hier mit t_ν oder τ_ν ($\nu = 0,1,2,\ldots$). In der den Vorgang beschreibenden Differentialgleichung weisen dann nicht mehr alle Glieder das gleiche zeitliche Argument τ auf, ein Glied oder mehrere enthalten das Argument $\tau - \tau_0$ oder auch die Argumente $\tau - \tau_\nu$ ($\nu = 1,2,\ldots$). Die Differentialgleichung ist damit zu einer sogenannten Differenzen-Differentialgleichung (DDgl.) geworden.

Nur wenige dieser Gleichungen, ob linear oder nicht-linear, lassen sich streng lösen. Fast stets ist man auf Näherungslösungen angewiesen. Solche Näherungen zu den Lösungsfunktionen gewinnt man zweckmäßig mit Hilfe des Konzepts der harmonischen Balance. Und zwar kann man dabei, wenn die Ausgangs-DDgl. von zweiter Ordnung ist, entweder mit dem Verfahren "K-B I" die beiden Differentialgleichungen einer primären Näherung gewinnen (Unterabschnitt α) oder aber mit dem Verfahren "K-B II" eine äquivalente lineare Differentialgleichung (ä.l.Dgl.) zweiter Ordnung herstellen (Unterabschnitt β). Statt der DDgln. erhält man durch die K-B-Verfahren in allen Fällen Differentialgleichungen.

α) Verfahren "K-B I" (primäre Näherung für Gleichungen zweiter Ordnung)

Es sei zunächst an den folgenden Zusammenhang erinnert: Die Dgl.

$$x'' + x = \varepsilon\,[\,f_1(x) + f_2(x')\,] \tag{5.89/1}$$

besitzt eine Lösung, deren primäre Näherung in einer der Fassungen $x = r\cos(\tau + \vartheta)$ oder $x = r\sin(\tau + \Phi)$ durch die Differentialgleichungen (5.85/14b),

$$\begin{aligned} \frac{dr}{d\tau} &= -\frac{\varepsilon}{2}\, r\,[L_1 - K_2]\,, \\ \frac{d\vartheta}{d\tau} = \frac{d\Phi}{d\tau} &= -\frac{\varepsilon}{2}\,[K_1 + L_2] \end{aligned} \tag{5.89/2}$$

bestimmt wird. Die Krylov-Transformierten K_i und L_i sind dabei durch (5.85/12) definiert.

Nun stellen wir die zu (5.89/2) analogen Differentialgleichungen auf, die die primäre Näherung zur Lösungsfunktion der DDgl.

$$x'' + x = \varepsilon\,[\,f_1(x(\tau)) + f_3(x(\tau - \tau_3)) + f_2(x'(\tau)) + f_4(x'(\tau - \tau_4))\,] \qquad (5.89/3)$$

bestimmen. Weil die Funktion f_3 so wie f_1 von der Koordinate x abhängt, die Funktion f_4 wie f_2 von der Geschwindigkeit x', werden die zu (5.89/2) analogen Differentialgleichungen (wie man durch explizites Anschreiben und Ausrechnen bestätigen kann) lauten:

$$\frac{dr}{d\tau} = -\frac{\varepsilon}{2}\, r\,[\,L_1 + L_3^* - K_2 - K_4^*\,]\,,$$
$$\frac{d\vartheta}{d\tau} = \frac{d\Phi}{d\tau} = -\frac{\varepsilon}{2}\,[\,K_1 + K_3^* + L_2 + L_4^*\,]\,. \qquad (5.89/4)$$

Und weil die Funktionen $f_3(x)$ und $f_4(x')$ retardierende Argumente aufweisen, werden die Transformierten K_3^*, L_3^*, K_4^* und L_4^* gemäß (5.85/2) durch

$$K_i^*(r) = \frac{1}{\pi r}\int_0^{2\pi} f_i(r\cos(\alpha - \tau_i))\cos\alpha\, d\alpha\,,$$
$$L_i^*(r) = \frac{1}{\pi r}\int_0^{2\pi} f_i(r\cos(\alpha - \tau_i))\sin\alpha\, d\alpha\,, \qquad (i = 3, 4) \qquad (5.89/5a)$$

erklärt. Mit einer neuen Integrationsveränderlichen β,

$$\beta = \alpha - \tau_i\,, \qquad \alpha = \beta + \tau_i\,,$$

schreiben sie sich

$$K_i^*(r) = \frac{1}{\pi r}\int_0^{2\pi} f_i(r\cos\beta)\cos(\beta + \tau_i)\, d\beta\,,$$
$$L_i^*(r) = \frac{1}{\pi r}\int_0^{2\pi} f_i(r\cos\beta)\sin(\beta + \tau_i)\, d\beta\,, \qquad (i = 3, 4) \qquad (5.89/5b)$$

und nach Entwickeln gemäß den Additionstheoremen der trigonometrischen Funktionen (da die Totzeiten τ_i vorgegebene feste Größen sind)

$$K_i^*(r) = (\cos\tau_i)\,K_i(r) - (\sin\tau_i)\,L_i(r)\,,$$
$$(i = 3,4)\,. \qquad (5.89/5c)$$
$$L_i^*(r) = (\cos\tau_i)\,L_i(r) + (\sin\tau_i)\,K_i(r)\,,$$

Setzt man die K_i^* und L_i^* (5.89/5c) in die Dgln.(5.89/4) ein, so werden diese zu:

$$\frac{dr}{d\tau} = -\frac{\varepsilon}{2}\,r\,[\,L_1 - K_2 + L_3\cos\tau_3 + K_3\sin\tau_3 - K_4\cos\tau_4 + L_4\sin\tau_4\,]\,,$$

$$\frac{d\vartheta}{d\tau} = \frac{d\Phi}{d\tau} = -\frac{\varepsilon}{2}\,[\,K_1 + L_2 + K_3\cos\tau_3 - L_3\sin\tau_3 + L_4\cos\tau_4 + K_4\sin\tau_4\,]\,. \qquad (5.89/6a)$$

Von den vier Funktionen f_1 bis f_4 werden in der Regel f_2, f_3 und f_4 eindeutig und nur f_1 möglicherweise mehrdeutig sein. Dann werden $L_2 = L_3 = L_4 = 0$ und nur L_1 möglicherweise von Null verschieden sein. In einem solchen Fall vereinfachen sich die Dgln.(5.89/6a) zu

$$\frac{dr}{d\tau} = -\frac{\varepsilon}{2}\,r\,[\,L_1 - K_2 + K_3\sin\tau_3 - K_4\cos\tau_4\,]\,,$$

$$\frac{d\vartheta}{d\tau} = -\frac{\varepsilon}{2}\,[\,K_1 + K_3\cos\tau_3 + K_4\sin\tau_4\,]\,. \qquad (5.89/6b)$$

Die Dgln.(5.89/6a) oder (5.89/6b) bedeuten die Differentialgleichungen der primären Näherung zur Lösungsfunktion der DDgl.(5.89/3). Sie sind nach dem Verfahren "K-B I" hergestellt worden.

β) Verfahren "K-B II" (äquivalente Linearisierung)

Auch hier beginnen wir mit der Erinnerung an einen Zusammenhang: Zur nicht-linearen Differentialgleichung zweiter Ordnung (5.85/21) oder (5.89/1) gehört gemäß (5.85/27) die äquivalente lineare

$$x''(1 + \varepsilon L_2) - \varepsilon x' + (-L_1 + K_2) + x(1 - \varepsilon K_1) = 0 \qquad (5.89/7)$$

mit den durch (5.85/12) definierten Krylov-Transformierten.

Um zur nicht-linearen DDgl.(5.89/3) eine ä.l.Dgl. herzustellen, benutzen wir denselben Gedankengang wie beim Verfahren "K-B I": Das Hinzufügen von f_3 zu f_1 bringt K_3^* und L_3^* zu K_1 und L_1, Hinzufügen von f_4 zu f_2 bringt K_4^* und L_4^* zu K_2 und L_2. Weil die f_3 und f_4 retardierende Argumente aufweisen, müssen die mit Sternchen bezeichneten Transformierten verwendet werden, wie sie in den Gln.(5.89/5a) und (5.89/5b) entwickelt worden sind. Einsetzen von K* und L* in der Form (5.89/5c) in (5.89/7) liefert im allgemeinen

$$\begin{aligned} & x''[1 + \varepsilon(L_2 + L_4\cos\tau_4 + K_4\sin\tau_4)] \\ & - \varepsilon x'[-L_1 + K_2 + L_3\cos\tau_3 - K_3\sin\tau_3 + K_4\cos\tau_4 - L_4\sin\tau_4] \\ & + x[1 - \varepsilon(K_1 + K_3\cos\tau_3 - L_3\sin\tau_3)] = 0 \end{aligned} \qquad (5.89/8a)$$

und, wenn $L_2 = L_3 = L_4 = 0$ sind, im besonderen die vereinfachte Fassung

$$\begin{aligned} & x''[1 + \varepsilon K_4\sin\tau_4] \\ & - \varepsilon x'[-L_1 + K_2 - K_3\sin\tau_3 + K_4\cos\tau_4] \\ & + x[1 - \varepsilon(K_1 + K_3\cos\tau_3)] = 0 \, . \end{aligned} \qquad (5.89/8b)$$

Die Dgl.(5.89/8a) oder (5.89/8b) ist die ä.l.Dgl. zur nicht-linearen DDgl.(5.89/3); sie ist nach dem Verfahren "K-B II" hergestellt. Sie entspricht den nach dem Verfahren "K-B I" hergestellten Dgln.(5.89/6a) oder (5.89/6b) für die primäre Näherung der Lösungsfunktion der gleichen DDgl.(5.89/3).

In einer Anmerkung gegen Ende von Abschn.5.85β wurde schon gesagt: Zwei nicht-lineare Differentialgleichungen, die sich ursprünglich nur in gewissen linearen Termen unterscheiden, unterscheiden sich auch in den äquivalenten linearen Fassungen nur durch diese selben Terme. Diese Tatsache gilt natürlich auch für DDgln. hinsichtlich der linearen Terme ohne retardierendes Argument.

γ) Beispiel zu einer Gleichung zweiter Ordnung

Wir betrachten (mit etwas geänderter Bezeichnung) eine in Lit. 5.89/1 behandelte nicht-lineare DDgl.

$$\alpha\ddot{x} + \dot{x} + \gamma\,\mathrm{sign}[x(t - t_0)] = 0 \, . \qquad (5.89/9a)$$

Dabei sei die abhängige Variable x schon dimensionslos, die unabhängige sei die echte Zeit t; für die Koeffizienten gilt $\dim(\alpha) = \dim(t)$, $\dim(\gamma) = \dim(t^{-1})$. Aus (5.89/9a) folgt mit

$$\gamma/\alpha := \varkappa^2,\ \tau := \varkappa t,\ \beta := 1/\alpha\varkappa = 1/\sqrt{\alpha\gamma},\ \dim\beta = 1$$

die Form

$$x'' + \beta x' + \operatorname{sign}[x(\tau - \tau_0)] = 0 . \tag{5.89/9b}$$

Für diese Differenzen-Differentialgleichung soll die äquivalente lineare Differentialgleichung hergestellt werden. Zu diesem Zweck schreiben wir (5.89/9b) zunächst als

$$x'' + \beta x' = -\varepsilon \operatorname{sign}[x(\tau - \tau_0)] \tag{5.89/9c}$$

und vergleichen (5.89/9c) mit der Gl.(5.89/3), deren ä.l.Dgl. (5.89/8a) oder (5.89/8b) ist. Von der Gl.(5.89/3) unterscheidet sich die linke Seite von (5.89/9c) dadurch, daß x fehlt und dafür $\beta x'$ auftritt; die auf der rechten Seite von (5.89/3) stehenden nicht-linearen Funktionen bedeuten jetzt:

$$f_1 = 0 ,\quad f_2 = 0 ,\quad f_3(x) = -\operatorname{sign}[x(\tau - \tau_0)] ,\quad f_4 = 0 . \tag{5.89/9d}$$

Die zu f_3 gehörigen Transformierten lauten gemäß (5.89/5a)

$$\begin{aligned} K_3^*(r) &= -\frac{1}{\pi r}\int_0^{2\pi} \operatorname{sign}[\cos(\alpha - \tau_0)]\cos\alpha\ d\alpha ,\\ L_3^*(r) &= -\frac{1}{\pi r}\int_0^{2\pi} \operatorname{sign}[\cos(\alpha - \tau_0)]\sin\alpha\ d\alpha , \end{aligned} \tag{5.89/10a}$$

also gemäß (5.89/5c)

$$\begin{aligned} K_3^* &= +K_3\cos\tau_0 - L_3\sin\tau_0 ,\\ L_3^* &= +L_3\cos\tau_0 + K_3\sin\tau_0 ; \end{aligned} \tag{5.89/10b}$$

dabei sind wegen (5.85/12)

$$\begin{aligned} K_3 &= -\frac{1}{\pi r}\int_0^{2\pi} \operatorname{sign}[\cos\alpha]\cos\alpha\ d\alpha = -\frac{4}{\pi r} ,\\ L_3 &= -\frac{1}{\pi r}\int_0^{2\pi} \operatorname{sign}[\cos\alpha]\sin\alpha\ d\alpha = 0 . \end{aligned} \tag{5.89/10c}$$

Die ä.l.Dgl. (5.89/8c) wird demgemäß und mit $\varepsilon = 1$ zu

$$x'' + x'[\beta - \frac{4}{\pi r}\sin\tau_0] + x\frac{4}{\pi r}\cos\tau_0 = 0 . \qquad (5.89/11)$$

Aus dieser Differentialgleichung schließen wir: Stationäre, hier harmonische Schwingungen treten ein, wenn die eckige Klammer zu Null wird; sie haben die Amplituden

$$r = (4\sin\tau_0)/\beta\pi . \qquad (5.89/12a)$$

Ihre Frequenz findet man aus

$$\eta^2 = (4\cos\tau_0)/\pi r . \qquad (5.89/12b)$$

Elimination von r aus den Gln.(5.89/12a) und (5.89/12b) liefert

$$\eta^2 = +\beta\cot\tau_0 . \qquad (5.89/12c)$$

Da sowohl η^2 wie r positive Größen sind, folgt

$$\sin\tau_0 > 0 \quad \text{und} \quad \cos\tau_0 > 0 , \qquad (5.89/13)$$

also $0 < \tau_0 < \pi/2$ als der Bereich, in dem τ_0 liegen darf, damit eine stationäre Schwingung möglich ist. Der Wert von $\tau_0 = \varkappa t_0 = t_0\sqrt{\gamma/\alpha}$ bestimmt sowohl die Amplitude r wie auch die Frequenz η der möglichen harmonischen Schwingung im äquivalenten linearen Gebilde.

Da eine exakte Lösung nicht zur Verfügung steht, ist es nicht möglich, die Genauigkeit der Näherungslösung anzugeben.

δ) Gleichungen erster Ordnung; Beispiele

Wir verweisen zurück auf den Abschn.5.85β: Zur nicht-linearen Dgl. (5.85/31a) gehört die ä.l.Dgl. (5.85/31b) mit den Koeffizienten γ und δ, die aus (5.85/32) folgen. Die ä.l.Dgl. tritt deshalb in einer der Formen (5.85/33) auf.

Diesen Vorgang der äquivalenten Linearisierung einer Differentialgleichung übertragen wir nun auf Differenzen-Differentialgleichungen. Wenn die Ausgangsgleichung nicht die Dgl.(5.85/31a),

$$x' = \alpha x + \beta f(x) , \qquad (5.89/14a)$$

ist, sondern die Differenzen-Differentialgleichung

$$x' = \alpha x + \beta f(x(\tau - \tau_0)) , \qquad (5.89/14b)$$

so müssen in (5.85/33) die Transformierten K und L wegen der retardierenden Argumente durch K* und L* ersetzt werden, die ihrerseits durch die Gln.(5.89/5a) bis (5.89/5c) erklärt sind. So entsteht als d.l.Dgl.

$$x'(1 + \beta L^*) - x(\alpha + \beta K^*) = 0 \qquad (5.89/15a)$$

und daraus wegen (5.89/5c)

$$x'[1 + \beta(L\cos\tau_0 + K\sin\tau_0)] - x[\alpha + \beta(K\cos\tau_0 - L\sin\tau_0)] = 0 \qquad (5.89/15b)$$

oder, wenn $L = 0$ ist, vereinfacht

$$x'[1 + \beta K\sin\tau_0] - x[\alpha + \beta K\cos\tau_0] = 0 \, . \qquad (5.89/15c)$$

Wir fügen zwei Beispiele an, die wir wieder (mit anderer Bezeichnung) der Arbeit von Magnus, Lit.5.89/1, entnehmen. Das erste Beispiel betrifft eine lineare, das zweite eine nicht-lineare Differenzen-Differentialgleichung.

B e i s p i e l 1 : Vorgegeben sei die l i n e a r e Differenzen-Differentialgleichung erster Ordnung

$$\dot{x} + c\,x(t - t_0) = 0 \, . \qquad (5.89/16a)$$

Wir setzen $c = \varkappa$, $\tau = \varkappa t$ und erhalten in dimensionsloser Form

$$x' = -x(\tau - \tau_0) \, . \qquad (5.89/16b)$$

Der Vergleich mit (5.89/14b) zeigt, daß

$$\alpha = 0 , \qquad \beta = -1 , \qquad f(x) = x \qquad (5.89/16c)$$

ist; deshalb wird $L = 0$ und $K = 1$. Einsetzen in (5.89/15c) liefert

$$x'[1 - \sin\tau_0] + x[\cos\tau_0] = 0 \, . \qquad (5.89/16d)$$

Damit eine periodische, hier harmonische, Lösung möglich ist, müssen die Koeffizienten von x' und x, also die eckigen Klammern, verschwinden. Das liefert

$$\sin \tau_0 = 1 \,, \qquad \cos \tau_0 = 0 \,, \qquad \tau_0 = (\pi/2) + 2\pi n$$

und somit die Frequenzwerte

$$\varkappa_n = \frac{\tau_0}{t_0} = \frac{1}{t_0}\left\{\frac{\pi}{2} + 2\pi n\right\} . \qquad (5.89/17)$$

Nur für die diskret liegenden Werte des Parameterproduktes $ct_0 = \tau_0$ existieren (harmonische) Schwingungen. Ihre Amplituden bleiben unbestimmt, was bei einer linearen Gleichung nicht verwundert.

Für die DDgl.(5.89/16a) ist eine strenge Lösung bekannt (Lit. 5.89/2), die hier aus der ä.l.Dgl. gewonnene Lösung (5.89/17) stimmt mit jener überein.

B e i s p i e l 2 : Nun soll die n i c h t - l i n e a r e DDgl.

$$\dot{x} + c\,\mathrm{sign}[x(t - t_0)] = 0 \,, \qquad (5.89/18a)$$

also, wieder mit $c = \varkappa$, $\tau = \varkappa t$, die Differenzen-Differentialgleichung

$$x' = -\,\mathrm{sign}[x(\tau - \tau_0)] \qquad (5.89/18b)$$

betrachtet werden.

Die strenge Lösung erkennt man leicht. Mit der Anfangsbedingung $x(0) = 0$ wird sie dargestellt durch die "Dreiecks-Schwingung" der Abb. 5.89/1.

Abb.5.89/1.
Ausschlag-Zeit-Kurve für einen Schwinger mit der Dgl.(5.89/18b)

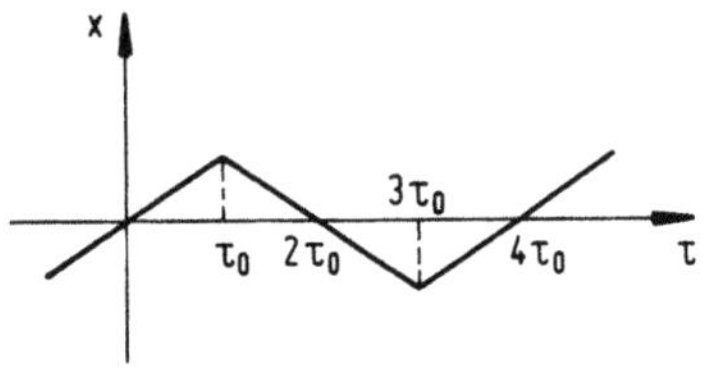

Nun suchen wir die aus der ä.l.Dgl. folgende Näherungslösung. Der Vergleich von (5.89/18b) mit (5.89/14b) ergibt

$$\alpha = 0 \,, \qquad \beta = -1 \,, \qquad f(x - x_0) = \mathrm{sign}(x(\tau - \tau_0)) . \qquad (5.89/18c)$$

Die Transformierten K* und L* stimmen mit (5.89/10a) überein, K und L mit (5.89/10c); es ist also $K = 4/\pi r$, $L = 0$. Damit wird (5.89/15c) zu

$$x'\left[1 - \frac{4}{\pi r}\sin\tau_0\right] + x\,\frac{4}{\pi r}\cos\tau_0 = 0 \,. \qquad (5.89/19)$$

Die Gleichung unterscheidet sich von (5.89/16d) nur durch die Faktoren $4/\pi r$ bei $\sin\tau_0$ und $\cos\tau_0$.

Damit eine harmonische Schwingung entstehen kann, muß wie im Beispiel 1 sowohl der Faktor bei x' wie der bei x verschwinden:

$$1 - \frac{4}{\pi r}\sin\tau_0 = 0 \,, \qquad \frac{4}{\pi r}\cos\tau_0 = 0 \,. \qquad (5.89/20)$$

Aus der zweiten Gleichung folgt zunächst

$$\tau_0 = (\pi/2) + n\pi \qquad (5.89/20a)$$

und daraus $\sin\tau_0 = \pm 1$; aus der ersten Gleichung somit

$$r = \pm 4/\pi \,. \qquad (5.89/20b)$$

Da jedoch r nach Definition eine positive Größe ist, muß $\sin\tau_0$ auf den Wert +1 und somit τ_0 auf die Werte

$$\tau_0 = (\pi/2) + 2n\pi \qquad (5.89/20a')$$

eingeschränkt werden; die Amplitude wird so zu

$$r = +4/\pi \,. \qquad (5.89/20b')$$

Für die Frequenz $\varkappa$ findet man

$$\varkappa_n = \frac{\tau_0}{t_0} = \frac{1}{t_0}\left[\frac{\pi}{2} + 2n\pi\right] \,. \qquad (5.89/21)$$

Der Vergleich mit der bekannten exakten Lösung zeigt, daß $\varkappa_0$ mit der exakten Frequenz übereinstimmt; die Amplitude $r = 4/\pi$ der Näherungsschwingung ist das $(8/\pi^2)$-fache der Schwingungsweite der Dreiecksschwingung. Somit erweist sich die Näherungsschwingung mit der Frequenz (5.89/21) als deren erste Harmonische.

6 Nicht-autonome Schwingungen nicht-linearer Gebilde

6.1 Vorbemerkungen; Inhalt, Einteilung

6.11 Die dimensionslosen Größen Zeit, Periodendauer, Frequenz

Bei zwei Gelegenheiten haben wir bereits die Zeit durch dimensionslose Größen ersetzt: Im Hauptabschnitt 4.3 hatten wir $\tau := \Omega t$ mit der Erregerfrequenz Ω, in Kap.5 wurde durch Gl.(5.12/1a) eine Zeit $\tau := \varkappa t$ und mit (5.70/3) die Zeit $\sigma := \omega t$ und das Frequenzverhältnis $\eta := \omega/\varkappa$ eingeführt. Die mehrfache Bedeutung der Formelzeichen τ und η hat bisher keine größeren Schwierigkeiten gebracht, denn die Themenkreise, bei denen sie eingeführt wurden, berühren sich fast nirgendwo. (Es handelte sich einerseits um parametererregte, also nicht-autonome Schwingungen in linearen Systemen, andererseits um autonome Schwingungen in nichtlinearen Systemen.)

Im vorliegenden Kapitel untersuchen wir nicht-autonome Schwingungen in nichtlinearen Systemen. Je nach Zweckmäßigkeit werden wir dabei die Frequenz Ω der Erregerfunktion, die Frequenz ω der Systemantwort oder auch den Parameter $\varkappa$ als reziproke Bezugsgröße für die Zeit t benützen. Die für dieses Kapitel eingeführten und in Tafel 6.11/I zusammengestellten Bezeichnungen haben daher eine von der früheren teilweise abweichende Bedeutung.

Zur dimensionslosen Auslenkung x definieren wir wieder eine dimensionslose Geschwindigkeit y wie in Gl.(5.20/3),

$$\frac{dx}{d\tau} =: y \, , \qquad (6.11/1a)$$

die entsprechende Größe $dx/d\sigma$ bezeichnen wir mit y_σ,

$$\frac{dx}{d\sigma} =: y_\sigma \, . \qquad (6.11/1b)$$

Tafel 6.11/I. Bezeichnungen und Formelzeichen

Bezeichnungen	Dimensionsbehaftet		Dimensionslos	
	Formelzeichen	Zusammenhänge	Formelzeichen	Zusammenhänge
Zeit	t		$\tau := \omega_0 t$ $\sigma := \Omega t$	
Schwingdauer				
Eigenschwingung				
lineares Gebilde	T_0		T_0^*	
allgemeiner oder nichtlinearer Fall	T		T^*	
Erregerfunktion	T_E		T_E^*	
Kreisfrequenz				
Eigenschwingung				
lineares Gebilde	$\varkappa \equiv \omega_0$	$\omega_0 = \frac{2\pi}{T_0}$	$\frac{\varkappa}{\omega_0} \equiv 1$	
allgemeiner oder nichtlinearer Fall	ω	$\omega = \frac{2\pi}{T}$	$\omega^* := \frac{\omega}{\omega_0}$	$\omega^* = \frac{T_0}{T} = \frac{2\pi}{T^*}$
Erregerfunktion	Ω	$\Omega = \frac{2\pi}{T_E}$	$\eta (\equiv \Omega^*) := \frac{\Omega}{\omega_0}$	$\eta = \frac{T_0}{T_E}$; $\xi := \frac{1}{\eta}$
Ableitung nach der Zeit	$\dot{x} := \frac{dx}{dt}$		$x' := \frac{dx}{d\tau}$ $\mathring{x} := \frac{dx}{d\sigma}$	$x' = \eta \mathring{x}$ $\mathring{x} = \frac{x'}{\eta}$

Zwischen y und y_σ besteht somit die Beziehung

$$y = \eta\, y_\sigma\,, \qquad y_\sigma = y/\eta\,. \tag{6.11/1c}$$

Ferner notieren wir noch die einander analogen Relationen

$$\overset{\circ\circ}{x} = \frac{1}{2}\frac{d}{dx}(y_\sigma^2)\,, \qquad x'' = \frac{1}{2}\frac{d}{dx}(y^2)\,. \tag{6.11/1d}$$

6.12 Differentialgleichungen und Erregerkräfte; starke und schwache Nichtlinearitäten

α) Stark nichtlineare, aber abschnittsweise autonome Differentialgleichungen

Bei der Behandlung der periodisch erzwungenen Schwingungen in l i n e a r e n Gebilden (im Hauptabschnitt 4.2) durften wir uns auf harmonische Erregerkräfte beschränken, für allgemeine periodische Erregerkräfte genügte der Hinweis auf die Fourier-Entwicklung der Erregerfunktion und die Superponierbarkeit der Lösungen (Abschn.4.20). Den sinusförmigen Erregerkräften kommt somit für die linearen Gebilde eine besondere Bedeutung zu. Für n i c h t l i n e a r e Gleichungen, wo Lösungen sich nicht superponieren lassen, entfällt diese ausgezeichnete Rolle der Erregerfunktionen $\hat{F}\cos\Omega t$ und $\hat{F}\sin\Omega t$. Will man die von einer allgemeineren periodischen Kraft erregten Schwingungen kennenlernen, so muß man die zugehörige spezifische Differentialgleichung selbst untersuchen, oft eine nur schwer lösbare Aufgabe.

Man kann die Sachlage aber auch anders sehen: Bei den linearen Gebilden werden die sinusförmigen Erregerkräfte ja nicht nur als "Bausteine" für allgemeinere periodische Erregerfunktionen aufgefaßt; eine rein harmonisch verlaufende Kraft dient vielmehr auch als ein repräsentatives und dabei (für die Rechnung) einfaches Beispiel einer periodischen Kraft. Nachdem nun für nichtlineare Gebilde die sinusförmigen Erregerfunktionen keine Sonderstellung mehr einnehmen, kann

---

Anmerkung zu Tafel 6.11/I: Das Zeichen $\overset{\circ}{x}$ ist auch an früheren Stellen stets für $dx/d\sigma$ benutzt, selbst dort, wo $\sigma = \omega t = \omega^* t$ gemäß Gl.(5.70/3) bedeutet.

man (um der Lösbarkeit des Problems willen) auch andere periodische Erregerfunktionen benutzen, wenn es darum geht, repräsentative Beispiele zu betrachten.

Solche anderen speziellen Erregerfunktionen können zwei Vorteile haben: Sie können zum einen zu besonders einfachen Lösungsmethoden führen und sie können zum anderen u.U. einen umfassenden Einblick in die Eigenschaften der Lösungen (z.B. in die Responsekurven) geben. In diesem Kapitel werden wir von solchen speziellen periodischen Erregerfunktionen zwei Klassen verwenden:

1. die Rechteck- oder Mäanderfunktionen $M_i(\sigma)$,
2. die Stoßfunktionen $S_i(\sigma)$.

Statt nicht-autonomer Differentialgleichungen erhält man mit diesen Erregerfunktionen Gleichungen, die abschnittsweise autonom und damit u.U. leichter lösbar sind. Das Problem bleibt trotzdem seinem Wesen nach ein nicht-autonomes, da die Längen der (zeitlichen) Abschnitte nicht vom System, sondern von der Erregung bestimmt werden; wir werden solche Probleme pseudo-autonom nennen, ihrer Behandlung ist der Hauptabschnitt 6.5 gewidmet. "Pseudo-autonom" soll hier also soviel wie "abschnittsweise autonom" bedeuten.

In diesem Abschnitt wurde bisher, wenn von Erregerfunktionen die Rede war, an Störfunktionen gedacht (wenigstens was die Hinweise angeht). Für Erregerfunktionen, die als Parameter auftreten, gilt aber ganz Entsprechendes: Wird in der linearen nicht-autonomen Mathieuschen Differentialgleichung (4.33/3a) das harmonische Glied $\gamma\cos\sigma$ in der Erregerfunktion z.B. durch die Funktion $M_c(\sigma)$ aus (6.51/1a) ersetzt, so wird die Differentialgleichung zu einer linearen, abschnittsweise autonomen, nämlich zur Meissnerschen Differentialgleichung (4.33/5). Auch sie gehört zu den pseudo-autonomen Fällen. Desgleichen geht die von Weigand untersuchte Differentialgleichung (4.33/6) in eine pseudo-autonome über, wenn $\cos 2\sigma$ durch $M_c(2\sigma)$ ersetzt wird.

β) Stark nichtlineare, aber abschnittsweise lineare Differentialgleichungen

Es gibt Systeme, deren Bewegungen nicht durch eine einzige Differentialgleichung, sondern nur durch eine Folge von Differentialgleichungen beschrieben werden können. Dieser Fall tritt auf, wenn Unstetigkeiten im Spiel sind. Dabei können Systemparameter plötzlich ihre Werte ändern; Beispiele hierfür sind Reibungskräfte (bei einer Umkehr der Bewegungsrichtung) oder Massen, die (etwa bei einer Kollision) hinzukommen oder sich abtrennen. Es können sich aber auch Bewegungsparameter, vor allem die Geschwindigkeit, unstetig ändern (wieder etwa durch eine Kollision). Auch wenn in einer solchen Folge von Bewegungsgleichungen jede einzelne Differentialgleichung linear ist, handelt es sich im Ganzen doch um ein wesentlich nicht-lineares Problem.

Die Lösungen der einzelnen linearen Differentialgleichungen muß man aneinanderstückeln. Unter solchen Umständen empfiehlt es sich oft, als repräsentative Erregerfunktion wieder eine sinusförmige Funktion zu wählen; zum Anstückeln verfügt man dann über die wohlbekannten Lösungen linearer Differentialgleichungen mit harmonischer Erregung.

Systeme dieser Bauart werden wir im Hauptabschnitt 6.6 ausführlich behandeln.

Daß der Vorgang in einzelnen Zeitabschnitten betrachtet werden muß, hängt hier mit dem Auftreten von Unstetigkeiten im Gebilde zusammen. Diese Eigenschaft ist gewissermaßen system-immanent und unabhängig von der Erregerfunktion. Insofern unterscheidet sich dieser Problemkreis von dem des Unterabschnitts 6.12α; dort sind es die gewählten Erregerfunktionen $M_i(\sigma)$ und $S_i(\sigma)$, die die Aufteilung in Zeitabschnitte begründen und Anfang und Dauer des einzelnen Abschnitts festlegen.

γ) Schwach nichtlineare Gebilde

Sinusförmige Erregerfunktionen werden auch beim Untersuchen nichtlinearer Gebilde oft verwendet, obwohl sie hier nicht mehr eine solche Bedeutung wie im linearen Fall haben. Immerhin sind sie in weitem Maße repräsentativ für periodische Funktionen schlechthin, und sie sind zudem für die Rechnung recht bequem. Vor allem für Gebilde, die nur "schwach nichtlinear" sind, wo also Lösungen entwickelt werden können [Galerkin-Verfahren (Fourier-Abgleich), Störungsrechnung], spielen die sinusförmigen Erregerfunktionen als Beispielfunktionen eine hervorragende Rolle. Diesen Fällen sind die Hauptabschnitte 6.2 bis 6.4 gewidmet. Der Hauptabschnitt 6.2 handelt im wesentlichen von schwach nichtlinearen Rückstellkräften, der Hauptabschnitt 6.3 von schwach nichtlinearen Dämpfungskräften, der Hauptabschnitt 6.4 gilt der Störungsrechnung.

6.2 Passive Gebilde, schwach nicht-lineare Differentialgleichungen: Harmonische Erregerfunktion (Störfunktion); die Grundharmonische der Lösung als Näherungslösung; Responsekurven

6.21 Ungerade Kennlinien; allgemeiner Fall, Näherungslösungen durch Galerkin-Verfahren (Fourier-Abgleich)

α) Vorbemerkungen

Im Abschn. 6.12 wurde schon darüber gesprochen, welche unterschiedliche Bedeutung den harmonischen Erregerfunktionen in linearen und in nichtlinearen Systemen zukommt: Während sie wegen der Superponierbarkeit der Lösungen bei linearen Systemen eine zentrale Stellung haben, sind sie in nichtlinearen Systemen nur eines von vielen Beispielen für periodische Erregerfunktionen. Die Verwendung harmonischer Funktionen als Beispielfunktionen empfiehlt sich vor allem für die Erregung von s c h w a c h nichtlinearen Systemen. Sie sind einigermaßen bequem zu handhaben und können recht weitgehende Informationen über das Systemverhalten liefern.

In diesem Abschnitt wollen wir Vorgänge untersuchen, die der Differentialgleichung

$$E[x] := x'' + g(x') + f(x) - p \cos \eta\tau = 0 \qquad (6.21/1)$$

gehorchen; darin seien $g(x')$ und $f(x)$ eindeutige u n g e r a d e Funktionen ihrer Argumente,

$$g(-x') = -g(x') , \qquad f(-x) = -f(x) . \qquad (6.21/2)$$

Unabhängige Veränderliche ist dabei die dimensionslose Zeit $\tau = \varkappa t$. Dient als unabhängige Veränderliche nicht τ, sondern $\sigma = \eta\tau = \Omega t$, so geht (6.21/1) über in

$$E[x] := \eta^2 \overset{\circ\circ}{x} + g(\eta\overset{\circ}{x}) + f(x) - p\cos\sigma = 0 . \qquad (6.21/3)$$

β) Die Näherungslösung bei nicht spezifizierten Rückstell- und Dämpfungsfunktionen $f(x)$ und $g(x')$; die Responsekurven

Zugrunde gelegt werden die Fassungen (6.21/1) bzw. (6.21/3) der Differentialgleichung. Die Erregerfunktion ist harmonisch mit der (dimensionslosen) Kreisfrequenz η bzw. 1; sie besitzt also die Periode $2\pi/\eta = T^*$ bzw. 2π. Von der Lösung wird angenommen, sie verlaufe periodisch mit derselben Periode T^* bzw. 2π. Über Lösungen mit von T^* abweichenden Perioden wird u.a. im Hauptabschnitt 6.4 gesprochen. Harmonisch wird die Lösung jedoch im allgemeinen nicht sein. Dennoch suchen wir eine harmonische Funktion auf, und zwar die Grundharmonische der T^*-periodischen bzw. 2π-periodischen Lösung. Sie stellt in gewissem Ausmaß eine Näherung $\tilde{x}$ für die wirkliche Lösung x dar.

Wir schließen die weiteren Erörterungen vorzugsweise an die Fassung (6.21/3) an. Die harmonische Näherungslösung, die 2π-periodisch in σ ist, schreiben wir in einer der beiden Fassungen

$$\tilde{x} = C\cos(\sigma + \gamma) \qquad (6.21/4a)$$

oder

$$\tilde{x} = A\cos\sigma + B\sin\sigma \qquad (6.21/4b)$$

mit

$$A = C\cos\gamma , \qquad B = -C\sin\gamma . \qquad (6.21/4c)$$

Hätten wir anstelle der cos-Funktion in (6.21/4a) die gleichwertige Darstellung

$$\tilde{x} = C \sin(\sigma + \gamma) \qquad (6.21/5a)$$

benutzt, so wäre der Zusammenhang mit (6.21/4b) gegeben durch

$$A = C \sin\gamma \ , \qquad B = C \cos\gamma \ . \qquad (6.21/5c)$$

Die Näherungslösung $\tilde{x}$ enthält zwei noch unbekannte Parameter, nämlich die (wesentlich positive) Amplitude C und den Nullphasenwinkel γ. (Anstelle des "Voreilwinkels" γ wird oft auch der "Nacheilwinkel" $\varepsilon := -\gamma$ verwendet.) Diese beiden Parameter gilt es nun zu bestimmen.

Die n Galerkinschen Bedingungen (5.72/5) oder (5.77/8) führen hier zu den beiden Gleichungen

$$\int_0^{2\pi} E[\tilde{x}] \cos\sigma \, d\sigma = 0 \ , \qquad \int_0^{2\pi} E[\tilde{x}] \sin\sigma \, d\sigma = 0 \ , \qquad (6.21/6)$$

die wegen der Eigenschaften (6.21/2) auch mit kürzerem Integrationsintervall

$$\int_0^{\pi/2} E[\tilde{x}] \cos\sigma \, d\sigma = 0 \ , \qquad \int_0^{\pi/2} E[\tilde{x}] \sin\sigma \, d\sigma = 0 \qquad (6.21/7)$$

geschrieben werden dürfen. Führt man $E[\tilde{x}]$ nach (6.21/3) in die beiden Gln.(6.21/7) ein, so erhält man, wenn man abkürzend die Funktionen

$$F(C) := \frac{4}{\pi} \frac{1}{C} \int_0^{\pi/2} f(C \cos\sigma) \cos\sigma \, d\sigma \ , \qquad (6.21/8a)$$

$$G(\eta C) := \frac{4}{\pi} \frac{1}{C} \int_0^{\pi/2} g(\eta C \sin\sigma) \sin\sigma \, d\sigma \qquad (6.21/8b)$$

oder die damit gleichwertigen

$$F(C) := \frac{4}{\pi} \frac{1}{C} \int_0^{\pi/2} f(C \sin\sigma) \sin\sigma \, d\sigma \ , \qquad (6.21/8a')$$

$$G(\eta C) := \frac{4}{\pi} \frac{1}{C} \int_0^{\pi/2} g(\eta C \cos\sigma) \cos\sigma \, d\sigma \qquad (6.21/8b')$$

benutzt, das folgende Gleichungssystem:

$$\begin{aligned} -\eta^2\cos\gamma - G(\eta C)\sin\gamma + F(C)\cos\gamma &= p/C\,, \\ +\eta^2\sin\gamma - G(\eta C)\cos\gamma - F(C)\sin\gamma &= 0\,. \end{aligned} \qquad (6.21/9)$$

Schreibt man diese Gleichungen um in die Form

$$\begin{aligned} -\eta^2 + F(C) &= (p/C)\cos\gamma\,, \\ -G(\eta C) &= (p/C)\sin\gamma\,, \end{aligned} \qquad (6.21/10)$$

so erkennt man sofort, daß die gesuchten Parameter C und γ bzw. ε aus

$$[F(C)-\eta^2]^2 + G^2(\eta C) = (p/C)^2 \qquad (6.21/11)$$

und

$$\tan\gamma = \frac{-G(\eta C)}{F(C)-\eta^2} \qquad \tan\varepsilon = \frac{G(\eta C)}{F(C)-\eta^2} \qquad (6.21/12)$$

bestimmt werden können.

An den Gln.(6.21/11) und (6.21/12) ist bemerkenswert: Obgleich die in der Dgl.(6.21/1) auftretenden Funktionen f(x) und g(x') nicht spezifiziert sind (nur die Voraussetzungen (6.21/2) sind ihnen auferlegt, und auch diese dienen nur zur Vereinfachung der Rechnung und sind nicht wesentlich), lassen sich Bestimmungsgleichungen für die Parameter C und γ bzw. ε der Näherungslösung $\tilde{x}$ (6.21/4a) oder (6.21/5a) explizit anschreiben.

Die durch die Gln.(6.21/11) und (6.21/12) beschriebenen Funktionen $C(\eta)$ und $\gamma(\eta)$ oder auch $C(\eta^2)$ und $\gamma(\eta^2)$ geben die Amplitude C und den Nullphasenwinkel γ der harmonischen Näherung $\tilde{x}$ zur Lösung $x(\sigma)$ in Abhängigkeit von der Erregerfrequenz η oder von η^2 an. Die entsprechenden Kurven werden wir als R e s p o n s e k u r v e n bezeichnen, indem wir das in der angelsächsischen Literatur gebräuchliche Wort übernehmen. Unsere Aufmerksamkeit wird dabei in erster Linie den Amplituden-Responsekurven $C(\eta)$ oder $C(\eta^2)$ gelten, die durch Gl.(6.21/11) bestimmt werden, daneben aber auch den Nullphasenwinkel-Responsekurven von Gl.(6.21/12).

Für das Verwenden des noch nicht weithin üblichen Ausdrucks "Responsekurven" gibt es zwei Gründe: Erstens erhält man einen übergeordneten Begriff, der sowohl die Amplituden- wie die Nullphasenkurven umfaßt; zweitens eignet sich der von den linearen Gebilden her aus Verlegenheit oft übernommene Ausdruck "Resonanzkurven" für den nichtlinearen Schwinger ganz und gar nicht. Für diese Schwinger existiert ja kein Resonanzphänomen: Die $C(\eta^2)$-Kurven weisen im ungedämpften Fall keine Pole auf, und im gedämpften Fall liegen die Extrema nicht bei festen, von der Erregerintensität unabhängigen Frequenzen.

Selbst für die linearen Gebilde ist der Ausdruck "Resonanzkurve" nicht besonders glücklich gewählt. Die Kurven $C(\eta^2)$ zeigen dort zwar in vielen Fällen Resonanzen an, aber doch als eine Sondereigenschaft unter anderen. Überdies tritt häufig (z.B. bei stärkerer Dämpfung) die Resonanz - im Sinne von Resonanzüberhöhung - stark zurück oder wird ganz unterdrückt.

Zur Gl.(6.21/12) für die Responsekurven des Nullphasenwinkels, die wir zur Abkürzung vorübergehend in der Form

$$\gamma = \arctan \Gamma \quad \text{mit} \quad \Gamma := \frac{-G(\eta C)}{F(C) - \eta^2} \tag{6.21/12a}$$

schreiben wollen, sind wegen der Mehrdeutigkeit der Funktion arctan noch einige Bemerkungen angebracht:

1. Weil für echte Dämpfungen für $x' > 0$ auch $g > 0$ und deshalb auch $G > 0$ ist, wird der Zähler im Argument Γ (6.21/12a) negativ. Somit ist Γ negativ für $0 < \eta^2 < F(C)$, positiv für $F(C) < \eta^2$. Würde man γ gemäß den Hauptwerten der Funktion arctan bestimmen, so würde man die Äste (a) und (b) des Funktionsbildes von Abb.6.21/1 benutzen. Wir wollen jedoch anders zuordnen: Für $0 < \eta^2 < F$, d.h. für $\Gamma < 0$ benutzen wir den Ast (a), für $F < \eta^2$, d.h. für $\Gamma > 0$ benutzen wir jedoch statt des Astes (b) den Ast (c). Durch diese Zuordnung wird erreicht: Wenn η^2 von Null an stetig über $F(C)$ gegen Unendlich wächst, so fällt der Wert des Phasenverschiebungswinkels γ stetig von 0 über $-\pi/2$ nach

$-\pi$, der Wert des Nacheilwinkels $\varepsilon := -\gamma$ wächst stetig von 0 über $\pi/2$ nach π.

2. Wenn g gegen Null geht, so müssen die Äste (a) und (c) durch die gestrichelten horizontalen Geraden (a_0) und (c_0) ersetzt werden, so daß

für $0<\eta^2<F$ der Verschiebungswinkel γ den Wert 0,
der Nachweilwinkel ε den Wert 0, (6.21/13)
für $\eta^2>F$ der Verschiebungswinkel γ den Wert $-\pi$,
der Nacheilwinkel ε den Wert π

besitzt.

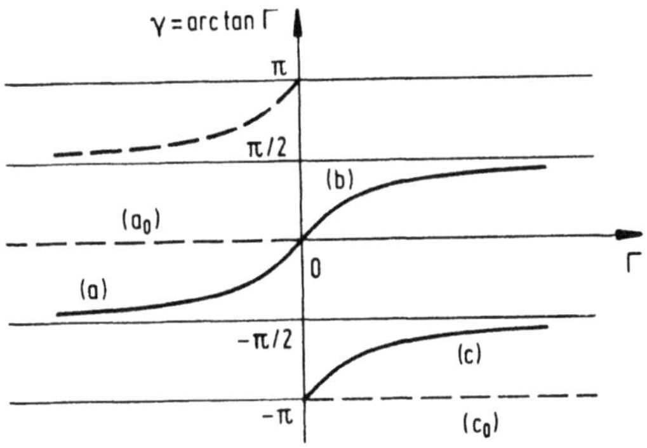

Abb.6.21/1. Zur Diskussion der Gl.(6.21/12a)

6.22 Diskussion der Amplituden-Responsekurven für den ungedämpften Schwinger

a) Allgemeiner Fall, unspezifiziertes f(x)

Die Gl.(6.21/12a) führt mit $G\equiv 0$ auf $\gamma = \arctan 0$, also auf

$$\gamma = \begin{cases} 0, \\ \pm\pi. \end{cases} \tag{6.22/1}$$

Gemäß der Feststellung (6.21/13) gehört dabei

$$\gamma = 0 \quad \text{oder } \varepsilon = 0 \quad \text{zu} \quad F(C) - \eta^2 > 0, \tag{6.22/2a}$$

$$\gamma = -\pi \quad \text{oder } \varepsilon = \pi \quad \text{zu} \quad F(C) - \eta^2 < 0. \tag{6.22/2b}$$

Die Gl.(6.21/11) führt mit $G \equiv 0$ nach dem Wurzelziehen auf

$$F(C) - \eta^2 = \pm (p/C) , \qquad (6.22/3a)$$

also

$$\eta^2 = F(C) \mp (p/C) . \qquad (6.22/3b)$$

Dabei gehört jeweils das obere der doppelten Vorzeichen, wie aus (6.22/2a) hervorgeht, zu $\gamma = 0$, das untere gemäß (6.22/2b) zu $\gamma = -\pi$.

Gl.(6.22/3b) ist die Gleichung der Amplituden-Responsekurven für eine unspezifizierte Rückstellfunktion f(x). Diese Kurven stellen in einer C-η^2-Ebene eine Schar mit dem Scharparameter p dar, der Amplitude der harmonischen Erregerfunktion in (6.21/3).

Für die Diskussionen in diesem Abschnitt spielt die durch (6.21/8a) definierte Funktion F(C) eine beherrschende Rolle. Sobald f(x) spezifiziert ist, läßt sich F(C) explizit angeben.

An dieser Stelle erinnern wir uns daran, daß wir der Funktion F(C) in etwas abgewandelter Fassung schon begegnet sind, nämlich im Abschn. 5.85 bei den Krylov-Transformierten K_i. Dort wird durch die erste der Gln.(5.85/12) die Transformierte

$$K_i(r) := \frac{1}{\pi r} \int_0^{2\pi} f_i(r \cos\alpha) \cos\alpha \, d\alpha$$

definiert. Ersetzt man r durch C und beachtet, daß hier für f(x) die Eigenschaften (6.21/2) vorausgesetzt sind, so erkennt man, daß K(r) nach (5.85/12) identisch ist mit F(C) nach (6.21/8a). In der Tafel 5.85/I sind für zahlreiche Funktionen und Funktionsklassen f(x) die zugehörigen Transformierten K(r) zusammengestellt. Jener Tafel können wir daher ohne weitere Rechnung die Funktionen F(C) entnehmen.

Für die folgenden Unterabschnitte spezifizieren wir die Rückstellfunktionen f(x).

β) $f(x) = x$

In diesem linearen Fall folgt aus (6.21/8a) oder aus Tafel 5.85/I Nr.2

$$F(C) = 1 ; \qquad (6.22/4a)$$

somit wird die Gl.(6.22/3b) der Responsekurven zu

$$\eta^2 = 1 \mp p/C \ . \tag{6.22/4b}$$

Abb.6.22/1 zeigt das Diagramm in der C-η^2-Ebene.

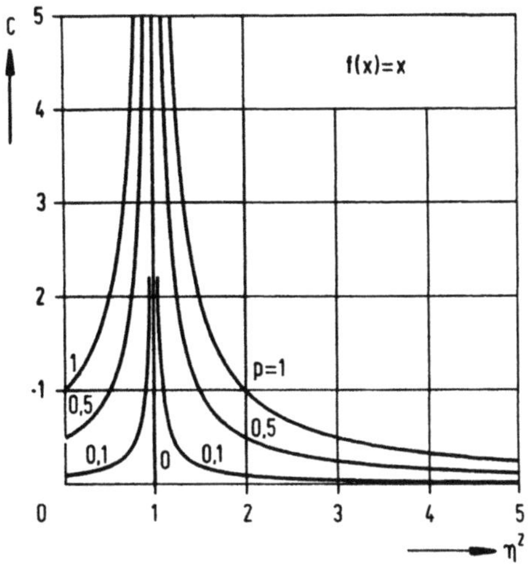

Abb.6.22/1.
Responsekurven C(η^2) des linearen Schwingers

Wir stellen noch die Beziehung zum Ergebnis in Abschn.4.21 her. Aus Gl.(4.21/12) mit (4.21/15a) folgt, falls D = 0 ist,

$$\eta^2 = 1 \mp \frac{\hat{F}/c}{\hat{q}} \ .$$

Normieren mit einer Bezugslänge L ergibt wegen q/L = x (5.12/1b) und $\hat{q}$/L = C sowie mit $\hat{F}$/cL := p die Fassung (6.22/4b).

Abb.6.22/1 liefert dieselbe Information wie die für D = 0 geltenden Kurven von Abb.4.22/5 und Abb.4.22/8; die Kurven haben ein anderes Aussehen, weil sie in anderen Koordinaten aufgetragen sind.

γ) $f(x) = x + x^3$

Gl.(6.21/8a) oder Tafel 5.85/I Nr.3 liefert

$$F(C) = 1 + \frac{3}{4} C^2 \tag{6.22/5a}$$

und daher wird die Gl.(6.22/3b) der Responsekurven zu

$$\eta^2 = 1 + \frac{3}{4} C^2 \mp p/C \ . \tag{6.22/5b}$$

Die Abb.6.22/2a zeigt die Schar für verschiedene Parameterwerte p. Die für $p = 0$ geltende Kurve $\eta^2 = 1 + 3C^2/4$ ist hervorgehoben. Sie gehört zu den freien Schwingungen des Gebildes, entspricht also der Kurve (a) in Abb.5.75/1. In allen Response-Diagrammen werden wir die zum Scharparameter $p = 0$ gehörende Kurve jeweils Rückgratkurve oder auch Skelettkurve (Skelettlinie) nennen [dieser Ausdruck ist in die englische Literatur eingegangen als backbone curve].

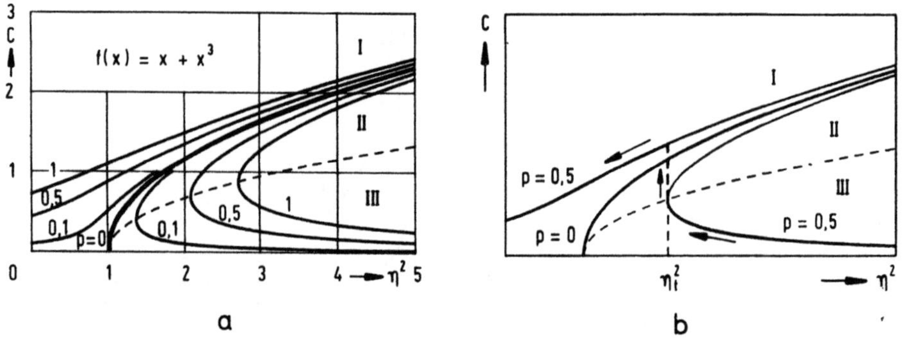

Abb.6.22/2. Überlinearer Schwinger; a) Responsekurven $C(\eta^2)$, b) Sprungphänomen

Zu Parameterwerten $p \neq 0$ gehören jeweils zwei Kurvenäste; einer liegt links von der Rückgratkurve, der andere rechts von ihr. Beide Kurven haben in der Höhe C den gleichen Abstand p/C von der Rückgratkurve. Zum linken Ast gehört (siehe Unterabschnitt α) der Nullphasenwinkel $\gamma = 0$: Die erzwungene Schwingung $\tilde{x} = C\cos\sigma$ liegt in Phase mit der Erregerfunktion $p\cos\sigma$. Zum rechten Ast gehört $\gamma = -\pi$: Die erzwungene Schwingung $\tilde{x} = C\cos(\sigma-\pi) = -C\cos\sigma$ liegt in Gegenphase zur Erregerfunktion.

Im vorliegenden Beispiel, das eine überlineare Kennlinie f(x) betrifft, erstreckt sich die Rückgratkurve von $\eta = 1$ aus nach rechts. Die rechts von der Rückgratkurve verlaufenden Äste der Schar weisen je einen Punkt mit einer vertikalen Tangente auf. Der geometrische Ort aller dieser Punkte mit vertikaler Tangente hat eine Gleichung, die aus der Kurvengleichung

$$\eta^2 = 1 + \frac{3}{4} C^2 + p/C$$

und der Forderung

$$\frac{d\eta^2}{dC} = 0 \text{ , also } p/C = \frac{3}{2} C^2$$

gefunden wird zu

$$\eta^2 = 1 + \frac{9}{4} C^2 . \qquad (6.22/6)$$

In der Abb.6.22/2a ist dieser geometrische Ort als gestrichelte Kurve eingezeichnet.

Die Rückgratkurve $\eta^2 = 1 + 3C^2/4$ und der genannte geometrische Ort $\eta^2 = 1 + 9C^2/4$ unterteilen die C-η^2-Fläche in drei Gebiete; diese sind in der Abb.6.22/2a mit I, II, III bezeichnet.

Liegt der Parameter p fest, so gibt es zu einem Abszissenwert $\eta^2 < 1$ nur einen einzigen Wert C; er liegt auf einer Kurve im Gebiet I. Zu einem Abszissenwert $\eta^2 > 1$ gibt es dagegen möglicherweise drei Werte C, je einen in den Gebieten I, II, III. Welche Amplitude C nimmt eine Schwingung nun wirklich an? Die Beantwortung dieser Frage wird uns weiterhin noch auf mehrere grundsätzliche Erörterungen führen. Hier sei soviel angedeutet: Erstens, alle Punkte im Gebiet II bezeichnen instabile (Schwingungs-)Zustände, die Punkte in den Gebieten I und III dagegen stabile (Näheres in Abschn.6.25). Zweitens, welcher der beiden stabilen Zustände in den Gebieten I und III in einem gegebenen Fall vom Schwinger wirklich angenommen wird, hängt von der "Vorgeschichte", d.h. vom Einschwingvorgang ab.

Eine wichtige Erscheinung aus diesem Problemkreis "Vorgeschichte" erörtern wir jedoch schon hier. Vorab sei noch an einen wesentlichen Umstand erinnert: Ebenso wie bei den Vergrößerungsfunktionen $V(\eta^2)$ der linearen Schwinger (die im Hauptabschnitt 4.2 besprochen wurden) stellen die einzelnen Punkte (C,η^2) auch in den Response-Diagrammen der nichtlinearen Schwinger, von denen Abb.6.22/2a ein erstes Beispiel zeigt, eingeschwungene Zustände mit f e s t e n Werten η dar. Die Kurven können also nicht einfach mit variablem η "durchfahren" werden. Für sehr langsame ("unendlich langsame") Änderungen von η geben sie jedoch die Aufeinanderfolge der Zustände genau genug an; in diesem Sinne ist die nachfolgende Diskussion zu verstehen.

Wir wählen einen festen Wert p und lassen die Erregerfrequenz von kleinen Werten $\eta \ll 1$ an l a n g s a m wachsen; der repräsentative Punkt wandert dann auf dem zu p gehörenden Kurvenast im Gebiet I nach oben zu stetig größer werdenden Amplituden C. Läßt man danach vom zuletzt erreichten Wert (C,η) die Frequenz η wieder langsam abnehmen, so bewegt sich der repräsentative Punkt auf derselben Kurve mit stetig abnehmenden Werten C wieder nach unten.

Wählt man für den gleichen Parameterwert p als Ausgangszustand einen Wert (C,η), der auf dem Kurvenast im Gebiet III zu einer großen Frequenz η gehört, und läßt man η langsam abnehmen, so wandert der Zustandspunkt nach links mit zunächst stetig wachsenden Amplituden C. Erreicht der Zustandspunkt den Ort mit vertikaler Tangente (wir nennen die zugehörige Abszisse η_t^2), so existiert, wenn η weiter abnimmt, im Gebiet III (und auch im Gebiet II) kein Zustandspunkt mehr. Zu Werten $\eta^2 < \eta_t^2$ gehören nur noch Zustandspunkte im Gebiet I. Das heißt aber: Nimmt η^2 über η_t^2 hinaus ab, so s p r i n g t die Amplitude C plötzlich vom Wert $C_{III}(\eta_t^2)$ im Gebiet III auf den höheren Wert $C_I(\eta_t^2)$ im Gebiet I und nimmt bei weiterer Abnahme von η^2 von da stetig ab. In der Abb. 6.22/2b ist der hier beschriebene Pfad des Zustandspunktes mit dem Sprungphänomen bei η_t^2 besonders aufgezeichnet.

Ausführlicheres über die geometrischen Örter vertikaler Tangenten und über die Sprungphänomene wird in Abschn.6.23 gesagt; siehe dort insbesondere Gl.(6.23/15).

δ) $f(x) = x - x^3$

Hier können wir uns kürzer fassen. In Analogie zu dem in Unterabschnitt γ für die überlineare Kennlinie Gesagten findet man für die unterlineare Kennlinie f(x) den Ausdruck

$$F(C) = 1 - \frac{3}{4} C^2 \qquad (6.22/7a)$$

und daher die Frequenz-Amplituden-Beziehung

$$\eta^2 = 1 - \frac{3}{4}C^2 \mp p/C \; . \qquad (6.22/7b)$$

Diese Schar von Responsekurven ist in Abb.6.22/3a dargestellt. Wieder ist die Rückgratkurve (mit $p = 0$) hervorgehoben. Sie erstreckt sich hier von $\eta^2 = 1$ aus nach links. Für Parameterwerte $p \neq 0$ weisen nun die links von der Rückgratkurve liegenden Äste Punkte mit vertikalen Tangenten auf. Aus der Kurvengleichung

$$\eta^2 = 1 - \frac{3}{4}C^2 - p/C$$

und der Forderung $d\eta^2/dC = 0$ findet man hier als Gleichung des geometrischen Ortes der Punkte mit vertikaler Tangente

$$\eta^2 = 1 - \frac{9}{4}C^2 \; . \qquad (6.22/8)$$

Diese Kurve ist in Abb.6.22/3a wieder gestrichelt eingetragen. Die Gebiete I, II und III sind analog zum überlinearen Fall bezeichnet. I und III enthalten stabile Zustandspunkte, II enthält instabile.

Führt man wieder das Gedankenexperiment mit langsam veränderlichen Erregerfrequenzen η aus, so findet man nun: Wächst bei festem p die Frequenz von kleinen Werten η^2 aus langsam an, so steigt die Amplitude C zunächst im Gebiet I stetig an, bis (nun bei wachsendem η) bei der Abszisse η_t^2 ein Punkt mit vertikaler Kurventangente erreicht wird. Bei Anwachsen von η^2 über η_t^2 hinaus springt C plötzlich auf einen höheren Wert im Gebiet III und fällt von da an stetig ab. In

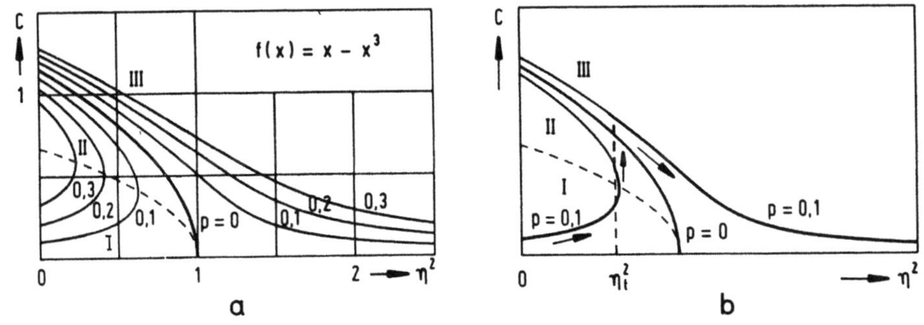

Abb.6.22/3. Unterlinearer Schwinger; a) Responsekurven $C(\eta^2)$, b) Sprungphänomen

der Abb.6.22/3b ist der Pfad des Zustandspunktes mit dem Sprungphänomen für dieses unterlineare Gebilde gesondert aufgezeichnet.

Läßt man nach Erreichen eines Endzustandes (η^2, C) im Gebiet III die Frequenz langsam abnehmen, so bewegt sich der Zustandspunkt auf dem Kurvenast im Gebiet III nach links und nach oben; die Veränderungen bleiben nun aber überall stetig, auch an der Stelle η_t^2 erfolgt kein Sprung.

ε) f(x) ist aus Potenzfunktionen zusammengesetzt

Hier lautet die Gleichung für die (ungerade) Rückstellfunktion

$$f(x) = \sum_n \alpha_n |x|^n (\operatorname{sign} x) \ , \qquad (6.22/9)$$

die Gl.(6.22/3b) der Responsekurven führt wegen F(C) gemäß (6.21/8) und mit der Abkürzung Θ_h aus (5.73/11b) auf

$$\eta^2 = \sum_n \alpha_n \Theta_h(n) C^{n-1} \mp p/C \ . \qquad (6.22/10)$$

Als Beispiele können zunächst die Erörterungen in den Unterabschnitten β, γ und δ dienen. Weitere Beispiele stellen die Fälle C und D des Unterabschnitts ζ dar.

An dieser Stelle befassen wir uns noch mit dem Beispiel

$$f(x) = x + \alpha_3 x^3 + \alpha_5 x^5 \ , \qquad (6.22/11)$$

das auf

$$\eta^2 = 1 + \alpha_3 \frac{3}{4} C^2 + \alpha_5 \frac{5}{8} C^4 \mp p/C \qquad (6.22/12)$$

führt. Die für die Zahlenwerte $\alpha_3 = -4/3$ und $\alpha_5 = 1$ entstehende Rückstellfunktion

$$f(x) = x - \frac{4}{3} x^3 + x^5 \qquad (6.22/11a)$$

ist in Abb.6.22/4a, die Responsekurven

$$\eta^2 = 1 - C^2 + \frac{5}{8} C^4 \mp p/C \qquad (6.22/12a)$$

sind in der Abb.6.22/4b wiedergegeben. Die gestrichelte Kurve, der geometrische Ort der Punkte mit vertikalen Tangenten, hat die Gleichung

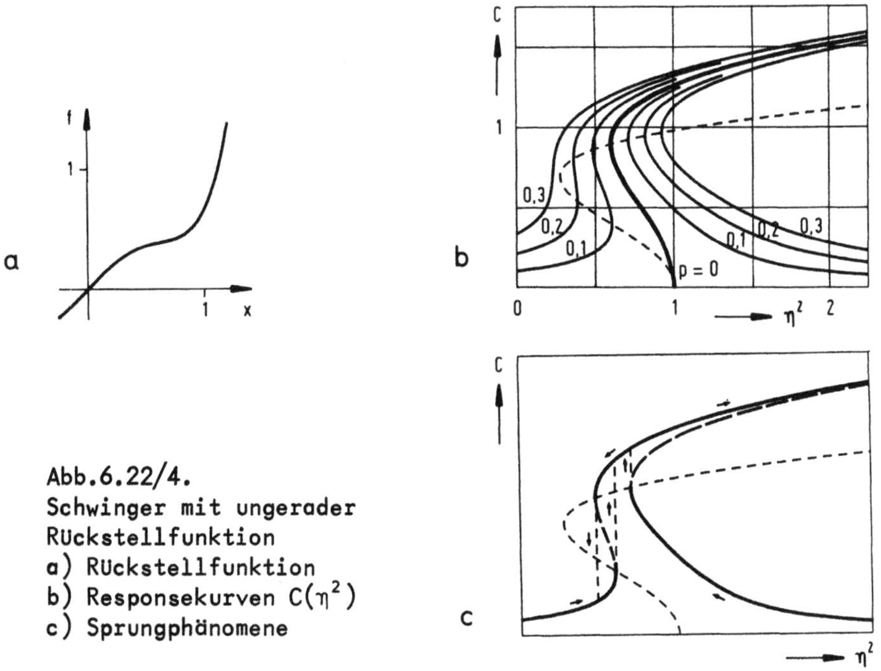

Abb.6.22/4.
Schwinger mit ungerader Rückstellfunktion
a) Rückstellfunktion
b) Responsekurven $C(\eta^2)$
c) Sprungphänomene

$$\eta^2 = 1 - 3C^2 + \frac{25}{8}C^4 \,, \tag{6.22/12b}$$

sie weist hier zwei Äste auf. Von einer eingehenden Diskussion sehen wir ab. Sie kann ganz nach dem in den Unterabschnitten γ und δ gezeigten Mustern angestellt werden. Wir machen noch auf die Sprungphänomene aufmerksam, wie sie aus der Abb.6.22/4c ablesbar sind. Diese Abbildung enthält die Kurvenäste, die zum Parameterwert $p = 0{,}1$ in Abb.6.22/4b gehören.

ζ) Die Rückstellkurve $f(x)$ ist aus Geradenstücken zusammengesetzt; Fälle A bis F

In diesem Unterabschnitt betrachten wir Beispiele für Amplituden-Responsekurven von Schwingern, deren (punktsymmetrische) Rückstellkurven $f(x)$ sich aus Geradenstücken zusammensetzen. Wir wählen sechs solcher Gebilde aus und bezeichnen sie mit den Buchstaben A bis F; siehe Tafel 6.22/I.

Abgesehen von den "entarteten" Fällen C und D bestehen bei den übrigen für positive Werte von x jeweils zwei Bereiche, in denen die Funktion $f(x)$ durch zwei verschiedene (lineare oder konstante) Ausdrücke beschrieben wird. Die Trennstelle der Bereiche heißt in jedem Fall x_s.

Um den Vergleich mit den Ergebnissen in Abschn.5.85 zu erleichtern, benutzen wir zum Berechnen der Funktion F(C) von nun an die Fassung (6.21/8a'), die zur Differentialgleichung

$$E[x] := x'' + g(x') + f(x) - p \sin \eta\tau = 0 \qquad (6.21/1')$$

und zum Ansatz (6.21/5a) paßt. In den vier Fällen A, B, E und F, in denen $x_s \neq 0$ ist, muß die Integration in zwei Abschnitten durchgeführt werden, nämlich von 0 bis σ_s und von σ_s bis $\pi/2$. Die neue Unbekannte σ_s wird durch

$$C \sin \sigma_s := x_s \quad \text{bzw.} \quad \sigma_s := \arcsin x_s/C \qquad (6.22/13)$$

bestimmt.

Die Ausdrücke für die Funktionen F(C), die zu den freien Schwingungen ($p = 0$) gehören und die somit die Rückgratkurve des jeweiligen Schwingers beschreiben, stimmen für alle betrachteten Schwinger überein mit jenen Ausdrücken, die schon in den Abschn.5.83 bis 5.85 mit Hilfe der Verfahren "K-B I" und "K-B II" (über die $\mathfrak{K}$-Transformationen) erhalten wurden. Diese Ausdrücke sind dort in der Tafel 5.85/I verzeichnet.

Einen Überblick über die in diesem Abschnitt betrachteten sechs Schwinger gibt Tafel 6.22/I. Die Nummern in Spalte ② beziehen sich auf Tafel 5.85/I und nennen die entsprechenden autonomen Schwinger.

Den Fall A betrachten wir einigermaßen ausführlich, die anderen Fälle werden kürzer abgehandelt oder es werden nur die Ergebnisse angeführt.

F a l l A: Hier werden folgende Normierungen und Abkürzungen benutzt:

$$\rho := C/x_s \quad \text{und} \quad p^* := p/x_s \, . \qquad (6.22/14)$$

Für die Veränderliche x und damit für C und für ρ müssen zwei Bereiche unterschieden werden:

Tafel 6.22/I. Übersicht über die in Abschn. 6.22 behandelten Schwinger

①	②	③	④	⑤
Fall	entspr. in 5.85/I	Kennlinie f(x)	Response-kurve	Abkürzungen
A	7	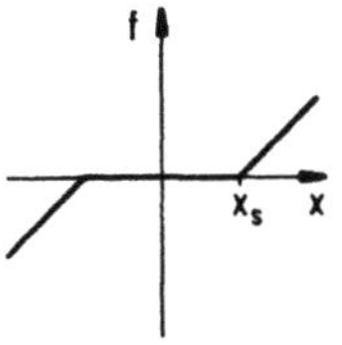	(6.22/18)	ρ ; p^* (6.22/14) $k(\rho)$ (6.22/17)
B	9	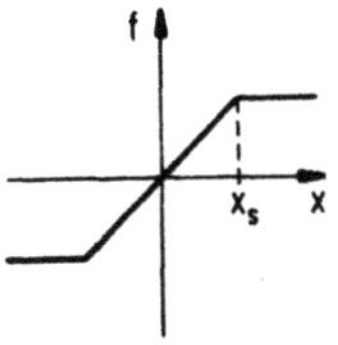	(6.22/20)	ρ ; p^* (6.22/14) $k(\rho)$ (6.22/17)
C	11	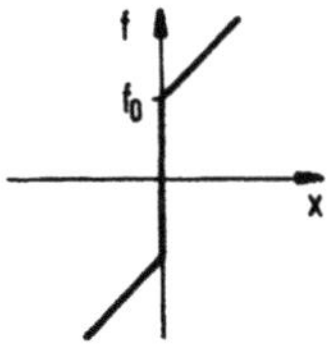	(6.22/24)	c^* ; p^* (6.22/23)
D	8	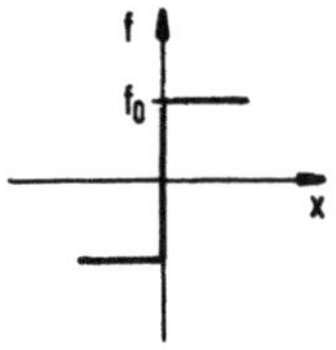	(6.22/27)	c^* ; p^* (6.22/23)
E	10	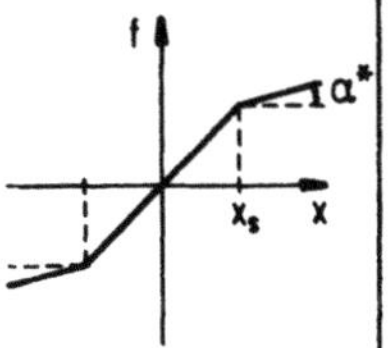	(6.22/31)	ρ ; p^* (6.22/29) $\alpha < 1$
F	10	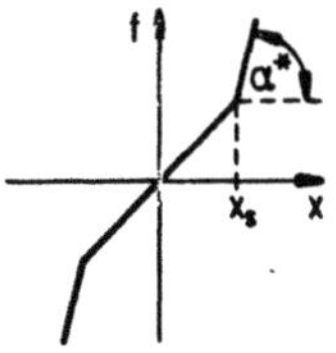	(6.22/31)	ρ ; p^* (6.22/29) $\alpha > 1$

1. Bereich: $x \leqq x_s$, deshalb $C \leqq x_s$ und $\rho \leqq 1$

2. Bereich: $x \geqq x_s$, deshalb $C \geqq x_s$ und $\rho \geqq 1$.

Im ersten Bereich folgt wegen $f(x) \equiv 0$ aus (6.21/8) $F \equiv 0$ und deshalb aus (6.21/11)

$$\eta^2 = p/C \equiv p^*/\rho \tag{6.22/15}$$

als Gleichung der Schar der Responsekurven.

Im zweiten Bereich folgt wegen $f(x) = x - x_s$ aus (6.21/8)

$$F = \frac{4}{\pi}\frac{1}{C}\int_{\sigma_s}^{\pi/2} (C\sin^2\sigma - x_s \sin\sigma)\, d\sigma$$

$$= 1 - \frac{2}{\pi}\left[\arcsin(x_s/C) + (x_s/C)\sqrt{1-(x_s/C)^2}\right]$$

$$= 1 - \frac{2}{\pi}\left[\arcsin(1/\rho) + (1/\rho)\sqrt{1-(1/\rho)^2}\right] . \tag{6.22/16a}$$

Unter Benutzung von $k(\rho)$ gemäß (5.85/16), nämlich

$$k(\rho) := \frac{2}{\pi}\left[\arcsin(1/\rho) + (1/\rho)\sqrt{1-(1/\rho)^2}\right], \tag{6.22/17}$$

wird daraus

$$F = 1 - k(\rho) . \tag{6.22/16b}$$

Die Gl.(6.22/3b) der Schar der Responsekurven lautet im zweiten Bereich somit schließlich

$$\eta^2 = 1 - k(\rho) \mp p^*/\rho . \tag{6.22/18}$$

Die Responsekurven in der ρ-η^2-Ebene mit dem Scharparameter p^* zeigt Abb.6.22/5A. Die Rückgratkurve $p^* = 0$, nämlich $\eta^2 = 0$ (im ersten Bereich) und $\eta^2 = 1 - k(\rho)$ (im zweiten Bereich), ist wieder hervorgehoben.

Wir schließen noch zwei Bemerkungen an: An der Bereichsgrenze $\rho = 1$ haben die beiden Kurven (6.22/15) und (6.22/18) wegen $k(1) = 1$ den übereinstimmenden Wert $\eta^2 = p^*$. Die Ableitung $d\eta^2/d\rho$ lautet im ersten Bereich $d\eta^2/d\rho = -p^*/\rho^2$, im zweiten

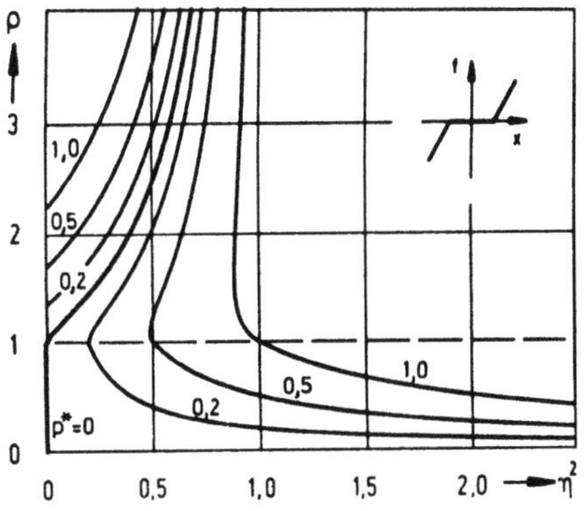

Abb.6.22/5A.
Responsekurven des Schwingers A laut Gl.(6.22/18)

$$\frac{d\eta^2}{d\rho} = -\frac{dk}{d\rho} \overset{(+)}{-} \frac{p^*}{\rho^2} = -\frac{4}{\pi}\frac{1}{\rho^3}\sqrt{\rho^2-1} \overset{(+)}{-} \frac{p^*}{\rho^2} \, . \qquad (6.22/18a)$$

Auf beiden Seiten der Bereichsgrenze $\rho = 1$ haben die Ableitungen daher den übereinstimmenden Wert $d\eta^2/d\rho = -p^*$. Die Kurven der Schar gehen ohne Knick ineinander über; das gilt auch für die Rückgratkurve $p^* = 0$ (obgleich die Abbildung diesen Sachverhalt nicht deutlich erkennen läßt).

F a l l B : Wir begnügen uns mit dem Hinweis, daß das Ergebnis für die Funktion F auch hier mit dem in der Tafel 5.85/I stehenden übereinstimmt; es lautet, wie man dort unter Nr.8 mit $c = 1$ abliest,

$$\text{für} \quad \rho \leqq 1 \qquad F = 1 \, ,$$
$$\text{für} \quad \rho \geqq 1 \qquad F = k(\rho) \, . \qquad (6.22/19)$$

Die Gleichung der Schar der Responsekurven wird damit

$$\text{für} \quad \rho \leqq 1 \quad \text{zu} \quad \eta^2 = 1 \mp p^*/\rho \, , \qquad (6.22/20a)$$

$$\text{für} \quad \rho \geqq 1 \quad \text{zu} \quad \eta^2 = k(\rho) \mp p^*/\rho \, . \qquad (6.22/20b)$$

Das Diagramm in der ρ-η^2-Ebene mit dem Scharparameter p^* zeigt Abb. 6.22/5B.

F a l l C : Auch hier übernehmen wir den Ausdruck F aus der Tafel 5.85/I; er erscheint dort unter Nr.11. Beachtet man die Bedeutung der

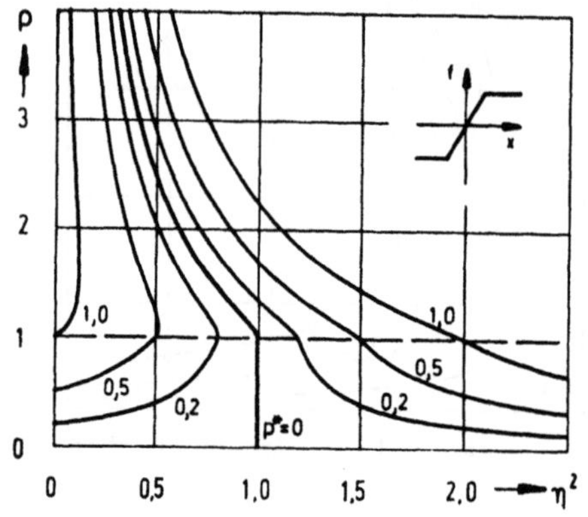

Abb.6.22/5B.
Responsekurven des Schwingers B laut Gl.(6.22/20)

Formelzeichen dort und hier, so findet man

$$F = 1 + \frac{4 f_0}{\pi C} \tag{6.22/21}$$

und somit

$$\eta^2 = 1 + \frac{4 f_0}{\pi C} \mp p/C = 1 + \frac{f_0}{C}\left[\frac{4}{\pi} \mp p/f_0\right] . \tag{6.22/22}$$

Mit den bezogenen Größen

$$C^* : = C/f_0 \quad \text{und} \quad p^* : = p/f_0 \tag{6.22/23}$$

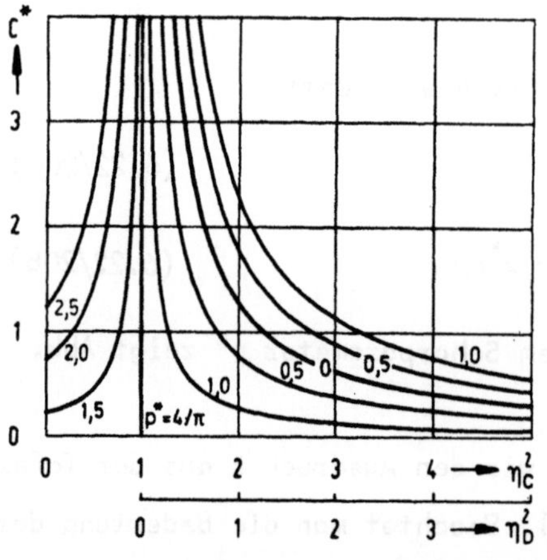

Abb.6.22/5C.
Responsekurven des Schwingers C laut Gl.(6.22/24) und des Schwingers D laut Gl.(6.22/27)

schreibt sich (6.22/22)

$$\eta^2 = 1 + \frac{1}{C^*}\left[\frac{4}{\pi} \mp p^*\right] . \qquad (6.22/24)$$

Die Abb.6.22/5C zeigt die Schar der Responsekurven in einem C^*-η^2-Diagramm mit dem Scharparameter p^*. Die Rückgratkurve $p^* = 0$, also $\eta^2 = 1 + 4/\pi C^*$, ist hervorgehoben. Bemerkenswert ist noch, daß für $p^* = 4/\pi$ unabhängig vom Wert C^* die Frequenz $\eta^2 = 1$ ist.

Wir merken an: Steigende und fallende Äste des Diagramms werden hier wie beim linearen Schwinger durch die Vertikale $\eta^2 = 1$ getrennt; beim linearen Schwinger gehört zu ihr der Parameterwert $p^* = 0$ (sie ist die Rückgratkurve), beim Schwinger C gehört zu ihr jedoch der Parameterwert $p^* = 4/\pi$.

F a l l D : Das Ergebnis für die Funktion F(C) stimmt hier mit dem in der Tafel 5.85/I unter Nr.9 stehenden überein; mit den hier verwendeten Bezeichnungen lautet es

$$F = \frac{4 f_0}{\pi C} ; \qquad (6.22/25)$$

die Gleichung der Schar der Responsekurven wird also zu

$$\eta^2 = \frac{4}{\pi}\left[f_0 \mp p\right]\frac{1}{C} \qquad (6.22/26)$$

und mit den Abkürzungen (6.22/23) zu

$$\eta^2 = \frac{1}{C^*}\left[\frac{4}{\pi} \mp p^*\right] . \qquad (6.22/27)$$

Die Schar der Kurven braucht nicht eigens aufgezeichnet zu werden; sie geht aus der Schar der Abb.6.22/C dadurch hervor, daß im Fall D der Nullpunkt für η^2 auf den Punkt $\eta^2 = 1$ des Falles C gelegt wird. Das Diagramm besteht dann nur noch aus den fallenden Kurvenästen.

F ä l l e E und F : Die beiden Fälle können gemeinsam behandelt werden. Die zu den in Tafel 6.22/I skizzierten Kennlinien gehörenden im ersten Bereich $(x \leqq x_S)$ $f_1 = x$,

im zweiten Bereich $(x \geqq x_S)$ $f_2 = x_S(1-\alpha) + \alpha x$. (6.22/28)

Da die Kennlinien übereinstimmen, kann man für den ersten Bereich das entsprechende Ergebnis (6.22/20a) des Falles B übernehmen.
Für den zweiten Bereich gilt: Mit

$$x = C \sin\sigma \,, \qquad \sin\sigma = x/C \,, \qquad \sin\sigma_S = x_S/C$$

und wegen (6.22/28) spaltet sich das Integral F(C) (6.21/8a) auf in zwei Anteile,

$$F(C) = \frac{4}{\pi}\left[I_1 + I_2\right] , \tag{6.22/29}$$

dabei ist

$$I_1 := \int_0^{\sigma_S} \sin^2\sigma \, d\sigma = \frac{1}{2}\sigma_S - \frac{1}{4}\sin 2\sigma_S \,, \tag{6.22/29a}$$

$$I_2 := \int_{\sigma_S}^{\pi/2} [\,\alpha \sin^2\sigma + \frac{x_S}{C}(1-\alpha)\sin\sigma\,]\, d\sigma$$

$$= \alpha\,[\,\frac{\pi}{4} - \frac{1}{2}\sigma_S + \frac{1}{4}\sin 2\sigma_S\,] + \frac{x_S}{C}(1-\alpha)\cos\sigma_S \,. \tag{6.22/29b}$$

Mit ρ und p^* gemäß (6.22/14) und mit $k(\rho)$ aus (6.22/17) findet man schließlich

$$F(C) = \frac{4}{\pi}\left[\alpha\frac{\pi}{4} + \frac{1}{2}\sigma_S(1-\alpha) + \frac{1}{2}\sin\sigma_S\cos\sigma_S(1-\alpha)\right]$$

oder

$$F(\rho) = \alpha + (1-\alpha)\,k(\rho) \tag{6.22/30a}$$

und daraus

$$\eta^2 = F(\rho) \mp p^*/\rho \,. \tag{6.22/30b}$$

Im Falle E ist $\alpha < 1$; für das Beispiel, das als Abb.6.22/5E aufgezeichnet ist, beträgt $\alpha = 1/2$. Im Falle F ist $\alpha > 1$; für das Beispiel, das als Abb.6.22/5F aufgezeichnet ist, beträgt $\alpha = 2$.

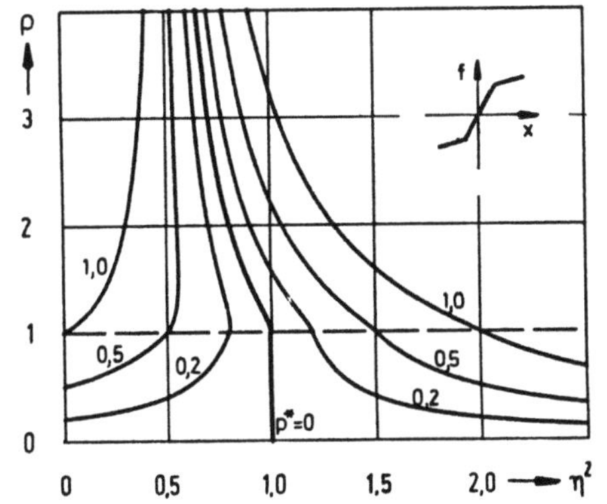

Abb.6.22/5E. Responsekurven laut Gl.(6.22/30b) mit $\alpha = 1/2$

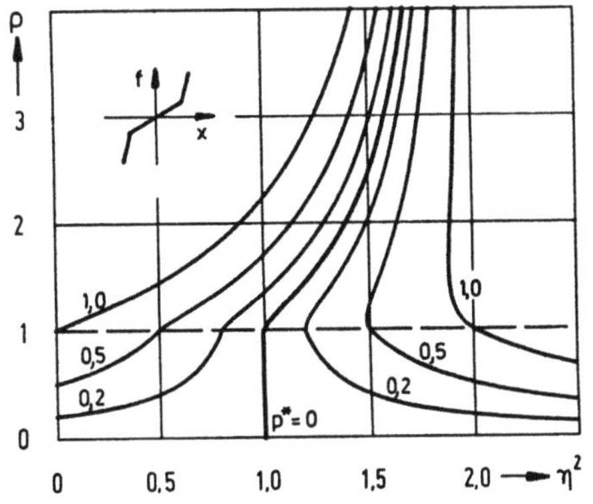

Abb.6.22/5F. Responsekurven laut Gl.(6.22/30b) mit $\alpha = 2$

6.23 Diskussion der Responsekurven für den gedämpften Schwinger; Sprungphänomene

Die Gleichungen, die hier diskutiert werden sollen, sind die Gln. (6.21/11) und (6.21/12). Im Abschn.6.22 sind sie für den Sonderfall $g(x') \equiv 0$ schon erörtert worden. Dabei wurden auch die Funktionen $F(C)$, die gemäß (6.21/8a) durch eine Transformation aus $f(x)$ entstehen, ausführlich besprochen. Die bei den gedämpften Schwingern ins Spiel kommenden Funktionen $G(\eta C)$ gehen aus $g(\eta \mathring{x})$ gemäß der Transformationsgleichung (6.21/8b) hervor.

Für ungerade Dämpfungskennlinien mit der analog zu (6.22/9) aufgebauten Gleichung

$$g(\eta \mathring{x}) = \sum_n \beta_n |\eta \mathring{x}|^n (\operatorname{sign} \mathring{x}) \tag{6.23/1}$$

entsteht daher mit der Abkürzung Θ_h nach (5.73/11)

$$G(\eta C) = \sum_n \beta_n \Theta_h(n) \eta^n C^{n-1} \quad . \tag{6.23/2}$$

Ist die Dämpfungskennlinie linear, $g = \eta \mathring{x}$, so erhält man wegen $n = 1$, $\beta_1 = 1$, $\Theta_h(1) = 1$

$$G = \eta \; ; \tag{6.23/3'}$$

wenn $n = 2$ ist, entsteht wegen $\Theta_h(2) = 8/3\pi$

$$G = \beta_2\, 8\eta^2 C/3\pi \qquad (6.23/3'')$$

und so fort.

Der folgenden Diskussion der Amplituden-Responsekurven $C(\eta^2)$ und der Nullphasenwinkel-Responsekurven $\gamma(\eta^2)$ wollen wir zwei konkrete Beispiele von Rückstellkennlinien zugrunde legen. Im ersten ist $f(x) = x + x^3$, im zweiten Beispiel ist $f(x) = x - x^3$. In beiden Fällen sei die Dämpfungskennlinie gegeben durch $g(x') = 2Dx'$. Die Dgl. (6.21/3) lautet also hier

$$\eta^2 \mathring{\mathring{x}} + 2D\eta \mathring{x} + x \pm x^3 - p\cos\sigma = 0\ . \qquad (6.23/4)$$

Aus (6.21/11) wird dann

$$[1 \pm 3C^2/4 - \eta^2]^2 + 4D^2\eta^2 = p^2/C^2\ , \qquad (6.23/5)$$

aus (6.21/12)

$$\tan\gamma = \frac{-2D\eta}{1 \pm 3C^2/4 - \eta^2}\ . \qquad (6.23/6)$$

α) Amplituden-Responsekurven $C(\eta^2)$

α1) Diagramme für Beispielschwinger

In den Abb.6.23/1a und 6.23/1b und in der Abb.6.23/2 sind die Amplituden-Responsekurven $C(\eta^2)$ der oben genannten Beispiele gemäß der Gl.(6.23/5) aufgezeichnet. Diese Kurvenscharen sind in qualitativer Weise repräsentativ auch für den allgemeinen Fall (6.21/11), und zwar Abb.6.23/1a und 6.23/1b für überlineare, Abb.6.23/2 für unterlineare Federkennlinien.

Was in Abb.6.23/2 die in dem schraffierten Bereich liegenden Kurvenstücke angeht [die ebenfalls aus der Gl.(6.23/15) entstehen], so halten wir uns folgendes vor Augen: Die Responsekurven $C(\eta^2)$ gehören zur Funktion $\tilde{x}(\sigma)$ gemäß Gl.(6.21/4a), die eine Näherung zur wirklichen Lösung $x(\sigma)$ der Dgl.(6.23/4) darstellt. Die Funktion $\tilde{x}$ kann als Näherung zu x betrachtet werden, solange der Schwinger schwach

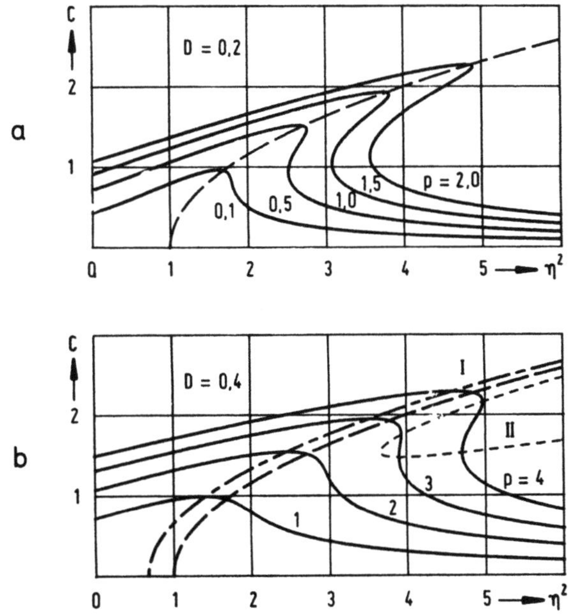

Abb.6.23/1. Amplituden-Responsekurven $C(\eta^2)$ eines Schwingers nach Gl. (6.23/4) für $f(x) = x + x^3$

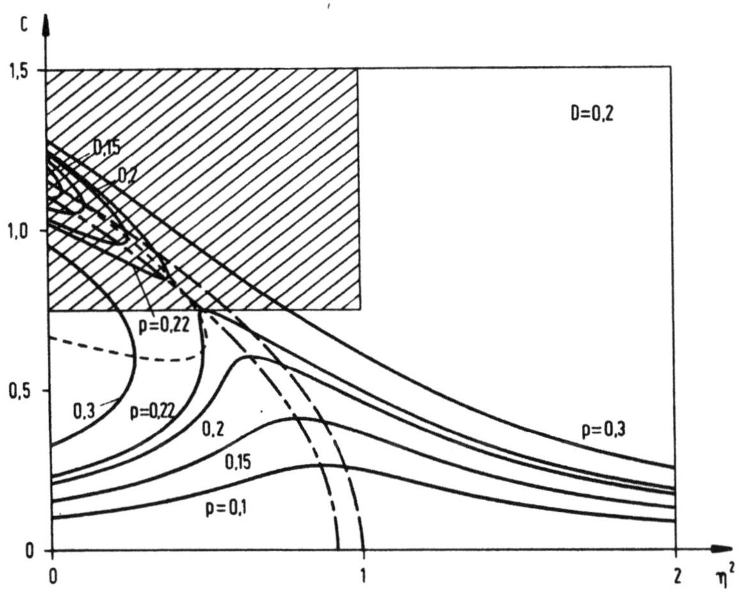

Abb.6.23/2. Amplituden-Responsekurven $C(\eta^2)$ eines Schwingers nach Gl. (6.23/4) für $f(x) = x - x^3$

nichtlinear ist. Eine Fehlerbetrachtung wurde hier jedoch nicht durchgeführt. Es bleibt daher ganz offen, ob die Kurvenstücke im schraffierten Bereich (und vielleicht auch sonstwo) noch einen vernünftigen Bezug zur Realität, nämlich zur Lösung $x(\sigma)$ selber, haben.

Eine Fehlerbetrachtung, die feststellt, bis zu welchem Grad von Nichtlinearität die hier gewonnenen Ergebnisse eine vorgegebene Fehlerschranke nicht überschreiten, läßt sich an die Dgl.(6.23/4) nicht anschließen. Für diesen Zweck müßte man die Differentialgleichung

$$\eta^2 \overset{\circ\circ}{x} + 2D\eta\overset{\circ}{x} + x - \tilde{\varepsilon} x^3 - p\cos\sigma = 0$$

zugrunde legen, in der der weitere Parameter $\tilde{\varepsilon}$ den "Grad der Nichtlinearität" in Evidenz setzt. Als Werkzeug für eine Untersuchung würde sich die Störungsrechnung anbieten.

α2) Die Kreuzungspunkte K

Während für $G \equiv 0$ die Responsekurven für jedes p aus zwei getrennten Ästen bestehen, von denen einer links, der andere rechts von der Rückgratkurve liegt, existiert nun für jedes p nur eine einzige Kurve; die früher getrennten Äste sind gleichsam zusammengeschlossen. Die Kurven der Schar kreuzen die Rückgratkurve $\eta = F(C)$. Diese ist in den Abb.6.23/1a, 6.23/1b und 6.23/2 gestrichelt eingezeichnet. Für den jeweiligen Kreuzungspunkt K liefert (6.21/11) unabhängig von F(C)

$$G(\eta C) = p/C \ , \qquad (6.23/7)$$

also im linear gedämpften Fall mit $g(x') = 2Dx'$ und $G = 2D\eta$

$$\eta = p/2DC \ . \qquad (6.23/8)$$

Die Gln.(6.23/7) oder (6.23/8) geben die Schar von geometrischen Örtern an, auf denen die Kreuzungspunkte der Responsekurven mit den Rückgratkurven $\eta^2 = F(C)$ liegen. In der C-η^2-Ebene bestehen diese Scharen aus Hyperbeln oder hyperbelähnlichen Kurven [(h) in Abb.6.23/5]. Die Schnittpunkte (η_K^2, C_K) selbst ergeben sich im allgemeinen Fall aus $\eta^2 = F(C)$ und (6.23/7), in den beiden Beispielfällen aus $\eta^2 = 1 \pm 3C^2/4$ und (6.23/8); diese beiden Ausdrücke führen auf quadratische Gleichungen für η_K^2 und/oder C_K^2.

α3) Extremwerte für C und η^2

Der Schnittpunkt K der Responsekurve mit der Rückgratkurve bezeichnet keine Extremwerte, weder für C noch für η^2. Der Extremwert für C folgt aus

$$dC/d\eta^2 = 0 \, , \tag{6.23/9a}$$

der für η^2 aus

$$d\eta^2/dC = 0 \, . \tag{6.23/9b}$$

Die Extremwerte liegen also auf Kurven, deren Gleichungen aus (6.21/11) zusammen mit (6.23/9a) bzw. (6.23/9b) gefunden werden.

Wir beschränken unsere Betrachtungen zunächst auf den linear gedämpften Schwinger mit allgemeiner Rückstellkraft f(x); für ihn lautet (6.21/11)

$$H := [F(C) - \eta^2]^2 + 4D^2\eta^2 - (p/C)^2 = 0 \, . \tag{6.23/10}$$

Aus der Forderung (6.23/9a) wird wegen

$$dC/d\eta^2 = \frac{\partial H/\partial \eta^2}{\partial H/\partial C} \, , \tag{6.23/11}$$

falls der Nenner nicht verschwindet, $\partial H/\partial \eta^2 = 0$ und somit

$$\eta^2 = F(C) - 2D^2 \, . \tag{6.23/12}$$

Die Zustandspunkte, die zu extremen (maximalen) Werten C gehören, liegen auf der Kurve (6.23/12); sie ist eine um $2D^2$ nach links verschobene "Parallele" zur Rückgratkurve. Diese Kurve ist in Abb.6.23/1b strichpunktiert eingetragen.

Aus der Forderung (6.23/9b) wird wegen (6.23/11) nun $\partial H/\partial C = 0$ und somit

$$[F(C) - \eta^2]\, C \frac{\partial F}{\partial C} + \frac{p^2}{C^2} = 0 \, . \tag{6.23/13}$$

Addieren von (6.23/10) und (6.23/13) eliminiert p^2/C^2 und liefert

$$[F(C)-\eta^2]\{C\frac{\partial F}{\partial C}+F(C)-\eta^2\}+4D^2\eta^2=0 \qquad (6.23/14)$$

als Gleichung des geometrischen Ortes der Kurvenpunkte mit vertikaler Tangente. Für die Beispiele (6.23/4), also für die Kurvenscharen (6.23/5), lautet (6.23/14)

$$[1\pm 3C^2/4-\eta^2][1\pm 9C^2/4-\eta^2]+4D^2\eta^2=0\,. \qquad (6.23/15)$$

Diese Kurven sind in den Abb.6.23/1b und 6.23/2 kurz gestrichelt eingetragen.

Handelt es sich nicht um eine lineare Dämpfung, sondern ist ein allgemeiner Ausdruck $g(x')$ für die Dämpfungskennlinie vorgegeben, so müssen die Forderungen $\partial H/\partial\eta^2=0$ bzw. $\partial H/\partial C=0$ statt auf (6.23/10) auf die allgemeine Gl.(6.21/11) angewendet werden.

α4) Stabile und instabile Zustandspunkte; Sprungphänomene

Die Kurven (6.23/14) oder (6.23/15) teilen die C-η^2-Ebene in zwei Bereiche (I und II in Abb.6.23/1b und 6.23/2). Noch ohne Beweis sei hier angegeben, daß der Bereich I nur Punkte enthält, die stabilen Schwingungszuständen entsprechen (kurz: "stabile Punkte"), alle Schwingungszustände im Bereich II sind dagegen instabil. Einzelheiten dazu findet man in Abschn.6.25. Eine ähnliche Aussage für den ungedämpften Schwinger war schon im Abschn.6.22 gemacht worden, vgl. die stabilen Bereiche I und III und den instabilen Bereich II in den Abb.6.22/2. Dort wurde auch ausführlich die Bedeutung erörtert, die den Kurvenpunkten mit vertikaler Tangente bei einer langsamen Änderung der Erregerfrequenz zukommt: in ihnen s p r i n g t die Amplitude (und auch der Phasenverschiebungswinkel). Entsprechendes gilt auch für die Kurven der Abb.6.23/1 und 6.23/2. Die Sprungphänomene, die bei langsamer Zu- oder Abnahme der Erregerfrequenz auftreten, sind in den Abb.6.23/3 und 6.23/4 skizziert.

α5) Hinweise

Erstens: Das Berechnen der Responsekurven aus Gl.(6.21/11) ist in vielen Fällen mühsam. Wenn man sehr genaue Werte nicht benötigt, hilft folgendes Vorgehen zum Abschätzen des Verlaufs einer Response-

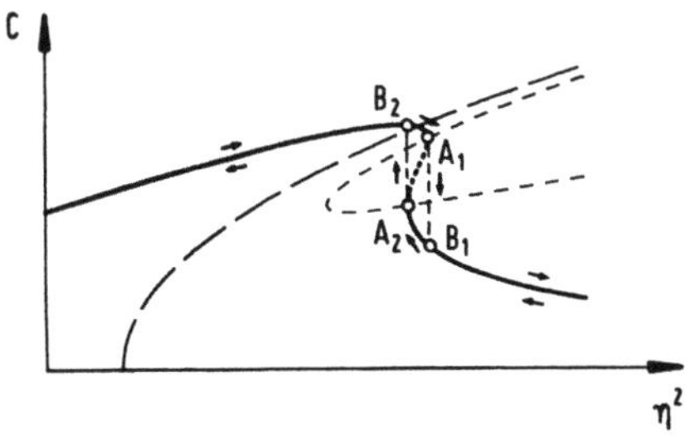

Abb.6.23/3. Sprungphänomen für Schwinger mit überlinearer Kennlinie

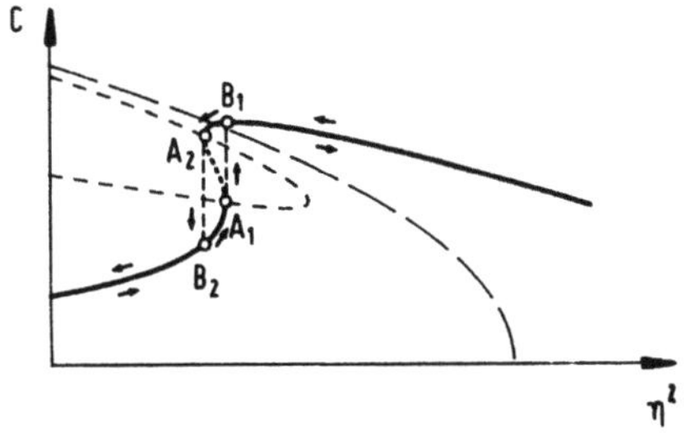

Abb.6.23/4. Sprungphänomen für Schwinger mit unterlinearer Kennlinie

kurve: Man stellt zunächst die Rückgratkurve $\eta^2 = F(C)$ sowie die beiden Äste (6.22/3b) $\eta^2 = F(C) \mp p/C$ des ungedämpften Schwingers her und bestimmt überdies aus $\eta^2 = F(C)$ und Gl.(6.23/7) die genauen Koordinaten des Kreuzungspunktes der zum gedämpften Schwinger gehörenden Responsekurve mit der Rückgratkurve. Sie lassen sich verhältnismäßig leicht finden. Zwischen die beiden Äste läßt sich mit Hilfe des Kreuzungspunktes K eine Näherung zur Responsekurve zeichnen (siehe die skizzenhafte Abb.6.23/5). Will man besonders sorgfältig sein, so verschafft man sich zuvor als weitere Anhaltspunkte für den Kurvenverlauf noch die geometrischen Örter für die Kurvenpunkte mit horizontalen und mit vertikalen Tangenten.

Zweitens: Ehe wir im Unterabschnitt β zur eigentlichen Betrachtung der $\gamma(\eta^2)$-Kurven übergehen, können wir hier schon feststellen: Zum Schnittpunkt K der Amplituden-Responsekurve mit der Rückgratkurve gehört, wie man wegen

$$F(C) - \eta^2 = 0 \tag{6.23/16}$$

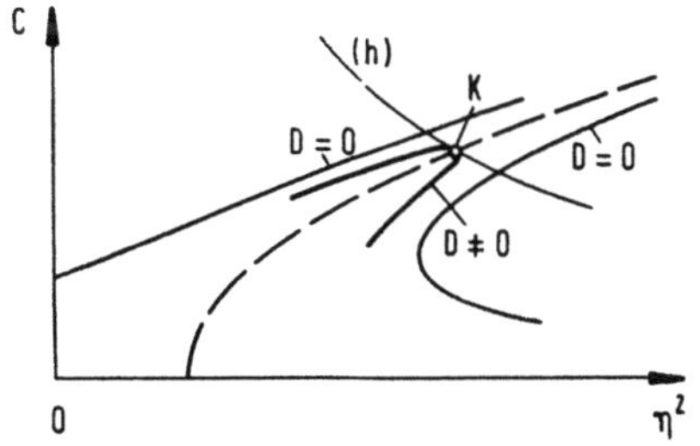

Abb.6.23/5.
Das Einpassen der Responsekurve des gedämpften Schwingers

aus Gl.(6.21/12) erkennt, stets ein Schwingungszustand mit dem Nullphasenwinkel $\gamma = -\pi/2$. Zu Punkten der Responsekurve, die links bzw. rechts von der Rückgratkurve liegen, gehören Winkel $-\gamma < \pi/2$ bzw. $-\gamma > \pi/2$.

β) Responsekurven des Phasenverschiebungswinkels

Man kann den Voreilwinkel γ oder den Nacheilwinkel $\varepsilon = -\gamma$ betrachten. Wir führen die Erörterung am Nacheilwinkel ε durch. Grundlagen sind die beiden Gln.(6.21/11) und (6.21/12); wir wiederholen sie hier in der auf den Nacheilwinkel ε zugeschnittenen Form. Es bleibt (6.21/11),

$$[F(C) - \eta^2]^2 + G^2(\eta C) = (p/C)^2 , \tag{6.23/17}$$

aus (6.21/12) wird

$$\varepsilon = \arctan \frac{G(\eta C)}{F(C) - \eta^2} . \tag{6.23/18}$$

Dazu schreiben wir noch einige Sonderfälle an.

Für den ungedämpften Schwinger kommt aus (6.23/17) die Gl.(6.22/3b), nämlich

$$\eta^2 = F(C) \mp p/C \tag{6.23/19}$$

zustande. Wegen des dann aus (6.23/18) folgenden Nacheilwinkels ε sei auf die Anmerkungen verwiesen, die im Zusammenhang mit den Gln. (6.21/12a) und (6.21/13) gemacht worden sind und die zu

$$\begin{aligned} \varepsilon &= 0 \quad \text{für} \quad 0 < \eta^2 < F , \\ \varepsilon &= \pi \quad \text{für} \quad \eta^2 > F \end{aligned} \tag{6.23/20}$$

führten.

Für den linear gedämpften Schwinger, $g(x') = 2Dx'$, den wir im folgenden als "Demonstrationsobjekt" benutzen werden, erhält man

$$\varepsilon = \arctan \frac{2D\eta}{F(C) - \eta^2} \tag{6.23/21}$$

oder mit (6.23/19)

$$\varepsilon = \arc\tan \frac{2D\eta}{\pm(p/C)} \quad . \tag{6.23/22}$$

Um diese Gleichung auszuwerten, kann man entweder zeichnerisch oder rechnerisch vorgehen. Zu einem Beispielwert C_1 findet man erstens p/C_1, zweitens $F(C_1)$, aus diesen Werten durch Subtrahieren und Addieren gemäß (6.23/19)

$$\eta_{1I}^2 = F(C_1) - p/C_1 \qquad \text{und} \qquad \eta_{1II}^2 = F(C_1) + p/C_1 \; , \tag{6.23/23}$$

daraus η_{1I} und η_{1II}. Einsetzen in (6.23/22) liefert

$$\varepsilon_{1I} = \arc\tan \frac{2D\eta_{1I}}{(p/C_1)} \qquad \text{und} \qquad \varepsilon_{1II} = \arc\tan \frac{2D\eta_{1II}}{-(p/C_1)} \; . \tag{6.23/24}$$

Die Abb.6.23/6 zeigt das Ergebnis in qualitativer Weise, d.h. für eine nicht spezifizierte, zu einer überlinearen Kennlinie gehörenden Funktion $F(C)$ und für nicht spezifizierte Parameterwerte D, p_* und p_{**}. Die zum Parameter p_* gehörende Kurve besitzt keine Punkte mit vertikaler Tangente, die zu p_{**} gehörende besitzt dagegen in A und C zwei solche Punkte. Hier gibt es daher ein Sprungphänomen.

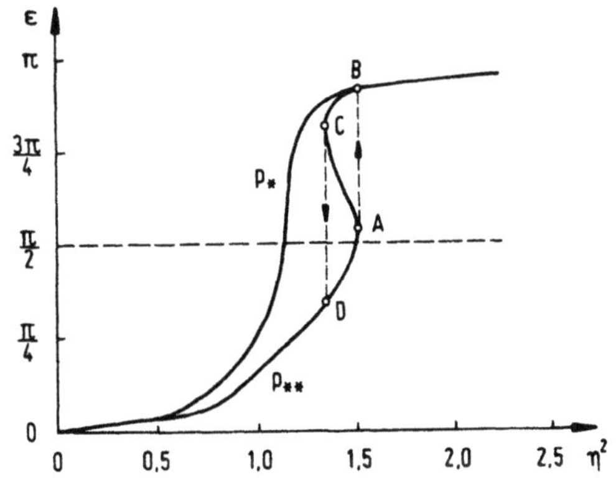

Abb.6.23/6.
Responsekurven $\varepsilon(\eta^2)$ des Nacheilwinkels für einen überlinearen Schwinger

In der Abb.6.23/7 sind für den gleichen Schwinger die Amplitudenkurven $C(\eta^2)$ aufgezeichnet, die zu denselben beiden Parametern p_* und p_{**} gehören. Die Punkte A, B, C und D auf den zu p_{**} gehörenden Kurven der beiden Diagramme entsprechen einander. Durch die Pfeile sind die

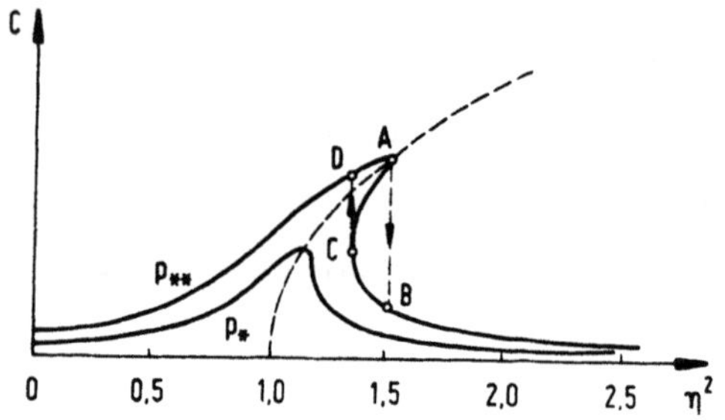

Abb.6.23/7.
Responsekurven $C(\eta^2)$ der Amplitude für den überlinearen Schwinger zu Abb.6.23/6

Sprünge in derselben Weise angedeutet wie vordem in den Abb.6.22/2b und Abb.6.22/3b.

Falls der Schwinger statt der linearen Dämpfung $g(x') = 2Dx'$ eine allgemeinere Dämpfungsfunktion $g(x')$ aufweist, tritt in (6.23/21) und damit auch in (6.23/22) im Zähler an die Stelle von $2D\eta$ die allgemeinere Funktion $G(\eta C)$ aus (6.23/18). Die Ergebnisse ändern sich dadurch qualitativ jedoch nicht.

6.24 Harmonische Näherungslösungen mit Hilfe des Verfahrens "K-B I"

α) Vorbemerkungen zur untersuchten Differentialgleichung und zur Methode

In den Abschn.6.21 bis 6.23 war eine Differentialgleichung zugrunde gelegt, die entweder in der Fassung (6.21/1) oder in der Fassung (6.21/5) auftrat; die beiden Fassungen unterscheiden sich nur dadurch, daß im ersten Fall $\tau := \varkappa t$, im zweiten Fall $\sigma := \Omega t = \eta\tau$ als unabhängige Veränderliche verwendet wird. Gemeinsam ist den beiden Fassungen, daß die Rückstellfunktion $f(x)$ und die Dämpfungsfunktion $g(x')$ als zwei getrennte Terme auftreten. Als Methode zum Gewinnen einer Näherungslösung in der Gestalt einer harmonischen Schwingung wurde das Verfahren von Galerkin benutzt, und zwar in der Sonderform des Fourier-Abgleichs. Die Ergebnisse sind Gleichungen für die Schar der Amplituden-Responsekurven und für die Schar der Phasen-Responsekurven.

In diesem Abschn.6.24 legen wir den Untersuchungen eine allgemeiner gebaute Differentialgleichung zugrunde. Wir schreiben sie entweder

$$x'' + x + \tilde{\varepsilon}\Phi(x, x') = p\cos\eta\tau \qquad (6.24/1a)$$

oder gleichwertig

$$\eta^2\overset{\circ\circ}{x} + x + \tilde{\varepsilon}\Phi(x, \eta\overset{\circ}{x}) = p\cos\sigma \ . \qquad (6.24/1b)$$

Zum Unterschied von den Dgln.(6.21/1) bzw. (6.21/3) tritt hier das lineare Glied x explizit in Erscheinung. Die Funktion Φ darf auch in gemischter Weise von x und x' abhängen, der Größenordnungsfaktor $\tilde{\varepsilon}$ sei klein. Soll (6.24/1a) mit (6.21/1) oder (6.24/1b) mit (6.21/3) übereinstimmen, so muß gelten

$$\tilde{\varepsilon}\Phi(x, x') = [f(x) - x] + g(x') \ . \qquad (6.24/2)$$

Auch für die Dgln.(6.24/1) suchen wir eine Näherungslösung, jetzt aber nicht mittels des Fourier-Abgleichs, sondern mit dem Verfahren "K-B I". Dieses Verfahren hatten wir bisher nur zum Gebrauch bei a u t o n o m e n Differentialgleichungen (im Hauptabschnitt 5.8, insbesonders im Abschn.5.83) kennen gelernt. Um das Verfahren auf eine nichtautonome Differentialgleichung wie (6.24/1) anwenden zu können, muß es etwas abgewandelt werden.

β) Responsekurven als stationäre Werte

In Abschn.5.83 war für die autonome Dgl.(5.83/1) die Näherungslösung in der Form (5.83/2), also in der Gestalt

$$\tilde{x} = r\cos\psi \qquad \text{mit} \qquad \psi = \tau + \vartheta(\tau) \ ,$$

d.h. mit Hilfe der "Zeit" τ angesetzt worden. Beim Vorliegen einer nicht-autonomen Differentialgleichung, wie etwa (6.24/1), empfiehlt es sich, die "Zeit" σ als unabhängige Variable zu verwenden. Wir setzen zwar weiterhin die Lösung in der Form

$$\tilde{x} = r\cos\psi \qquad (6.24/2a)$$

an, zerlegen ψ nun aber in

$$\psi = \sigma + \xi(\sigma) \ . \qquad (6.24/2b)$$

Bei den weiteren Rechnungen vereinfachen wir die Schreibweise, indem wir statt $\tilde{x}$ einfach x schreiben, oft die Abkürzung ψ statt der Summe in (6.24/2b) verwenden und oft auch die Argumente σ unterdrücken. So kommt

$$x = r\cos(\sigma + \xi) = r\cos\psi \;, \tag{6.24/3a}$$

$$\mathring{x} = \mathring{r}\cos\psi - r[1 + \mathring{\xi}]\sin\psi \,. \tag{6.24/3b}$$

Fordert man [analog zu (5.83/4b)]

$$\mathring{r}\cos\psi - r\mathring{\xi}\sin\psi = 0 \;, \tag{6.24/4a}$$

so wird aus (6.24/3b)

$$\mathring{x} = -r\sin\psi \tag{6.24/3c}$$

und daher

$$\overset{\circ\circ}{x} = -\mathring{r}\sin\psi - r\cos\psi\,[1 + \mathring{\xi}] \,. \tag{6.24/3d}$$

Einsetzen in die Dgl.(6.24/1b) ergibt

$$-\mathring{r}\eta^2\sin\psi - r\mathring{\xi}\eta^2\cos\psi + r(1-\eta^2)\cos\psi = -\tilde{\varepsilon}\Phi + p\cos\sigma \,. \tag{6.24/4b}$$

Auflösen der Gln.(6.24/4a) und (6.24/4b) nach $\mathring{r}$ und $\mathring{\xi}$ liefert

$$\begin{aligned} \mathring{r}\eta^2 &= r(1-\eta^2)\cos\psi\sin\psi + \tilde{\varepsilon}\Phi\sin\psi - p\cos\sigma\sin\psi \;, \\ \mathring{\xi}r\eta^2 &= r(1-\eta^2)\cos^2\psi + \tilde{\varepsilon}\Phi\cos\psi - p\cos\sigma\cos\psi \,. \end{aligned} \tag{6.24/5a}$$

Wegen $\sigma = \psi - \xi$ bringt Entwickeln von $\cos\sigma$

$$\begin{aligned} \mathring{r}\eta^2 &= r(1-\eta^2)\sin\psi\cos\psi + \tilde{\varepsilon}\Phi\sin\psi \\ &\quad - p\sin\psi(\cos\psi\cos\xi + \sin\psi\sin\xi) \;, \\ \mathring{\xi}r\eta^2 &= r(1-\eta^2)\cos^2\psi + \tilde{\varepsilon}\Phi\cos\psi \\ &\quad - p\cos\psi(\cos\psi\cos\xi + \sin\psi\sin\xi) \,. \end{aligned} \tag{6.24/5b}$$

Unter den Voraussetzungen

$$\tilde{\varepsilon} \ll 1 \;,\quad p \ll 1 \quad \text{und} \quad (1-\eta^2) \ll 1$$

sind alle Glieder der rechten Seite und damit die Geschwindigkeiten $\mathring{r}$ und $\mathring{\xi}$ klein; die Größen $r(\sigma)$ und $\xi(\sigma)$ ändern sich nur langsam. Die kleinen Geschwindigkeiten $\mathring{r}(\sigma)$ und $\mathring{\xi}(\sigma)$ ersetzen wir - analog zu (5.83/6) - durch ihre Mittelwerte, indem wir die rechten Seiten im Intervall 0 bis 2π über ψ integrieren und durch die Intervallänge 2π dividieren. So kommt, wenn wir die Mittelwerte wieder einfach $\mathring{r}$ und $\mathring{\xi}$ nennen,

$$\mathring{r}\eta^2 = \frac{1}{2\pi}\int_0^{2\pi} \varepsilon\Phi(x,\mathring{x}\eta)\sin\psi\, d\psi - \frac{p}{2}\sin\xi ,$$
$$\mathring{\xi} r\eta^2 = \frac{r}{2}(1-\eta^2) + \frac{1}{2\pi}\int_0^{2\pi} \varepsilon\Phi(x,\mathring{x}\eta)\cos\psi\, d\psi - \frac{p}{2}\cos\xi . \qquad (6.24/6)$$

Mit den Bezeichnungen

$$R(r) = \frac{1}{2\pi}\int_0^{2\pi} \varepsilon\Phi(x,\mathring{x}\eta)\cos\psi\, d\psi ,$$
$$S(r) = \frac{1}{2\pi}\int_0^{2\pi} \varepsilon\Phi(x,\mathring{x}\eta)\sin\psi\, d\psi \qquad (6.24/7)$$

für die Transformationen wird (6.24/6) zu

$$\mathring{r}\eta^2 = S(r) - \frac{p}{2}\sin\xi ,$$
$$\mathring{\xi} r\eta^2 = \frac{r}{2}(1-\eta^2) + R(r) - \frac{p}{2}\cos\xi . \qquad (6.24/8)$$

Für die stationären Werte r_0 und ξ_0 folgt aus $\mathring{r}=0$ und $\mathring{\xi}=0$

$$S(r_0) = \frac{p}{2}\sin\xi_0 ,$$
$$\frac{r_0}{2}(1-\eta^2) + R(r_0) = \frac{p}{2}\cos\xi_0 \qquad (6.24/9a)$$

oder

$$\frac{2}{r_0}S(r_0) = \frac{p}{r_0}\sin\xi_0 ,$$
$$1 + \frac{2}{r_0}R(r_0) - \eta^2 = \frac{p}{r_0}\cos\xi_0 . \qquad (6.24/9b)$$

Für späteren Gebrauch bilden wir sowohl aus (6.24/9a) wie aus (6.24/9b) einerseits durch Quadrieren und Addieren, andererseits durch Dividieren die Ausdrücke

$$S^2(r_0) + [R(r_0) + \frac{r_0}{2}(1-\eta^2)]^2 = (\frac{p}{2})^2 ,$$
$$\tan \xi_0 = \frac{S(r_0)}{R(r_0) + \frac{r_0}{2}(1-\eta^2)} \tag{6.24/10a}$$

und

$$[(1 + \frac{2}{r_0} R(r_0)) - \eta^2]^2 + [\frac{2}{r_0} S(r_0)]^2 = (\frac{p}{r_0})^2 ,$$
$$\tan \xi_0 = \frac{\frac{2}{r_0} S(r_0)}{(1 + \frac{2}{r_0} R(r_0)) - \eta^2} . \tag{6.24/10b}$$

γ) Vergleich mit den Ergebnissen von Abschn.6.21

Sowohl im Abschn.6.21 wie hier im Abschn.6.24 haben wir mit harmonischen Funktionen als Näherungen zu den Lösungen der Differentialgleichungen gearbeitet. Die Ergebnisse sollen nun verglichen werden. Zu diesem Zweck müssen wir die umfassendere Dgl.(6.24/1b) auf die speziellere (6.21/5) zurückführen und die in 6.21 und 6.24 unterschiedlichen Notationen beachten.

Gl.(6.24/1b) wird zur Gl.(6.21/5), wenn (6.24/2) gilt. Die beiden Parameter der harmonischen Näherungslösung sind die Amplitude und der Nullphasenwinkel. Die Amplitude ist in 6.21 mit C, in 6.24 mit r_0 bezeichnet, der Nullphasenwinkel in 6.21 mit γ, in 6.24 mit $+\xi_0$; es gilt also

$$r_0 = C \quad \text{und} \quad +\xi_0 = \gamma . \tag{6.24/11}$$

Sowohl in Abschn.6.21 wie in Abschn.6.24 sind Transformationen benutzt worden: In 6.21 (hier mit anderem Integrationsintervall geschrieben) die Transformationen (6.21/8a') und (6.21/8b'),

$$F(C) = \frac{1}{\pi C} \int_0^{2\pi} f(C \cos\sigma) \cos\sigma \, d\sigma$$

und

$$G(\eta C) = \frac{1}{\pi C}\int_0^{2\pi} g(\eta C\sin\sigma)\sin\sigma\, d\sigma ,$$

in 6.24 die Transformationen (6.24/7),

$$R(r) = \frac{1}{2\pi}\int_0^{2\pi} \tilde{\varepsilon}\,\Phi(x, \eta\mathring{x})\cos\psi\, d\psi ,$$

$$S(r) = \frac{1}{2\pi}\int_0^{2\pi} \tilde{\varepsilon}\,\Phi(x, \eta\mathring{x})\sin\psi\, d\psi .$$

Beachtet man (6.24/2), so werden die Gln.(6.24/7) zu

$$1 + \frac{2}{r_0}R(r_0) = F(r_0) ,$$

$$\frac{2}{r_0}S = G(\eta r_0) . \qquad (6.24/12)$$

Wegen (6.24/11) schreiben sich die Gln.(6.24/9b) als

$$F(C) - \eta^2 = (p/C)\cos\gamma ,$$

$$G(\eta C) = (p/C)\sin\gamma . \qquad (6.24/13)$$

Sie stimmen überein mit den Gln.(6.21/10); deshalb stimmen auch die beiden Gln.(6.24/10b) überein mit den zwei Gln.(6.21/11) und (6.21/12).

Wir erkennen: Das Galerkin-Verfahren und das Verfahren "K-B I" führen in der harmonischen Näherungslösung der nichtlinearen Dgl. (6.21/5) zu genau denselben Ergebnissen für Amplitude und Nullphasenwinkel.

6.25 Stabilitätsbetrachtungen

Bei den Erörterungen über die Amplituden-Responsekurven für den ungedämpften Schwinger im Abschn.6.22 und für den gedämpften in Abschn. 6.23 wurden die Bereiche I, II und III der C-η^2-Ebenen mehrfach erwähnt und hervorgehoben. Dabei wurde – noch ohne Beweis – behauptet, daß die Zustandspunkte in den Bereichen I und III stabilen Schwingungen entsprechen, die im Bereich II instabilen. (Abkürzend spricht man oft einfach von stabilen oder instabilen Bereichen und Punkten.)

Für die genannten Behauptungen sollen nun die Beweise geliefert werden. Hierzu benutzen wir zwei Wege, die beide methodisch Bedeutung haben: Der erste macht Gebrauch von der sogenannten Variationsdifferentialgleichung, der zweite schließt an das Verfahren "K-B I" an, das im Abschn.6.24 für nicht-autonome Differentialgleichungen hergerichtet und dann auf die Dgl.(6.24/1) angewendet worden ist. Dabei werden wir ein bedeutungsvolles Stabilitätskriterium kennen lernen.

α) Die Variationsdifferentialgleichung

Wenn die Differentialgleichung des untersuchten Schwingers eine spezielle Bauart hat, so empfiehlt sich in der Regel der Stabilitätsnachweis mit Hilfe der Variationsdifferentialgleichung. Wir beschränken deshalb die Betrachtung auf einen Musterfall, und zwar wählen wir dafür die Duffingsche Differentialgleichung

$$\eta^2 \overset{\circ\circ}{x} + x + x^3 = p \cos \sigma \,. \qquad (6.25/1)$$

Der Ansatz $\tilde{x}(\sigma) = C \cos(\sigma + \gamma)$ führt zur Gl.(6.22/5b),

$$\eta^2 = 1 + (3C^2/4) \mp p/C \qquad (6.25/2)$$

für die Schar der Amplituden-Responsekurven; Abb.6.22/2a und Abb. 6.22/3a zeigen die Diagramme.

Um über die Stabilität der stationären Zustände $\tilde{x}(\sigma)$ und damit der Zustandspunkte (C, η^2) im Diagramm 6.22/2a zu entscheiden, betrachten wir eine Nachbarbewegung

$$x(\sigma) = \tilde{x}(\sigma) + u(\sigma) \quad \text{mit} \quad u \ll 1 \,. \qquad (6.25/3)$$

Einsetzen von (6.25/3) in (6.25/1) liefert, wenn man beachtet, daß $(\tilde{x} + u)^3$ wegen $u \ll 1$ zu $\tilde{x}^3 + 3\tilde{x}^2 u$ linearisiert werden darf und daß $\tilde{x}(\sigma)$ die Dgl.(6.25/1) erfüllt, die Variationsdifferentialgleichung

$$\eta^2 \overset{\circ\circ}{u} + [1 + 3C^2 \cos^2 \sigma] u = 0 \qquad (6.25/4a)$$

oder gleichwertig

$$\eta^2 \overset{\circ\circ}{u} + [1 + \tfrac{3}{2} C^2 + \tfrac{3}{2} C^2 \cos 2\sigma] u = 0 \,. \qquad (6.25/4b)$$

Sie ist eine lineare Differentialgleichung mit periodischem Koeffizienten, und zwar eine Mathieusche Differentialgleichung der Form (4.33/3b),

$$\eta^2 \overset{\circ\circ}{u} + (\lambda_B + \gamma_B \cos 2\sigma) u = 0 \ , \qquad (6.25/5a)$$

mit den Parametern

$$\lambda_B = 1 + (3C^2/2) \quad \text{und} \quad \gamma_B = 3C^2/2 \ . \qquad (6.25/5b)$$

Die Dgl.(6.25/5a) ist im Abschn.4.33β behandelt worden. Die Abb. 4.33/2 zeigt die Ince-Struttsche Karte, die über die Stabilität der Lösung $u(\sigma)$ im Parameterraum λ, γ bzw. λ_B, γ_B Auskunft gibt. Aus Abschn.4.33β übernehmen wir auch die Gleichungen der Tangenten an die beiden sich im Punkte $\lambda_B = 1$ schneidenden Grenzkurven:

$$\lambda_B = 1 - \tfrac{1}{2}\gamma_B \quad \text{und} \quad \lambda_B = 1 + \tfrac{1}{2}\gamma_B \ . \qquad (6.25/6)$$

Da das Gebiet zwischen den Grenzkurven instabil ist, sind die Lösungen von (6.25/5a) bei kleinen Werten γ_B für

$$1 - \tfrac{1}{2}\gamma_B < \lambda_B < 1 + \tfrac{1}{2}\gamma_B \qquad (6.25/7a)$$

instabil, somit die Lösungen der Variationsdifferentialgleichung (6.25/4b) für

$$1 - \frac{3}{4}\frac{C^2}{\eta^2} < \frac{1 + (3C^2/2)}{\eta^2} < 1 + \frac{3}{4}\frac{C^2}{\eta^2} \ . \qquad (6.25/7b)$$

Dies kann man umschreiben zu

$$1 + \tfrac{3}{4}C^2 < \eta^2 < 1 + \tfrac{9}{4}C^2 \qquad (6.25/8)$$

und das bedeutet: In der C-η^2-Ebene der Abb.6.22/2a ist der Bereich zwischen der Rückgratkurve $\eta^2 = 1 + 3C^2/4$ und dem geometrischen Ort $\eta^2 = 1 + 9C^2/4$ der Punkte mit vertikaler Tangente, also der Bereich II, instabil.

β) Die Schichtung der Responsekurven als Stabilitätskriterium

In diesem Unterabschnitt werden wir ein einfach formulierbares, aber recht umfassend gültiges Kriterium kennen lernen (Lit.6.25/1). Was in den Abschn.6.22 und 6.23 über die Bereiche I, II und III der C-η^2-Ebene gesagt worden ist, läßt sich so zusammenfassen: In den Bereichen I und III sind die Kurven derart geschichtet, daß mit wachsendem p die Amplitude C zunimmt, im Bereich II derart, daß C abnimmt; das heißt, es gilt

$$\text{in I und III} \quad \frac{\partial C}{\partial p} > 0 \,, \qquad \text{in II} \quad \frac{\partial C}{\partial p} < 0 \,. \tag{6.25/9a}$$

Nach den über die Stabilität der Zustandspunkte in den drei Bereichen aufgestellten Behauptungen würde das Kriterium mit den Bezeichnungen des Abschn.6.24 also lauten:

$$\begin{aligned} \frac{\partial r_0}{\partial p} &> 0 \qquad \text{zeigt Stabilität an,} \\ \frac{\partial r_0}{\partial p} &< 0 \qquad \text{zeigt Instabilität an.} \end{aligned} \tag{6.25/9b}$$

Das so formulierte Kriterium soll nun bewiesen werden. Wir führen den Beweis unter Zuhilfenahme von Ergebnissen, die wir bei der Erörterung des "K-B"-Verfahrens im Abschn.6.24 gewonnen haben.

Ausgangspunkt sind die Gln.(6.24/8) für die Ableitungen $\mathring{r}$ und $\mathring{\xi}$. Wir teilen die Größen r und ξ auf in stationäre Werte r_0 bzw. ξ_0, die den Gln.(6.24/9a) genügen, und in Abweichungen davon, u bzw. v, gemäß

$$r = r_0 + u \,, \qquad \xi = \xi_0 + v \,. \tag{6.25/10}$$

Die stationären Werte sind stabil, wenn mögliche Abweichungen u bzw. v im Laufe der Zeit σ mit Sicherheit abklingen, sie sind instabil, falls Aufklingen eintreten kann. Durch Einsetzen von (6.25/10) in (6.24/8) und unter Beachten von (6.24/9a) findet man

$$\begin{aligned} \mathring{u}\,\eta^2 &= u\,S'(r_0) - v\left(\frac{p}{2}\cos\xi_0\right) , \\ \mathring{v}(\eta^2 r_0) &= u\left[\frac{1}{2}(1-\eta^2) + R'(r_0)\right] + v\left(\frac{p}{2}\sin\xi_0\right) . \end{aligned} \tag{6.25/11}$$

(Der Strich bei S und R bedeutet die Ableitung nach dem Argument r.)

(6.25/11) ist ein Satz von linearen Differentialgleichungen erster Ordnung für die Funktionen $u(\sigma)$ und $v(\sigma)$. Mit dem traditionellen Ansatz

$$u = A\,e^{h\sigma}\,, \qquad v = B\,e^{h\sigma} \tag{6.25/12}$$

entstehen aus den Dgln.(6.25/11) die algebraischen Gleichungen für A und B

$$\begin{aligned} A\,[h\,\eta^2 - S'(r_0)] + B\,\frac{p}{2}\cos\xi_0 &= 0\,, \\ -A\,[\tfrac{1}{2}(1-\eta^2) + R'(r_0)] + B\,[h\,r_0 - \frac{p}{2}\sin\xi_0] &= 0\,; \end{aligned} \tag{6.25/13}$$

sie sind nur verträglich, wenn die Determinante der Koeffizienten von A und B verschwindet. Diese Forderung führt auf die quadratische Gleichung für h

$$\begin{aligned} &h^2\,\eta^2\,r_0 - h\,[\eta^2\,\frac{p}{2}\sin\xi_0 + r_0\,S'(r_0)] \\ &+ \{S'(r_0)\,\frac{p}{2}\sin\xi_0 + \frac{p}{2}\cos\xi_0\,[\tfrac{1}{2}(1-\eta^2) + R'(r_0)]\} = 0\,. \end{aligned} \tag{6.25/14}$$

Mit Hilfe der Gln.(6.24/9a), nämlich

$$\begin{aligned} \frac{p}{2}\sin\xi_0 &= S(r_0)\,, \\ \frac{p}{2}\cos\xi_0 &= \frac{r_0}{2}(1-\eta^2) + R(r_0)\,, \end{aligned}$$

läßt sich (6.25/14) umschreiben in

$$\begin{aligned} &h^2\,\eta^2\,r_0 - h\,[\eta^2 S(r_0) + r_0\,S'(r_0)] \\ &+ \{S'(r_0)\,S(r_0) + [\frac{r_0}{2}(1-\eta^2) + R(r_0)]\,[\tfrac{1}{2}(1-\eta^2) + R'(r_0)]\} = 0\,. \end{aligned} \tag{6.25/15}$$

Ehe wir (6.25/15) weiter erörtern, beschaffen wir uns einen Vergleichsausdruck dadurch, daß wir die erste der Gln.(6.24/10a) nach r_0 differenzieren; so kommt

$$\begin{aligned} \frac{p}{2}\,\frac{d(p/2)}{d\,r_0} &= S(r_0)\,S'(r_0) \\ &+ [\frac{r_0}{2}(1-\eta^2) + R(r_0)]\,[\tfrac{1}{2}(1-\eta^2) + R'(r_0)]\,. \end{aligned} \tag{6.25/16}$$

Man erkennt, daß die rechte Seite von (6.25/16) identisch ist mit dem Ausdruck in der geschweiften Klammer von (6.25/15). Die quadratische Gl.(6.25/15) läßt sich somit auch schreiben als

$$h^2(\eta^2 r_0) - h[\eta^2 S(r_0) + r_0 S'(r_0)] + \frac{p}{2}\frac{d(p/2)}{dr_0} = 0 \,. \quad (6.25/17)$$

Mit der Abkürzung K für die eckige Klammer,

$$K := \eta^2 S(r_0) + r_0 S'(r_0) \,, \quad (6.25/17a)$$

lautet die Lösung der quadratischen Gl.(6.25/17)

$$(2 r_0 \eta^2) h = K \mp \sqrt{K^2 - p\frac{dp}{dr_0}} \,. \quad (6.25/18)$$

Dieser Ausdruck für h muß nun wegen (6.25/12) daraufhin untersucht werden, wann sein Realteil sicher negativ ist oder wann er positiv werden kann. Im ersten Fall sind die stationären Werte r_0 bzw. ξ_0 in (6.25/10) stabil, im zweiten Fall instabil.

Die Diskussion ergibt:

$$K \leqq 0 \,, \quad \frac{dp}{dr_0} > 0 : \quad \text{Stabilität,}$$

$$K \leqq 0 \,, \quad \frac{dp}{dr_0} < 0 : \quad \text{Instabilität,} \quad (6.25/19)$$

$$K > 0 : \quad \text{Instabilität.}$$

Man erkennt: Das in (6.25/9b) formulierte Kriterium trifft zu, sofern $K \leqq 0$ ist.

Es bleibt also noch übrig zu zeigen, daß (oder unter welchen Voraussetzungen) diese Vorbedingung erfüllt ist. Dabei beschränken wir die Betrachtung auf jenen Typ von Differentialgleichungen, den wir zu Beginn dieses Hauptabschnitts 6.2 zugrunde gelegt haben, und zwar wählen wir die Fassung (6.21/3). Der Vergleich mit (6.24/1b) zeigt, daß die Funktion $\tilde{\varepsilon}\Phi(x,\eta\mathring{x})$ dann lautet

$$\tilde{\varepsilon}\,\Phi(x,\eta\mathring{x}) = [f(x) - x] + g(\eta\mathring{x}) \,. \quad (6.25/20)$$

Die in K nach (6.25/17a) steckende Transformierte $S(r_0)$ hat, wie aus ihrer Definitionsgleichung (6.24/7) mit den Ansätzen (6.24/3a) und (6.24/3c) folgt, die Gestalt

$$2\pi S(r_0) = \int_0^{2\pi} \{ g(-\eta r_0 \sin\psi) + [f(r_0\cos\psi) - r_0 \cos\psi] \} \sin\psi \, d\psi \, . \tag{6.25/21}$$

Weil für jede eindeutige Funktion f(x)

$$\int_0^{2\pi} f(r_0 \cos\psi) \sin\psi \, d\psi = - \int_0^{2\pi} f(r_0\cos\psi) \, d(\cos\psi) \equiv 0 \tag{6.25/22}$$

ist, verschwindet der zweite Teil des Integrals (6.25/21) identisch, so daß übrigbleibt:

$$2\pi S(r_0) = \int_0^{2\pi} g(-\eta r_0 \sin\psi) \sin\psi \, d\psi \, . \tag{6.25/23}$$

Das Integral (6.25/23) und damit der in Rede stehende Ausdruck K kann nun unter sehr allgemeinen Voraussetzungen über die Funktion $g(x')$ betrachtet werden. Um die Erörterungen kurz und übersichtlich zu halten, beschränken wir sie (was für die Mehrzahl aller praktisch vorkommenden Fälle ausreicht) auf Funktionen $g(x')$ vom Typ

$$g(x') = \sum_n \alpha_n |x'|^n (\operatorname{sign} x') \tag{6.25/24}$$

mit beliebigen, nicht-negativen Werten n und α_n. Mit (6.25/24) wird aus (6.25/23)

$$S(r_0) = -\frac{1}{2} \sum_n \alpha_n \eta^n r_0^n \left[\frac{4}{\pi} \int_0^{\pi/2} \sin^{n+1}\psi \, d\psi \right]$$

$$= -\frac{1}{2} \sum_n \alpha_n \eta^n r_0^n \Theta_h(n) \tag{6.25/25a}$$

mit $\Theta_h(n)$ gemäß (5.73/11b).

Die Ableitung $S'(r_0)$ wird daher zu

$$S'(r_0) = -\frac{1}{2} \sum_n n \, \alpha_n \eta^n r_0^{n-1} \Theta_h(n) \, . \tag{6.25/25b}$$

Einsetzen von S und S' in (6.25/17a) liefert

$$K = -\frac{1}{2} \sum_n \alpha_n \eta^n r_0^n \Theta_h(n) [\eta^2 + n] \, . \tag{6.25/26}$$

Es ist evident, daß, wenn eine Dämpfung vom Typ (6.25/24) vorliegt, K nicht positiv werden kann, so daß also gemäß (6.25/19) das Kriterium (6.25/9b) tatsächlich gilt.

Für anders geartete Funktionen $g(x')$ muß der Nachweis aus (6.25/23) geführt werden.

6.26 Nicht-ungerade Kennlinien

In den vorangehenden Abschnitten wurde vorausgesetzt, daß sowohl die Rückstellfunktionen (die Kennlinien) $f(x)$ wie auch die Dämpfungsfunktionen $g(x')$ eindeutige ungerade Funktionen ihrer Argumente sind. Damit ist sichergestellt, daß die Lösungen $x(\tau)$ wechselsymmetrische Funktionen der Zeit sind und daß deshalb ihre (ebenfalls wechselsymmetrischen) Grundharmonischen als Näherungsansätze gebraucht werden können.

Falls die Kennlinien $f(x)$ nicht-ungerade sind, entfällt die Wechselsymmetrie der Lösungen $x(\tau)$ und damit die Brauchbarkeit der Grundharmonischen als Näherungslösungen. Man muß dann "ausführlichere" Ansätze verwenden und vor allem das Auftreten eines konstanten Anteils (einer "nullten Harmonischen") in Rechnung stellen. Es liegen in dieser Hinsicht die gleichen Verhältnisse vor, wie wir sie z.B. beim Betrachten des nicht-ungeraden autonomen Systems in Abschn.5.76 angetroffen haben.

Wir schließen die folgenden Überlegungen deshalb an die des Beispiels in Abschn.5.76 an. An die Stelle der autonomen Dgl.(5.76/1) soll jetzt eine nicht-autonome treten, und zwar

$$x'' + x + x^2 = p \sin \eta\tau \qquad (6.26/1a)$$

oder in gleichwertiger Fassung

$$\eta^2 \overset{\circ\circ}{x} + x + x^2 = p \sin \sigma \, . \qquad (6.26/1b)$$

Als Ansatz für die Näherungsfunktion $\tilde{x}(\sigma)$ wird gewählt

$$\tilde{x} = M + A \sin \sigma \, . \qquad (6.26/2)$$

Somit entsteht anstelle von (5.76/5)

$$\Delta := M(1+M) + A(1-\eta^2 + 2M)\sin\sigma + A^2\sin^2\sigma \quad . \qquad (6.26/3)$$

Wegen

$$\int_0^{2\pi} \Delta \, d\sigma = 0 \, , \qquad \int_0^{2\pi} \Delta \sin\sigma \, d\sigma = 0 \qquad (6.26/4)$$

kommen die beiden Gleichungen

$$2M(1+M) + A^2 = 0 \, , \qquad A[(1-\eta^2) + 2M] = p \qquad (6.26/5)$$

zustande.

Während die beiden Gln.(5.76/6c) die drei Größen η^2, M und A verbinden, sind die analog hergestellten Gln.(6.26/5) zwei gekoppelte Bestimmungsgleichungen für M und A. Auflösung nach den beiden Unbekannten liefert

$$2M(1+M)[(1-\eta^2)^2 + 2M(1-\eta^2) + 4M^2] + p = 0 \, , \qquad A^4 - A^2(1-\eta^4) + Ap\eta^2 + (p^2/2) = 0 \, , \qquad (6.26/6)$$

also zwei algebraische Gleichungen vierten Grades.

Weitere Diskussionen unterlassen wir hier.

6.3 Schwach nicht-lineare Dämpfungskräfte

6.31 Einer Potenz der Geschwindigkeit proportionale Dämpfungskräfte

a) Ungerade Dämpfungskennlinien; allgemeiner Fall

Schon bei der Untersuchung der f r e i e n Bewegungen des einfachen Schwingers hatten wir in den Abschn.3.24 und 3.25 Dämpfungskräfte der Art

$$B(\dot{q}) = b_n \operatorname{sign} \dot{q} \, |\dot{q}|^n$$

in Betracht gezogen, für die $n=1$ war. Allerdings hatten wir uns dort auf die Fälle $n=0$ und $n=2$ und auf den Fall $B(\dot{q}) = b_0 \operatorname{sign}(\dot{q}) + b_1 \dot{q}$ beschränken müssen, weil die rechnerischen Schwierigkeiten bei anderen Fällen zu groß sind. Bei den durch periodische und insbesondere durch harmonische Erregerkräfte erzwungenen Schwingungen befindet man sich in einer günstigeren Lage, da im stationären Zustand auch Gebilde, die Dämpfungskräfte erfahren, periodische Schwingungen ausführen. Eine eigentliche Integration der Bewegungsgleichungen werden wir jedoch auch hier nicht durchführen können. Wir werden uns wieder auf das Herstellen von Näherungslösungen beschränken; dabei werden wir wie im Hauptabschnitt 6.2 die Grundharmonische der (nicht in den Einzelheiten bekannten) periodischen Bewegung als Näherung betrachten. Somit können die im Abschn.6.21 angestellten Überlegungen und der dort entwickelte Formelapparat übernommen werden.

Die allgemeinste Form der Differentialgleichung, mit der wir uns beschäftigen werden, lautet

$$a\ddot{q} + (\operatorname{sign}\dot{q})\, b_n |\dot{q}|^n + cq = P\cos\Omega t \,, \qquad (6.31/1)$$

dabei ist n eine ganze oder gebrochene positive Zahl. Gehen wir von den dimensionsbehafteten Veränderlichen q und t auf die dimensionslosen Variablen x und σ über, so wird Gl.(6.31/1) zu

$$\eta^2 \overset{\circ\circ}{x} + \beta_n |\overset{\circ}{x}|^n \eta^n (\operatorname{sign}\overset{\circ}{x}) + x = p\cos\sigma \,. \qquad (6.31/2)$$

Neben den wohlbekannten Größen $\varkappa$, η und σ wurden hierbei die auf eine Länge L bezogenen Größen

$$x = q/L \,, \qquad \beta_n = \frac{b_n}{c} L^{n-1}\Omega^n \,, \qquad p = P/cL \qquad (6.31/2a)$$

verwendet. Wählt man die Bezugsgröße im besonderen zu $L = P/c$, so wird für den Fall $n=0$ (wie wir vorbereitend für die Abschn.6.64 und 6.66 anschreiben)

$$x = cq/P \,, \qquad \beta_0 = b_0/P \,, \qquad p = 1 \,. \qquad (6.31/2b)$$

Falls n eine ungerade ganze Zahl ist, lassen sich die "Dämpfungsglieder" [das sind die jeweils zweiten Terme der Gln.(6.31/1) bzw. (6.31/2)] auch einfacher schreiben, nämlich

$$b_n \dot{q}^n \qquad \text{bzw.} \qquad \beta_n \mathring{x}^n \eta^n \ . \tag{6.31/3}$$

Durch Vergleich mit (6.21/3) findet man

$$f(x) = x \quad \text{und} \quad g(\eta \mathring{x}) = \beta_n |\mathring{x}|^n \eta^n (\operatorname{sign} \mathring{x}) \, . \tag{6.31/4}$$

Gesucht wird die Näherungsfunktion $x = C\cos(\sigma - \varepsilon)$ gemäß (6.21/4a). Wegen (6.31/4) werden die Funktionen $F(C)$ und $G(\eta C)$ nach (6.21/8a) bzw. (6.21/8b) zu

$$F(C) = 1 \quad \text{und} \quad G(\eta C) = \beta_n C^{n-1} \eta^n \Theta_h(n) \, , \tag{6.31/5}$$

dabei ist gemäß (5.73/11b)

$$\Theta_h(n) = \frac{4}{\pi} \int_0^{\pi/2} \cos^{n+1}\sigma \, d\sigma \, . \tag{6.31/5a}$$

Für $\Theta_h(n)$ gibt die Gl.(5.73/11d) eine Auswertung in Form eines Produktes, ferner zeigt die Tafel 5.73/III eine Wertetabelle; eine Zurückführung auf die Γ-Funktion lautet

$$\Theta_h(n) = \frac{1}{2^n} \frac{\Gamma(n+2)}{\left[\Gamma\left(\frac{n+3}{2}\right)\right]^2} \, . \tag{6.31/5b}$$

Der Verlauf von $\Theta_h(n)$ ist in Abb.6.31/1 für $0 \leqq n \leqq 5$ dargestellt.

Abb.6.31/1.
Verlauf des Faktors $\Theta_h(n)$
gemäß Gl.(6.31/5a)

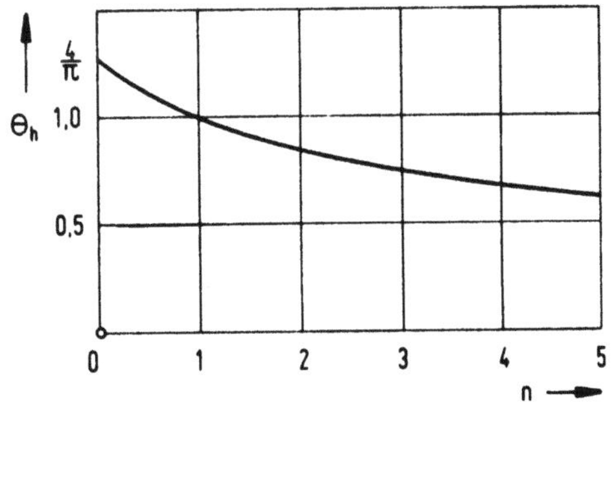

Aus der Gl.(6.21/11) liest man ab

$$(1-\eta^2)^2 + \beta_n^2 C^{2(n-1)} \eta^{2n} \Theta_h^2(n) = (p/C)^2 .$$

Somit gilt

$$(C^2)^n \beta_n^2 \eta^{2n} \Theta_h^2(n) + C^2(1-\eta^2)^2 - p^2 = 0 , \qquad (6.31/6)$$

dies ist eine algebraische Gleichung für C^2 vom Grade n. Aus (6.21/12) folgt dann

$$\tan\varepsilon = \frac{\beta_n C^{n-1} \eta^2 \Theta_h(n)}{1-\eta^2} . \qquad (6.31/7)$$

Im (Resonanz-)Fall $\eta = 1$ wird aus (6.31/6)

$$C^n \beta_n \Theta_h(n) = p \qquad (6.31/6a)$$

und aus (6.31/7)

$$\varepsilon = \pi/2 . \qquad (6.31/7a)$$

β) Ersetzendes (äquivalentes) lineares Dämpfungsmaß D

Statt die (Näherungs-)Funktionen $x = C\cos(\sigma-\varepsilon)$ als Grundharmonische der Lösung $x(\sigma)$ der wirklichen Dgl.(6.31/2) zu betrachten, kann man sie auch als Lösung der linearen Differentialgleichung

$$\eta^2 \overset{\circ\circ}{x} + 2D\eta \overset{\circ}{x} + x = p\cos\sigma \qquad (6.31/8)$$

auffassen, die ein Dämpfungsglied $2D\eta$ mit einem ersetzenden ("äquivalenten") Dämpfungsmaß D enthält; und man kann fragen, wie groß muß D sein (oder gemacht werden), damit sich dieselbe Amplitude C und derselbe Nullphasenwinkel $-\varepsilon$ einstellt wie im obigen Fall.

Bezeichnet man die zur Dgl.(6.31/8) gehörige Funktion G aus (6.31/5) mit G_1, die zur Dgl.(6.31/2) gehörige mit G_n, so erhält man

$$G_1 = 2D\eta\,\Theta_h(1) = 2D\eta \quad \text{und} \quad G_n = \beta_n C^{n-1} \eta^n \Theta_h(n) .$$

Gleichsetzen dieser beiden Ausdrücke liefert die gesuchte Beziehung

$$2D\eta = \beta_n C^{n-1} \eta^n \Theta_h(n) . \qquad (6.31/9)$$

In diesem Zusammenhang ist es wichtig, sich vor Augen zu halten: Die harmonische Funktion

$$x = C\cos(\sigma - \varepsilon) \qquad (6.31/10)$$

soll als Näherungsfunktion zur wirklichen (unbekannten) Lösung $x(\sigma)$ der Dgl.(6.31/2) dienen. Ihre Amplitude C und ihr Nacheilwinkel ε werden aus (6.31/6) und (6.31/7) bestimmt. Aus diesem "Herstellungsverfahren" folgt, daß (6.31/10) die Grundharmonische der wirklichen Lösung ist. Damit ist gesagt, daß die Erregerkraft $p\cos\sigma$, weil sie dieselbe Frequenz hat wie die Grundharmonische, orthogonal ist zu den höheren Harmonischen der wirklichen Schwingung, so daß sie an diesen keine Arbeit leistet. Anders ausgedrückt: Die Grundharmonische der wirklichen Schwingung und die Lösung der linearen Ersatzgleichung leisten mit der Erregerkraft dieselbe Arbeit. Das heißt aber auch, die Dämpfungskraft $\beta_n|\mathring{x}|^n\eta^n(\operatorname{sign}\mathring{x})$ in Gl.(6.31/2) und die Ersatzdämpfungskraft $2D\eta\mathring{x}$ in (6.31/8) leisten bei der Schwingung (6.31/10) dieselbe Arbeit. Man kann deshalb das ersetzende lineare Dämpfungsmaß D unmittelbar aus dieser zuletzt genannten Forderung bestimmen. So werden wir später (im Abschn.6.33) auch vorgehen.

B e i s p i e l e zu α und β: Die Ausdrücke G (6.31/5), die algebraischen Gln.(6.31/6) für die Amplituden C sowie die trigonometrischen Funktionen (6.31/7) für die Nullphasenwinkel $-\varepsilon$ und das ersetzende lineare Dämpfungsmaß 2D schreiben wir für die Sonderfälle $n = 2$ und $n = 0$ noch explizit an.

Für $n = 2$ wird aus (6.31/5) wegen $\Theta_h(2) = 8/3\pi$

$$G = \left(\frac{8}{3\pi}\beta_2\right)C^1\eta^2 , \qquad (6.31/10a)$$

aus (6.31/6) und (6.31/7) folgt

$$(C^2)^2\left(\frac{8}{3\pi}\beta_2\right)^2\eta^4 + C^2(1-\eta^2)^2 - p^2 = 0 , \qquad (6.31/10b)$$

$$\tan\varepsilon = \frac{\left(\frac{8}{3\pi}\beta_2\right)C^1\eta^2}{1-\eta^2} \qquad (6.31/10c)$$

und aus (6.31/9)

$$2D = \left(\frac{8}{3\pi}\beta_2\right)C^1 . \qquad (6.31/10d)$$

Für $n = 0$ wird aus (6.31/5) wegen $\Theta_h(0) = 4/\pi$

$$G = \left(\frac{4}{\pi}\beta_0\right)C^{-1} , \qquad (6.31/11a)$$

aus (6.31/6) folgt

$$C^2(1-\eta^2)^2 + (4\beta_0/\pi)^2 C^{-2} = (p/C)^2 \qquad (6.31/11b)$$

und deshalb

$$C = \left| \frac{\sqrt{p^2 - (4\beta_0/\pi)^2}}{1-\eta^2} \right| . \qquad (6.31/11b')$$

Der Zähler bedeutet hierin die Resultierende aus den Amplituden der Erregerkraft und der Grundharmonischen der Reibkraft. Den Nacheilwinkel ε bestimmt man in diesem Fall statt aus (6.31/7) zweckmäßiger mittels der zweiten Gleichung von (6.21/10) aus der Sinusfunktion zu

$$\sin\varepsilon = \frac{G}{p/C} = \frac{(4\beta_0/\pi)/C}{p/C} = \frac{4\beta_0/\pi}{p} . \qquad (6.31/11c)$$

Der Winkel ε ist von η unabhängig. Das ersetzende Dämpfungsmaß 2D folgt aus (6.31/9) zu

$$2D = (4\beta_0/\pi)C^{-1}\eta^{-1} . \qquad (6.31/11d)$$

γ) Zusammengesetzte Dämpfungskräfte

Setzt sich der Dämpfungsterm aus einer Summe von Gliedern der Bauart (6.31/3) zusammen, ist also

$$B(\mathring{q}) = \sum_{n=n_1}^{n_j} b_n \mathring{q}^n \quad \text{bzw.} \quad B(\mathring{x}) = \sum_{n=n_1}^{n_j} \beta_n \mathring{x}^n \eta^n , \qquad (6.31/12)$$

so wird, wie man aus (6.21/8b) erkennt,

$$G(\eta C) = \sum_{n=n_1}^{n_j} \beta_n C^{n-1} \eta^n \Theta_h(n) , \qquad (6.31/13a)$$

womit auch das ersetzende Dämpfungsmaß gegeben ist:

$$2D = \sum_{n=n_1}^{n_j} \beta_n C^{n-1} \eta^{n-1} \Theta_h(n) . \qquad (6.31/13b)$$

Am Schluß dieses Abschnitts lenken wir die Aufmerksamkeit noch einmal auf die an seinem Beginn gemachten Voraussetzungen: Die Dämpfungskräfte aller Arten, d.h. aller Exponenten n, müssen (falls $n \neq 1$ ist) schwach sein. Im Hinblick auf den Fall $n = 0$ heißt dies unter anderem: Die Bewegung darf keine Stillstände aufweisen. Bewegungen mit solchen Stillständen können bei stärkeren Reibkräften zustande kommen. Die Differentialgleichungen lassen sich im Falle $n = 0$ auch ohne Näherungsbetrachtungen behandeln. Solche Untersuchungen werden im Abschn.6.64 teils durchgeführt, teils angedeutet werden. Dabei wird auch von Bewegungen mit Stillständen die Rede sein.

6.32 Werkstoffdämpfung; Element- und Bauteildämpfung

Wenn in den vorangegangenen Betrachtungen Dämpfungskräfte auftraten, haben wir sie der Geschwindigkeit $\dot{q}$ oder $\dot{q} - \dot{u}$ proportional angenommen, und wir haben den Dämpfer als einen mit zäher Flüssigkeit gefüllten Zylinder symbolisiert. Derartige Dämpfungskräfte werden wir weiterhin, wo notwendig, "äußere" Dämpfungskräfte nennen; sie wirken zwischen dem schwingenden Körper und seiner (ruhenden oder bewegten) Umgebung.

Im Innern kontinuierlicher Bauteile gibt es jedoch Vorgänge, die ebenfalls mechanische Energie verzehren. Man spricht dann von "innerer Dämpfung" oder W e r k s t o f f d ä m p f u n g . Ihrer technischen Bedeutung wegen erörtern wir diese Vorgänge hier ebenfalls, obwohl auch sie über den Rahmen der Gebilde von einem Freiheitsgrad hinausgreifen.

Es gibt verschiedene Arten von Werkstoffdämpfung. Tafel 6.32/I (im Anschluß an Lit.6.32/1) gibt einen knappen Überblick über die Arten, ihre einfachsten mechanischen Modelle und ihre wichtigsten Merkmale. Weitere, komplizierter aufgebaute Modelle findet man beschrieben in Lit.6.32/2.

Tafel 6.32/I. Arten von Werkstoffdämpfung und ihre wichtigsten Merkmale

	Lineare Dämpfung		Nichtlineare Dämpfung	
Art des Spannungs-Dehnungs-Gesetzes	Linear; die Differentialgleichung enthält die Spannung, die Dehnung und im allgemeinen Fall die Ableitungen beider Größen nach der Zeit		Nichtlinear; Ableitungen nach der Zeit fehlen	
Einfachstes mechanisches Modell	Modell von Voigt 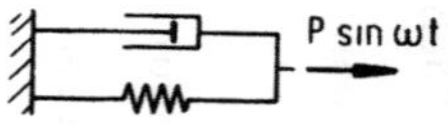	Modell von Maxwell 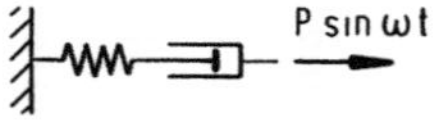	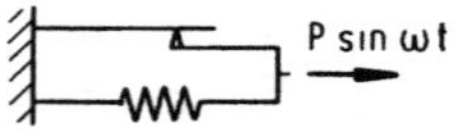	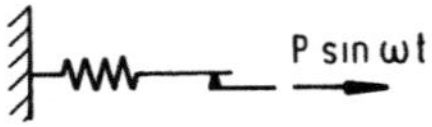
Stofftyp	Anelastisch	Viskoelastisch	Magnetoelastisch	Elastisch-plastisch
Frequenzabhängigkeit	Ja	Ja	Nein, solange keine anderen Einflüsse überlagert sind	
Form der Hystereseschleife bei harmonischer Verformung	Elliptisch		Mit Spitzen	

Ursachen	Wirbel- und Thermoströme; Ver- und Entflechtung von Molekülketten in Polymeren; Reibung an Korngrenzen usw.		Magnetoelastizität	Plastische Verformung
Änderung von ψ mit $\hat{\sigma}$ (siehe auch Abb. 6.32/3)	Nein	Nein		Leichter Anstieg für $\hat{\sigma} < 0{,}8\,\sigma_f$ Starker Anstieg für $\hat{\sigma} > 0{,}8\,\sigma_f$
Einfluß der Lastwechselzahl	Nein	Nein	Nein	Kein Einfluß für $\hat{\sigma} < 0{,}8\,\sigma_f$ Starke Veränderung für $\hat{\sigma} > 0{,}8\,\sigma_f$
Temperatureinfluß	Ja	Ja	Dämpfung verschwindet bei der Curietemperatur	Je nach Werkstoff verschieden
Einfluß einer statischen Vorlast			Starke Verminderung der Dämpfung bei kleinen Koerzitivkräften	Entweder nur geringer Einfluß oder Anstieg der Dämpfung
Größenordnung von ψ	Anelastische Werkstoffe 0,001 bis 0,01, viskoelastische Werkstoffe 0,1 bis 1,5 (oder mehr)		0,01 bis 0,08	0,001 bis 0,05 für $\hat{\sigma} < 0{,}8\,\sigma_f$ 0,001 bis 0,1 für $\hat{\sigma} > 0{,}8\,\sigma_f$

α) Begriffe

Wird ein Volumenelement harmonisch schwingend verformt (und nur diesen Fall betrachten wir), so wird der Zusammenhang zwischen Spannung und Verformung durch ein Hysteresediagramm wiedergegeben; siehe Abb.6.32/1. Der Flächeninhalt der Schleife stellt die mechanische Energie dar, die einer Volumeneinheit während einer Schwingungsperiode entzogen wird; sie heißt s p e z i f i s c h e D ä m p f u n g s a r b e i t S.

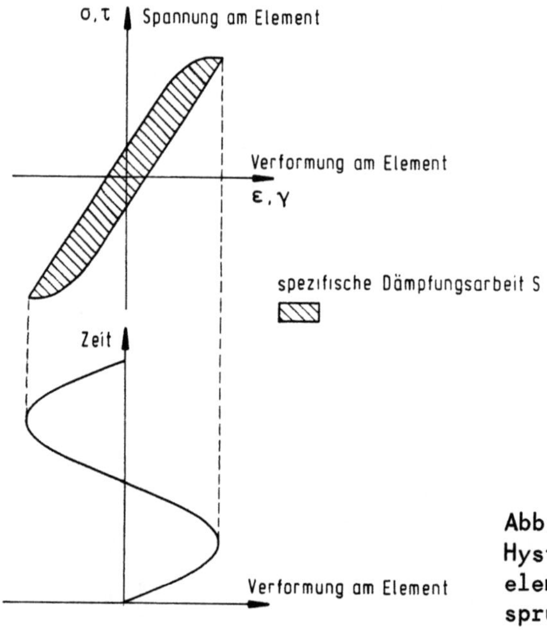

Abb.6.32/1.
Hystereseschleife für Volumenelement bei Schwingungsbeanspruchung

Die in einer Schwingungsumkehrlage pro Volumeneinheit gespeicherte elastische Energie heißt s p e z i f i s c h e F o r m ä n d e r u n g s e n e r g i e W . Der Quotient

$$\psi = S/2\pi W \tag{6.32/1}$$

dient als Maß für die Dämpfung und heißt E l e m e n t d ä m p f u n g .

Eine analoge Größe läßt sich für den ganzen Bauteil definieren: Man bezieht die Dämpfungsarbeit

$$\int_{(V)} S \, dV =: S_n$$

des Bauteils auf seine in einer Umkehrlage gespeicherte elastische Formänderungsenergie

$$\int_{(V)} W \, dV =: W_n \; ;$$

der Quotient

$$\psi_n = S_n / 2\pi W_n \qquad (6.32/2)$$

heißt die Nenndämpfung (des Bauteils) oder die Bauteil-dämpfung.

Die Elementdämpfung ψ ist eine Stoffeigenschaft, die Nenndämpfung ψ_n gehört dem Bauteil zu. Technisch ist die Nenndämpfung die wichtigere Größe, begrifflich einfacher ist die Elementdämpfung. Zwischen den beiden Größen ψ und ψ_n bestehen Zusammenhänge; man kann die eine aus der andern gewinnen.

Wir betrachten zunächst die Elementdämpfung. Die Größe der Elementdämpfung ψ wird beeinflußt durch eine Reihe von Umständen; von ihnen erwähnen wir

a) die Beanspruchungsart (ob Zug-Druck, Torsion oder Biegung);
b) die statische Vorlast, die Amplitude und die Frequenz der Wechselbeanspruchung;
c) die Anzahl der dem Werkstoff zuvor schon aufgezwungenen Lastwechsel;
d) die Temperatur.

Unter diesen Abhängigkeiten ist besonders wichtig die von der Amplitude $\hat{\sigma}$ oder $\hat{\tau}$ der Wechselbeanspruchung. Die experimentellen Befunde lassen sich in Potenzgesetzen darstellen, also für Normalspannungen als

$$\psi = \alpha_\sigma \, \hat{\sigma}_*^{\beta_\sigma} \; , \qquad (6.32/3a)$$

für Schubspannungen als

$$\psi = \alpha_\tau \, \hat{\tau}_*^{\beta_\tau} \; . \qquad (6.32/3b)$$

Dabei bedeuten die mit einem unteren Stern versehenen Größen $\hat{\sigma}_*$ und $\hat{\tau}_*$ die Verhältnisse von $\hat{\sigma}$ und $\hat{\tau}$ zu näher zu spezifizierenden Bezugsgrößen σ_0 und τ_0, also

$$\hat{\sigma}_* = \hat{\sigma} / \sigma_0 \quad \text{und} \quad \hat{\tau}_* = \hat{\tau} / \tau_0 \; . \qquad (6.32/3c)$$

Die dimensionslosen Koeffizienten α_σ und α_τ und Exponenten β_σ und β_τ sind Werkstoffkonstanten.

In Bauteilen, in denen sich die Beanspruchung von Element zu Element ändert, drückt man die Nenndämpfung ψ_n in der Regel durch die größte im Bauteil auftretende Spannungsamplitude aus; sowohl bei Biegung wie bei Torsion ist das eine Randspannungsamplitude $\hat{\sigma}_R$ bzw. $\hat{\tau}_R$. Für die Elementdämpfung eines am Rande des Bauteils liegenden Elementes gilt

$$\psi_R = \alpha_\sigma \hat{\sigma}_{*R}^{\beta_\sigma} \quad \text{und} \quad \psi_R = \alpha_\tau \hat{\tau}_{*R}^{\beta_\tau} \; . \qquad (6.32/4)$$

Abb.6.32/2 gibt die Spannungsverteilung über den Querschnitt eines Rundstabes an, je nachdem, ob er einer Zug-Druck-Belastung (a), einer Torsionsbelastung (b) oder einer Biegebelastung (c) unterworfen ist. Dort sind die jeweiligen größten Randspannungen σ_R bzw. τ_R kenntlich gemacht.

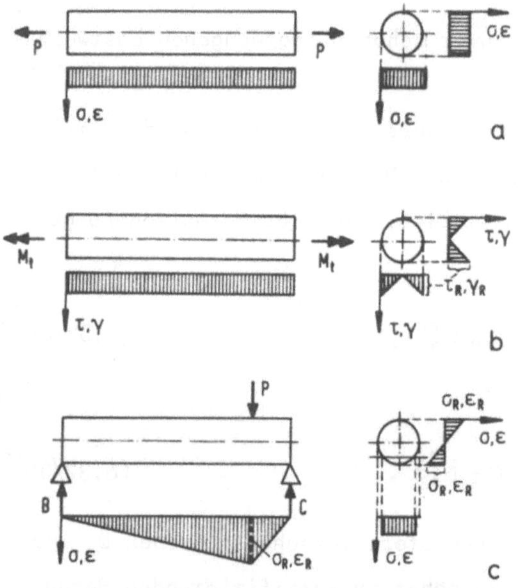

Abb.6.32/2. Spannungsverteilung über den Querschnitt bei verschiedenen Beanspruchungsarten (Beispiel: beiderseits gestützter Balken unter Einzellast)
a) Zug-Druck, b) Torsion, c) Biegung

Eine Übersicht[1] über die Größenordnung der spezifischen Dämpfungsarbeiten S in Abhängigkeit von der Spannungsamplitude $\hat{\sigma}/\sigma_f$ oder $\hat{\tau}/\tau_f$ (σ_f bzw. τ_f bezeichnen die Dauerwechselfestigkeiten) gibt Abb.6.32/3. Das Diagramm zeigt: Die Werkstoffkennwerte α und β nehmen in verschiedenen Bereichen der Beanspruchung verschiedene Werte an, ferner: Im Bereich niedriger und mittlerer Beanspruchung liegen die Beträge der Dämpfungsarbeiten magnetoelastisch-plastischer Werkstoffe um eine Zehnerpotenz und die viskoelastischer Werkstoffe um ungefähr drei Zehnerpotenzen höher als die der anelastisch-plastischen Werkstoffe.

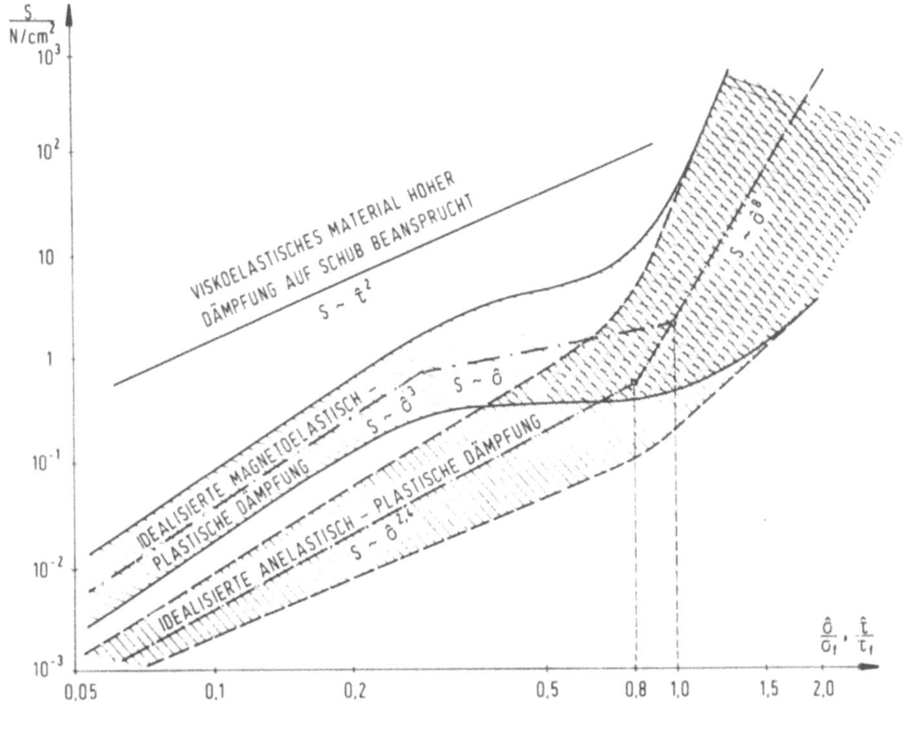

Abb.6.32/3. Spezifische Dämpfungsarbeiten S in Abhängigkeit vom Verhältnis der Spannungsamplitude $\hat{\sigma}$ oder $\hat{\tau}$ zur Dauerwechselfestigkeit σ_f oder τ_f (doppelt-logarithmische Auftragung)

---

[1] Genauere Zahlenangaben über Elementdämpfungen und Dämpfungsarbeiten bietet Lit.6.32/1.

Die viskoelastischen und anelastischen Stoffe weisen eine Besonderheit auf. Da sowohl ihre spezifische Dämpfungsarbeit S wie auch die spezifische Formänderungsenergie W dem Quadrat der Spannungsamplitude, $\hat{\sigma}^2$ oder $\hat{\tau}^2$, proportional sind, hängt der Quotient $\psi = S/2\pi W$ von der Spannungsamplitude überhaupt nicht ab, d.h. in (6.32/4) ist $\beta_\sigma = 0$ oder $\beta_\tau = 0$.

Wenn $\beta = 0$, also ψ unabhängig von der Spannungsamplitude $\hat{\sigma}$ oder $\hat{\tau}$ ist, so gilt für freie, d.h. abklingende Schwingungen angenähert

$$\frac{S}{W} \approx \frac{W_k - W_{k+1}}{W_{k+1}} = \frac{W_k}{W_{k+1}} - 1 \qquad (6.32/5a)$$

(k bezeichnet hier die Ordnungszahl eines Lastwechsels) und deshalb wegen Gl.(3.22/5*)

$$\frac{S}{W} = e^{\Lambda_W} - 1 \approx \Lambda_W = 2\Lambda \; . \qquad (6.32/5b)$$

Für die Elementdämpfung ψ gibt dies zusammen mit Gl.(6.32/1)

$$\psi = \Lambda / \pi \; . \qquad (6.32/6)$$

Eine konstante, d.h. von k und damit von den Spannungsamplituden unabhängige Elementdämpfung ψ bedeutet also ein konstantes logarithmisches Dekrement. Schwinger aus solchen Werkstoffen zeigen daher "lineare Dämpfung" (Abschn.3.22). Im Gegensatz dazu ergibt sich, falls der Exponent $\beta \neq 0$ ist, eine "nichtlineare Dämpfung".

Unter den viskoelastischen Werkstoffen gewinnen die Polymere wegen ihrer guten Dämpfungseigenschaften immer mehr an technischer Bedeutung. Die Dämpfungsfähigkeit dieser Stoffe hängt allerdings stark von der Temperatur ab. Abb.6.32/4 zeigt den Einfluß der Temperatur auf die Elementdämpfung ψ (Lit.6.32/3). Da man aber diese Materialien durch Zusätze von "Weichmachern" leicht den Temperaturbedingungen am Verwendungsort anpassen kann, bedeutet diese Abhängigkeit keinen erheblichen Nachteil.

Bei *viskoelastischen* Stoffen kann der Zusammenhang zwischen Beanspruchung σ und Dehnung ε durch die Beziehung

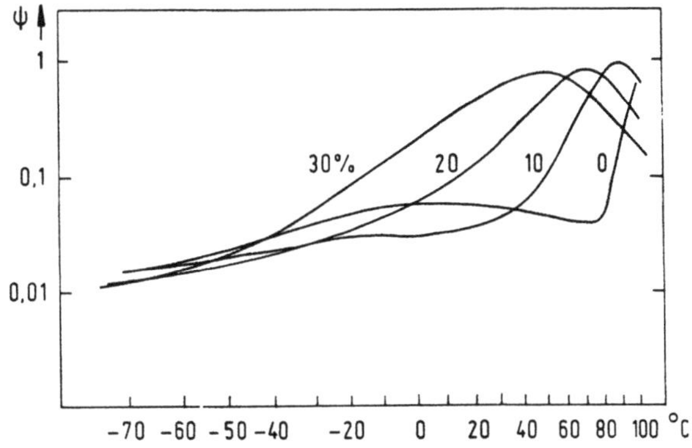

Abb.6.32/4. Elementdämpfung ψ von Polyvinylchlorid als Funktion der Temperatur, gemessen bei 1000 Hz; Scharparameter: Konzentration p des Weichmachers

$$\sigma = k_1 \ \varepsilon + k_2 \ \dot{\varepsilon} \tag{6.32/7}$$

(mit konstanten Faktoren k_1 und k_2) beschrieben werden. Wenn die Belastung harmonisch verläuft,

$$\underline{\sigma} = \underline{\hat{\sigma}} \ e^{i\omega t}, \tag{6.32/8a}$$

fordert (6.32/7) für ε eine Form

$$\underline{\varepsilon} = \underline{\hat{\varepsilon}} \ e^{i\omega t}. \tag{6.32/8b}$$

Aus (6.32/7) und (6.32/8) entsteht

$$\underline{\sigma} = \underline{\varepsilon}(k_1 + ik_2\omega). \tag{6.32/9}$$

In Analogie zur Beziehung $\sigma = \varepsilon E$ bei ruhender Belastung schreibt man bei harmonischem Verlauf der Belastung die Gl.(6.32/9) als

$$\underline{\sigma} = \underline{\varepsilon}\,\underline{E} \tag{6.32/10}$$

mit dem k o m p l e x e n E l a s t i z i t ä t s m o d u l

$$\underline{E} := E' + iE'' = k_1 + ik_2\omega . \tag{6.32/10a}$$

Dabei heißt $E' = k_1$ der S p e i c h e r m o d u l, $E'' = k_2\omega$ der V e r l u s t m o d u l. Für den Phasenverschiebungswinkel δ zwischen $\underline{\sigma}$ und $\underline{\varepsilon}$ erhält man

$$\tan\delta = E''/E'. \tag{6.32/11}$$

Der Speichermodul $E' = k_1$ ist identisch mit dem Hookeschen Modul E. Den Verlustmodul E" kann man durch Messung des Phasenverschiebungswinkels δ bestimmen.

Die spezifische Dämpfungsarbeit S erhält man als Integral über eine Periode,

$$S = \oint \sigma \, d\varepsilon = \hat{\varepsilon}^2 E'' \pi . \qquad (6.32/12)$$

Da die spezifische Formänderungsenergie

$$W = E' \hat{\varepsilon}^2 / 2 \qquad (6.32/13)$$

ist, lautet der Zusammenhang zwischen der Elementdämpfung ψ und den Komponenten des komplexen Elastizitätsmoduls

$$\psi = \frac{S}{2\pi W} = \frac{E''}{E'} = \tan \delta . \qquad (6.32/14)$$

In ähnlicher Weise kann man auch einen komplexen Schubmodul $\underline{G} = G' + iG''$ einführen. Für seine Komponenten gilt analog

$$\psi = G''/G'. \qquad (6.32/14a)$$

Auch zur Beschreibung von nichtlinear gedämpften Werkstoffen kann bei geringer Dämpfung der komplexe Elastizitäts- oder Schubmodul $\underline{E}$ oder $\underline{G}$ herangezogen werden. Die Beziehungen gelten dann allerdings nur näherungsweise. Die Näherung rührt daher, daß die Verformung, die sich infolge einer harmonisch schwankenden Belastung einstellt, nicht mehr streng harmonisch verläuft, aber dennoch als harmonisch verlaufend angesehen wird. Da bei nichtlinearer Dämpfung in der Regel die Elementdämpfungen $\psi \ll 1$ sind, wird $\tan\delta \approx \delta$. Der Verlustmodul E" bzw. G" ist dann durch die Beziehung $E'' = \delta E'$ bzw. $G'' = \delta G'$ bestimmt.

Ermittelt man experimentell die Dämpfungseigenschaften einer Probe, so erhält man zunächst die Nenndämpfung ψ_n des Probestücks. Man bestimmt sie entweder, wie schon angedeutet, aus erzwungenen Schwingungen durch Messung des Phasenverschiebungswinkels δ oder aber aus Ausschwingversuchen durch Messung des logarithmischen Dekrements.

Ausschwingversuche empfehlen sich besonders bei schwacher Dämpfung, wie sie bei Werkstoffdämpfung häufig vorliegt. Aus der Nenndämpfung ψ_n (des Probestücks) muß dann auf die Elementdämpfung ψ (des Werkstoffs) geschlossen werden.

β) Zusammenhang zwischen Elementdämpfung ψ und Bauteildämpfung ("Nenndämpfung") ψ_n bei homogenen Bauteilen (Federn) konstanten Querschnitts

β1) Dehnfeder (Zug-Druck)

In diesem Fall werden alle Elemente der Feder (des Bauteils) gleichartig und mit gleichem Betrag beansprucht; somit gilt hier ganz einfach

$$\psi_n = \frac{S_n}{2\pi W_n} = \frac{S}{2\pi W} = \psi \,. \qquad (6.32/15)$$

β2) Torsionsfeder

Bei Torsionsfedern ist die Beanspruchung zwar über die Länge gleichmäßig verteilt, nicht aber über den Querschnitt hinweg. Für rotationssymmetrische Querschnitte wächst die Schubspannung linear mit dem Radius an. Wir gehen aus von der Beziehung (6.32/3b) für die Elementdämpfung und fragen nach der Nenndämpfung ψ_n eines Schwingers mit kreiszylindrischer Feder (Abb.6.32/5).

Abb.6.32/5. Torsionsschwinger mit kreiszylindrischer Feder

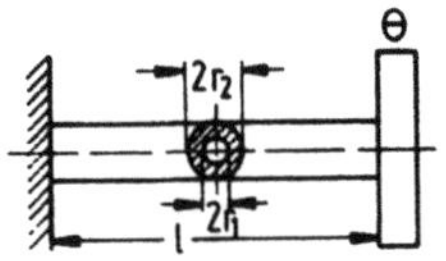

Die pro Volumenelement in der Schwingungsumkehrlage gespeicherte Energie beträgt in diesem Fall $W = \hat{\tau}^2/2G$. Für die Integration über Volumenelemente $dV = 2\pi r\, l\, dr$ drücken wir die Schubspannungsamplitude $\hat{\tau}(r)$ durch die Spannungsamplitude $\hat{\tau}_R$ am Rand aus, $\hat{\tau} = \hat{\tau}_R r/r_2$. Damit erhalten wir (in den Zwischenformeln schreiben wir statt α_τ und β_τ einfach α und β)

$$S_n = \int_{(V)} S\, dV = 2\pi \int_{(V)} \psi W\, dV =$$

$$= (2\pi)^2\, l\, \alpha \left(\frac{\hat{\tau}_{*R}}{r_2}\right)^{\beta+2} \frac{1}{2G} \int_{r_1}^{r_2} r^{\beta+3}\, dr$$

$$= 2\pi^2\, l\, \alpha \left(\frac{\hat{\tau}_{*R}}{r_2}\right)^{\beta+2} \frac{1}{G}\, \frac{r_2^{\beta+4} - r_1^{\beta+4}}{\beta + 4}$$

und

$$W_n = \int_{(V)} W\, dV = \frac{\pi}{G}\, l \left(\frac{\tau_{*R}}{2}\right)^2 \int_{r_1}^{r_2} r^3\, dr =$$

$$= \frac{\pi}{G}\, l \left(\frac{\tau_{*R}}{r_2}\right)^2 \frac{r_2^4 - r_1^4}{4}$$

und daraus mit $\rho := r_1/r_2$ schließlich

$$\psi_n = \alpha_\tau \frac{4}{4 + \beta_\tau}\, \frac{1 - \rho^{\beta_\tau + 4}}{1 - \rho^4}\, \hat{\tau}_{*R}^{\beta_\tau} . \qquad (6.32/16)$$

Darin sind auch die Formeln für den Vollkreisquerschnitt (mit $\rho = 0$) und für den dünnen Kreisringquerschnitt (mit $\rho \to 1$) enthalten,

für $\rho = 0$ wird $\psi_n = \alpha_\tau \frac{4}{4 + \beta_\tau} \hat{\tau}_{*R}^{\beta_\tau}$, (6.32/16a)

für $\rho \to 1$ wird $\psi_n = \alpha_\tau \hat{\tau}_{*R}^{\beta_\tau}$. (6.32/16b)

β3) Biegefeder

Werden Bauteile (harmonisch schwingend) auf Biegung beansprucht, so ändert sich die Spannungsamplitude $\hat{\sigma}$ und damit die Elementdämpfung ψ nicht nur über den Querschnitt, sondern auch über die Länge des Bauteils; sie hängt zudem noch vom Belastungsfall (der Art der Lagerung und dem Ort des Lastangriffs) ab.

Wir benutzen die elementare Biegetheorie, den "Bernoulli-Balken", und gehen wieder aus von der Elementdämpfung (6.32/1) und der Definition (6.32/2) für die Nenndämpfung ψ_n. Mit

$$W = \hat{\sigma}^2/2E , \qquad dV = dA\, dx , \qquad \hat{\sigma} = \frac{\hat{M}(x)}{I} |y|$$

findet man (hier schreiben wir statt α_σ und β_σ einfach α und β)

$$S_n = 2\pi \int_{(V)} \psi W \, dV = 2\pi \frac{\alpha}{2E} \left(\frac{1}{I}\right)^{2+\beta} \int_0^l \hat{M}^{2+\beta}(x)\, dx \int_{(A)} |y|^{2+\beta} \, dA \; ;$$

dabei bezeichnet $\hat{M}(x)$ die Amplitude des Biegemoments an der Stelle x. Entsprechend findet man

$$W_n = \int_{(V)} W \, dV = \frac{1}{2EI} \int_0^l \hat{M}^2(x)\, dx$$

und erhält schließlich

$$\psi_n = \alpha \frac{1}{I^{\beta+1}} \int_{(A)} |y|^{\beta+2} \, dA \, \frac{\int_0^l \hat{M}^{2+\beta}(x)\, dx}{\int_0^l \hat{M}^2(x)\, dx} \; . \tag{6.32/17}$$

Die Elementdämpfung ψ_R des am meisten beanspruchten (Rand-)Elementes besitzt die Größe

$$\psi_R = \alpha \, \sigma_R^\beta = \alpha \left[\frac{\hat{M}_{max}}{I} |y_R| \right]^\beta ; \tag{6.32/18}$$

$\hat{M}_{max}$ ist die Amplitude des größten Biegemomentes. So gewinnen wir den Ausdruck

$$\psi_n = \left\{ \frac{1}{I\,|y_R|^\beta} \int_{(A)} |y|^{2+\beta} \, dA \right\} \left[\frac{1}{\hat{M}^\beta_{max}} \; \frac{\int_0^l \hat{M}^{2+\beta}(x)\, dx}{\int_0^l \hat{M}^2(x)\, dx} \right] \psi_R \; , \tag{6.32/19}$$

den wir kurz in der Form

$$\psi_n = P\,Q\,\psi_R \tag{6.32/20}$$

schreiben. Der Einfluß des Belastungsfalles steckt in der eckigen Klammer

$$Q := \frac{1}{\hat{M}^\beta_{max}} \cdot \frac{\int_0^l \hat{M}^{2+\beta}(x)\, dx}{\int_0^l \hat{M}^2(x)\, dx} = \frac{\int_0^l [\hat{M}(x)/\hat{M}_{max}]^{2+\beta}\, dx}{\int_0^l [\hat{M}(x)/\hat{M}_{max}]^2\, dx} \; , \tag{6.32/20a}$$

der Einfluß der Querschnittsform in der geschweiften Klammer

$$P := \frac{1}{I\,|y_R|^\beta} \cdot \int_{(A)} |y|^{2+\beta} \, dA = \frac{y_R^2}{I} \cdot \int_{(A)} \left| \frac{y}{y_R} \right|^{2+\beta} dA \tag{6.32/20b}$$

der Gl.(6.32/19). Von den Werkstoffparametern α und β geht sowohl in den Faktor P wie in den Faktor Q von (6.32/20) nur der Exponent β ein. Beide Parameter, α wie β, stecken jedoch in ψ_R (6.32/18), dem dritten Faktor in (6.32/20).

Wir schließen noch einige Bemerkungen an, zunächst über die Kenngröße Q. In vielen der technisch wichtigen Belastungsfälle, und zu ihnen gehören die fünf durch die Abb.6.32/6 skizzierten, verläuft das Biegemoment $\hat{M}(x)$ und deshalb auch $\hat{M}(x)/\hat{M}_{max}$ entweder über die ganze Balkenlänge oder abschnittsweise linear mit x. Dann liefert (6.32/20a) einfach

$$Q = 3/(3+\beta)\,. \tag{6.32/21}$$

In sonstigen Fällen muß Q gemäß (6.32/20a) aus dem Verlauf $\hat{M}(x)$ des Biegemomentes errechnet werden.

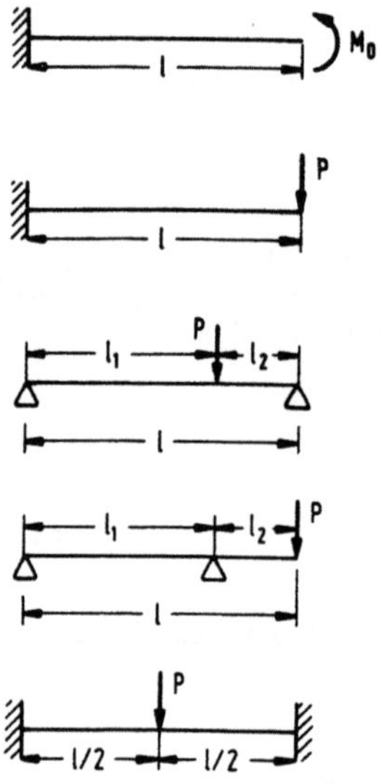

Abb.6.32/6.
Biegeschwinger: Fünf Belastungsfälle, für die sich die Kenngröße $Q = 3/(3+\beta)$ ergibt

Die von der Querschnittsform abhängige Kenngröße P erörtern wir für die beiden Beispielfälle der Abb.6.32/7:

(a) Rechteckquerschnitt: Der Randfaserabstand ist $y_R = h/2$, das axiale Flächenträgheitsmoment $I = bh^3/12$. Als Flächenelement wählen wir $dA = b\,dy$. So erhalten wir aus (6.32/20b)

$$P = \left(\frac{h}{2}\right)^2 \frac{12}{b\,h^3} \left(\frac{h}{2}\right)^{-(2+\beta)} \int_0^{h/2} y^{(2+\beta)}\, dy = \frac{3}{3+\beta} \,. \qquad (6.32/22a)$$

(b) Kreisringquerschnitt: Mit $\rho := r_1/r_2$, $y_R = r_2$, $I = [\pi r_2^4(1-\rho^4)]/4$, $dA = r\,dr\,d\varphi$ kommt

$$P = \frac{1-\rho^{4+\beta}}{1-\rho^4} \, \frac{4}{\pi(4+\beta)} \, K(\beta)$$

mit (6.32/22b)

$$K(\beta) := 2 \int_0^{\pi} \sin^{2+\beta}\varphi \, d\varphi$$

zustande. Den von β abhängigen Koeffizienten $K(\beta)$ findet man für ganzzahliges β analytisch oder aus Integraltafeln, für nicht ganzzahliges muß er numerisch bestimmt werden.

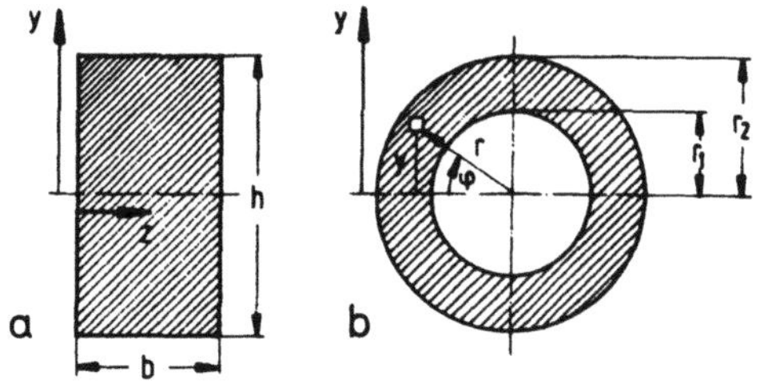

Abb.6.32/7.
a) Rechteckquerschnitt mit Kartesischen Koordinaten y,z; b) Kreisringquerschnitt mit Polarkoordinaten r,φ

Es liegt natürlich nahe, den bisher allein behandelten Fall des Balkens mit konstantem Querschnitt auf veränderliche Querschnitte zu verallgemeinern. Auch hier gilt noch ψ_n (6.32/2). Die Auswertung der Integrale bedingt nun im allgemeinen einen größeren Aufwand, erfordert und bringt aber prinzipiell nichts Neues.

γ) Nenndämpfung ψ_n eines Biegebalkens mit zusammengesetztem Querschnitt

γ1) Allgemeine Gleichungen

In der technischen Anwendung gewinnen Bauteile, die aus verschiedenen Werkstoffen geschichtet oder sonstwie zusammengebaut sind, immer mehr an Bedeutung. Solche Ausführungen bieten nämlich den Vorteil, ein Trägermaterial hoher Festigkeit, aber niedriger Dämpfung (z.B. Stahl) zu kombinieren mit einem Stoff, der zwar geringe Festigkeit, dafür aber gute Dämpfungseigenschaften aufweist (z.B. mit einem viskoelastischen Werkstoff). Die technischen Ausführungen sind als Verbundbleche, Antidröhnbeläge usw. bekannt. Wir können nicht auf jede Möglichkeit der Ausführung im einzelnen eingehen [1], aber wir wollen uns die Grundgedanken an zwei Beispielen von Balken konstanten Querschnitts klarmachen. Wir setzen voraus, daß die einzelnen Komponenten des Balkens mechanische Energie sowohl durch Schubverformung wie auch durch Dehnung vernichten können. Die zugehörigen Elementdämpfungen ψ und die Formänderungsarbeiten W wollen wir mit den Indizes τ und σ versehen. Die verschiedenen Materialien unterscheiden wir durch die Indizes i.

Somit lautet der allgemeine Ausdruck für die Nenndämpfung

$$\psi_n = \frac{\int_{(V)} (\psi_\tau W_\tau + \psi_\sigma W_\sigma)\, dV}{\int_{(V)} (W_\tau + W_\sigma)\, dV} = \frac{\sum_i \int_{(V_i)} (\psi_{\tau i} W_{\tau i} + \psi_{\sigma i} W_{\sigma i})\, dV}{\sum_i \int_{(V_i)} (W_{\tau i} + W_{\sigma i})\, dV} \quad . \qquad (6.32/23)$$

$\gamma 2$) Balken aus zwei Stoffen

Abb.6.32/8 zeigt einen aus den Werkstoffen ① und ② bestehenden Biegebalken. Im Beispiel schließt Stoff ① den Stoff ② völlig ein, diese Annahme beeinträchtigt aber nicht die allgemeine Gültigkeit der weiteren Betrachtungen. Wir wollen im besonderen jedoch voraussetzen, daß sich die beiden Stoffe ① und ② an ihrer Berührfläche

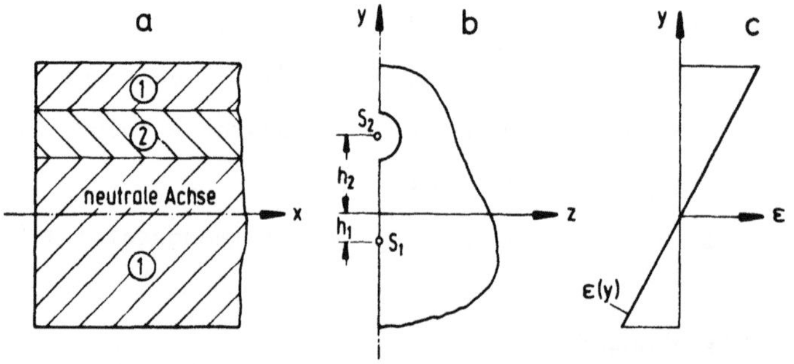

Abb.6.32/8. Biegebalken mit zwei Schichten

---

[1] Der Leser, der weiteren Aufschluß sucht, sei auf Lit.6.32/4 hingewiesen.

nicht gegeneinander verschieben und daß die Querschnitte eben bleiben (ferner auch, daß keine Torsion eintritt). Der Einfluß der Querkraft und damit auch die Formänderungsenergie und Energiedissipation infolge von Schubverformung soll in beiden Stoffen vernachlässigbar sein ($W_{\tau i} \approx 0$).

Die Dehnungen verlaufen linear mit y. An der Stelle x gilt $\varepsilon(x,y) = f(x)y$. Setzt man voraus (und das tritt bei der technischen Anwendung häufig auf), daß der Stoff ① sehr geringe Verluste bewirkt ($\alpha_{\sigma 1} = 0$) und daß sich der Stoff ② viskoelastisch verhält ($\psi_{\sigma 2} = \alpha_{\sigma 2}$), so gilt

$$\psi_n = \frac{\int_{(V_2)} \alpha_{\sigma 2} \frac{E_2'}{2} \varepsilon^2(x,y)\, dV}{\int_{(V_1)} \frac{E_1'}{2} \varepsilon^2(x,y)\, dV + \int_{(V_2)} \frac{E_2'}{2} \varepsilon^2(x,y)\, dV} =$$

$$= \frac{\alpha_{\sigma 2} E_2' \int_{(A_2)} y^2\, dA \cdot \int_0^l [f(x)]^2\, dx}{[E_1' \int_{(A_1)} y^2\, dA + E_2' \int_{(A_2)} y^2\, dA] \int_0^l [f(x)]^2\, dx} . \qquad (6.32/24)$$

Bezeichnen wir die Querschnittsflächen mit A_1 und A_2, die Abstände ihrer Schwerpunkte S_1 und S_2 von der neutralen Faser mit h_1 und h_2, ferner ihre Trägheitsmomente in Bezug auf die jeweilige (parallel zur z-Achse verlaufende) Schwerachse mit I_1 bzw. I_2, so ergibt sich

$$\psi_n = \frac{\alpha_{\sigma 2} E_2'(h_2^2 A_2 + I_2)}{E_1'(h_1^2 A_1 + I_1) + E_2'(h_2^2 A_2 + I_2)} = \alpha_{\sigma 2} \frac{1}{1 + \frac{E_1'}{E_2'} \frac{h_1^2 A_1 + I_1}{h_2^2 A_2 + I_2}} . \qquad (6.32/25)$$

Diese Darstellung zeigt: Die Nenndämpfung ψ_n des geschichteten Trägers ist kleiner als die Elementdämpfung $\alpha_{\sigma 2}$ des Werkstoffs ②; sie hängt außerdem weder vom Lastfall noch von der Stärke der Belastung, sondern nur von der Geometrie des Querschnitts ab.

$\gamma 3$) Balken aus drei Stoffen

Während wir im vorigen Beispiel einen geschichteten Biegebalken untersucht haben, bei dem die Dämpfung im wesentlichen im Zusammenhang mit der Längsdehnung des Stoffes ② bewirkt wird, wenden wir uns jetzt einem aus drei Stoffen bestehenden Biegebalken zu (siehe Abb.6.32/9a), bei dem die Schubverformung von Bedeutung werden kann. Um die notwendigen elastomechanischen Betrachtungen in Grenzen zu halten, wollen wir vereinfachend annehmen [1], das Werkstück bestehe aus zwei s c h u b s t e i f e n und v e r l u s t f r e i e n Anteilen ① und ③,

$$\alpha_{\sigma 1} = \alpha_{\tau 1} = \alpha_{\sigma 3} = \alpha_{\tau 3} = 0\ , \qquad (6.32/26a)$$

die durch eine nicht allzu dicke und relativ weiche v i s k o - e l a s t i s c h e Schicht ② hoher Schubdämpfungsfähigkeit

$$\psi_{\sigma 2} = 0\ , \qquad \psi_{\tau 2} = \alpha_{\tau 2} \qquad (6.32/26b)$$

miteinander verbunden sind; die Dicke f(s) der Schicht soll nicht allzusehr schwanken.

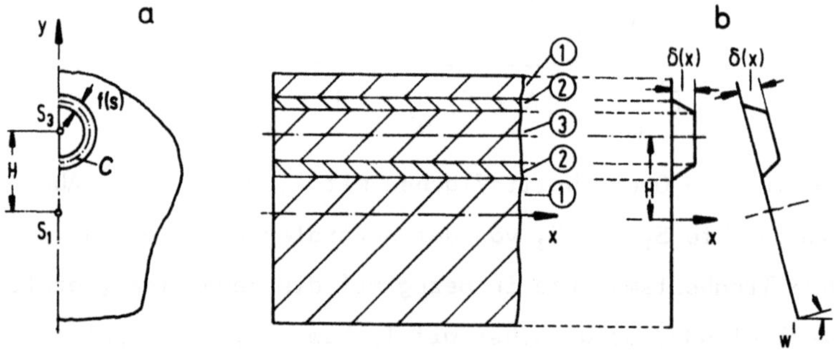

Abb.6.32/9. Biegebalken mit drei Schichten

Aufgrund der gemachten Annahmen können wir aussagen, daß die Schichten ① und ③ die gleiche Biegelinie aufweisen. Wie in der Skizze des verformten Elements (Abb.6.32/9b) dargestellt ist, bleiben die jeweiligen gesamten Querschnitte nicht mehr eben. Während die Querschnitte der Schichten ① und ③ für sich betrachtet noch als eben angesehen werden können, wird Schicht ② auf Schub verformt. Bezeichnen wir mit H den Abstand der beiden Schwerpunkte der Flächen

---

[1] Eine allgemeinere Erörterung über den zu Biegeschwingungen erregten, geschichteten Balken findet man in Lit.6.32/5.

① und ③, so berechnet sich die gegenseitige Verschiebung $\delta(x)$ zugehöriger Querschnittsflächen der Stoffe ① und ③ zu

$$\delta(x) = H \frac{d\,w(x)}{dx} =: H\,w'(x) \,, \qquad (6.32/26c)$$

dabei bedeutet $w(x)$ die Durchsenkung des Balkens an der Stelle x.

Betrachten wir die Schicht ② an einer Stelle s mit der Dicke $f(s)$, so finden wir für die Schubverformung $\gamma(x,s)$ den Ausdruck

$$\gamma(x,s) = \frac{\delta(x)}{f(s)} = \frac{H}{f(s)}\, w'(x) \;.$$

Unter den gemachten Voraussetzungen wird die Nenndämpfung zu

$$\psi_n = \frac{\int\limits_{(V)} \psi\, W\, dV}{\int\limits_{(V)} W\, dV} \approx \frac{\int\limits_{(V_2)} \psi_{\tau 2}\, W_{\tau 2}\, dV}{\int\limits_{(V_1)} W_{\sigma 1}\, dV + \int\limits_{(V_3)} W_{\sigma 3}\, dV} \;. \qquad (6.32/27)$$

Zur Ermittlung der in der Umkehrlage der Schwingung gespeicherten potentiellen Energien führen wir die Amplituden der Verformung oder deren Ableitungen ein und kennzeichnen sie durch das übergesetzte "Dach" ^ . So ergibt sich

$$\int\limits_{(V_2)} \psi_{\tau 2}\, W_{\tau 2}\, dV = \int\limits_{(V_2)} \alpha_{\tau 2}\, \frac{G_2'}{2}\, \gamma^2(x,s)\, dV = \int\limits_{(V_2)} \alpha_{\tau 2}\, \frac{G_2'}{2}\, [\frac{H}{f(s)}\, \hat{w}'(x)]^2\, dV \;.$$

Wir verwenden weiterhin das Bogenelement ds auf der Mittellinie C der Querschnittsfläche A_2 und schreiben

$$dV = f(s)\, ds\, dx \;.$$

Damit wird

$$\int\limits_{(V_2)} \psi_{\tau 2}\, W_{\tau 2}\, dV = \frac{1}{2}\, \alpha_{\tau 2}\, H^2\, G_2' \int\limits_{(C)} \frac{ds}{f(s)} \int\limits_0^l \hat{w}'^2(x)\, dx \;.$$

Da laut Voraussetzung $f(s)$ nur wenig schwankt, gilt

$$\int\limits_{(C)} \frac{ds}{f(s)} \approx \frac{s_0}{f_0} \;,$$

wenn

$$s_0 := \int_{(C)} ds$$

die Länge der Mittellinie und

$$f_0 := \frac{1}{s_0} \int_{(C)} f(s)\, ds$$

die mittlere Schichtdicke bezeichnet. Also folgt

$$\int_{(V_2)} \psi_{\tau 2} W_{\tau 2}\, dV \approx \frac{1}{2} \alpha_{\tau 2} H^2 G_2' \frac{s_0}{f_0} \int_0^l \hat{w}'^2(x)\, dx \,. \qquad (6.32/28a)$$

Unter Benutzung der Amplitude $\hat{M}_1(x)$ des Anteils des Biegemoments, der von der Schicht ① aufgenommen wird, erhalten wir

$$\int_{(V_1)} W_{\sigma 1}\, dV = \frac{1}{2 E_1' I_1} \int_0^l \hat{M}_1^2(x)\, dx = \frac{1}{2} E_1' I_1 \int_0^l \hat{w}''^2(x)\, dx \qquad (6.32/28b)$$

und analog dazu für die Schicht ③

$$\int_{(V_3)} W_{\sigma 3}\, dV = \frac{1}{2} E_3' I_3 \int_0^l \hat{w}''^2(x)\, dx \,. \qquad (6.32/28c)$$

Einsetzen der drei Ausdrücke (6.32/28a) in die Gl.(6.32/27) liefert

$$\psi_n \approx \frac{\alpha_{\tau 2} H^2 G_2' s_0}{f_0 [E_1' I_1 + E_3' I_3]} \cdot \frac{\int_0^l \hat{w}'^2(x)\, dx}{\int_0^l \hat{w}''^2(x)\, dx} \,. \qquad (6.32/29)$$

Diese Bestimmungsgleichung für die Nenndämpfung enthält die erste und zweite Ableitung der noch unbekannten Durchsenkung $\hat{w}(x)$ des Balkens. Als Näherung benutzen wir die Biegelinie des entsprechenden ungedämpften Gebildes (die die tatsächlichen Verhältnisse umso besser beschreibt, je kleiner die Dämpfung ist).

Für den masselosen, ungedämpften Balken, der eine Punktmasse trägt, gewinnt man die Biegelinie leicht durch elasto-statische Überlegungen. Sie liefern die bekannten parabolischen Abhängigkeiten.

Schwingt ein massebelegter, ungedämpfter Balken mit einer Frequenz, die weit oberhalb seiner niedrigsten Eigenfrequenz liegt, so kann man die Biegelinie bei Transversalschwingungen näherungsweise durch

$$\hat{w}(x) = w_0 \sin kx \tag{6.32/30}$$

beschreiben, da dann die Randeffekte vernachlässigt werden können. In diesem Fall gilt

$$\begin{aligned} \hat{w}'(x) &= w_0 k \cos kx , \\ \hat{w}''(x) &= - w_0 k^2 \sin kx . \end{aligned} \tag{6.32/31}$$

Das Einsetzen der Gln.(6.32/31) in die Gln.(6.32/29) liefert

$$\psi_n \approx \frac{\alpha_{\tau 2} H^2 G_2' s_0}{k^2 f_0 [E_1' I_1 + E_3' I_3]} \cdot \frac{\int_0^l \cos^2 kx \, dx}{\int_0^l \sin^2 kx \, dx} . \tag{6.32/32}$$

Da Randeffekte vernachlässigt werden, wird

$$\frac{\int_0^l \cos^2 kx \, dx}{\int_0^l \sin^2 kx \, dx} \approx 1 ,$$

und damit folgt

$$\psi_n \approx \frac{\alpha_{\tau 2} H^2 G_2' s_0}{k^2 f_0 [E_1' I_1 + E_3' I_3]} . \tag{6.32/33}$$

Im Ausdruck (6.32/33) für die Nenndämpfung ψ_n des aus drei Stoffen aufgebauten Balkens der Abb.6.32/9 hängt unter den angegebenen Voraussetzungen der Zähler im wesentlichen nur ab von der Schubdämpfung des Stoffes ②, der Nenner nur von den Biegesteifigkeiten der Stoffe ① und ③.

6.33 Werkstoffdämpfung: Das "ersetzende lineare Dämpfungsmaß"

Die vorausgegangenen Erörterungen über die Werkstoffdämpfung führen wegen der Beziehungen (6.32/3) oft zu unangenehmen nichtlinearen Ausdrücken. Will man sie in den Bewegungsgleichungen der Schwinger verwerten, so lassen sich die entstehenden Differentialgleichungen meist nur schwer behandeln. Als Ausweg ersetzt man deshalb oft die nichtlinearen Ausdrücke durch "äquivalente lineare". Diese Näherung führt meist zu gut brauchbaren Ergebnissen, wenn, wie bei erzwungenen Schwingungen im eingeschwungenen Zustand, die Schwingungsamplituden und damit die in (6.32/3) eingehenden Spannungsamplituden $\hat{\sigma}$ und $\hat{\tau}$ feste Werte haben. Günstig ist auch der Umstand, daß die Werkstoffdämpfung selbst und damit ihr Einfluß auf das prinzipielle Systemverhalten im allgemeinen recht schwach ist.

Ersetzend oder äquivalent nennen wir hier wie in Abschn.6.31 eine lineare Dämpfung, falls je Schwingungsperiode die Kraft $b\dot{q}$ ebenso viel Energie verzehrt wie die Werkstoffdämpfung. Die vom Werkstoff herrührende Nenndämpfung ψ_n eines Bauteils war definiert worden durch (6.32/2); dafür schreiben wir hier

$$\psi_n^{(W)} = S_n / 2\pi W_n \tag{6.33/1a}$$

mit einem oberen Index (W). Für einen linear gedämpften Schwinger definieren wir analog die Nenndämpfung

$$\psi_n^{(1)} = S_n / 2\pi W_n \tag{6.33/1b}$$

mit oberem Index (1). Äquivalenz erfordert

$$\psi_n^{(W)} = \psi_n^{(1)} . \tag{6.33/2}$$

Für den linearen Schwinger von einem Freiheitsgrad mit der Bewegungsgleichung

$$m\ddot{q} + b\dot{q} + cq = \hat{P} \cos \Omega t$$

oder

$$\ddot{q} + 2D\varkappa\dot{q} + \varkappa^2 q = \frac{\hat{P}}{m} \cos \Omega t \tag{6.33/3a}$$

und mit dem Lösungsansatz

$$q = \hat{q} \cos(\Omega t + \gamma) \tag{6.33/3b}$$

lauten die Energieausdrücke

$$S_n = b\,\hat{q}^2\,\Omega\,\pi\,, \qquad W_n = c\,\hat{q}^2/2\,; \tag{6.33/4a}$$

daher wird

$$\psi_n^{(1)} = b\,\Omega/c = 2\,D\,\eta\,. \tag{6.33/4b}$$

Die Ausdrücke $\psi_n^{(W)}$ für die W e r k s t o f f d ä m p f u n g sind in den Abschn.6.32β und 6.32γ für eine Reihe von Beanspruchungsarten ausgerechnet worden. So ergab sich z.B.

① für Dehnfedern die Gl.(6.32/15), die wir hier schreiben als

$$\psi_n^{(W)} = \alpha_\sigma\,\hat{\sigma}^{\beta\sigma}/\sigma_0^\beta\,; \tag{6.33/5a}$$

② für Torsionsfedern die Gl.(6.32/16), oder

$$\psi_n^{(W)} = \alpha_\tau\,C(\beta)\,\hat{\tau}_R^\beta/\tau_0^\beta \quad \text{mit} \quad C(\beta) = \frac{4}{4+\beta}\,\frac{1-\rho^{4+\beta\tau}}{1-\rho^4}\,; \tag{6.33/5b}$$

③ für Biegefedern die Gl.(6.32/20), oder

$$\psi_n^{(W)} = \alpha_\sigma\,C(\beta)\,\hat{\sigma}_R^\beta/\sigma_0^\beta \tag{6.33/5c}$$

mit $C(\beta) = P(\beta)\,Q(\beta)$ gemäß (6.32/20a) und (6.32/20b).

Die Ausdrücke $\psi_n^{(W)}$ lassen sich in allen drei Fällen auf die gemeinsame Fassung

$$\psi_n^{(W)} = \alpha\,C(\beta)\,\hat{s}^\beta/s_0^\beta \tag{6.33/6}$$

bringen. Dabei steht $\hat{s}$ für $\hat{\sigma}$, $\hat{\sigma}_R$ oder $\hat{\tau}_R$ und s_0 für eine der Bezugsspannungen σ_0 oder τ_0; die Parameter α und β müssen mit den jeweiligen Indizes σ oder τ versehen werden.

Die gleichsetzende Forderung (6.33/2) führt somit auf die Beziehung

$$2\,D\,\eta = \alpha\,C(\beta)\,\hat{s}^\beta/s_0^\beta\,. \tag{6.33/7}$$

Sie gibt das "ersetzende lineare Dämpfungsmaß" D an.

Wesentlich ist nun: Die Spannungsamplitude $\hat{s}$ ist in jedem der Fälle ① bis ③ der Amplitude $\hat{q}$ des Längen- oder Winkelausschlags der Masse (oder Drehmasse) des einläufigen Schwingers proportional,

$$\hat{s} = \zeta \hat{q} \ . \tag{6.33/8}$$

In den Fällen ① bzw. ② findet man ζ sofort zu

$$\zeta = E/l \quad \text{bzw.} \quad \zeta = G r_2/l \ . \tag{6.33/9}$$

Im Fall ③ bedarf es einiger Zwischenrechnungen. Hier gilt erstens

$$\hat{s} = \hat{M}_{max}/W_A \ ; \tag{6.33/10}$$

W_A ist das Widerstandsmoment des Querschnitts, $W_A = I/|y_R|$. Ferner gilt sowohl

$$\hat{M}_{max} = \hat{P}\, l\, n_1 \tag{6.33/11a}$$

als auch

$$\hat{q} = \hat{P} l^3/n_2 E I \ . \tag{6.33/11b}$$

Hierin sind n_1 und n_2 vom Lastfall abhängige feste Zahlen; z.B. ist für Abb.6.33/1a: $n_1 = 1$, $n_2 = 3$; für Abb.6.33/1b: $n_1 = 1/4$, $n_2 = 48$.

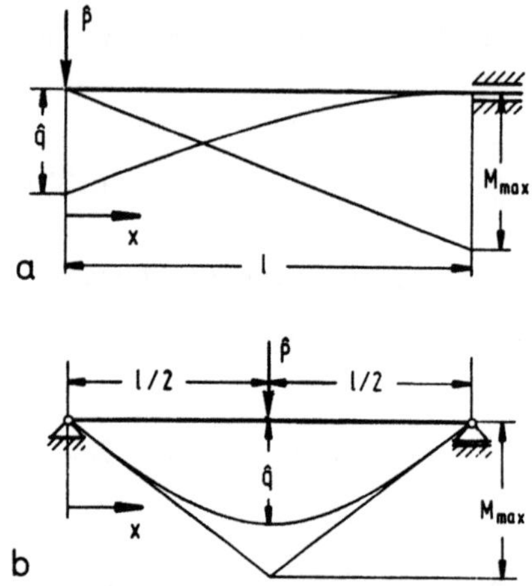

Abb.6.33/1.
Biegefeder; zwei Belastungsfälle

Aus (6.33/8) folgt wegen (6.33/10) und (6.33/11)

$$\zeta = n_1 n_2 \frac{E}{l^2} |y_R| \ . \tag{6.33/12}$$

Für das Beispiel Abb.6.33/1a wird also

$$\zeta = 3\,\frac{E}{l^2}\,|y_R|\,,$$

für das Beispiel Abb.6.33/1b ist

$$\zeta = 12\,\frac{E}{l^2}\,|y_R|\,.$$

Nun können wir uns wieder der grundlegenden Beziehung (6.33/7) zuwenden. Setzen wir (6.33/8) ein, so schreibt sie sich

$$2D\eta = \alpha\,C(\beta)\,\frac{(\zeta\hat{q})^{\beta}}{s_0^{\beta}}\,. \qquad (6.33/13)$$

Wegen des Exponenten β muß man in den resultierenden algebraischen Gleichungen für dimensionslose Variable sorgen. In den Fällen ① und ③, in denen q die Dimension einer Länge hat, führen wir unter Benutzung einer Bezugslänge l_0 die dimensionslose Variable (q/l_0) ein, im Fall ② tritt an die Stelle von l_0 die Einheit, $l_0 = 1$. Die Grundbeziehung (6.33/13) lautet dann

$$2D\eta = [\alpha\,C(\beta)\,(\zeta l_0/s_0)^{\beta}]\,(\hat{q}/l_0)^{\beta}\,.$$

Wenn die eckige Klammer mit $\Phi(\beta)$ abgekürzt wird,

$$\Phi := \alpha\,C(\beta)\,(\zeta l_0/s_0)^{\beta}\,, \qquad (6.33/14)$$

wird daraus schließlich

$$2D\eta = \Phi\cdot(\hat{q}/l_0)^{\beta}\,. \qquad (6.33/15)$$

Für die Ausschlagsamplitude $\hat{q}$ des einläufigen linearen Schwingers mit der Dgl.(6.33/3a) und dem Lösungsansatz (6.33/3b) gilt (4.21/12) und (4.21/15a'); unter Benutzung von l_0 und $d := \hat{P}/c$ schreiben wir

$$\frac{\hat{q}}{l_0} = \frac{d}{l_0}\cdot\frac{1}{\sqrt{(1-\eta^2)^2 + 4D^2\eta^2}}\,. \qquad (6.33/16)$$

Setzt man hierin das ersetzende Dämpfungsmaß anhand von (6.33/15) ein, quadriert und ordnet, so kommt

$$\Phi^2 (\hat{q}/l_0)^{2(\beta+1)} + (\hat{q}/l_0)^2 (1-\eta^2)^2 - (d/l_0)^2 = 0 \qquad (6.33/17)$$

zustande. Die Gl.(6.33/17) ist eine algebraische Gleichung vom Grade $(\beta+1)$ für das Amplitudenquadrat $(\hat{q}/l_0)^2$. Im allgemeinen ist sie analytisch nicht auflösbar; meist muß man sie numerisch angreifen. Bedeutungsvoll und leicht zu handhaben ist jedoch der Resonanzfall. Mit $\eta = 1$ folgt die Resonanzamplitude $(\hat{q}/l_0)_{res}$ aus (6.33/17) zu

$$\left(\frac{\hat{q}}{l_0}\right)_{res} = \left(\frac{d/l_0}{\Phi}\right)^{\frac{1}{1+\beta}} . \qquad (6.33/18)$$

6.4 Schwach nicht-lineare Differentialgleichungen; Periodische Erregerfunktionen; periodische Lösungen; Störungsrechnung

6.40 Störungsrechnung bei nicht-autonomen Differentialgleichungen

Die Störungsrechnung wurde im Hauptabschnitt 5.8 für autonome Differentialgleichungen schon ausführlich behandelt. Jene Erörterungen werden nun auf nicht-autonome Differentialgleichungen übertragen. Die Darstellung wird dabei allerdings knapper gehalten.

Wir legen eine Differentialgleichung der Gestalt

$$x'' + 2Dx' + x = p(\tau) + \varepsilon F(x, x', \tau, \varepsilon) \qquad (6.40/1)$$

zugrunde. ε ist der Störparameter. Eine so gebaute Gleichung wird gelegentlich als "quasilinear" bezeichnet. In (6.40/1) soll gelten

$$p(\tau + T_E^*) = p(\tau) ,$$
$$F(x, x', \tau + T_E^*, \varepsilon) = F(x, x', \tau, \varepsilon) . \qquad (6.40/1a)$$

F sei analytisch in den Argumenten x, $y := x'$ und ε. Die periodische Funktion $p(\tau)$ läßt sich als Fourier-Reihe darstellen:

$$p(\tau) = a_0 + \sum_n (a_n \cos n\eta\tau + b_n \sin n\eta\tau) \quad \text{mit} \quad \eta = 2\pi/T_E^* . \qquad (6.40/1b)$$

Für $\varepsilon = 0$ folgt aus (6.40/1) als sogenannte erzeugende Differentialgleichung die lineare Differentialgleichung

$$x_0'' + 2D x_0' + x_0 = p(\tau) ; \tag{6.40/2}$$

sie hat (siehe Kap.4) die erzeugende Lösung

$$x_0(\tau) = a_0 + \sum_n \frac{a_n \cos(n\eta\tau + \gamma_n) + b_n \sin(n\eta\tau + \gamma_n)}{\sqrt{(1 - n^2\eta^2)^2 + 4D^2 n^2 \eta^2}} , \tag{6.40/3a}$$

dabei ist

$$\gamma_n = -\operatorname{arc\,tan} \frac{2Dn\eta}{1 - n^2\eta^2} \qquad \text{mit} \qquad -\pi < \gamma_n \leq 0 . \tag{6.40/3b}$$

Gesucht werden periodische Lösungen $x = x(\tau, \varepsilon)$ mit der Lösungsperiode T_L^*,

$$x(\tau + T_L^*, \varepsilon) = x(\tau, \varepsilon) , \tag{6.40/4}$$

die für $\varepsilon \to 0$ in die erzeugende Lösung $x_0(\tau)$ übergehen,

$$x(\tau, 0) = x_0(\tau) . \tag{6.40/5}$$

Setzt man die periodische Lösung $x(\tau, \varepsilon)$ in (6.40/1) ein, so folgt für $p(\tau) \not\equiv 0$ aus (6.40/1a) und (6.40/4), daß T_L^* ein ganzzahliges Vielfaches von T_E^* sein muß,

$$T_L^* = M T_E^* , \quad M = \text{ganze Zahl} . \tag{6.40/6}$$

Für $M > 1$ heißt $x(\tau, \varepsilon)$ subharmonische Lösung M-ter Ordnung. Weil $F(x, x', \tau, \varepsilon)$ in x, x' und ε analytisch ist, läßt sich die Lösung von (6.40/1) nach Potenzen des kleinen Parameters ε entwickeln:

$$x(\tau, \varepsilon) = x_0(\tau) + \varepsilon x_1(\tau) + \varepsilon^2 x_2(\tau) + \ldots \tag{6.40/7}$$

6.41 Der Nicht-Resonanzfall

Bei der linearen Dgl.(6.40/2) wachsen die Lösungen über alle Grenzen, wenn $D = 0$ ist und die Erregerfrequenz die Bedingung

$$N\eta = 1\ ,\quad N = \text{ganze Zahl} \tag{6.41/1}$$

erfüllt. Hier nehmen wir an, daß $D > 0$ oder $N\eta \neq 1$ gilt oder beides. Wir haben es dann mit dem sogenannten Nicht-Resonanzfall zu tun.

Mit Hilfe des Ansatzes (6.40/7) entwickeln wir die Funktion $F(x,y,\tau,\varepsilon)$ in eine Taylor-Reihe nach ε. So kommt mit den Abkürzungen $\partial F/\partial x = F_x$ usw.

$$\begin{aligned} F(x,y,\tau,\varepsilon) = {} & F(x_0,y_0,\tau,0) \\ & + \varepsilon F_x(x_0,y_0,\tau,0)\,x_1 + \varepsilon F_y(x_0,y_0,\tau,0)\,x_1' \\ & + \varepsilon F_\varepsilon(x_0,y_0,\tau,0) + \text{höhere Glieder}\ . \end{aligned} \tag{6.41/2}$$

Setzt man (6.40/7) und (6.41/2) in die Dgl.(6.40/1) ein und gleicht Glieder mit der selben Potenz in ε ab, so findet man

$$\begin{aligned} & x_0'' + 2D x_0' + x_0 = p(\tau)\ , \\ & x_1'' + 2D x_1' + x_1 = F(x_0,y_0,\tau,0) =: F^{(0)}\ , \\ & x_2'' + 2D x_2' + x_2 = F_x^{(0)} x_1 + F_y^{(0)} x_1' + F_\varepsilon^{(0)}\ , \\ & \vdots \end{aligned} \tag{6.41/3}$$

Diese linearen Differentialgleichungen lassen sich sukzessive lösen. Man untersucht den eingeschwungenen Zustand und verlangt, die Lösungsanteile $x_0(\tau)$, $x_1(\tau)$, $x_2(\tau)$,... sollen je für sich T_E^*-periodisch sein. Dann sind auch die rechten Seiten von (6.41/3) T_E^*-periodisch, sie lassen sich jeweils in Fourier-Reihen zerlegen.

Wir erläutern das Vorgehen am Beispiel der Duffingschen Differentialgleichung

$$x'' + 2D x' + x = p_0 \cos \eta\tau - \varepsilon x^3\ . \tag{6.41/4}$$

Die erzeugende Lösung lautet

$$x_0(\tau) = \frac{p_0}{\sqrt{(1-\eta^2)^2 + 4D^2\eta^2}} \cos(\eta\tau + \gamma) \tag{6.41/5a}$$

mit

$$\gamma := -\arctan\frac{2D\eta}{1-\eta^2}\,. \qquad (6.41/5b)$$

Nun berechnen wir x_0^3 und finden

$$x_0^3 = \frac{p_0^3[3\cos(\eta\tau+\gamma)+\cos 3(\eta\tau+\gamma)]}{4[\sqrt{(1-\eta^2)^2+4D^2\eta^2}]^3} \qquad (6.41/6)$$

Diesen Ausdruck setzen wir in die Differentialgleichung für x_1 ein:

$$x_1'' + 2Dx_1' + x_1 = -\frac{p_0^3[3\cos(\eta\tau+\gamma)+\cos 3(\eta\tau+\gamma)]}{4[\sqrt{(1-\eta^2)^2+4D^2\eta^2}]^3}\,.$$

Die zugehörige Lösung lautet

$$x_1 = -\frac{p_0^3}{4[(1-\eta^2)^2+4D^2\eta^2]^2}\Bigg[3\cos(\eta\tau+2\gamma)$$

$$+\sqrt{\frac{(1-\eta^2)^2+4D^2\eta^2}{(1-9\eta^2)^2+36D^2\eta^2}}\cos(3\eta\tau+3\gamma+\gamma_3)\Bigg]\,, \qquad (6.41/7)$$

dabei ist

$$\gamma_3 := -\arctan\frac{6D\eta}{1-9\eta^2}\,.$$

Man erhält eine Näherungslösung, indem man $x_0(\tau)$ und $x_1(\tau)$ nach (6.41/5) bzw. (6.41/7) in (6.40/7) einsetzt.

Für die Dämpfungswerte $D = 0{,}02$, $D = 0{,}05$ und $D = 0{,}1$ sind in Abb. 6.41/1 die auf die Anregungsamplitude p_0 bezogenen Anfangsausschläge $x(0)$ und Anfangsgeschwindigkeiten $x'(0)$ für $\varepsilon p_0^2 = 1$ in Abhängigkeit von der Anregungsfrequenz η als Raumkurven dargestellt.

Das Beispiel läßt erkennen, daß bei sehr kleiner oder bei verschwindender Dämpfung nicht nur bei Frequenzen $\eta \approx 1/1$ Resonanz auftritt ("Hauptresonanz"), sondern auch bei $\eta \approx 1/3$: Es gibt eine Nebenresonanz.

Im Sonderfall fehlender Dämpfung, $D = 0$, finden wir die Näherungslösung

$$x(\tau,\varepsilon) = x_0(\tau) + \varepsilon x_1(\tau) =$$

$$= \frac{p_0}{1-\eta^2}\cos\eta\tau - \frac{\varepsilon p_0^3}{(1-\eta^2)^4}\left[3\cos\eta\tau + \frac{1-\eta^2}{1-9\eta^2}\cos 3\eta\tau\right], \tag{6.41/8}$$

die die Nebenresonanz besonders deutlich erkennen läßt. Die folgenden Glieder $x_i(\tau)$ aus dem Ansatz (6.40/7) liefern in diesem Beispiel weitere Nebenresonanzen bei $\eta \approx 1/5$, $1/7$ usw. Diese Glieder sind in der Rechnung nicht berücksichtigt, deswegen erscheint die Nebenresonanz bei $\eta \approx 1/5$ auch nicht in Abb.6.41/1. Da die Nebenresonanzen im Beispiel durch das Zusammenwirken der Glieder der Differentialgleichung - also innerhalb des Systems - erzeugt werden, spricht man auch von *inneren Resonanzen*.

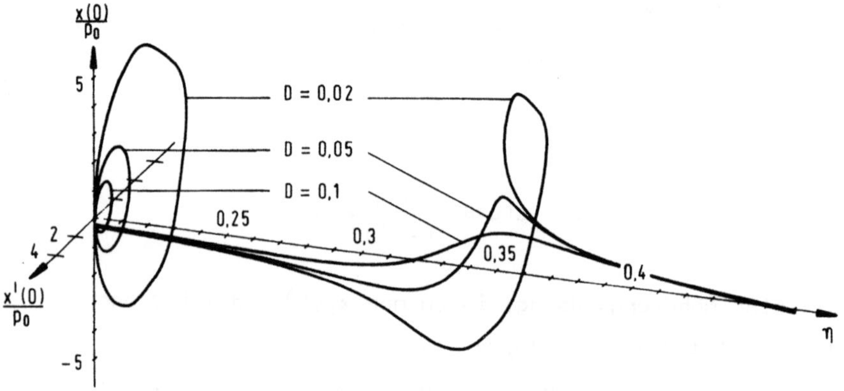

Abb.6.41/1. Räumliche Darstellung der Responsekurven

Wir erinnern daran: Bei fehlender Dämpfung bleibt die periodische Lösung (6.41/8) beschränkt, wenn $N\eta \neq 1$ ist. Bei $D \neq 0$ gilt die so gewonnene Näherung für hinreichend kleine ε auch bei $N\eta = 1$.

Hinweis: Je nach Anregung $p(\tau)$ und Form der nichtlinearen Funktion $F(x,y,\tau,\varepsilon)$ können Resonanzen auch bei $\eta \approx M/N$ auftreten, wo M und N bestimmte ganze, teilerfremde Zahlen sind, die von $p(\tau)$ und $F(x,y,\tau,\varepsilon)$ abhängen.

6.42 Der Resonanzfall

α) Störungsrechnung für die Frequenzen $\eta = M/N$

Bei einer allgemeinen nichtlinearen Funktion $F(x,y,\tau,\varepsilon)$ kann Resonanz für $D=0$ auftreten, wenn $\eta = M/N$ ist; für teilerfremde M, N gilt $T_L^* = 2\pi N$. Für $D=0$ wird aus der Dgl.(6.40/1)

$$x'' + x = p(\tau) + \varepsilon F(x,y,\tau,\varepsilon) , \qquad (6.42/1)$$

die Reihenentwicklung für $x(\tau,\varepsilon)$ lautet wie (6.40/7)

$$x(\tau,\varepsilon) = x_0(\tau) + \varepsilon x_1(\tau) + \varepsilon^2 x_2(\tau) + \ldots \qquad (6.42/2)$$

So entsteht der Satz von linearen Differentialgleichungen

$$x_0'' + x_0 = p(\tau) , \qquad (6.42/3_{\mathrm{I}})$$

$$x_1'' + x_1 = F(x_0, y_0, \tau, 0) =: F^{(0)} , \qquad (6.42/3_{\mathrm{II}})$$

$$x_2'' + x_2 = F_x^{(0)} x_1 + F_y^{(0)} x_1' + F_\varepsilon^{(0)} , \qquad (6.42/3_{\mathrm{III}})$$

$$\vdots$$

Damit die einzelnen Gln.(6.42/3) periodische Lösungen haben, darf in keiner Gleichung Resonanz auftreten. In den Fourier-Entwicklungen der rechten Seiten dürfen keine Glieder mit $\cos\tau$ und $\sin\tau$ vorkommen. Dies gilt auch für $p(\tau)$.

Die erzeugende Lösung lautet

$$\begin{aligned} x_0(\tau) &= a_0 + \sum_n \frac{a_n \cos n\eta\tau + b_n \sin n\eta\tau}{1 - n^2\eta^2} + Q\cos(\tau - \alpha) \\ &=: \bar{x}_0 + Q\cos(\tau - \alpha) \quad ; \quad \eta = M/N . \end{aligned} \qquad (6.42/4)$$

Q und α sind zunächst noch freie Konstanten, die wie folgt bestimmt werden: Man setzt x_0 in $F^{(0)}$ ein und entwickelt $F^{(0)}$ in eine Fourier-Reihe.

Es muß wie oben erklärt gelten:

$$\int_0^{2\pi N} F(x_0, y_0, \tau, 0) \cos\tau \, d\tau = 0 , \qquad (6.42/5a)$$

$$\int_0^{2\pi N} F(x_0, y_0, \tau, 0)\sin\tau\, d\tau = 0 \,. \qquad (6.42/5b)$$

Diese Gleichungen stellen zwei Bestimmungsgleichungen für die Konstanten Q und α dar. Die Gleichungen heißen auch Verzweigungsgleichungen (vgl. "Verzweigungspunkt" in Abschn.6.42δ); sie besitzen unter Umständen mehrere reelle Lösungspaare. Jedem dieser Lösungspaare $(Q,\alpha)_\nu$ entspricht eine Lösung $x_\nu(\tau,\varepsilon)$. Setzt man eines der ermittelten Paare $(Q,\alpha)_\nu$ in (6.42/4) ein, so erhält man $x_{0\nu}(\tau)$ und damit aus

$$x_{1\nu}'' + x_{1\nu} = F(x_{0\nu}, y_{0\nu}, \tau, 0) \qquad (6.42/6a)$$

die Lösung

$$x_{1\nu} = \bar{x}_{1\nu} + Q_\nu^{(1)}\cos(\tau - \alpha_\nu^{(1)}) \,, \qquad (6.42/6b)$$

wo $\bar{x}_{1\nu}$ ein Partikularintegral von (6.42/6a) ist und $Q_\nu^{(1)}$, $\alpha_\nu^{(1)}$ wiederum freie Konstanten sind. Sie werden aus der Bedingung bestimmt, daß auch $x_{2\nu}(\tau)$ $2\pi N$-periodisch sein soll, daß also in (6.42/3_{III}) keine Resonanz auftritt. Das Verfahren läßt sich so fortsetzen, alle Lösungen $x_{i\nu}$ sind zu gegebenem ν eindeutig bestimmbar.

β) Störungsrechnung für die Umgebung der Frequenz $\eta = M/N$

Bei sehr kleiner oder bei verschwindender Dämpfung können große Ausschläge bei $\eta \approx M/N$ auftreten. Man muß deshalb die in 6.42α beschriebene Vorgehensweise so modifizieren, daß die Frequenzen in der Nähe von $\eta = M/N$ in die Untersuchung miteinbezogen werden.

Wir setzen für die Umgebung von $\eta = M/N$

$$1/\eta^2 = (N^2/M^2) - \varepsilon a \,. \qquad (6.42/7)$$

Die Abweichung der Frequenz von M/N wird hier durch den Parameter a erfaßt.

Unsere Ausgangsgleichung ist (6.42/1), wo eine kleine Dämpfung in $F(x,y,\tau,\varepsilon)$ enthalten sein kann. Die Abhängigkeit von der Frequenz η ist noch nicht unmittelbar zu erkennen. Wir transformieren die Zeit, so daß die Abhängigkeit erkennbar wird, und setzen

$$\sigma := \eta\tau \,. \qquad (6.42/8)$$

Die Gleichung (6.42/1) geht dadurch über in

$$\overset{\circ\circ}{x} + \frac{1}{\eta^2} x = \frac{1}{\eta^2} p(\sigma/\eta) + \varepsilon \frac{1}{\eta^2} F(x, \eta\overset{\circ}{x}, \sigma/\eta, \varepsilon) \qquad (6.42/9)$$

$$\text{mit} \quad \eta = (N^2/M^2 - a\varepsilon)^{-1/2}.$$

Übergesetzte Kreise bedeuten Ableitungen nach der Zeit σ. Mit (6.42/7) folgt

$$\overset{\circ\circ}{x} + \frac{N^2}{M^2} x = \frac{N^2}{M^2} p(\sigma/\eta) + \varepsilon \Big\{ ax - ap(\sigma/\eta)$$

$$+ (N^2/M^2 - \varepsilon a) F\big(x, (N^2/M^2 - \varepsilon a)^{-1/2} \overset{\circ}{x}, (N^2/M^2 - \varepsilon a)^{1/2} \sigma, \varepsilon\big)\Big\}. \qquad (6.42/10a)$$

Wir schreiben abgekürzt

$$\overset{\circ\circ}{x} + \frac{N^2}{M^2} x = \tilde{p}(\sigma) + \varepsilon \{ax + \tilde{F}(x, \overset{\circ}{x}, \sigma, \varepsilon, a)\}, \qquad (6.42/10b)$$

die Bedeutung der Abkürzungen ergibt sich durch Vergleich von (6.42/10a) und (6.42/10b). Die Funktionen $\tilde{p}$ und $\tilde{F}$ sind 2π-periodisch bezüglich des explizit auftretenden σ.

Eine Reihenentwicklung analog zu (6.42/2) und (6.42/3) liefert

$$x(\sigma, \varepsilon) = x_0(\sigma) + \varepsilon x_1(\sigma) + \varepsilon^2 x_2(\sigma) + \dots \qquad (6.42/11)$$

und

$$\overset{\circ\circ}{x}_0 + \frac{N^2}{M^2} x_0 = \tilde{p}(\sigma), \qquad (6.42/12_{\mathrm{I}})$$

$$\overset{\circ\circ}{x}_1 + \frac{N^2}{M^2} x_1 = a x_0 + \tilde{F}(x_0, \overset{\circ}{x}_0, \sigma, 0, a) =: a x_0 + \tilde{F}^{(0)}, \qquad (6.42/12_{\mathrm{II}})$$

$$\overset{\circ\circ}{x}_2 + \frac{N^2}{M^2} x_2 = a x_1 + \tilde{F}_x^{(0)} x_1 + \tilde{F}_{\overset{\circ}{x}}^{(0)} \overset{\circ}{x}_1 + \tilde{F}_\varepsilon^{(0)}. \qquad (6.42/12_{\mathrm{III}})$$

Damit $x_0(\sigma)$ und alle $x_i(\sigma)$ periodisch sind, dürfen keine Resonanzen auftreten, die Fourier-Entwicklungen der rechten Seiten dürfen keine Glieder $\cos N\sigma/M$ und $\sin N\sigma/M$ enthalten.

In der erzeugenden Gleichung sind die rechte Seite

$$\tilde{p}(\sigma) = \tilde{a}_0 + \sum_n (\tilde{a}_n \cos n\sigma + \tilde{b}_n \sin n\sigma) \qquad (6.42/13)$$

und das Partikularintegral

$$\bar{x}_0(\sigma) = (N/M)^2\tilde{a}_0 + \sum_n [(N/M)^2 - n^2]^{-1}(\tilde{a}_n \cos n\sigma + \tilde{b}_n \sin n\sigma) \qquad (6.42/14)$$

bezüglich σ 2π-periodisch. Die allgemeine Lösung der erzeugenden Gleichung

$$x_0(\sigma) = \bar{x}_0(\sigma) + Q\cos(N\sigma/M - \alpha) \qquad (6.42/15)$$

hat bezüglich σ die Lösungsperiode

$$T_L^{**} = 2\pi M\ , \qquad (6.42/16)$$

vgl. (6.40/6). Nach Einsetzen von $x_0(\sigma)$ in $(6.42/12_{II})$ wird dort die rechte Seite ebenfalls T_L^{**}-periodisch. Die Bedingung "keine Resonanz" liefert parallel zu (6.42/5) die Verzweigungsgleichungen

$$\int_0^{2\pi M} [a x_0 + \tilde{F}^{(0)}] \cos N\sigma/M \, d\sigma = 0\ ,$$
$$\int_0^{2\pi M} [a x_0 + \tilde{F}^{(0)}] \sin N\sigma/M \, d\sigma = 0 \qquad (6.42/17)$$

für Lösungspaare $(Q,\alpha)_\nu$ als Funktionen von a und den übrigen Systemparametern. Für die weiteren Lösungsanteile gelten die am Ende von Abschn.6.42α gemachten Aussagen analog.

γ) Beispiel: Lösung der Duffingschen Gleichung in der Umgebung der Frequenz $\eta = 1$

Wir betrachten die Duffingsche Gleichung

$$z'' + z + \bar{\varepsilon} z^3 = p_0 \cos\eta\tau\ . \qquad (6.42/18a)$$

p_0 ist eine Konstante, für $\bar{\varepsilon} = 0$ tritt Resonanz auf.

Mit den Transformationen

$$x := \sqrt[3]{\bar{\varepsilon}}\, z\ , \qquad \varepsilon := \sqrt[3]{\bar{\varepsilon}} \qquad (6.42/18b)$$

und der neuen Variablen $\sigma := \eta\tau$ entsteht aus (6.42/18a) die Gleichung

$$\overset{\circ\circ}{x} + \frac{1}{\eta^2} x = \varepsilon \frac{p_0}{\eta^2} \cos\sigma - \frac{\varepsilon}{\eta^2} x^3\ , \qquad (6.42/18c)$$

die Resonanz für $\bar{\varepsilon} = 0$ entfällt.

Um die Umgebung von $\eta = 1$ zu untersuchen, setzen wir gemäß (6.42/7) an

$$1/\eta^2 = 1 - \varepsilon a$$

und erhalten die Störungsgleichungen nach (6.42/12)

$$\overset{\circ\circ}{x}_0 + x_0 = 0\,, \qquad (6.42/19_{I})$$

$$\overset{\circ\circ}{x}_1 + x_1 = \underbrace{p_0 \cos\sigma - x_0^3}_{F^{(0)}} + a x_0\,, \qquad (6.42/19_{II})$$

usw.

Die Dgl. $(6.42/19_{I})$ besitzt die allgemeine Lösung

$$x_0(\sigma) = \mathfrak{a} \cos(\sigma - \alpha)\,.$$

Wird sie in $(6.42/19_{II})$ eingesetzt, so folgt

$$\overset{\circ\circ}{x}_1 + x_1 = p_0 \cos\sigma - \frac{1}{4}\mathfrak{a}^3[3\cos(\sigma-\alpha) - \cos 3(\sigma-\alpha)] - a\mathfrak{a}\cos(\sigma-\alpha)\,. \qquad (6.42/20)$$

Damit keine Resonanz auftritt, müssen in dieser Gleichung die Glieder mit $\sin\sigma$ und $\cos\sigma$ je für sich verschwinden. Nach kleinen Umformungen liefert das Nullsetzen des Koeffizienten von

$$\begin{aligned} \sin\sigma:&\quad (a\mathfrak{a} - 3\mathfrak{a}^3/4)\sin\alpha = 0\,,\\ \cos\sigma:&\quad p_0 + (a\mathfrak{a} - 3\mathfrak{a}^3/4)\cos\alpha = 0\,. \end{aligned} \qquad (6.42/21)$$

Die formale Rechnung nach (6.42/17) führt auf das gleiche Ergebnis. Die erste Gleichung ist erfüllt für $\sin\alpha = 0$, also $\alpha = 0$ oder $\alpha = \pi$. Aus der zweiten berechnen wir

$$a = \pm p_0/\mathfrak{a} + 3\mathfrak{a}^2/4 \qquad (6.42/22)$$

und somit näherungsweise

$$\eta^2 = 1 + \varepsilon(3\mathfrak{a}^2/4 \pm p_0/\mathfrak{a})\,.$$

Die Behandlung der Duffingschen Gleichung mit einem eingliedrigen Fourier-Ansatz $x = C\cos\sigma$ lieferte in Abschn.6.21 das Ergebnis

$$\eta^2 = 1 + 3C^2/4 \pm p_0/C \ . \qquad (6.42/23)$$

Der Vergleich von (6.42/22) mit (6.42/23) zeigt: Die Lösung (6.42/23), für deren Genauigkeit in Abschn.6.21 keine Aussagen anfielen, ist umso genauer, je kleiner erstens das nichtlineare Glied und zweitens die Amplitude p_0 der Erregerfunktion ist.

δ) Beispiel: Lösung der Duffingschen Gleichung in der Umgebung der Frequenz $\eta = 3$; subharmonische Lösungen; Verzweigung

Wir betrachten die Duffingsche Gleichung in der Form

$$x'' + x = p_0 \cos\eta\tau - \varepsilon x^3 . \qquad (6.42/24)$$

Um das Verhalten der Lösungen in der Umgebung von $\eta = 3$ zu untersuchen, setzen wir $\sigma := \eta\tau$ und gemäß (6.42/7)

$$1/\eta^2 = 1/9 - \varepsilon a$$

und erhalten die Störungsgleichungen

$$\overset{\circ\circ}{x}_0 + \tfrac{1}{9} x_0 = \tfrac{1}{9} p_0 \cos\sigma \ , \qquad (6.42/25_{\mathrm{I}})$$

$$\overset{\circ\circ}{x}_1 + \tfrac{1}{9} x_1 = - a p_0 \cos\sigma - \tfrac{1}{9} x_0^3 + a x_0 \ . \qquad (6.42/25_{\mathrm{II}})$$

Die Dgl.$(6.42/25_{\mathrm{I}})$ besitzt die allgemeine Lösung

$$x_0(\sigma) = -\frac{p_0}{8}\cos\sigma + \mathfrak{a}\cos\left(\frac{\sigma}{3} - \alpha\right) .$$

Einsetzen von $x_0(\sigma)$ in $(6.42/25_{\mathrm{II}})$ und Auswerten der Bedingungen (6.42/17) liefert nach einiger Rechnung die Gleichungen

$$\left[a\mathfrak{a} - \frac{p_0^2\mathfrak{a}}{384} - \frac{\mathfrak{a}^3}{12}\right]\cos\alpha + \frac{p_0\mathfrak{a}^2}{96}\cos 2\alpha = 0 \ , \qquad (6.42/26a)$$

$$\left[a\mathfrak{a} - \frac{p_0^2\mathfrak{a}}{384} - \frac{\mathfrak{a}^3}{12}\right]\sin\alpha - \frac{p_0\mathfrak{a}^2}{96}\sin 2\alpha = 0 \ . \qquad (6.42/26b)$$

Multiplizieren wir (6.42/26a) mit $\sin\alpha$ und subtrahieren davon die mit $\cos\alpha$ multiplizierte Gleichung (6.42/26b), so kommt

$$Q^2 \sin 3\alpha = 0 \ . \qquad (6.42/27a)$$

Multiplizieren wir (6.42/26a) mit $\cos\alpha$ und addieren die mit $\sin\alpha$ multiplizierte Gleichung (6.42/26b), so folgt

$$Q\left[\frac{p_0 Q}{96}\cos 3\alpha + a - \frac{p_0^2}{384} - \frac{Q^2}{12}\right] = 0 \ . \qquad (6.42/27b)$$

Die Gln.(6.42/27) sind erfüllt für $Q_1 = 0$, α_1 beliebig. Dieses Lösungspaar liefert die erste erzeugende Lösung ($\nu = 1$):

$$x_{01}(\sigma) = -\frac{p_0}{8}\cos\sigma \ .$$

Für Lösungspaare $(Q,\alpha)_\nu$ mit $Q_\nu \neq 0$ folgen aus (6.42/27) die Bestimmungsgleichungen

$$\sin 3\alpha = 0 \ , \qquad (6.42/28a)$$

$$Q^2 - \frac{p_0 Q}{8}\cos 3\alpha - 12a + \frac{p_0^2}{32} = 0 \ . \qquad (6.42/28b)$$

(6.42/28a) besitzt unendlich viele Lösungen

$$\tilde{\alpha}_n = n\pi/3 \ , \qquad (n = 0,1,2,3,\ldots) \ .$$

Jeder Lösung $\tilde{\alpha}_n$ sind nach (6.42/28b) zwei Werte Q'_n und Q''_n zugeordnet:

$$\begin{aligned} Q'_n &= \frac{p_0}{16}\left[(-1)^n + \sqrt{(3072\,a/p_0^2) - 7}\,\right] , \\ Q''_n &= \frac{p_0}{16}\left[(-1)^n - \sqrt{(3072\,a/p_0^2) - 7}\,\right] . \end{aligned} \qquad (6.42/29)$$

Nur für

$$a/p_0^2 \geq \frac{7}{3072} \approx 2{,}279\cdot 10^{-3}$$

sind sie reell, nur dann besitzt (6.42/28) reelle Lösungspaare $(Q,\alpha)_\nu$. Die gefundenen Werte $\tilde{\alpha}_n$, Q'_n und Q''_n führen auf erzeugende Lösungen $x_{0\nu}(\sigma)$, die teilweise miteinander identisch sind oder sich durch Zeitverschiebung um Vielfache der Anregungsperiode ineinander überführen lassen. Es ergeben sich schließlich außer $x_{01}(\sigma)$ sechs weitere Lösungstypen, die zu folgenden Paaren (Q,α) gehören:

ν	1	2	3	4	5	6	7
Q	0	Q_0'	$-Q_0''$	Q_0'	Q_0''	$-Q_0'$	Q_0''
α	beliebig	0	$\frac{\pi}{3}$	$\frac{2\pi}{3}$	0	$\frac{\pi}{3}$	$\frac{2\pi}{3}$

Q' und Q" sind durch die Gln.(6.42/29) gegeben.

Die erzeugenden Lösungen kann man als Näherung für die $x_\nu(\sigma,\varepsilon)$ benutzen:

$$x_{01}(\sigma) = -\frac{p_0}{8}\cos\sigma\,,$$

$$x_{02}(\sigma) = -\frac{p_0}{8}\cos\sigma + Q_0'\cos\sigma/3\,,$$

$$x_{03}(\sigma) = -\frac{p_0}{8}\cos\sigma - Q_0''\cos(\sigma/3-\pi/3)\,,$$

$$x_{04}(\sigma) = -\frac{p_0}{8}\cos\sigma + Q_0'\cos(\sigma/3-2\pi/3)\,, \qquad (6.42/30)$$

$$x_{05}(\sigma) = -\frac{p_0}{8}\cos\sigma + Q_0''\cos\sigma/3\,,$$

$$x_{06}(\sigma) = -\frac{p_0}{8}\cos\sigma - Q_0'\cos(\sigma/3-\pi/3)\,,$$

$$x_{07}(\sigma) = -\frac{p_0}{8}\cos\sigma + Q_0''\cos(\sigma/3-2\pi/3)\,.$$

Die Lösung $x_{01}(\sigma)$ entspricht der vom linearen Schwinger her bekannten erzwungenen Schwingung (bei $\eta = 3$), die anderen Lösungen stellen subharmonische Schwingungen dritter Ordnung dar.

Für einen Überblick ist es nicht zweckmäßig, die $x_{0\nu}(\sigma)$ über der Zeit σ für verschiedene Parameterwerte aufzutragen, die Diagramme werden unübersichtlich. Man stellt deshalb die Anfangsausschläge $x_{0\nu}(0)$ und Anfangsgeschwindigkeiten $\mathring{x}_{0\nu}(0)$ als Raumkurve in Abhängigkeit von den Parametern dar, oder man projiziert diese Raumkurven auf geeignet gewählte Ebenen.

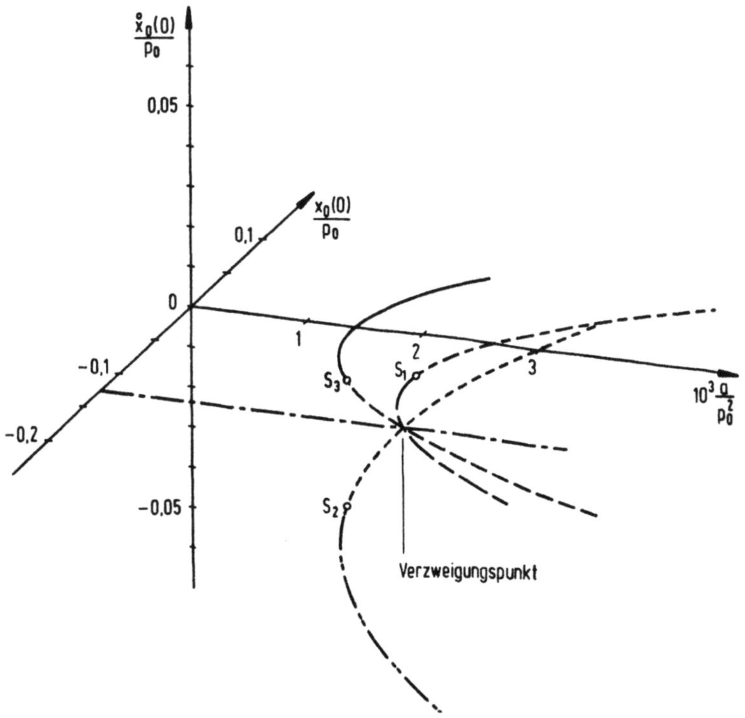

Abb.6.42/1. Räumliche Darstellung der Responsekurven

In den Abb.6.42/1 und 6.42/2 sind die berechneten Lösungen auf beide Arten wiedergegeben. Die Anfangswerte sind auf die Anregungsamplitude p_0 bezogen; statt der Frequenz η ist die Größe $10^3 a/p_0^2$ aufgetragen, die nach (6.42/7) die Abweichung der Anregungsfrequenz von $\eta = 3$ beschreibt. Dadurch wird die Umgebung von $\eta = 3$ stark gedehnt wiedergegeben. Häufig begnügt man sich damit, die Lösungen durch die Amplituden Q_ν zu charakterisieren. Diese Darstellungsweise erfordert weniger Aufwand, enthält aber auch weniger Information. In Abb.6.42/3 sind die Q_ν in Abhängigkeit von der Größe $10^3 a/p_0^2$ gezeichnet.

Die Diagramme zeigen, daß sich die Responsekurven der Lösungen mit $\nu = 1$, 3, 5 und 7 in einem Punkte schneiden. Anders ausgedrückt: An diesem Punkt zweigen von der Responsekurve der Lösung $x_{01}(\sigma)$, deren Periode mit der Anregungsperiode übereinstimmt, die Responsekurven von drei subharmonischen Lösungen dritter Ordnung ab. Dieser Punkt

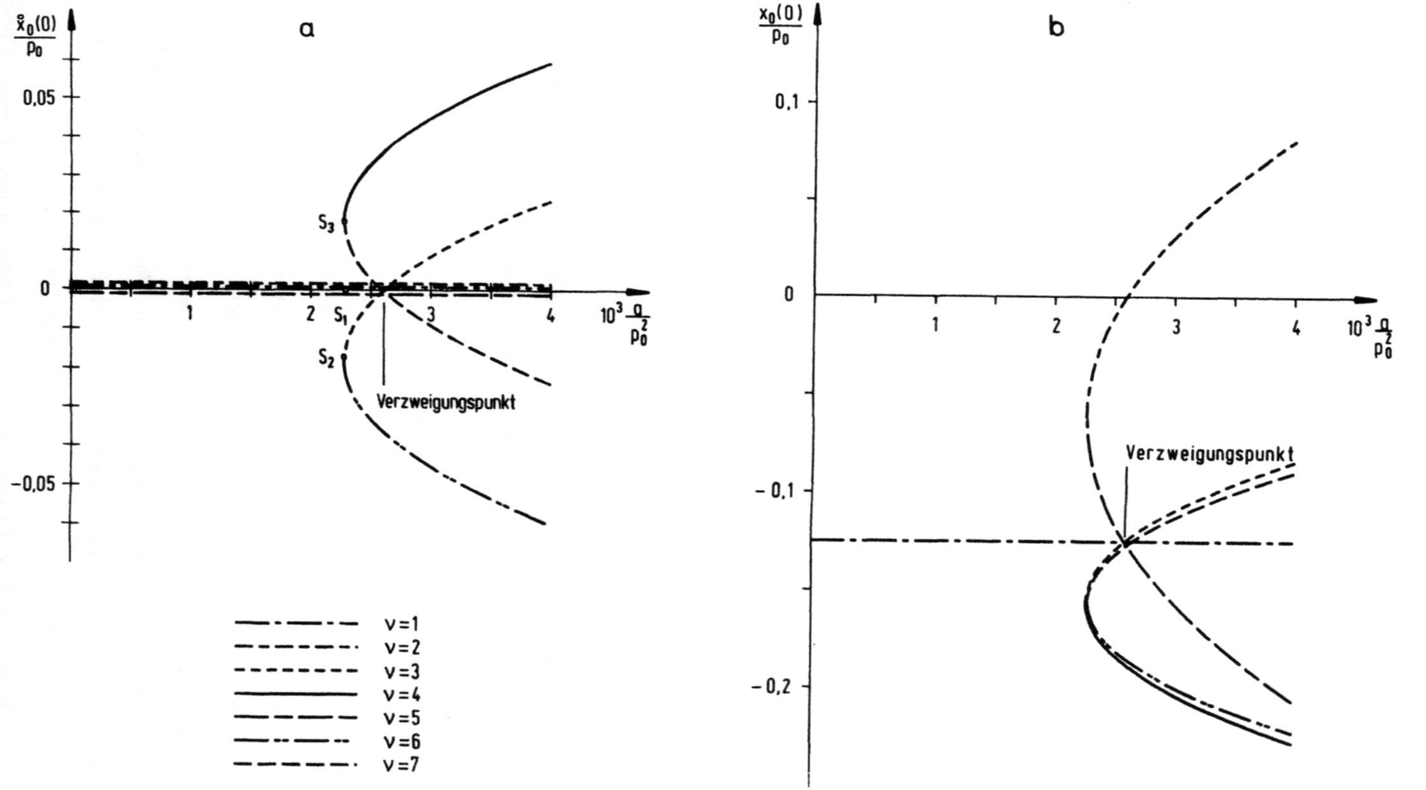

Abb.6.42/2. Projektion der Responsekurven; a) auf die Ebene $(\mathring{x}_0(0)/p_0, 10^3 a/p_0^2)$, b) auf die Ebene $(x_0(0)/p_0, 10^3 a/p_0^2)$

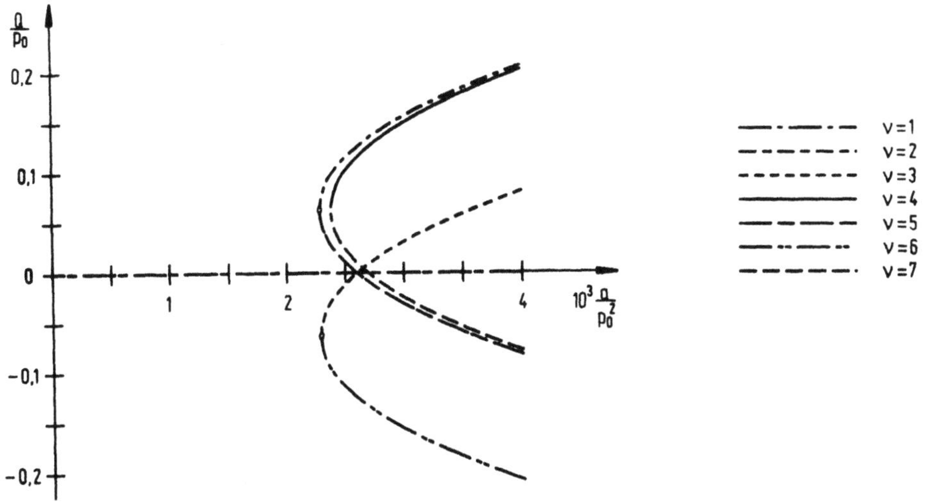

Abb.6.42/3. Amplitude Q/p_0 in Abhängigkeit von $10^3 a/p_0^2$

heißt deswegen auch Verzweigungspunkt; dort muß $Q''=0$ sein. Daraus folgt mit (6.42/29) der zugehörige Wert für a aus

$$a_V/p_0^2 = \frac{8}{3072} \approx 2{,}604 \cdot 10^{-3} .$$

Auch wenn in der Ausgangsgleichung (6.42/24) eine kleine Dämpfung berücksichtigt wird, treten subharmonische Schwingungen auf. Anders als in Abb.6.42/1 lösen sich dann die Raumkurven voneinander, der Verzweigungspunkt entfällt. Die Lösung $x_{01}(\sigma)$ ist stabil, von den subharmonischen Lösungen sind drei stabil und drei instabil. Die stabilen kann man bei passender Wahl der Parameter und der Anfangsbedingungen realisieren (Lit.6.42/1). Liegt eine subharmonische Schwingung vor, und setzt man η langsam herab (a wird dabei kleiner), so "springt" die Lösung am Umkehrpunkt der Responsekurve, bei $a/p_0 \approx 2{,}279 \cdot 10^{-3}$, auf eine andere stabile Lösung.

6.43 Weitere Verfahren und Hinweise

α) Iterationsverfahren; Nichtresonanzfall

Wir legen wieder eine Differentialgleichung der Form (6.40/1) zugrunde,

$$x'' + 2Dx' + x = p(\tau) + F(x,x',\tau,\varepsilon) \,, \tag{6.43/1}$$

$$\begin{aligned} p(\tau + T_E^*) &= p(\tau) \,, \\ F(x,x',\tau + T_E^*,\varepsilon) &= F(x,x',\tau,\varepsilon) \,, \end{aligned} \tag{6.43/1a}$$

doch braucht hier F nicht analytisch in den Argumenten x, $y := x'$ und ε zu sein. Man iteriert nach folgender Vorschrift:

$$\begin{aligned} & x''^{(0)} + 2Dx'^{(0)} + x^{(0)} = p(\tau) \,, \\ & x''^{(j)} + 2Dx'^{(j)} + x^{(j)} = p(\tau) + \varepsilon F(x^{(j-1)}, y^{(j-1)}, \tau, \varepsilon) \,, \\ & \text{für } j = 1, 2, \ldots \end{aligned} \tag{6.43/2}$$

Die nullte Näherung $x^{(0)}(\tau)$ sowie alle weiteren Iterierten $x^{(j)}(\tau,\varepsilon)$ seien T_E^*-periodisch. Mit dieser Bedingung lassen sich die Lösungen sukzessive berechnen. Das Verfahren konvergiert, falls D hinreichend groß und ε hinreichend klein ist.

β) Iterationsverfahren; Resonanzfall

Zur Untersuchung der Lösungen der Differentialgleichung (6.43/1) im Resonanzfall, d.h. bei $D = 0$ und $\eta \approx M/N$, führt man wieder die Transformationen (6.42/7) und (6.42/8) durch und erhält die in σ 2π-periodische Gleichung (6.42/10b)

$$\overset{\circ\circ}{x} + \frac{N^2}{M^2} x = \tilde{p}(\sigma) + \varepsilon[ax + \tilde{F}(x,\overset{\circ}{x},\sigma,\varepsilon,a)] \,. \tag{6.43/3}$$

Die Iterationsvorschrift lautet

$$\overset{\circ\circ}{x}{}^{(0)} + \frac{N^2}{M^2} x^{(0)} = \tilde{p}(\sigma) \tag{6.43/4a}$$

und

$$\overset{\circ\circ}{x}{}^{(j)} + \frac{N^2}{M^2} x^{(j)} = \tilde{p}(\sigma) + \varepsilon[ax^{(j-1)} + \tilde{F}(x^{(j-1)}, \overset{\circ}{x}{}^{(j-1)}, \sigma, \varepsilon, a)]$$

$$\text{für } j = 1, 2, \ldots \tag{6.43/4b}$$

Die nullte Näherung $x^{(0)}(\sigma)$ sowie alle weiteren Iterierten $x^{(j)}(\sigma,\varepsilon)$ müssen nun bezüglich σ 2πM-periodisch sein.

Man geht wie folgt vor: Sei $\bar{x}(\sigma)$ die 2π-periodische Partikularlösung von (6.43/4a); für den Fall, daß hier Resonanz auftritt, helfen Transformationen der Form (6.42/18) weiter.

Die nullte Näherung $x^{(0)}(\sigma)$ lautet, vgl. (6.42/15),

$$x^{(0)}(\sigma) = \bar{x}(\sigma) + Q^{(0)}\cos(N\sigma/M - \alpha^{(0)}), \qquad (6.43/5)$$

$Q^{(0)}$, $\alpha^{(0)}$ sind freie Konstanten der nullten Näherung.
Setzt man $x^{(0)}(\sigma)$ in die für $j = 1$ angeschriebene Gleichung (6.43/4b) ein, so darf wieder keine Resonanz auftreten, da $x^{(1)}(\sigma, \varepsilon)$ periodisch sein soll. Für den allgemeinen Fall $j \geqq 1$ erhält man die Bedingungen

$$\begin{aligned} &\int_0^{2\pi M} [a x^{(j-1)} + \tilde{F}(x^{(j-1)}, \mathring{x}^{(j-1)}, \sigma, \varepsilon, a)] \cos N\sigma/M \, d\sigma = 0 , \\ &\int_0^{2\pi M} [a x^{(j-1)} + \tilde{F}(x^{(j-1)}, \mathring{x}^{(j-1)}, \sigma, \varepsilon, a)] \sin N\sigma/M \, d\sigma = 0 , \end{aligned} \qquad (6.43/6)$$

vgl. (6.42/17).

Für $j = 1$ liefert (6.43/6) die Verzweigungsgleichungen als Bestimmungsgleichungen für evtl. mehrere Wertepaare $(Q^{(0)}, \alpha^{(0)})_\nu$.

Für die so bestimmten Werte $(Q^{(0)}, \alpha^{(0)})_\nu$ berechnet man aus (6.43/4b) die Funktion $x^{(1)}(\sigma,\varepsilon)$ mit den freien Konstanten $Q^{(1)}_\nu$ und $\alpha^{(1)}_\nu$, die dann wieder aus (6.43/6) für $j = 2$ berechnet werden. Trifft man dabei auf mehrere Lösungspaare $(Q^{(1)}, \alpha^{(1)})_{\nu i}$, so muß das $(Q^{(0)}, \alpha^{(0)})_\nu$ benachbarte Paar weiterverwendet werden, das mit $\varepsilon \to 0$ gegen $(Q^{(0)}, \alpha^{(0)})$ strebt. Bei den folgenden Schritten geht man entsprechend vor.

γ) Große Störfrequenzen

Wir gehen von der Differentialgleichung

$$x'' + 2Dx' + x = p(\tau) + F(x, x', \tau) \qquad (6.43/7)$$

mit

$$p(\tau + T_E^*) = p(\tau) , \quad F(x, x', \tau + T_E^*) = F(x, x', \tau) \qquad (6.43/7a)$$

aus, die zunächst noch keinen kleinen Parameter enthält. Jedoch sei die Störfrequenz

$$\eta = 2\pi / T_E^* >> 1 \ .$$

Mit der Substitution $\sigma := \eta\tau$ erhält man

$$\overset{\circ\circ}{x} + \frac{1}{\eta} 2D\overset{\circ}{x} + \frac{1}{\eta^2} x = \frac{1}{\eta^2} p(\sigma/\eta) + \frac{1}{\eta^2} F(x, \eta\overset{\circ}{x}, \sigma/\eta)$$

und mit $\tilde{\varepsilon} := 1/\eta$ eine Gleichung der Form

$$\overset{\circ\circ}{x} = \tilde{\varepsilon}\, G(x, \overset{\circ}{x}, \sigma, \varepsilon) \ , \qquad (6.43/8)$$

die sich parallel zu den obigen Überlegungen behandeln läßt.

6.44 Kombinationsschwingungen

In der Differentialgleichung (6.40/1),

$$x'' + 2Dx' + x = p(\tau) + \varepsilon F(x, x', \tau, \varepsilon) \ ,$$

waren $p(\tau)$ und $F(x,x',\tau,\varepsilon)$ bezüglich τ periodisch. Jetzt sei $p(\tau)$ eine Summe periodischer Anregungen,

$$p(\tau) = a_0 + \sum_n (a_n \cos \eta_n \tau + b_n \sin \eta_n \tau) \ , \qquad (6.44/1)$$

wobei die Störfrequenzen η_n untereinander kein rationales Verhältnis haben müssen. Im allgemeinen ist $p(\tau)$ damit nicht mehr periodisch.

Die Funktion F soll hier nicht von der Zeit abhängen, sie sei analytisch in x, $y := x'$ und ε. Wir suchen also Lösungen der Differentialgleichung

$$x'' + 2Dx' + x = p(\tau) + \varepsilon F(x, x', \varepsilon) \ . \qquad (6.44/2)$$

Ein Ansatz der Form (6.40/7) führt auf das Gleichungssystem

$$x_0'' + 2Dx_0' + x_0 = p(\tau) \ , \qquad (6.44/3_I)$$

$$x_1'' + 2Dx_1' + x_1 = F(x_0, y_0, 0) =: F^{(0)} \ , \qquad (6.44/3_{II})$$

$$\vdots$$

Wenn $p(\tau)$ nicht mehr periodisch ist, können auch die $x_i(\tau)$ nicht periodisch sein. Wir beschränken uns auf $D>0$ und untersuchen nur den eingeschwungenen Zustand, die einzelnen $x_i(\tau)$ sollen keine abklingenden Lösungsanteile enthalten.

Die Lösung $x_0(\tau)$ lautet

$$x_0(\tau) = a_0 + \sum_n [A_n \cos(\eta_n\tau + \gamma_n) + B_n \sin(\eta_n\tau + \gamma_n)], \quad (6.44/4)$$

wo

$$A_n = V(\eta_n)\, a_n \,, \quad B_n = V(\eta_n)\, b_n \,, \quad V(\eta_n) = \frac{1}{\sqrt{(1-\eta_n^2)^2 + 4D^2\eta_n^2}}$$

und

$$\gamma_n = -\operatorname{arc\,tan}\frac{2D\eta_n}{1-\eta_n^2} \,, \qquad -\pi < \gamma_n \leq 0 \,.$$

Setzt man dieses $x_0(\tau)$ in $(6.44/3_{II})$ ein, so enthält die (verallgemeinerte) Fourier-Reihe von $F^{(0)}$ im allgemeinen die verschiedensten Linearkombinationen der η_n als Frequenzen. Sie haben die Form

$$\bar{\eta}_k := m_1\eta_1 + m_2\eta_2 + \ldots + m_n\eta_n + \ldots \,,$$

wo die m_n positive oder negative ganze Zahlen sind oder verschwinden. Welche Kombinationen vorkommen, hängt vom Aufbau der Anregung $p(\tau)$ und der nichtlinearen Funktion $F^{(0)}$ ab. Die Lösung $x_1(\tau)$ von $(6.44/3_{II})$ ist dann ein Gemisch harmonischer Schwingungen mit allen diesen Kombinationsfrequenzen. Für die höheren $x_i(\tau)$ ergeben sich zusätzliche Frequenzkombinationen.

Als Beispiel wählen wir die Differentialgleichung

$$x'' + 2Dx' + x = a_1 \cos\eta_1\tau + a_2 \cos\eta_2\tau - \varepsilon x^2 \,. \quad (6.44/5)$$

Wir erhalten

$$x_0(\tau) = A_1 \cos(\eta_1\tau + \gamma_1) + A_2 \cos(\eta_2\tau + \gamma_2) \quad (6.44/6)$$

und damit

$$F^{(0)} = -\left[\frac{A_1^2 + A_2^2}{2} + \frac{A_1^2}{2}\cos 2(\eta_1\tau + \gamma_1) + \frac{A_2^2}{2}\cos 2(\eta_2\tau + \gamma_2)\right.$$
$$\left. + A_1 A_2\left(\cos((\eta_1 + \eta_2)\tau + \gamma_1 + \gamma_2) + \cos((\eta_1 - \eta_2)\tau + \gamma_1 - \gamma_2)\right)\right] .$$

Für $x_1(\tau)$ ergibt sich

$$x_1(\tau) = -\sum_{k=0}^{4} Q_k \cos(\bar{\eta}_k\tau - \alpha_k) ;$$

die Kombinationsfrequenzen $\bar{\eta}_k$, die Amplituden Q_k und die Phasenverschiebungswinkel α_k sind in der Tafel 6.44/I zusammengestellt. Die Lösung $x(\tau,\varepsilon) \approx x_0(\tau) + \varepsilon x_1(\tau)$ enthält Anteile mit den Frequenzen 0, η_1, η_2, $2\eta_1$, $2\eta_2$, $\eta_1 + \eta_2$ und $\eta_1 - \eta_2$.

Tafel 6.44/I. Kombinationsfrequenzen η_k und zugehörige Amplituden Q_k sowie Phasenverschiebungswinkel α_k

k	$\bar{\eta}_k$	Q_k	α_k
0	0	$\frac{A_1^2 + A_2^2}{2}$	0
1	$2\eta_1$	$\frac{A_1^2}{2\sqrt{(1-4\eta_1^2)^2 + 16D^2\eta_1^2}}$	$2\gamma_1 - \arctan\frac{4D\eta_1}{1-4\eta_1^2}$
2	$2\eta_2$	$\frac{A_2^2}{2\sqrt{(1-4\eta_2^2)^2 + 16D^2\eta_2^2}}$	$2\gamma_2 - \arctan\frac{4D\eta_2}{1-4\eta_2^2}$
3	$\eta_1 + \eta_2$	$\frac{A_1 A_2}{\sqrt{[1-(\eta_1+\eta_2)^2]^2 + 4D^2(\eta_1+\eta_2)^2}}$	$\gamma_1 + \gamma_2 - \arctan\frac{2D(\eta_1+\eta_2)}{1-(\eta_1+\eta_2)^2}$
4	$\eta_1 - \eta_2$	$\frac{A_1 A_2}{\sqrt{[1-(\eta_1-\eta_2)^2]^2 + 4D^2(\eta_1-\eta_2)^2}}$	$\gamma_1 - \gamma_2 - \arctan\frac{2D(\eta_1-\eta_2)}{1-(\eta_1-\eta_2)^2}$

Dieses Phänomen der Kombinationsschwingungen ist in der Akustik unter der Bezeichnung Kombinationstöne wohlbekannt. Einerseits können sie verursacht werden durch eine nichtlineare Kennlinie des Tonerzeugers, z.B. eines Musikinstrumentes. Andererseits kann aber auch das nichtlineare Übertragungsverhalten des Ohres bewirken, daß man solche

Kombinationstöne hört, obwohl sie gar nicht existieren. Schon H. v. Helmholtz hat diese Erscheinungen ausführlich beschrieben (Lit.6.44/1).

Werden bei schwacher Dämpfung D die Nenner der A_n und B_n bzw. der Q_k klein, so liegen Resonanzen mit den Anregungsfrequenzen η_n bzw. mit den Kombinationsfrequenzen $\bar{\eta}_k$ vor. Will man sie untersuchen, so kann man nach Abschn.6.42 vorgehen.

6.5 Stark nicht-lineare Differentialgleichungen; pseudo-autonome Systeme

6.51 Die Erregerfunktion $M_i(\sigma)$ und $S_i(\sigma)$

α) Die Definitionen

Im Abschn.6.11α wurden die beiden Klassen von Erregerfunktionen $M_i(\sigma)$ und $S_i(\sigma)$ erwähnt. Diese Klassen besprechen wir nun im einzelnen, rufen aber zuvor die Definitionen (6.10/1a) und (6.10/4a) bis (6.10/4c) ins Gedächtnis zurück.

α1) Die Mäander- oder Rechteckfunktion $M_i(\sigma)$

Wir definieren zwei solcher Funktionen. Die erste ist

$$M_c(\sigma) := \alpha \, \mathrm{sign}(\cos\sigma) ; \qquad (6.51/1a)$$

ihr Funktionswert lautet also

$$M_c(\sigma) = \begin{cases} +\alpha & \text{für} \quad (4n-1)\frac{\pi}{2} < \sigma < (4n+1)\frac{\pi}{2} , \\ -\alpha & \text{für} \quad (4n+1)\frac{\pi}{2} < \sigma < (4n+3)\frac{\pi}{2} , \end{cases} \qquad (6.51/1b)$$

$$n = 0,1,2,\ldots ;$$

den Verlauf $M_c(\sigma)$ zeigt Abb.6.51/1a.

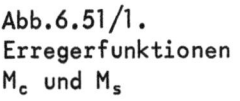

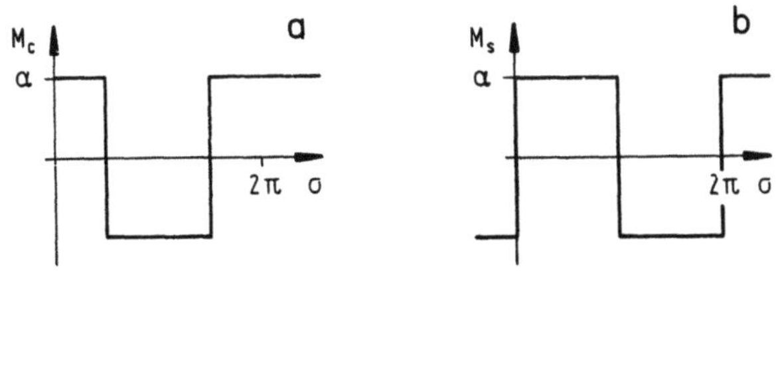

Abb.6.51/1. Erregerfunktionen M_c und M_s

Die zweite Funktion ist

$$M_s(\sigma) = \alpha \ \mathrm{sign}(\sin\sigma) \ ; \qquad (6.51/2a)$$

der Funktionswert lautet hier

$$M_s(\sigma) = \begin{cases} +\alpha & \text{für} \quad 2n\pi < \sigma < (2n+1)\pi \ , \\ -\alpha & \text{für} \quad 2(n+1)\pi < \sigma < 2(n+1)\pi \ , \end{cases} \qquad (6.51/2b)$$

$$n = 0,1,2,\ldots ;$$

den Verlauf zeigt Abb.6.51/1b.

Das Ersetzen einer Erregerfunktion $p^* \cos\sigma$ bzw. $p^* \sin\sigma$ durch $M_c(\sigma)$ bzw. $M_s(\sigma)$ macht aus einer nicht-autonomen Differentialgleichung eine pseudo-autonome.

α2) Die Stoßfunktion $S_i(\sigma)$

Die Stoßfunktion $S_i(\sigma)$ beschreibt Sprünge

$$\delta := \Delta y := y(\sigma_j + 0) - y(\sigma_j - 0) \qquad (6.51/3)$$

in der (dimensionslosen) Geschwindigkeit $y := x'$ an den Stellen (zu den Zeiten) σ_j.

Bei der Funktion $S_c(\sigma)$ treten auf:

Sprünge $\delta > 0$ an den Stellen $\sigma_j = 2n\pi$; $n = 0,1,2,\ldots$

Sprünge $\delta < 0$ an den Stellen $\sigma_j = (2n+1)\pi$; $n = 0,1,2,\ldots$ (6.51/3a)

Bei der Funktion $S_s(\sigma)$ treten auf:

Sprünge $\delta > 0$ an den Stellen $\sigma_j = (4n+1)\frac{\pi}{2}$; $n = 0,1,2,\ldots$

Sprünge $\delta < 0$ an den Stellen $\sigma_j = (4n+3)\frac{\pi}{2}$; $n = 0,1,2,\ldots$ (6.51/3b)

Die entsprechenden Diagramme sind in den Abb.6.51/2a und 6.51/2b angegeben.

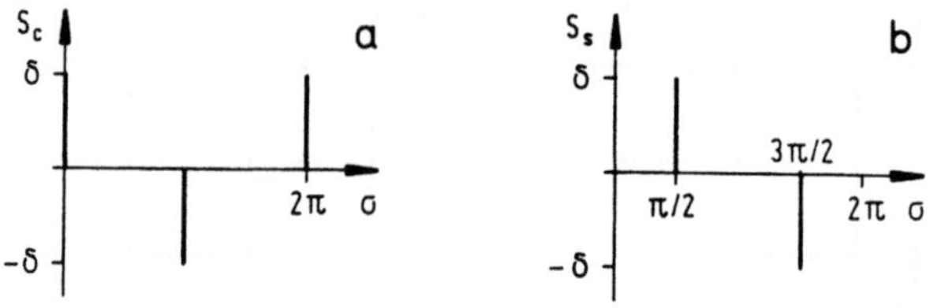

Abb.6.51/2. Erregerfunktionen S_c und S_s

Auch das Ersetzen einer Erregerfunktion $p^* \cos\sigma$ durch $S_c(\sigma)$ oder $p^* \sin\sigma$ durch $S_s(\sigma)$ macht aus einer nicht-autonomen Differentialgleichung eine pseudo-autonome.

β) Geeignete Normierungen

Die Beträge α der Funktionen $M_c(\sigma)$ und $M_s(\sigma)$ sowie die Beträge δ der Funktionen $S_c(\sigma)$ und $S_s(\sigma)$ sollen, falls erwünscht oder erforderlich, in folgender Weise normiert werden: Der einem Gebilde durch die Erregerkraft (Störkraft) $M_c(\sigma)$ im Zeitintervall $(4n-1)\pi/2 < \sigma < (4n+1)\pi/2$ zugeführte (dimensionslose) Impuls $y = \eta y_\sigma$ soll gleich sein dem Impuls, den die Kraft $p^* \cos\sigma$ zuführt. Desgleichen soll der Impuls, den $M_s(\sigma)$ im Intervall $2n\pi < \sigma < 2(n+1)\pi$ zuführt, gleich sein dem Impuls, den $p^* \sin\sigma$ in jenem Intervall zuführt. Anders ausgedrückt: Die Flächen unter den Kurven $M_c(\sigma)$ und $p^* \cos\sigma$ sowie unter $M_s(\sigma)$ und $p^* \sin\sigma$ sollen in den Intervallen, in denen die Funktionen gleiches Vorzeichen haben, einander jeweils gleich sein. Das führt zu $2p^* = \pi\alpha$, also zu

$$\alpha = 2p^*/\pi . \tag{6.51/4}$$

Die analoge Forderung für die Funktionen $S_c(\sigma)$ und $S_s(\sigma)$ führt wegen $\delta \equiv \Delta y_\sigma = \Delta y/\eta$ zu $2p^* = \eta\delta$, also zu

$$\delta = 2p^*/\pi . \tag{6.51/5}$$

Pseudo-autonome Differentialgleichungen können sowohl im Zeitbereich (mit x als abhängige und entweder τ oder σ als unabhängige Veränderliche) wie auch in der Phasenebene (mit den Veränderlichen y und x oder y_σ und x) untersucht werden. Untersuchungen im Zeitbereich werden wir in den Abschn.6.52 und 6.56 zeigen, solche in der Phasenebene in den Abschn.6.53 bis 6.55.

γ) Die Begriffe "in Phase mit" und "in Gegenphase zu"

Die genannten Begriffe sind für sinusförmige Schwingungen entwickelt worden; sie sind in Abschn.1.21 besprochen. Während sie sich für sinusförmige Schwingungen fast von selbst verstehen, müssen sie besonders definiert werden, wenn man sie auf andere Funktionen, wie etwa die hier betrachteten $M_i(\sigma)$ und $S_i(\sigma)$, anwenden will. Dabei werde vorausgesetzt, daß die Funktionen $M_i(\sigma)$ und $S_i(\sigma)$ als Störfunktionen in einer Differentialgleichung auftreten und daß nach den genannten Phasenbeziehungen zwischen der Störfunktion und der jeweiligen Lösung $x(\tau)$ der Differentialgleichung gefragt wird.

Die Begriffe "in Phase" und "in Gegenphase" sind auf den Fall $N=1$, also auf die zur Erregerfunktion harmonischen (gleichfrequenten) Lösungen beschränkt; für $N>1$, also auf subharmonische Lösungen, lassen sie sich nicht anwenden.

$\gamma 1$) Störfunktionen M_i

Erste Fassung der Definition: Falls die Lösungsfunktion $x(\sigma)$ der Differentialgleichung dieselbe Periode T^* hat wie die Störfunktion $M_i(\sigma)$, $T^*=T_E^*$, so definiert man: Die Schwingung $x(\sigma)$ heißt "in Phase mit" $M_i(\sigma)$, wenn für alle Zeitpunkte σ gilt: $\operatorname{sign} x = \operatorname{sign} M_i$; ist dagegen $\operatorname{sign} x = -\operatorname{sign} M_i$, so heißt die Schwingung $x(\sigma)$ "in Gegenphase zu" M_i.

Zweite Fassung der Definition: Falls wieder $T^*=T_E^*$ gilt und die Lösung $x(\sigma)$ stetig ist, so lautet eine zweite, mit der ersten gleichwertige Fassung der Definition: $x(\sigma)$ ist "in Phase mit" $M_i(\sigma)$, wenn an jenen Stellen σ_j, an denen $M_i(\sigma)$ von $-\alpha$ auf $+\alpha$ springt, die Funktion $x(\sigma)$ wächst, also $y>0$ ist; und wenn dort, wo $M_i(\sigma)$ von $+\alpha$ auf $-\alpha$ springt, die Funktion $x(\sigma)$ fällt, also $y<0$ ist. Entsprechendes - unter Vertauschen der Vorzeichen - gilt für die Gegenphase.

$\gamma 2$) Störfunktionen S_i

Hier wird definiert: Die Schwingung $x(\sigma)$ ist in Phase mit der Erregung $S_i(\sigma)$, wenn der Stoß $\delta \gtrless 0$ an einer Stelle $x \gtrless 0$ erfolgt. Für die Gegenphase gilt die gegensinnige Zuordnung der Vorzeichen von δ und x.

6.52 Punktkörper auf zwei schiefen Ebenen; Behandlung im Zeitbereich

α) Ungedämpfter Schwinger

Die Abb.6.52/1 zeigt den zu untersuchenden Schwinger. Ein Punktkörper mit der Masse m kann auf zwei unter dem Winkel ν geneigten

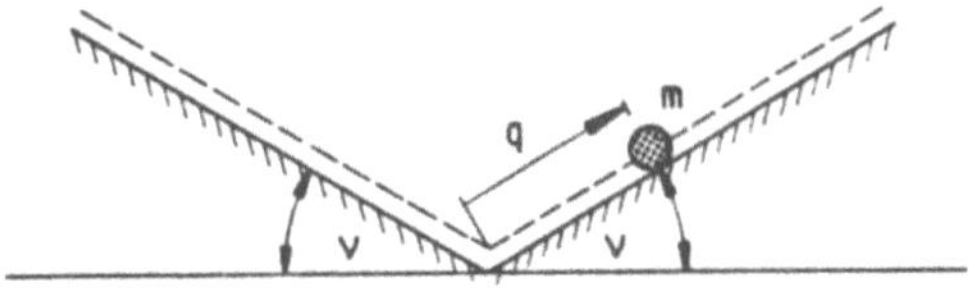

Abb.6.52/1.
Schwinger, Bahn des Körpers gestrichelt

Ebenen gleiten; Stoßverluste sowie Reibungs- und andere Dämpfungsverluste seien vernachlässigbar. Auf den Schwinger wirke ferner eine Erregerkraft konstanten Betrages,

$$P = P_0 \operatorname{sign}(\sin \Omega t) \left[\equiv \frac{P_0}{\alpha} M_s(\sigma) \right] . \qquad (6.52/1)$$

Es sei besonders darauf hingewiesen, daß das Umschalten der Richtung der Erregerkraft unabhängig davon erfolgt, an welcher Stelle seiner Bahn der Körper sich gerade befindet. Das Umschalten wird nicht vom Gebilde gesteuert, sondern zu bestimmten Zeitpunkten, deren Abstand durch Ω festgelegt ist, "von außen" veranlaßt. Dieses Problem stellt ein einfaches Schulbeispiel dar für einen pseudo-autonomen Fall und damit für die Methode des "Anstückelns", die in den meisten der im Hauptabschnitt 6.5 untersuchten Fälle eine Rolle spielt.

Die Bewegungsgleichung des Schwingers lautet

$$m \ddot{q} + m g \sin v \operatorname{sign} q = P_0 \operatorname{sign}(\sin \Omega t) . \qquad (6.52/2a)$$

Durch Einführen der unabhängigen Veränderlichen σ und einer Bezugslänge L wird aus (6.52/2a)

$$\frac{1}{L} \frac{d^2 q}{d\sigma^2} + \frac{g \sin v}{\Omega^2 L} \operatorname{sign} q = \frac{P_0}{m L \Omega^2} \operatorname{sign}(\sin \sigma) . \qquad (6.52/2b)$$

Mit der dimensionslosen abhängigen Veränderlichen $x = q/L$ sowie der Festlegung bzw. Abkürzung

$$L := g \sin v / \Omega^2 \quad , \qquad \alpha := P_0 / m L \Omega^2 \qquad (6.52/2c)$$

entsteht aus (6.52/2b) die Bewegungsgleichung

$$\overset{\circ\circ}{x} + \operatorname{sign} x = \alpha \operatorname{sign}(\sin \sigma) \; [\equiv M_s(\sigma)] . \qquad (6.52/3)$$

Sie ist nicht-autonom.

In jedem der durch einen Zeichenwechsel entweder von x oder von $\sin\sigma$ bestimmten Teilabschnitte hat die Dgl.(6.52/3) die einfache Gestalt

$$\overset{\circ\circ}{x} = c \qquad (c = \text{const}) ; \tag{6.52/4}$$

sie ist dort jeweils autonom. Aus (6.52/4) folgt für die im Anfangszeitpunkt σ_0 des Teilabschnitts beginnende Teillösung $x(\sigma)$

$$\overset{\circ}{x}(\sigma) = \overset{\circ}{x}(\sigma_0) + c(\sigma - \sigma_0) \tag{6.52/5a}$$

und

$$x(\sigma) = x(\sigma_0) + \overset{\circ}{x}(\sigma_0)[\sigma - \sigma_0] + \frac{c}{2}[\sigma - \sigma_0]^2 . \tag{6.52/5b}$$

Durch Aneinanderstückeln solcher Teillösungen $x(\sigma)$ der autonomen Dgl.(6.52/4) wollen wir nun eine Lösung der nicht-autonomen Dgl. (6.52/3) aufbauen, die die gleiche Periode hat wie die Erregerfunktion, also 2π-periodisch in σ ist.

Wie man durch Einsetzen bestätigen kann, besitzt (6.52/4) wechselsymmetrische Lösungen, $x(\sigma+\pi) = -x(\sigma)$. Es genügt daher zunächst, das Intervall $0 < \sigma < \pi$ zu betrachten.

Wir untersuchen drei Ansätze. Die ersten beiden sind Sonderfälle des dritten, sie mögen zur Einführung in die Technik des Anstückelns dienen. Mit den römischen Ziffern I, II, III beziehen wir uns auf die drei Fälle der Abb.6.52/2.

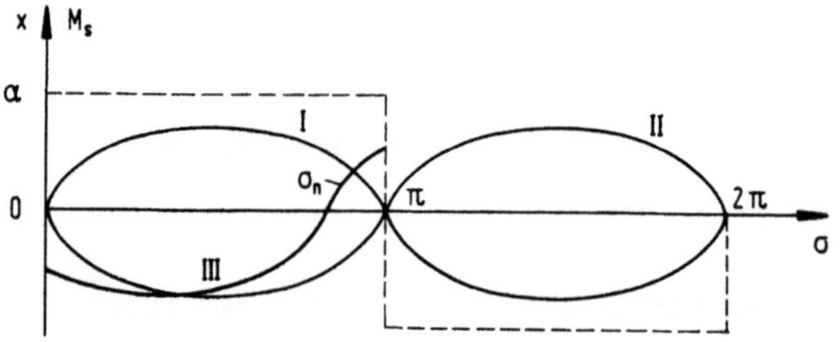

Abb.6.52/2. Funktionen $x(\sigma)$ gemäß den Ansätzen I, II, III; Erregerfunktion M_s gestrichelt

A n s a t z I:

$$x(0) = 0 , \quad \mathring{x}(0) = + |v_1| . \qquad (6.52/6_I)$$

Wegen der Wechselsymmetrie der Funktion $x(\sigma)$ gilt dann

$$x(\pi) = 0 , \quad \mathring{x}(\pi) = - |v_1| . \qquad (6.52/7_I)$$

Im Zeitintervall $0<\sigma<\pi$ hat die Konstante c den Wert $c = \alpha - 1$.

Aus (6.52/5) folgt

$$\mathring{x}(\pi) = + |v_1| + (\alpha - 1)\pi , \qquad (6.52/8_I)$$

und wegen $(6.52/7_I)$ muß gelten

$$|v_1| = \pi(1 - \alpha)/2 . \qquad (6.52/9_I)$$

Bildet man im x-$\mathring{x}$-σ-Bewegungsraum die Punkte der Phasenebene $\sigma = 0$ auf die Ebene $\sigma = 2\pi$ ab, so erhält man einen F i x p u n k t F_I; er hat die Koordinaten

$$x = 0 , \quad \mathring{x} = \pi(1 - \alpha)/2 \qquad (6.52/10_I)$$

und bezeichnet eine (partikulare) 2π-periodische Lösung.

A n s a t z II:

$$x(0) = 0 , \quad \mathring{x}(0) = - |v_2| . \qquad (6.52/6_{II})$$

Wegen der Wechselsymmetrie gilt

$$x(\pi) = 0 , \quad \mathring{x}(\pi) = + |v_2| . \qquad (6.52/7_{II})$$

Im Zeitintervall $0<\sigma<\pi$ gilt jetzt $c = 1 + \alpha$. Aus (6.52/5) folgt

$$\mathring{x}(\pi) = - |v_2| + (1 + \alpha)\pi \qquad (6.52/8_{II})$$

und wegen $(6.52/7_{II})$ wird

$$|v_2| = \pi(1 + \alpha)/2 . \qquad (6.52/9_{II})$$

Damit ist ein weiterer Fixpunkt F_{II} gefunden; er hat die Koordinaten

$$x = 0 , \quad \mathring{x} = - \pi(1 + \alpha)/2 \qquad (6.52/10_{II})$$

und bezeichnet eine zweite (partikulare) 2π-periodische Lösung.

Man überlegt sich zudem leicht, daß auch der Nullpunkt ein Fixpunkt sein muß. Er bezeichnet die triviale Lösung.

(Allgemeiner) A n s a t z III:

$$x(0) = -|x_3| , \qquad \mathring{x}(0) = -|v_3| . \qquad (6.52/6_{III})$$

Wegen der Wechselsymmetrie gilt

$$x(\pi) = +|x_3| , \qquad \mathring{x}(\pi) = +|v_3| . \qquad (6.52/7_{III})$$

Die Stelle des Nulldurchgangs werde mit σ_n bezeichnet; dort muß das Anstückeln erfolgen.

Im Intervall $0 < \sigma < \sigma_n$ gilt $c = \alpha + 1$, somit folgt aus (6.52/5)

$$\mathring{x}(\sigma_n) = -|v_3| + (1 + \alpha)\sigma_n \qquad (6.52/11a)$$

und

$$x(\sigma_n) = -|x_3| - |v_3|\sigma_n - (\alpha + 1)\sigma_n^2/2 . \qquad (6.52/11b)$$

Die Forderung $x(\sigma_n) = 0$ führt auf

$$|x_3| = -|v_3|\sigma_n + (\alpha + 1)\sigma_n^2/2 \qquad (6.52/12)$$

als Bestimmungsgleichung für σ_n.

Im Intervall $\sigma_n < \sigma < \pi$ gilt $c = \alpha - 1$. Daraus folgt zunächst

$$\begin{aligned}\mathring{x}(\pi) &= \mathring{x}(\sigma_n) + (\alpha - 1)(\pi - \sigma_n)\\ &= -|v_3| + (1 + \alpha)\sigma_n + (\alpha - 1)\pi - (\alpha - 1)\sigma_n .\end{aligned}$$

Die Forderung $\mathring{x}(\pi) = +|v_3|$ führt auf

$$|v_3| = \pi(\alpha - 1)/2 + \sigma_n . \qquad (6.52/13)$$

Es folgt daher weiter

$$x(\pi) = [-|v_3| + (1 + \alpha)\sigma_n](\sigma - \sigma_n) + (\alpha - 1)(\pi - \sigma_n)^2/2 ; \qquad (6.52/14a)$$

dieser Wert $x(\pi)$ muß gleich $|x_3|$ sein,

$$x(\pi) = |x_3| . \qquad (6.52/14b)$$

Gleichsetzen der Werte $|v_3|$ aus (6.52/14) und (6.52/12) führt mit Hilfe von (6.52/13) nach einiger Rechnung schließlich auf

$$\sigma_n(\sigma_n - \pi) = 0 \tag{6.52/15a}$$

und damit auf die beiden Ergebnisse

$$\sigma_n = 0 \quad \text{und} \quad \sigma_n = \pi \quad . \tag{6.52/15b}$$

Das erste stimmt mit dem des Ansatzes I überein, das zweite mit dem des Ansatzes II. Da der Ansatz III alle Möglichkeiten umfaßt, gibt es außer den aus I und II folgenden keine weiteren wechselsymmetrischen Lösungen.

β) Gedämpfter Schwinger

Jetzt berücksichtigen wir in der Bewegungsgleichung eine der Geschwindigkeit proportionale Dämpfungskraft. Dadurch geht (6.52/3) über in

$$\overset{\circ\circ}{x} + \delta \overset{\circ}{x} + \operatorname{sign} x = \alpha \operatorname{sign}(\sin\sigma) \qquad \text{mit} \quad \dim(\delta) = 1 \quad . \tag{6.52/16}$$

Auch diese nicht-autonome Differentialgleichung ist abschnittsweise autonom, und zwar hat sie jeweils die Form

$$\overset{\circ\circ}{x} + \delta \overset{\circ}{x} = c \quad , \qquad c = \text{const} \quad . \tag{6.52/17}$$

Sie kann wie (6.52/3) exakt gelöst werden: Durch Trennen der Veränderlichen und Integrieren zwischen σ_0 und σ erhält man

$$\overset{\circ}{x}(\sigma) = \frac{c}{\delta} - [\frac{c}{\delta} - \overset{\circ}{x}(\sigma_0)]\, e^{-\delta(\sigma-\sigma_0)} \tag{6.52/18a}$$

und durch nochmaliges Integrieren

$$x(\sigma) = x(\sigma_0) + \frac{c}{\delta}(\sigma - \sigma_0) + \frac{1}{\delta}[\frac{c}{\delta} - \overset{\circ}{x}(\sigma_0)][e^{-\delta(\sigma-\sigma_0)} - 1] \quad . \tag{6.52/18b}$$

Die resultierenden Funktionen $\overset{\circ}{x}(\sigma)$ und $x(\sigma)$ sind allerdings ziemlich unhandlich. Wir wollen uns deshalb im weiteren mit einer Näherungsbetrachtung für den Fall einer schwachen Dämpfung begnügen. Dann darf man annehmen, daß die Lösung des gedämpften Falles nur wenig von der Lösung des ungedämpften abweicht und daß das gleiche für die Anfangsbedingungen gilt. Für $\delta \ll 1$ treten also an die Stelle von (6.52/18) näherungsweise die Funktionen

$$\overset{\circ}{x}(\sigma) = \overset{\circ}{x}(\sigma_0) + [c - \delta \overset{\circ}{x}(\sigma_0)][\sigma - \overset{\circ}{x}(\sigma_0)] - \tfrac{1}{2} c\,\delta(\sigma - \sigma_0)^2,$$

$$x(\sigma) = x(\sigma_0) + (\sigma - \sigma_0)\overset{\circ}{x}(\sigma_0) - \tfrac{1}{2}[c - \delta \overset{\circ}{x}(\sigma_0)](\sigma - \sigma_0)^2 - \tfrac{1}{6} c\,\delta(\sigma - \sigma_0)^3 . \qquad (6.52/19)$$

Wir betrachten zunächst die dem Fixpunkt F_I in ($6.52/10_I$) benachbarte periodische Lösung. Dabei überlegen wir, wie sich die Anfangsbedingungen ändern müssen, damit die Funktion $x(\sigma)$ auch im gedämpften Fall wechselsymmetrisch wird. Da durch die Dämpfung Energie verzehrt wird, muß die Erregerkraft nun im Mittel über eine Periode Arbeit leisten. Wir setzen deswegen an (siehe Abb.6.52/3):

$$x(0) = -|x_1| \quad \text{mit} \quad |x_1| \ll 1 ,$$

$$\overset{\circ}{x}(0) = +|v_1| . \qquad (6.52/20)$$

Wechselsymmetrie und (6.52/20) erfordern

$$x(\pi) = -x(0) = +|x_1| , \qquad \overset{\circ}{x}(\pi) = -\overset{\circ}{x}(0) = -|v_1| . \qquad (6.52/21)$$

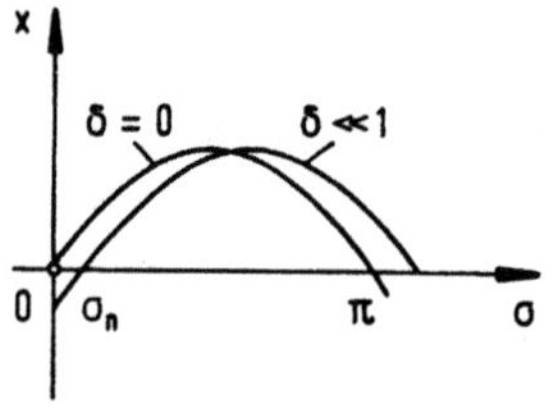

Abb.6.52/3.
Kurven $x(\sigma)$ für $\delta = 0$ und für $\delta \ll 1$

Die Nullstelle von $x(\sigma)$ werde mit σ_n bezeichnet. Im Zeitintervall $0 < \sigma < \sigma_n$ gilt $c = 1 + \alpha$. Da $\sigma_n \ll 1$ ist, genügen lineare Näherungen. Aus (6.52/19) folgt

$$x(\sigma_n) = -|x_1| + |v_1|\sigma_n = 0 , \qquad (6.52/22a)$$

also $\sigma_n = |x_1| / |v_1|$ und damit

$$x_0(\sigma_n) = |v_1| + (1 + \alpha)|x_1|/|v_1| . \qquad (6.52/22b)$$

Im Zeitintervall $\sigma_n < \sigma < \pi$ gilt $c = -1 + \alpha$ und somit

$$\mathring{x}(\pi) = |v_1| + (1+\alpha)|x_1|/|v_1|$$
$$+ [-(1-\alpha) + \delta|v_1|][\pi - |x_1|/|v_1|] + (1-\alpha)\delta\pi^2/2. \quad (6.52/23)$$

Aus der Forderung $\mathring{x}(\pi) = -|v_1|$ findet man nach einigem Umformen, das wir hier unterdrücken, und durch Vernachlässigen von Gliedern zweiter Ordnung

$$|v_1| = \pi(1-\alpha)/2 - |x_1|/|v_1| \quad (6.52/24a)$$

und

$$x(\pi) = [|v_1| + (1+\alpha)|x_1|/|v_1|][\pi - |x_1|/|v_1|]$$
$$+ \frac{1}{2}[-(1-\alpha) - \delta|v_1|][\pi^2 - 2\pi|x_1|/|v_1|]$$
$$+ (1-\alpha)\delta\pi^3/6 \; . \quad (6.52/24b)$$

Die Forderung $x(\pi) = +|x_1|$ führt auf

$$2|x_1| = \pi|x_1|/|v_1| - |v_1|\delta\pi^2/2 + (1-\alpha)\delta\pi^3/6 \; . \quad (6.52/25)$$

Aus (6.52/24a) folgt in erster Näherung

$$|v_1| = \pi(1-\alpha)/2 \; . \quad (6.52/24a')$$

Einsetzen in (6.52/25) liefert die Abszisse x_I des Fixpunktes F_I

$$|x_I| = \delta\pi^3(1-\alpha)^2/24\alpha \; . \quad (6.52/26a)$$

Aus (6.52/24a') folgt dann die Ordinate des Fixpunktes F_I zu

$$|v_1| = \pi(1-\alpha)[1 - \delta\pi(1-\alpha)/6\alpha]/2 \; . \quad (6.52/26b)$$

Für den Fixpunkt F_{II} berechnet man in analoger Weise

$$x_{II} = -\delta\pi^3(1+\alpha)^2/24\alpha \; ,$$
$$\mathring{x}_{II} = \pi(1+\alpha)[1 - \delta\pi(1+\alpha)/6\alpha]/2 \; . \quad (6.52/27)$$

Die triviale Lösung wird durch die Dämpfung nicht beeinflußt.

6.53 Schwinger vom "Grundtyp" mit Störfunktionen $M_i(\sigma)$ und $S_i(\sigma)$; Behandlung in der Phasenebene

α) Die autonomen Schwingungen

In den Abschn.5.41 und 5.42 hatten wir den sogenannten "Schwinger vom Grundtyp" betrachtet, dessen freie Schwingungen der autonomen Differentialgleichung

$$x'' + f(x) = 0 \qquad (6.53/1)$$

gehorchen. Das erste Integral dieser Differentialgleichung lautet

$$y = \pm\sqrt{2[E - I(x)]} \qquad (6.53/2a)$$

mit

$$I(x) = \int_0^x f(u)\,du \qquad (6.53/2b)$$

und E als der Integrationskonstanten. (6.53/2a) ist die Gleichung einer Kurvenschar in der Phasenebene (y-x-Ebene), E der Scharparameter.

Die Zeit $\tau - \tau_0$, während der ein Trajektorienstück zwischen den Abszissen x_0 und x durchlaufen wird, wird durch Gl.(5.41/9b) angegeben. Falls f(x) ungerade ist, beträgt deshalb die Periodendauer T* der Schwingung mit dem Größtausschlag X

$$T^* = 4\int_0^X \frac{dx}{\sqrt{2[E - I(x)]}} \quad . \qquad (6.53/3)$$

Ersetzt man E durch I(X) und kürzt die Quadratur durch das Zeichen Φ(X) ab,

$$\Phi(X) := \int_0^X \frac{dx}{\sqrt{2[E - I(x)]}} \quad ,$$

so schreibt sich (6.53/3) als

$$T^* = 4\,\Phi(X) \; . \qquad (6.53/4)$$

Unter Einführung der (dimensionslosen) Eigenkreisfrequenz ω* (Tafel

6.11/I) entsteht aus (6.53/4) die Beziehung zwischen Frequenz ω^* und Größtausschlag X

$$\omega^* = \pi / 2\Phi(X) \quad . \tag{6.53/5}$$

β) Die erzwungenen Schwingungen unter Wirkung der Störfunktionen $M_i(\sigma)$

Wirkt auf den Schwinger vom Grundtyp eine der Störfunktionen $M_i(\sigma)$ von Abschn.6.51, so lautet die Differentialgleichung

$$x'' + f(x) = M_i(\sigma) \quad . \tag{6.53/6a}$$

Sie ist grundsätzlich nicht-autonom, kann jedoch abschnittsweise durch die autonomen Gleichungen

$$x'' + f(x) = \pm\alpha \tag{6.53/6b}$$

ersetzt werden, wobei die Grenzen der Zeitabschnitte für M_c durch (6.51/1b), die für M_s durch (6.51/2b) angegeben sind: Wir haben einen typischen pseudo-autonomen Fall vor uns.

Mit

$$f_\alpha(x) := f(x) \mp \alpha \tag{6.53/6c}$$

bringt man die Gln.(6.53/6b) auf die Form

$$x'' + f_\alpha(x) = 0 \tag{6.53/6d}$$

der Gl.(6.53/1), man kann sie daher wie diese auf dem im Abschn.5.41 dargelegten Weg integrieren.

γ) Die erzwungenen Schwingungen unter Wirkung der Störfunktionen $S_i(\sigma)$

Die Differentialgleichung lautet hier

$$x'' + f(x) = S_i(\sigma) \quad . \tag{6.53/7}$$

Die Funktionen S_i beschreiben Sprünge in der Ableitung $y := x'$, sie haben keinen unmittelbaren Einfluß auf den Funktionswert x, auch nicht an den Sprungstellen. Die nicht-autonome Dgl.(6.53/7) wird also wieder zu einer abschnittsweise autonomen, hier sogar unmittelbar zur Gl. (6.53/1):

$$x'' + f(x) = 0 . \qquad (6.53/8)$$

Die Abschnitte werden durch die Sprungstellen σ_j (6.51/3b) bestimmt.

Die einzelnen Schritte des Integrationsverfahrens und die für diesen Gleichungstyp charakteristischen Lösungseigenschaften (z.B. das Auftreten subharmonischer Schwingungen und der Bau der Responsekurven) sollen zunächst an dem einfachsten Sonderfall, dem linearen System mit der Dgl.(6.53/6d), gezeigt werden.

6.54 Lineare Schwinger vom "Grundtyp"

α) Störfunktionen $M_i(\sigma)$

Für den linearen Schwinger lautet die abschnittsweise gültige autonome Differentialgleichung gemäß (6.53/6c) und (6.53/6d)

$$x'' + (x \mp \alpha) = 0 . \qquad (6.54/1)$$

Die Gleichung der Phasenkurven (6.53/2a) wird wegen $2I(x) = x^2 \mp 2\alpha x$ und mit der Abkürzung $r^2 = 2E + \alpha^2$ zu

$$y^2 + (x \mp \alpha)^2 = r^2 . \qquad (6.54/2)$$

Die Phasenkurven bestehen daher abschnittsweise aus Stücken von zwei Kreisen, die ihre Mittelpunkte M' und M" auf der x-Achse haben, der eine an der Stelle $x_{e1} = +\alpha$, der andere an der Stelle $x_{e2} = -\alpha$.

Zudem erinnern wir uns [siehe z.B. Gl.(5.62/3b)]: Der Zentriwinkel ϑ solcher Kreisbogenstücke ist ein Maß für die Zeitspanne τ, in der das Trajektorienstück durchlaufen wird.

Nun spezifizieren wir weiter: Als Erregerfunktion M_i diene $M_c(\sigma)$. Die Bewegung beginne zur Zeit $\sigma = 0$; gleichwertig damit ist $\tau = 0$. Der zugehörige Phasenpunkt sei $A_0(x_0, y_0)$, siehe Abb.6.54/1. Während der sich anschließenden Zeitspanne $\sigma_I = \pi/2$ läuft der Phasenpunkt auf dem Kreis mit dem Mittelpunkt M' bis zum Punkte A_1'; der zugehörige Zentriwinkel ist $\tau_I = \sigma_I/\eta = \pi/2\eta$. Das sich dann anschließende TrajektorienstÜck fÜr die Zeitspanne $\sigma_{II} = \pi$ ist der Bogen $A_1'A_1''$ des Kreises um M" mit dem Zentriwinkel $\tau_{II} = \pi/\eta$. Die nun folgenden Trajektorienstücke $A_1''A_2'$ sowie $A_2'A_2''$ und $A_2''A_3'$ usf. sind sämtlich Kreisbogenstücke mit dem Zentriwinkel π/η; sie sind der Reihe nach um die Mittelpunkte M', M", M' usf. geschlagen.

Die in Abb.6.54/1 gezeichneten Kreisbogenstücke entsprechen einem Wert $\eta = 2,5$; die Zentriwinkel ϑ_i und die Zeitspannen $\tau_i = \vartheta_i$ $(i = I, II, \ldots)$ sind deshalb der Reihe nach $\pi/5$, $2\pi/5$, $2\pi/5$ usf.

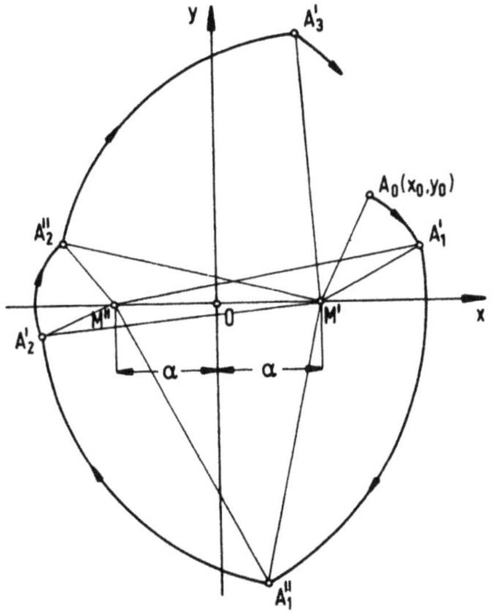

Abb.6.54/1.
Linearer Schwinger, Phasenkurve setzt sich aus Kreisbogenstücken zusammen

Nun lassen wir die Spezifikation wieder fallen, lassen also offen, ob es sich um die Erregerfunktion M_c oder um M_s handelt und wie die Anfangsbedingungen lauten. Zu periodischen Bewegungen gehören stets geschlossene Phasenkurven. Diese müssen sich aus einer geraden Anzahl 2N von Kreisbogen zusammensetzen. Ist $N = 1$, so bezeichnet man die Schwingung (obgleich sie keine Sinus- oder Cosinus-Schwingung ist) als h a r m o n i s c h zur Erregerschwingung $M_i(\sigma)$, ist $N > 1$, nennt man die Schwingung s u b h a r m o n i s c h von der Ordnung $1/N$. Sie hat dann die Periode $T^* = 2\pi N/\eta$ und die Kreisfrequenz $\omega^* = \eta/N$.

Wir betrachten zunächst den Fall $N = 1$, also die zur Erregerfunktion harmonischen Schwingungen. Da die beiden Kreisscharen symmetrisch zur y-Achse liegen, ergeben sich die Phasenkurven als geschlossene Kurvenzüge aus zwei Kreisbögen, die sich auf der y-Achse schneiden. Dabei müssen für Erregerfrequenzen $\eta > 1$ die Zentriwinkel der Kreisbögen kleiner als π sein. Die Phasenkurven sind dann Kreisbogen-Zweiecke wie z.B. das Zweieck EBCDE in Abb.6.54/2. Falls die Erregerfunktion $M_s(\sigma)$ ist und die Bewegung zur Zeit $\tau = 0$ mit dem Ausschlag $x = 0$ und mit einer Geschwindigkeit $y > 0$ beginnt, wird dieses Zweieck während einer Periode $\sigma = 0$ bis $\sigma = 2\pi$ in der Reihenfolge CDEBC durchlaufen. Man erkennt dabei: Die Schwingung erfolgt in Gegenphase zur Erregerkraft $M_s(\sigma)$, denn die Ausschläge x haben stets das umgekehrte Vorzeichen von $M_s(\sigma)$; vgl. Abschn.6.51γ.

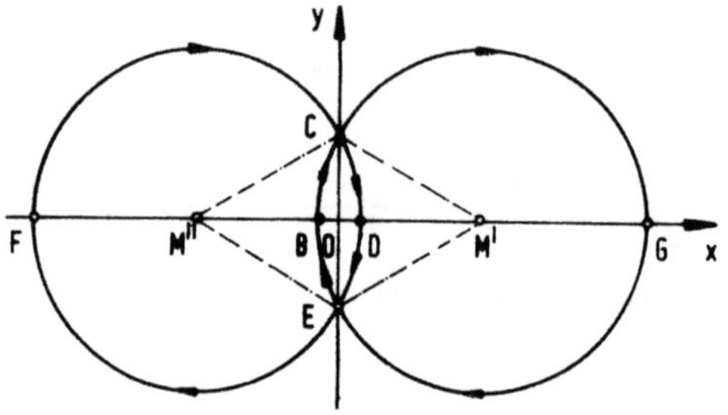

Abb.6.54/2.
N = 1; Schwinger hat die Frequenz der Erregerfunktion M_i

Geht die Erregerfrequenz η von oben her gegen Eins, so wachsen die Zentriwinkel CM'E und EM"C und gehen gegen π. Dabei müssen die Punkte C und E immer weiter von O wegrücken; das bedeutet ein unbeschränktes Wachsen der Kreisbogenradien und der Maximalausschläge, die ja durch die Abszisse von D bestimmt sind: Es liegt ein Resonanzfall vor.

Nimmt η über Eins hinaus weiter ab, so müssen die Zentriwinkel größer als π werden. Das Kreisbogenzweieck, das für $\eta > 1$ aus EBC und CDE bestand, setzt sich nun aus EFC und CGE zusammen. Bei $\eta = 1/2$ müssen die Zentriwinkel gleich 2π sein; es tritt der in Abb.6.54/3 gezeichnete Fall ein, wo die beiden Kreise sich nicht mehr schneiden, sondern sich in O berühren. Falls M_c Erregerfunktion ist und die Bewegung zur Zeit $\tau = 0$ die Geschwindigkeit $y = 0$ hat, so besteht die Phasenkurve aus dem Bogenzug GOFOG. Hier ist die Schwingung in Phase mit

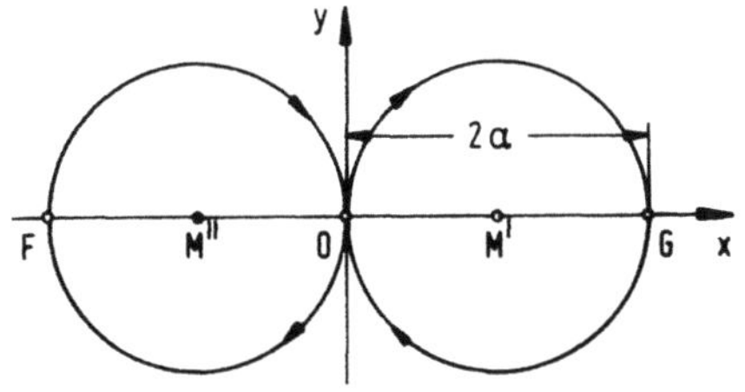

Abb.6.54/3. $N = 1$; Grenzlage der Kreise für $\eta = 1/2$

der Erregung; der Maximalausschlag X wird durch die Abszisse von G bestimmt und beträgt $X = 2a$.

Liegt η zwischen 1/2 und 1/3, so benötigt man Zentriwinkel zwischen 2π und 3π. Diese erhält man durch Linienzüge, die sich aus den Bogen EBCGEBC und CDEFCDE der Abb.6.54/2 zusammensetzen. Liegt eine Erregerkraft $M_s(\sigma)$ vor und soll zur Zeit $\tau = 0$ der Ausschlag $x = 0$ und die Geschwindigkeit $y < 0$ sein, so beginnt die Phasenkurve bei E und wird genau in der oben angeschriebenen Reihenfolge durchlaufen: Von E aus wird der Kreis um M' einmal ganz durchlaufen und dann noch das Stück bis C, anschließend der Kreis um M" einmal ganz und dann noch das Stück bis E.

Für $\eta \to 1/3$ wachsen die Radien der Kreise unbeschränkt; es liegt wieder Resonanz vor. Für $1/3 > \eta > 1/4$ sowie für $1/4 > \eta > 1/5$ gilt dasselbe wie für $1 > \eta > 1/2$ und $1/2 > \eta > 1/3$, nur mit dem Unterschied, daß jeder der beiden Kreise zusätzlich noch einmal voll durchlaufen werden muß. Bei $\eta = 1/5$ erscheint die nächste Resonanz.

Das weitere Verhalten des Schwingers bei abnehmenden η-Werten läßt sich nun leicht überblicken: Für $\eta = 1/2, 1/4, 1/6, \ldots$ erhält man als Größtausschlag stets den Wert $X = 2a$, nämlich die Abszisse des Punktes G in Abb.6.54/3. Das Response-Diagramm $X(\eta)$ ist in Abb.6.54/4 für $\eta \geqq 1/5$ gezeichnet.

Wir beschäftigen uns noch etwas ausführlicher mit den Resonanzfällen. Die zugrunde liegende Dgl.(6.53/6a) mit der Erregerfunktion $M_c(\sigma)$ gemäß Gl.(6.51/1a) und Abb.6.51/1a besitzt, wenn $M(\sigma)$ in eine Fourier-Reihe entwickelt wird, die allgemeine Lösung

$$x(\tau) = \{A\cos\tau + B\sin\tau\} + \frac{4}{\pi}\,\alpha \sum_{\nu=1,3,5,\ldots}^{\infty} (-1)^{\frac{\nu-1}{2}} \frac{1}{\nu} \frac{1}{1-\nu^2\eta^2} \cos\nu\eta\tau\,; \tag{6.54/3}$$

A und B sind die Integrationskonstanten. Der durch sie bestimmte, in geschweifte Klammern gesetzte Lösungsanteil ist beim Vorliegen der geringsten Dämpfung transient; der stationäre Lösungsanteil besteht

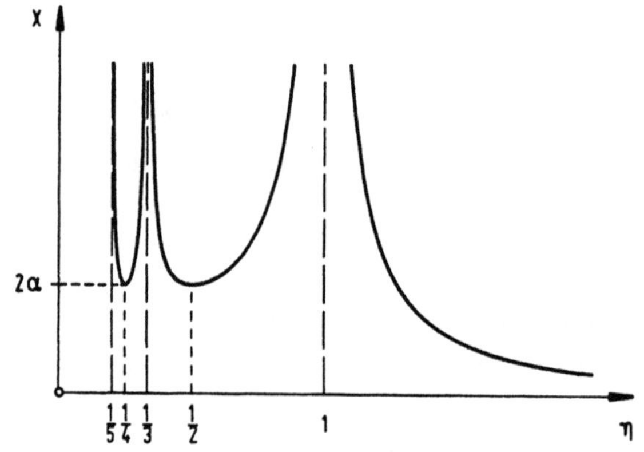

Abb.6.54/4.
N = 1; Responsediagramm X(η)

aus dem an die Klammer anschließenden Teil von (6.54/3). Aus ihm liest man ab: Ist $\eta = N/m$ eine rationale Zahl (N und m ganz; $m \neq \nu N$), so gibt es durch jeden Anfangspunkt in der Phasenebene eine Trajektorie zu einer erzwungenen subharmonischen Schwingung von der Ordnung 1/N; man braucht nur den Parameter α geeignet zu wählen. Man kann demnach eine solche Schwingung mit beliebigem Größtausschlag X_N erzeugen. Das Resonanzdiagramm für subharmonische erzwungene Schwingungen von der Ordnung 1/N besteht somit aus den Parallelen zur Ordinatenachse mit den Abszissen $\eta = N/m$ ($m = 1, 2, 3, \ldots$). Es ist in Abb.6.54/5 gezeichnet.

Als Beispiel zeigt die Abb.6.54/6 für $\eta = N/m = 4/3$ vom (beliebigen) Anfangspunkt A_0 ausgehend einen geschlossenen Zug von $2N = 8$ Kreisbögen mit den Zentriwinkeln $m\pi/N = 3\pi/4$. Liegt A_0 auf der x-Achse, so wird der Kurvenzug zur x-Achse symmetrisch. Zwei solche Beispiele zeigt Abb.6.54/7 für $N = 2$; sie unterscheiden sich in A_0 und damit auch in X.

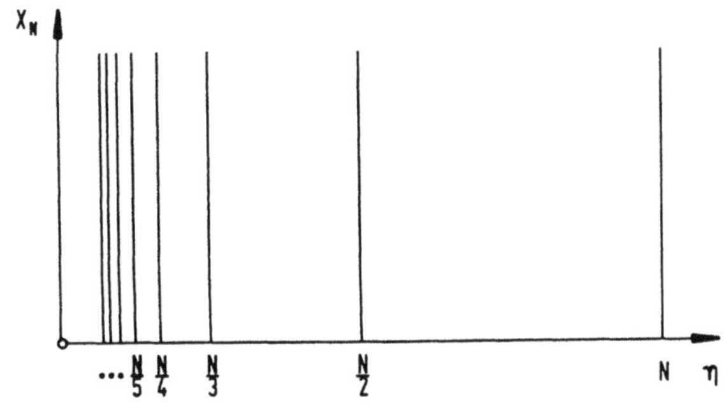

Abb.6.54/5. Responsediagramm $X_N(\eta)$ für subharmonische Schwingungen

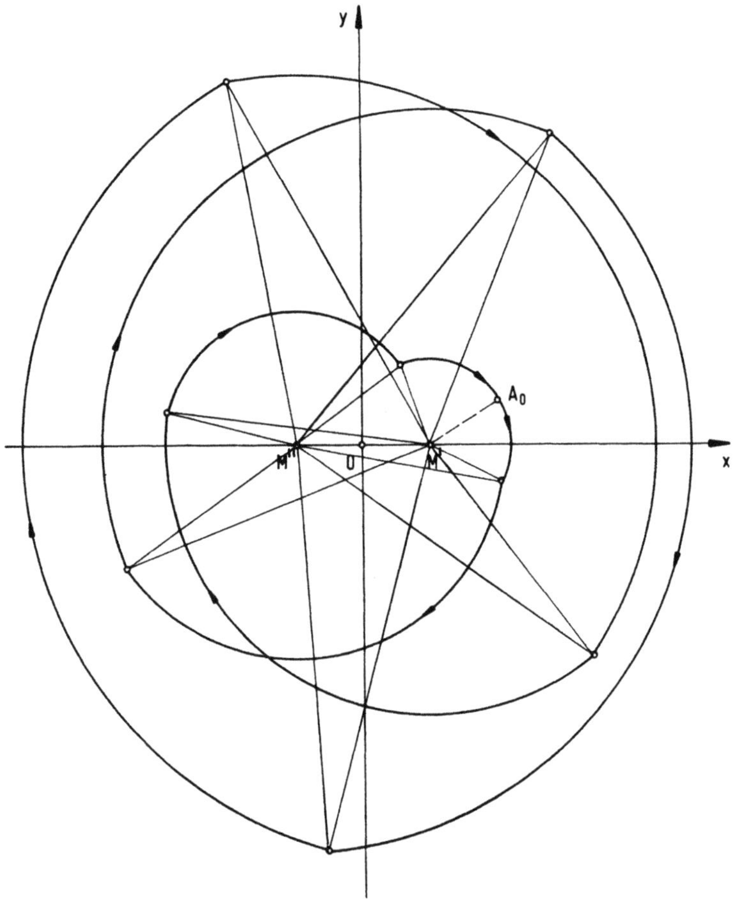

Abb.6.54/6. Erzwungene subharmonische Schwingungen der Ordnung 1/4 mit $\eta = 4/3$; unsymmetrischer Fall, A_0 beliebig

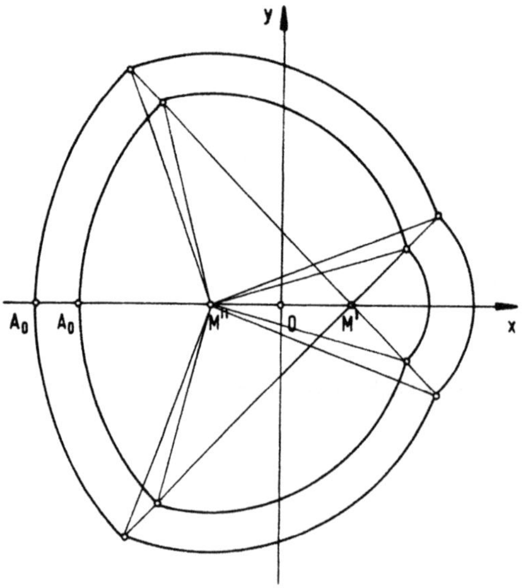

Abb.6.54/7.
Erzwungene subharmonische Schwingungen der Ordnung 1/2; symmetrische Fälle

β) Störfunktionen $S_i(\sigma)$

Differentialgleichung ist nun die Gl.(6.53/8). Da die Erregerfunktion $S_i(\sigma)$ gemäß (6.51/3a) und (6.51/3b) nur Sprünge in der Geschwindigkeit y beschreibt, ist (6.53/8) gleichwertig der abschnittsweise gültigen Differentialgleichung $x'' + x = 0$. Die Abschnittsgrenzen werden durch die jeweiligen Sprungstellen festgelegt.

Eine Trajektorie besteht demnach aus Stücken von Kreisen, die alle ihren Mittelpunkt im Ursprung 0 der Phasenebene haben und die mit der konstanten Winkelgeschwindigkeit $\varkappa^* = 1$ in der Zeit $T^* = T_0 = 2\pi$ durchlaufen werden. An den Stellen σ_j unterscheiden sich die Ordinaten der Kreisbogenstücke um δ aus (6.51/3). Da die Stöße in gleichen Zeitabständen $\Delta\sigma$ erfolgen, haben die Kreisbogenstücke gleiche Zentriwinkel.

Suchen wir p e r i o d i s c h e erzwungene Schwingungen auf, so müssen die Phasenkurven geschlossene Kurven sein, wenn wir an den Sprungstellen die Endpunkte der Bogenstücke durch Parallelen zur y-Achse (von der Länge $|\delta|$) verbinden.

Wie im Unterabschnitt α können wir auch hier je nach der Zahl 2N der Bogenstücke die zur Erregerfunktion S_i harmonischen oder subharmonischen Schwingungen von der Ordnung $1/N$ definieren.

Die Abb.6.54/8 zeigt analog zur Abb.6.54/2 die möglichen Formen der Phasenkurven für die zur Erregerfunktion harmonischen Schwingungen, d.h. für den Fall $N=1$.

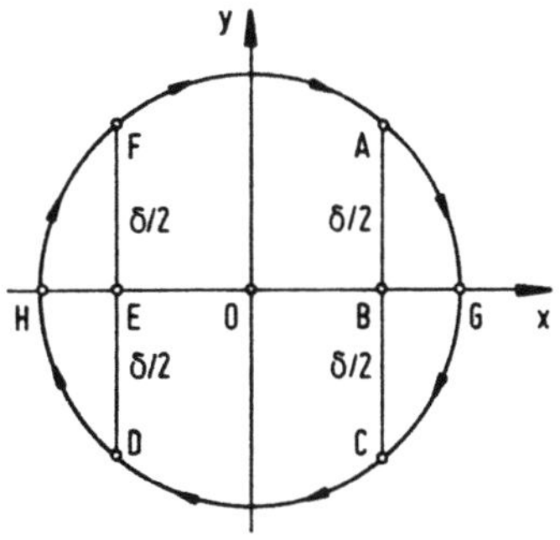

Abb.6.54/8.
$N=1$; Schwingung hat die Frequenz der Erregung S_i

Der Linienzug ABCDEFA stellt eine Phasenkurve für $\eta > 1$ dar. Die Schwingung verläuft in Gegenphase zur Erregung in dem Sinn, daß im Bereich negativer x-Werte ein positiver Sprung, $\delta > 0$, eintritt und umgekehrt. Der Größtausschlag ist hier gleich der Abszisse von B.

Für $\eta \to 1$ müssen die Zentriwinkel der beiden Kreisbögen CD und FA gegen den Wert π streben; da $|\delta|$ einen festen Wert behalten soll, erfordert dies, daß der Kreisradius unbeschränkt wächst. Auch hier hat man also wieder eine Resonanz für $\eta = 1$.

Für $1 > \eta > 1/2$ liegen die Zentriwinkel der genannten Kreisbögen zwischen π und 2π. Die Phasenkurve läuft jetzt etwa von D aus auf dem Bogen DHFAGC; dann kommt der Sprung CBA, anschließend das Bogenstück AGCDHF und hierauf der Sprung FED zurück zum Ausgangspunkt. Die Schwingung ist hier (gemäß der oben gegebenen Definition) in Phase mit der Erregerfunktion, und der Größtausschlag X ist jetzt - und wie wir sehen werden, auch weiterhin - die Abszisse von G.

Für $\eta \to 1/2$ rücken die Sprungstrecken FED und CBA gegen die y-Achse, sie fallen für $\eta = 1/2$ mit ihr zusammen. Hier wird also $X = \delta/2$; falls die Normierung (6.51/5) mit $p^* = 1$ gilt, ist $\delta = 2/\eta$ und damit hier $\delta = 4$ und $X = 2$.

Liegt η zwischen 1/2 und 1/3, so ist eine geschlossene Phasenkurve bestimmt durch diese Punktfolge: Bogen CDHFAGCD, Sprung DEF, Bogen FAGCDHFA, Sprung ABC.

Für $\eta = 1/3$ müssen die Zentriwinkel der Bögen gegen 3π gehen; wieder muß der Kreis unbeschränkt wachsen; es liegt ein Resonanzfall vor.

Die weitere Untersuchung für $\eta < 1/3$ läßt sich leicht durchführen; sie liefert wie im Unterabschnitt α Resonanzen für alle $\eta = 1/k$ mit ungeradem k. Man erhält daher, wenn man $\delta = 2/\eta$ setzt, ein ähnliches Responsediagramm wie das der Abb.6.54/4; allerdings liegen die Tiefpunkte der Kurvenzweige an den Stellen $\eta = 1/2m$ $(m = 1, 2, 3, \ldots)$ nicht mehr in gleicher Höhe, sie haben vielmehr die Ordinaten $X = 2m$.

Auch die Aussagen vom Unterabschnitt α über die subharmonischen Schwingungen ändern sich qualitativ nicht. Man erhält auch hier von jedem Anfangspunkt A_0 der Phasenebene aus subharmonische Schwingungen von der Ordnung 1/N, wenn $\eta = N/m$ rational ist. Ein der Abb.6.54/6 entsprechendes Beispiel für $\eta = 4/3$ zeigt Abb.6.54/9; ein Gegenstück zu dem symmetrischen Fall der Abb.6.54/7 für $N = 2$ gibt Abb.6.54/10 wieder.

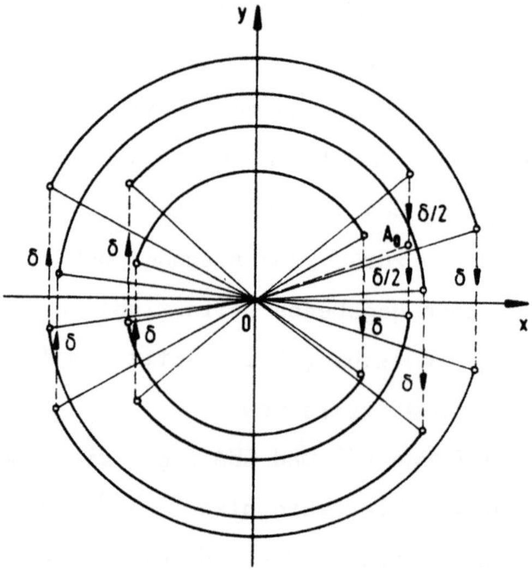

Abb.6.54/9.
Erzwungene subharmonische Schwingungen der Ordnung 1/4 mit $\eta = 4/3$; unsymmetrischer Fall

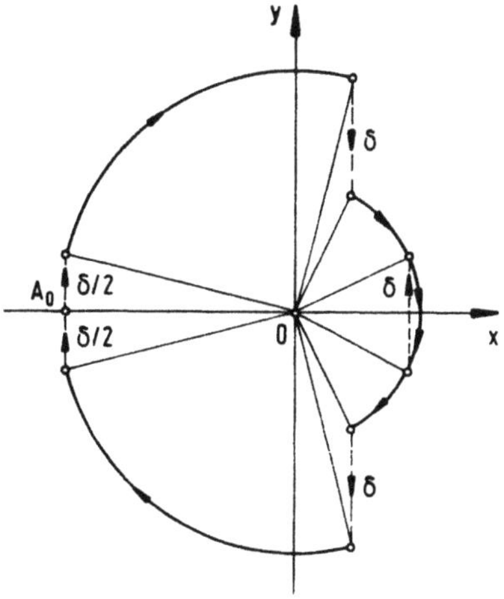

Abb.6.54/10.
Erzwungene subharmonische Schwingungen der Ordnung 1/2; symmetrische Fälle

6.55 Nicht lineare Schwinger vom "Grundtyp"

α) Störfunktionen $M_i(\sigma)$

α1) Allgemeine Kennlinie f(x)

Wir gehen aus von den Gln.(6.53/6a) bis (6.53/6d). Die abschnittsweise autonomen Differentialgleichungen lauten gemäß (6.53/6d)

$$x'' + f_\alpha(x) = 0 \qquad \text{mit} \qquad f_\alpha(x) := f(x) \mp \alpha . \qquad (6.55/1)$$

Integriert man (6.55/1) analog zur Gl.(6.53/1), so erhält man wegen

$$\frac{d}{dx}\frac{y^2}{2} + f_\alpha(x) = 0 \qquad (6.55/2a)$$

mit der Integrationskonstanten E_α nun

$$\frac{y^2}{2} = E_\alpha - I(x) \mp \alpha x . \qquad (6.55/2b)$$

Mit der Abkürzung

$$I_{\mp\alpha}(x) := \int_0^x f_\alpha(u)\, du = I(x) \mp \alpha x \qquad (6.55/2c)$$

findet man analog zu (6.53/2a) als Gleichung der Phasenkurven

$$y = \pm \sqrt{2[E_\alpha - I_{\mp\alpha}(x)]} . \qquad (6.55/3)$$

Diese Gleichung beschreibt zwei Scharen von Kurven (Scharparameter ist E_α), die wieder symmetrisch zur x-Achse sind. Die beiden zu einem festen Wert E_α gehörenden Kurven liegen wegen (6.55/3) und (6.55/2c) spiegelbildlich zur y-Achse und schneiden diese in den beiden Punkten

$$y_s = \pm\sqrt{2E_\alpha} \quad . \qquad (6.55/3a)$$

Die Abb.6.55/1 zeigt ein Paar solcher (zu einem festen Wert E_α gehörender) Phasenkurven. Diese Kurven entsprechen den beiden Kreisen der Abb.6.54/2 des linearen Falles $f(x) \equiv x$; einander entsprechende Punkte in Abb.6.54/2 und Abb.6.55/1 sind jeweils mit den gleichen Buchstaben bezeichnet.

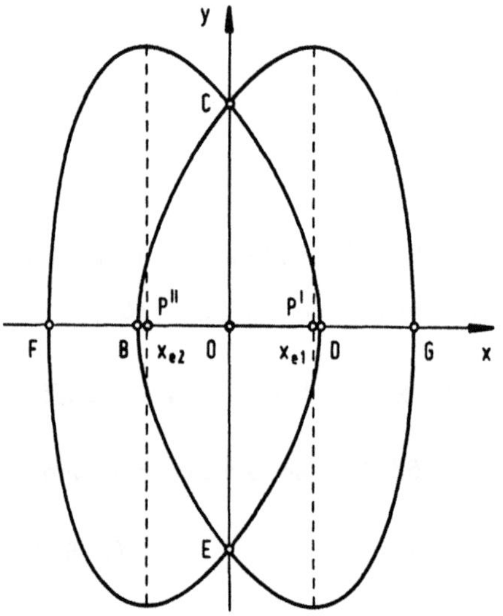

Abb.6.55/1. Phasenkurven aus nicht-kreisförmigen Kurvenbögen

Im linearen Fall $f(x) \equiv x$ des Abschn.6.54 waren die Phasenkurven Kreise um die Mittelpunkte M' und M" mit den Abszissen $x = \pm\alpha$. Jetzt gibt es analog zu M' und M" zwei Punkte P' und P" auf der x-Achse, die mit M' und M" noch die Eigenschaft gemeinsam haben, daß sie dieselben Abszissen $x = \pm x_e$ aufweisen wie die Extremwerte der Kurven $y(x)$. Den Betrag x_e findet man [indem man in (6.55/2b) $d(y^2)/dx = 0$ setzt] aus $f_\alpha(x_e) = 0$, also aus

$$f(x_e) = \pm\alpha \quad . \qquad (6.55/4)$$

Im linearen Fall führt (6.55/4) auf $x_e = a$.

Für p e r i o d i s c h e Schwingungen, die in Gegenphase zu $M_i(\sigma)$ verlaufen, tritt an die Stelle des im linearen Fall geltenden Kreisbogenzweiecks BCDEB von Abb.6.54/2 das ebenso bezeichnete Kurvenzweieck der Abb.6.55/1.

α2) Überlineare Kennlinie; qualitative Untersuchungen

Für das Folgende setzen wir eine ü b e r l i n e a r e Kennlinie voraus. Unterlineare Kennlinien lassen ähnliche Überlegungen zu. Einige Tatsachen lassen sich auch ohne Rechnung feststellen.

V o r a b : Aus Abschn.5.42 wissen wir, die Periodendauern der autonomen Schwingungen, die zu den glatten Kurven der Abb.6.55/1 gehören, gehen bei unbegrenzt wachsendem Maximalausschlag X gegen Null, ihre Frequenzen gehen daher gegen Unendlich (siehe z.B. Abb.5.42/2).

E r s t e n s : Dem Zweieck BCDEB entspricht auch hier (wie im linearen Fall) eine Schwingung, die in Gegenphase zur Erregerfunktion liegt. Wandern die Eckpunkte C und E des Zweiecks auf der y-Achse von 0 an nach außen, so nimmt der Maximalwert X, der gleich der Abszisse von D ist, unbegrenzt zu. Hierbei wird zunächst die Zeit zum Durchlaufen der Bögen von Null an wachsen, da auch die Länge der Bögen von Null an wächst. Schließlich wird sie aber wieder gegen Null gehen müssen, weil die Periode der autonomen Schwingungen gegen Null geht. Es muß daher für einen bestimmten Wert X_U des Maximalausschlags X ein Maximum der Durchlaufzeit erreicht werden; ihm entspricht ein

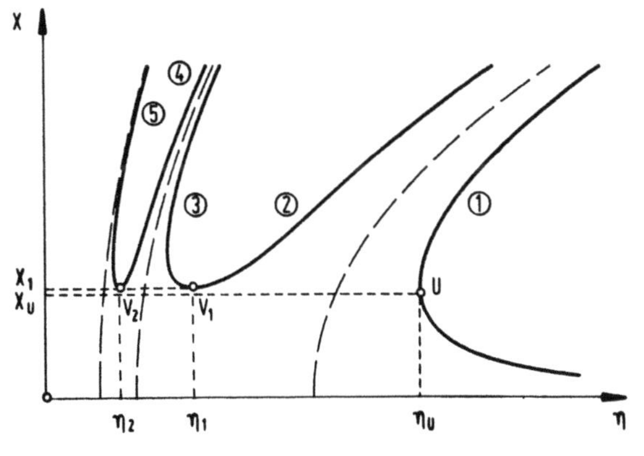

Abb.6.55/2. Responsediagramm zur Erregerfunktion M_i

Minimum η_U der Erregerfrequenz η. Die Abb.6.55/2 gibt das Responsediagramm schematisch wieder. Jener Kurvenast, der von großen Abszissenwerten kommt und wachsende X-Werte aufweist, läuft zuerst nach links; im Punkte $U(\eta_U, X_U)$ erreicht er eine vertikale Tangente, kehrt seine Richtung um und setzt sich im Sinne wachsender η und wachsender X fort.

Zweitens: An die Stelle der im linearen Fall für $1/2 < \eta < 1$ maßgebenden Kreisbogenzweiecke FCGEF der Abb.6.54/2 treten jetzt die ebenso bezeichneten Kurvenzweiecke der Abb.6.55/1. Zu ihnen gehören Schwingungen, die mit der Erregerfunktion in Phase liegen. Fallen C und E mit dem Ursprung 0 zusammen, so müssen (dem früheren Fall von Abb.6.54/3 entsprechend) die beiden durch den Ursprung gehenden geschlossenen Phasenkurven vollständig durchlaufen werden. Zu ihnen gehört ein bestimmter Maximalausschlag X_1 und eine Erregerfrequenz η_1, die gleich der halben Eigenfrequenz der zu diesen Kurven gehörenden freien Schwingungen ist [Punkt $V_1(\eta_1, X_1)$ in Abb.6.55/2]. Wandern die Punkte C und E vom Ursprung 0 an nach außen, so werden bei wachsendem Maximalausschlag X nur noch Teile der vollen Kurven durchlaufen. Die Laufzeiten werden also sicher dauernd kleiner und demgemäß die η-Werte größer.

Auch ohne die im nächsten Unterabschnitt durchgeführte Rechnung ist einzusehen, daß mit wachsendem X der Betrag von α für Gl.(6.55/3) und damit die Größe x_e in der Abb.6.55/1 immer mehr an Bedeutung verlieren.

Der von V_1 nach rechts laufende Zweig der Responsekurven nähert sich also asymptotisch dem von U ausgehenden Zweig und zugleich auch der in Abb.6.55/2 gestrichelt gezeichneten Kurve, welche die Größtausschläge X der freien Schwingungen ($\alpha = 0$) als Funktion der Kreisfrequenz ω^* wiedergibt. Für $\eta > \eta_1$ hat demnach das Responsediagramm durchaus den gleichen Charakter wie jene Responsediagramme, die für schwach nichtlineare Schwingungen mit Hilfe von Näherungsverfahren gewonnen wurden, siehe z.B. die Abb.6.22/2a.

Drittens: Analoge Betrachtungen wie bei den erzwungenen Schwingungen der linearen Schwinger in Abschn.6.54 zeigen weiter:

Links von V_1 setzen sich die Responsekurven in einer Folge solcher für überlineare Kennlinien nach rechts abgebogener Äste fort. Sie häufen sich gegen die X-Achse hin und reichen jeweils bei den Abszissen $\eta_n = \eta_1/n$ $(n = 1, 2, 3, \ldots)$ in den Punkten V_n bis zur Ordinate X_1.

Man erhält also im Prinzip zu jedem Wert η unendlich viele Schwingungsformen und im Responsediagramm unendlich viele Werte X. Nach dem im Abschn.6.25β ausgesprochenen Kriterium, das auf der "Schichtung" der Zweige der Responsekurven beruht, sind die zugehörigen Schwingungen abwechselnd stabil und instabil.

α3) Berechnung der Responsekurve für $f(x) = x + x^3$

Nach den qualitativen Betrachtungen gehen wir jetzt daran, Responsekurven zu berechnen. Dabei greifen wir als übersichtliches Beispiel den Schwinger mit der überlinearen kubischen Kennlinie $f(x) = x + x^3$ heraus. Andere Kennlinien werden im Unterabschnitt α4 erwähnt. Mit der angegebenen Kennlinie wird $I(x) = x^2/2 + x^4/4$; deshalb folgt aus (6.55/2b) die Gleichung der Phasenkurven zu

$$\frac{y^2}{2} = E_\alpha - \left(\frac{x^2}{2} + \frac{x^4}{4}\right) \mp \alpha x . \qquad (6.55/7)$$

Für den in der Abb.6.55/2 durch U laufenden Zweig der Responsekurve ist X die Abszisse des Punktes D aus Abb.6.55/1; er liegt auf derjenigen der beiden Phasenkurven, die zu $M = +\alpha$ gehört, so daß in Gl.(6.55/7) wegen (6.53/6) das obere Vorzeichen gilt. Mit der Abkürzung

$$r^2 := (X + \alpha)^2 + \frac{1}{2} X^4 \qquad (6.55/8a)$$

lautet daher die Gleichung der Phasenkurve

$$(x + \alpha)^2 + \frac{1}{2} x^4 + y^2 = r^2 . \qquad (6.55/8b)$$

Die zu X gehörige Erregerfrequenz η ergibt sich aus der Forderung, daß die zum Durchlaufen des Bogens CD in Abb.6.55/1 notwendige Zeit $\tau_{CD}(X)$ mit $X = x_D$ gleich sein muß dem vierten Teil der Periode der Erregung, $\tau_{CD} = T_E^*/4 = 2\pi/4\eta$, also

$$\eta = \frac{\pi/2}{\tau_{CD}(X)} , \tag{6.55/9}$$

dabei ist wegen $d\tau = dx/y$ und mit y gemäß (6.55/8)

$$\tau_{CD}(X) = \int_0^X \frac{dx}{\sqrt{r^2 - (x + \alpha)^2 - \frac{1}{2} x^4}} . \tag{6.55/10}$$

Für den rechten Teil der durch V_1 laufenden Responsekurve gilt wörtlich dasselbe, wenn überall $+\alpha$ durch $-\alpha$ ersetzt und anstelle des Punktes D der Punkt G in der Abb.6.55/1 benutzt wird. Jetzt ist also $X = x_G$ und es wird

$$\tau_{CG}(X) = \int_0^X \frac{dx}{\sqrt{r^2 - (x - \alpha)^2 - \frac{1}{2} x^4}} . \tag{6.55/11}$$

Analog zu (6.55/9) gilt

$$\eta = \frac{\pi/2}{\tau_{CG}(X)} . \tag{6.55/12}$$

Nebenbei sei angemerkt: Die Frequenz ω^* der freien Schwingung als Funktion ihres Größtausschlags X wird durch die Gleichung

$$\omega^*(X) = \frac{\pi/2}{\tau_0(X)} \tag{6.55/13}$$

geliefert. $\tau_0(X)$ ergibt sich aus Gl.(6.55/10) oder (6.55/11) mit $\alpha = 0$ zu

$$\tau_0(X) = \int_0^X \frac{dx}{\sqrt{r^2 - x^2 - \frac{1}{2} x^4}} \qquad \text{mit} \qquad r^2 := X^2 - \tfrac{1}{2} X^4 . \tag{6.55/14}$$

Dieses Ergebnis läßt sich auch aus den Gleichungen des Abschn.5.42β gewinnen. Die Kurve $\omega^*(X)$ ist in der Abb.6.55/2 zwischen den von U und den von V_1 ausgehenden Ästen gestrichelt eingetragen.

Die weiteren Kurven des Reponsediagramms 6.55/2 behandeln wir im Rahmen eines Überblicks über das gesamte Diagramm. Dabei stellen wir fest:

① Zur Responsekurve durch U (im linearen Fall: zu $\eta > 1$) gehört das Bogenzweieck EBCDE (mit dem nicht besonders gezeichneten, zu η_U gehörenden Sonderfall, der der Abb.6.54/3 des linearen Schwingers entspricht). Die Schwingung ist harmonisch zur Erregung und liegt zu ihr in Gegenphase.

② Zum rechten Ast der Responsekurve durch V_1 (im linearen Fall: zu $1 > \eta > 1/2$) gehört das Zweieck FCGEF. Auch diese Schwingung ist harmonisch zur Erregung, liegt aber in Phase mit ihr.

③ Zum linken Ast der Responsekurve durch V_1 (im linearen Fall: zu $1/2 > \eta > 1/3$) gehört die in C und E jeweils einmal geknickte Phasenkurve EBCGEBCDEFCDE. Ein Vergleich mit der zu ① gehörenden Phasenkurve zeigt, daß jetzt die beiden glatten Kurven EBCGE und EFCDE noch zusätzlich einmal durchlaufen wurden.

④ Die zum rechten Ast der Responsekurve durch V_2 (im linearen Fall: zu $1/3 > \eta > 1/4$) gehörende Phasenkurve unterscheidet sich von der bei ② wieder darin, daß jede der beiden glatten Kurven zusätzlich einmal voll durchlaufen wird.

⑤ Zum linken Ast der Responsekurve durch V_2 (im linearen Fall: zu $1/4 > \eta > 1/5$) gehört eine Phasenkurve wie bei ③; die beiden glatten Kurven werden jetzt einmal mehr durchlaufen.

Für die weiteren Äste gilt: Zu jedem rechten bzw. linken Ast einer Responsekurve durch den Punkt V_k $(k = 2,3,\ldots)$ gehört die Phasenkurve des Falles ② bzw. ③ (für die $k = 1$ ist), nur daß bei Erhöhung des Wertes k um eine Einheit jede der beiden glatten Phasenkurven ein weiteres Mal durchlaufen werden muß. Mit dieser Kenntnis ist es leicht, die Zeit T_j^* für das Durchlaufen einer Phasenkurve zu bestimmen. Für die insgesamt acht "Viertelbogen" der Abb.6.55/1 gibt es nur zwei Durchlaufzeiten, τ_I oder τ_{II}. Denn aus Symmetriegründen sind die Zeiten für je vier der Viertelbogen einander gleich:

$$\begin{aligned} &\tau_I \text{ gilt für die Bogen CD, DE, EB und BC,} \\ &\tau_{II} \text{ gilt für die Bogen CG, GE, EF und FC.} \end{aligned} \qquad (6.55/15)$$

Die gesamte Umlaufzeit T_j^* beträgt deshalb im Falle

$$① \qquad T_1^* = 4\tau_I \,, \qquad (6.55/16)$$

$$
\begin{aligned}
&② \quad T_2^* = 4\tau_{II}\,,\\
&③ \quad T_3^* = 4(2\tau_I + \tau_{II})\,,\\
&④ \quad T_4^* = 4(\tau_I + 2\tau_{II})\,,\\
&⑤ \quad T_5^* = 4(3\tau_I + 2\tau_{II})
\end{aligned}
\qquad (6.55/16)
$$

und so fort. $\tau_I = \tau_{CD}$ wird durch Gl.(6.55/10), $\tau_{II} = \tau_{CG}$ wird durch Gl. (6.55/11) angegeben.

Da jede Umlaufzeit $T_j^*(X)$ gleich der Erregerperiode $T_E^* = 2\pi/\eta(X)$ sein muß, gilt

$$\eta(X) = \frac{2\pi}{T_j^*(X)} \qquad (6.55/17')$$

und daher wegen (6.55/16) im Falle

$$
\begin{aligned}
&① \quad \eta = \frac{\pi/2}{\tau_I} && \text{(Äste durch U)},\\
&② \quad \eta = \frac{\pi/2}{\tau_{II}} && \text{(rechter Ast durch } V_1),\\
&③ \quad \eta = \frac{\pi/2}{2\tau_I + \tau_{II}} && \text{(linker Ast durch } V_1),\\
&④ \quad \eta = \frac{\pi/2}{\tau_I + 2\tau_{II}} && \text{(rechter Ast durch } V_2),\\
&⑤ \quad \eta = \frac{\pi/2}{3\tau_I + 2\tau_{II}} && \text{(linker Ast durch } V_2).
\end{aligned}
\qquad (6.55/17)
$$

Für jeden weiteren rechten oder linken Ast muß der Nenner im Ausdruck für den vorhergehenden rechten oder linken Ast um $(\tau_I + \tau_{II})$ erhöht werden. Somit können wir zusammenfassend für $k = 1, 2, 3, \ldots$ feststellen: Für den rechten Ast der Kurve durch V_k gilt

$$\eta = \frac{\pi/2}{(k-1)\tau_I + k\tau_{II}}\,, \qquad (6.55/18a)$$

für den linken Ast der Kurve durch V_k gilt

$$\eta = \frac{\pi/2}{(k+1)\tau_I + k\tau_{II}}\,. \qquad (6.55/18b)$$

Die im Responsediagramm 6.55/2 gestrichelt gezeichneten Kurven ("Rückgratkurven") entsprechen den Werten (6.55/13) der freien Schwingungen, für die $\alpha = 0$ und somit $\eta = \omega^*$ ist. Geht α gegen Null, so geht sowohl τ_I wie τ_{II} aus (6.55/15) gegen τ_0 nach (6.55/14).

Für die Rückgratkurve, die zwischen dem Ast ① durch U und dem Ast ② (rechter Ast durch V_1) verläuft, gilt somit $\eta = \pi/2\tau$. Die übrigen Äste können wir gemeinsam behandeln; aus (6.55/18) lesen wir ab: Für den linken Ast durch V_k gilt

$$\eta = \frac{\pi/2}{(k+1)\tau_I + k\tau_{II}} , \qquad (6.55/19a)$$

für den rechten Ast durch V_{k+1} gilt

$$\eta = \frac{\pi/2}{k\tau_I + (k+1)\tau_{II}} . \qquad (6.55/19b)$$

Wenn $\alpha = 0$ wird, gilt $\tau_I = \tau_{II} = \tau_0$. Deshalb gilt für die zwischen V_k und V_{k+1} verlaufende Rückgratkurve, die zwischen den Werten η_k und η_{k+1} auf die η-Achse trifft,

$$\omega^* \equiv \eta = \frac{\pi/2}{(2k+1)\tau_0} = \frac{2\pi}{(2k+1)T^*} . \qquad (6.55/20)$$

Ein Vergleich mit Gl.(6.11/1) liefert (wegen $m = 1$) $N = 2k+1$: Die Rückgratkurve entspricht einer Subharmonischen der Ordnung $1/N = 1/(2k+1)$. Setzt man für die durch U gehende Kurve $k = 0$, so ist auch die zwischen U und V_1 verlaufende Rückgratkurve in diese Feststellungen mit einbezogen.

α4) Responsekurven für andere Kennlinien f(x)

Den Überlegungen des Unterabschnitts α3 lag die spezielle Kennlinie $f(x) = x + x^3$ zugrunde. Für Schwinger mit anderen Kennlinien muß man zur Berechnung der Responsekurven auf die Gl.(6.55/3) der Phasenkurven zurückgreifen. In jedem Fall können die Durchlaufzeiten für Abschnitte der Phasenkurven durch Quadraturen dargestellt werden; man vergleiche hierzu Abschn.5.41. A. Blaser (Lit.6.55/1) hat für die in Abb.6.55/3 skizzierten und in ihren Merkmalen typischen Rückstellfunktionen die Responsekurven berechnet und die zur Bestimmung der Durchlaufzeiten der Phasenkurven erforderlichen Quadraturen angegeben.

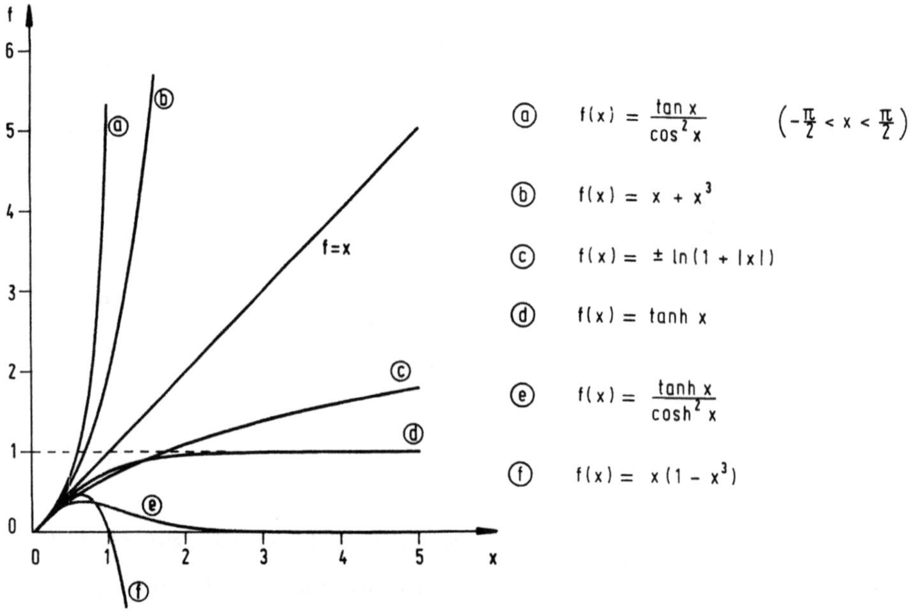

Abb.6.55/3. Die in Lit.6.55/1 behandelten Rückstellfunktionen f(x)

β) Störfunktionen S_i

Die folgenden Überlegungen sind vorbereitet durch die Darlegungen in Abschn.6.53γ und durch die Behandlung des linearen Falles in Abschn.6.54β.

Die abschnittsweise gültige Differentialgleichung ist hier die Gl.(6.53/8); die Abschnittsgrenzen werden wie im Abschn.6.54β durch die mit (6.51/3b) gegebenen Sprungstellen σ_j bestimmt.

Die geschlossenen Kurven in Abb.6.55/4 zeigen das Phasenportrait der freien Schwingungen eines nicht weiter spezifizierten nichtlinearen Schwingers; die Schar hat die Gl.(6.53/2). In dieses Phasenportrait sind Stöße vom Betrag δ eingetragen, die an den Stellen $A_1, A_2, \ldots, A_5$ in wechselnden Richtungen erfolgen. Die Phasenkurve der durch die Stöße erzwungenen Bewegung verläuft unstetig; sie setzt sich aus Stücken von Phasenkurven des Portraits (6.53/2) zusammen, deren Durch-

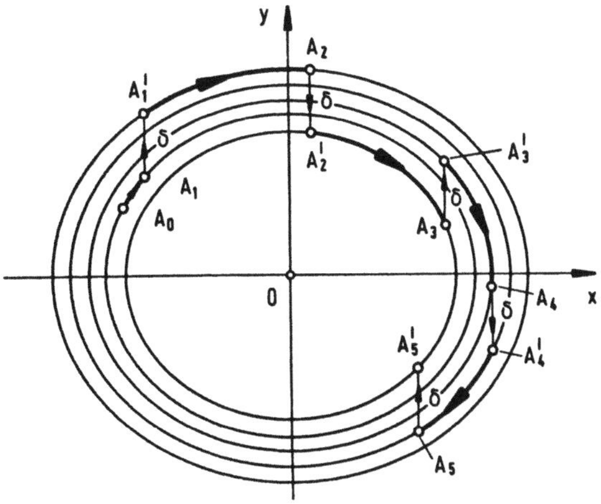

Abb.6.55/4.
Störfunktion S_i, qualitatives Phasenportrait

laufungszeit jeweils $\delta_\tau = \pi/\eta$ beträgt und deren Ordinaten an den Sprungstellen sich um $+\delta$ oder $-\delta$ unterscheiden. Der Kurvenzug der erzwungenen Bewegung des Beispiels in Abb.6.55/4 geht von A_0 über A_1, A_1', A_2, A_2', A_3, A_3', A_4, A_4', A_5 nach A_5'. Er schließt sich hier nicht, gehört also insoweit nicht zu einer periodischen Bewegung. Um harmonische oder subharmonische periodische Schwingungen aufzusuchen, müssen die Überlegungen des linearen Falles, in dem das Phasenportrait der freien Schwingungen aus konzentrischen Kreisen besteht, auf ein Phasenportrait vom Typ der Abb.6.55/4 übertragen werden. Statt der Abb.6.54/8 legen wir unseren Betrachtungen also die Abb.6.55/5 zugrunde, die sich nur in der Form der Phasenkurve unterscheidet.

Zu dem Bogenstück QA und den äquivalenten Stücken CR, RD und FQ gehöre jeweils die Durchlaufzeit

$$\tau(x_1) = \int_0^{x_1} \frac{dx}{y}\,, \tag{6.55/21a}$$

zum Bogen QG und seinen Äquivalenten GR, RH und HQ gehöre

$$\tau(x_0) = \int_0^{x_0} \frac{dx}{y}\,. \tag{6.55/21b}$$

Wenn wir nun genau die Überlegungen nachvollziehen, die oben im Abschn.6.54β angestellt wurden, so finden wir unter Bezug auf die Bezeichnungen U und V_k im Responsediagramm der Abb.6.55/2:

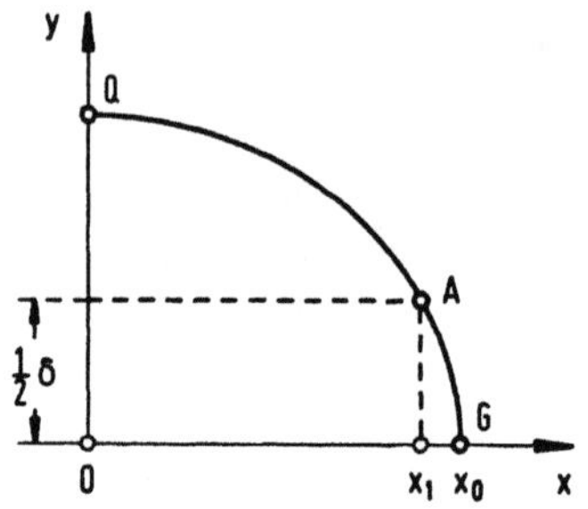

Abb.6.55/5.
Störfunktion S_i, erster Quadrant der Phasenkurve

1. Der Zweig der Responsekurve, der durch U geht und zu dem etwa die unstetige Phasenkurve ABCDEFA gehört, wird in der Zeit $T^* = 4\tau(x_1)$ durchlaufen. Für diesen Zweig gilt also wegen (6.55/17)

$$\eta = \frac{\pi/2}{T^*/4}$$

und, weil hier $x_1 \equiv X$ ist,

$$\eta(X) = \frac{\pi/2}{\tau_1} . \qquad (6.55/22)$$

2. Der rechte Zweig der durch V_1 gehenden Responsekurve, zu dem etwa die unstetige Phasenkurve DHFAGCBA + AGCDHFED gehört, wird in der Zeit $T^* = 8\tau(x_0) - 4\tau(x_1)$ durchlaufen. Weil hier zudem $x_0 \equiv X$ ist, gilt für ihn

$$\eta(X) = \frac{\pi/2}{2\tau(X) - \tau(x_1)} . \qquad (6.55/23)$$

3. Für Zweige, die sich von den Punkten V_k nach links erstrecken, gilt

$$\eta(X) = \frac{\pi/2}{2k\,\tau(X) + \tau(x_1)} , \quad (k = 1,2,3,\ldots) . \qquad (6.55/24)$$

4. Für einen Zweig rechts von V_k gilt

$$\eta(X) = \frac{\pi/2}{2k\,\tau(X) - \tau(x_1)} , \quad (k = 1,2,3,\ldots) . \qquad (6.55/25)$$

5. Die "Rückgratkurven" des Responsediagramms, die eine Beziehung darstellen zwischen X und bestimmten Bruchteilen der Frequenz $\eta_0 \equiv \omega^*$ der freien Schwingungen, haben die Gleichungen

$$\eta_0(X) = \frac{1}{N}\,\frac{\pi/2}{\tau(X)}\,, \qquad (N = 1,3,5,\dots)\,. \qquad (6.55/26)$$

Diesen Rückgratkurven nähern sich die Responsekurven asymptotisch an.

Für die subharmonischen Schwingungen von der Ordnung 1/N gilt das im Abschn.6.54β Gesagte sinngemäß. Es kommen auch hier nur solche Schwingungsformen in Betracht, deren Phasenbild zur x-Achse symmetrisch ist. Sie können näherungsweise folgendermaßen bestimmt werden:

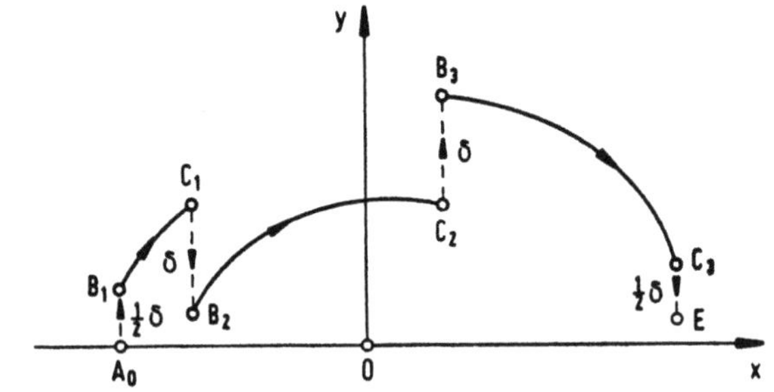

Abb.6.55/6. Phasenkurve einer subharmonischen Schwingung der Ordnung 1/N

Man geht, siehe Abb.6.55/6, von einem Punkt A_0 der x-Achse aus und schreibt sich einen Wert von δ vor; etwa wegen der Normierung (6.51/5) den Wert $\delta = 2/\eta$. Von A_0 aus geht man zuerst um die Strecke δ/2 aufwärts nach B_1, berechnet sodann den Endpunkt C_1 des durch B_1 laufenden Kurvenstücks mit der Durchlaufzeit π/η, springt von C_1 um δ abwärts bis B_2, setzt hier das nächste Kurvenstück an bis C_2, springt von dort um δ aufwärts bis B_3 und so fort. Von dem zur Zeit $N\pi/\eta$ erreichten Kurvenpunkt C_N aus geht man schließlich, je nachdem, ob N gerade oder ungerade ist, um die Strecke δ/2 aufwärts oder abwärts und gelangt so zum Endpunkt E des Streckenzuges. Wäre η richtig gewählt worden, so müßte E wieder auf der x-Achse liegen. Den richtigen Endpunkt E_0 samt dem zugehörigen Wert η_0 muß man auf iterativem Weg bestimmen.

6.56 Schwinger mit Dämpfung; Störfunktion $M_i(\sigma)$

Nach den Untersuchungen in den Abschn.6.53 bis 6.55, die ungedämpfte Schwinger betrafen und die in der Phasenebene durchgeführt wurden, betrachten wir nun ergänzend zum Unterabschnitt 6.52β pseudo-autonome Schwingungen gedämpfter Gebilde, und zwar wie dort im Zeitbereich. Als Beispiel wählen wir den Schwinger mit linearer Rück-stell- und linearer Dämpfungskraft; Erregerfunktion sei die Funktion $-M_c(\sigma)$ von (6.51/1a). Die Intensität α von M_c setzen wir hier gleich Eins.

Wir stützen uns auf eine Arbeit von K. Magnus (Lit.6.56/1); durch das Umschreiben auf unsere Bezeichnungen schaffen wir eine Verbindung zum Abschn.3.22.

Ausgangspunkt bildet hier die analog zu (3.20/4) gebaute, in den dimensionslosen Veränderlichen x sowie τ und σ geschriebene und durch die Erregerfunktion ergänzte nichtautonome Differentialgleichung

$$x'' + 2Dx' + x = -M_c(\sigma)\,, \qquad (6.56/1)$$

in ihr sei $0 \leqq D < 1$.

Die Lösung der zu (6.56/1) gehörenden autonomen (hier: homogenen) Differentialgleichung lautet gemäß (3.22/2a)

$$x = x_A e^{-D\tau} \cos \nu^*(\tau - \tau_0)\,, \qquad (6.56/2)$$

wenn wir dort νt durch $\nu^*\tau$ und α durch $-\nu^*\tau_0$ mit $\nu^* = \sqrt{1-D^2}$ ersetzen und beachten, daß $\delta t = D\tau$ ist. Den Zeitverlauf der Lösung zeigt Abb. 6.56/1, sie entspricht bis auf die Bezeichnungen der Abb.3.22/1.

Die Zeiten τ_{max}, zu denen die Schwingungsausschläge x nach (6.56/2) maximale Werte x_{max} erreichen, folgen aus

$$\tan \nu^*(\tau_{max} - \tau_0) = -D/\nu^*\,. \qquad (6.56/3)$$

Die Maxima selbst haben die Werte

$$x_{max} = x_A \nu^* \exp[-D(\tau_{max} + n\pi/\nu^*)]\,,$$
$$(n = 0,1,2,\ldots)\,. \qquad (6.56/4)$$

Aus der Lösung (6.56/2) der autonomen Differentialgleichung wird im folgenden die stationäre Lösung des pseudo-autonomen Problems

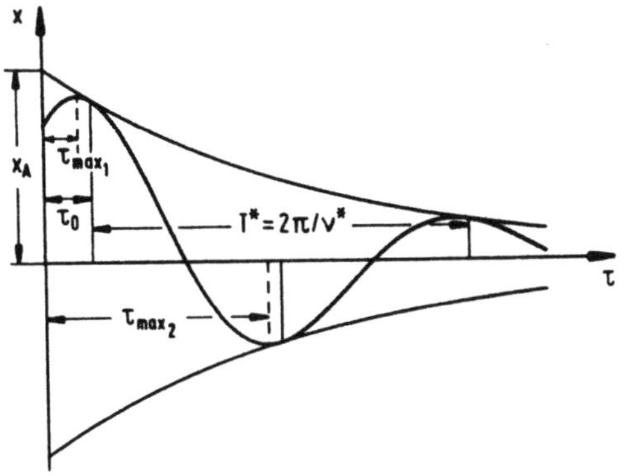

Abb.6.56/1.
Freie Schwingung gemäß
Gl.(6.56/2)

(6.56/1) durch Anstückeln konstruiert.

Die Periode T_E^* der Erregerfunktion ist $T_E^* = 2\pi/\eta$ (wie wir z.B. der Tafel 6.11/I entnehmen können). Dementsprechend springt die Gleichgewichtslage x_{gl} jeweils nach der Zeit π/η von -1 nach +1 oder umgekehrt. Die Aufgabe besteht nun darin, in die mäanderförmige Kurve der Gleichgewichtslagen $x_{gl} = -M_c(\sigma)$ solche Teilstücke der freien Schwingung von Abb.6.56/1 einzupassen, daß eine stetige und mit stetigen Ableitungen versehene Kurve entsteht. In der Abb.6.56/2 ist das für drei verschiedene Wertebereiche von T_E^* angedeutet.

Bezeichnet $\bar{x}(\tau)$ eine der um den Betrag Eins verschobenen Schwingungen, $\bar{x}(\tau) = x \mp 1$, so muß gelten

$$\bar{x}(0) + \bar{x}(\pi/\eta) = 2 \ , \qquad (6.56/5)$$

$$\bar{x}'(0) = -\bar{x}'(\pi/\eta) \ . \qquad (6.56/6)$$

Durch Einsetzen von (6.56/2) folgt aus (6.56/6) eine Bestimmungsgleichung für τ_0; sie lautet

$$\tan \nu^* \tau_0 = \frac{D + \exp(-D\pi/\eta)[\nu^* \sin(\nu^*\pi/\eta) + D\cos(\nu^*\pi/\eta)]}{\nu^* + \exp(-D\pi/\eta)[\nu^* \cos(\nu^*\pi/\eta) - D\sin(\nu^*\pi/\eta)]} \ . \qquad (6.56/7)$$

Desgleichen folgt aus (6.56/5) eine Gleichung für $\bar{x}_A$:

$$\bar{x}_A = 2\Big/\left[\cos\nu^*\tau_0 + \exp(-D\pi/\eta)\cos\nu^*(\pi/\eta - \tau_0)\right] \ . \qquad (6.56/8)$$

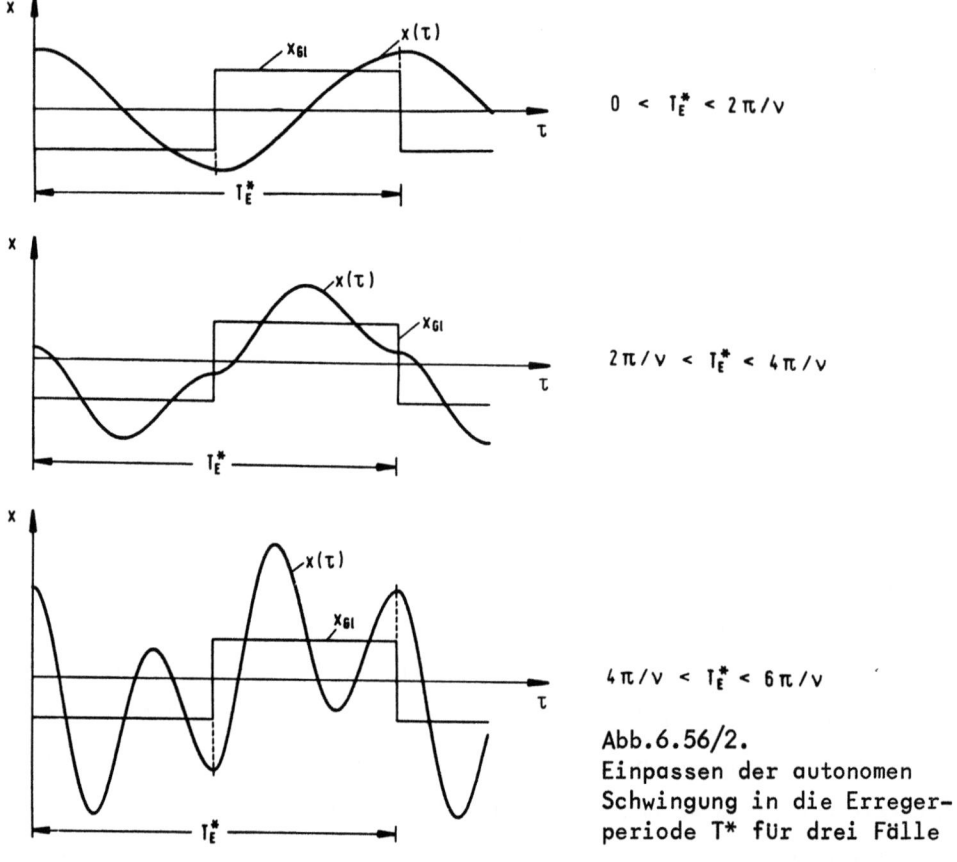

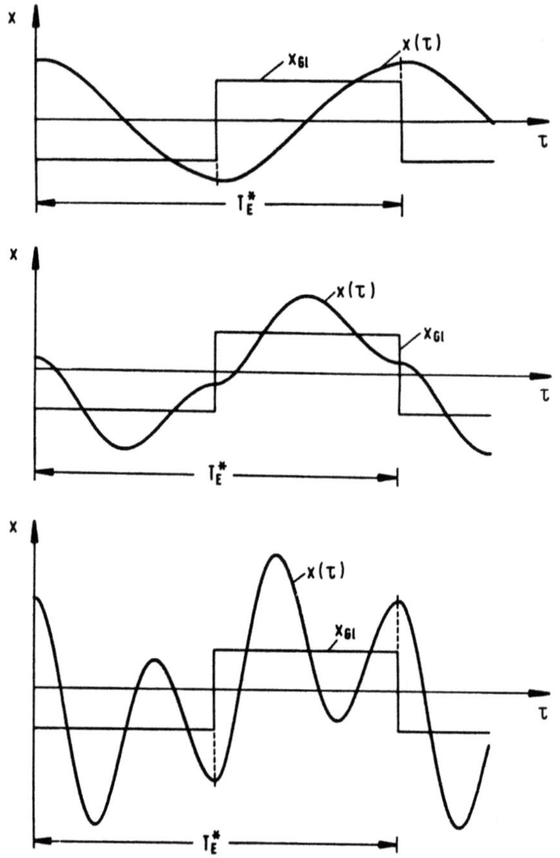

$0 < T_E^* < 2\pi/\nu$

$2\pi/\nu < T_E^* < 4\pi/\nu$

$4\pi/\nu < T_E^* < 6\pi/\nu$

Abb.6.56/2. Einpassen der autonomen Schwingung in die Erregerperiode T* für drei Fälle

Damit sind die Kennwerte $\nu^*\tau_0$ und x_A der Schwingung bestimmt.

Zur Berechnung der Responsekurve kann man nun so vorgehen: Für gegebenes D und $T_E^* = 2\pi/\eta$ wird aus (6.56/7) τ_0 bestimmt, dann aus (6.56/8) $\bar{x}_A$, aus (6.56/3) τ_{max} und aus (6.56/4) $\bar{x}_{max}$. Aus $\bar{x}_{max}$ wird danach $x_{max} =: X$ gebildet durch Addieren oder Subtrahieren der Einheit, je nachdem, welches Maximum $\bar{x}_{max}$ den größten Betrag für X ergibt.

Das Ergebnis der langwierigen Auswertung ist der zitierten Arbeit entnommen und in Abb.6.56/3 als "Gebirge" in einem X-1/η-D-Koordinatensystem dargestellt. Zum Vergleich wird in Abb.6.56/4 in gleicher Weise das Response-Gebirge für denselben Schwinger mit einer h a r m o n i s c h e n Erregerfunktion wiedergegeben (es entspricht der Kurvenschar von Abb.4.22/5).

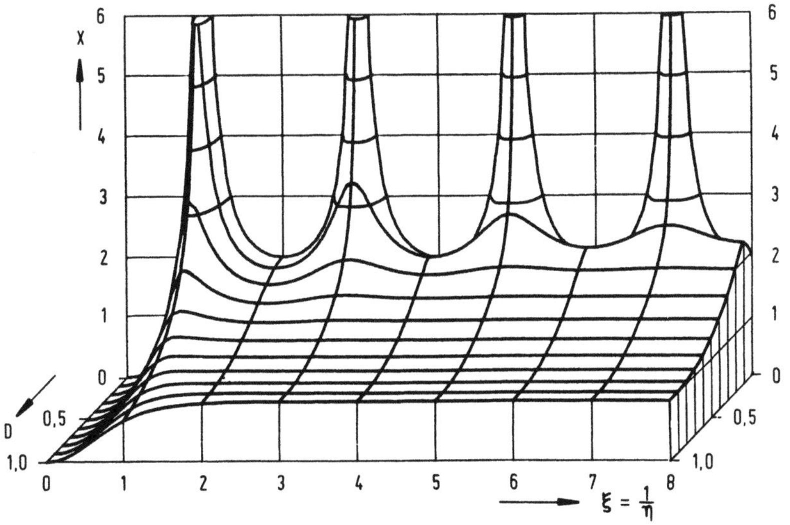

Abb.6.56/3. Responsegebirge im X-ξ-D-Raum für Schwinger mit Gl.(6.56/1)

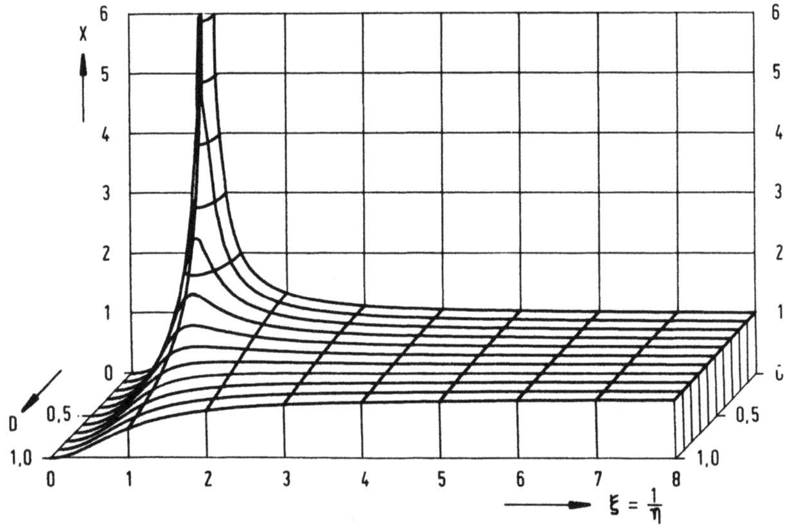

Abb.6.56/4. Zum Vergleich: Responsegebirge bei harmonischer Erregung

Zwei grundsätzliche Unterschiede der beiden Responsegebirge fallen auf: Zum einen zeigt die Abb.6.56/3 bei kleinen Werten von D zusätzliche Maxima, es existieren also Subharmonische; zum anderen liegt in dieser Abbildung für $\xi > 1$ das gesamte Niveau der Ordinatenwerte deutlich höher. Eine eingehendere Rechnung zeigt: Extremwerte von X liegen bei

$$1/\eta = n/\nu^* \ , \tag{6.56/9}$$

für $n = 1, 3, 5, \ldots$ erhält man Maxima, für $n = 2, 4, 6, \ldots$ ergeben sich Minima. Die Extrema selbst haben den Betrag

$$X_{extr} = \frac{2\exp(-D\pi/\nu^*)}{1 + (-1)^n \exp(-Dn\pi/\nu^*)} \ . \tag{6.56/10}$$

Zum Vergleich erinnern wir an die Ergebnisse aus Abschn.4.22: Im Falle harmonischer Erregerfunktionen $\cos\sigma$ oder $\sin\sigma$ liegt das (einzige) Maximum bei

$$1/\eta = 1/\sqrt{1 - 2D^2} \tag{6.56/11}$$

und hat den Betrag

$$X_{max} = \frac{1}{2D\sqrt{1 - D^2}} \ . \tag{6.56/12}$$

In der zitierten Arbeit (Lit.6.56/1) wird das hier besprochene Problem ausführlicher kommentiert und außerdem für den Fall einer Erregerfunktion $S_i(\sigma)$ behandelt.

6.6 Stark nicht-lineare Differentialgleichungen; stückweise lineare Systeme

6.61 Beispiel I[1]: Ball hüpft auf schwingender Platte

Den Aufbau des Systems und die Bezeichnungen kann man der Abb. 6.61/1 entnehmen: Ein Ball (Punktkörper) mit der Masse m kann frei fallen, bis er auf eine horizontale Platte trifft. Diese führt ihrerseits in vertikaler Richtung eine eingeprägte Bewegung $u(t) = A\cos\Omega t$

[1] Den Abschn.6.61 und 6.62 liegt eine Darstellung von E. Brommundt und D. Ottl zugrunde.

aus. Die Berührzeit während der Kollision von Ball und Platte möge so kurz sein, daß die Stoßhypothesen der Starrkörpermechanik anwendbar sind. Wir wollen untersuchen, unter welchen Bedingungen sich periodische Zustände im System einstellen können. Der Einfachheit halber beschränken wir uns dabei auf Vorgänge, bei denen der Ball in jeder Periode nur einmal auf die Platte trifft.

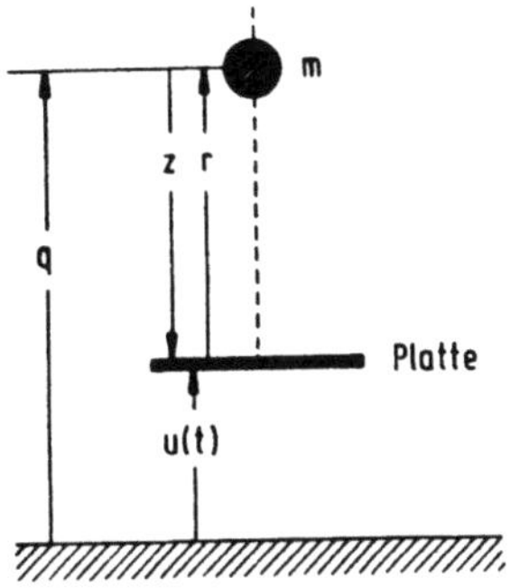

Abb.6.61/1.
Platte und Punktkörper m; Koordinaten

Mit q bezeichnen wir die Absolutkoordinate des Punktkörpers, als Relativkoordinate benützen wir hier $r = q - u$. Als dimensionslose Zeit wird $\sigma = \Omega t$ verwendet; die Ableitung $dr/d\sigma$ wird als $\mathring{r}$ geschrieben.

Zunächst beschäftigen wir uns mit den Stoßvorgängen und der Bewegung des Körpers zwischen den Stößen. Für diese Bewegung gilt $\ddot{q} = -g$ und somit wegen $\ddot{r} = \ddot{q} - \ddot{u}$

$$\ddot{r} = -g + A\Omega^2 \cos \Omega t \, . \tag{6.61/1a}$$

Mit der Stoßzahl e schreiben wir das Stoßgesetz in der Form

$$e\dot{r}^- = -\dot{r}^+ \, . \tag{6.61/1b}$$

Hierbei und im folgenden sind Größen unmittelbar vor dem Stoß durch den oberen Index –, solche unmittelbar nach dem Stoß durch den oberen Index + gekennzeichnet. Mit σ als unabhängiger Veränderlicher lauten die Gln.(6.61/1)

$$\mathring{\mathring{r}} = -g/\Omega^2 + A\cos\sigma \, , \tag{6.61/2a}$$

$$e\mathring{r}^- = -\mathring{r}^+ . \tag{6.61/2b}$$

Bewegungsgleichung des Systems ist die lineare Differentialgleichung (6.61/2a). Sie gilt jeweils für einen bestimmten Zeitabschnitt, nämlich von Stoß zu Stoß. Nach jedem Stoß müssen die Anfangsbedingungen für den nächsten Abschnitt mit Hilfe von (6.61/2b) neu bestimmt werden.

Vor einer weiteren Diskussion wollen wir zu dimensionslosen Größen übergehen. Mit

$$x := \frac{2\Omega^2}{g} r \qquad \text{und} \qquad a := \frac{2\Omega^2}{g} A$$

erhalten wir statt der Gln.(6.61/2)

$$\overset{\circ\circ}{x} = -2 + a\cos\sigma\,, \tag{6.61/3a}$$

$$\overset{\circ}{x}{}^{+} = -e\,\overset{\circ}{x}{}^{-}. \tag{6.61/3b}$$

Mit C_1 und C_2 als Integrationskonstanten liefert die Integration von (6.61/3a)

$$\begin{aligned} \overset{\circ}{x}(\sigma) &= C_1 - 2\sigma + a\sin\sigma\,, \\ x(\sigma) &= C_2 + C_1\sigma - \sigma^2 - a\cos\sigma\,. \end{aligned} \tag{6.61/4}$$

Früher hatten wir für den Bewegungsraum die Geschwindigkeitskoordinate $y_\sigma := \overset{\circ}{x}$ eingeführt. Da Verwechslungen kaum zu befürchten sind, werden wir hier der Einfachheit halber den Index σ weglassen, also $y := \overset{\circ}{x}$ gelten lassen.

In der Abb.6.61/2 ist die Bewegung des Punktkörpers im Bewegungsraum (x, y, σ) skizziert. $x(\sigma)$ kann nur positive Werte annehmen. Für $x = 0$ treten Stöße auf, wobei die Geschwindigkeit y sich sprunghaft ändert. Die Zeitpunkte der Stöße sind mit σ_j $(j = 1, 2, \ldots)$ bezeichnet, abkürzend schreiben wir ferner

$$y_j := y(\sigma_j{}^+).$$

Nun verbinden wir die Werte zur Zeit $\sigma_1^+ \equiv \sigma_1 + 0$ mit den Werten zur Zeit $\sigma_2^- \equiv \sigma_2 - 0$ und jene zur Zeit σ_2^- mit denen zur Zeit σ_2^+. Das bedeutet, daß wir zwei Punkttransformationen durchführen, nämlich $1^+ \rightarrow 2^-$ und $2^- \rightarrow 2^+$.

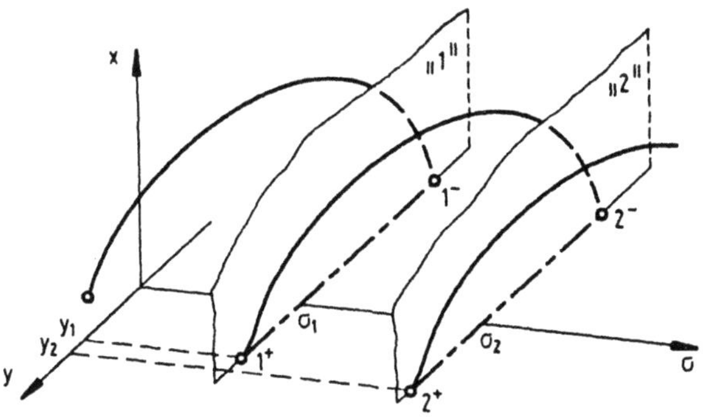

Abb.6.61/2. Bewegungsraum x-y-σ mit Phasenebenen "1" und "2"

Die Integrationskonstanten C_1 und C_2 in (6.61/4) bestimmen wir aus den Bedingungen während des ersten Stoßes. Es gilt

$$\mathring{x}(\sigma_1^+) \equiv y_1 = C_1 - 2\sigma_1 + a \sin\sigma_1 ,$$
$$x(\sigma_1) \equiv 0 = C_2 + C_1\sigma_1 - \sigma_1^2 - a\cos\sigma_1 . \qquad (6.61/5)$$

Daraus erhalten wir

$$C_1 = y_1 + 2\sigma_1 - a\sin\sigma_1 ,$$

$$C_2 = -\sigma_1(y_1 + 2\sigma_1 - a\sin\sigma_1) + \sigma_1^2 + a\cos\sigma_1 .$$

Für die Bewegung im Zeitintervall $\sigma_1 < \sigma < \sigma_2$ gelten demnach die Gleichungen

$$x(\sigma) = (y_1 - (\sigma - \sigma_1) - a\sin\sigma_1)(\sigma - \sigma_1) - a(\cos\sigma - \cos\sigma_1), \qquad (6.61/6a)$$

$$y(\sigma) = y_1 - 2(\sigma - \sigma_1) + a(\sin\sigma - \sin\sigma_1) ; \qquad (6.61/6b)$$

hinzu kommt in der "Ebene σ_2" die Beziehung

$$y_2 \equiv y(\sigma_2^+) = -e\,y(\sigma_2^-) . \qquad (6.61/7)$$

Damit können wir die sogenannten Abbildungsgleichungen

$$G_i(y_1, y_2, \sigma_1, \sigma_2) = 0 \qquad (i = 1,2) \qquad (6.61/8)$$

formulieren, die die Abhängigkeit des zweiten Stoßes vom ersten beschreiben. Aus (6.61/7) kommt mit (6.61/6b)

$$G_1 \equiv y_2 + e y_1 + 2e(\sigma_2 - \sigma_1) + ae(\sin\sigma_2 - \sin\sigma_1) = 0 \,, \qquad (6.61/9a)$$

aus $x(\sigma_2)$ folgt

$$G_2 \equiv (y_1 - (\sigma_2 - \sigma_1) - a\sin\sigma_1)(\sigma_2 - \sigma_1) - a(\cos\sigma_2 - \cos\sigma_1) = 0 \,. \qquad (6.61/9b)$$

Die gesuchten periodischen Bewegungen müssen als Periodendauer ein ganzzahliges Vielfaches der Erregerperiode haben, $T = 2\pi n$. Wir suchen also sog. Fixpunkte der durch (6.61/8) beschriebenen Abbildung (das sind Punkte, für die $y_2 = y_1$ ist) unter der Bedingung, daß die Ebenen "1" und "2" auf der Zeitachse den Abstand $2\pi n$ haben. Dann liefern die Gln.(6.61/9) mit

$$G_1^F := G_1(y_1, y_1, \sigma_1, \sigma_1 + 2\pi n) \equiv (1 + e)y_1 - 4e\pi n = 0 \,, \qquad (6.61/10a)$$

$$G_2^F := G_2(y_1, y_1, \sigma_1, \sigma_1 + 2\pi n) \equiv 2\pi n(y_1 - 2\pi n - a\sin\sigma_1) = 0 \qquad (6.61/10b)$$

zwei Bestimmungsgleichungen für y_1 und σ_1. Aus (6.61/10a) erhält man unmittelbar

$$y_1 = 4\pi n \frac{e}{1 + e} \,. \qquad (6.61/11)$$

y_1 ist die Relativgeschwindigkeit, mit der der Ball von der Platte zurückprallt; unelastische Bälle ($e \to 0$) werden von der Platte hochgeworfen, sie springen nicht. Einsetzen von y_1 in (6.61/10b) führt auf

$$\sin\sigma_1 = -\frac{2\pi n}{a}\frac{1 - e}{1 + e} \,. \qquad (6.61/12)$$

Da a als Amplitude eine positive Größe ist, kann man aus (6.61/12) schließen: Lösungen des gesuchten Typs können nur auftreten, wenn

$$\frac{2\pi n}{a}\frac{1 - e}{1 + e} \leq 1 \qquad (6.61/13)$$

ist. Dabei sind zwei Werte von σ_1 möglich, nämlich

$$\sigma_1 = \frac{3}{2}\pi \pm \arccos \frac{2\pi n}{a} \frac{1-e}{1+e} \; . \qquad (6.61/14)$$

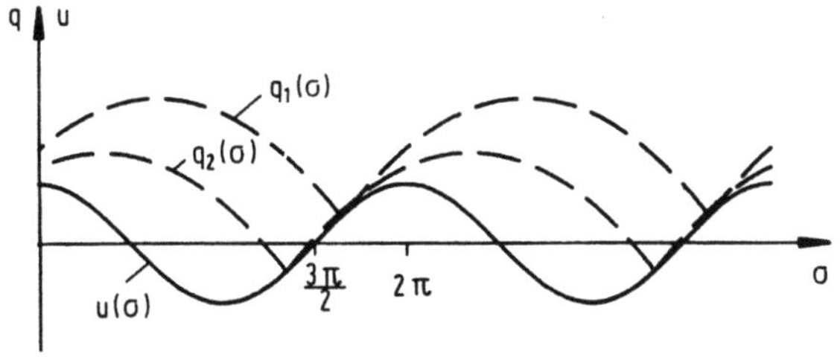

Abb.6.61/3.
Plattenbewegung $u(\sigma)$ und Skizze der beiden gemäß Gl.(6.61/4) möglichen Bewegungen $q(\sigma)$ des Punktkörpers

Die beiden zugehörigen (Absolut-)Bewegungen $q_1(\sigma)$ und $q_2(\sigma)$ sind in Abb.6.61/3 für $n=1$ zusammen mit der Erregerschwingung $u(\sigma)$ qualitativ skizziert. In Abb.6.61/4 ist $\sigma_1 = \sigma_1(e)$ für verschiedene Parameterwerte $a/2\pi$ dargestellt. Man erkennt auch hier, daß für $a/2\pi < 1$ die Stoßzahl e einen Mindestwert überschreiten muß, damit Lösungen des gesuchten Typs auftreten können.

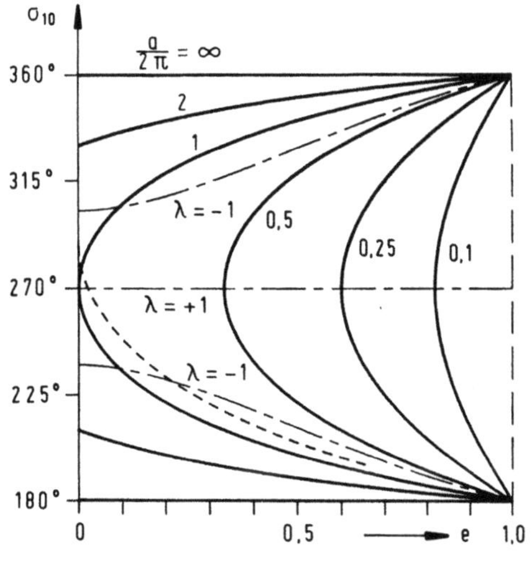

Abb.6.61/4.
Zusammenhang zwischen Stoßzeit und Stoßzahl, Scharparameter ist die Erregerintensität

Zwei Fragen müssen noch geklärt werden, ehe das Problem als gelöst betrachtet werden kann. Zum einen läßt die Existenz zweier Lösungen vermuten, daß eine davon instabil, also physikalisch nicht realisierbar ist. Zum anderen muß dann aber noch zumindest für die stabile Lösung überprüft werden, ob die Bedingung $x > 0$ zu keiner Zeit $\sigma_1 < \sigma < \sigma_2$ verletzt wird. Diesen beiden Fragen ist der folgende Abschnitt gewidmet.

6.62 Stabilitätsuntersuchung zum Beispiel I

Es gibt verschiedene Möglichkeiten, die im vorangehenden Abschnitt gefundenen Lösungen bzw. die entsprechenden Bewegungen auf ihre Stabilität hin zu untersuchen. In jedem Fall werden dabei an für den Vorgang charakteristischen Größen (Auslenkung, Geschwindigkeit, Energie) Störungen angebracht und deren Verhalten berechnet bzw. beobachtet. Wir wollen im folgenden drei der für Stabilitätsdiskussionen typischen Überlegungen vorführen. Dabei werden die Bezeichnungen und die Ergebnisse des Abschn.6.61 verwendet, ohne sie im einzelnen noch einmal anzuschreiben.

Schon eine einfache anschauliche Überlegung führt zu dem Schluß, daß allenfalls die Bewegung mit $3\pi/2 < \sigma_1 < 2\pi$ stabil sein kann: Wir wollen annehmen, daß der Ball zwar mit der für den stationären Zustand erforderlichen Geschwindigkeit, aber zum falschen Zeitpunkt auf der Platte auftrifft. Für ein Auftreffen mit $\pi < \sigma_1 < 3\pi/2$ [dem entspricht z.B. die Flugbahn $q_2(\sigma)$ in Abb.6.61/3] ist bei einem verspäteten Stoß durch die dann zu hohe Geschwindigkeit der Platte auch die Rücksprunggeschwindigkeit des Balles zu groß. Daraus resultiert eine größere Steighöhe und eine im Vergleich zur periodischen Lösung verlängerte Flugzeit. Das bedeutet aber, daß der nächste Stoß mit einer noch größeren Verspätung stattfindet. Entsprechend würde ein zu früher Stoß wegen der dann zu geringen Plattengeschwindigkeit zu einer zu kurzen Flugzeit, also ebenfalls zu einer Vergrößerung des Anfangsfehlers führen. Damit ist gezeigt, daß die Lösung mit $\pi < \sigma_1 < 3\pi/2$ instabil ist. Die Annahme einer richtigen ("ungestörten") Auftreffgeschwindigkeit bedeutet keine Einschränkung, denn zum Nachweis der Instabilität genügt die Angabe einer anwachsenden Störung, sei sie auch noch so speziell.

Eine zweite Möglichkeit, die Stabilität der Lösungen zu untersuchen, wäre das Aufstellen einer Energiebilanz. Eine falsche Stoßzeit und/oder eine falsche Auftreffgeschwindigkeit führen zu einem Fehler im Energieinhalt des Balles unmittelbar nach dem Stoß. Wenn der Vorgang "asymptotisch stabil" ist (nur dann läßt er sich physikalisch realisieren), so nimmt der Betrag dieses Energiefehlers von Stoß zu Stoß ab. Im vorliegenden Beispiel erhält man durch die gegenseitige Abhängigkeit von Stoßzeit und Rückprallgeschwindigkeit etwas umständliche Ausdrücke, wir verzichten hier deshalb auf weitere Einzelheiten.

Für eine quantitative Untersuchung des Stabilitätsverhaltens der periodischen Bewegung und zur Bestimmung der Stabilitätsgrenzen wählen wir einen dritten Weg. Dazu betrachten wir eine g e s t ö r t e Bewegung. Für sie gelte

$$\sigma_1 = \sigma_{10} + \Delta\sigma_1 , \qquad \sigma_2 = \sigma_{10} + 2\pi n + \Delta\sigma_2 ,$$
$$y_1 = y_{10} + \Delta y_1 , \qquad y_2 = y_{10} + \Delta y_2 ; \tag{6.62/1}$$

dabei sind die aus den Gln.(6.61/10) berechneten und durch (6.61/11) bzw. (6.61/12) gegebenen Fixpunkte der Abbildung durch den zweiten Index 0 gekennzeichnet. Wir setzen die Ausdrücke (6.62/1) in die Abbildungsgleichungen (6.61/8) ein und entwickeln nach den Störungen Δy_i und $\Delta\sigma_i$. So erhalten wir mit Berücksichtigung von (6.61/10) und unter Beschränkung auf die in den Störungen linearen Terme, d.h. als lineare Näherungen, das Gleichungssystem

$$e(2 - a\cos\sigma_{10})\,\Delta\sigma_1 + e\,\Delta y_1 - e(2 - a\cos\sigma_1)\,\Delta\sigma_2 + \Delta y_2 = 0,$$
$$4\pi n - y_{10} - 2\pi n\, a\cos\sigma_{10})\,\Delta\sigma_1 + 2\pi n\,\Delta y_1$$
$$+ (y_{10} - 4\pi n)\,\Delta\sigma_2 = 0. \tag{6.62/2}$$

Die folgenden Umformungen müssen nun nicht im einzelnen ausgeführt werden, sie sollen lediglich zur Erklärung des weiteren Vorgehens dienen.

Der Kürze und Übersichtlichkeit zuliebe gehen wir auf die in der Matrizenrechnung übliche Schreibweise über. Statt (6.62/2) schreiben wir dann einfach

$$\underline{A}_1 \underline{u}_1 = \underline{A}_2 \underline{u}_2 \tag{6.62/3}$$

mit den Koeffizientenmatrizen $\underline{A}_1$ und $\underline{A}_2$ und den Vektoren $\underline{u}_1$ und $\underline{u}_2$ der Störgrößen zu den Zeiten "1" und "2". Durch Multiplikation mit der Kehrmatrix $\underline{A}_2^{-1}$ erhält man

$$\underline{A}_2^{-1} \underline{A}_1 \underline{u}_1 = \underline{u}_2 \; . \tag{6.62/3a}$$

Mit einer speziell gewählten Koordinatentransformation

$$\underline{u}_1 = \underline{T}\, \underline{v}_1 \; , \qquad \underline{u}_2 = \underline{T}\, \underline{v}_2 \tag{6.62/4}$$

kann man die Matrix $\underline{A}_2^{-1} \underline{A}_1$ "diagonalisieren" [1]. In den neuen Koordinaten schreibt sich dann Gl.(6.62/3a) kurz als

$$\underline{\Lambda}\, \underline{v}_1 = \underline{v}_2 \tag{6.62/5}$$

mit der Diagonalmatrix

$$\underline{\Lambda} = \underline{T}^{-1} \underline{A}_2^{-1} \underline{A}_1 \underline{T} = \begin{bmatrix} \lambda_1 & 0 \\ 0 & \lambda_2 \end{bmatrix} \tag{6.62/6}$$

oder ausführlich als

$$\lambda_1 v_{11} = v_{21} \; ,$$

$$\lambda_2 v_{12} = v_{22} \; ;$$

dabei sind die v_{ik} Linearkombinationen von $\Delta\sigma_i$ und Δy_i. Die Bewegung des Balles ist dann stabil, wenn die Störungen abklingen. Es muß also $|v_{2k}| < |v_{1k}|$ und somit $|\lambda_k| < 1$ sein, an der Stabilitätsgrenze ist einer der λ-Werte dem Betrage nach gleich Eins. Positiven Werten dieses Parameters entspricht eine monotone Änderung der Störung, bei negativen

---

[1] Einzelheiten zur Hauptachsentransformation findet man z.B. in Lit. 6.62/1 oder auch in Lit.6.62/2.

λ-Werten ist die Störung alternierend. Jene für die Stabilitätsaussage letztlich maßgebenden Größen λ_i sind die Eigenwerte der durch die Gl.(6.62/3) vermittelten Abbildung, man kann sie unmittelbar aus der Bedingung

$$\det(\underline{A}_1 - \lambda\,\underline{A}_2) = 0 \qquad (6.62/7)$$

bestimmen. Mit der Abkürzung $\mathring{y}_{10} = a\cos\sigma_{10} - 2$ war

$$\underline{A}_1 = \begin{bmatrix} e\,\mathring{y}_{10} & -e \\ y_{10} + 2\pi n\,\mathring{y}_{10} & -2\pi n \end{bmatrix}, \quad \underline{A}_2 = \begin{bmatrix} e\,\mathring{y}_{10} & 1 \\ y_{10} - 4\pi n & 0 \end{bmatrix}.$$

(6.62/7) führt also auf

$$\lambda^2 - \lambda\left[1 + e^2 - \tfrac{1}{2}(1+e)^2\, a\cos\sigma_{10}\right] + e^2 = 0 \;. \qquad (6.62/8)$$

Für $\lambda = +1$ erhält man daraus (der Index s soll Werte an der Stabilitätsgrenze kennzeichnen)

$$\tfrac{1}{2}(1+e_s)^2\, a_s\cos\sigma_{1s} = 0\;, \quad \text{also} \quad \sigma_{1s} = \tfrac{3}{2}\pi\;. \qquad (6.62/9)$$

Setzt man $\lambda = -1$, so wird

$$\tfrac{1}{2}(1+e_s)^2\, a_s\cos\sigma_{1s} = 2(1+e_s^2)\;. \qquad (6.62/10)$$

Mit Gl.(6.61/12) läßt sich σ_{1s} oder a_s aus (6.62/10) eliminieren, für $n = 1$ erhält man so

$$a_s = \frac{2}{(1+e_s)^2}\sqrt{4(1+e_s^2)^2 + \pi^2(1-e_s^2)^2} \qquad (6.62/11)$$

oder

$$\cos\sigma_{1s} = \frac{2(1+e_s^2)}{\sqrt{4(1+e_s^2)^2 + \pi^2(1-e_s^2)^2}} \;. \qquad (6.62/12)$$

Die durch die Gln.(6.62/9) bzw. (6.62/12) gegebenen Grenzkurven sind in Abb.6.61/4 strichpunktiert eingezeichnet. Es muß jetzt noch festgestellt werden, auf welcher Seite dieser Grenzkurven die stabilen Lösungen liegen. Wir ersetzen dazu in Gl.(6.62/8) λ und σ_{10} durch

Nachbarwerte,

$$\lambda = \lambda_s + \Delta\lambda \,, \qquad \sigma_{10} = \sigma_{1s} + \Delta\sigma \,,$$

und erhalten für $\lambda_s = +1$

$$\Delta\lambda = -\frac{a}{2}\,\frac{(1+e)^2}{1-e^2}\,\Delta\sigma \,. \tag{6.62/13}$$

Auf der stabilen Seite muß $|\lambda| < 1$ sein. Das ist dort der Fall, wo $\Delta\lambda$ negativ ist, also für positives $\Delta\sigma$: Das Gebiet unterhalb der Geraden $\sigma = 3\pi/2$ ist instabil. Diese Aussage bestätigt das eingangs dieses Abschnitts auf anschaulichem Wege gefundene Ergebnis.

Für $\lambda_s = -1$ findet man [unter Berücksichtigung von (6.61/12)]

$$\Delta\lambda = -\pi\,\Delta\sigma \,. \tag{6.62/14}$$

Hier muß $\Delta\lambda$ positiv, also $\Delta\sigma$ negativ sein, damit $|\lambda_s + \Delta\lambda| < 1$ wird: Oberhalb der durch (6.62/12) gegebenen Kurve klingen alternierende Störungen nicht ab. Eine weitergehende Untersuchung zeigt, daß dort stationäre Bewegungen möglich sind, bei denen der Ball abwechselnd höhere und niedrigere Sprünge und damit eine Bewegung ausführt, die wir bei unseren Untersuchungen ausgeschlossen haben.

Bei der Diskussion, ob die berechneten Bewegungen sich realisieren lassen, darf ein weiterer, ganz wesentlicher Punkt nicht unbeachtet bleiben: Der Abstand x zwischen Ball und Platte darf zu keinem Zeitpunkt negativ werden. Dies würde einen erneuten Stoß bedeuten und unsere Periodizitätsannahmen verletzen.

In der Abb. 6.62/1 ist angedeutet, wie ein Verlauf $x(\sigma)$ aussehen würde, wenn für $\sigma \to \sigma_v$ die Bedingung $x \geqq 0$ (oder $q \geqq u$) verletzt zu werden droht. Die Funktion $x(\sigma)$ müßte dann an der Stelle σ_v ein Extremum vom Betrag Null besitzen, es müßte also für nur einen Stoß je Periode gelten:

$$\begin{aligned} x(\sigma_v) &\equiv 2\pi(\sigma_v - \sigma_1) - (\sigma_v - \sigma_1)^2 - a(\cos\sigma_v - \cos\sigma_1) = 0 \,, \\ y(\sigma_v) &\equiv 2\pi - 2(\sigma_v - \sigma_1) + a\sin\sigma_v = 0 \,. \end{aligned} \tag{6.62/15}$$

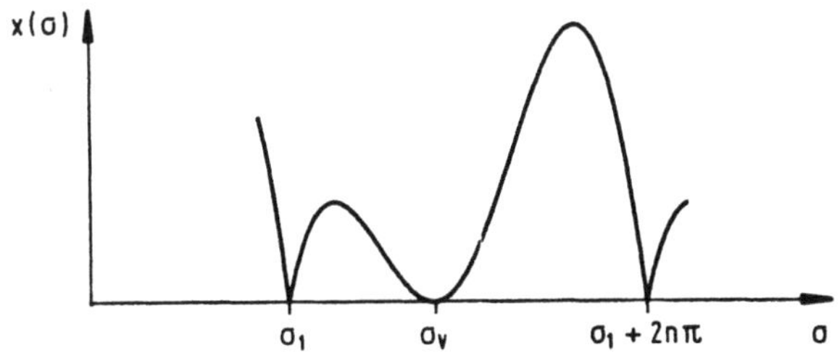

Abb.6.62/1. Skizze einer Funktion $x(\sigma)$, die in σ_v die Abszisse berührt

Aus (6.62/15) zusammen mit (6.61/12) wären nun σ_v und a zu eliminieren, um jene Werte $\sigma_{1G}(e)$ zu bestimmen, bei deren Unterschreitung aus der Berührung ein Stoß wird. Tatsächlich muß die in Abb. 6.61/4 für $n = 1$ gestrichelt eingezeichnete Grenzkurve $\sigma_{1G}(e)$ numerisch ermittelt werden; man kann sich dabei auf jenes Gebiet beschränken, in dem stabile Lösungen auftreten können.

6.63 Beispiel II: Stoß-Schwingungsdämpfer (Bericht)

Eine mögliche Ausführungsform eines Stoß-Schwingungsdämpfers zeigt Abb.6.63/1. Der Schwinger besteht aus einem starren Hauptkörper (Masse m_1) und einer Feder (Federsteifigkeit c_1), er bewegt sich horizontal. In einem Hohlraum des Hauptkörpers gleitet reibungsfrei mit der freien Weglänge $2l$ ein Zusatzkörper, der "Stoßkörper" (Masse m_2). Am Hauptkörper greift die harmonische Erregerkraft $P\cos\Omega t$ an.

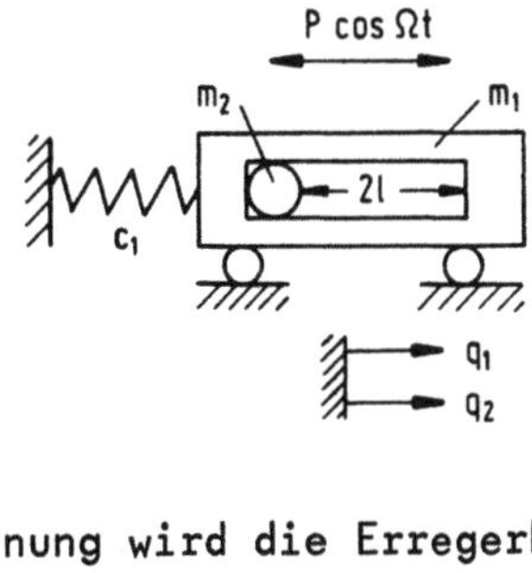

Abb.6.63/1.
Stoß-Schwingungsdämpfer

In Abwandlungen der gezeigten Anordnung wird die Erregerkraft durch eine Zwangsbewegung $u = U\cos\Omega t$ des (linken) Endes der Feder c_1 erzeugt; die Bewegungsrichtung des Schwingers kann statt horizontal auch vertikal sein. In jedem Fall wird die Dämpfungswirkung dadurch erzielt, daß wegen der nicht vollkommenen Elastizität der stoßenden Körper Energie zerstreut wird.

Der Schwinger besitzt allerdings zwei Freiheitsgrade. Die Mannigfaltigkeit seiner Bewegungsformen ist deshalb groß und nicht von vornherein übersehbar. Man ist somit gezwungen, gewisse Annahmen über die Art der Schwingungen zu machen, die man untersuchen will. Solche Annahmen stützen sich auf Beobachtungen an den Schwingern selbst oder an simulierenden Gebilden.

Die hier interessierenden Untersuchungen beschäftigen sich mit periodischen Bewegungen. Zwei Annahmen sind bis in die Einzelheiten hinein verfolgt worden: Es wird entweder angenommen, daß der Zeitabstand zwischen zwei aufeinanderfolgenden Stößen stets gleich der halben Periode der Erregung ist, $T_s = T_E/2$ (gelegentlich auch als "symmetrischer" Fall bezeichnet), oder man nimmt an, daß je Erregerperiode T_E zwei Stöße auftreten, ohne dabei Gleichheit der beiden zeitlichen Abstände zu fordern ("unsymmetrischer Fall"). Der symmetrische Fall wird in Lit.6.63/1, der unsymmetrische in Lit.6.63/2 behandelt. In beiden Veröffentlichungen wird weitere Literatur genannt.

Auf die Möglichkeit, daß periodische Bewegungen existieren, bei denen mehr als zwei Stöße je Erregerperiode auftreten, wurde zwar auch schon hingewiesen (Lit.6.63/3); explizite Rechnungen dazu liegen aber noch nicht vor. Das gleiche gilt für Fälle, bei denen erst innerhalb von n Erregerperioden ($n > 1$) zwei Stöße auftreten (subharmonische Fälle).

Kuphal und Dittrich setzen voraus, daß die Stöße zwischen dem Zusatzkörper und dem Hauptkörper in ganz kurzen Zeiten ablaufen, die Körper sich also unmittelbar nach dem Zusammentreffen wieder trennen. Unter dieser Annahme ist es wie in dem Beispiel der vorangehenden Abschnitte möglich, die Bewegungsgleichungen mit Hilfe des Stoßgesetzes der Starrkörpermechanik zu formulieren, das von der "Stoßzahl" Gebrauch macht.

In beiden Untersuchungen erhält man damit abschnittsweise lineare

Differentialgleichungen sowohl für den Hauptkörper wie für den Zusatzkörper, sie stellen deshalb ausführliche Beispiele für das Verfahren des Anstückelns dar. Die expliziten Rechnungen sind im Umfang allerdings so aufwendig, daß sich eine Wiedergabe an dieser Stelle verbietet. In beiden Fällen wird die Stabilität der resultierenden periodischen Bewegungen untersucht. Dabei ist erwähnenswert, daß die notwendigen Stabilitätsbetrachtungen keineswegs nur kleine Zusätze oder Ergänzungen darstellen; sie machen vielmehr jeweils etwa die Hälfte des Umfangs der Arbeiten aus.

Setzt man die Stöße nicht mehr als extrem kurzzeitig voraus, so hat man an den Stoßstellen die Einflüsse der Nachgiebigkeit und der Dämpfungsfähigkeit der Stoffe zu betrachten. Grundsätzliches zum Ansetzen der Bewegungsgleichungen, zum Auffinden der periodischen Bewegungen und zum Untersuchen ihrer Stabilität findet man in Lit. 6.63/4, ein entsprechender Aufsatz in einer Zeitschrift existiert nicht.

6.64 Schwinger mit Reibkräften

a) Bewegungsgleichungen

Erzwungene Schwingungen mit Coulombschen Reibkräften wurden in diesem Kapitel implizit schon in Abschn.6.31 behandelt, denn unter den dort betrachteten Dämpfungskräften vom Typ

$$B(\dot{q}) = b_0 \, |\dot{q}|^n \, \mathrm{sign}\, \dot{q}$$

sind sie als Sonderfall $(n = 0)$ enthalten. Anders als in Abschn.6.31 werden jetzt die Reibkräfte nicht als klein vorausgesetzt. Läßt man statt einer rein harmonischen eine allgemeinere periodische Erregerkraft $P(t)$ zu, so erhält man mit $n = 0$ statt der Dgl.(6.31/1) die Gleichung

$$a\ddot{q} + (\mathrm{sign}\,\dot{q})\, b_0 + cq = P(t)\,, \qquad (6.64/1)$$

die man mit den Beziehungen (6.31/2a) und (6.31/2b) auf die dimensionslose Form

$$x'' + (\operatorname{sign} x')\beta_0 + x = p(\eta\tau) \qquad (6.64/2a)$$

oder

$$\eta^2 \overset{\circ\circ}{x} + (\operatorname{sign} \overset{\circ}{x})\beta_0 + x = p(\sigma) \qquad (6.64/2b)$$

bringen kann.

Als Erregerfunktionen $p(\sigma)$ werden herangezogen: in diesem Abschn. 6.64 die in Abschn.6.51 definierten Funktionen $M_i(\sigma)$ und $S_i(\sigma)$, in den Abschn.6.65 und 6.66 die sinusförmigen Funktionen, in Abschn.6.67 allgemeiner periodische Funktionen.

β) Die Erregerfunktion $p(\sigma)$ ist vom Typ $M_i(\sigma)$

Aus der Dgl.(6.64/2b) wird dadurch (statt β_0 schreiben wir in diesem Abschnitt weiterhin schlicht β)

$$\eta^2 \overset{\circ\circ}{x} + (\operatorname{sign} \overset{\circ}{x})\beta + x = M_i(\sigma) \qquad (6.64/3)$$

also, wenn z.B. $M_s(\sigma)$ gemäß (6.51/2a) benutzt wird,

$$\eta^2 \overset{\circ\circ}{x} + (\operatorname{sign} \overset{\circ}{x})\beta + x = \alpha \operatorname{sign}(\sin\sigma) \qquad (6.64/3a)$$

oder anders geordnet

$$\eta^2 \overset{\circ\circ}{x} + x = \alpha \operatorname{sign}(\sin\sigma) - \beta \operatorname{sign} \overset{\circ}{x} \qquad (6.64/3b)$$

Die Dgl.(6.64/3b) ist eine bereichsweise autonome (und lineare) Differentialgleichung. Die Bereichsgrenzen sind dabei von zweierlei Art: Die Grenzen erster Art rühren her vom Umschlagen des Vorzeichens von β; sie liegen beim Durchgang von $\overset{\circ}{x}$ durch Null, in der Phasenebene also auf der x-Achse. Die Grenzen zweiter Art rühren her vom Umschlagen des Vorzeichens von α; sie hängen ab von der Zeit σ. Wegen dieser Zeitabhängigkeit liegt ein pseudo-autonomer Fall vor (siehe Abschn. 6.51 α).

γ) Resonanzfall; Beispiele

Für den Rest dieses Abschnittes richten wir unsere Aufmerksamkeit auf den Fall der Resonanz. Wir setzen also voraus, daß die Periode T_E^* der Erregerfunktion gleich ist der Periode T^* der freien Schwingungen des ungedämpften Schwingers, $T_E^* = T^*$; wegen der Linearität der Rückstellkräfte ist $T^* = T_0^* \equiv 2\pi$. Für die Frequenzen gilt also $\Omega = \varkappa$ oder gleichwertig $\eta = 1$. Damit werden die dimensionslosen Zeiten σ und τ identisch. Wir verwenden weiterhin die Zeit τ und deshalb Striche für Ableitungen nach der Zeit.

Die Dgln.(6.64/3b) lauten explizit, wenn man sie den Hälften der Phasenebene und den Zeitintervallen zuordnet,

$$x'' + x = \begin{cases} \alpha - \beta & \text{für } x' > 0 \\ \alpha + \beta & \text{für } x' < 0 \end{cases} \Big\} \text{ und } n2\pi < \tau < (2n+1)\pi\,, \\ \begin{cases} -\alpha + \beta & \text{für } x' < 0 \\ -\alpha - \beta & \text{für } x' > 0 \end{cases} \Big\} \text{ und } (2n+1)\pi < \tau < (n+1)2\pi\,, \qquad (6.64/4)$$

$$n = 0, 1, 2, \ldots$$

Die Phasenkurven bestehen aus Kreisbogenstücken, die ihren jeweiligen Mittelpunkt auf der x-Achse haben; ihre Zentriwinkel sind der jeweiligen Zeitdifferenz $\Delta\tau$ proportional.

B e i s p i e l 1 : Der Bewegungsbeginn, also der Zeitpunkt $\tau = 0$, sei festgelegt durch den Nulldurchgang der Geschwindigkeit x' beim Übergang von der unteren in die obere Hälfte der Phasenebene. Für dieses Beispiel fallen somit die Grenzen erster Art und die Grenzen zweiter Art zusammen; sie liegen alle auf der x-Achse. Somit reduzieren sich die vier Dgln.(6.64/4) auf zwei. Für $n = 0$ lauten sie

$$x'' + x = \begin{cases} \alpha - \beta & \text{für } 0 < \tau < \pi\,, \\ -\alpha + \beta & \text{für } \pi < \tau < 2\pi\,. \end{cases} \qquad (6.64/5)$$

Je nach der Intensität der Parameter α und β unterscheiden wir die drei Unterfälle $\alpha = \beta$, $\alpha > \beta$ (schwache Reibkraft) und $\beta > \alpha$ (starke Reibkraft).

U n t e r f a l l I : Wenn $\alpha = \beta$ ist, wird die Differentialgleichung zu $x'' + x = 0$. Die Bewegung ist eine harmonische Schwingung, ihre Amplitude r hängt von den Anfangswerten ab; die Phasenkurve ist ein (Voll-)Kreis mit dem Radius r um den Ursprung O.

U n t e r f a l l II : Für $\alpha - \beta =: d > 0$ beginnt die Phasenkurve (siehe Abb.6.64/1a) zur Zeit $\tau = 0$ in einem vorgegebenen Anfangspunkt A_0 als ein Halbkreis um den Mittelpunkt M_2, dessen Abszisse $x = +d$ ist. Zur Zeit $\tau = \pi$ wird der Punkt A_1 erreicht. Dort schließt sich ein Halbkreis um den Mittelpunkt M_1 an, der die Abszisse $x = -d$ besitzt. Zur Zeit $\tau = 2\pi$ wird der Punkt A_2 erreicht. Es schließt sich ein Abschnitt an, der wieder aus einem Halbkreis um M_2 besteht, und so fort. Die Bewegung schaukelt sich unbegrenzt auf.

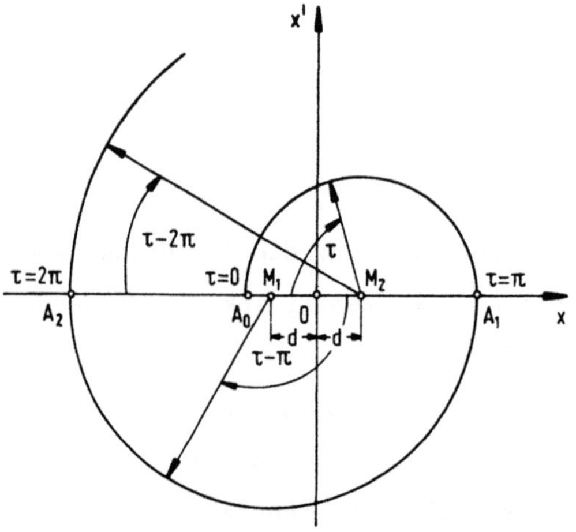

Abb.6.64/1a. Phasenkurven zum Schwinger mit der Bewegungsgleichung (6.64/5), Unterfall II, schwache Reibkraft

U n t e r f a l l III : Für $\beta - \alpha =: d > 0$ beginnt die Phasenkurve (siehe Abb.6.64/1b) zur Zeit $\tau = 0$ im Anfangspunkt A_0 als Halbkreis um den Mittelpunkt M_1, der die Abszisse $x = -d$ besitzt. Nach der Zeit $\tau = \pi$ schließt sich im Punkte A_1 ein Halbkreis um den Mittelpunkt M_2 mit der Abszisse $x = +d$ an, zur Zeit $\tau = 2\pi$ wird der Punkt A_2 erreicht; dann folgt wieder ein Halbkreis um M_1. Zur Zeit $\tau = 3\pi$ wird der Punkt $A_3 \equiv E$ erreicht. Er bedeutet (wegen des hier gewählten Anfangspunktes A_0) das Ende der Phasenkurve; die Bewegung kommt in E zum Stillstand auf Dauer.

Die Phasenkurven der Abb.6.64/1a und 6.64/1b sind Verallgemeinerungen der in Abb.5.52/5 gezeichneten Phasenkurven, die zum Schwinger c des Abschn.5.52 mit der Dgl.(5.52/7c) gehören.

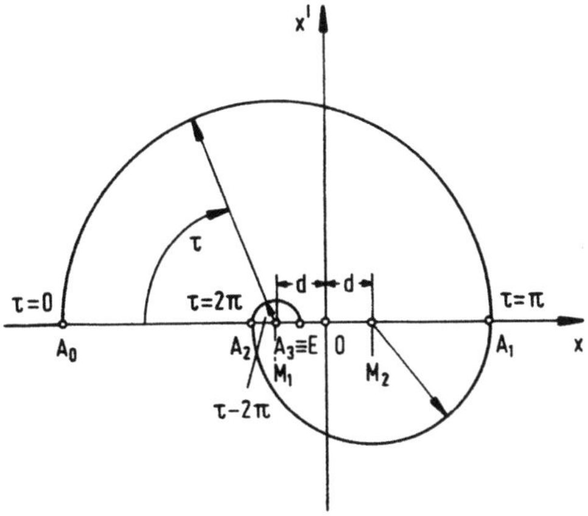

Abb.6.64/1b.
Phasenkurven zum Schwinger mit der Bewegungsgleichung (6.64/5), Unterfall III, starke Reibkraft

Für das Folgende halten wir fest: Die Unterfälle I bis III des Beispiels 1 haben gemeinsam: Die Bereichsgrenzen erster und zweiter Art fallen zusammen, die Grenzpunkte liegen auf der x-Achse der Phasenebene und gehören zu den Zeiten $\tau = n\pi$ $(n = 0,1,2,\ldots)$, die Bewegungen $x(\tau)$ liegen "in Phase" mit der Erregerfunktion $M_s(\tau)$ (in dem im Abschn.6.51γ erklärten Sinn).

Die Phasenkurven sind der Reihe nach (I) ein Vollkreis um 0, (II) eine aus Halbkreisbogen zusammengesetzte Kurve vom Typ der Abb. 6.64/1a, (III) eine ebensolche Kurve vom Typ der Abb.6.64/1b. Diesen drei Typen von Phasenkurven werden wir in späteren Beispielen wieder begegnen; und zwar sind sie dort jene Kurven, in die die von den Anfangswerten A_0 ausgehenden Kurven schließlich "einmünden". Wir nennen sie dann "Finalkurven", die zugehörigen Bewegungen "Finalbewegungen". E. Meißner und H. Ziegler sprechen dabei von "Restlösungen" und "Restbewegungen".

B e i s p i e l 2: Es gelte $\alpha - \beta > 0$ (schwache Reibung). Zur Zeit $\tau = 0$ beginne die Bewegung in einem Phasenpunkt A_0, der auf der im Abstand $d := \alpha - \beta$ gezogenen Parallelen zur Ordinatenachse liegt. Nun fallen die Grenzen erster und zweiter Art der Bewegungsabschnitte nicht mehr zusammen. Anstelle von (6.64/5) gelten für dieses Beispiel [wieder aus (6.64/3b) hergeleitet] die Differentialgleichungen

$$x'' + x = \begin{cases} \alpha - \beta & \text{für} \quad 0 < \tau < \pi/2\,, \\ \alpha + \beta & \text{für} \quad \pi/2 < \tau < \pi\,, \\ -\alpha + \beta & \text{für} \quad \pi < \tau < 3\pi/2\,, \\ -\alpha - \beta & \text{für} \quad 3\pi/2 < \tau < 2\pi\,. \end{cases} \qquad (6.64/6)$$

Es sei die Differenz $\alpha - \beta =: d$, die Summe heiße $\alpha + \beta =: s$. Die Phasenkurve ist in Abb.6.64/2 gezeigt. Sie beginnt im Punkte A_0 als Kreisbogen um den Mittelpunkt M_1 (dessen Abszisse $x = +d$ ist) und trifft zur Zeit $\tau = \pi/2$ im Punkte A_1 die x-Achse; dann folgt ein Kreisbogen um den Mittelpunkt M_2 (mit der Abszisse $x = +s$) bis zum Punkte A_2 zur Zeit $\tau = \pi$. Nun folgt ein Viertelkreisbogen um M_3 (Abszisse $x = -d$) bis zum Punkt A_3 zur Zeit $\tau = 3\pi/2$, danach ein Viertelkreisbogen um M_4 (Abszisse $x = -s$) bis zum Punkt A_4 zur Zeit $\tau = 2\pi$.

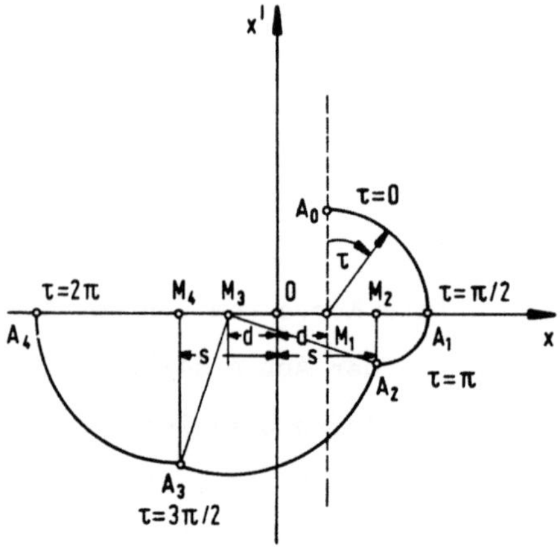

Abb.6.64/2.
Phasenkurve zum Schwinger mit Bewegungsgleichung (6.64/6)

Da der am Ende der ersten Erregerperiode $T_E^* = 2\pi$ erreichte Punkt A_4 für dieses Beispiel auf der x-Achse (und außerhalb der Ruhestrecke M_2M_4) liegt, schließt sich während der nächsten Erregerperiode 2π eine Bewegung vom Typ der Abb.6.64/1a an: Sie ist schon die Finalbewegung dieses Falles.

B e i s p i e l 3 : Wie im Beispiel 2 gelte wieder $\alpha - \beta =: d > 0$ und $\alpha + \beta =: s$. Der Anfangspunkt A_0 habe aber nicht die ausgezeichnete Lage des Beispiels 2, sondern eine allgemeinere. Die Abb.6.64/3 zeigt eine

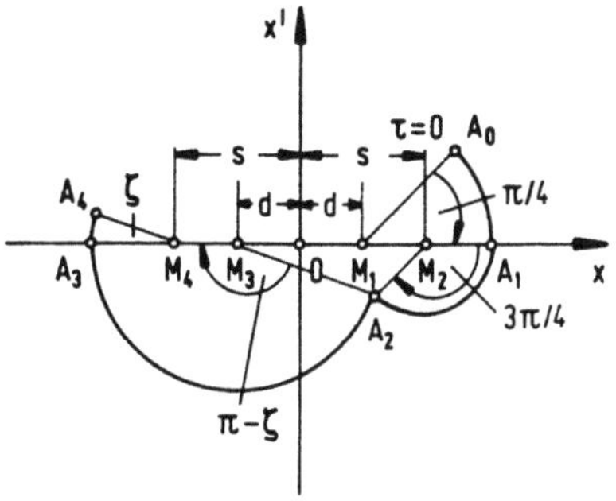

Abb.6.64/3.
Phasenkurve zum Beispiel 3

Phasenkurve. A_0A_1 ist ein Kreisbogen um M_1 (Abszisse $x=+d$) mit dem Zentriwinkel $\tau_1=\pi/4$; A_1A_2 ein Kreisbogen um M_2 (Abszisse $x=+s$) mit $\tau_2-\tau_1=3\pi/4$. Dann folgt ein Kreisbogen A_2A_3 um M_3 (Abszisse $x=-d$); der Punkt A_3 ist Schnittpunkt mit der x-Achse, die Zeit $\tau_3-\tau_2$ ist $\pi-\zeta$. Der folgende Bogen A_3A_4 hat den Mittelpunkt M_4 (Abszisse $x=-s$) und den Zentriwinkel ζ.

Da der zur Zeit $\tau=2\pi$ erreichte Punkt A_4 nicht auf der x-Achse liegt, ist die sich anschließende Bewegung keine Finalbewegung; sie ist vielmehr wiederum vom Typ der soeben beschriebenen und durch die Abb.6.64/3 veranschaulichten Bewegung. Das gleiche gilt für die Bewegungen während aller nachfolgenden Erregerperioden.

B e i s p i e l 4: Wie für den Unterfall III des Beispiels 1 gelte hier $\beta-\alpha=:d>0$ (starke Reibkraft). Der erste Kreisbogen ist $A_0M_1A_1$ (Anfangspunkt, Mittelpunkt, Endpunkt) mit dem Zentriwinkel $\pi/2$, der zweite ist $A_1M_2A_2$, wieder mit dem Zentriwinkel $\pi/2$. Es schließt sich an der Bogen $A_2M_3A_3$ mit Zentriwinkel $\pi-\zeta$, wobei $\zeta>0$ ist. Der Punkt A_3 auf der x-Achse wird also zur Zeit $\tau=2\pi-\zeta$ erreicht. Von A_3 aus kann sich die Phasenkurve (noch) nicht in die obere Halbebene fortsetzen, wie die Betrachtung des Kräftespiels zeigt, da die Reibkraft die Summe aus Rückstell- und Erregerkraft übertrifft. Die Bewegung kommt in A_3 (zunächst) zum Stillstand. Erst wenn die Zeit um den Betrag ζ weiter gewachsen ist und den Wert 2π überschreitet, erhält die Differentialgleichung die Fassung $x''+x=\alpha-\beta=-d$. Jetzt wird M_1 möglicher Mittelpunkt, wie für den Bogen $A_0M_1A_1$. Die Bewegung

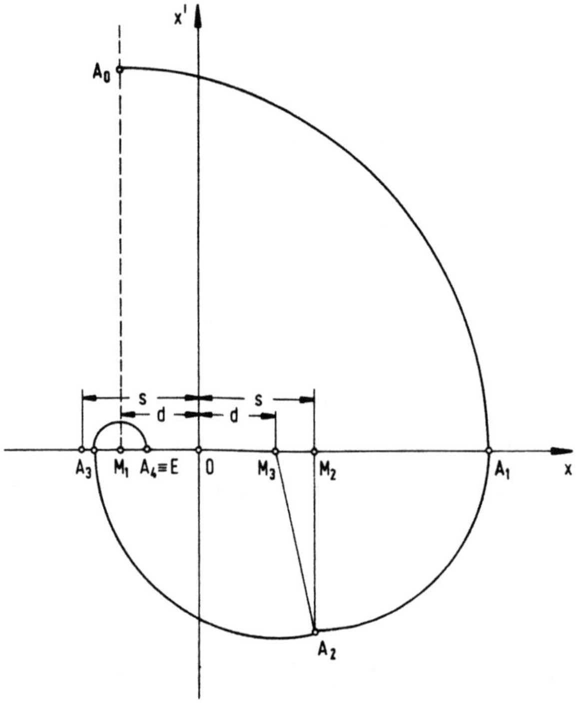

Abb.6.64/4. Phasenkurve zum Beispiel 4; in A_3 vorübergehender Stillstand während der Zeitspanne ζ; in $A_4 \equiv E$ dauernder Stillstand

setzt sich also fort, nachdem sie in A_3 während der Zeitspanne $\Delta\tau = \zeta < \pi$ stillgestanden hat. Das anschließende Kreisbogenstück ist $A_3M_1A_4$ mit dem Zentriwinkel π. Im Punkt A_4 kommt die Bewegung ein zweites Mal zum Stillstand, nun aber für immer; A_4 ist der Endpunkt E der Phasenkurve.

δ) Resonanzfall; die allgemeinen Ergebnisse

Die Einsichten, die die Beispiele der Abb.6.64/1a bis 6.64/4 vermitteln, lassen sich verallgemeinern. Eine solche allgemeine Beschreibung gibt H. Ziegler in Lit.6.64/1 aufgrund einer Untersuchung, die vom sog. "Linienbild einer Funktion" nach E. Meißner Gebrauch macht (siehe Lit.6.64/2). Wir berichten hier nur über die Ergebnisse.

δ1) Schwache Reibkraft, $\beta < \alpha$. Jede Bewegung schaukelt sich unbegrenzt auf. Es tritt entweder kein oder nur ein einziger zeitweiliger Stillstand auf. Ein möglicher Stillstand hat höchstens die Dauer einer halben Periode. Die nicht stillstehenden Bewegungen konvergieren zu einer Finalbewegung hin, die stillstehenden treten nach dem Stillstand die Bewegung als Finalbewegung an. Die Finallösung schaukelt sich unbegrenzt auf; ihr zeitlicher Verlauf ist genau entgegengesetzt zu jener Bewegung, die ein mit der Reibkraft $\alpha-\beta$ gedämpfter Schwinger ausführt.

δ2) S t a r k e R e i b k r a f t , $\beta>\alpha$. Jede Bewegung kommt nach Ablauf einer endlichen Zeitspanne zur Ruhe. Sie bleibt entweder vom Augenblick des ersten Stillstandes an in Ruhe, oder dieser Stillstand hat höchstens die Dauer einer halben Periode; es tritt nochmals eine Bewegung ein, die der Finallösung entspricht, und der zweite Stillstand ist endgültig. Die Finallösung entspricht der Schwingung, die der Schwinger unter dem Einfluß der Reibkraft $\beta-\alpha$ ausführen würde.

δ3) Reibkraft und Störkraft haben gleiche Intensität, $\beta=\alpha$. Jede Bewegung bleibt erhalten; die Ausschläge bleiben endlich. Entweder konvergiert die Bewegung nach einer Finallösung, oder sie wird nach vorübergehendem Stillstand, der höchstens die Dauer einer halben Periode hat, zu einer solchen. Die Finallösung ist eine harmonische Schwingung. Die Bewegung stellt sich so ein, daß in jedem Augenblick Störkraft und Reibkraft einander aufheben.

ε) Die Erregerfunktion $p(\sigma)$ ist vom Typ $S_i(\sigma)$

Wenn als Erregerfunktion statt einer Funktion $M_i(\sigma)$ eine Funktion $S_i(\sigma)$ (Abschn.6.51α) auftritt, so verlaufen die Untersuchungen ganz analog zu denen, die für $M_i(\sigma)$ beschrieben wurden. Auch die Ergebnisse entsprechen sich. Für die Fallunterscheidungen sind nun die Intensitäten δ und β maßgebend. Wir verzichten darauf, die Einzelheiten vorzuführen und verweisen auf Lit.6.64/1.

6.65 Schwinger mit Reibkräften und sinusförmiger Erregerkraft

α) Differentialgleichungen

Das System, das wir hier behandeln wollen, ist ein Sonderfall von Abschn.6.64α; die drei dort angegebenen Differentialgleichungen werden dabei zu

$$a\ddot{q} + (\operatorname{sign}\dot{q})\,b_0 + c\,q = P\cos\Omega t\,, \qquad (6.65/1)$$

$$x'' + (\operatorname{sign} x')\beta_0 + x = p\cos\eta\tau\ , \tag{6.65/2a}$$

$$\eta^2 \overset{\circ\circ}{x} + (\operatorname{sign} \overset{\circ}{x})\beta_0 + x = p\cos\sigma\ . \tag{6.65/2b}$$

β) Bewegungen mit Pausen; Beispielfall: $c = 0$

Bei genügend großen Reibkräften kann die Bewegung auch bei sinusförmiger Erregung Stillstände (Pausen) aufweisen. Die Geschwindigkeit hat dabei nicht nur für einen Augenblick, sondern für mehr oder weniger lange Zeitspannen und u. U. mehrmals während einer Halbperiode den Wert Null.

In diesem Unterabschnitt β untersuchen wir im einzelnen, wie Bewegungen mit Pausen zustandekommen. Es läge nahe, als Beispiel die Dgl.(6.65/1) heranzuziehen. Selbst für diesen relativ einfachen Fall werden die Rechnungen jedoch umständlich. Wir beschränken uns deshalb auf einen Schwinger ohne Rückstellkraft (vgl. Lit.6.65/1), und zwar benutzen wir die Differentialgleichung

$$a\ddot{q} + (\operatorname{sign}\dot{q})b_0 = P\sin\sigma\ , \tag{6.65/3a}$$

die dem Gebilde von Abb.6.65/1 entspricht.

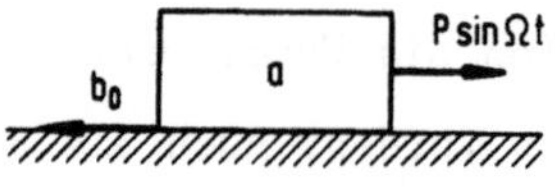

Abb.6.65/1.
Körper auf rauher Unterlage unter harmonischer Erregerkraft

Aus Gl.(6.65/3a) liest man sofort ab: Wenn $b_0 > P$ ist (Fall 0: "sehr starke" Reibkraft), so tritt aus der Ruhe heraus überhaupt keine Bewegung auf. Im übrigen erfolgen die Bewegungen mit oder ohne Pausen, je nachdem, welchen Wert der Quotient b_0/P aufweist.

F a l l 1 ; die mit Pausen verlaufenden Bewegungen:

Falls der Körper zur Zeit $t = 0$ in Ruhe ist, wird er erst in Bewegung versetzt, wenn die Erregerkraft $F = P\sin\sigma$ größer als die Reibkraft b_0 geworden ist. Von jenem Zeitpunkt ab bis zum nächsten Stillstand ($\dot{q} = 0$) wird die Bewegung durch Gl.(6.65/3a) beschrieben; mit der Abkürzung $\beta_0 = b_0/P$ schreiben wir sie in der dimensionslosen Form

$$a\ddot{q}/P = \sin\sigma - \beta_0 \, . \tag{6.65/3b}$$

Sie gilt, solange die Bewegung andauert, also bis wieder $\dot{q} = 0$ wird. Ist der Körper erst einmal zum Stillstand gekommen, so verharrt er in Ruhe, bis wieder $|\sin\sigma| > \beta_0$ wird. Danach wiederholt sich der Vorgang in der anderen Ausschlagrichtung.

Wir bestimmen die Einzelheiten der Bewegung. Sie beginnt im Augenblick t_1, für den gilt

$$\sigma_1 = \arcsin\beta_0 \, ; \tag{6.65/4}$$

sie kann daher nur zustande kommen, wenn $b_0 < P$ ist. Die Geschwindigkeit findet man aus dem ersten Integral von (6.65/3b) zu

$$\Omega a\dot{q}/P = -\cos\sigma - \beta_0\sigma + C_1 \, . \tag{6.65/5}$$

Die Integrationskonstante C_1 bestimmt sich aus der Bedingung $\dot{q}(t_1) = 0$ zu $C_1 = \cos\sigma_1 + \beta_0\sigma_1$, so daß

$$\Omega a\dot{q}/P = -\cos\sigma + \cos\sigma_1 - \beta_0(\sigma - \sigma_1) \tag{6.65/5a}$$

wird. Die Bewegung dauert bis zum Zeitpunkt t_2, wo $\dot{q}(t_2) = 0$ wird. $\sigma_2 = \Omega t_2$ ist also Lösung der transzendenten Gleichung

$$\cos\sigma_2 + \beta_0\sigma_2 = \cos\sigma_1 + \beta_0\sigma_1 \equiv C_1 \, . \tag{6.65/6}$$

Sie wird etwa graphisch anhand der Abb.6.65/2 gelöst.

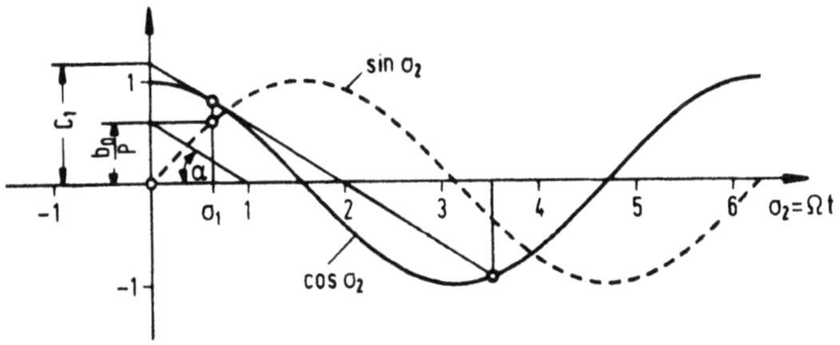

Abb.6.65/2. Graphische Lösung der transzendenten Gl.(6.65/6)

Um den Ausschlag q(t) zu bestimmen, integrieren wir (6.65/5a) noch einmal,

$$\Omega a q/P = -\sin\sigma + \sigma\cos\sigma_1 - \beta_0(\sigma^2/2 - \sigma_1\sigma) + C_2 . \qquad (6.65/7)$$

Da in einem System ohne Feder die Nullage nicht von vornherein bestimmt ist, können wir noch festsetzen, es möge

$$q(t_1) = -A \quad \text{und} \quad q(t_2) = +A \qquad (6.65/8)$$

sein. Aus den beiden Gleichungen

$$-\Omega^2 a A/P = -\sin\sigma_1 + \sigma_1\cos\sigma_1 - \beta_0(\sigma_1^2/2 - \sigma_1^2) + C_2 ,$$

$$+\Omega^2 a A/P = -\sin\sigma_2 + \sigma_2\cos\sigma_1 - \beta_0(\sigma_2^2/2 - \sigma_1\sigma_2) + C_2$$

folgt durch Eliminieren der Integrationskonstanten C_2 und wegen (6.65/4) der Ausdruck

$$2\Omega^2 a A/P = \sin\sigma_1 - \sin\sigma_2 + (\sigma_2 - \sigma_1)\cos\sigma_1 - \tfrac{1}{2}(\sigma_2 - \sigma_1)^2/\sin\sigma_1 \qquad (6.65/9)$$

als jene Gleichung, die die "Ausschlagweite" A als Funktion von σ_1 und σ_2 und damit über (6.65/4) und (6.65/6) als Funktion von β_0 angibt.

Pausen können nur auftreten, wenn der Körper zur Ruhe kommt, bevor er sich nach der andern Seite wieder in Bewegung setzen muß, d.h. wenn $\sigma_2 < \sigma_1 + \pi$ ist. Im Grenzfall, wo $\dot{q}(\sigma_2) = \dot{q}(\sigma_1+\pi) = 0$ ist, folgt für β_0 aus (6.65/6) und (6.65/4)

$$\beta_0 = 1/\sqrt{1 + \pi^2/4} = 0{,}537 =: \beta_G . \qquad (6.65/10)$$

Damit sind die Reibkräfte, für welche Bewegungen mit Pausen zustande kommen (Fall 1: "starke" Reibkräfte) eingeschränkt auf den Bereich $0{,}537 < \beta_0 < 1$.

F a l l 2; die ohne Pausen verlaufenden Bewegungen:

Wir wissen aus dem Gesagten, daß diese Bewegungen für "schwache" Reibkräfte mit $\beta_0 < 0{,}537$ zustande kommen. Nennen wir jene beiden Werte des Arguments σ, in denen $\dot{q}$ den Wert Null annimmt, σ_3 und σ_4, so muß wegen des periodischen und wechselsymmetrischen Kraftverlaufs gelten: $\sigma_4 = \sigma_3 + \pi$. Zwischen σ_3 und σ_4 besteht die Dgl.(6.65/3b); ihr erstes Integral ist (6.65/5a). Die Bedingungen $\dot{q}(\sigma_3) = \dot{q}(\sigma_3+\pi) = 0$ liefern $-\cos\sigma_3 - \beta_0\cos\sigma_3 + C_1 = 0$ und $+\cos\sigma_3 - \beta_0(\sigma_3+\pi) + C_1 = 0$; daraus folgt $C_1 = \beta_0(\sigma_3 + \pi/2)$ und

$$\cos\sigma_3 = \beta_0\pi/2 . \qquad (6.65/11)$$

Nochmalige Integration liefert aus

$$a\Omega^2\dot{q}/P = -\cos\sigma + \beta_0(-\sigma + \sigma_3 + \pi/2)$$

für den Ausschlag q

$$a\Omega^2 q/P = -\sin\sigma + \beta_0(\sigma_3 + \pi/2)\sigma - \beta_0\sigma^2/2 + C_2 ;$$

als Bedingungen analog zu (6.65/8) haben wir

$$q(\sigma_3) = -A \quad \text{und} \quad q(\sigma_3 + \pi) = +A .$$

Nach Eliminieren von C_2 kommt

$$a\Omega^2 A/P = \sin\sigma_3 \qquad (6.65/12)$$

als Gleichung, die A als Funktion von σ_3 und damit über (6.65/11) als Funktion von β_0 angibt.

In der Abb.6.65/3 sind im Bildteil a abhängig vom Wert β_0 aufgetragen die Zeiten σ_1 und σ_2 für Anfang und Ende der unterbrochenen Bewegung und die Zeiten σ_3 und σ_4, in denen die Geschwindigkeit der pausenlosen Bewegung Null wird. Wegen

$$\operatorname{arc\,sin}\frac{1}{1+\pi^2/4} = \operatorname{arc\,cos}\frac{\pi/2}{1+\pi^2/4} \qquad (6.65/13)$$

schließen die Kurven $\sigma_3(\beta_0)$ und $\sigma_1(\beta_0)$ und ebenso $\sigma_4(\beta_0)$ und $\sigma_2(\beta_0)$ im Punkte $\sigma_G = 0{,}537$ stetig aneinander an. Bildteil b zeigt die Ausschlagweiten A in der dimensionslosen Form $A\Omega^2 a/P$. Für $\sigma < \sigma_G$ ist die Kurve ein Kreis, wenn man die Maßstäbe geeignet wählt, denn ihre Gleichung ergibt sich aus (6.65/11) und (6.65/12) zu $(\beta_0\pi/2)^2 + (a\Omega^2 A/P)^2 = 1$. An den Kreis schließt sich im Punkte σ_G eine Kurve nach (6.65/9) an.

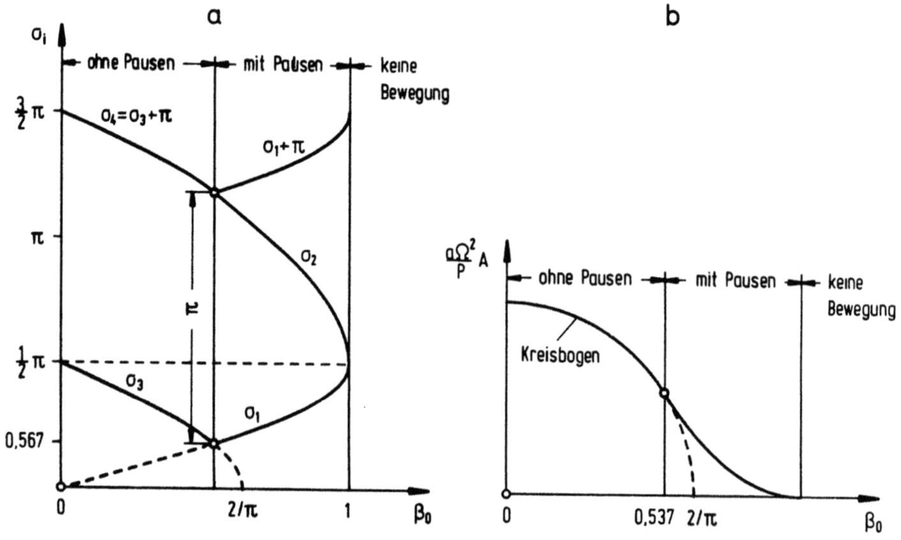

Abb.6.65/3. Bewegungen unter dem Einfluß von Reibkräften; a) Zeitpunkte der Bewegungsänderung, b) bezogene Schwingweite

Die Abb.6.65/4 zeigt im Bildteil a für einen Fall starker Reibung, im Bildteil b für den Grenzfall und im Bildteil c für einen Fall schwacher Reibung jeweils in dimensionsloser Form den zeitlichen Verlauf von Störkraft, Reibkraft, Geschwindigkeit und Ausschlag.

γ) Allgemeiner Fall [1]: $c > 0$

Die hier zuständige Dgl.(6.65/1) benutzen wir in einer leicht abgewandelten Schreibweise, nämlich

$$a\ddot{q} + (\operatorname{sign}\dot{q})\, b_0 + cq = P\cos(\Omega t + \varphi)\,. \qquad (6.65/14)$$

Über den hinzugefügten Winkel φ wird im Anschluß an Gl.(6.65/18) noch gesprochen werden. Dimensionslos gemacht erhält (6.65/14) analog zu (6.65/2a) die Fassung

[1] Die folgende Darstellung beruht ebenso wie jene in Abschn.6.66 auf der grundlegenden Dissertation von J.P. Den Hartog (Lit.6.65/2), die auch noch in anderen Fassungen vorliegt.

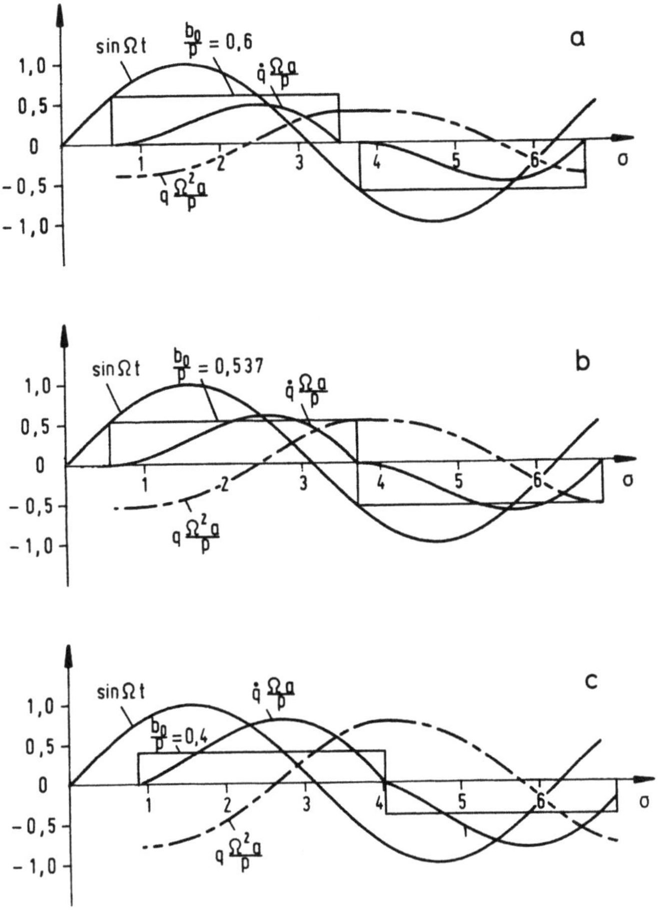

Abb.6.65/4. Der zeitliche Verlauf von Erregerkraft, Reibkraft, Geschwindigkeit und Ausschlag für verschiedene Dämpfungswerte; a) $\beta_0 = 0,6$; b) $\beta_0 = 0,537$; c) $\beta_0 = 0,4$

$$x'' + (\operatorname{sign} x')\beta_0 + x = \cos(\eta\tau + \varphi) \; . \tag{6.65/15}$$

Wegen des Terms $\operatorname{sign} x'$ umfaßt (6.65/15) zwei Differentialgleichungen, deren Lösungen jeweils aneinanderzustückeln sind. Wenn wir im Intervall I, $0 \leqq \eta\tau \leqq \pi$, beginnen und voraussetzen, dort sei $\operatorname{sign} x' = -1$, so lautet die Differentialgleichung

$$x'' + (x - \beta_0) = \cos\eta\tau \; ; \tag{6.65/15a}$$

sie ist linear in $(x - \beta_0)$ und hat die allgemeine Lösung

$$x - \beta_0 = C_1 \cos\tau + C_2 \sin\tau + \frac{1}{1-\eta^2}\cos(\eta\tau + \varphi). \qquad (6.65/16)$$

Diese unterwerfen wir den folgenden Randbedingungen:

$$\begin{aligned} x(\tau = 0) &= X, & x'(\tau = 0) &= 0, \\ x(\tau = \pi/\eta) &= -X, & x'(\tau = \pi/\eta) &= 0. \end{aligned} \qquad (6.65/17)$$

Im anschließenden Intervall II, $\pi \leqq \eta\tau \leqq 2\pi$, hat $\operatorname{sign} x'$ den Wert $+1$. Die Differentialgleichungen in I und in II und ihre allgemeinen Lösungen unterscheiden sich nur durch das Vorzeichen von β_0. Die Randbedingungen für das Intervall II lauten

$$\begin{aligned} x(\tau = \pi/\eta) &= -X, & x'(\tau = \pi/\eta) &= 0, \\ x(\tau = \pi/\eta) &= +X, & x'(\tau = \pi/\eta) &= 0. \end{aligned} \qquad (6.65/18)$$

Es handelt sich insgesamt also um eine Schwingung zwischen den Werten $x = +X$ und $x = -X$; sie hat dieselbe Frequenz η wie die Erregerschwingung. Der Winkel φ ist eine Art von Phasenverschiebungswinkel, aber nicht im strengen Sinn; denn die Schwingung x ist (wie sich bald erweisen wird) nicht harmonisch. φ zeigt nur an, wie die Extrema von Erregerkraft und erzwungener Schwingung zeitlich gegeneinander verschoben sind; für Werte τ zwischen den Extrema hat die Verschiebung der Kraft gegenüber dem Ausschlag andere Werte als φ.

Der Kraftverlauf ist wechselsymmetrisch; wegen der Bauart der Differentialgleichung ist auch der Verlauf des Ausschlags wechselsymmetrisch. Es genügt daher, das Intervall I zu untersuchen. Aus den vier Bedingungen (6.65/17) kann man die vier Parameter C_1, C_2, X und φ in der Lösung (6.65/16) berechnen. Eliminieren von C_1 und C_2 mit Hilfe der Bedingungen in der ersten Zeile von (6.65/17) liefert

$$x = X\cos\tau + \beta_0(1 - \cos\tau) + \frac{1}{1-\eta^2}\{\cos\varphi[\cos\eta\tau - \cos\tau] + \sin\varphi[\eta\sin\tau - \sin\eta\tau]\}. \qquad (6.65/19a)$$

Die Bedingungen in der zweiten Zeile von (6.65/17) führen auf die beiden Gleichungen

$$\begin{aligned} A\cos\varphi + B\sin\varphi + C &= 0\,, \\ P\cos\varphi + Q\sin\varphi + R &= 0\,. \end{aligned} \qquad (6.65/19b)$$

In ihnen bedeuten die sechs Buchstaben A bis R (mit $\xi := 1/\eta$ wie z.B. im Abschn.6.66)

$$\begin{aligned} A &= -\frac{1}{1-\eta^2}(1+\cos\xi\pi)\,, \\ B &= +\frac{\eta}{1-\eta^2}\sin\xi\pi\,, \\ C &= +X(1+\cos\xi\pi) + \beta_0(1-\cos\xi\pi)\,, \\ P &= \varkappa\frac{1}{1-\eta^2}\sin\xi\pi\,, \\ Q &= \varkappa\frac{\eta}{1-\eta^2}(1+\cos\xi\pi)\,, \\ R &= (x-X)\varkappa\sin\xi\pi\,. \end{aligned} \qquad (6.65/20)$$

Aus (6.65/17) erhält man

$$\cos\varphi = \frac{BR-CQ}{AQ-PB}\,, \qquad \sin\varphi = \frac{CP-AR}{AQ-PB}$$

und daraus wegen (6.65/20)

$$\cos\varphi = X(1-\eta^2)\,, \qquad \sin\varphi = -\beta_0(1-\eta^2)\frac{\xi\sin\xi\pi}{1+\cos\xi\pi}\,. \qquad (6.65/21)$$

Aus (6.65/21) eliminieren wir φ und lösen nach X auf. So kommt

$$X = \sqrt{\left(\frac{1}{1-\eta^2}\right)^2 - \beta_0^2\left(\frac{\xi\sin\xi\pi}{1+\cos\xi\pi}\right)^2}\,. \qquad (6.65/22)$$

Für die Faktoren in (6.55/22) führen wir Abkürzungen ein:

$$V = \frac{1}{1-\eta^2}\,, \qquad U = \frac{\xi\sin\xi\pi}{1+\cos\xi\pi}\,. \qquad (6.65/23)$$

V ist die aus Abschn.4.21 bekannte Vergrößerungsfunktion, der Faktor U bei β_0 wird von Den Hartog als "Dämpfungsfunktion" bezeichnet. Mit (6.65/23) lassen sich die Ergebnisse (6.65/21) und (6.65/22) schreiben als

$$\sin\varphi = -\beta_0 U/V\,, \qquad \cos\varphi = +A/V\,, \tag{6.65/21a}$$

$$X = \sqrt{V^2 - \beta_0^2 U^2}\,. \tag{6.65/22a}$$

Wir müssen uns nun noch vergewissern, in welchen Wertebereichen das Ergebnis (6.65/22) auch wirklich gültig ist. Ungültig werden kann es, falls eine der gemachten Voraussetzungen verletzt wird. Wesentlich ist dabei die in (6.65/15a) und in (6.65/17) steckende Aussage, daß im Intervall I, $0<\tau<\pi/\eta$, die Geschwindigkeit $x'<0$ ist und daß sie nur an den Rändern des Bereichs verschwindet. Verschwindet x' innerhalb des Bereichs, so kann es zur Ausbildung von Stillständen kommen von der Art, wie sie im Unterabschnitt 6.65β beschrieben worden sind.

Für die Nachprüfung gehen wir so vor: Wir setzen (6.65/21a) und (6.65/22a) in (6.65/18) ein und differenzieren. So ergibt sich für das Intervall $0<\tau<\pi/\eta$ die Bedingung

$$\frac{X}{\beta_0} \geqq \frac{1}{\eta^2}\left[\frac{\frac{1}{\eta}\sin\tau + U(\cos\eta\tau - \cos\tau)}{\frac{1}{\eta^2}\sin\eta\tau}\right] \tag{6.65/24}$$

oder, wenn S den Maximalwert der eckigen Klammer bezeichnet,

$$\frac{X}{\beta_0} \geqq \frac{1}{\eta^2}\,S\,. \tag{6.65/24a}$$

Aus den Gln.(6.65/22) und (6.65/24) gewinnt man

$$X \geqq \sqrt{\frac{V^2}{1+(\eta^2 U/S)^2}} \tag{6.65/25}$$

und

$$\beta_0 \leqq \sqrt{\frac{V^2}{(S/\eta^2)^2 + U^2}} =: \beta_G\,, \tag{6.65/26}$$

also untere Grenzen für X, obere für β_0.

Die Abb.6.65/5 bis 6.65/7 sind der zitierten Veröffentlichung von Den Hartog entnommen (aber mit den hier verwendeten Bezeichnungen versehen). Abb.6.65/5 gibt die Kurven $X(\eta)$ an. Zu den Kurven, die bei $\eta = 1$ über alle Grenzen gehen, gehören Scharparameter $\beta_0 < \pi/4$.

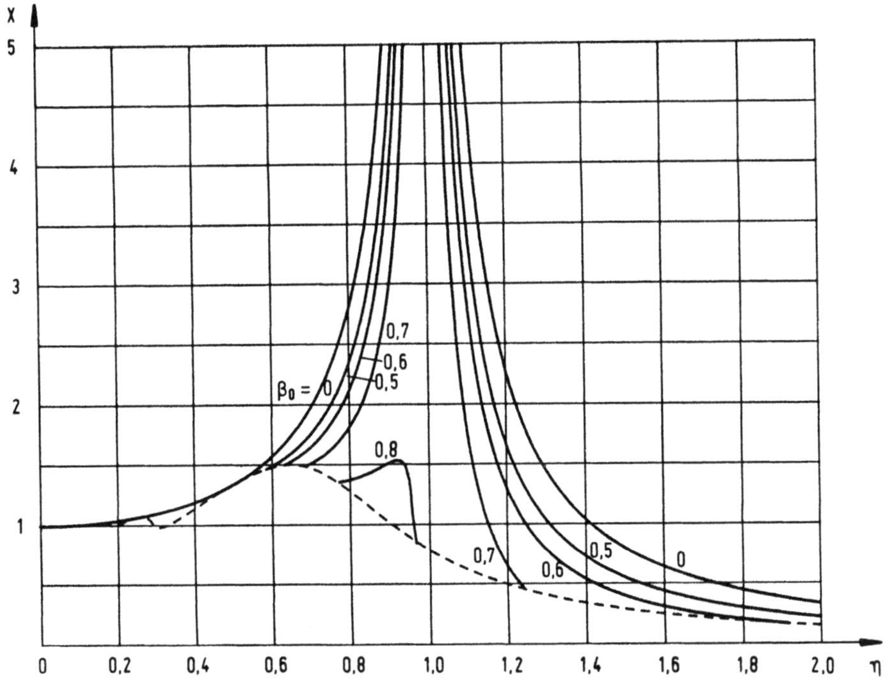

Abb.6.65/5. Schwingweiten $X(\eta)$, Scharparameter β_0

Die gestrichelte Kurve im Diagramm erhält man durch Auswerten der Ungleichung (6.65/25). Zustandspunkte, die unterhalb dieser Kurve liegen, gehören zu Bewegungen mit Stillständen. Solche Bewegungen haben wir aber oben ausgeschlossen, für sie gelten also die gefundenen Resultate nicht mehr.

Die Beziehung (6.65/26) wird durch die Kurve in Abb.6.65/6 wiedergegeben. Reibungsbeiwerte unterhalb dieser Grenzkurve führen zu Bewegungen ohne Stillstände, solche oberhalb zu Bewegungen mit Stillständen.

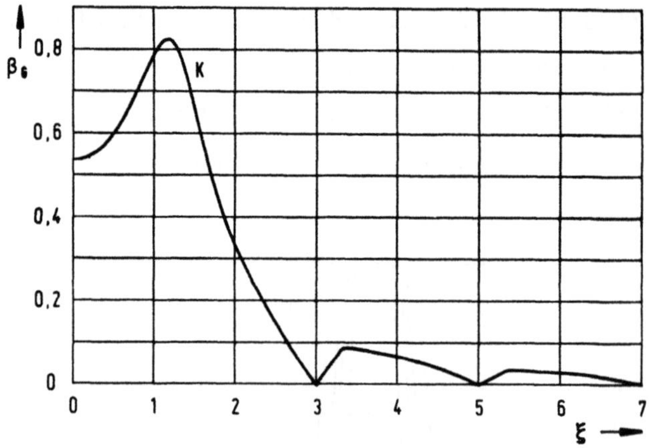

Abb.6.65/6. Grenze zwischen den Bewegungen mit und ohne Stillständen

Der Wert β_0 am linken Rand des Diagramms tritt ein für $1/\eta = 0$, also für $\varkappa = 0$, deshalb für $c = 0$. Er gehört damit zu dem im Unterabschnitt β betrachteten Fall und ist gleich dem dort errechneten Wert $\beta_G = 0,537$.

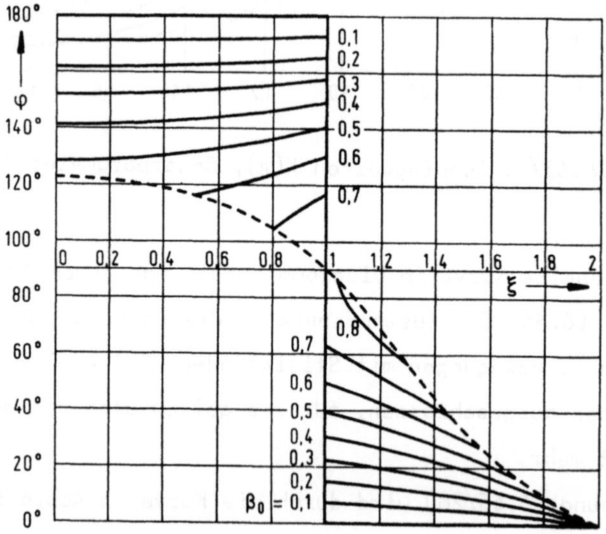

Abb.6.65/7. Verschiebungswinkel $\varphi(\xi)$, Scharparameter β_0

Vergleicht man die Kurve K in Abb.6.65/6 mit der gestrichelten Kurve in Abb.6.65/5, so stellt man fest: Für ganzzahlige gerade Werte von ξ ist die Schwingweite X der Bewegung (und auch der Verschiebungswinkel φ) unabhängig von β_0 bis zu der Grenze, die durch die Kurve K angegeben wird. Für ganzzahlige ungerade Werte von ξ verursacht die geringste Reibung β_0 erstens Bewegungen mit Pausen und zweitens nennenswert kleinere Schwingweiten X. Anders ausgedrückt: Bei ungeraden Werten ξ ist die Reibung β_0 für das Reduzieren der Schwingweiten optimal wirksam, bei geraden Werten ξ ist sie dagegen völlig unwirksam.

Die Abb.6.65/7 zeigt den Verlauf des Verschiebungswinkels φ über $\xi = 1/\eta$. Man erkennt das Springen des Winkels an der "Resonanzstelle" $\xi = \eta = 1$ für Scharparameter β_0 unterhalb von $\pi/4$, für jene Parameterwerte also, bei denen die Schwingweiten X an der Resonanzstelle $\eta = 1$ über alle Grenzen gehen.

6.66 Schwinger mit Reibkräften und linearen Dämpfungskräften ("kombinierte Dämpfung") bei sinusförmiger Erregerkraft

In den Abschn.6.64 und 6.65 sind als dissipative Kräfte am Schwinger reine Reibkräfte betrachtet worden; nun wenden wir uns dem Fall einer "kombinierten Dämpfung" zu und stützen uns dabei auf die im Abschn.6.65γ schon erwähnte Arbeit von J.P. Den Hartog.

Wir gehen aus von der Bewegungsgleichung

$$a\ddot{q} + b\dot{q} + cq + b_0(\operatorname{sign}\dot{q}) = P\cos(\Omega t + \varphi) \qquad (6.66/1)$$

bzw.

$$x'' + 2Dx' + (x + \beta_0 \operatorname{sign} x') = \cos(\eta\tau + \varphi) \,. \qquad (6.66/2)$$

(6.66/2) ist eine lineare Differentialgleichung für $(x + \beta_0 \operatorname{sign} x')$, im Intervall I also für $(x - \beta_0)$, denn dort ist $\operatorname{sign} x' = -1$. Falls $D < 1$ ist, lautet ihre allgemeine Lösung (mit $\nu^* := \nu/\varkappa = \sqrt{1 - D^2}$)

$$x - \beta_0 = e^{-D\tau}(C_1 \cos\nu^*\tau + C_2 \sin\nu^*\tau) + \frac{1}{\sqrt{(1 - \eta^2)^2 + 4D^2\eta^2}} \sin(\eta\tau + \varepsilon) \qquad (6.66/3a)$$

wobei

$$\tan(\varphi - \varepsilon) = \frac{2D\eta}{1 - \eta^2} \,. \qquad (6.66/3b)$$

Die Integrationskonstanten C_1 und C_2, ferner die Schwingweite X und der Verschiebungswinkel φ werden aus den Randbedingungen (6.65/17) in der gleichen Weise bestimmt wie im Abschn.6.65γ. Die Rechnung ist allerdings verwickelter; wir führen sie nicht vor, sondern notieren das Ergebnis im Anschluß an Den Hartog:

$$X = -\beta_0 G + \sqrt{1/W^2 - \beta_0^2 H^2} \,, \qquad (6.66/4a)$$

$$\sin\varepsilon = -\beta_0 W H \,, \qquad \cos\varepsilon = W[X + \beta_0 G] \,. \qquad (6.66/4b)$$

Darin bedeuten die Abkürzungen W, G und H

$$W^2 := (1 - \eta^2)^2 + 4D^2\eta^2 \,, \qquad (6.66/5a)$$

$$G := \frac{\sinh \xi\pi D - \frac{D}{\nu^*} \sin \xi\pi\nu^*}{\cosh \xi\pi D + \cos \xi\pi\nu^*} \,, \qquad (6.66/5b)$$

$$H := \frac{\xi}{\nu^*} \; \frac{\sin \xi\pi\nu^*}{\cosh \xi\pi D + \cos \xi\pi\nu^*} \,. \qquad (6.66/5c)$$

Die Schwingweite X kann aus (6.66/4a) mit Hilfe der drei Abkürzungen (6.66/5) unmittelbar bestimmt werden. Dagegen stellt (6.66/3b) zusammen mit einer der Gln.(6.66/4b) eine transzendente Beziehung für den Winkel φ dar, die numerisch gelöst werden muß.

Den Hartog gibt Ergebnisse als Kurven $X(\eta)$ an, und zwar in gesonderten Diagrammen für die Parameterwerte $D = 0{,}05$; 0,1; 0,2; 0,3; 0,4 und 0,5. Scharparameter sind dabei alle oder einige der Werte $\beta_0 = 0$; 0,2; 0,4; 0,6; 0,7. Ein weiteres Diagramm zeigt für $D = 0{,}1$ eine Kurvenschar für den Verschiebungswinkel φ als Funktion von $1/\eta$; Scharparameter ist wieder β_0.

Aus den aufgezählten Darstellungen zeigen wir hier als Beispiele: In Abb.6.66/1 die Schar $X(\eta)$, in Abb.6.66/2 die Schar $\varphi(1/\eta)$, jeweils

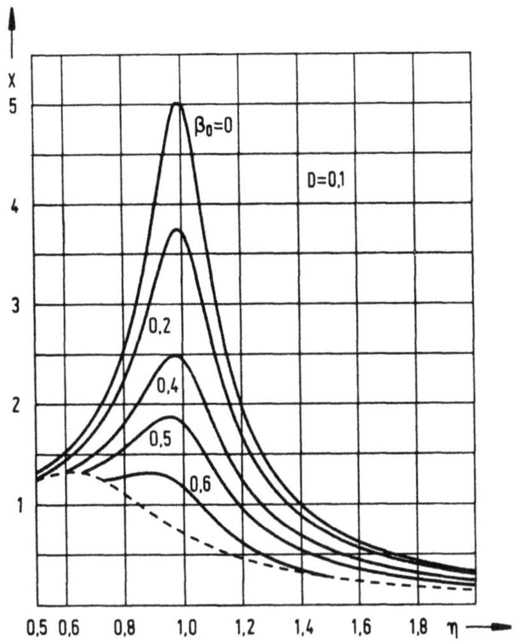

Abb.6.66/1.
Schwingweiten $X(\eta)$

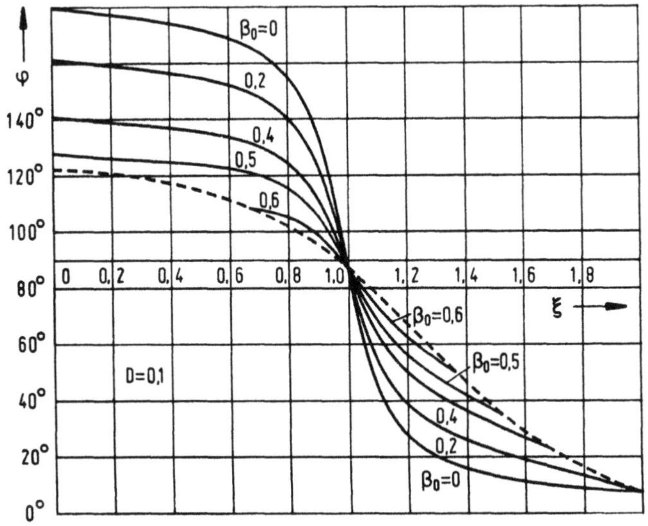

Abb.6.66/2.
Verschiebungswinkel
$\varphi(1/\eta)$

für den festen Wert $D = 0{,}1$ und mit β_0 als Scharparameter.

In den Abb.6.66/1 und 6.66/2 ist als gestrichelte Kurve jeweils die Gültigkeitsgrenze in derselben Weise eingetragen wie in den Abb. 6.65/5 und 6.65/7. Die Bedingung für die Gültigkeit lautet (wie wir wieder ohne Herleitung angeben) im Intervall $0 \leqq \tau \leqq \pi/\eta$

$$\frac{X}{\beta_0} \geqq \frac{e^{-D\tau}}{\sin\eta\tau}\left\{\left(\frac{\nu^*}{\eta} + \frac{D^2}{\nu^*\eta}\right)(1+G)\sin\nu^*\tau + H\left(\frac{D}{\nu^*}\sin\nu^*\tau - \cos\nu^*\tau\right)\right\} + H\cot\eta\tau - G \,. \tag{6.66/6}$$

Für $\tau = 0$ geht (6.66/6) über in

$$\frac{X}{\beta_0} \geqq -G + 2H\xi D + \xi^2(1+G) \,, \tag{6.66/7}$$

einen Wert, der oft das Maximum von (6.66/6) im Intervall darstellt. Für alle Werte $\eta > 1/2$ ist (6.66/7) tatsächlich das Maximum. Bezeichnet man mit S_1 das Verhältnis des Maximums von (6.66/6) zum Wert (6.66/7) (das wie gesagt gleich Eins ist für $\eta > 1/2$), so lauten die Bedingungen für die Gültigkeit der Ergebnisse (d.h. für das Auftreten von Bewegungen ohne Stillstand)

$$X \geqq \frac{S_1(I-G)}{W\sqrt{H^2 + [S_1 I + (1-S_1)G]^2}} \,, \tag{6.66/8a}$$

$$\beta_0 \leqq \frac{1}{W\sqrt{H^2 + [S_1 I + (1-S_1)G]^2}} \,, \tag{6.66/8b}$$

wobei neben den schon bekannten Abkürzungen die weitere gilt:

$$I := 2H\xi D + \xi^2(1+G) \,. \tag{6.66/8c}$$

Die beiden Formeln (6.66/8a) und (6.66/8b) legen die gestrichelten Linien in den Abb.6.66/1 und 6.66/2 fest.

Zum Diagramm für den Verschiebungswinkel φ in Abb.6.66/2 merken wir an: In Übereinstimmung mit der Tatsache, daß die Schwingungsweiten X bei $\eta = 1$ nicht Unendlich werden, zeigt der Verlauf des Winkels φ dort keinen Sprung, φ hat vielmehr für alle Scharparameter β_0 einen Wert von nahezu 90°.

6.67 Schwinger mit kombinierter Dämpfung bei periodischer Erregerkraft

α) Differentialgleichung; Existenzsatz für die periodische Lösung

Wir verallgemeinern die Dgl.(6.66/2) zu

$$x'' + 2Dx' + x + \beta_0 \operatorname{sign} x' = p(\eta\tau). \qquad (6.67/1a)$$

Anstelle der sinusförmigen Erregerfunktion $\cos(\eta\tau + \varphi)$ lassen wir also eine allgemeinere Erregerfunktion $p(\eta\tau)$ zu, von der nur verlangt wird, daß sie periodisch sei. Die Erregerperiode bezeichnen wir (gemäß Tafel 6.11/I) in der Zeit t mit T_E, in τ mit $T_E^* := \varkappa T_E$, in σ mit $T_E^{**} := \Omega T_E = \eta T_E^*$. Im besonderen sei hier $T_E^{**} = 2\pi$, so daß gilt

$$p(\eta\tau) = p(\eta(\tau + T_E^*)) = p(\eta\tau + 2\pi). \qquad (6.67/1b)$$

Zur Dgl.(6.67/1a), die bestimmend ist, wenn $x' \not\equiv 0$ ist, fügen wir als Ergänzung noch an: in Zeitbereichen, in denen $x' \equiv 0$ ist, gilt eine Stillstandsbedingung

$$p(\tau) - \beta_0 \leqq x \leqq p(\tau) + \beta_0 . \qquad (6.67/1c)$$

Das vorstehende Problem ist von R. Reißig (Lit.6.67/1 und Lit.6.67/2) und von W. Szablewski (Lit.6.67/3) ausführlich untersucht worden.

Zunächst ordnen wir die Werte β_0 in zwei Bereiche ein, je nachdem, ob während des Zeitintervalls $0 \leqq \eta T_E^* \leqq 2\pi$ in der Ungleichung

$$2\beta_0 \gtrless \max_{(0,\eta T_E^*)} [p(\eta\tau)] - \min_{(0,\eta T_E^*)} [p(\eta\tau)] \qquad (6.67/2)$$

das obere oder das untere Zeichen gilt. Im ersten Fall sprechen wir von starker Reibung, im zweiten von schwacher.

Für den ersten Fall hat Reissig gezeigt (Lit.6.67/2): Auch wenn der Schwinger anfangs einen noch so großen Energie-Inhalt aufweist, klingt die Bewegung dennoch im Laufe der Zeit ab, sie kommt zum dauernden Stillstand, der stationäre Zustand ist die Ruhe. Der periodische Antrieb ist in diesem Falle zu schwach, um eine Schwingung in Gang zu halten oder in Gang zu bringen.

Wichtiger ist der zweite Fall, bei dem in (6.67/2) das <-Zeichen steht. Für ihn hat Reissig einen Existenzsatz bewiesen, der die beiden Feststellungen enthält:

1. Unter allen durch die Beziehung (6.67/1a) beschriebenen Bewegungen gibt es genau eine periodische; alle übrigen Bewegungen streben für $\tau \to \infty$ zu dieser hin.

2. Für die genannte periodische Bewegung $x(\tau)$ gilt

$$x(\tau) \equiv x(\tau + T_E^*) \,. \tag{6.67/3}$$

Aus dem Existenzsatz schließt man: Ist die periodische Bewegung $x(\tau)$ keine Stillstandsbewegung [wird sie also ständig durch die Dgl. (6.67/1a) beschrieben], so wird ihre (kleinste) Periode T^* zu $T^* = T_E^*$, die Schwingungsperiode ist gleich der Erregerperiode.

Ist dagegen $x(\tau)$ eine Stillstandsbewegung mit einer kleinsten Periode T_1^*, dann ist (mit einer natürlichen Zahl k) $T^* = kT_1^* = T_E^*$; für $k = 1$ ist die Bewegung vom harmonischen, für $k > 1$ vom superharmonischen Typ. Daß der Fall $k \neq 1$ für Stillstandsbewegungen allgemein nicht ausgeschlossen werden kann, ist von Reißig gezeigt worden. Bewegungen vom subharmonischen Typ treten dagegen nicht auf, da für jede der durch (6.67/1a) bis (6.67/1c) beschriebenen Bewegungen die Periode T^* durch (6.67/3) festgelegt wird.

β) Das Herstellen der periodischen Lösung

In einer gemeinsamen Fassung lauten die Lösungen der Dgl. (6.67/1a)

$$x(\tau) = \psi(\tau) - \beta_0 \operatorname{sign} x' , \tag{6.67/4}$$

dabei ist

$$\psi(\tau) = E(\eta\tau) + e^{-D\tau}[C_1 \cos \nu^*\tau + C_2 \sin \nu^*\tau]$$

und

$$E(\eta\tau) = \int_0^\tau \frac{1}{\nu^*} \sin \nu^*(\tau - \xi)\, e^{-D(\tau-\xi)}\, p(\xi)\, d\xi \,.$$

Für die Integrationskonstanten C_1 und C_2 müssen solche Werte gefunden werden, daß sich die Lösungen in aufeinanderfolgenden Zeitbereichen zu der nach dem Existenzsatz vorhandenen periodischen Lösung aneinanderfügen.

Wir können die Rechnung hier nicht im Einzelnen ausbreiten; sie verläuft analog zu der im Abschn.6.66 beschriebenen. Wir deuten aber die Schritte an und berichten über einige Ergebnisse im Anschluß an die Untersuchung von W. Szablewski, Lit.6.67/3. Wir verwenden Bezeichnungen, wie sie aus Abb.6.67/1 hervorgehen: An der Stelle (zum Zeitpunkt) $\tau = \tau_0$ sei das Minimum der Schwingung vom Wert $x = M_0$ vorhanden, an der Stelle $\tau = \tau_1$ das Maximum vom Wert $x = M_1$. Im Intervall $\tau_0 < \tau < \tau_1$ ist $\operatorname{sign} x' = +1$, die Lösung werde dort mit $x_I(\tau)$ bezeichnet; im Intervall $\tau_1 < \tau < \tau_0 + T_E^*$ ist $\operatorname{sign} x' = -1$, die Lösung heiße $x_{II}(\tau)$.

Die Anfangsbedingungen lauten demnach

$$\begin{aligned} x_I(\tau = \tau_0) &= M_0 \quad \text{und} \quad x_I'(\tau = \tau_0) = 0 \,, \\ x_{II}(\tau = \tau_1) &= M_1 \quad \text{und} \quad x_{II}'(\tau = \tau_1) = 0 \,, \end{aligned} \tag{6.67/5a}$$

ferner lauten die Übergangsbedingungen

$$\begin{aligned} x_I(\tau_1) &= M_1 \quad \text{und} \quad x_I'(\tau_1) = 0 \,, \\ x_{II}(\tau_0 + T_E^*) &= M_0 \quad \text{und} \quad x_{II}'(\tau_0 + T_E^*) = 0 \,. \end{aligned} \tag{6.67/5b}$$

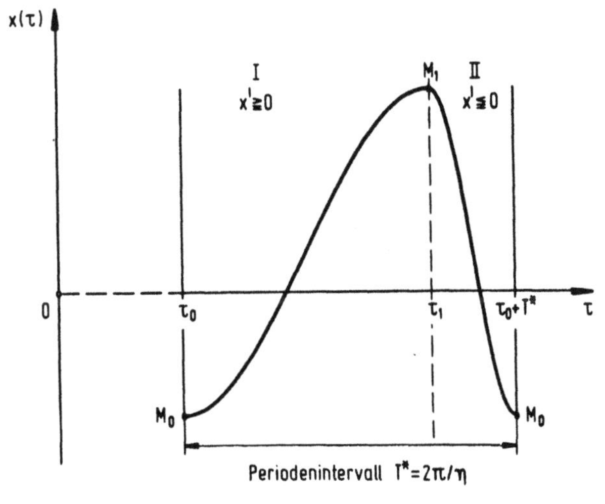

Abb.6.67/1. Skizze des Verlaufs von $x(\tau)$

Verwendet man die abkürzenden Zeichen

$$E_0 := E(\eta\tau_0)\,, \qquad E_0' := (dE/d\tau)_{\tau=\tau_0}\,,$$
$$E_1 := E(\eta\tau_1)\,, \qquad E_1' := (dE/d\tau)_{\tau=\tau_1}\,, \tag{6.67/6}$$

so führen die Bedingungen (6.67/5a) und (6.67/5b) auf das Gleichungssystem

$$E_0' = B\,[\sin\nu^* T_E^* - e^{D\Delta_1}\sin\nu^*\Delta_2 - e^{-D\Delta_2}\sin\nu^*\Delta_1]\,,$$
$$E_1' = B\,[-\sin\nu^* T_E^* + e^{-D\Delta_1}\sin\nu^*\Delta_2 + e^{D\Delta_2}\sin\nu^*\Delta_1]\,; \tag{6.67/7a}$$

darin bedeuten die Abkürzungen

$$\Delta_1 := \tau_1 - \tau_0\,, \qquad \Delta_2 := T_E^* - (\tau_1 - \tau_0)\,,$$
$$B := \frac{\beta_0}{\nu^*}\,\frac{1}{\cosh D T_E^* - \cos\nu^* T_E^*}\,. \tag{6.67/7b}$$

Die Gln.(6.67/7a) sind letztlich zwei transzendente Gleichungen für τ_0 und τ_1 [oder für τ_0 und $(\tau_1 - \tau_0)$]. Hat man sie gelöst, so kennt man mit τ_0 und τ_1 auch E_0' und E_1' und über die Bedingungen (6.67/5) auch $M_0 - E_0 + \beta_0$ und $M_1 - E_1 - \beta_0$, so daß die beiden Paare von Integrationskonstanten C_1^I, C_2^I und C_1^{II}, C_2^{II} berechnet werden können.

Als Ergebnis findet man: Im Intervall I, also für $\tau_0 < \tau < \tau_1$, gilt

$$x_I(\tau) = E(\eta\tau) - \beta_0 + \frac{e^{-D(\tau-\tau_0)}}{\sin(\nu^*\Delta_1)}\Big\{-E_0'\cos[\nu^*(\tau-\tau_1) - \Theta]$$
$$+ E_1'\,e^{D\Delta_1}\cos[\nu^*(\tau-\tau_0) - \Theta]\Big\}\,,$$

$$x_I'(\tau) = E'(\eta\tau) - \frac{e^{-D(\tau-\tau_0)}}{\sin(\nu^*\Delta_1)}\Big\{E_0'\sin\nu^*(\tau_1-\tau)$$
$$+ E_1'\,e^{-D\Delta_1}\sin\nu^*(\tau-\tau_0)\Big\}\,. \tag{6.67/8a}$$

Dabei ist Θ der Dämpfungswinkel gemäß (3.22/7b), so daß gilt $\sin\Theta = D$, $\cos\Theta = \nu^*$, $\tan\Theta = D/\nu^*$.

Im Intervall II, also für $\tau_1 < \tau < \tau_0 + T_E^*$, gilt

$$x_{II}(\tau) = E(\eta\tau) + \beta_0 + \frac{e^{-D(\tau-\tau_1)}}{\sin(\nu^*\Delta_2)}\Big\{E_0^{\prime}\, e^{D\Delta_2}\cos[\nu^*(\tau-\tau_1)-\Theta]$$

$$- E_1^{\prime}\cos[\nu^*(T_E^*-(\tau-\tau_0))+\Theta]\Big\},$$

(6.67/8b)

$$x_{II}^{\prime}(\tau) = E^{\prime}(\eta\tau) - \frac{e^{-D(\tau-\tau_1)}}{\sin(\nu^*\Delta_2)}\Big\{E_0^{\prime}\, e^{D\Delta_1}\sin[\nu^*(\tau-\tau_1)]$$

$$+ E_1^{\prime}\sin[\nu^*(T_E^*-(\tau-\tau_0))]\Big\}.$$

γ) Grenzfälle $\eta \ll 1$ und $\eta \gg 1$

Für $\eta \to 0$, d.h. $T_E^* = 2\pi/\eta \to \infty$ folgt aus (6.67/7a)

$$E_0^{\prime} \longrightarrow -\frac{2\beta_0}{\nu^*}\,\frac{\sin\nu^*\Delta_2}{e^{D\Delta_2}},$$

$$E_1^{\prime} \longrightarrow \frac{2\beta_0}{\nu^*}\,\frac{\sin\nu^*\Delta_1}{e^{D\Delta_1}}. \qquad (6.67/9)$$

Damit erhält man aus den jeweils ersten Gleichungen in (6.67/8a) und (6.67/8b)

$$x_I(\tau) \longrightarrow E(\eta\tau) - \beta_0\{1 - e^{-D(\tau-\tau_0)}[\cos\nu^*(\tau-\tau_0)$$

$$+ \tan\Theta\,\sin\nu^*(\tau-\tau_0)]\},$$

(6.67/10)

$$x_{II}(\tau) \longrightarrow E(\eta\tau) + \beta_0\{1 - e^{-D(\tau-\tau_1)}[\cos\nu^*(\tau-\tau_1)$$

$$+ \tan\Theta\,\sin\nu^*(\tau-\tau_1)]\}.$$

Für $\eta \to \infty$, d.h. $T_E^* = 2\pi/\eta \to 0$ folgt aus (6.67/7a)

$$E_0^{\prime} \longrightarrow -\beta_0\Delta_1(1-\Delta_1/T_E^*),$$

$$E_1^{\prime} \longrightarrow -E_0^{\prime} \qquad (6.67/11)$$

und aus (6.67/8)

$$x(\tau) \longrightarrow E(\eta\tau) + \beta_0(1 - 2\Delta_1/T_E^*). \qquad (6.67/12)$$

Der Einfluß von β_0 äußert sich also darin, daß die beiden Kurven $x(\eta\tau)$ und $E(\eta\tau)$ um die feste (zeitunabhängige) Größe

$$|\beta_0[1 - 2(\tau_1 - \tau_0)/T^*|$$

gegeneinander versetzt sind. Die Kurve $x(\eta\tau)$ ist dabei in Richtung des Maximums versetzt, wenn $\Delta_1/T_E^* < 1/2$ ist, und in Richtung des Minimums, wenn $\Delta_1/T_E^* > 1/2$ ist.

δ) Gültigkeitsbereich der Ergebnisse; Grenze für β_0

Alle Erörterungen waren an die Voraussetzung gebunden, daß im Integrationsbereich I $x' > 0$, im Integrationsbereich II $x' < 0$ gilt. Gehen wir von der für $\beta_0 = 0$ gültigen Lösungsfunktion $E(\eta\tau)$ aus, so können jene Voraussetzungen bei wachsendem β_0 aus Stetigkeitsgründen nur dadurch verletzt werden, daß bei einem gewissen Wert β_G ein momentaner Stillstand an einer Stelle τ_G eintritt: $x'(\tau_G) = x''(\tau_G) = 0$. Dies führt zu einem Gleichungssystem zur Bestimmung von τ_G und β_G. Aus der zweiten Gleichung von (6.67/8a) folgt

$$E^{I}(\eta\tau_G) - \frac{e^{-D(\tau_G-\tau_0)}}{\sin\nu^*\Delta_1}\{E_0^{I}\sin\nu^*(\tau_1 - \tau_G) + E_1^{I}e^{D\Delta_1}\sin\nu^*(\tau_G - \tau_0)\} = 0 , \tag{6.67/13a}$$

$$E^{II}(\eta\tau_G) + \frac{e^{-D(\tau_G-\tau_0)}}{\sin\nu^*\Delta_1}\Big\{E_0^{I}\cos[\nu^*(\tau_1 - \tau_G) - \Theta] - E_1^{I}e^{D\Delta_1}\cos[\nu^*(\tau_G - \tau_0) + \Theta]\Big\} = 0 . \tag{6.67/13b}$$

Hier sind τ_0 und τ_1 nach (6.67/7) Funktionen von β_G.

Entsprechendes gilt für den zweiten Integrationsabschnitt, wo man von der zweiten Gleichung von (6.67/8b) ausgeht.

Wird β_0 größer als β_G, so kommt es zu einem nicht nur momentanen Stillstand. Für diese Bewegungsform gelten die entwickelten Gleichungen und Ergebnisse nicht mehr.

ε) Wechselsymmetrische Erregerfunktion $p(\tau)$ und Lösung $x(\tau)$

Eine Funktion $\Phi(\sigma)$ heißt wechselsymmetrisch, wenn gilt

$$\Phi(\sigma + \pi) = -\Phi(\sigma) .$$

Wegen des Aufbaus der Dgl.(6.67/1a) wird auch $x(\sigma)$ wechselsymmetrisch, wenn $p(\sigma)$ wechselsymmetrisch ist. Für den zeitlichen Abstand der Extrema der Funktion $x(\tau)$ folgt daher

$$\tau_1 - \tau_0 = \pi/\eta \;\; (= T_E^*/2) . \qquad (6.67/14)$$

Somit werden die Gln.(6.67/7a) explizite Formeln für die Koeffizienten $E_0^{|}$ und $E_1^{|}$. Sie lauten

$$E_0^{|} = -\frac{\beta_0}{\nu^*} \, \frac{\sin \nu^* \frac{\pi}{\eta}}{\cosh D \frac{\pi}{\eta} + \cos \nu^* \frac{\pi}{\eta}} ,$$
$$E_1^{|} = -E_0^{|} . \qquad (6.67/15)$$

ζ) Sinusförmige Erregerfunktion

Setzt man $p(\eta\tau) = \hat{p} \cos \eta\tau$, so liegt der von Den Hartog untersuchte und in Abschn.6.66 schon dargestellte Fall vor. Benutzt man dieselbe Normierung wie dort, so ist $\hat{p} = 1$. Beim Vergleich der Ergebnisse muß man allerdings die in 6.66 und 6.67 etwas unterschiedlichen Notationen beachten. Wir geben die wichtigsten Resultate in der Schreibung und mit den Formeln dieses Abschnitts an:

Beim Fehlen von Reibung ($\beta_0 = 0$) lautet die periodische Lösung der Dgl.(6.67/1a) bekanntlich

$$E(\eta\tau) = \frac{1}{W} \cos(\eta\tau - \varepsilon) \qquad (6.67/16a)$$

mit dem Nacheilwinkel

$$\tan \varepsilon = 2D\eta/(1 - \eta^2) , \qquad (6.67/16b)$$

dabei ist die Abkürzung verwendet

$$W^2 = (1 - \eta^2)^2 + 4D^2\eta^2 . \qquad (6.67/16c)$$

Wegen der Wechselsymmetrie genügt es, das Integrationsintervall I zu betrachten. Die in der allgemeinen Formel (6.67/8a) stehenden Koeffizienten $E_0^{|}$ und $E_1^{|}$ sind nach (6.67/15) bekannt. Wegen (6.67/16a) gilt

$$E(\eta\tau) = \pm \sqrt{1/W^2 - (E^{|})^2/\eta^2} \qquad (6.67/17a)$$

und es folgt

$$E_0 = -\sqrt{1/W^2 - (E_0^{|})^2/\eta^2} . \qquad (6.67/17b)$$

Die Funktion $E(\eta\tau)$ nach Gl.(6.67/16a) formen wir um zu

$$E(\eta\tau) = \frac{1}{W}\cos[\eta(\tau-\tau_0)+\eta\tau_0-\varepsilon]$$

$$= E_0\cos\eta(\tau-\tau_0) + E_0'\frac{1}{\eta}\sin\eta(\tau-\tau_0). \qquad (6.67/18)$$

Gl.(6.67/8a) liefert dann für $\tau_0 \leqq \tau \leqq \tau_1$, d.h. für $\tau_1 - \tau_0 = \pi/\eta$

$$x(\tau) = E_0\cos\eta(\tau-\tau_0) + E_0'\frac{1}{\eta}\sin\eta(\tau-\tau_0) - \beta_0 \qquad (6.67/19)$$

$$- E_0'\,\frac{e^{-D(\tau-\tau_0)}}{\sin(\nu^*\pi/\eta)}\{\cos[\nu^*(\tau-\tau_1)-\varepsilon] + e^{D\pi/\eta}\cos[\nu^*(\tau-\tau_0)-\varepsilon]\},$$

wobei E_0 und E_0' sich aus (6.67/17b) und (6.67/15) ergeben.

Zum Aufsuchen der Bedingungen, unter denen die Bewegung bei maximaler Auslenkung nicht nur vorübergehend zum Stillstand kommt, hat man in Gl.(6.67/13b) $E_0''=0$ und $\tau_G=\tau_0$ zu setzen. Man erhält die Beziehung

$$\frac{E_0}{E_0'}\,\eta^2\sin(\nu^*\pi/\eta) = \cos[(\nu^*\pi/\eta)-\Theta] + e^{-D\pi/\eta}\cos\Theta\,, \qquad (6.67/20)$$

aus der sich für ein gegebenes η die Grenzdämpfung β_G oder für ein gegebenes β_0 die Grenzfrequenz η_G bestimmen läßt.

Wir geben auch noch den Ausdruck für die Schwingweite M_0 an; es ist

$$|M_0| = |E_0| - \beta_0\,\frac{\sinh(D\pi/\eta) - \frac{D}{\nu^*}\sin(\nu^*\pi/\eta)}{\cosh(D\pi/\eta)+\cos(\nu^*\pi/\eta)}\,. \qquad (6.67/21)$$

6.68 Andere stark nichtlineare Differentialgleichungen

Schwinger, die nicht zu den in den Abschn.6.61 bis 6.67 aufgeführten Fällen gehören, lassen sich in der Regel nur mit Hilfe von Analog- oder Digitalrechnern untersuchen. Bei ihrer Behandlung kann man z.B. ähnlich wie in Abschn.5.72γ einen Fourier-Abgleich benutzen (Lit.6.68/1). Man kann auch die zeitliche Randwertaufgabe in eine Integralgleichung überführen, die dann numerisch ausgewertet werden muß (Lit.6.68/2).

6.7 Aktive Systeme; Mitnahme

6.70 Beispiele, Definition

Als *Mitnahme* (einer Schwingung durch eine andere) bezeichnet man eine Erscheinung, die nur in aktiven Systemen auftritt. Beispiele für Mitnahmeerscheinungen sind seit langem bekannt. Schon Huyghens beobachtete, daß zwei Pendeluhren, die für sich allein mit etwas unterschiedlichen Frequenzen schwingen, synchronisiert werden, wenn man sie gemeinsam auf einem dünnen (d.h. elastisch verformbaren) Brett befestigt. Dieses Beispiel geriet in Vergessenheit. Lord Rayleigh entdeckte die Mitnahmeerscheinung erneut bei einem akustischen System. Er beobachtete, daß zwei leicht verstimmte Orgelpfeifen, bei denen man Schwebungen hören kann, mit gleicher Frequenz schwingen, wenn sie durch einen Resonanzboden verbunden werden. Aus der Akustik ist ein weiteres Beispiel wohlbekannt: Wird in einem Orchester ein Streich- oder Blasinstrument nicht ganz sauber gespielt, so kann der Ton vom übrigen Orchester mitgenommen werden, so daß die Verstimmung sich nicht auswirkt. Auch in elektrischen und elektroakustischen Systemen sind Mitnahmeerscheinungen bekannt und vielfach beschrieben worden.

In diesem Hauptabschnitt wollen wir Mitnahmeerscheinungen analytisch untersuchen. Dabei werden wir uns, anders als bei den einleitend genannten Beispielen, auf Systeme von nur einem Freiheitsgrad beschränken. Wir gehen aus von der nichtlinearen, nicht-autonomen Differentialgleichung

$$\ddot{x} + g(x,\dot{x}) = s\,f(t) \tag{6.70/1}$$

und nehmen an:

1. Für $s = 0$ habe die Differentialgleichung

$$\ddot{x} + g(x,\dot{x}) = 0 \tag{6.70/2}$$

eine isolierte, bahnstabile, periodische Lösung (einen Grenzzykel) mit der kleinsten Periode N_0.

2. Es sei

$$f(t+T) = f(t) \quad \text{mit} \quad T > 0 \;. \qquad (6.70/3)$$

Formal ist der Faktor s in (6.70/1) überflüssig; für die weiteren Untersuchungen ist es jedoch zweckmäßig, mit s ein Maß für die Schwingweite der Erregerschwingung zur Hand zu haben.

Die durch die Dgl.(6.70/1) und die Bedingungen (6.70/2) und (6.70/3) gestellte Aufgabe läßt sich auch so formulieren: Wir fragen nach den Schwingungen, die sich einstellen, wenn auf das zu selbsterregten Schwingungen fähige System (6.70/2), dessen "freie" Schwingungen mit der Periode N_0 ablaufen, eine periodische Erregerfunktion der Periode T einwirkt.

Dabei werden wir auf jenen Effekt stoßen, den man Mitnahme nennt und den es in linearen Systemen nicht gibt. Um diese neue Erscheinung zu verdeutlichen, vergleichen wir sie zunächst mit dem Verhalten linearer Schwinger.

Die Bewegungen eines sinusförmig erregten, ungedämpften linearen Schwingers werden durch die Differentialgleichung

$$\ddot{x} + \omega_0^2 x = s \sin \Omega t \qquad (6.70/4)$$

beschrieben. Wenn $\omega_0 \neq \Omega$ ist, hat (6.70/4) die Lösung

$$x(t) = A \sin(\omega_0 t + \alpha) - \frac{s}{\Omega^2 - \omega_0^2} \sin \Omega t \;; \qquad (6.70/5)$$

die Bewegung setzt sich zusammen aus der freien Schwingung mit der Periode $T_0 = 2\pi/\omega_0$ und der erzwungenen Schwingung mit der Periode $T = 2\pi/\Omega$. Wenn das Verhältnis der Perioden, wir nennen es wieder η, eine von Eins verschiedene rationale Zahl ist, wenn also

$$\eta := T_0/T = j/i \qquad (6.70/6)$$

gilt (wobei i und j teilerfremde ganze Zahlen sind), so ist x(t) nach (6.70/5) periodisch mit einer Periode L, die gegeben ist durch

$$L = iT_0 = jT. \qquad (6.70/7)$$

Im Gegensatz dazu gibt es für eine nichtlineare Differentialgleichung vom Typ (6.70/1) stabile Lösungen mit einer vorgegebenen Periode L nicht nur für rationale Werte von η. In einer s-η-Ebene (Abb.6.70/1) erhält man bei genügend kleinem s keilförmige Bereiche, wenn man diejenigen Wertepaare bestimmt, die für ein gegebenes i zu einer Bewegung mit der Periode $L = jT$ führen. In einem entsprechenden Bild für

Abb.6.70/1.
L-periodische Lösungen existieren für nichtlineare Schwinger in den schraffierten "Mitnahmebereichen"

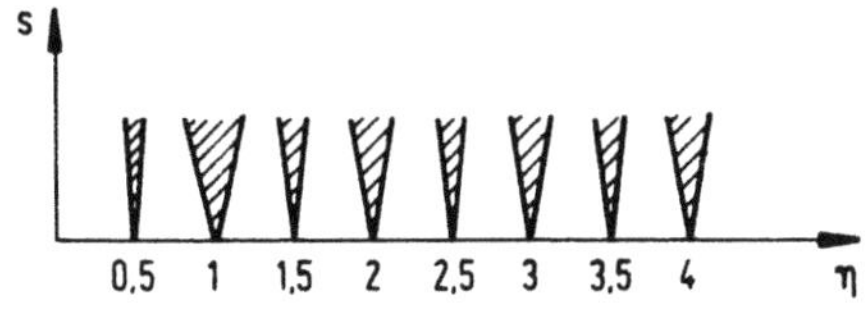

Abb.6.70/2.
L-periodische Lösungen existieren für lineare Schwinger auf den Geraden $\eta = j/i$

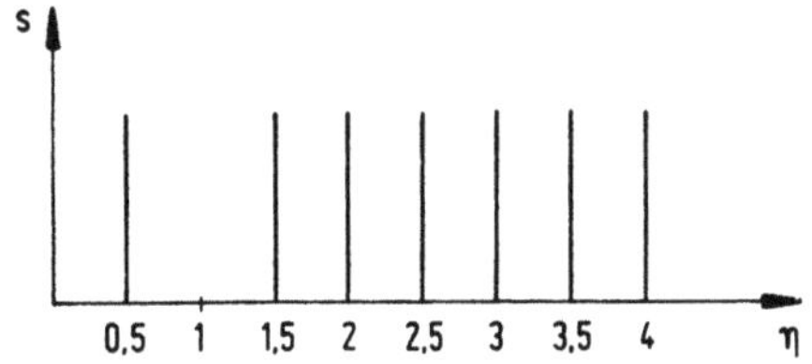

den linearen Schwinger nach (6.70/4) müßten alle Lösungen mit der Periode L auf einer Geraden liegen (Abb.6.70/2), die durch Gl. (6.70/6) gegeben ist. Die zu einem (rationalen) η-Wert gehörende Periodenlänge L wird gemäß (6.70/7) durch die Periode T (Frequenz Ω) der Fremderregung und durch die Periode T_0 (Frequenz ω_0) der Eigenschwingung bestimmt. Für das nichtlineare System gibt es dagegen innerhalb der in Abb.6.70/1 schraffierten sog. Mitnahmebereiche nur Lösungen mit der Periode T der Fremderregung. Die Periode N_0 der Lösung der homogenen Dgl.(6.70/2) tritt überhaupt nicht in Erscheinung; sie wird durch die Fremderregung unterdrückt, der Schwinger wird "mitgezogen" oder "mitgenommen".

Ein Mitnahmebereich, der bei dem rationalen Wert $\eta = j/i$ auf die Abszissenachse trifft, heißt "i:j-Mitnahmebereich". Die gebräuchlichen Bezeichnungen für periodische Schwingungen in einem i:j-Mitnahmebereich sind in Tafel 6.70/I zusammengestellt.

Tafel 6.70/I. Übersicht über i:j-Mitnahmebereiche

Bezeichnung	für	Periode
harmonisch	$i=1$; $j=1$	$L=T$
superharmonisch	$i>1$; $j=1$	$L=T$
subharmonisch	$i=1$; $j>1$	$L=jT$
super-subharmonisch	$i>1$; $j>1$	$L=jT$

Harmonische und superharmonische Schwingungen einerseits, subharmonische und super-subharmonische Schwingungen andererseits haben jeweils dieselbe Periode; im ersten Fall ist $L = T$, im zweiten $L = jT$. Die Schwingungen unterscheiden sich durch ihre Form; und zwar tritt für $s \ll 1$ sowohl bei superharmonischen wie bei super-subharmonischen Schwingungen (wo beide Male $i > 1$ ist) die i-te Harmonische besonders stark hervor. Ist s nicht mehr klein gegen Eins, so lassen sich die Unterscheidungen superharmonisch und harmonisch bzw. super-subharmonisch und subharmonisch nicht mehr aufrecht erhalten, da u.U. mehrere der Teilschwingungen von der gleichen Größenordnung sind.

Gelegentlich sagt man, die Mitnahmeschwingung sei von der Ordnung j und der Art i.

Den dimensionsbehafteten Größen T (Erregerperiode), T_0 (Eigenperiode) und L (resultierende Periode) mögen die mit einem zunächst noch offenen Faktor $\varkappa$ dimensionslos gemachten Größen

$$T^* = \varkappa T , \qquad T_0^* = \varkappa T_0 , \qquad L^* = \varkappa L \qquad (6.70/8)$$

entsprechen, für sie gilt analog zu (6.70/7)

$$L^* = i T_0^* = j T^* . \qquad (6.70/9)$$

Außerdem führen wir noch die dimensionslosen (Kreis-)Frequenzen

$$\lambda^* := 2\pi / L^* \quad \text{und} \quad \omega^* := 2\pi / T_0^*$$

ein. Dann folgt aus (6.70/8)

$$\lambda^* = \frac{1}{i}\,\omega^* = \frac{1}{j}\,\frac{2\pi}{T^*}\,.$$

Wählt man als Normierungsfaktor

$$\varkappa := \omega_0 = 2\pi / T_0\,,$$

so stimmt der Quotient $2\pi/T^*$ überein mit der in früheren Kapiteln benutzten dimensionslosen Erregerfrequenz $\eta = \Omega/\varkappa$. Damit wird (6.70/9) zu

$$\lambda^* = \omega^* / i = \eta / j\,. \qquad (6.70/10)$$

Ein Hinweis auf die Bezeichnungen findet sich im Abschn.6.71a.

Zur Ergänzung der bisherigen Erläuterungen ist im Bildteil a der Abb.6.70/3 noch einmal eine s-η-Ebene mit fünf Beispielen von Mitnahmebereichen skizziert. Bei einem willkürlichen Wert s_B sind die zugehörigen Bereichsbreiten hervorgehoben, die linken Ränder sind jeweils mit a, die rechten mit b bezeichnet. Für Erregerfrequenzen η innerhalb eines Bereiches, also für $a < \eta < b$, gibt es periodische Schwingungen mit einer Frequenz, die zur Erregerfrequenz proportional ist.

Die Aussagen der Gl.(6.70/10) sind im Bildteil b der Abb.6.70/3 dargestellt. Dort sind wieder die fünf Beispielbereiche gezeichnet, die in der Nachbarschaft der Abszissenwerte j/i liegen.

Der erste Teil der Aussage (6.70/10), nämlich

$$\lambda^* = \omega^* / i\,, \qquad (6.70/10a)$$

legt die Frequenzen λ^* fest, die zu den Stellen $\eta = j/i$, den mit A bezeichneten Zentralpunkten der Mitnahmebereiche, gehören. Da innerhalb dieser Bereiche die Frequenz λ^* der Erregerfrequenz η proportional ist, sagt der zweite Teil der Aussage (6.70/10), nämlich

$$\lambda^* = \eta / j\,, \qquad (6.70/10b)$$

daß in den Mitnahmebereichen die Frequenz λ^* angegeben wird durch

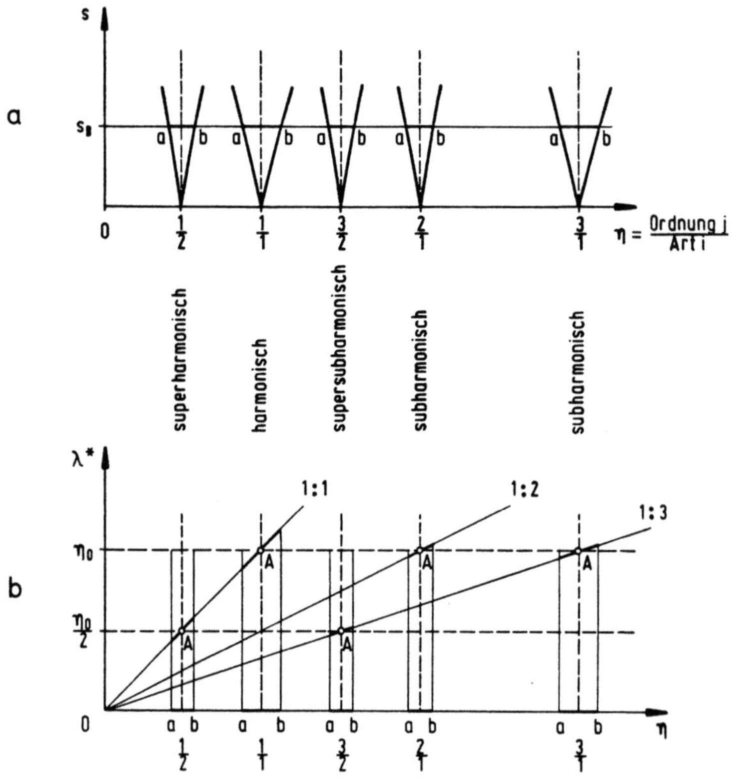

Abb.6.70/3. a) Mitnahmebereiche, b) zugehörige Frequenzen λ^*

Stücke aus den jeweiligen Ursprungsgeraden AO, die ja die Steigung 1:j besitzen.

Bei größeren Werten von s kann es vorkommen, daß Teile von zwei (oder mehr) Mitnahmebereichen, die von verschiedenen Werten $\eta = j/i$ ausgehen, sich überdecken. In doppelt (oder mehrfach) überdeckten Bereichen der s-η-Ebene gibt es dann zu jedem Punkt zwei (oder mehr) periodische Schwingungen mit sich unterscheidenden Periodenlängen. Welche der möglichen Schwingungen sich in solchen Fällen einstellt, hängt von den Anfangsbedingungen (allgemeiner: von der Vorgeschichte der Bewegung) ab. In Abb.6.70/4 ist schematisch ein Fall gezeichnet, wo sich für größere Werte s Teile des 1:1-Mitnahmebereiches und des 2:1-Mitnahmebereiches überdecken. (In dieser Abbildung und in allen späteren Fällen sind nicht die Mitnahmebereiche selbst schraffiert, sondern nur die Gebiete, in denen sich Mitnahmebereiche überdecken.)

In den nachfolgenden Abschnitten werden wir Mitnahmeerscheinungen und vor allem die Grenzen der Mitnahmebereiche an speziellen Systemen untersuchen. Als Beispiel behandeln wir im Abschn.6.72 einen Schwinger, dessen Bewegungsgleichung eine um eine Erregerfunktion erweiterte van der Polsche Differentialgleichung ist. Bei diesem System ist man allerdings für das Untersuchen der Lösungen und der Mitnahme auf Näherungsmethoden angewiesen und muß deshalb voraussetzen, daß alle Erregerterme klein sind gegen die Trägheits- und Rückstellterme.

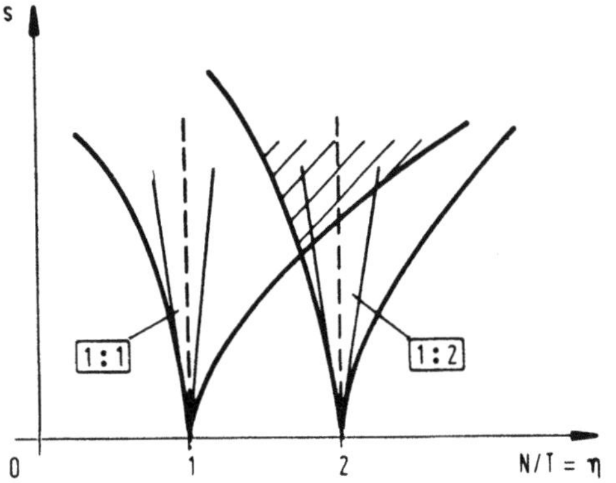

Abb.6.70/4.
1:1-Mitnahmebereich und 1:2-Mitnahmebereich überdecken einander

Wünschenswert sind Untersuchungen, die man ohne einschränkende Bedingungen für die Parameterwerte in der Bewegungsgleichung durchführen kann, und vor allem solche, bei denen die Lösungen und aus ihnen die Grenzen der Mitnahmebereiche e x a k t bestimmt werden können. Dies ist z.B. möglich für Schwinger, deren Bewegungsgleichungen abschnittsweise linear sind. Autonome Schwingungen solcher Gebilde haben wir im Abschn.5.52 (Schwinger e, f, g, h) schon untersucht. Wegen der unmittelbaren Einsichten, die wir dabei gewinnen können, behandeln wir zunächst in Abschn.6.71 jenes abschnittsweise lineare System, das aus dem Schwinger e des Abschn.5.52 hervorgeht, wenn man seine Bewegungsgleichung durch eine Erregerfunktion ergänzt.

6.71 Mitnahme bei einer nicht-linearen Differentialgleichung, die abschnittsweise linear ist

α) Vorbemerkung zu den Bezeichnungen

Im Hauptabschnitt 6.7 gilt: Die durch Normierung entstandenen dimensionslosen Größen sind in der Regel mit Stern (*) versehen. Ausnahmen bilden einige wenige, früher schon in weitem Maße verwendete Größen, wie η und D. Tafel 6.71/I gibt eine Übersicht.

β) Die Differentialgleichung und ihre periodischen, wechselsymmetrischen Lösungen

Unseren Untersuchungen legen wir die abschnittsweise lineare Differentialgleichung

$$x'' + 2Dx' - \operatorname{sign} x' + x = s \sin(\eta\tau + \alpha) \qquad (6.71/1)$$

zugrunde. Aus Abschn.5.52 wissen wir (vgl. das dortige Beispiel e), daß diese Differentialgleichung für $s = 0$ und $0 < D < 1$ periodische Lösungen hat mit der (dimensionslosen) Periode

$$N^* = 2\pi/\sqrt{1 - D^2} = 2\pi/\nu^*. \qquad (6.71/2)$$

Hier suchen wir periodische Lösungen der nicht-autonomen Dgl.(6.71/1) auf, die die Periode

$$L^* = 2\pi j/\eta \quad \text{mit} \quad j = 1, 2, 3, \ldots \qquad (6.71/3a)$$

haben, wobei wegen (6.70/7)

$$L^* = jT^* \quad \text{und} \quad T^* = \frac{2\pi}{\eta} \qquad (6.71/3b)$$

ist. Aus der großen Zahl von möglichen periodischen Lösungsformen greifen wir (als Beispiel und ihrer Bedeutung wegen) eine besondere Klasse heraus. Die Lösungen dieser Klasse sollen

1. periodisch sein mit der Periode L* (6.71/3a),

$$x(\tau + L^*) = x(\tau), \qquad (6.71/4)$$

2. wechselsymmetrisch sein,

Tafel 6.71/I. Zusammenstellung einiger Bezeichnungen

Bezeichnung	dimensionsbehaftet		dimensionslos		Abkürzungen
	Frequenz	Periode	Frequenz	Periode	
Freier linearer Schwinger	$\omega_0 = \varkappa$	$T_0 = \frac{2\pi}{\omega_0}$		$T_0^* := \varkappa T_0 = 2\pi$	
Erregerschwingung	Ω	$T = \frac{2\pi}{\Omega}$	$\eta := \frac{\Omega}{\varkappa}$	$T^* := \varkappa T = \frac{2\pi}{\eta}$	
Freier nichtlinearer Schwinger	ω	$N = \frac{2\pi}{\omega}$	$\omega^* := \frac{\omega}{\varkappa}$	$N^* := \varkappa N = \frac{2\pi}{\omega^*}$	
Erzwungener nichtlinearer Schwinger		L		$L^* := \varkappa L$	
Mitnahme	$\lambda := \frac{2\pi}{L} = \frac{\omega}{i} = \frac{\Omega}{j}$	$L = iN = jT$	$\lambda^* := \frac{\lambda}{\varkappa} = \frac{2\pi}{L^*}$ $\lambda^* = \frac{\omega^*}{i} = \frac{\eta}{j}$ (6.70/10)	$L^* = iN^* = jT^*$ (6.70/7)	
in Abschnitt 6.71					
Freier selbsterregter nichtlinearer Schwinger	$\nu = \varkappa\sqrt{1-D^2}$	$N = \frac{2\pi}{\nu}$	$\nu^* := \frac{\nu}{\varkappa} = \sqrt{1-D^2}$	$N^* := \varkappa N = \frac{2\pi}{\nu^*}$ (6.71/2)	$I^* := \frac{\nu^* L^*}{2} = \frac{j\pi\sqrt{1-D^2}}{\eta}$ $m^* := \frac{DL^*}{2} = \frac{Dj\pi}{\eta}$ (6.71/19a)
Erzwungener nichtlinearer Schwinger		$L = jT$		$L^* := \varkappa L = jT^*$ (6.71/3)	
in Abschnitt 6.72					
Freier selbsterregter nichtlinearer Schwinger	$\omega \approx \varkappa$	$N \approx \frac{2\pi}{\varkappa}$	$\omega^* \approx 1$	$N^* \approx 2\pi$	

$$x(\tau + L^*/2) = -x(\tau) , \qquad (6.71/5)$$

3. pro Periode nur zwei Nullstellen der Geschwindigkeit aufweisen; d.h. die Gleichung

$$x'(\tau) = 0 \qquad (6.71/6)$$

soll pro Halbperiode $L^*/2$ nur eine Wurzel haben. Den Nullpunkt der Zeitzählung legen wir fest, indem wir mit $x_0 > 0$ zur Bezeichnung des Maximalausschlags fordern

$$x(0) = x_0 , \qquad x'(0) = 0 . \qquad (6.71/7)$$

Wir prüfen nun die Dgl.(6.71/1), ob und unter welchen Umständen sie Lösungen zuläßt, die den drei Forderungen (6.71/4) bis (6.71/6) genügen.

Wegen (6.71/5) muß j ungerade sein,

$$j = 2k + 1 . \qquad (6.71/8)$$

Man sieht dies so: Es bezeichne $S(\tau)$ die rechte, $E(\tau)$ die linke Seite der Gl.(6.71/1). Nun gilt

$$S(\tau + L^*/2) = -S(\tau) \quad \text{für alle } j , \qquad (6.71/9)$$

aber es ist

$$\begin{aligned} E(\tau + L^*/2) &= -E(\tau) \quad \text{für ungerade } j , \\ E(\tau + L^*/2) &= +E(\tau) \quad \text{für gerade } j . \end{aligned} \qquad (6.71/10)$$

Für gerade j besteht daher ein Widerspruch.

Wegen der Voraussetzung (6.71/6) und der Festlegung (6.71/7) besitzt die Dgl.(6.71/1) im Intervall $0 < \tau < L^*/2$ die Gestalt

$$x'' + 2Dx' + x = s \sin(\eta\tau + \alpha) - 1 , \qquad (6.71/11)$$

sie hat im genannten Intervall Lösungen mit stetiger erster Ableitung. Deshalb und wegen (6.71/5) und (6.71/7) muß die Lösung von (6.71/11) an den Intervallgrenzen folgenden Bedingungen genügen:

$$\tau = 0 : \qquad x = x_0 > 0 , \qquad x' = 0 ;$$
$$\tau = L^*/2 : \qquad x = -x_0 , \qquad x' = 0 . \qquad (6.71/12)$$

Wenn eine diese Bedingungen erfüllende Lösung gefunden ist, kennt man wegen (6.71/4) und (6.71/5) eine periodische Lösung für alle Zeiten τ.

Die Lösung von (6.71/11) läßt sich explizit angeben; sie lautet

$$x(\tau) = [C_0 \sin \nu^* \tau + C_1 \cos \nu^* \tau] e^{-D\tau} + s V_3 \sin(\eta\tau + \beta) - 1 ; \qquad (6.71/13)$$

dabei ist V_3 der aus Gl.(4.21/15a) bekannte Vergrößerungsfaktor

$$V_3(\eta) = \frac{1}{\sqrt{(1-\eta^2)^2 + 4D^2\eta^2}} , \qquad (6.71/14)$$

ferner ist

$$\beta = \alpha + \gamma_3 , \qquad (6.71/15)$$

wo γ_3 der aus Gl.(4.22/4) bekannte Phasenverschiebungswinkel

$$\gamma_3 = \arctan \frac{-2D\eta}{1-\eta^2} \qquad (6.71/16)$$

ist.

Aus der Lösung (6.71/13) und den Randbedingungen (6.71/12) folgen für die Unbekannten C_0, C_1, x_0 und β die vier Beziehungen

$$x_0 = C_1 + s V_3 \sin\beta - 1 ,$$

$$0 = [C_0 \nu^* - C_1 D] + V_3 s \eta \cos\beta ,$$

$$-x_0 = [C_0 \sin \nu^* L^*/2 + C_1 \cos \nu^* L^*/2] e^{-DL^*/2} - s V_3 \sin\beta - 1 , \qquad (6.71/17)$$

$$0 = [-(C_1 \nu^* + C_0 D) \sin \nu^* L^*/2 + (C_0 \nu^* - C_1 D) \cos \nu^* L^*/2] e^{-DL^*/2}$$
$$- s V_3 \eta \cos\beta .$$

Durch Eliminieren von C_0 und C_1 erhält man daraus die beiden Gleichungen

$$A_0 + A_1 \sin\beta + A_2 \cos\beta = 0\,,$$
$$B_0 + B_1 \sin\beta + B_2 \cos\beta = 0\,. \qquad (6.71/18)$$

Ihre sechs Koeffizienten A_k und B_k schreiben sich mit den dimensionslosen Abkürzungen

$$l^* := v^* L^*/2 = \frac{j\pi}{\eta}\sqrt{1 - D^2}\,,$$
$$m^* := D\,L^*/2 = \frac{j\pi}{\eta} D \qquad (6.71/19a)$$

folgendermaßen:

$$A_0 = (x_0 + 1)\left[\frac{D}{v^*}\sin l^* + \cos l^*\right] e^{-m^*} + x_0 - 1\,,$$
$$A_1 = -s V_3 \left[\frac{D}{v^*}\sin l^* + \cos l^*\right] e^{-m^*} + 1\,,$$
$$A_2 = -s V_3 \frac{\eta}{v^*}\sin l^*\, e^{-m^*}\,,$$
$$B_0 = -\frac{1}{v^*}(x_0 + 1)\sin l^*\, e^{-m^*}\,, \qquad (6.71/19b)$$
$$B_1 = -\frac{1}{v^*} s V_3 \sin l^*\, e^{-m^*}\,,$$
$$B_2 = s V_3 \eta \left[\left(\frac{D}{v^*}\sin l^* - \cos l^*\right) e^{-m^*} - 1\right];$$

außer dem Maximalausschlag x_0 enthalten sie nur bekannte Größen. Die beiden Gln.(6.71/18) sind daher zwei Gleichungen für β und x_0. Aus ihnen folgen zunächst die Ausdrücke

$$\sin\beta = \frac{1}{s V_3}\left[x_0 + G\right]\,, \qquad (6.71/20a)$$

$$\cos\beta = -\frac{F}{s\eta V_3} \qquad (6.71/20b)$$

und daraus die Unbekannte x_0 zu

$$x_0 = \pm s\sqrt{V_3^2 - \left(\frac{F}{s\eta}\right)^2} - G\;; \qquad (6.71/21)$$

hierin sind F und G von s unabhängige bekannte Größen:

$$F = \frac{1}{v^*} \frac{\sin l^*}{\cosh m^* + \cos l^*} ,$$

$$G = \frac{\sinh m^* - \frac{D}{v^*} \sin l^*}{\cosh m^* + \cos l^*} . \qquad (6.71/22)$$

Für die beiden Konstanten C_0 und C_1 findet man aus (6.71/17)

$$C_0 = \frac{1}{v^*} [F + D(1 + G)] ,$$

$$C_1 = 1 + G . \qquad (6.71/23)$$

Durch (6.71/20b), (6.71/21) und die beiden Gln.(6.71/23) sind die vier Unbekannten C_0, C_1, x_0 und β in (6.71/17) festgelegt.

Eine kleine Erörterung verdient noch die Gl.(6.71/20b). Diese transzendente Gleichung für β hat unendlich viele Wurzeln. Da wir aber periodische Lösungen mit der Periode L* berechnen wollen, genügt es, jene Wurzeln von (6.71/20b) zu berücksichtigen, die im Intervall $0 \leqq \tau \leqq T^*$ liegen. Alle weiteren Wurzeln führen zu den bereits bekannten Lösungen.

Mit den gefundenen Werten für C_0, C_1, x_0 und β kennen wir nun zwei periodische Lösungen der Dgl.(6.71/1):

$$x(\tau) = [\frac{1}{v^*}(F + D(1 + G))\sin v^*\tau + (1 + G)\cos v^*\tau]\, e^{-D\tau} - 1$$

$$- \frac{1}{\eta} F \sin \eta\tau \pm \frac{1}{\eta}\sqrt{s^2\eta^2 V_3^2 - F^2}\, \cos \eta\tau , \qquad (6.71/24)$$

sie gelten für $0 \leqq \tau \leqq j\pi/\eta$ und haben die Eigenschaften

$$x(\tau + j\pi/\eta) = - x(\tau)$$

$$x(\tau + 2j\pi/\eta) = + x(\tau) \qquad \text{für alle} \quad \tau > j\pi/\eta .$$

Falls erforderlich, unterscheiden wir die beiden Lösungen als $x_{(+)}(\tau)$ und $x_{(-)}(\tau)$.

γ) Die Gültigkeitsbereiche der periodischen Lösungen: Die Mitnahmebereiche

Wenn periodische Lösungen mit der Periode $jT^* = 2\pi j/\eta$ existieren, lassen sie sich aus Gl.(6.71/24) berechnen, denn die rechte Seite enthält nur bekannte Größen. Für welche Kombinationen der Parameter s und η tatsächlich Schwingungen mit der vorgeschriebenen Periode jT^* auftreten können, muß nun noch untersucht werden. Wir haben dabei auf drei Kriterien zu achten: Die Phasenverschiebungswinkel β in (6.71/13) müssen reell sein, die vorausgesetzte Periodenlänge muß tatsächlich zustande kommen und die errechneten Lösungen müssen stabil sein. Anhand dieser Kriterien lassen sich in einer s-η-Ebene die Grenzen der Existenzbereiche stabiler periodischer Schwingungen, also die Grenzen der M i t n a h m e b e r e i c h e bestimmen.

In den Diagrammen der Abb.6.71/1 und 6.71/2 sind als Ordinaten die Werte s, als Abszissen anstelle von η die Werte η/ν^* aufgetragen. Beide Achsen sind für Werte zwischen Null und Eins linear, für Werte größer als Eins reziprok geteilt; diese Art der Skalierung wurde schon in den Abb.4.22/8 und 4.22/10 für die Abszissenachsen verwendet.

γ1) Grenzen aufgrund des Phasenverschiebungswinkels β

Der Phasenverschiebungswinkel β hängt gemäß Gl.(6.71/20b) von s ab. Wegen $|\cos\beta| \leqq 1$ erhält man reelle Winkel β nur, wenn bei gegebenem η und D der Parameter s oberhalb einer gewissen Schranke bleibt; diese Schranke $s_1(\eta)$ folgt aus (6.71/20b) zu

$$s_1(\eta) = \left| \frac{F(\eta)}{\eta V_3(\eta)} \right| = \left| \frac{\sin l^*}{\cosh m^* + \cos l^*} \sqrt{\frac{(1-\eta^2)^2 + 4D^2\eta^2}{(1-D^2)\eta^2}} \right| . \quad (6.71/25)$$

Für $s < s_1$ gibt es, weil kein reeller Phasenverschiebungswinkel β existiert, keine periodischen Lösungen, also keine mitgenommenen Schwingungen. Die Grenzkurven $s_1(\eta)$ sind in Abb.6.71/1 für $j = 1$ und in Abb. 6.71/2 für $j = 3$ aufgezeichnet. Sie treffen bei allen Werten

$$l^* \equiv j\pi\nu^*/\eta = i\pi \qquad (i = 1, 2, \ldots)$$

auf die Abszissenachse, denn dort verschwindet $\sin l^*$.

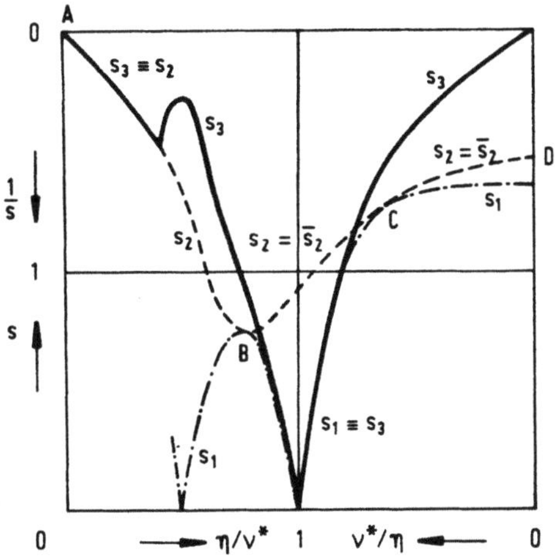

Abb.6.71/1. 1:1-Mitnahmebereich; j = 1, D = 0,2

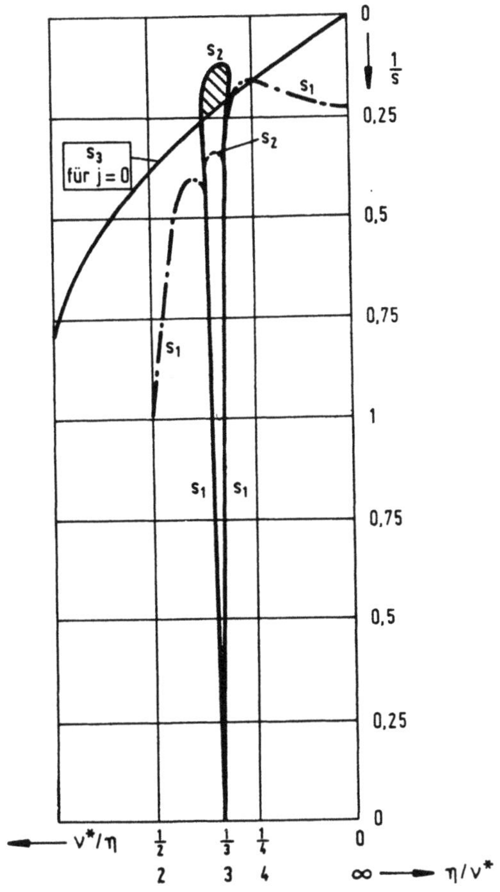

Abb.6.71/2. 1:3-Mitnahmebereich; j = 3, D = 0,2

Ist $s > s_1$, so liefert (6.71/20b) für j = 1 zwei Wurzeln β. Zu diesen beiden Phasenverschiebungswinkeln gehören gemäß (6.71/21) wegen des doppelten Vorzeichens jeweils zwei Schwingungsweiten x_0; sie mögen $x_{0(+)}$ und $x_{0(-)}$ heißen. Die zugehörigen Lösungen $x(\tau)$ sind dann $x_{(+)}(\tau)$ und $x_{(-)}(\tau)$. Bei j = 3 hat die Gl.(6.71/20b) sechs Wurzeln β. Je drei von ihnen unterscheiden sich um $2\pi/3$, sie führen zu periodischen Lösungen mit gleichen Ausschlagformen bei unterschiedlichen Phasenwinkeln. Die beiden Wertetripel führen zu den in der Form verschiedenen Lösungen $x_{(+)}(\tau)$ und $x_{(-)}(\tau)$ mit den Schwingungsweiten $x_{0(+)}$ und $x_{0(-)}$. Entsprechendes gilt für weitere (ungerade) Werte j.

γ2) Grenzen aufgrund der Forderung, daß nur eine Schaltstelle je Halbperiode auftritt

Die Lösungen $x(\tau)$ müssen noch daraufhin untersucht werden, ob sie nicht gegen die Forderung (6.71/6) verstoßen. Falls (6.71/6) verletzt ist, also zusätzliche Nullstellen von $x'(\tau)$ vorhanden sind, existiert - entgegen der Voraussetzung - innerhalb einer Halbperiode $L^*/2$ mehr als eine Schaltstelle. Sollen derartige zusätzliche Schaltstellen vermieden werden, so muß bei

$$x_{(\pm)}(\tau = 0) =: x_{0(\pm)} > 0 \tag{6.71/26a}$$

gelten

$$x'_{(\pm)}(0 < \tau < j\pi/\eta) < 0 \quad . \tag{6.71/26b}$$

Damit die Bedingung (6.71/26b) erfüllt wird, ist notwendig (aber nicht hinreichend!), daß

$$x''(\tau = 0) \leqq 0 \tag{6.71/27a}$$

und

$$x''(\tau = j\pi/\eta) \geqq 0 \tag{6.71/27b}$$

ist. Aus der Lösung $x(\tau)$ nach (6.71/24) gewinnt man zunächst

$$\begin{aligned} x''(\tau) = & \Big\{ \Big[\frac{1}{v^*}(1 + G + DF) - Fv^* \Big] \sin v^* \tau \\ & - (1 + G + 2DF) \cos v^* \tau \Big\} e^{-D\tau} \\ & + F\eta \sin \eta\tau \mp \sqrt{s^2 \eta^2 V_3^2 - F^2} \cos \eta\tau \end{aligned} \tag{6.71/28}$$

und daraus gemäß (6.71/27) durch Einsetzen der Argumente $\tau = 0$ und $\tau = j\pi/\eta$

$$x''(0) = -(1 + G + 2DF) \mp \eta \sqrt{s^2 \eta^2 V_3^2 - F^2} \leqq 0 \tag{6.71/29a}$$

und

$$x''(j\pi/\eta) = \Big\{\Big[\frac{1}{\nu^*}(1 + G + DF) - F\nu^*\Big]\sin j\nu^*\pi/\eta$$
$$- (1 + G + 2DF)\cos j\nu^*\pi/\eta\Big\}\, e^{-Dj\pi/\eta}$$
$$\pm\ \eta\sqrt{s^2\eta^2 V_3^2 - F^2} \geqq 0\ . \qquad (6.71/29b)$$

Die Gln.(6.71/29) grenzen die Mitnahmebereiche weiter ein. Die Gl.(6.71/29a) ist relativ leicht auswertbar, man stellt jedoch fest, daß der so gefundenen Grenze keine Bedeutung zukommt. Aus der Gl. (6.71/29b) ergibt sich eine weitere Grenze, die wegen des nur notwendigen Charakters der Bedingungen (6.71/29) zunächst nur vorläufige Bedeutung hat. Wir bezeichnen sie mit $\bar{s}_2(\eta)$; mit der Abkürzung

$$B := \frac{1}{\nu^*}(1 + G + DF) \qquad (6.71/30a)$$

erhält man

$$\bar{s}_2(\eta) = \frac{1}{\eta V_3}\sqrt{F^2 + \Big\{\frac{1}{\eta}\big[(F\nu^* + DB)\sin l^* + (B\nu^* + DF)\cos l^*\big]\, e^{-Dj\pi/\eta}\Big\}^2}\, . \qquad (6.71/30b)$$

Diese Grenze $\bar{s}_2$ ist in die für $j = 1$ geltende Abb.6.71/1 zwischen den Punkten B und D eingetragen. Auf welcher Seite dieser Grenze die Mitnahmebereiche tatsächlich liegen, muß noch festgestellt werden. Hierzu dient die Erörterung darüber, wo die notwendigen Bedingungen (6.71/27) auch hinreichend oder nicht mehr hinreichend sind.

Durch die Erfüllung von (6.71/27) ist nämlich nicht sichergestellt, daß im Intervall $0 < \eta\tau < j\pi$ nicht noch weitere Nulldurchgänge der Funktion $x'(\tau)$ und damit weitere Schaltpunkte auftreten. Man erkennt dies am besten aus der Abb.6.71/3. Sie zeigt den Verlauf der aus (6.71/24) numerisch ermittelten Ableitung $x'_{(+)}(\tau)$ für verschiedene Parameterwerte s bei festgehaltenem Frequenzverhältnis $\eta/\nu^* = 0{,}3$ und für $D = 0{,}2$. Alle gezeichneten Kurven der Schar erfüllen Gl. (6.71/27). Dennoch stellen nicht alle Kurven brauchbare Lösungen dar, denn im genannten Intervall berührt z.B. die Kurve mit $s = 3{,}1$ die Abszissenachse, Kurven mit $s < 3{,}1$ schneiden sie zweimal, so daß wei-

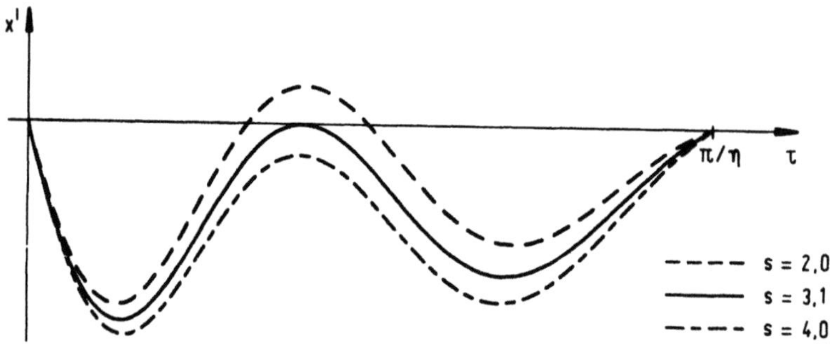

Abb.6.71/3. Verlauf von $x'(\tau)$ gemäß (6.71/24), "Durchschlagen"

tere Schaltpunkte auftreten. Diesen Effekt nennt man gelegentlich nach dem aus der Abbildung gewonnenen Augenschein "Durchschlagen" (gemeint ist: der Kurven durch die Abszissenachse). Wir suchen also die Grenze [wir wollen sie $s_2(\eta)$ nennen] zwischen Werten s, für die ein Durchschlagen auftritt oder nicht auftritt. Die Lösung läßt sich nicht analytisch angeben. Die numerisch ermittelte Kurve $s_2(\eta)$ ist in Abb.6.71/1 ebenfalls eingetragen; sie zerfällt in die Äste AB, BC, CD. Auf BC und CD ist s_2 mit Kurve $\bar{s}_2$ aus (6.71/30b) identisch. Es ergibt sich: Die Äste AB und CD sind Grenze nur für die Lösung $x_{(+)}(\tau)$, der Ast BC ist Grenze nur für $x_{(-)}(\tau)$. Die Mitnahmebereiche für $x_{(+)}(\tau)$ liegen oberhalb von AB und CD, der Mitnahmebereich für $x_{(-)}(\tau)$ liegt unterhalb BC. Die Punkte A bzw. D der Kurven s_2 und $\bar{s}_2$ liegen am linken bzw. rechten Rand des Diagramms; die Punkte B und C sind die Berührungspunkte der Kurven s_1 und $\bar{s}_2$; sie haben die Abszissen $\eta/\nu^* = 0{,}77$ bzw. $\eta/\nu^* = 1{,}47$.

In die für $j = 3$ geltende Abb.6.71/2 sind im keilförmigen Bereich zwei Grenzkurven s_2 eingetragen. Für sie gilt: Die ausgezogene Kurve s_2 ist die Grenze, unterhalb der die Lösung $x_{(+)}(\tau)$ nicht durchschlägt, die gestrichelte Kurve s_2 ist die Grenze, unterhalb der $x_{(-)}(\tau)$ nicht durchschlägt. Der tatsächliche Mitnahmebereich wird durch die ausgezogene Kurve begrenzt.

γ3) Grenzen aufgrund der Stabilität der Lösungen

Innerhalb der in den Abb.6.71/1 und 6.71/2 durch die Kurven

$s_1(\eta/\nu^*)$ und $s_2(\eta/\nu^*)$ begrenzten Bereiche gibt es periodische Lösungen der Dgl.(6.71/1). Nun muß noch geprüft werden, ob diese Lösungen stabil sind, d.h. ob kleine Störungen dieser Lösungen wieder abklingen. Die nachfolgenden Erörterungen werden durch die Abb.6.71/4 erläutert.

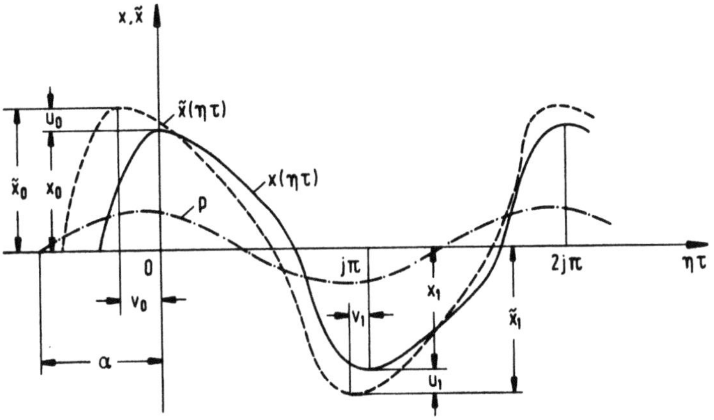

Abb.6.71/4. Zur Frage der Stabilität, $p := s\sin(\eta\tau+\alpha)$

Die ungestörte stationäre periodische Lösung heiße $x(\eta\tau)$; sie hat die Extremwerte x_0 bei $\eta\tau = 0$ und x_1 bei $\eta\tau = j\pi$. Die gestörte Lösung heiße $\tilde{x}(\eta\tau)$; sie habe die Extremwerte $\tilde{x}_0$ bei $\eta\tau = -v_0$ und $\tilde{x}_1$ bei $\eta\tau = j\pi - v_1$. Die Differenz $\tilde{x} - x$ nennen wir u,

$$u(\eta\tau) := \tilde{x}(\eta\tau) - x(\eta\tau) . \qquad (6.71/31)$$

Im besonderen setzen wir

$$\begin{aligned} v_0 &=: \eta\tau_0 , \\ v_1 &=: \eta\tau_1 , \\ u_0 &:= \tilde{x}(-v_0) - x(0) , \\ u_1 &:= \tilde{x}(j\pi - v_1) - x(j\pi) ; \end{aligned} \qquad (6.71/32)$$

damit bestehen die Beziehungen

$$\tilde{x}(-v_0) = x(0) + u_0\,, \qquad \tilde{x}'(-v_0) = 0\,,$$
$$\tilde{x}(\pi j - v_1) = x(j\pi) + u_1\,, \qquad \tilde{x}'(\pi j - v_1) = 0\,; \tag{6.71/33}$$

sie stellen vier Gleichungen für die vier Abweichungen u_0, u_1, v_0 und v_1 dar.

Durch Lösen der Dgl.(6.71/1) im Intervall

$$-v_0 < \eta\tau < j\pi - v_1$$

erhält man die Funktion $\tilde{x}(\eta\tau)$ und daraus unter Beachtung von (6.71/33) zwei Gleichungen der Gestalt

$$u_1 = u_1(u_0, v_0)\,,$$
$$v_1 = v_1(u_0, v_0)\,. \tag{6.71/34a}$$

Wenn die Störungen u_0 und v_0 klein sind, können diese Gleichungen linearisiert werden; sie liefern dann den Satz

$$u_1 = a_{11}u_0 + a_{12}v_0\,,$$
$$v_1 = a_{21}u_0 + a_{22}v_0 \tag{6.71/34b}$$

mit bekannten Koeffizienten a_{ik}, für die man hier nach einiger Rechnung folgende Ausdrücke findet:

$$a_{11} = -\left(\frac{D}{v^*}\sin l^* - \cos l^*\, e^{-m^*}\right),$$

$$a_{12} = \frac{1}{v^*}\left[\frac{1}{\eta}(2DF + G + 1) \pm K\right]\sin l^*\, e^{-m^*}\,,$$

$$a_{21} = \frac{1}{v^*}\sin l^*\, e^{-m^*}/\left[\frac{1}{\eta}H - (\pm K)\right], \tag{6.71/35}$$

$$a_{22} = (\cos l^* - D\sin l^*)\left[\frac{1}{\eta}(2DF + G + 1) \pm K\right]e^{-m^*}/\left[\frac{1}{\eta}H - (\pm K)\right]$$

mit

$$H(\eta) = \frac{1}{v^*}\,\frac{-D\sin l^* + v^*\cos l^* + v^*e^{-m^*}}{\cos l^* + \cosh m^*}\,,$$

$$K = \left| \sqrt{s^2 V_3^2 \eta^2 - F^2} \right|$$

und l* und m* gemäß (6.71/19a).

Der Satz der beiden linearen Gln.(6.71/34b) gibt an, wie groß die durch die Störungen u_0 und v_0 nach einer Halbperiode bewirkten Abweichungen u_1 und v_1 sind. Damit eine Lösung $x(\eta\tau)$ stabil ist, muß die gestörte Lösung $\tilde{x}$ nach einer Halbperiode näher bei x liegen. Diese Forderung ist dann und nur dann erfüllt, wenn die beiden Eigenwerte λ_1 und λ_2 der Matrix der Koeffizienten a_{ik},

$$\lambda_{1,2} = \frac{1}{2}\left[(a_{11} + a_{22}) \pm \sqrt{(a_{11} - a_{22})^2 + 4\, a_{12}\, a_{21}}\,\right] \qquad (6.71/36)$$

dem Betrage nach kleiner als Eins sind (vgl. auch Abschn.6.62).

Mit den Koeffizienten (6.71/35) muß die Gl.(6.71/36) numerisch gelöst werden. Es zeigt sich dann, daß die harmonischen und subharmonischen Lösungen $x_{(-)}(\tau)$ sämtlich instabil sind. Sie sind damit praktisch bedeutungslos. Von den Lösungen $x_{(+)}(\tau)$ sind die harmonischen ($j = 1$; Abb.6.71/1) stabil oberhalb der Grenze s_3; die subharmonischen ($j = 3$; Abb.6.71/2) sind stabil überall, wo sie existieren, also innerhalb der Grenzen s_1 und s_2. Der tatsächliche Mitnahmebereich wird durch die ausgezogenen Kurvenstücke begrenzt.

δ) Überdecken der Mitnahmebereiche; nicht-wechselsymmetrische Lösungen

In Abb.6.71/2 ist außer den Grenzen des 1:3-Mitnahmebereichs auch ein Teil der Grenze (aus Abb.6.71/1) für den 1:1-Mitnahmebereich eingetragen. Wie man sieht, überschneiden sich die Grenzen des 1:1-Bereichs und des 1:3-Bereichs. Es gibt ein Gebiet doppelter Bedeckung; es ist in der Abb.6.71/2 schraffiert. Solche Gebiete doppelter (oder mehrfacher) Bedeckung wurden im Abschn.6.70 schon angesprochen.

Es sei noch betont, daß wir explizit nur 1:1- und 1:3-Mitnahmebereiche untersucht haben. Weitere i:j-Mitnahmebereiche für wechselsymmetrische Lösungen lassen sich nach den gegebenen Mustern aufsuchen und abgrenzen, qualitativ neue Erkenntnisse ergeben sich dabei jedoch nicht.

Nicht-wechselsymmetrische Lösungen (j ist dann gerade) und die zugehörigen Mitnahmebereiche lassen sich ebenfalls bestimmen. Wir führen solche Untersuchungen hier jedoch nicht aus, sondern verweisen auf die Literatur, insbesondere auf Lit.6.71/1.

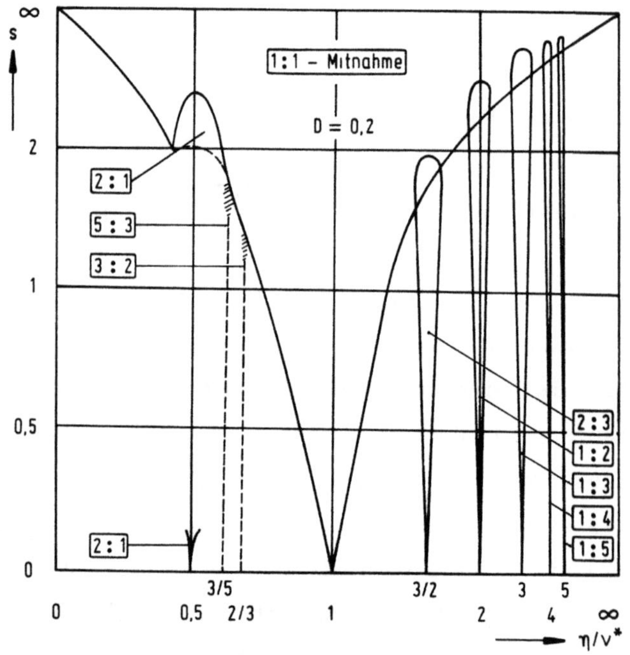

Abb.6.71/5. i:j-Mitnahmebereiche

Nach den dort gewonnenen Ergebnissen liegt die Vermutung nahe, daß in der Nähe der Punkte $\eta/\nu^* = j/i$ (j und i teilerfremd) für hinreichend kleine Werte s stets i:j-Mitnahme auftritt. Demnach wäre die s-(η/ν^*)-Ebene mit unendlich vielen Mitnahmebereichen bedeckt, die jeweils bei $\eta/\nu^* = i/j$ auf die Abszissenachse treffen. Die Bereiche können und werden sich teilweise überdecken. Darüber, ob die Ebene von diesen Bereichen lückenlos ausgefüllt wird, oder ob zwischen den Bereichen Lücken bleiben, können klare Aussagen bisher nicht gemacht werden. Für die Punkte (Parameterpaare) in den Lückengebieten würden periodische Lösungen der Differentialgleichung nicht existieren.

Eine qualitative Übersicht über einige i:j-Mitnahmebereiche (wobei jede der ganzen Zahlen i und j kleiner ist als 5) zeigt die Abb. 6.71/5; sie ist Lit.6.71/1 entnommen.

6.72 Mitnahme bei der van der Polschen Differentialgleichung

α) Differentialgleichung und Lösungsansätze

In diesem Abschnitt untersuchen wir Mitnahmeerscheinungen bei der um eine harmonische Erregerfunktion erweiterten van der Polschen Differentialgleichung

$$x'' - \varepsilon(1 - x^2)x' + x = s \sin \eta\tau , \qquad (6.72/1)$$

dabei setzen wir voraus

$$0 < \varepsilon \ll 1 . \qquad (6.72/1a)$$

Der linke Teil der Ungleichung sichert, daß für $s = 0$ selbsterregte Schwingungen auftreten, der rechte Teil, daß deren Periode $N^* \approx 2\pi$ und die Eigenfrequenz $\omega^* \approx 1$ beträgt.

Die Dgl.(6.72/1) kann nur mit Näherungsmethoden angegriffen werden. Dafür sind verschiedene der in Kap.5 besprochenen Verfahren verwendbar. Wir verwenden das van der Polsche Verfahren (zweite Variante) von Abschn.5.84γ.

Wenn die Erregerfrequenz $\eta \approx 1$ ist, setzen wir als Lösung an

$$x(\tau) = b_s(\tau) \sin \eta\tau + b_c(\tau) \cos \eta\tau \qquad (6.72/2)$$

und unterstellen, daß die ersten Ableitungen der Faktoren b_i nach τ von erster Ordnung, die zweiten Ableitungen von zweiter Ordnung klein sind. Unter diesen Voraussetzungen haben die Näherungslösungen ungefähr die Frequenz ω^* der autonomen Schwingungen (1:1-Mitnahme).

Weicht der Wert der Erregerfrequenz η stark von Eins ab, so kann man superharmonische oder subharmonische Mitnahme erwarten. Anstelle von (6.72/2) wird dann der Ansatz

$$x(\tau) = \frac{s}{1 - \eta^2} \sin \eta\tau + b_s(\tau) \sin n\eta\tau + b_c(\tau) \cos n\eta\tau \qquad (6.72/3)$$

benutzt und wieder wie oben Kleinheit der Ableitungen der $b_i(\tau)$ unterstellt. Zum Ansatz (6.72/3) zwei Anmerkungen:

Erstens: Der Ansatz besteht aus einem ersten Term, dessen Frequenz η die Frequenz der Erregung ist, und aus zwei weiteren Termen, die variable Amplituden $b_s(\tau)$ und $b_c(\tau)$ haben und im Argument der trigonometrischen Funktionen die Frequenz $n\eta$ aufweisen. Obgleich es bei nichtlinearen Systemen keine Superposition von Partikularlösungen gibt, kann man - solange die nichtlinearen Ausdrücke in der Differentialgleichung klein sind - den ersten Term deuten als den Einfluß der Erregerschwingung, die beiden weiteren Terme als den Einfluß der selbsterregten Schwingung.

Zweitens: Die Terme mit der Frequenz $n\eta$ werden sich nachher als superharmonisch oder subharmonisch (in Bezug auf den Term mit der Frequenz η) erweisen. Demgemäß wird von superharmonischer und von subharmonischer Mitnahme gesprochen werden. Man sollte aber nicht vergessen, daß der Ansatz für die Lösungsfunktion nicht nur diese super- oder subharmonischen Terme enthält, sondern stets auch den ersten, harmonischen Term.

Die Frequenz $n\eta$ in den beiden letzten Termen von (6.72/3) soll gleich der Frequenz ω^* der autonomen Schwingungen sein. Zusammen mit (6.70/10) folgt daraus, daß der Koeffizient n der Quotient der früher benutzten ganzen Zahlen i und j ist,

$$n = i/j \,. \tag{6.72/4}$$

Für superharmonische Mitnahme ist wegen $i > 1$, $j = 1$ der Koeffizient n gleich der ganzen Zahl i, für subharmonische Mitnahme wird wegen $i = 1$, $j > 1$ der Koeffizient n zu dem Stammbruch $n = 1/j$.

Wir wollen hier wie im Abschn.6.71 nur wechselsymmetrische Lösungen betrachten. Deshalb findet man durch die gleichen Überlegungen, wie sie im Abschn.6.71β angestellt wurden, daß n bzw. 1/n keine gerade Zahl sein kann.

β) Harmonische Mitnahme; der 1:1-Mitnahmebereich

Hier benutzen wir den Ansatz (6.72/2) mit den genannten Voraussetzungen über die Kleinheit der Ableitungen. Aus ihm folgen

$$x'(\tau) = (b_s' - \eta b_c)\sin\eta\tau + (b_c' + \eta b_s)\cos\eta\tau \ , \tag{6.72/6a}$$

$$x''(\tau) = (-2\eta b_c - \eta^2 b_s)\sin\eta\tau + (2\eta b_s - \eta^2 b_c)\cos\eta\tau \ , \tag{6.72/6b}$$

$$x^2(\tau) = b_s^2\sin^2\eta\tau + b_c^2\cos^2\eta\tau + 2\,b_s b_c \sin\eta\tau\cos\eta\tau$$

$$= \tfrac{1}{2}(b_s^2 + b_c^2) + \tfrac{1}{2}(b_c^2 - b_s^2)\cos 2\eta\tau + b_s b_c \sin 2\eta\tau \ . \tag{6.72/6c}$$

Einsetzen in (6.72/1) liefert unter Vernachlässigen der höheren Harmonischen

$$\begin{aligned} 2 b_s' + \frac{1-\eta^2}{\eta} b_c - \varepsilon b_s\left[1 - \tfrac{1}{4}(b_s^2 + b_c^2)\right] &= 0 \ , \\ -2 b_c' + \frac{1-\eta^2}{\eta} b_s + \varepsilon b_c\left[1 - \tfrac{1}{4}(b_s^2 + b_c^2)\right] &= +\frac{s}{\eta} \ , \end{aligned} \tag{6.72/7}$$

also zwei Differentialgleichungen erster Ordnung für die $b_i(\tau)$. Durch Umschreiben auf neue Größen gemäß

$x_1 := b_s/2$, $y_1 := b_c/2$,

$r_1^2 := x_1^2 + y_1^2$ (Maß für die Amplitude der Lösungsschwingung),

$F_1 := \dfrac{s}{2\varepsilon\eta}$ (Maß für die Amplitude der Fremderregung), (6.72/8)

$\sigma_1 := \dfrac{1-\eta^2}{\varepsilon\eta}$ (Maß für die Verstimmung zwischen Erregerschwingung und autonomer Schwingung),

$\tau_1 := \tfrac{1}{2}\varepsilon\tau$ (neue Zeit)

(der Index 1 soll dabei auf die 1:1-Mitnahme hinweisen) findet man aus (6.72/7) die beiden Differentialgleichungen erster Ordnung

$$\begin{aligned} \frac{d x_1}{d\tau_1} + \sigma_1 y_1 - x_1(1 - r_1^2) &= 0 \ , \\ -\frac{d y_1}{d\tau_1} + \sigma_1 x_1 + y_1(1 - r_1^2) &= F_1 \ . \end{aligned} \tag{6.72/9}$$

Zu (6.72/9) suchen wir nun die periodischen Lösungen. Für sie nehmen die Größen x_1, y_1 und r_1 konstante Werte x_{10}, y_{10}, r_{10} an, so daß die Ableitungen in (6.72/9) verschwinden. So folgt der Gleichungssatz

$$- x_{10}(1 - \rho_{10}) + \sigma_{10}\, y_{10} = 0\,, \qquad \sigma_1 x_{10} + y_{10}(1 - \rho_{10}) = F_1\,; \tag{6.72/10}$$

darin ist die Abkürzung

$$\rho_{10} := r_{10}^2 := x_{10}^2 + y_{10}^2 \tag{6.72/10a}$$

(als Maß für die Amplitude der stationären Lösung) verwendet. Aus (6.72/10) gewinnen wir

$$x_{10} = \frac{\sigma_1 \rho_{10}}{F_1}\,, \qquad y_{10} = \frac{\rho_{10}(1 - \rho_{10})}{F_1} \tag{6.72/11}$$

und daraus mit (6.72/10a) schließlich

$$\rho_{10}[\sigma_1^2 + (1 - \rho_{10})^2] = F_1^2 \tag{6.72/12}$$

als Gleichung der Responsekurve, die den Zusammenhang zwischen der Erregeramplitude s (gemessen durch F_1), der Erregerfrequenz η (gemessen durch σ_1) und der sich einstellenden Amplitude r_{10} (gemessen durch ρ_{10}) der harmonischen Lösung angibt.

Die Responsekurven (6.72/12) sind in der Abb.6.72/1 als Kurvenschar $\rho_{10}(\sigma_1)$ mit dem Scharparameter F_1 aufgezeichnet. Die Kurven sind zur ρ_{10}-Achse symmetrisch; deshalb genügt ein Aufzeichnen für positive Werte σ_1. Zum Parameterwert $F_1 = 0$ gehört die autonome (selbsterregte) Schwingung. In diesem Fall hat (6.72/12) die beiden Lösungen

① $\rho_{10} = 0\,, \quad \sigma_1$ beliebig ,

② $\rho_{10} = 1\,, \quad \sigma_1 = 0\,.$

Die erste ist trivial, die zweite entspricht der bekannten autonomen Schwingung. Der aus (5.87/7) folgende Wert $r_G = 2$ entspricht wegen der Normierungen in (6.72/8) dem Wert $\rho_{10} = 1$.

Für Parameterwerte $F_1^2 < 4/27$ haben die Responsekurven zwei Äste, nämlich geschlossene Kurven um den Punkt $\sigma_1 = 0$, $\rho_{10} = 1$ und flach verlaufende Kurven in der Nähe der σ_1-Achse. Für Parameterwerte $F_1 > 4/27$ bestehen die Kurven aus nur einem Ast.

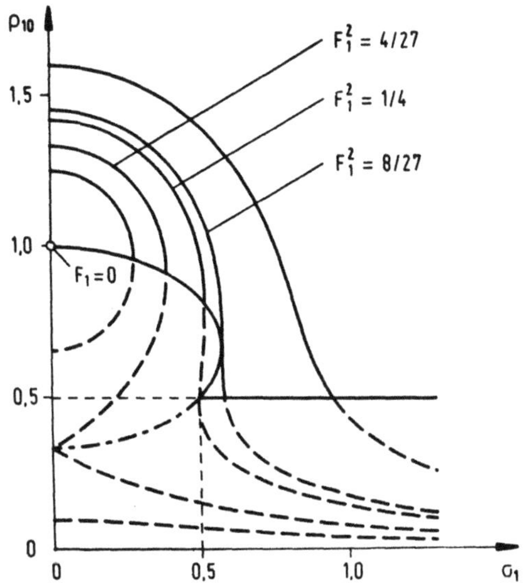

Abb.6.72/1. Responsekurven für die 1:1-Mitnahme

In der Abb.6.72/1 ist auch noch der geometrische Ort der Kurvenpunkte mit vertikaler Tangente eingetragen. Er ist eine Ellipse mit der Gleichung

$$E(\rho_{10}, \sigma_1) := \sigma_1^2 + (1 - \rho_{10})(1 - 3\rho_{10}) = 0 \;, \qquad (6.72/13)$$

die man aus (6.72/12) und der Bedingung

$$\frac{\partial}{\partial \rho_{10}} \{\rho_{10}[\sigma_1^2 + (1 - \rho_{10})^2] - F_1^2\} = 0 \qquad (6.72/14)$$

findet.

Aus der Abb.6.72/1 ersieht man: Zu manchen Werten von σ_1 gibt es mehrere periodische Lösungen; sie haben unterschiedliche Amplituden. Welche dieser Lösungen stabil sind, muß durch eine besondere Untersuchung geklärt werden. Diese Untersuchung führen wir hier nach der Methode von Andronov-Witt durch (siehe Abschn.5.84δ). Dazu bilden wir aus (6.72/9) die autonome Differentialgleichung

$$\frac{dy_1}{dx_1} = \frac{\sigma_1 x_1 + (1 - r_1^2) y_1 - F_1}{(1 - r_1^2) x_1 - \sigma_1 y_1} \tag{6.72/15}$$

und untersuchen gemäß Abschn.5.22 den Charakter der dieser Differentialgleichung zugeordneten singulären Punkte. Zu diesem Zweck setzen wir in (6.72/15)

$$x_1 = x_{10} + u \,, \qquad y_1 = y_{10} + v \,; \tag{6.72/16}$$

hierin sind x_{10} und y_{10} die Koordinaten des singulären Punktes, der untersucht werden soll. Wir entwickeln Zähler und Nenner nach Potenzen von u und v und berücksichtigen nur die linearen Terme. So kommt

$$\frac{dv}{du} = \frac{au + bv}{cu + dv} \tag{6.72/17a}$$

mit

$$\begin{aligned} a &= \sigma_1 - 2 x_{10} y_{10} \,, & b &= 1 - \rho_{10} - 2 y_{10}^2 \,, \\ c &= -2 x_{10}^2 + 1 - \rho_{10} \,, & d &= -\sigma_1 - 2 x_{10} y_{10} \,. \end{aligned} \tag{6.72/17b}$$

Von hier ab werden wir der Einfachheit halber die (zweiten) Indizes 0 weglassen; mit x_1, y_1 und ρ_1 sind also weiterhin die konstanten Größen x_{10}, y_{10} und ρ_{10} bezeichnet.

Die Dgl.(6.72/17a) hat die gleichen Singularitäten wie (6.72/15), wenn

$$ad - bc \neq 0 \tag{6.72/18}$$

ist. Zur Klassifizierung der singulären Punkte benötigen wir die drei Größen

$$\begin{aligned} (b - c)^2 + 4ad &= 4(\rho_1^2 - s_1^2) \,, \\ ad - bc &= -(1 - \rho_1)(1 - 3\rho_1) - \sigma_1^2 \equiv -E(\rho_1, \sigma_1) \,, \\ b + c &= 2(1 - 2\rho_1) \,. \end{aligned} \tag{6.72/19}$$

$E(\rho_1, \sigma_1) \equiv 0$ ist die Gleichung der Ellipse (6.72/13). Auf dieser Ellips ist die Bedingung (6.72/18) verletzt. Die auf der Ellipse liegenden singulären Punkte können daher nicht nach Abschn. 5.22 klassifiziert werden; sie sind singuläre Punkte höherer Ordnung, wir lassen sie hier unberücksichtigt. Den Charakter aller andern singulären Punkte können wir dagegen bestimmen. So erhalten wir die in Abb. 6.72/2 angegebene Verteilung der Singularitäten in der ρ_1-σ_1-Ebene. Wenn die singulären Punkte und damit die stationären Lösungen stabil sein sollen, muß gelten

$$\rho_1 > 1/2 \qquad (6.72/20a)$$

und

$$E(\rho_1, \sigma_1) > 0 \,. \qquad (6.72/20b)$$

Die durch die beiden Bedingungen (6.72/20) bezeichnete Stabilitätsgrenze ist in die Abb. 6.72/2 und auch in die Abb. 6.72/1 stark ausgezogen eingezeichnet. Sie trennt dort die stabilen (ausgezogenen) Äste von den instabilen (gestrichelten) Ästen der Responsekurven.

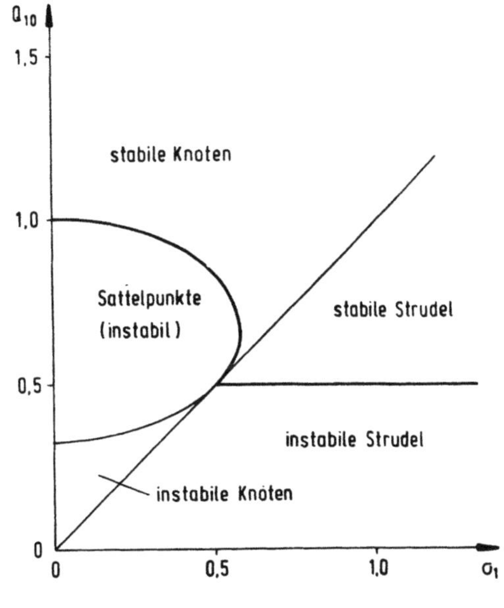

Abb. 6.72/2. Stabilitätskarte (Verteilung der singulären Punkte)

Wir fassen die bisher gewonnenen Ergebnisse zusammen (vgl. Abb. 6.72/1):

1. Für Parameterwerte $F_1^2 > 8/27$ hat die Dgl.(6.72/1) bei einer vorgegebenen Verstimmung σ_1 eine einzige harmonische Lösung. Die Lösung ist stabil, wenn $\rho_1 > 1/2$ ist; andernfalls ist sie instabil, es gibt dann keine 1:1-Mitnahme.

2. Für Parameterwerte $1/4 < F_1^2 < 8/27$ gibt es, falls $1/2 < \sigma_1 < \sqrt{3}/3$ ist, drei harmonische Lösungen der Differentialgleichung; von ihnen sind entweder eine oder zwei stabil.

3. Wenn $F_1 < 1/4$ ist, so gibt es für einen gewissen kleinen Bereich von Verstimmungen σ_1 drei harmonische Lösungen, von denen zwei instabil sind. Für große σ_1 gibt es eine einzige, instabile Lösung und somit keine Mitnahme.

Die Erörterung der Stabilitätsgrenzen anhand der ρ_1-σ_1-Ebene der Abb.6.72/1 wird jedoch unübersichtlich und ist deshalb ungeeignet, wenn man rasch überblicken will, für welche Parameterwerte s und η der Fremderregung die Dgl.(6.72/1) stabile harmonische Lösungen besitzt. Wir rechnen deshalb die Stabilitätsgrenzen (6.72/20) auf die ursprünglichen Parameterwerte s und η um.

Laut Gl.(6.72/20a) gilt auf der Stabilitätsgrenze $\rho_1 = 1/2$, damit wird nach Gl.(6.72/10a) auch

$$x_1^2 + y_1^2 = 1/2 .$$

Setzt man x_1 und y_1 gemäß Gl.(6.72/11) ein, so findet man

$$F_1^2 = \frac{1}{2}(\sigma_1^2 + \frac{1}{4}) \qquad (6.72/21)$$

und daraus

$$s = \sqrt{2}\sqrt{(1-\eta^2)^2 + (\frac{1}{2}\varepsilon\eta)^2} . \qquad (6.72/22)$$

Entsprechend behandelt liefert (6.72/20b)

$$F_1^2 = \frac{2}{27}[1 - 9\sigma_1^2 \mp (1 - 3\sigma_1^2)^{3/2}] \qquad (6.72/23)$$

und schließlich

$$s = \sqrt{\tfrac{8}{27}}\,\varepsilon\,\eta\,\sqrt{1 - 9\sigma_1^2 \mp (1 - 3\sigma_1^2)^{3/2}}\ . \qquad (6.72/24)$$

Die Beziehung $s(\eta)$ nach (6.72/22) gilt für $|\sigma_1| \geqq 1/2$; daraus folgt als Gültigkeitsbereich für η

$$0 \leqq \eta \leqq \tfrac{1}{4}\left(\sqrt{\varepsilon^2 + 16} - \varepsilon\right) \quad \text{und} \quad \eta \geqq \tfrac{1}{4}\left(\sqrt{\varepsilon^2 + 16} + \varepsilon\right). \qquad (6.72/25)$$

Die Beziehung $s(\eta)$ nach (6.72/24) gilt für $|\sigma_1| \leqq \sqrt{3}/3$. Daraus folgt für die "Minus-Lösung"

$$\sqrt{1 + \tfrac{1}{12}\varepsilon^2} - \tfrac{\sqrt{3}}{6}\varepsilon \leqq \eta \leqq \sqrt{1 + \tfrac{1}{12}\varepsilon^2} + \tfrac{\sqrt{3}}{6}\varepsilon\ , \qquad (6.72/26a)$$

für die "Plus-Lösung"

$$\tfrac{1}{4}\sqrt{\varepsilon^2 + 16} + \varepsilon \leqq \eta \leqq \sqrt{(1 + \tfrac{1}{12}\varepsilon^2)} + \tfrac{\sqrt{3}}{6}\varepsilon\ . \qquad (6.72/26b)$$

Die Gl.(6.72/22) und die zwei Gln.(6.72/24) liefern insgesamt drei Kurven als Stabilitätsgrenzen. Diese Kurven sind für $\eta > 1$ in die Abb.6.72/3a eingezeichnet und nach ihrer Herkunft mit $\rho_1 = 1/2$ bzw. mit $E_{(+)} = 0$ und $E_{(-)} = 0$ beschriftet. Die endgültige Stabilitätsgrenze in diesem Bereich besteht aus einem Kurvenzug, der sich aus den am tiefsten liegenden Teilen der genannten Kurven zusammensetzt; das sind Stücke aus der Kurve $E_{(-)} = 0$ und aus der Kurve $\rho_1 = 1/2$. Diese

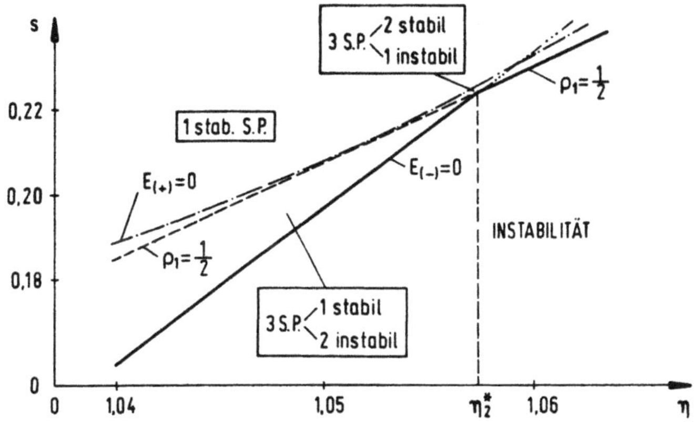

Abb.6.72/3a. Der 1:1-Mitnahmebereich für $\varepsilon = 0{,}2$; Grenzkurven für Zahl und Art der singulären Punkte

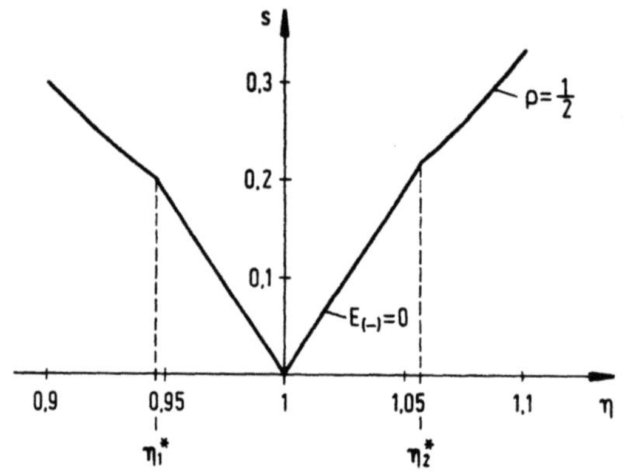

Abb.6.72/3b.
Der 1:1-Mitnahmebereich für $\varepsilon = 0{,}2$; Grenzkurven für $0{,}9 \leqq \eta \leqq 1{,}1$

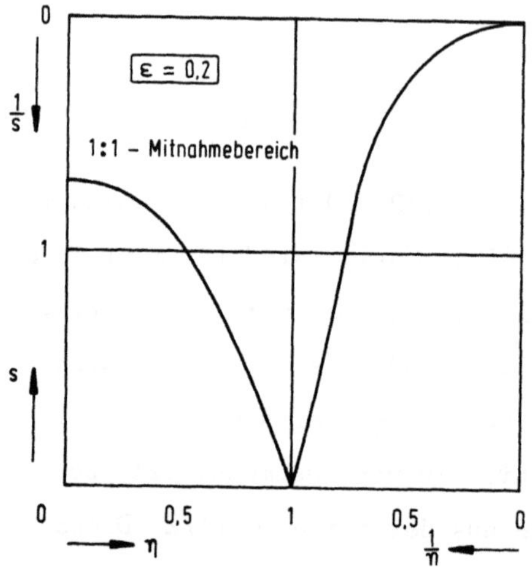

Abb.6.72/3c.
Der gesamte 1:1-Mitnahmebereich für $\varepsilon = 0{,}2$

beiden Kurvenstücke gelten jeweils bis zu ihrem Schnittpunkt bei der Abszisse η_2^*, die man durch Gleichsetzen der rechten Seiten von (6.72/21) und (6.72/23) findet.

Für $\eta < 1$ gelten dieselben Überlegungen mit denselben Kurven; sie sind im Detail nicht gezeichnet. Statt dessen gibt die Abb.6.72/3b in anderem Maßstab einen Überblick über die endgültige Stabilitätsgrenze im Bereich $0{,}9 < \eta < 1{,}1$. Die Abszisse η_1^* erhält man analog zu η_2^* als zweite Wurzel aus dem Gleichsetzen von (6.72/21) und (6.72/23).

Dieses Gleichsetzen liefert nämlich einen Wert σ_{1g} aus

$$\frac{1}{2}\left[\sigma_{1g}^2 + \frac{1}{4}\right] = \frac{2}{27}\left[1 + 9\sigma_{1g}^2 - (1 - 3\sigma_{1g}^2)^{3/2}\right] ,$$

also aus der kubischen Gleichung für σ_{1g}^2,

$$\sigma_{1g}^6 - \frac{13}{16}\sigma_{1g}^4 + \frac{7}{32}\sigma_{1g}^2 - \frac{5}{256} = 0 \ . \qquad (6.72/27a)$$

Die reelle Wurzel dieser Gleichung lautet

$$\sigma_{1g}^2 = 0{,}3125 \ ;$$

deshalb wird

$$\sigma_{1g} = \pm\, 0{,}55901 \ . \qquad (6.72/27b)$$

Diese beiden Werte liefern [über die zweitletzte Gleichung des Satzes (6.72/8)] für den Parameter $\varepsilon = 0{,}2$ die Frequenzen

$$\eta_1^* = 0{,}94566 \quad \text{und} \quad \eta_2^* = 1{,}05746 \ . \qquad (6.72/27c)$$

Schließlich zeigt die Abb.6.72/3c den gesamten 1:1-Mitnahmebereich für den Parameterwert $\varepsilon = 0{,}2$.

γ) Superharmonische Mitnahme; der 3:1-Mitnahmebereich

Jetzt sollen Lösungen der Dgl.(6.72/1) bei kleinem s und für Erregerfrequenzen in der Nähe von $\eta = 1/3$ aufgesucht werden. Wir benutzen den Ansatz (6.72/3) mit $n = 3$, so daß $n\eta \approx 1$ wird. Wie bei der 1:1-Mitnahme bestimmen wir auch hier die b_i nach der Methode von van der Pol. Die Rechnung verläuft ganz ähnlich wie im vorigen Unterabschnitt β; wir dürfen uns deshalb damit begnügen, die Ergebnisse anzuschreiben.

Analog zu (6.72/7) findet man hier

$$2b_s' + b_c\frac{1-9\eta^2}{3\eta} - \varepsilon b_s\left[1 - \frac{1}{2}\left(\frac{s}{1-\eta^2}\right)^2 - \frac{1}{4}(b_s^2 + b_c^2)^2\right] = \frac{1}{12}\varepsilon\left(\frac{s}{1-\eta^2}\right)^3 ,$$

$$(6.72/28)$$

$$-2b_c' + b_s\frac{1-9\eta^2}{3\eta} + \varepsilon b_c\left[1 - \frac{1}{2}\left(\frac{s}{1-\eta^2}\right)^2 - \frac{1}{4}(b_s^2 + b_c^2)\right] = 0 \ .$$

Mit den Abkürzungen

$$\sigma_3 := \frac{1-9\eta^2}{3\eta\varepsilon} , \quad A := \frac{s}{1-\eta^2} , \quad B := 1 - \frac{1}{2}\left(\frac{s}{1-\eta^2}\right)^2 , \qquad (6.72/29a)$$

$$x_3 := b_s/2\,, \qquad y_3 := b_c/2\,,$$
$$\rho_3 := r_3^2 := x_3^2 + y_3^2\,, \quad \tau_1 := \tfrac{1}{2}\varepsilon\tau \tag{6.72/29b}$$

wird der Satz (6.72/28) der beiden Differentialgleichungen erster Ordnung zu

$$x_3' + \sigma_3 y_3 - x_3[B - \rho_3] = \tfrac{1}{24}A^3\,,$$
$$-y_3' + \sigma_3 x_3 + y_3[B - \rho_3] = 0 \quad . \tag{6.72/30}$$

Aus ihm findet man die stationären Amplituden x_3 und y_3 der superharmonischen Schwingung durch Nullsetzen der Ableitungen x_3' und y_3'. So geht (6.72/30) über in den Satz

$$\sigma_3 y_3 - x_3[B - \rho_3] = \tfrac{1}{24}A^3\,,$$
$$\sigma_3 x_3 + y_3[B - \rho_3] = 0\,, \tag{6.72/31}$$

wobei nun aber x_3, y_3 und ρ_3 die stationären Werte bezeichnen. Daraus folgt die Gleichung der Responsekurven in der Gestalt

$$[(B - \rho_3)^2 + \sigma_3^2]\,\rho_3 = (\tfrac{1}{24}A^3)^2. \tag{6.72/32}$$

(6.72/32) ist eine kubische Gleichung für ρ_3, so daß eine explizite Form $\rho_3(\sigma_3)$ nicht angegeben werden kann. Wir stellen jedoch fest, daß es mindestens eine, möglicherweise aber drei reelle Wurzeln ρ_3 gibt.

Hier ist eine Warnung am Platze: Der Gl.(6.72/32) kann durch Umschreiben die Fassung

$$\left[(1 - \tfrac{\rho_3}{B})^2 + (\tfrac{\sigma_3}{B})^2\right]\tfrac{\rho_3}{B} = \frac{(\tfrac{1}{24}A^3)^2}{B^3} \tag{6.72/32a}$$

gegeben werden. Diese Fassung könnte nun dazu verleiten (und hat in der Literatur auch schon dazu verleitet), sie durch die Substitutionen

$$\frac{\rho_3}{B} \to \rho_1\,, \quad \frac{\sigma_3}{B} \to \sigma_1\,, \quad \frac{(\tfrac{1}{24}A^3)^2}{B^3} \to F^2 \tag{6.72/32b}$$

auf die Form der Gl.(6.72/12) zu bringen und sie dann anhand der Abb. 6.72/1 zu interpretieren. Ein solches Vorgehen ist jedoch sinnlos, denn B ist keine Konstante, sondern hängt von den Parametern s und η ab.

Eine Stabilitätsuntersuchung ist auch hier erforderlich. Man geht ebenso vor wie im Unterabschnitt β: Herstellen einer autonomen Differentialgleichung [analog zu (6.72/15)], Ermitteln des Charakters der zugehörigen singulären Punkte durch Einführen von Störungen u und v und Linearisieren in u und v. So findet man die folgenden beiden Bedingungen für Stabilität

$$2\rho_3 - B > 0 ,$$

$$(B - \rho_3)(B - 3\rho_3) + \sigma_3^2 > 0 .$$

Ersetzt man darin die Größer- durch Gleichheitszeichen, so bestimmen die beiden Gleichungen die Stabilitätsgrenze.

Im Unterabschnitt β haben wir die Stabilitätsgrenzen auf die Werte s und η umgerechnet und damit den Mitnahmebereich in der s-η-Ebene erhalten. Ein solches analytisches Umrechnen ist hier nicht möglich. Man ist vielmehr darauf angewiesen, numerisch auszuwerten und die Ergebnisse in Form von Diagrammen anzugeben.

Die Abb.6.72/4a zeigt die Responsekurven des superharmonischen Anteils der Lösungsschwingung in der Umgebung von $\eta = 1/3$ für Parameterwerte $s \geqq 1,1$. Für solche Parameterwerte gibt es nur eine Lösung, die auch instabil sein kann (gestrichelte Kurvenäste; keine Mitnahme). Die Abbildung macht deutlich, daß die Amplituden des superharmonischen Anteils nur in der Nähe des Wertes $\eta = 1/3$ nennenswerte Beträge aufweisen.

Die Abb.6.72/4b zeigt die entsprechenden Responsekurven für $s < 1$. Hier gibt es die von der harmonischen Mitnahme her bekannten drei Lösungen; von ihnen ist jetzt aber immer nur eine stabil. Eine der beiden instabilen Lösungen (gestrichelte Kurvenäste) weist so kleine Amplituden auf, daß sie nicht mehr gezeichnet werden kann.

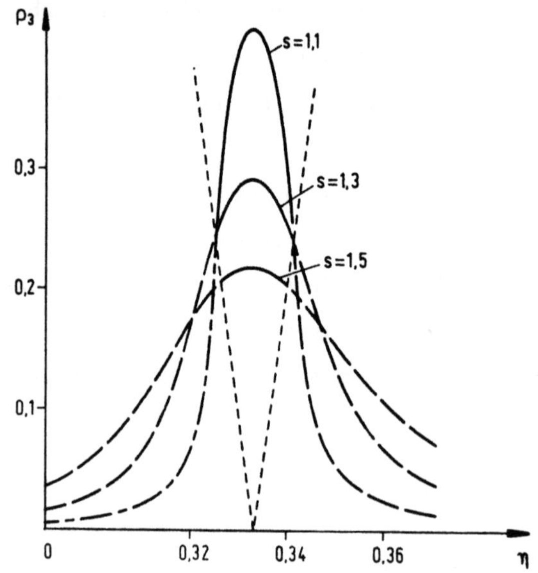

Abb.6.72/4a.
Responsekurven für den superharmonischen Anteil der 3:1-Mitnahmeschwingung, $s > 1$

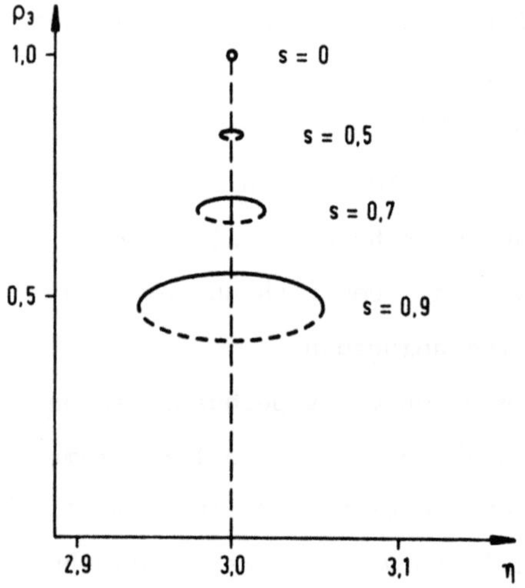

Abb.6.72/4b.
Responsekurven für den superharmonischen Anteil der 3:1-Mitnahmeschwingung, $s < 1$

Für Werte $s \to 0$ besitzt der superharmonische Anteil der Schwingung beachtliche Amplituden: es geht $\sigma_3 \to 1$. Für zunehmende Werte von s nehmen dagegen die Amplituden ρ_3 weiter und weiter ab; es bleibt schließlich nur der harmonische Anteil der Schwingung maßgebend. Man kann deshalb auch sagen: Wo sich der 1:1- und der 3:1-Mitnahmebereich überdecken, gehen die zugehörigen Schwingungen ohne scharfe Trennung ineinander über. In der Abb.6.72/5 ist die Grenze des 3:1-Mitnahmebereichs durch eine ausgezogene, die des 1:1-Mitnahmebereichs durch eine strichpunktierte Linie angegeben.

Strenggenommen ist eine Grenze zwischen dem 3:1- und dem 1:1-Mitnahmebereich überhaupt nicht angebbar. (Man vergleiche hierzu die Klassifikation im Abschn.6.70.) Die hier gewonnene Grenze ergibt sich als Folge des benutzten Näherungsansatzes.

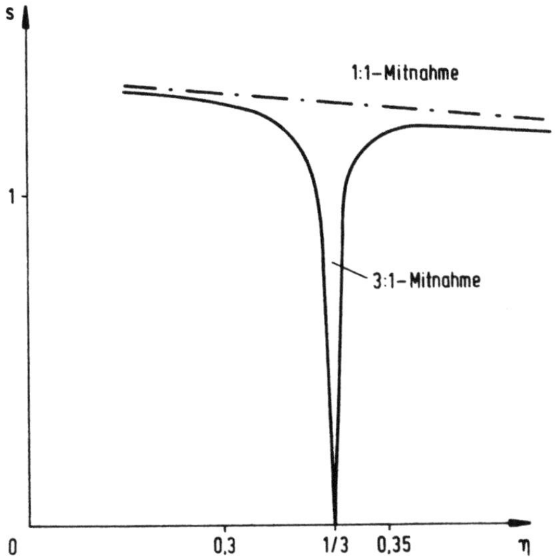

Abb.6.72/5. Superharmonischer 3:1-Mitnahmebereich

δ) Subharmonische Mitnahme; der 1:3-Mitnahmebereich

Die Untersuchung verläuft im wesentlichen analog zu der im Unterabschnitt γ. Wir können uns deshalb mit einer knapperen Fassung begnügen. Zur Lösung der Dgl.(6.72/1) wird der Ansatz (6.72/3) mit $n = 1/3$, also

$$x(\tau) = \frac{s}{1-\eta^2}\sin\eta\tau + b_s(\tau)\sin\tfrac{1}{3}\eta\tau + b_c(\tau)\cos\tfrac{1}{3}\eta\tau \qquad (6.72/34)$$

verwendet. Analog zu (6.72/7) und (6.72/28) folgt hier

$$2b_s' + \frac{1-\frac{1}{9}\eta^2}{\frac{1}{3}\eta}b_c + \frac{s\varepsilon}{1-\eta^2}\left[\frac{1}{4}b_c^2 - \frac{1}{4}b_s^2\right]$$

$$-\varepsilon\left[1 - \frac{1}{2}\left(\frac{s}{1-\eta^2}\right)^2 - \frac{1}{4}b_s^2 - \frac{1}{4}b_c^2\right]b_s = 0\ , \qquad (6.72/35a)$$

$$- 2 b_c' + \frac{1 - \frac{1}{9}\eta^2}{\frac{1}{3}\eta} b_s + \frac{s\varepsilon}{2(1-\eta^2)} b_s b_c$$

$$+ \varepsilon\left[1 - \frac{1}{2}\left(\frac{s}{1-\eta^2}\right)^2 - \frac{1}{4} b_s^2 - \frac{1}{4} b_c^2\right] b_c = 0 . \qquad (6.72/35b)$$

Mit den Abkürzungen

$$\sigma_{1/3} := \frac{1 - \frac{1}{9}\eta^2}{\frac{1}{3}\varepsilon\eta} , \quad A := \frac{s}{1-\eta^2} , \quad B := 1 - \frac{1}{2}\left(\frac{s}{1-\eta^2}\right)^2 ,$$

$$x_{1/3} := \frac{1}{2} b_s , \qquad y_{1/3} := \frac{1}{2} b_c , \qquad (6.72/36)$$

$$\rho_{1/3} := r_{1/3}^2 := x_{1/3}^2 + y_{1/3}^2 , \qquad \tau_1 := \frac{1}{2}\varepsilon\tau$$

erhält man, entsprechend zu (6.72/30)

$$\begin{aligned} x_{1/3}' + \sigma_{1/3} y_{1/3} + \frac{1}{2} A (y_{1/3}^2 - x_{1/3}^2) - (B - r_{1/3}^2) x_{1/3} &= 0 , \\ - y_{1/3}' + \sigma_{1/3} y_{1/3} + A x_{1/3} y_{1/3} + (B - r_{1/3}^2) y_{1/3} &= 0 \end{aligned} \qquad (6.72/37)$$

und daraus nach Nullsetzen von $x_{1/3}'$ und $y_{1/3}'$ schließlich [analog zu (6.72/32)] die Gleichung der Responsekurven zu

$$[\sigma_{1/3}^2 + (B - \rho_{1/3}^2) - \frac{1}{4} A^2 \rho_{1/3}^2] \rho_{1/3}^2 = 0 . \qquad (6.72/38)$$

Sie hat die Wurzeln

$$\rho_{1/3} = 0$$

und

$$\rho_{1/3} = \frac{1}{8} A^2 + B \pm \sqrt{(\frac{1}{8} A^2 + B)^2 - \sigma_{1/3}^2 - B^2} . \qquad (6.72/39)$$

Der Fall $\rho_{1/3} = 0$ führt zur harmonischen Mitnahme. Die Amplitude des subharmonischen Anteils der Schwingung erhält man aus (6.72/39), dabei muß sowohl die rechte Seite als auch der Radikand positiv sein. Die zweite Voraussetzung fordert, daß die Verstimmung $\sigma_{1/3}$ klein genug ist.

Die Stabilität dieser subharmonischen Schwingung untersucht man ebenso wie im Unterabschnitt β bei der harmonischen und im Unterabschnitt γ bei der superharmonischen Mitnahme. Man gelangt hier zu den beiden Stabilitätsbedingungen

$$2\rho_{1/3} - B > 0 \ ,$$
$$\rho_{1/3} - (\tfrac{1}{8}A^2 + B) > 0 \ . \qquad (6.72/40)$$

Aus der zweiten dieser Bedingungen folgt, daß in (6.72/39) von den doppelten Vorzeichen das positive gelten muß.

Ersetzt man in (6.72/40) das Größer- durch das Gleichheitszeichen, so erhält man die Gleichungen der Stabilitätsgrenzen und damit die Grenzen des Mitnahmebereiches. Aus der zweiten Gl.(6.72/40) folgt mit (6.72/39)

$$(\tfrac{1}{8}A^2 + B)^2 - \sigma_{1/3}^2 - B^2 = 0 \qquad (6.72/41)$$

und deshalb für die Grenze des Mitnahmebereichs

$$s^2 = (1-\eta^2)^2\left[\tfrac{8}{7} \pm \sqrt{(\tfrac{8}{7})^2 - \tfrac{64}{7}\sigma_{1/3}^2}\right] . \qquad (6.72/42)$$

Ein positiver Radikand erfordert

$$|\sigma_{1/3}| \leqq \tfrac{1}{7}\sqrt{7} \qquad (6.72/43a)$$

und

$$-\tfrac{3}{14}\sqrt{7}\,\varepsilon + 3\sqrt{\tfrac{\varepsilon^2}{28} + 1} \leqq \eta \leqq \tfrac{3}{14}\sqrt{7}\,\varepsilon + 3\sqrt{\tfrac{\varepsilon^2}{28} + 1} \ . \qquad (6.72/43b)$$

Abb.6.72/6 zeigt die stabilen Äste der Responsekurven des subharmonischen Anteils der Schwingung, Abb.6.72/7 den 1:3-Mitnahmebereich, der sich aus Gl.(6.72/42) ergibt. Im Gegensatz zum 3:1-Mitnahmebereich erweist sich der 1:3-Mitnahmebereich als nach oben begrenzt. Während sich in Abb.6.72/5 der 3:1-Mitnahmebereich ohne feste Grenze in den 1:1-Mitnahmebereich hinein erstreckt, überdecken sich in Abb.6.72/7 der 1:3- und der 1:1-Mitnahmebereich nur in dem begrenzten, schraffiert gezeichneten Gebiet. Dieses Ergebnis entspricht ganz

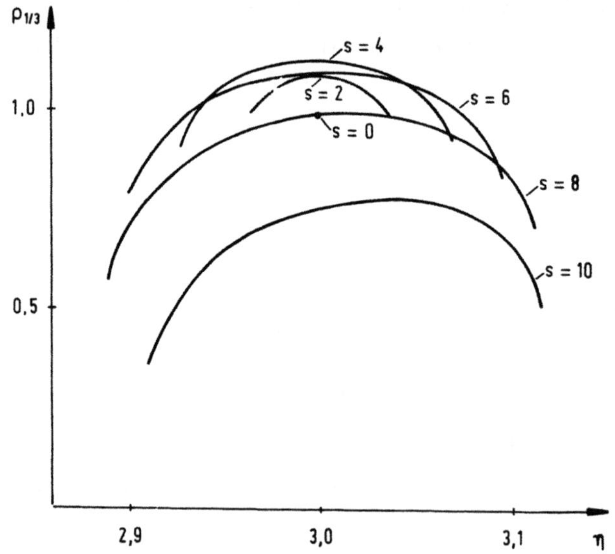

Abb.6.72/6. Responsekurven für den subharmonischen Anteil der 1:3-Mitnahmeschwingung

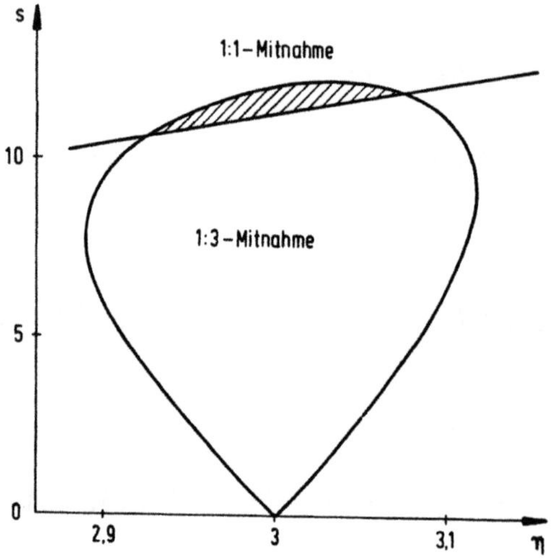

Abb.6.72/7. Subharmonischer 1:3-Mitnahmebereich

dem, das in Abb.6.71/2 für den dort untersuchten Schwinger dargestellt ist.

Am Schluß dieses Abschn.6.72 ist es vielleicht angebracht, zu wiederholen, was schon am Beginn betont wurde: Die Betrachtungen beruhen hier auf Näherungsrechnungen. Die Schlüsse werden deshalb quantitativ mit Fehlern behaftet sein (deren Ausmaß wurde nicht untersucht); qualitativ werden sie jedoch zutreffende Aussagen liefern.

Literaturverzeichnis

5.13/1: a) Andronow, A.A., A.A. Witt und S.E. Chaikin: Theorie der Schwingungen, 2 Teile. Berlin: Akademie-Verlag 1965, 1969
b) Andronov, A.A., A.A. Vitt, S.E. Khaikin: Theory of Oscillations. Oxford etc.: Pergamon Press 1966

5.13/2: Minorsky, N.: Nonlinear Oscillations. New York: D. van Nostrand Comp. 1962

5.13/3: Stoker, J.J.: Nonlinear Vibrations. New York: Interscience Publ. 1950

5.13/4: Magnus, K.: Schwingungen. Stuttgart: Teubner-Verlag 1961

5.13/5: Kauderer, H.: Nichtlineare Mechanik. Berlin-Göttingen-Heidelberg: Springer-Verlag 1958

5.13/6: Reissig, R., G. Sansone und R. Conti: Qualitative Theorie Nichtlinearer Differentialgleichungen. Roma: Edizione Cremonese 1963

5.13/7: Hahn, W.: Stability of Motion. Berlin-Heidelberg-New York: Springer-Verlag 1967

5.22/1: Smirnow, W.I.: Lehrgang der Höheren Mathematik, Teil III, 1. Berlin: VEB Deutscher Verlag der Wissenschaften 1964; S.57.

5.22/2: Kauderer, H.: Nichtlineare Mechanik. Berlin-Göttingen-Heidelberg: Springer-Verlag 1958

5.22/3: Sansone, G. und R. Conti: Nonlinear Differential Equations. Oxford etc.: Pergamon Press 1964

5.23/1: Poincaré, H.: Mémoires sur les courbes définies par une équation différentielle.
a) Journ. des math. pures, sér.3, vol.7, p.375-422 (1881)
b) Journ. des math. pures, sér.3, vol.8, p.251-296 (1882)
c) Oeuvres, vol.1, Paris 1892; p.3-222.

5.23/2: Bendixson, J.: Sur les courbes définies par des équations différentielles. Acta Math., Bd.24 (1901)

5.23/3: Andronow, A.A., A.A. Witt und S.E. Chaikin: Theorie der Schwingungen. Berlin: Akademie-Verlag 1965; Teil I, S.317ff.

5.23/4: Kauderer, H.: Nichtlineare Mechanik. Berlin-Göttingen-Heidelberg: Springer-Verlag 1958; S.190.

5.23/5: LaSalle, J.P.: Relaxation Oscillations. Quart. Appl. Math. vol.7, p.1-19 (1949)

5.31/1: Siehe z.B.
Cesari, L.: Asymptotic Behavior and Stability Problems in Ordinary Differential Equations, 2nd ed. Berlin-Göttingen-Heidelberg: Springer-Verlag 1963

oder
Coddington, E.A. und N. Levinson: Theory of Ordinary Differential Equations. New York-Toronto-London: McGraw Hill 1955

5.32/1: Malkin, I.G.: Theorie der Stabilität einer Bewegung. Berlin: Akademie-Verlag 1959

5.40/1: a) Andronow, A.A., A.A. Witt und S.E. Chaikin: Theorie der Schwingungen, Teil I. Berlin: Akademie-Verlag 1965
b) Andronov, A.A., A.A. Vitt, S.E. Khaikin: Theory of Oscillations. Oxford etc.: Pergamon Press 1966

5.42/1: Jahnke, E., F. Emde und F. Lösch: Tafeln höherer Funktionen, 6. Aufl. Stuttgart: B.G. Teubner Verlagsgesellschaft 1960

5.42/2: Abramowitz, M. und I. Stegun: Handbook of Mathematical Functions. New York: Dover Publications Inc. 1965

5.42/3: Byrd, P.F. und M.D. Friedman: Handbook of Elliptic Integrals for Engineers and Physicists. Berlin-Göttingen-Heidelberg: Springer-Verlag 1954

5.42/4: Milne-Thomson, L.M.: Jacobian Elliptic Function Tables. New York: Dover Publications Inc. 1950

5.44/1: Urabe, M.: Nonlinear Autonomous Oscillations. New York-London: Academic Press 1967

5.44/2: Bangen, H.J.: Freie und erzwungene Schwingungen nichtlinearer isochroner Schwinger. Diss. Darmstadt 1970

5.44/3: Kauderer, H.: Nichtlineare Mechanik. Berlin-Göttingen-Heidelberg: Springer-Verlag 1958; S.250-264.

5.44/4: Ehrmann, H.: Über den Zusammenhang zwischen Ausschlag und Schwingungsdauer bei freien ungedämpften Schwingungen. Z. angew. Math. Mech. Bd.32, S.307-309 (1952)

5.44/5: Loud, W.S.: Behavior of the Period of Solutions of Certain Plane Autonomous Systems near Centers. Contr. to Diff. Equ. vol.III, No.1 (1964)

5.44/6: Levin, J.J. und S.S. Schatz: Nonlinear Oscillations of Fixed Period. J. Math. Anal. Appl. vol.7, p.284-288 (1963)

5.62/1: Schäfer, M.: Eine graphische Richtungsfeldkonstruktion für den Phasenplan nichtlinearer freier Schwingungen. Z. angew. Math. Mech. Bd.32, S.284 (1952)

5.62/2: Liénard, A.M.: Etude des oscillations entretenues. Rev. Gén. de l'électricité Bd.23, S.901-912, 946-954 (1928)

5.66/1: Collatz, L.: Funktionalanalysis und Numerische Mathematik. Berlin-Göttingen-Heidelberg: Springer-Verlag 1964; § 15

5.71/1: Hamel, G.: Theoretische Mechanik. Berlin-Heidelberg-New York: Springer-Verlag 1978

5.73/1: Klotter, K. und P.R. Cobb: On the Use of Nonsinusoidal Approximating Functions for Nonlinear Oscillation Problems. J. Appl. Mech. vol.27, p.579-583 (1960)

5.76/1: Weigand, A.: Die Berechnung freier nichtlinearer Schwingungen mit Hilfe der elliptischen Funktionen. Forsch. a.d. Geb. d. Ingenieurw. Bd.12, S.274-284 (A) (1941)

5.80/1: Bogoliubov, N.N. und Y.A. Mitropolski: Asymptotische Methoden in der Theorie der nichtlinearen Schwingungen. Berlin: Akademie-Verlag 1965

5.80/2: Minorski, N.: Nonlinear Oscillations. New York: D. van Nostrand Comp. 1962

5.80/3: Morrison, J.A.: Comparison of the Modified Method of Averaging and the two Variable Expansion Procedure. SIAM Rev. vol.8, No.1 (1966)

5.80/4: Cole, J.D., J. Kevorkian: Uniformly Valid Asymptotic Approximation for Certain Nonlinear Differential Equations. Int. Symposium on Nonlinear Differential Equations and Nonlinear Mechanics, ed. by LaSalle, J.P. and S. Lefschetz. Academic Press (1963)

5.81/1: Coddington, E.A. und N. Levinson: Theory of Ordinary Differential Equations. New York: McGraw Hill 1955

5.81/2: Malkin, I.G.: Some Problems in the Theory of Nonlinear Oscillations, translated from a publication of the State Publishing House of Techn. and Theoret. Lit. Moscow (1956)

5.81/3: Loud, W.S.: Periodic Solutions of Perturbed Second Order Autonomous Equations. Mem. of the Amer. Math. Soc. No.47 (1964)

5.81/4: Lindstedt, A.: Differentialgleichungen der Störungstheorie. Mémoires de l'Acad. Imp. des Sciences de St. Petersbourgh VII, vol.XXXI, No.4 (1883)

5.81/5: Stoker, J.J.: Nonlinear Vibrations. New York: Interscience Publishers 1950

5.84/1: Pol, B. van der: Forced Oscillations in a Circuit with Nonlinear Resistance. Phil. Mag. (7-3), p.65-80 (1927)

5.84/2: Pol, B. van der: Nonlinear Theory of Electric Oscillations. Proc. IRE 22, p.1051-1086 (1934)

5.84/3: Bogoliubov, N.N. und Y.A. Mitropolski: Asymptotische Methoden in der Theorie der nichtlinearen Schwingungen. Berlin: Akademie-Verlag 1965; S.101-102.

5.84/4: Andronov, A.A. und A.A. Witt: Zur Theorie des Mitnehmens von van der Pol. Arch. f. Elektrotechn. Bd.24, S.99-110 (1930)

5.85/1: Magnus, K.: Über ein Verfahren zur Untersuchung nichtlinearer Schwingungs- und Regelungssysteme. VDI-Forschungsheft 451 (1955)

5.86/1: Klotter, K.: The Attenuation of Damped Free Vibrations and the Deviation of the Damping Law from Recorded Data. Proc. Sec. U.S. Nat. Congress of Appl. Mech., 1954, published by ASME New York

5.87/1: Klotter, K.: Free Oscillations of Systems Having Quadratic Damping and Arbitrary Restoring Forces. J. of Appl. Mech. (New York) vol.22, p.493ff (1955)

5.87/2: Klotter, K. und E. Kreyszig:
a) Über eine besondere Klasse selbsterregter Schwingungen. Ing. Arch. Bd.25, S.389-403 (1957)
b) Amplitudes of Oscillations Governed by a Modified van der Pol Equation. Quart. Appl. Math. vol.18, p.61-69 (1960)
c) On a special Class of Self-Sustained Oscillations. J. Appl. Mech. vol.27, p.568-574 (1960)
d) On a Nonlinear Vibrating System Having Infinitely Many Limit Cycles. J. Appl. Mech. vol.31, p.321-324 (1964)

5.88/1: Bogoliubov, N.N. und Y.A. Mitropolski: Asymptotische Methoden in der Theorie der nichtlinearen Schwingungen. Berlin: Akademie-Verlag 1965

5.89/1: Magnus, K.: Stationäre Schwingungen in nichtlinearen dynamischen Systemen mit Totzeiten. Ing. Arch. Bd.24, S.341-350 (1956)

5.89/2: Schmidt, E.: Über eine Klasse linearer funktionaler Differentialgleichungen. Math. Ann. Bd.70, S.499-524 (1911)

6.25/1: Klotter, K. und E. Pinney: A Comprehensive Stability Criterion for Forced Vibrations in Nonlinear Systems. J. Appl. Mech. vol.20, p.9 (1953)

6.32/1: Shock and Vibration Handbook vol.2, sect.36. New York: McGraw Hill 1961

6.32/2: Handbuch der Physik, Bd.VI. Berlin-Göttingen-Heidelberg: Springer-Verlag 1958; S.434ff.

6.32/3: Heydemann, P. und H. Nägerl: Complex Shear Modulus of Polymers. Acustica vol.14, p.64 (1964)

6.32/4: Ungar, E.E.: A Guide to Designing Highly Damped Structures. Machine Design vol.35, p.162-168 (1963)

6.32/5: Ungar, E.E.: Loss Factors of Viscoelastically Damped Beam Structures. Journ. Acoustical Soc. Am. vol.36, No.8, p.1082ff (1964)

6.42/1: Hayashi, Ch.: Nonlinear Oscillations in Physical Systems. New York: McGraw Hill Inc. 1964; p.248ff.

6.44/1: Helmholtz, H. von: Die Lehre von den Tonempfindungen ... 5. Aufl. Braunschweig: F. Vieweg & Sohn 1886; S.253-264.

6.55/1: Blaser, A.: Nichtlineare Schwingungen mit unstetiger Erregung. Diss. Hannover 1960

6.56/1: Magnus, K.: Über eine Methode zur Untersuchung nichtlinearer Schwingungen und Regelsysteme. VDI-Forschungsheft (B) Bd.21, S.451-483 (1955)

6.62/1: Zurmühl, R.: Matrizen, 2. Aufl. Berlin-Göttingen-Heidelberg: Springer-Verlag 1958

6.62/2: Klotter, K.: Technische Schwingungslehre II, 2. Aufl. Berlin-Göttingen-Heidelberg: Springer-Verlag 1960

6.63/1: a) Kuphal, K.: Über die Beeinflussung von Schwingungen durch einen Stoßkörper. Z. angew. Math. Mech. Bd.45, S.73-86, 419-431 (1965)
b) Kuphal, K.: Über die Beeinflussung erzwungener Schwingungen durch einen Stoßkörper. Diss. TH. Darmstadt (1963)

6.63/2: a) Dittrich, H.: Untersuchungen über einen unstetig arbeitenden Stoß-Schwingungsdämpfer. Ing.Arch. Bd.35, S.150-171 (1966)
b) Dittrich, H.: Untersuchungen über einen unstetig arbeitenden Stoß-Schwingungsdämpfer. Diss. TH. Stuttgart (1965)

6.63/3: Kobrinskij, A.E.: Über die Theorie von Stoß-Schwingungen. Izvestija Akad. Nauk SSSR, OTN, Nr.5, S.15-29 (1957)

6.64/1: Ziegler, H.: Resonanz bei konstanter Dämpfung. Ing. Arch. Bd.9, S.50-76 (1938)

6.64/2: Meißner, E.: Resonanz bei konstanter Dämpfung. Z. angew. Math. Mech. Bd.15, S.62-70 (1935)

6.65/1: Klotter, K.: Theorie der Reibungsschwingungsdämpfer. Ing. Arch. Bd.9, S.137-162 (1938)

6.65/2: Den Hartog, J.P.: Forced Vibrations with Combined Viscous and Coulomb Damping. Phil. Mag. (7) Bd.9, p.801-817 (1930)

6.67/1: Reissig, R.:
a) Erzwungene Schwingungen mit zäher und trockener Reibung. Math. Nachr. 11, S.345-384 (1954)
b) Erzwungene Schwingungen mit zäher Dämpfung und starker Gleitreibung, II. Math. Nachr. 12, S.119-128 (1954)

6.67/2: Reissig, R.: Erzwungene Schwingungen mit zäher und trockener Reibung; Abschätzung der Amplituden. Math. Nachr. Bd.12, S.283-300 (1954)

6.67/3: Szablewski, W.: Einfluß der Coulombschen Reibung auf Schwingungsvorgänge. Math. Nachr. Bd.12, S.183-208 (1954)

6.68/1: Urabe, M. und A. Reiter: Numerical Computation of Nonlinear Forced Oscillations by Galerkin's Procedure. J. Math. Anal. and Appl. vol.14, p.107-140 (1966)

6.68/2: Nixdorff, K.: Zur iterativen Bestimmung nichtlinearer Schwingungen. Z. angew. Math. Mech. Bd.54, S.819-822 (1974)

6.71/1: Schwertassek, R.: Periodische Lösungen und Mitnahmebereiche bei Differentialgleichungen mit Schaltstellen. Diss. Darmstadt 1968

Sachverzeichnis

MIX
Papier aus verantwortungsvollen Quellen
Paper from responsible sources
FSC® C105338

If you have any concerns about our products,
you can contact us on
ProductSafety@springernature.com

In case Publisher is established outside the EU,
the EU authorized representative is:
Springer Nature Customer Service Center GmbH
Europaplatz 3, 69115 Heidelberg, Germany

Printed by Libri Plureos GmbH
in Hamburg, Germany